"十二五"国家重点图书规划项目
国防特色学术专著·控制科学与工程

卫星导航原理及应用

赵 琳 丁继成 马雪飞 编著

西北工業大學出版社
北京航空航天大学出版社 北京理工大学出版社
哈尔滨工业大学出版社 哈尔滨工程大学出版社

内容简介

本书紧密结合卫星导航的发展和部分新技术、新应用的研究现状，系统、全面地介绍了GPS，GLONASS，Galileo，北斗以及卫星导航增强系统的发展建设情况；深入细致地阐述了卫星导航基础知识、信号处理技术和应用技术。其内容包括坐标系统、时间系统、通信调制技术、卫星导航定位原理、完好性监测技术、GPS接收机工作原理、卫星导航与惯性导航系统组合定位技术、卫星导航与微惯性测量单元组合姿态测量技术以及AGPS定位技术等。

本书内容介绍全面，理论分析深入，工程实用性强，既可作为高等院校师生进行理论知识学习和相关研究工作的参考教材，也可作为工程技术人员的工具书。

图书在版编目(CIP)数据

卫星导航原理及应用/赵琳，丁继成，马雪飞编著. —西安：西北工业大学出版社，2011.6
(2016.2重印)
(国防特色学术专著·控制科学与工程)

ISBN 978-7-5612-2952-1

Ⅰ.①卫… Ⅱ.①赵… ②丁… ③马… Ⅲ.①卫星导航 Ⅳ.①TN967.1

中国版本图书馆CIP数据核字(2010)第230527号

卫星导航原理及应用

赵琳 丁继成 马雪飞 编著

责任编辑 李阿盟 雷军

*

西北工业大学出版社出版发行

西安市友谊西路127号(710072) 发行部电话：029-88493844 传真：029-88491147

http://www.nwpup.com E-mail：fxb@nwpup.com

陕西向阳印务有限公司印装 各地书店经销

*

开本：787×1 092 1/16 印张：22.375 字数：546千字

2011年6月第1版 2016年2月第2次印刷 印数：3 000册

ISBN 978-7-5612-2952-1 定价：68.00元

前　言

全球卫星导航系统(GNSS)能够全天候、全天时地为用户提供实时精确的位置、速度和时间信息,在国防建设、资源勘察、能源开发、测绘工程、安全监测、交通运输等领域有着十分广泛的应用,经过短短三十余年的发展,就已迅速成为继通信、互联网之后的又一高新技术产业。随着美国GPS现代化、俄罗斯GLONASS复苏、欧洲Galileo卫星导航系统的启动和我国北斗卫星导航系统的建设,以及遍布全球的各种卫星导航增强系统、区域卫星导航系统的投入使用,卫星导航在传统应用领域的地位得到进一步巩固和加强,并开始与通信和互联网结合,逐步向基于位置的服务(LBS)等新的应用领域拓展,为人们的日常生产、生活提供各种增值信息,形成了全球市场化的发展趋势。

本书是笔者在总结部分研究成果和查阅相关资料的基础上完成的。全书共分14章,系统地介绍了卫星导航技术原理和发展应用。第1,2章介绍卫星导航系统发展的历史、现状以及与卫星导航有关的基础知识;第3,4章介绍GPS系统信号、现代化建设以及GPS接收机工作原理;第5,6,7章分别介绍以卫星观测信息为基础的单点定位、定位误差来源和抑制方法以及差分定位技术;第8,9,10章分别介绍GLONASS,Galileo和我国北斗卫星导航系统的构成、信号以及发展建设等情况;第11章以航空导航需求为基础,介绍全球各类卫星导航增强系统的基本原理及其建设情况,并对接收机自主完好性监测算法进行详细阐述;第12,13,14章介绍卫星导航系统在与船用惯性导航系统组合定位、载体姿态测量以及基于位置的服务中的应用技术。

全书内容既涉及卫星导航基础、导航定位原理和信号处理技术,又包含了卫星导航系统最新的发展建设情况,以及部分新技术、新应用的研究现状,以期为高等院校师生和工程技术人员提供参考。

参加本书编写的有:赵琳(第1章、第2章2.1～2.4节、第5章、第8章和第12章)、丁继成(第4章、第7章、第9章、第11章、第13章和第14章)、马雪飞(第2章2.5～2.6节、第3章、第6章和第10章)。全书由赵琳主持规划,丁继成统稿。本书在编写过程中得到了董冀、李亮、孙明、黄晨等的热心帮助,在此一并表示感谢。

卫星导航作为一门新兴学科,技术更新和应用发展日新月异,本书力求适应卫星导航新的发展趋势。但由于笔者研究水平和资料查阅范围有限,书中错漏之处在所难免,敬请广大读者批评指正。

编著者

2010年10月于哈尔滨

目　录

第1章 绪 论

1.1 卫星导航的发展历史和现状

1957年10月4日，苏联将第一颗人造地球卫星Спутник送入了轨道。它的发射成功，是人类致力于现代科学技术发展的结晶。它使得空间科学技术的发展迅速跨入了一个崭新的时代，也揭开了导航定位系统的新纪元。

人造地球卫星的升空，引起了世界各国的普遍关注和兴趣。美国约翰·霍普金斯大学应用物理实验室的George Weiffenbach和William Guier博士在观测卫星发射的无线电信号时发现，多普勒频移与卫星运动轨迹之间存在着十分密切的关系，于是产生了在已知地面站通过测量卫星信号多普勒频移确定卫星位置的想法。试验证明该方法有效可行，并取得了巨大的成功。同在该实验室工作的两位科学家(Frank McClure和Richard Kershner博士)根据这个试验结果提出设想，如果将上述步骤颠倒过来也应当成立，即如果已知卫星在轨道上的瞬时精确位置，那么通过测量卫星信号中的多普勒频移，便可以测出地面观测点所在的地理位置。卫星导航定位的概念就这样被提出来了。

1.1.1 卫星多普勒导航系统

美国海军了解到利用卫星进行导航的可能性，并考虑到"北极星"核潜艇正需要一种准确的导航信息用以校准和重调其惯导系统(INS)，决定与约翰·霍普金斯大学应用物理实验室签订研究和发展卫星导航系统的合同，称为"子午仪计划"。于是便诞生了第一代卫星导航系统——美国海军导航卫星系统(Navy Navigation Satellite System，NNSS)，又称子午仪系统(TRANSIT)，如图1.1.1所示。它的诞生预示着经典的导航定位技术面临着一场重大的变革，它在导航技术的发展史上具有划时代的意义。

由6颗工作卫星构成的子午仪系统于1964年1月建成，首先为美国军方启用。它先期发射的7颗实验卫星测量了地球形状与地球重力场分布，探测了电离层对无线电信号传播的影响和高层大气阻力对卫星运动的影响，试验了卫星星体设备和地面站接收设备以及跟踪与预报卫星位置的方法等，为子午仪系统方案的建立提供了大量可靠的资料。子午仪系统的导航卫星连续发射无线电信号，传递三种导航信息，即卫星星历、偶数分钟的时间信号以及供多普勒频移测量用的399.968 MHz和149.988 MHz的载波频率。它的轨道平均高度为1 000 km，属低轨道卫星；卫星运转周期为106 min；轨道倾斜角约为90°，属极轨道型，各导航卫星的轨道基本上相交于地球的两极，这也是将其称为子午仪系统的原因。美国政府于1967年批准将子午仪系统解密并提供民用。该系统在1968年测定的精度为±70 m，1976年提高到±30 m。由于子午仪系统不受气候条件的影响，具有良好的定位精度，并经过多年不断地改进，具有很高的实用价值，因而得到了广泛的应用。除了军用舰船使用以外，远洋渔船、海上石油开发以及大型游艇也都安装了子午仪接收机，甚至大地测量部门也用它来测定精确位置。

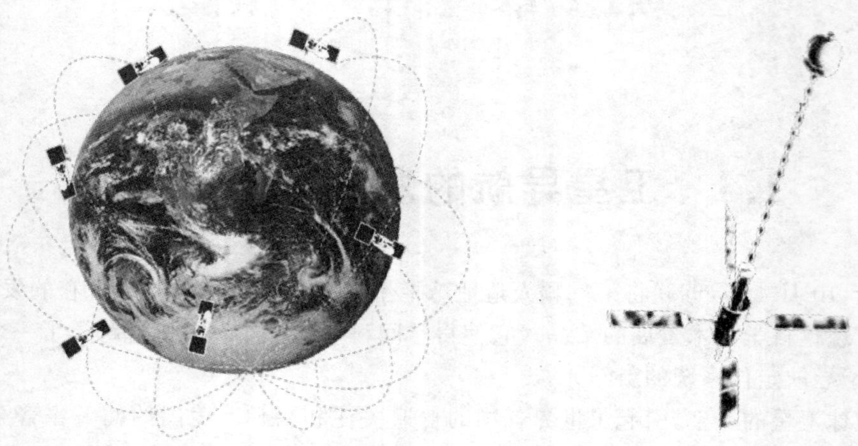

图 1.1.1　子午仪系统星座及卫星

与此同时，在子午仪卫星导航系统的启发下，苏联海军于 1965 年也开始建立了一个称为 CICADA(英文也写做 Tsikada)的卫星导航系统，它与子午仪系统相似，也是第一代卫星导航系统。该系统的星座由 12 颗所谓的宇宙卫星构成，高度为 1 000 km，卫星运行周期为 105 min，分别发送 150 MHz 和 400 MHz 的导航信号。

基于测量多普勒频移的 TRANSIT 和 CICADA 通常被称为卫星多普勒导航系统，它们将导航和定位技术推向了一个崭新的发展阶段，特别是前者得到了广泛的应用，显示出巨大的优越性。但是，它们仍然存在着明显的缺陷：由于这些系统卫星数目少、运行高度低、从地面站观测到卫星的时间间隔长，系统无法提供连续实时的三维导航，加之获得一次导航解所需的时间较长，所以难以充分满足军事方面，尤其是高动态目标导航的要求，在大地测量学和地球动力学研究方面的应用也受到了很大的限制。子午仪系统已于 1996 年 12 月 31 日停止发射导航和时间信息。为了满足军事和民用部门对连续、实时、三维导航和定位的需求，第二代卫星导航系统便应运而生了。

1.1.2　全球卫星导航系统

1. GPS

鉴于子午仪导航系统存在的不足，美国于 20 世纪 60 年代末期着手研制新型卫星导航系统，以满足海陆空三军和民用部门对导航定位精度越来越高的要求。海军首先提出了通过测量传播时间实现测距的“Timation”计划，拟采用 12～18 颗卫星组成全球定位网，卫星高度约为 10 000 km，轨道呈圆形。与此同时，空军提出了名为“621B”的计划，拟采用 3～4 个星群覆盖全球，每个星群由 4～5 颗卫星组成，中间一颗采用同步定点轨道，其余几颗用倾斜 24 h(运行周期)轨道。考虑到这两个计划各有优、缺点以及美国政府无力负担两套系统研制的庞大经费开支，1973年美国国防部批准由10个单位组成联合计划局，负责研制一种新系统，以适应绝大多数国防和民用领域的需要。在这种情况下，导航卫星测时、测距/全球定位系统（Navigation Satellite Timing And Ranging/Global Positioning System，NAVSTAR/GPS）的方案诞生了。NAVSTAR/GPS简称GPS，它吸收了“Timation”和“621B”两个方案的优点，由GPS联合计划局、海陆空三军和国防测绘局的工程技术人员以及其他9个北约成员国派出的代表共同制订。

按最初设计，GPS系统由24颗卫星组网，分布在3个轨道平面上，每个轨道平面设置8颗卫星。这样，对于地球上任何一点，都能同时拥有6～9颗卫星可供观测，预期精密定位精度可达10 m。1978年，由于压缩国防预算，减少对GPS计划的拨款，并考虑将卫星数由24颗减少到18颗，后来由于试验卫星的成功发射和基于对GPS系统光明前景及其巨大利益的考虑，美国政府将卫星数目追加至24＋3颗，其中3颗是备用卫星。这些卫星分布在6个轨道平面上，每个轨道平面内分布有4颗卫星，在地球上任何一点都可以观测到4～11颗卫星。卫星轨道长半轴为26 560 km，最大偏心率是0.01，亦即卫星轨道基本上是圆形，轨道倾角为55°，高度为20 200 km，每12恒星时沿近圆形轨道运行一周。

从1978年2月22日第一颗Block Ⅰ型试验卫星入轨运行开始，到1994年3月10日第24颗Block Ⅱ-A型工作卫星升空为止，投资300亿美元的GPS系统历时16年的论证、设计、试验和反复测试，终于建成并于1995年4月27日宣布进入完整运行能力（Full Operation Capability）阶段。GPS系统由卫星星座（空间段）、地面监控系统（地面段）和用户接收机（用户段）三大部分组成。地面监控系统包括1个主控站、4个注入站和6个监测站，负责监测GPS信号，编算导航电文和调控卫星。每颗卫星上都携带了4台原子钟，用以确保提供高度稳定的频率标准。卫星采用码分多址（CDMA）技术在第一导航信号L1（1 575.42 MHz）和第二导航信号L2（1 227.60 MHz）上播发测距码和导航数据。根据授权不同，GPS分别提供民用的标准定位服务（SPS）或为特许用户提供精密定位服务（PPS）。

进入21世纪后，全球定位系统开始全面实施现代化：分离军民用户测距码频带，增强军用信号的发射功率；新型卫星实现在轨自主更新星历，提高系统抗毁能力；增设第三导航信号L5（1 176.45 MHz），并在第二导航信号增加C码和军用M码；全面实施地面监控系统的现代化。这些措施将进一步改善GPS性能，提升GPS在导航定位领域的地位和作用，大大强化GPS在全球各领域的影响力。

GPS对人类活动影响极大，应用价值极高，因此得到了美国政府和海陆空三军的高度重视，被列为美国重点空间计划之一，成为继阿波罗登月计划、航天飞机计划之后第三项庞大的空间计划。GPS定位系统的建成，对导航和定位技术产生了巨大而深远的影响。它能够进行全球、全天候、全天时、多维连续定位，且精度不随时间变化，具有全球地面连续覆盖、精度高、功能多、实时定位速度快、抗干扰性和保密性强的特点，GPS不仅在导航领域表现卓越，而且在大地测量、授时等领域也得到广泛应用。

2. GLONASS

在GPS的影响下，苏联独立研制了类似的卫星导航系统GLONASS（GLObal NAvigation Satellite System，俄文为ГЛОНАСС）。自1982年苏联发射第一颗GLONASS卫星，经过13年的不断努力，至1995年12月俄罗斯发射了一箭三星后，完成了24颗工作卫星＋1颗备用卫星的布局，卫星分布在 3 个轨道面上，轨道倾角为 64.8°，长半轴为 25 510 km，卫星运行周期为 11h15min44s，总体布局与 GPS 星座相当。21 世纪初俄罗斯一度没有及时为失效的卫星发射替代卫星，使系统的在轨卫星数量急剧下降，严重影响了其使用效能。近年来，随着经济状况的好转和卫星导航定位市场的蓬勃发展，俄罗斯已经开始重建 GLONASS 系统。到 2009 年 5 月 1 日 GLONASS 共有 19 颗正常工作的卫星，2010 年俄罗斯使卫星数量达到“满员”状态。GLONASS 除采用频分多址(FDMA)技术与 GPS 略有不同外，在系统配置、定位机理、工作频段、信号和星历数据结构等方面与 GPS 系统基本相同，都以发射扩频测距码测量伪距来完成导航定位。GLONASS 的建成和公开化，打破了美国对卫星导航独家经营的局面，既可为民用用户提供独立的导航服务，又可与 GPS 组合提供更好的导航性能，同时它也大大缓解了美国政府利用 GPS 施以主权威慑给用户带来的后顾之忧。GLONASS 与 GPS 为全球卫星导航系统在世界范围内得到广泛应用开辟了美好的前景。

3. Galileo

2005 年 12 月 28 日，欧洲伽利略卫星导航系统(Galileo)的首颗实验卫星“GIOVE - A”顺利进入太空，这是欧洲为打破美国在卫星导航系统上的垄断局面所迈出的重要一步，标志着伽利略全球卫星导航系统进入了正式的轨道验证阶段。

伽利略系统由欧洲空间局和欧盟发起并提供主要资金支持，实现完全非军方控制与管理，旨在建立一个由国际组织控制的、经济高效的民用导航与定位服务系统。早在 1982 年，欧洲空间局就提出建议，希望通过国际合作建立一套民用的全球卫星导航系统，1998 年欧盟正式提出建立自己的伽利略全球卫星导航系统，2001 年该计划正式获得批准。伽利略系统虽然被称为是欧洲的全球卫星导航系统，但是却允许其他非欧盟国家的参与，中国作为第一个参与伽利略计划的非欧盟国家，早在 2004 年就正式签署了中欧技术合作协议，承诺提供 2.3 亿欧元资金投入。

作为欧洲独立自主的全球卫星导航定位系统，伽利略系统不仅能够为用户提供高精度、高可靠性的定位服务，而且能够与 GPS 和 GLONASS 实现多系统的相互兼容。预计伽利略系统可以为动态用户提供米级的定位精度，对于运行的火车、特种汽车、飞机着陆等对安全性有特殊要求的应用，伽利略系统在设计上具有独特的优势，能够保证在许多特殊情况下为用户提供必要的服务。

伽利略卫星导航系统计划由 30 颗卫星组成，其中包括 27 颗工作卫星和 3 颗备用卫星，它们运行在 3 个中等高度地球轨道(MEO)上，每个轨道均匀分布 10 颗卫星，其中一颗为当前轨道的备用卫星。

伽利略系统可向用户提供免费和收费两种服务，虽然服务信息仍然以位置、速度和时间的形式提供，但服务种类却比只具有 PPS 和 SPS 两种服务的 GPS 系统丰富得多。伽利略卫星单独提供的服务包括：

1)开放服务(Open Service, OS)。

2)商业服务(Commercial Service, CS)。

3)生命安全服务(Safety of Life, SoL)。

4)公共特许服务(Public Regulated Service, PRS)。

5)搜索救援服务(Search And Rescue Service, SAR)。

伽利略系统是在充分借鉴 GPS 和 GLONASS 的发展建设经验,并充分考虑当前和未来用户需求的基础上筹建的。在系统结构、频段划分、信号体制和安全保障等方面的努力,使得它与美国的 GPS 相比具有更高的效率和可靠性,在整个系统全部投入运行后,将为各类用户提供更广阔的应用空间。应当指出,伽利略计划从提出到实施自始至终都在试图挑战美国 GPS 独霸天下的地位,重建欧洲在政治、军事、技术方面的雄风,被认为是新欧洲的基石。也许正是这个原因,欧盟在处理信号体制、利益分配及融资等问题上一直在对抗美国和压制中国之间摇摆不定,再加上研发经费紧张,其第二颗试验卫星于 2008 年 4 月才发射升空,比最初的计划推迟了整整 5 年。根据目前的计划,伽利略系统将于 2013 年部署完毕。

4. BDS

BDS 系统是我国独立研制的北斗二代卫星导航系统,其中文音译名称为"Beidou Ⅱ",英文名称为"Beidou Navigation Satellite System,BDS"。与前述卫星导航系统一样,BDS 具有全球覆盖的导航能力。

2004 年 8 月 31 日,我国拥有完全自主知识产权的北斗二代卫星导航系统立项,2007 年 4 月和 2009 年 4 月先后成功发射两颗 BDS 卫星进入预定轨道,标志着系统卫星组网工作正式启动,预计在 2012 年前建成一个覆盖中国及周边地区的区域导航定位系统,并在 2020 年左右形成覆盖全球的卫星导航系统。BDS 卫星导航系统空间段计划由 5 颗地球静止轨道卫星(GEO,简称静地卫星)和 30 颗非地球静止轨道卫星组成。其中,5 颗地球静止轨道卫星高度为 36 000 km,在赤道上空分布于 58.75°E,80°E,110.5°E,140°E 和 160°E;30 颗非地球静止轨道卫星由 27 颗中地球轨道(MEO)卫星和 3 颗倾斜地球同步轨道(IGSO)卫星组成;27 颗中轨道卫星分布在倾角为 55°的 3 个轨道平面上,轨道高度为 21 500 km。BDS 卫星导航系统将提供两种服务:开放服务和授权服务。前者在信号覆盖区免费提供定位、测速和授时服务,而后者将为授权用户提供更加安全的定位、测速、授时和通信服务以及系统完好性信息,满足全球范围内用户对导航的需求。

美国 GPS、俄罗斯 GLONASS、欧盟 Galileo 和中国 BDS 系统并称为全球四大卫星导航系统。目前,联合国已将这四个系统一起确认为全球卫星导航系统核心供应商。

1.1.3 区域卫星导航系统

尽管 GPS 的高精度、多用途等优点受到人们的广泛关注,而且应用日趋深入,然而我们也不能不清醒地认识到,GPS 和 GLONASS 系统均为冷战时期的产物,源于军事目的建立。特别是 GPS 工作卫星于 1991 年 7 月 1 日全部实施选择可用性(Selective Availability, SA)技术,人为地引入干扰信号,故意降低非特许用户的测量精度,使这些用户的水平定位精度降低至 100 m(2DRMS,95%),高程精度降低至 150 m,测速精度降低至 0.3 m/s,时间同步精度降低至 500 ns。虽然迫于各种压力和出于自身经济利益的考虑,美国政府于 2000 年 5 月 2 日开始取消 SA 限制,但是,并不排除美国在必要的时候关闭 GPS 或重启 SA 的可能性。将自己的导航定位手段特别是军事领域的应用置于他国控制之下,关键时刻必然会受制于人,拥有自己独立的卫星导航系统,不仅能够促进本国军事技术的发展,有利于掌握现代战争主动权,而且还会带来巨大的经济效益。出于开发成本和技术上的考虑,一些国家开始发展独立的区域性卫星导航系统，它既可以作为后续全球系统开发的前期探索，又可以满足本国及周边国家的导航需求。如中国的北斗一代卫星导航系统（Beidou I）、印度的区域卫星导航系统就是在这种情况下诞生的。

1. Beidou I

作为BDS全球卫星导航系统的先驱，Beidou I又称为北斗一代区域性主动定位系统。20世纪70年代后期，我国开展了适合国情的卫星导航定位系统体制的研究。1983年，“两弹一星”功勋奖章获得者陈芳允院士提出了研制双星快速导航系统的设想，1994年国家正式批准了该项目，并命名为北斗卫星导航系统，其工程代号为“Beidou I”。2000年10月和12月先后发射了两颗北斗一代地球静止轨道卫星，两颗卫星的升交点赤经相隔60°，分别定点在80°E和140°E赤道上空。2003年1月1日该系统正式投入使用。北斗一代卫星导航系统采用主动式定位原理，用户设备既接收来自卫星的信号，又要向卫星转发该信号，进而由地面中心站解算出各个用户的位置坐标，并用通信方式告知用户。目前整个系统由四颗卫星（两颗工作卫星，两颗备份卫星）、中心控制系统、标校系统和用户机四大部分组成，卫星信号覆盖范围为70°E～145°E，5°N～55°N，我国大陆和周边地区均在其服务区域内。目前该系统在测绘、电信、水利、交通运输、渔业、勘探、森林防火和国家安全等诸多领域逐步发挥着重要作用。北斗一代卫星导航系统是一种全天候的区域性系统，可实现快速导航定位、双向简短报文通信和定时授时三大功能，其中后两项功能是GPS和GLONASS所不能提供的。北斗一代卫星导航系统具有卫星数量少、投资小、用户设备处理简单等优点，缺点是只能二维主动式定位，用户三维定位时需要高程信息辅助，定位精度有限，不能满足高动态和保密的军事用户要求，系统容量具有一定的限制。

2. IRNSS

2006年7月4日，由印度政府批准，印度空间局开始筹建印度区域卫星导航系统（Indian Regional Navigation Satellite System，IRNSS）。IRNSS由7颗卫星构成独立的导航星座，其中3颗为地球静止轨道卫星，4颗为倾斜地球同步轨道卫星，卫星信号覆盖范围为40°E～140°E和40°S～40°N。IRNSS空间卫星实时为用户广播卫星钟差改正、电离层误差改正和完好性信息，为用户提供标准定位服务、精密定位服务和政府特许服务。其中，标准定位服务和精密定位服务信息调制在S频段（2 491.005 MHz）和L频段（1 191.795 MHz）上，政府特许服务信息调制在L5频段。印度计划于2010年之前发射4颗卫星，初步完成最小空间星座配置，到2012年完成7颗星座的系统配置。与Beidou I利用两颗卫星实现主动定位的方式不同，IRNSS由于具有更多的可观测卫星，所以三维被动式定位时可不需要高程辅助。

1.1.4 差分增强系统

由于卫星信号来自遥远的太空，卫星时钟误差、星历误差、接收机钟差、信号传播过程中的大气延时均会对定位结果产生一定的影响，卫星导航接收机单机定位精度小于30 m，通常在10 m左右，这并不能满足所有用户在导航和定位方面的要求。例如在大地测量、形变监测等领域，通常要求定位精度为米级甚至厘米级。差分定位技术利用两台或多台接收机同时观测卫星，可消除或削弱公共误差，大大提高定位精度。根据定位误差的相关特性，差分定位在具体实施时可建立一个或多个差分基准站，通过数据链传送相应的误差信息或原始观测信息，使用户接收机能够通过不同的数据处理方式消除或削弱大部分误差，形成局域差分或广域差分系统。

除定位精度外，一些对生命安全要求较高的用户，如航空、航海、铁路等领域，还要求系统在无法定位时能够及时向用户发出告警，满足一定的完好性、连续性和可用性指标，这是目前GPS和GLONASS所不具备的。各类增强系统就是这样一种可以满足不同用户需求的全球卫星导航辅助系统，目前主要针对GPS/GLONASS实现。从定位精度的改善上看，部分增强系统本质上仍然采用差分的方式实现，如星基增强系统、陆基增强系统、全球差分GPS、海事差分GPS/国家差分GPS等；部分增强系统通过对导航卫星的联测使用户建立精确的定位模型，再利用差分技术获得高精度的定位结果，如连续运行参考站、国际GNSS服务网等；部分增强系统采用卫星导航与其他系统组合的方式实现，如罗兰—C、惯性导航系统与卫星导航的组合系统。

星基增强系统(SBAS)：SBAS主要由GNSS卫星、GEO卫星、SBAS用户和地面设备组成。GEO卫星不仅可以发射导航信号，而且能够为用户提供差分改正信息和完好性信息，以增强GPS/GLONASS系统的性能。如美国的广域增强系统(WAAS)、欧洲的静地卫星导航重叠服务系统(EGNOS)、日本的多功能卫星增强系统(MSAS)、印度的GPS辅助静地卫星增强系统(GAGAN)等。这些SBAS使用国际民航组织的性能标准，不仅能够为飞行器提供导航，而且已经被广泛地应用到其他领域。

陆基增强系统(GBAS)：从广义上讲，只要陆地安置的信号源能够产生增强GNSS定位性能的信号，均可称之为陆基增强系统。由于通常所说的GBAS是指基于国际民航组织的性能标准建立的增强系统，因而典型的GBAS主要是指局域增强系统(LAAS)，它通过在机场设置若干个伪卫星和地面参考站实现安全的飞行器导航。

全球差分GPS(GDGPS)：它是由美国喷气推进实验室(JPL)开发的高精度GPS增强系统，用于满足美国宇航局(NASA)科学任务所要求的实时定位、定时和定轨需求。

海事差分GPS/国家差分GPS(MDGPS/NDGPS)：MDGPS由美国海岸警卫队(USCG)于20世纪80年代末开发，它利用无线电指向标(信标)和DGPS技术结合的方式实现服务区内优于10 m(95%)的定位精度，并能够提供一定的完好性，满足美国海岸和内陆水域的导航需求。1997年，MDGPS的信标数量由原来的54个计划扩展至136个以覆盖全美国，这项计划被称为NDGPS。NDGPS差分信息传送的频率(285～325 kHz)和格式(RTCM SC-104)支持国际标准，目前世界上已有50多个国家建立了类似的系统。

连续运行参考站(CORS)：它是指对一些特殊的测站采取较长时间的连续跟踪观测，通过这些站点组成的网络获取覆盖该地区和该时间段的精密星历及其他改正参数，用于测区内用户的精密解算。CORS测站能够连续不断地运行，用户只需一台接收机即可进行米级甚至厘米级的实时快速定位或测量数据的事后处理。我国已在北京、武汉等地建立了大约30个这样的观测站。

国际GNSS服务网(IGS)：它是由来自全球约80个国家的200个组织提供的350多个GPS监测站所组成的网络，能够为用户提供GPS精密星历、地球极移参数、IGS站坐标及运动速率、GPS卫星钟差和各测站的站钟差，其中星历误差优于10 cm，卫星时钟误差优于5 ns。

全球约 100 个 IGS 监测站可在采集后 1 h 之内播发跟踪数据，为高精度用户提供服务。

1.2 卫星导航的作用和特点

随着卫星导航应用领域的不断扩大和深入，这一年轻而日趋成熟的技术已逐渐被全世界各行各业普遍接受。

如果说 20 世纪 80 年代 GPS 技术还蒙着一层神秘的面纱，还只是主要在军事领域内异军突起、崭露头角的话，那么，到了 90 年代，特别是在海湾战争之后，GPS 便以其特有的延伸力和穿透力迅速渗入到人类经济发展的各个领域。GPS 近 30 年的应用实践已经证明，用户利用卫星传送的信号能够在全球范围内实现连续、高精度的导航、定位和定时。卫星导航已经发展成为多领域（如陆地、海洋、航空、航天）、多模式（静态、动态、单点、差分）、多用途（如精确导航、精密定位、卫星定轨、灾害监测、海洋开发、城镇规划、资源调查、交通管制等）、多机型（如船载型、机载型、弹载型、测地型、授时型、全站型、手持型等）的国际性高新技术产业，目前仍然处于高速发展时期。

1.2.1 卫星导航的作用

归纳起来，卫星导航的作用大致体现在以下几个方面：

1. 导航定位

包括军事及民用目的在内的海、陆、空载体和人员，为了各种各样的目的要求安全、准确、经济地沿着一定的航路抵达目的地，因而需要导航和定位。与其他一些导航手段相比，卫星导航具有接收设备体积小、质量轻、功能多、精度高、使用方便且基本不受环境条件限制的特点。

2. 大地测量

对卫星导航技术的研究和对卫星导航信息资源的开发也给地学研究和应用提供了一种崭新的技术手段。卫星导航系统具有高精度和全天候的特点，能够进行大地测量和布设大地网，建立全球统一的地心坐标系，甚至可以与甚长基线干涉测量（VLBI）技术配合研究地壳和板块运动。

3. 时间同步

定时有着广泛的应用领域，从日常生活到航海、航天都对时间有着不同的精度要求。采用卫星信号进行时间传递，不仅可以获得较高的定时精度，而且还可以避免以往时间传递的巨大耗资，只需一台能够接收和处理卫星信号的接收机即可。

导航卫星上都安装有多台原子钟（铯原子钟、铷原子钟，甚至精度更高的氢原子钟），它们是导航卫星工作的核心设备。工作时仅启动一台原子钟作为时间标准和频率标准，其余备用，原子钟的时间受到地面站监控，能够达到优于 5 ns 的精度，使导航系统时间和协调世界时（UTC）之差保持在 $\pm 1\ \mu s$ 以内，可用于导出 UTC 时。当利用卫星信号进行时间传递时，通常采用下列两种方法,即一站单机定时法和共视比对法。前者在已知坐标的观测站上利用一台接收机对卫星进行观测;后者是在两个观测站上各安设一台接收机,在相同的时间内观测同一颗卫星,从而测定用户时钟的偏差,在洲际距离上实际测量的精度仍然高达纳秒级。例如,我国于1987年采用GPS接收机进行全国共视法时间同步试验,测得的时间精度为15 ns。

4. 载体速度和载体姿态测量

对于动态用户来说,除了需要确定载体的实时位置以外,往往还需要测定载体的实时航行速度和姿态,这是卫星导航定位技术的另一个重要应用。在动态应用中,实时定位和测速可同时进行,计算简单。

载体姿态的精确测量在军事、民用和商用等领域的作用也日趋显著。与传统的由陀螺和加速度计组成的机电式姿态测量系统相比,卫星导航接收机具有精度高、体积小、成本低的优点。如Ashtech公司早期生产的3DF型GPS接收机就具有瞬时姿态测量的功能,它具有24个信号通道,4个独立天线分别与6个信号通道组合,通过实时计算4个天线安装点之间的距离、倾斜和俯仰等参数的变化,在米级基线上的姿态测量精度能够达到1mrad(RMS)。

5. 作为其他导航系统测试、重调的基准

卫星导航系统具有定位精度不随时间变化的特点,可以作为其他导航系统性能测试的标准,检验其出厂使用性能。针对一些具有短期高精度的系统在长时间使用时定位结果发散的缺点,如惯性导航系统,可在一定的时间内利用卫星导航定位结果对惯性导航系统进行重调,使其始终保持高精度工作状态。

1.2.2 卫星导航的特点

自卫星导航技术特别是GPS诞生以来,由于其具备解决多种学科重大问题的巨大潜力,因而从全球范围内的科学研究和全球战略目标出发,世界上许多国家均投入很大的力量开展卫星导航应用实验、处理技术和接收机研制等方面的研究。理论研究与应用实践均表明,卫星导航同其他导航定位手段相比具有如下特点:

1. 全球地面连续覆盖

由于卫星数目较多且分布合理,所以地球上任何地点均可连续跟踪和观测到4颗以上的卫星,从而保证了系统全球、全天时、实时连续的导航与定位能力。

2. 精度高,功能多

卫星导航系统可为各类用户连续提供三维位置、三维速度和时间信息,经特殊配置后还可提供姿态信息。一般来说,使用GPS的单点实时定位精度小于30 m,静态相对定位精度可达0.01 m,测速精度优于0.1 m/s,测时精度约为数十纳秒级。随着卫星定位测量技术和数据处理技术的发展,其定位、测速和测时的精度可望进一步提高。

3. 实时定位速度快

利用卫星导航接收机定位，首次卫星跟踪和解算一般不超过 30 s，一次定位和测速通常在 1 s 至数秒内即可完成。这与其他定位手段(包括子午仪系统，一般需要 8～10 min)形成鲜明对比，这一点对高动态用户来说尤为重要。

4. 操作简便，易于安装

卫星导航定位的自动化程度很高，卫星观测和信号处理由接收机自动完成。不仅如此，由于用户接收机一般质量较轻、体积较小，不需要特殊的工作环境和特种电源，因而携带、搬运和安装都很方便。

5. 全天候工作

利用卫星导航系统进行的测量工作可以在任何地点、任何时间连续地进行，一般不受外界环境的影响，也不受天气状况的影响。

6. 可组合成多种形式的观测手段

为提高导航定位精度，卫星导航接收机可方便地与其他定位系统如惯性导航系统、推算航位系统等组合使用，也可与雷达和电子海图、电子地图等直接叠加，甚至两台或多台接收机还可组成不同形式的差分定位系统。

7. 抗干扰性能好，保密性强

卫星导航系统能够实现用户的被动式定位，接收机无须向外界发射信号即可导航定位，而且卫星通信采用了扩频调制和编码技术，因而卫星发送的信号具有良好的抗干扰性和保密性。

1.3 卫星导航的应用

自第一颗 GPS 试验卫星发射以来，利用卫星进行导航与定位可以满足各种不同用户的需要，关于卫星导航应用系统的研究、开发和实验工作发展异常迅速。对于舰船而言，卫星导航系统能在海上协同作战、海洋交通管制、海洋测量、浮标建立、管道敷设、港口领航等方面作出贡献；对于飞机而言，卫星导航系统可以在飞机进场着陆、中途导航、武器对准及空中交通管制等方面进行服务；在陆地上，卫星导航系统可用于各种车辆、车载武器的定位，还可用于大地测量、摄影测量和野外勘探的定位；在空间技术方面，卫星导航系统可用于弹道导弹的传递对准以及空间飞行器的导航和定位；卫星导航与遥感技术、地理信息系统配合，可以监测土壤性质分布和农作物的产量分布，引导飞机或其他农业机械合理施肥、播种和喷洒农药，降低农业生产成本、提高经济效益。由此可见，上至航空、航天器，下至渔船、导游和农业生产，卫星导航系统的应用已经渗透到了人们生产、生活的各个领域，Parkinson 在其著作中形容 GPS 的应用范围“只受人们想象力的限制”[1]。

1.3.1 军事领域应用

卫星导航系统同许多其他导航定位系统一样，最初也是为了军事目的而产生的。在GPS系统尚未完全建成之前，就经历了一场现代化战争的考验。在1991年爆发的历时42天被称为“沙漠风暴”的海湾战争中，GPS系统为多国部队进行了准确的导航定位，如精确制导炸弹、特种部队的空投、集结、穿插、侦察，陆海空所属战斗机的空战指挥和控制以及战后的为难民空投救援等，GPS的首次亮相便创造了人类战争史上的奇迹。而当时空中仅有16颗卫星，对海湾地区只能进行20 h的二维定位或15 h的三维定位，因而美国国防部的事后研究报告认为：“研制GPS系统虽然历时近20年，投资300多亿美元，但仅就海湾战争的受益，就已经超过了投资”。

卫星导航技术的应用是战场数字化和建设数字化军队的重要信息采集源，是实施导航战的重要前提之一。海湾战争可以说是卫星导航发展史上的一个里程碑，自此以后，各国政府都非常重视卫星导航系统在军事领域的应用，而GPS接收机在军事装备中的地位早已由可选装备过渡成为必要装备，在随后的阿富汗战争中，GPS俨然已经成为了人类战争机器的核心。

1.3.2 民事领域应用

卫星导航系统突破了军事应用的界限，渗透到更为广阔的民用领域中，其应用的深度和广度与日俱增。

1. 海洋应用

卫星导航系统最初用于舰船导航领域，目前在航海、航运事业中仍有着十分重要的作用。主要表现在：

——远洋船只的最佳航程和安全航线测定；
——海洋地球物理勘测与大地测量；
——海底与海面地形及水深测量；
——水文测量；
——渔船的结队航行和作业调度；
——海底管道敷设与测量等。

2. 航空和航天应用

航空和航天是卫星导航系统中用户较少而技术要求较高的一个领域，其应用主要表现在：

——飞机导航和姿态测量；
——飞机进场着陆控制；
——低轨卫星的实时轨道测量；
——卫星入轨和回收的实时点位测定；
——摄影和遥感飞机的七维状态参数和三维姿态参数测量。

3. 陆地应用

由于汽车是现代文明社会中与每个人关系最为密切的一种交通工具，伴随着接收机芯片化技术的成熟和高灵敏度接收机技术的发展，车辆导航和基于位置的服务将成为未来全球卫星导航系统最大的潜在应用。这些应用包括：

——智能交通系统；

——物流管理；

——应急车辆的快速引行；

——特种车辆的监控管理；

——基于位置的服务；

——地球物理资源勘测；

——高精度时间比对和频率控制；

——大地测量控制网的测设。

应当特别指出的是，卫星导航系统的发展对于传统的大地测量技术是一次巨大的冲击。一方面它使得经典的测量方法面临重大的变革，另一方面也将进一步加强大地测量学与其他学科之间的相互渗透。

第2章　卫星导航基础

卫星导航系统是一种基于卫星的无线电导航系统，涉及卫星轨道配置、坐标系转换、卫星信号收发等诸多技术。初步了解这些技术，对研究卫星导航是十分必要的。本章主要介绍卫星导航的基础知识，包括常用坐标系、卫星轨道、时间系统、伪随机噪声码以及卫星通信调制技术。

2.1　卫星导航系统常用坐标系

在卫星导航系统中，坐标系是描述卫星运动、处理观测数据和求解接收机位置的数学和物理基础。根据应用场合的不同，选用的坐标系也不相同。例如：考察外层空间探测器，一般选用日心惯性坐标系；对于飞行于地球表面附近的运载器，可选用地心惯性坐标系或与地球固联的地球坐标系；对于在地球表面局部区域内运动的载体，可选择适合于局部地区的相对定位坐标系。

2.1.1　坐标系的三要素

定义一个空间坐标系，必须明确地指出以下三要素：

1）坐标系原点，如日心坐标系以太阳质心为原点，地心坐标系以地球质心为原点；

2）坐标系轴，如地理坐标系的定向为东北天（ENU），舰船载体坐标系的定向为右舷、船艏和垂直甲板面向上；

3）坐标系参数，在所属坐标系中以什么参数来确定某点的位置，如地球平面坐标系的笛卡儿坐标（X,Y,Z）或大地坐标系的曲线坐标（纬度 φ，经度 λ，高度 h）。

2.1.2　地理坐标系

地理坐标系是接收机地理位置的基准，简记为 n，它的坐标原点位于地球表面；采用笛卡儿坐标系，X_n，Y_n 轴垂直，分别指东和指北；Z_n 轴沿地心与坐标系原点的连线指向天顶，垂直于当地水平面；X_n，Y_n，Z_n 三轴构成右手直角坐标系。地理坐标系不仅随地球自转相对惯性空间运动，而且还随接收机的运动发生变化。

2.1.3 惯性坐标系

我们把在惯性空间静止或做匀速直线运动的参考坐标系称为惯性坐标系；把坐标原点取在太阳质心的称为太阳中心惯性坐标系（简记为 S），而把坐标原点取在地球质心的称为地心惯性坐标系（简记为 i）。

1. 太阳中心惯性坐标系

太阳中心惯性坐标系根据坐标轴取向的不同，又可以分为太阳中心赤道坐标系和太阳中心黄道坐标系。恒星周日视运动可以定义地球的自转轴，从而决定赤道；同样，由太阳周年视运动可以定义黄道。黄道和赤道的两个交点分别为春分点和秋分点。

（1）太阳中心赤道坐标系

太阳中心赤道坐标系的坐标原点是太阳，Z_S 轴垂直于地球赤道平面，即平行于地球的自转轴；X_S 轴为赤道平面和黄道平面的交线，且经过春分点；Y_S 轴与 Z_S，X_S 轴构成右手直角坐标系。

（2）太阳中心黄道坐标系

太阳中心黄道坐标系的坐标原点是太阳，Z'_S轴垂直于黄道平面，X'_S轴在赤道平面和黄道平面内与 X_S 轴重合；Y'_S轴与 Z'_S，X'_S轴构成右手直角坐标系。

2. 地心惯性坐标系

如果把太阳中心赤道坐标系的坐标原点取在地球质心，就变为地心惯性坐标系。Z_i 轴与地球自转轴方向一致，X_i，Y_i 轴在赤道平面内与 Z_i 轴构成右手直角坐标系。地心惯性坐标系不随地球自转而改变，即其三根坐标轴在惯性空间的方向保持不变，但坐标系原点位置随地球绕太阳公转而变化。

2.1.4 地球坐标系

地球坐标系以地球质心为坐标原点，Z_e 轴与地球自转轴方向一致，X_e，Y_e 轴在地球赤道平面内，X_e 轴与格林尼治子午面和赤道平面的交线重合，Y_e 轴与 Z_e，X_e 轴构成右手直角坐标系。地球坐标系与地球一起转动，故也称为地心地固坐标系（Earth Centered Earth Fixed，ECEF）。

根据坐标系所选参数的不同，地球坐标系中的点有两种表示方法：地球坐标系笛卡儿坐标和大地坐标系曲线坐标，参见图 2.1.1。显然，任意一点 P 在直角坐标系和大地坐标系中可分别表示为(x,y,z)和(φ,λ,h)，二者是等价的。这两种坐标均属地球坐标系，它们之间的转换关系见附录 A.3。

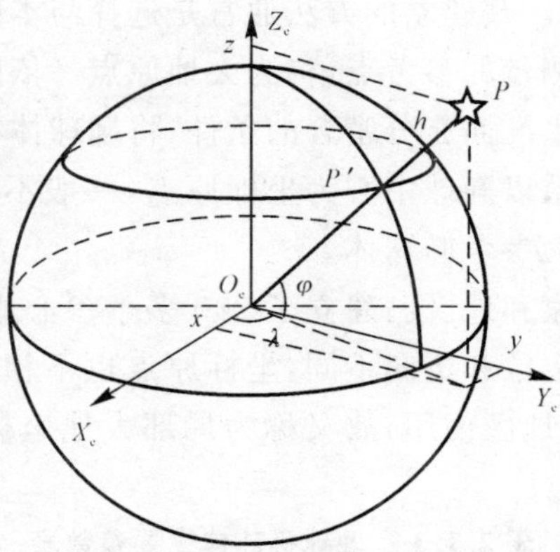

图 2.1.1　地球坐标系的两种表示方法

2.1.5　地心坐标系和参心坐标系

1. 地心坐标系

建立地心坐标系的目的在于建立一个固定的、统一的坐标系。地心坐标系通常采用协议地极(Conventional Terrestrial Pole，CTP)和BIH(Bureau International Heure)经度零点①来定义，因此实际应用的地心坐标系通常都是协议地球坐标系(Conventional Terrestrial System，CTS)。从理论上来说，协议地球坐标系是一个全球统一的坐标系，它对航天技术、远程武器发射和地球科学研究等具有十分重要的作用。

虽然协议地球坐标系是唯一的，但要精确地建立这样一个坐标系却需要全球实测数据，并满足以下三个条件：

1）确定地球椭球体。这个椭球的大小(长半轴 a 和扁率 f)要同地球体最佳吻合，同时它又要具有能代表地球质量 M 和引力常数 G 的物理特性，而且椭球扁率 f 要等价于地球二阶带谐因数 J_2，椭球旋转角速度要等于地球旋转角速度 Ω_e。

2）确定地球质心和坐标轴向。坐标系原点应建立于地球质心，X 轴指向经度零点，Z 轴与国际协议地极的极轴重合。

3）确定尺度。采用标准的国际米制作为长度测量的基本单位。

进行这样精确的测量，在人造地球卫星发射成功以前是很困难的。随着空间技术的发展，许多国家都在进行洲际间天文大地网联测和各种卫星测地工作。由于各国的测量方法不同，测量精度也有差别，因而实际建立的坐标系有所不同。目前美国国防部的世界大地坐标系(World Geodetic System，WGS)在卫星导航领域应用比较广泛。

2. 参心坐标系

各个国家或地区为了处理大地测量的结果、计算点位坐标、测绘地图和进行工程建设，需

① BIH经度零点是1968年由国际时间局BIH确定的，采用通过国际协议原点和格林尼治天文台的子午线作为起始子午线，该子午线与协议赤道面的交点作为经度零点。

要建立一个适合本国的坐标系。其建立的方法通常是选择与本国地表最为接近的椭球作为基本参考面,选择一点作为大地测量的参考点,称为大地原点。依照椭球体短轴与地球自转轴相平行,椭球面与本地区的大地水准面充分密合的条件,将椭球体在地球内部的位置和方向确定下来。显然,这样建立的坐标系以椭球中心为坐标原点,一般不会与地球质心相重合,故称为参心坐标系,相应的椭球体称为参考椭球体。

目前,世界上100多个国家和地区已建立了200多个参心坐标系。这些坐标系选用的参考椭球体的参数不同,椭球的定位和定向不同,坐标原点也不相同,因而它不是全球统一的坐标系。参心坐标系只适合于本地区使用,故又称为局部大地坐标系。表2.1.1给出了部分参考椭球体的参数。

表2.1.1 地球椭球体主要参数表

椭球体名称	年份	长半轴 a/m	扁率倒数 $1/f$
埃弗勒斯特(Everest)	1830年	6 377 267	300.80
白塞尔(Bessel)	1841年	6 377 397	299.15
克拉克(Clarke)	1880年	6 378 249	293.47
海福特(Hay ford)	1910年	6 378 388	297.00
克拉索夫斯基(Krasovsky)	1940年	6 378 245	298.30
费舍尔(Fischer)	1960年	6 378 166	298.30
卡拉(Kaula)	1964年	6 378 160	298.25
范士(Veis)	1967年	6 378 142	298.225
卫星(Satellite)	1975年	6 378 135	298.26
IAG-75	1975年	6 378 140	298.257

3. 不同坐标系之间的坐标转换

不同坐标系之间的坐标转换既包括不同参心坐标系之间的转换,也包括参心坐标系与地心坐标系之间的转换,还包括不同地心坐标系之间的转换。坐标系之间的转换在实际应用中具有重要的意义。

进行坐标系转换,首先要确定坐标转换模型。目前国际上广泛采用的是布尔莎(M. Bursa)模型和莫洛金斯基(Molodensky)模型。前者适用于地心坐标系之间的转换,后者适用于参心坐标系之间的转换。有关坐标系转换的内容参见本书附录A.1。

2.1.6 几种常用的坐标系

1. WGS-84坐标系

GPS系统在试验初期采用的是WGS-72坐标系,1985年10月开始采用WGS-84坐标系。WGS-84 是美国国防部研制确定的大地坐标系，坐标原点在地球质心，Z 轴指向 $BIH_{1984.0}$ 定义的协议地极方向，X 轴指向 $BIH_{1984.0}$ 的零子午面和 CTP 赤道的交点，Y 轴与 Z 轴、X 轴构成右手直角坐标系。对应于 WGS-84 坐标系的椭球基本参数如下：

长半轴：$a=(6\ 378\ 137\pm 2)\mathrm{m}$；

椭球扁率倒数：$1/f=298.257\ 223\ 563$；

地球引力常数：$GM=(3\ 986\ 005\pm 0.6)\times 10^8\ \mathrm{m^3/s^2}$；

二阶带谐因数：$J_2=108\ 263\times 10^{-8}$；

地球自转角速度：$\Omega_e=(7\ 292\ 115\pm 0.150\ 0)\times 10^{-11}\mathrm{rad/s}$。

2. Parametry Zemli 1990 坐标系(PZ-90)

GLONASS 系统在 1993 年以前采用的是苏联 1985 年地心坐标系(Soviet Geodetic System 1985)，简称 SGS-85 坐标系。1993 年以后改用 PZ-90 坐标系，它是俄罗斯进行地面网与空间网联合平差后建立的坐标系，其 Z 轴指向由国际天文联合会和国际大地测量协会测定的平北极，X 轴位于地球赤道平面上并通过经度零点位置，Y 轴与 Z 轴、X 轴构成右手直角坐标系。PZ-90 坐标系与 WGS-84 坐标系的定义极为相似，但两个坐标系的参考椭球原点和坐标轴方向有细微差别。对应于 PZ-90 坐标系的椭球基本参数如下：

长半轴：$a=6\ 378\ 136\ \mathrm{m}$；

椭球扁率倒数：$1/f=298.257\ 839\ 303$；

地球引力常数：$GM=3\ 986\ 004.4\times 10^8\ \mathrm{m^3/s^2}$；

二阶带谐因数：$J_2=108\ 263\times 10^{-8}$；

地球自转角速度：$\Omega_e=7\ 292\ 115\times 10^{-11}\mathrm{rad/s}$。

3. 1954 年北京坐标系(P54)

P54 坐标系是通过与苏联 1942 年坐标系联测而建立的，是参心坐标系。P54 坐标系的大地原点在苏联的普尔科沃，采用克拉索夫斯基椭球作为参考椭球，通过联网的大地坐标计算，推算出北京点的坐标，并定名为 1954 年北京坐标系。由于当时技术条件限制，该网采用的地球参考椭球中心与地球质量中心不重合，其基本参数误差较大且不包含表示地球物理特性的椭球参数，其椭球定位与我国的区域大地水准面配合欠佳，参考椭球面与我国大地水准面呈西高东低的系统性倾斜；该坐标系统的大地点坐标是经过局部分区平差得到的，因此全国控制网的精度是不均匀的。1980 年国家大地坐标系整体平差完成后，理论上应使用该平差结果，但考虑到实际应用中大量的测绘成果是基于原 P54 坐标系的，因此将 1980 年国家大地坐标系经三个平移参数变换至克拉索夫斯基椭球中心，从而得到新 P54 坐标系。当前广泛使用的标准纸制海图，采用的就是新 P54 坐标系。P54 坐标系参考椭球的基本参数如下：

长半轴：$a=6\ 378\ 245\mathrm{m}$；

椭球扁率倒数：$1/f=298.3$；

高程基准：1956 年青岛验潮站求出的黄海平均海水面。

4. 1980 年国家大地坐标系(C80)

我国目前使用的 C80 坐标系是在全国天文大地网平差基础上建立的参心坐标系。根据椭球定位的基本原理，在建立C80坐标系时确定：

1）大地原点在我国中部，具体地点是陕西省泾阳县永乐镇，位于西安市西北方向约60 km处，简称西安原点。

2）椭球定位和定向条件是：椭球短轴（Z轴）与地球质心指向我国地极原点$JYD_{1968.0}$的方向平行；起始大地子午面平行于格林尼治天文台子午面，与赤道面的交线为X轴；Y轴与Z轴、X轴构成右手直角坐标系。在我国境内，椭球面和大地水准面最佳密合。

3）椭球参数选用1975年国际大地测量地球物理学联合会（International Union of Geodesy and Geophysics，IUGG）第16届大会的推荐值，简称IUGG-75地球椭球参数。基本参数如下：

长半轴：$a=(6\ 378\ 140\pm 5)\text{m}$；

椭球扁率倒数：$1/f=298.257$；

地球引力常数：$GM=(3\ 986\ 005\pm 3)\times 10^8\text{m}^3/\text{s}^2$；

二阶带谐因数：$J_2=(108\ 263\pm 1)\times 10^{-8}$；

地球自转角速度：$\Omega_e=7\ 292\ 115\times 10^{-11}\text{rad/s}$。

5. 2000国家大地坐标系（CGCS2000）

采用地心坐标系有利于利用现代空间技术对坐标系进行维护和快速更新，有利于测定高精度大地控制点三维坐标，提高测图工作效率。我国自2008年7月1日开始启用2000国家大地坐标系（China Geodetic Coordinte System 2000，CGCS2000），这是全球地心坐标系在我国的具体体现，其原点为包括海洋和大气的整个地球的质量中心。Z轴由原点指向历元2000.0的地球参考极的方向，该历元的指向由国际时间局给定的历元为1984.0的初始指向推算，定向的时间演化保证相对于地壳不产生残余的全球旋转，X轴由原点指向格林尼治参考子午面与地球赤道面（历元2000.0）的交点，Y轴与Z轴、X轴构成右手直角坐标系。2000国家大地坐标系的基本椭球参数如下：

长半轴：$a=6\ 378\ 137\ \text{m}$；

椭球扁率倒数：$1/f=298.257\ 222\ 101$；

地球引力常数：$GM=3\ 986\ 004.418\times 10^8\text{m}^3/\text{s}^2$；

二阶带谐因数：$J_2=108\ 262.98\times 10^{-8}$；

地球自转角速度：$\Omega_e=7\ 292\ 115\times 10^{-11}\text{rad/s}$。

2.2 卫星轨道及卫星在轨运动

2.2.1 卫星轨道及分类

1. 卫星轨道的定义

国际电信联盟（International Telecommunication Union，ITU）对卫星轨道的定义是：

由于受到自然力的作用,卫星和其他空间物的质量中心按照相应参照系的路径运动,此路径称做轨道。卫星轨道一般采用轨道形状、大小、轨道面位置以及卫星在轨位置等信息描述,如图 2.2.1 所示。卫星轨道通常由六个要素表示:

1) 升交点赤经 Ω:升交点 N 是卫星由南向北穿越地球赤道平面时轨道与赤道面的交点,在赤道上以春分点 r 所在经度为基准,向东至升交点在赤道上的投影点 N' 的角距,即升交点赤经 Ω,它用来确定 N 的位置。太阳从南向北穿越赤道的一点称为春分点,它是赤经的零点,由此计算的升交点赤经 Ω 在 $0° \sim 360°$ 之间变化。

2) 轨道倾角 i:赤道平面和卫星轨道面之间的夹角,范围在 $0° \sim 180°$ 之间。当 $i=90°$ 时,卫星穿过地球的两极,称为极轨道;当 $i=0°$ 时,卫星在赤道平面内运动,称为赤道轨道;当 $0° < i < 90°$ 时称为顺斜轨道;当 $90° < i < 180°$ 时称为逆斜轨道。

3) 近地点张角 ω:在轨道平面上,由地心到升交点方向 ON 和由地心到近地点方向 OP 间的角距称为近地点张角,也称做近地点幅角,用以表示近地点的方向。

4) 轨道长半轴 a:在轨道平面内,远地点和近地点之间距离的一半称为轨道长半轴。长半轴越长,轨道椭圆越大。

5) 轨道偏心率 e:根据几何知识,我们知道 $e=\sqrt{a^2-b^2}/a$(a,b 分别表示长半轴和短半轴),这说明偏心率的任何变化都会影响近地点与地心之间的距离。

6) 真近点角 M_f:卫星与地心连线 SO 和近地点与地心连线 $P'O$ 之间的夹角。

上述六个要素中,升交点赤经 Ω 和轨道倾角 i 确定轨道面在宇宙空间的位置,近地点张角 ω、长半轴 a 和偏心率 e 描述轨道的形状和大小,真近点角 M_f 则确定了某一瞬时卫星在轨道上的位置。

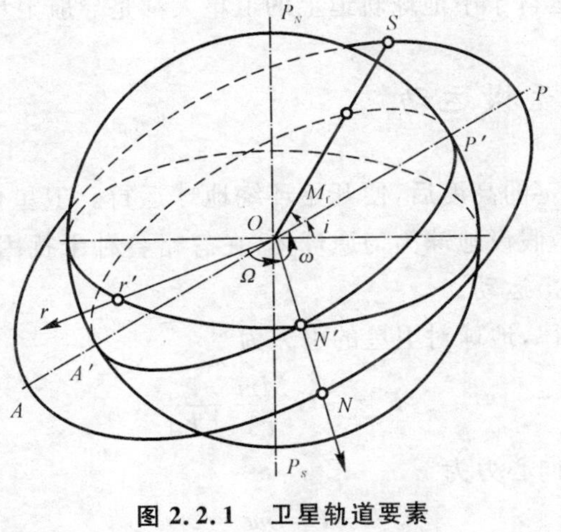

图 2.2.1　卫星轨道要素

2. 卫星轨道分类

(1) 按轨道的形状分类

圆形轨道(Circular Orbit):卫星质量中心与地球质量中心的距离保持为常数的卫星轨道定义为圆形轨道。

椭圆轨道(Elliptical Orbit):卫星质量中心与地球质量中心的距离不为常数的卫星轨道

定义为椭圆轨道。

(2) 按轨道面的倾角分类

赤道轨道(Equatorial Orbit):倾角为0°的轨道,即卫星轨道面与地球赤道面重合,如地球静止轨道卫星所在的轨道。

极轨道(Polar Orbit):倾角为90°的轨道,即卫星轨道平面与地球赤道平面垂直。

倾斜轨道(Inclination Orbit):除赤道轨道和极轨道以外的其他倾角轨道,如随机轨道卫星。

(3) 按卫星距地面高度分类

地球静止轨道(Geostationary Earth Orbit, GEO):地球静止轨道高度在36 000 km,属于地球同步轨道的一种,也称做地球静止同步轨道。它是位于地球赤道上方的正圆形轨道,在这个轨道上环绕地球运动的人造卫星始终位于地球表面的同一位置。它的轨道偏心率和轨道倾角均为零,运动周期为23h56min04s,与地球自转周期吻合。

低地球轨道(Low Earth Orbit, LEO):一般高度在2 000 km以下的近圆形轨道称为低地球轨道。由于低地球轨道卫星离地面较近,绝大多数观测卫星、测地卫星、空间站以及一些新的通信卫星都采用此轨道。

高地球轨道(Highly Earth Orbit, HEO):高地球轨道是一种具有较低近地点和极高远地点的椭圆轨道,其远地点高度大于静止卫星的高度。这种极度拉长的轨道的特点是卫星到达和离开远地点的过程很长,而经过近地点的过程极短,这使得卫星对远地点下方的地面区域的覆盖时间可以超过12 h。

中地球轨道(Medium Earth Orbit, MEO):中地球轨道是位于低地球轨道和地球静止轨道之间的卫星运行轨道,运行于中地球轨道上的卫星大都是导航卫星。

2.2.2 卫星的无摄运动

卫星被发射并升至预定的高度后,便开始环绕地球运行。卫星作匀速圆周运动所需要的向心力是地球对它的引力,假设地球为匀质球体,在忽略各种干扰因素影响的理想情况下,卫星在轨道上的运动称为无摄运动。

根据牛顿万有引力定律,地球对卫星的引力为

$$\boldsymbol{F}=-G\frac{Mm}{r^2}\frac{\boldsymbol{r}}{|\boldsymbol{r}|} \tag{2.2.1}$$

卫星匀速圆周运动的向心力为

$$\boldsymbol{F}=m\ddot{\boldsymbol{r}} \tag{2.2.2}$$

以上两式中,M为地球的质量,$M=5.98\times10^{24}\,\mathrm{kg}$;$m$为卫星的质量;$G$为万有引力常数,$G=6.67\times10^{-11}\,\mathrm{N\cdot m^2/kg^2}$;$\boldsymbol{r}$为卫星的地心向径;$r$为卫星到地球的距离。

综合式(2.2.1)和式(2.2.2),得到

$$\ddot{\boldsymbol{r}}=-\frac{GM}{r^2}\frac{\boldsymbol{r}}{|\boldsymbol{r}|} \tag{2.2.3}$$

根据式(2.2.3)来研究地球和卫星之间的相对运动问题,在天体力学中称为二体问题。二体问题下的卫星运动虽然是一种近似描述,但能得到卫星运动的严格解析解,因而它是研究

卫星轨道运动的基础。在二体问题中，引力加速度 $\ddot{r}$ 决定着卫星绕地球运动的基本规律，卫星在上述地球引力场中的无摄运动也称为开普勒运动，其规律可通过开普勒三定律来描述。

开普勒第一定律：卫星的运行轨道是一个椭圆，该椭圆的一个焦点与地球的质心重合。

这一定律表明，在中心引力场中卫星绕地球运行的轨道面是一个通过地球质心的静止平面，如图 2.2.2 所示。根据式(2.2.3)的解，可得卫星绕地球质心运动的轨道方程

$$r=\frac{a(1-e^2)}{1+e\cos M_f} \tag{2.2.4}$$

式中，a 为开普勒椭圆长半轴；e 为偏心率；M_f 为真近点角。

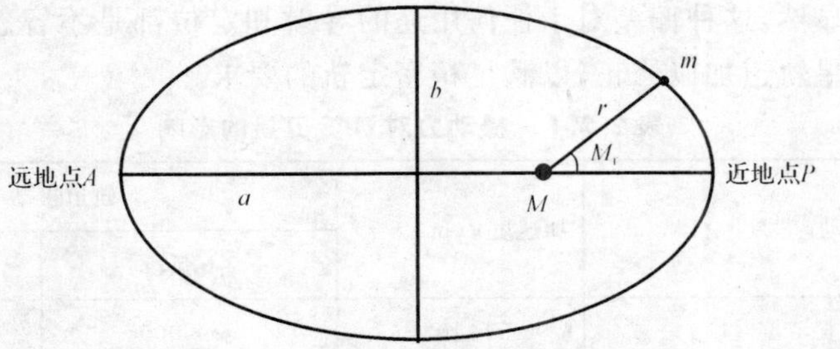

图 2.2.2　卫星轨道及其运行规律

开普勒第二定律：卫星的地心向径，即地球质心与卫星质心间的距离向量，在相同的时间内扫过的面积相等。

这一定律也可根据式(2.2.3)的能量积分导出。与任何其他运动物体一样，在轨道上运行的卫星具有两种能量，即势能和动能。根据能量守恒定理，卫星在运行过程中，其势能和动能的总和保持不变，即

$$-\frac{GMm}{r}+\frac{mv^2}{2}=\text{const} \tag{2.2.5}$$

式中，v 表示卫星运动的速度。因此，由开普勒第二定律可知，卫星在椭圆轨道上的运行速度是不断变化的。在近地点 P 处动能最大，速度最大；在远地点 A 处动能最小，速度最小。

开普勒第三定律：卫星运动周期的二次方与轨道椭圆长半轴的三次方之比为一常数，该常数可用地球引力常数与地球质量乘积 GM 的倒数表示为

$$\frac{T^2}{a^3}=\frac{4\pi^2}{GM} \tag{2.2.6}$$

式中，T 为卫星运动的周期，即卫星绕地球运行一周所需的时间。

若设卫星运动的平均角速度为 n_0，则有

$$n_0=\frac{2\pi}{T}(\text{rad/s}) \tag{2.2.7}$$

于是，根据开普勒第三定律，将式(2.2.7)代入式(2.2.6)可得

$$n_0^2a^3=GM \tag{2.2.8}$$

或表示为更加常用的形式

$$n_0=\sqrt{\frac{GM}{a^3}} \tag{2.2.9}$$

显然，在开普勒椭圆的长半轴确定后，卫星运行的平均角速度便随之确定，且运行周期保

持不变。这一特性在卫星位置的计算中具有重要意义。

2.2.3 卫星的受摄运动

卫星在空间绕地球运行，除了受地球的引力作用外，还受到太阳、月亮和其他天体引力的影响，以及太阳光压、大气阻力和地球潮汐力等因素的影响。卫星实际的运动规律极其复杂，以致难以用简单而精确的数学模型加以描述。以 GPS 卫星为例，仅地球的非球性影响一项，在 3 h 的弧段上就可能使卫星的位置偏差达 2 km。表 2.2.1 列出了部分摄动力引起 GPS 卫星偏离轨道的量值。显然，这种偏差对于任何用途的导航和定位都是不容忽视的，因此，必须建立摄动力模型对卫星轨道加以修正，以满足精密定轨的要求。

表 2.2.1 摄动力对 GPS 卫星的影响

摄动源		加速度 /($m \cdot s^{-2}$)	轨道摄动 /m	
			3 h 弧段	2 d 弧段
地球的非对称性	$\overline{C}_{20}$	5×10^{-5}	≈ 2 000	≈ 14 000
	其他调和项	3×10^{-7}	5 ～ 80	100 ～ 1 500
日月引力影响		5×10^{-6}	5 ～ 150	1 000 ～ 3 000
地球潮汐位	固体潮	1×10^{-9}		0.5 ～ 1.0
	海洋潮汐	1×10^{-9}		0.0 ～ 2.0
太阳辐射压		1×10^{-7}	5 ～ 10	100 ～ 800
反照压		1×10^{-8}		1.0 ～ 1.5

在各种摄动力中，大气阻力的影响主要取决于大气密度、卫星的形状及速度，由于导航卫星所处的高空大气密度甚微，其对卫星的阻力影响一般可以忽略。

1. 地球引力场摄动力的影响

在卫星无摄运动中，我们曾假设地球是一个匀质的球体，其质量集中于球心，这时地球所形成的引力场称为中心引力场。可是实际上，地球不仅其内部的质量分布不均匀，而且其形状也很不规则。现代大地测量已经确定，地球的实际形状大体上接近于一个长短轴相差约 21 km 的椭球。地球引力位模型的一般形式为

$$V = \frac{GM}{r} + \Delta V \tag{2.2.10}$$

式中，ΔV 为摄动位，其球谐函数展开式的一般形式为

$$\Delta V = GM\sum_{n=2}^{n'}\frac{R_e^n}{r^{n+1}}\sum_{m=0}^{n}P_{nm}\sin\varphi\ (C_{nm}\cos m\lambda + S_{nm}\sin m\lambda) \tag{2.2.11}$$

式中，GM 为引力常数和地球质量的乘积；R_e 为地球赤道半径；r 为卫星至地心的距离；$P_{nm}\sin\varphi$ 为 n 阶 m 次勒让德函数；C_{nm}，S_{nm} 为球谐系数；n' 为预定的某一最高阶次；φ，λ 为观测站的纬度和经度。

随着轨道高度的增加，地球非球性引力的影响迅速减小。由于导航卫星的轨道一般较高，所以只要应用展开式(2.2.11)的较少项数，便可以满足确定导航卫星轨道的精度要求。地球引力场摄动位的影响，主要由与地球极扁率有关的二阶球谐系数项所引起，它对卫星轨道的影响主要表现如下：

1）引起轨道平面在空间的旋转。这一影响使升交点沿地球赤道产生缓慢的进动，进而使升交点的赤经 Ω 产生周期性的变化。

2）引起近地点在轨道面内的旋转。近地点的变化，说明开普勒椭圆在轨道平面内的定向改变，从而引起近地点张角 ω 的缓慢变化。

2. 日、月引力的影响

日、月引力对卫星轨道的影响由太阳和月亮的质量引起。如果取 $m_{日}$，$m_{月}$ 分别表示日、月的质量，$\boldsymbol{r}_{日}$，$\boldsymbol{r}_{月}$ 为日、月的地心向径，而 $\boldsymbol{r}$ 为卫星的地心向径，则日、月引力对卫星的摄动加速度可表示为

$$\ddot{\boldsymbol{r}}_{日}+\ddot{\boldsymbol{r}}_{月}=Gm_{日}\left[\frac{\boldsymbol{r}_{日}-\boldsymbol{r}}{|\boldsymbol{r}_{日}-\boldsymbol{r}|^{3}}-\frac{\boldsymbol{r}_{日}}{|\boldsymbol{r}_{日}|^{3}}\right]+Gm_{月}\left[\frac{\boldsymbol{r}_{月}-\boldsymbol{r}}{|\boldsymbol{r}_{月}-\boldsymbol{r}|^{3}}-\frac{\boldsymbol{r}_{月}}{|\boldsymbol{r}_{月}|^{3}}\right] \tag{2.2.12}$$

由日、月引力加速度引起的卫星轨道摄动主要是长周期的。如对 GPS 卫星产生的摄动加速度约为 $5\times10^{-6}\,\mathrm{m/s^2}$，如果忽略这项影响，将可能使导航卫星在 3 h 弧段上产生 50 ～ 150 m 的位置误差。

虽然太阳的质量远大于月球质量，但其距离卫星太远，对卫星的引力约为月球引力的 0.46 倍。至于太阳系其他行星对导航卫星的影响，一般均可忽略。

3. 太阳光压的影响

太阳光压又称为太阳辐射压力。在量子力学中，光被认为是光子流，当光子流射到卫星表面时，一部分被吸收，一部分被反射。在这个过程中动量传递给卫星，引起卫星动量的变化，相当于卫星受到来自太阳光方向的压力，这种力称为太阳辐射压力，也是一种摄动力。当卫星运行到阴影区域时，太阳辐射压力消失。卫星在运行过程中，除受到太阳光直接辐射压力的影响外，还将受到由地球反射的太阳光间接辐射压力的影响。不过间接辐射压力对导航卫星运动的影响较小，一般只有直接辐射压力影响的 1% ～ 2%。太阳光压有多种改正模型，如标准光压模型、多项式光压模型和 ROCK4 光压摄动模型等，这几种光压模型精度基本上相当，可以满足 1 m 精度的定轨要求。

太阳光压对卫星所产生的摄动加速度既与卫星、太阳和地球之间的相对位置有关，也与卫星表面的反射特性、卫星的面积和质量有关。其间的关系比较复杂，一般可近似表示如下：

$$\ddot{\boldsymbol{r}}_{光压}=\gamma P_{\gamma}C_{\gamma}\frac{F}{m}r_{日}^{2}\left[\frac{\boldsymbol{r}-\boldsymbol{r}_{日}}{|\boldsymbol{r}-\boldsymbol{r}_{日}|^{3}}\right] \tag{2.2.13}$$

式中，P_{γ} 为太阳的光压；C_{γ} 为太阳表面的反射因子；F/m 为卫星的截面积与卫星的质量之比；$r_{日}$ 为太阳的地心向径；γ 为卫星被地球阴影区遮挡程度的参数，通常称为蚀因子，在阴影区 $\gamma=0$，在阳光直接照射下 $\gamma=1$，一般 $0<\gamma<1$。

太阳光压对导航卫星产生的摄动加速度约为 $10^{-7}\,\mathrm{m/s^2}$ 量级，它将使卫星轨道在 3 h 的弧段上产生大约 5 ～ 10 m 的偏差，这一轨道偏差即使对于基线大于 50 km 的精密定位，一般也

是不能忽略的。

除上述因素影响卫星轨道外，由太阳的微粒子与地磁场相互作用产生的电磁流体波和太阳光斑等现象，也会直接或间接地影响卫星运行的轨道。卫星精密定位技术的发展，对卫星轨道的精度提出了越来越高的要求，充分考虑到各种摄动力的影响，并不断完善摄动力的模型，将始终是卫星精密定轨理论的一个重要课题。

2.3 卫星导航时间基础

时间系统在卫星导航中是最重要、最基本的物理量之一。首先，卫星发送的所有信号都是由高精度的原子钟控制的；其次，大多数卫星导航系统实际上都是由精确测定信号传播时间来实现距离测量的，如果要求测距误差小于1 cm，则测定信号传播时间的误差应小于3×10^{-11} s；此外，在表述卫星瞬时位置和处理测量数据时，也需要精确的时间信息。因此，了解有关时间系统的基本知识，对于卫星导航系统应用来说是十分必要的。

时间用时间间隔和时刻来描述。时间间隔是指客观物质运动过程所经历的时间长度，而时刻是指客观物质运动某一状态发生的瞬间，属于时间的刻度，通常以离开时间坐标轴原点的距离来表示。因此时间间隔测量也称为相对时间测量，而时刻测量相应地被称为绝对时间测量。

时间系统与坐标系统类似，其定义应具有时间原点和测量尺度，只有把尺度和原点结合起来，才能给出统一的时间系统和准确的时刻概念。一般来说，任何一个周期运动，只要具备下列条件，都可以作为确定时间的基准：① 运动的周期具有充分的稳定性，即在不同时期该基准所表征的运动周期必须一致；② 周期运动必须具有复现性，即要求在任何地方、任何时间，该基准所表征的运动周期在实验中或观测中可以复现。

物质的周期运动可以满足上述定义时间和测量时间的要求。到目前为止，在实践中用以定义和测量时间的周期运动可以分为三大类：

1. 地球自转运动

人们很早就利用地球自转运动来进行时间测量。一般在天球上选取两个参考点——春分点和平太阳点，借助于测站子午圈相对于这些参考点的运动来度量，用天文学方法测定地球自转而分别导出恒星时和世界时。

2. 地球公转运动

地球自转速率的不均匀动摇了世界时作为时间测量系统的地位。作为时间测量基准，理论上应严格均匀，这就迫使人们寻求另外的周期运动。美国天文学家纽康根据地球绕太阳的公转运动，定义了新的时间度量系统基准，编制了太阳历表，从而建立了历书时。

3. 谐波振荡

现代科学发现，可以选用谐波振荡周期作为时间测量系统的基准，以此代替观测误差较大的历书时。绝大多数机械钟和电子钟的振荡都属于这一类，其中原子钟最为精确，于是导出了原子时。

无论采用哪种运动周期来建立时间系统，均匀性都是一个重要的技术指标。所谓均匀性，就是指时间尺度上各间隔要保持相等。当然，均匀性同其他任何物理参数一样，不可能是绝对的，它总是针对一定的精度要求而言的。在时间测量中，人们总是根据一定历史阶段内科学技术所能达到的最高水平来选择不同的时间测量基准，从而建立最佳的时间系统。

2.3.1　世界时

世界时(Universal Time, UT)是人类建立的第一个以地球自转运动为基础的时间系统。实际上，由于观察地球自转运动时所选的空间参考点不同，世界时又分为：

1. 恒星时(Sidereal Time, ST)

恒星时以春分点为参考点，由春分点周日视运动确定恒星日。显然，恒星时是地方时，在同一瞬间各地的恒星时不同。由于岁差和章动的影响，同一瞬间有瞬时真春分点和瞬时平春分点之分，相应地恒星时也分为真恒星时和平恒星时。

2. 平太阳时(Mean Solar Time, MT)

恒星时与地球自转的角度有一定的对应关系，这一点虽然符合人们以地球自转为基准的时间使用习惯，但它不能满足科学技术的需要，于是又选用了以真太阳周日视运动的平均速度为基准的平太阳时。之所以选用平均速度而不是真速度，是由于真太阳的周日视运动是不均匀的，这是由于地球公转的轨道是椭圆造成的。在 19 世纪末，纽康引进了一个假想的参考点 —— 平太阳，它在天球赤道上做匀速运动，其速度与真太阳的平均速度相等，由此定义的时间系统称为平太阳时。

3. 世界时(Universal Time, UT)

平太阳时的基本单位是平太阳日，一个平太阳日包含 24 个平太阳小时。以平子夜作为零时的格林尼治平太阳时称为世界时。也就是说，平太阳时是地方时，地球各个地点的平太阳时不同。为了使用方便，将地球按子午线划分为 24 个时区，每个时区以中央子午线的平太阳时作为该区的区时。零时区的平太阳时即为世界时。

世界时实际上是通过实测的恒星时得到的，世界时与恒星时之间有严格的转换关系。因此，星表系统和天文常数系统的改变必然会对世界时产生复杂的影响。

由于极移现象，地球自转轴在地球内部的位置是不固定的，而且地球自转速度也是不均匀的，它不仅包含有长期的减缓趋势，还含有一些短周期的变化、季节性的变化以及不规则的变化。为了解决这个问题，从 1956 年开始，人们便在世界时中引进极移改正 $\Delta\lambda$ 和自转速率季节性变化改正 ΔT_s 来补偿这些变化。未经改正的世界时一般以 UT_0 表示，经改正后的世界时分别称为 UT_1 和 UT_2。它们之间的关系为

$$\left.\begin{aligned} UT_1 &= UT_0 + \Delta\lambda \\ UT_2 &= UT_1 + \Delta T_s = UT_0 + \Delta\lambda + \Delta T_s \end{aligned}\right\} \tag{2.3.1}$$

尽管世界时和地球自转有着密切的关系，在天文学、大地测量学和空间技术中有着广泛的

应用,但我们应该注意到,即使是经过修正后的 UT_2 仍然包含有地球自转速率的长期变化和不规则的影响,因此世界时还不是一个严格均匀的时间系统。

2.3.2 历书时

历书时(Ephemeris Time, ET)是描述天体运动方程式中采用的时间系统或天体星历表中应用的时间。地球公转运动周期能满足作为时间测量基准的两个要求,目前尚未发现它有不均匀的现象,因此自然地想到,采用地球公转周期来取代自转周期,以地球公转运动作为定义时间测量的基准,于是产生了历书时。根据地球绕太阳的公转运动编制的太阳历表,是历书时的基准。可以看出,这样定义的历书时等于理想化了平太阳时,即没有地球自转速率不均匀的影响。

2.3.3 力学时

历书时不论从理论上还是从实践上来说都是不完善的,不能作为实际使用中真正的时间标准。原则上讲,每一种基本星历表都可以有其自身的"历书时",例如由观测月亮得出的历书时与用太阳运动定义的历书时就不一致。历书时定义中关联到一些天文常数,天文常数系统的改变就会导致历书时的不连续性。鉴于此,国际天文联合会决定从 1984 年起采用适合于天体动力学理论的新时间基准 —— 力学时(Dynamic Time, DT),以取代历书时。

在天文学中,天体的星历是根据天体动力学理论建立的运动方程而编算的,其中采用的独立变量是时间参数 T,这个数学变量 T 便被定义为力学时,力学时是均匀的。在经典物理学中,原子时和力学时之间的差别仅在于测量方法和定义不同。根据广义相对论,力学时的定义并不是唯一的。根据运动方程对应的参考点不同,力学时可以分为地球力学时(Terresetrical Dynamic Time, TDT)和质心力学时(Barycentric Dynamic Time, BDT)两种。

2.3.4 原子时

原子时(Atomic Time, TA①)是以原子的运动特征为基础的时间系统。以地球绕太阳公转运动为基准的历书时,虽然理论上是一种均匀的时间尺度,但实际测定比较困难,而且月亮潮汐变化具有不确定性,使得历书时的测量难以具有较高的精度。随着空间科学技术、现代天文学和大地测量学的发展,对时间系统的准确度和稳定度的要求日益提高。从上世纪 50 年代起,人们建立了以物质内部原子的运动特征为基础的原子时系统。因为物质内部的原子跃迁所辐射(高能级到低能级)和吸收(低能级到高能级)的电磁波频率具有极高的稳定性和复现性,所以据此建立的原子时便成为现今最理想的时间系统。

1. 原子秒

1967 年 10 月,第 13 届国际度量衡会议通过了新的国际制秒的时间单位 —— 原子时秒

---

① 按国际习惯,原子时一般简写为 TA(Temps Atomique)。

长。1 原子秒定义为:位于海平面上的铯[133] 原子基态的两个超精细能级在零磁场中跃迁辐射的电磁波振荡 9 192 631 770 周所持续的时间。

2. 原子时起点

世界时规定的时刻起点,选取了与人们生活息息相关的太阳所在的特定位置,很容易分辨。为保持这种习惯,国际时间局在建立原子时基准的时候,将原子时起点选定在 1958 年 1 月 1 日世界时零时的瞬间。此后,由原子钟连续运行,独立地累计原子时。由于技术上的原因,事后发现这一定义没有达到,实际原子时的起点为 $TA = UT_2 - 0.0039(s)$。这一差值作为历史事实被保留下来,国际计量委员会后来对此时间起点予以确认。

3. 国际原子时

原子时是用高精度原子钟来保持的,任何原子钟在确定起始历元后,都可以提供原子时。由各个实验室中大型标准铯原子钟导出的原子时称为地方原子时。目前国际上约有 100 台原子钟通过各种方法互相进行比对,并由国际时间局进行数据处理,推算出全世界统一的原子时,称为国际原子时(Temps Atomique International, TAI)。

2.3.5　协调世界时

原子时可以提供非常稳定的时间基准,对于那些要求时间间隔非常均匀的部门来说是很重要的。然而,原子时的时刻却没有实际的物理意义,对于大地测量、天文、导航等与地球自转有关的学术领域来说,需要的是世界时。因为世界时的时刻反映着地球自转的位置,与人们的日常生活息息相关,所以世界时并不因原子时的建立而失去它特有的作用。

由于地球自转的不均匀性,世界时比原子时一年大约要慢 1 s,随着时间的推移,两者的差别将越来越大。为了兼顾这两种时间系统,国际天文学会和国际无线电咨询委员会决定采用一种新的时间系统,即以原子时秒长为基础、在时刻上尽量接近于世界时的一种时间测量基准。这种时间系统是在原子时和世界时之间人为进行协调的结果,因此称为协调世界时(Coordinate Universal Time, UTC)。

协调世界时采用原子时秒长,而时刻则要求和世界时之差保持在 ±0.9 s 之内。当超过时,采用跳秒(Leap Second,也称闰秒)的办法加以调整,增加 1 s 叫做正跳秒,去掉 1 s 叫做负跳秒。跳秒一般规定在 6 月 30 日或 12 月 31 日最后一秒调整,具体日期由国际时间局在两个月前通知各国授时台。目前,世界各国发播的时间信号均以 UTC 为基准,时间信号发播时刻的同步精度为 ±0.000 2 s。

2.3.6　儒略日

儒略日(Julian Day, JD) 是一种不用年月的长期纪日法,以公元前 4713 年 1 月 1 日 12 时为起点历经的天数表示。如 JD_0 为公元前 4713 年 1 月 1 日 12 时到公元前 4713 年 1 月 2 日 12 时的 24 h,依此类推,1996 年 1 月 1 日 12 时的儒略日为 JD2450084。

由于儒略日数字位数太多,国际天文学联合会于 1973 年将儒略日简化为 MJD = JD −

2 400 000.5，相应的起点为 1858 年 11 月 17 日 UTC 零时。

2.3.7 卫星导航时间系统

GPS 系统采用了一个独立的时间系统作为导航定位计算的依据，称为 GPS 时间系统，简称 GPST。GPS 时属于原子时系统，其秒长与原子时秒长相同，原点规定在 1980 年 1 月 6 日 0 时，与协调世界时 UTC 时刻一致，此后按照原子秒长累积计时，但不进行跳秒调整。因此，GPST 与 UTC 之间的差距会逐渐增大，并将一直是秒的整数倍，如表 2.3.1 所示。

表 2.3.1 从 1980 年至今 GPS 时与 UTC 时的差值

年 / 月 / 日	时:分:秒	GPS 时与 UTC 时差 /s
1982/01/01	00:00:00	1
1982/07/01	00:00:00	2
1983/07/01	00:00:00	3
1985/07/01	00:00:00	4
1988/01/01	00:00:00	5
1990/01/01	00:00:00	6
1991/01/01	00:00:00	7
1992/07/01	00:00:00	8
1993/07/01	00:00:00	9
1994/07/01	00:00:00	10
1996/01/01	00:00:00	11
1997/07/01	00:00:00	12
1999/01/01	00:00:00	13
2006/01/01	00:00:00	14
2009/01/01	00:00:00	15

GPS 时与国际原子时之间的关系相对简单，在任一瞬间都有 19 s 的固定差，使用 GPS 导航定位系统的用户在进行数据处理和应用最终结果时应当注意上述关系，特别是利用 GPS 系统作精密时间传递时更要严格计算。

GPS 卫星上的时钟与 GPS 主控站的原子钟同步，每颗 GPS 卫星上都安装了高精度的时钟，绝大多数的试验卫星上安装的是铷原子钟或铯原子钟，只有早期的试验卫星 PRN08 上安装的是石英钟。1977 年 Block Ⅱ 卫星采用了马斯频率和时间系统公司研制的铯原子钟，1981 年休斯公司研制的氢原子钟配备在 Block Ⅱ-R 卫星上。表 2.3.2 比较了卫星时钟的稳定性，其中，$\Delta f/f=\Delta t/T$，$T=86\ 400$ s，Δt(s) 为时钟运行一天产生的偏差。由此可见，氢原子钟是比较理想的频率源。GPS 卫星虽然发送几种不同频率的信号，但是它们均源于一个基准信号，因此实际使用时只需启动一台原子钟，其余的皆作为备用，以便出现故障时予以更换。

表 2.3.2　卫星时钟的稳定性

钟　型	时钟频率 /Hz	每日稳定度($\Delta f/f$)	钟差 1 s 所需时间 / 年
石英钟	5 000 000	10^{-9}	30
铷　钟	6 834 682 613	10^{-12}	30 000
铯　钟	9 192 631 770	10^{-13}	300 000
氢　钟	1 420 405 751	10^{-15}	30 000 000

GLONASS 卫星导航系统与 GPS 系统类似，也采用了独立的时间系统 ——GLONASS 时。GLONASS 时属于原子时系统，其秒长与原子时秒长相同，并与莫斯科地区的协调世界时 UTC(SU) 保持一致，即

$$\text{GLONASST} = \text{UTC(SU)} + 03\text{h}00\text{min}$$

与 GPS 时不同的是，GLONASS 时与 UTC(SU) 同步跳秒，因而 GLONASS 时与协调世界时没有固定的整秒差值。GLONASS 中心站的时间系统由氢原子钟保持，日稳定度优于 5×10^{-14}；卫星上安装铯原子钟，日稳定度优于 5×10^{-13}。

北斗卫星导航系统同样采用了独立的时间系统 ——BDS 时。目前，设在中国计量科学研究院(National Institute of Metrology，NIM) 的国家授时中心使用的是被称为“激光冷却 —— 铯原子喷泉频率基准”的铯钟，我国的授时基准 UTC(NIM) 都是由它提供并不断地与国际基准同步，北斗一代卫星导航系统使用的时间基准也是由此而来的。

2.4　伪随机噪声码

伪随机噪声码(Pseudo Random Noise Code，PRN) 是一种可以预先确定并可以重复地产生和复制、具有白噪声统计特性的二进制码序列，简称为伪随机码或伪噪声码。伪随机码通过移位寄存器和模 2 运算产生，具有良好的相关性，卫星导航系统可以利用该特性区分不同的卫星。

2.4.1　移位寄存器和模 2 运算

1. 移位寄存器

移位寄存器由 n 个串接的双态寄存器和一个时钟脉冲信号发生器组成。每个双态寄存器称为移位寄存器的级，每一级都只能有两个状态，分别为 0 和 1。移位寄存器的级从左至右依次为第 1 级、第 2 级、……、第 n 级，其状态用 $a_i(i=1,\cdots,n)$ 来表示，如图 2.4.1 所示，图中 CP 表示时钟脉冲信号。移位寄存器每一级的状态 0 或 1 不具有一般数量的含义，而只具有逻辑含义。时钟脉冲有两种工作方式：一种是置“1” 脉冲，它的作用是使各级存储单元的内容全处于“1” 的状态；另一种是时钟脉冲，当时钟脉冲到来时，每个寄存器的内容都顺序地由一个寄存器移到下一个寄存器，而最后一个寄存器的内容便是输出。

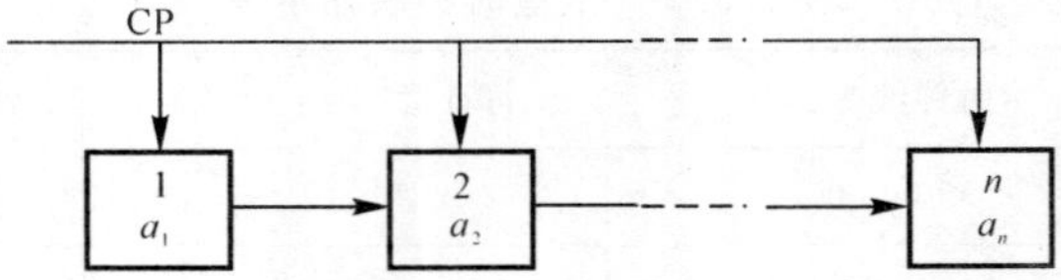

图 2.4.1 移位寄存器

2. 模 2 运算

在移位寄存器中，不同寄存器的输出通过模 2 运算反馈给输入端，模 2 运算可以看做是不进位的二进制运算（异或运算）：相同为 0，相异为 1。模 2 运算符通常用⊕表示，运算规则为

$$\left.\begin{aligned}0\oplus 0=0\\0\oplus 1=1\\1\oplus 0=1\\1\oplus 1=0\end{aligned}\right\}\tag{2.4.1}$$

对于模 2 运算，交换律和结合律都成立。对于模 2 减法运算，可通过定义负元素的办法予以确定。定义 a 的负元素为 $-a$，且

$$a\oplus(-a)=0\tag{2.4.2}$$

根据式（2.4.1）可知，由于 $0\oplus 0=0$ 以及 $1\oplus 1=0$，所以，不论 a 为 0 或 1，只有当

$$a=-a\tag{2.4.3}$$

时，式（2.4.2）才成立。由此可以定义模 2 减法运算（以⊖表示）

$$a\ominus b=a\oplus(-b)=a\oplus b$$

这说明模 2 减法与模 2 加法是等效的，因此，模 2 运算也称为模 2 和。由此可见，模 2 运算是仅对于 0 和 1 两个元素的集合所规定的一种运算规则。

2.4.2 序列、波形和码元

移位寄存器的两种状态既可以用二进制符号 $\{x\}$ 表示，也可以用波形 $\{x(t)\}$ 表示。波形表示方法如下：将 0 元素用一定时间长度、单位振幅的正电压来表示，而 1 元素用同一时间长度和单位振幅的负电压来表示。表 2.4.1 说明某个二元序列及其相应的波形。

用这种方法建立起序列与波形之间的对应关系后，两个二元序列的逐项模 2 和运算便等效于它们所对应波形的逐项相乘，即对于二进制信号波形，采用普通的乘法运算，其规则为

$$\left.\begin{aligned}1\times 1=1\\1\times(-1)=-1\\(-1)\times 1=-1\\(-1)\times(-1)=1\end{aligned}\right\}\tag{2.4.4}$$

波形中的元素通常称为码元或码片，它的持续时间以秒为单位，称为码元宽度。若该序列是周期信号，则一个周期内的码元数，称做该序列的长度，简称码长。对于二进制序列，一个码元的信息量为 1 个比特，码元速率与信息速率相等。

表 2.4.1　二元序列模 2 运算和波形乘法运算

二元序列	二进制信号波形
序列 a：　0　0　1　0　1　0　0	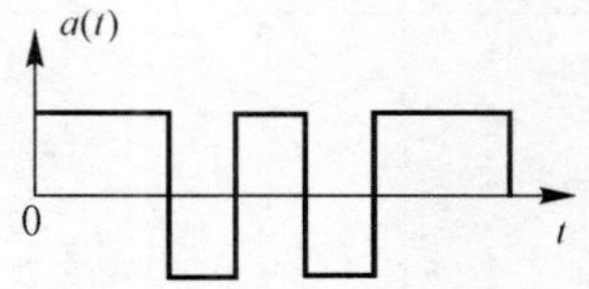
序列 b：　0　1　1　0　1　0　1	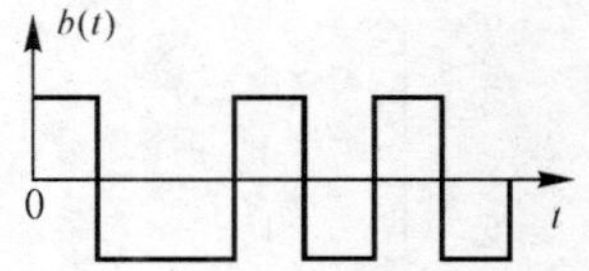
序列 $a \oplus b$：0　1　0　0　0　0　1	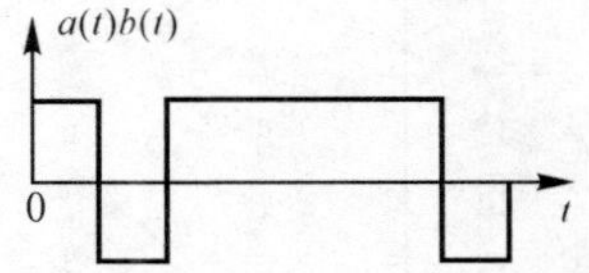

2.4.3　最长线性移位寄存器序列——m 序列

采用移位寄存器反馈方式可以产生不同的二元序列，其中，周期最长的序列称为最长线性移位寄存器序列，简称 m 序列（Maximum sequences）。

m 序列是由多级反馈移位寄存器产生的。图 2.4.2 所示是一个 4 级反馈移位寄存器，由 4 级寄存器 a_1, a_2, a_3, a_4 构成，取第 1 级和第 4 级的状态作为反馈，经模 2 运算后反馈至第 1 级，这样在第 4 级的输出端就得到一个 4 级 m 序列。

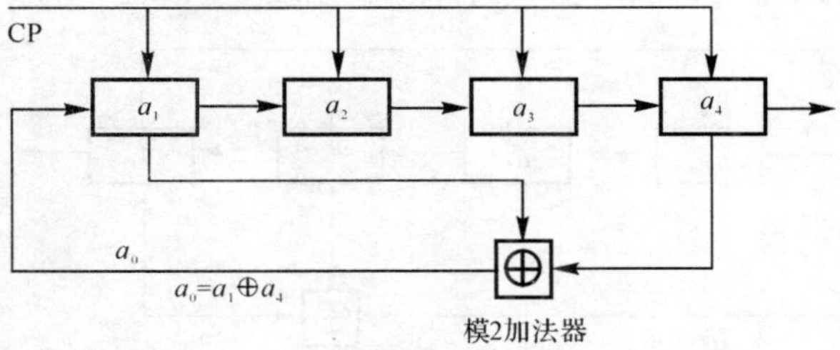

图 2.4.2　4 级线性反馈移位寄存器

上述移位寄存器的状态变化过程是：首先在置“1”脉冲作用下，移位寄存器各级均处于全“1”的状态；当第一个时钟脉冲到来时，各级寄存器的存储内容依次移位；第 1，4 级寄存器存储内容经模 2 和运算后成为“0”，被反馈至第 1 级触发器的输入端，从而使第 1 级寄存器处于“0”状态。当时钟脉冲依次到来时，在时钟脉冲和反馈状态的作用下，移位寄存器输出端的状态依次变化，其输出序列如表 2.4.2 所示。

表 2.4.2　4级反馈移位寄存器状态序列

状态编号	各级状态 ①	②	③	④	模2和反馈	末级输出的序列
1	1	1	1	1	0	1
2	0	1	1	1	1	1
3	1	0	1	1	0	1
4	0	1	0	1	1	1
5	1	0	1	0	1	0
6	1	1	0	1	0	1
7	0	1	1	0	0	0
8	0	0	1	1	1	1
9	1	0	0	1	0	1
10	0	1	0	0	0	0
11	0	0	1	0	0	0
12	0	0	0	1	1	1
13	1	0	0	0	1	0
14	1	1	0	0	1	0
15	1	1	1	0	1	0
重复16	1	1	1	1	0	1

由表2.4.2可见，该序列具有周期性，一个周期包含15个码元。由于4级移位寄存器最多有$2^4=16$种不同的状态，其中全0状态不允许出现（如果处于全0状态，则输出将持续为0），因此，最多有15种不同的状态。以上序列是4级移位寄存器的最长线性移位寄存器序列，即m序列。

4级移位寄存器还可以有另一种反馈逻辑，如图2.4.3所示，其输出也是一个m序列，但与图2.4.2所示m序列不同。这种由相同级数的移位寄存器组成但反馈逻辑不相同而产生的m序列，称为同族m序列。需要注意的是，并不是任何反馈逻辑都能产生m序列，事实上，4级移位寄存器只有上述两种反馈逻辑能产生m序列，即只能产生两种m序列。

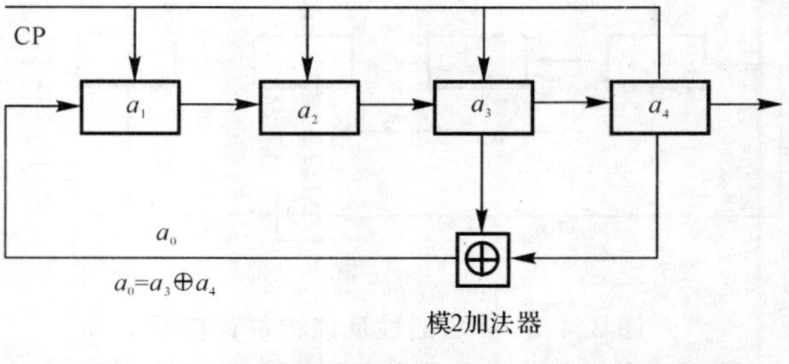

图 2.4.3　4级移位寄存器的另一种反馈逻辑

将以上分析扩展至r级移位寄存器，r级移位寄存器可产生的同族码序列个数J_r可按下式计算：

$$J_r=\varphi(2^r-1)/r$$

式中，$\varphi(x)$为欧拉函数，其数值等于$1,2,\cdots,(x-1)$中所有与x互素的正整数的个数。表2.4.3给出了$1\sim24$级移位寄存器的m序列的码长L_p和同族m序列的个数J_r。

表 2.4.3　r 级移位寄存器 m 序列的码长 L_p 和同族码个数 J_r

r	L_p 2^r-1	J_r $\varphi(2^r-1)/r$	r	L_p 2^r-1	J_r $\varphi(2^r-1)/r$
1	1	1	13	8 191	630
2	3	1	14	16 383	750
3	7	2	15	32 767	1 800
4	15	2	16	65 535	2 048
5	31	6	17	131 071	7 710
6	63	6	18	262 143	8 064
7	127	18	19	524 287	27 594
8	255	16	20	1 048 575	24 000
9	511	48	21	2 097 151	84 672
10	1 023	60	22	4 194 303	120 032
11	2 047	176	23	8 388 607	356 960
12	4 095	144	24	16 777 215	276 480

一个反馈移位寄存器的逻辑功能可以用反馈逻辑函数的多项式来表示，用移位算符 x^i 表示 r 级线性移位寄存器的第 i 级输出。为了简单明确地表示反馈逻辑，可以采用特征多项式表示，即

$$F(x)=C_0x^0+C_1x^1+C_2x^2+\cdots+C_rx^r=\sum_{i=0}^{r}C_ix^i \tag{2.4.5}$$

式中，C_i 表示第 i 级移位寄存器反馈线。$C_i=0$ 表示反馈线不存在，$C_i=1$ 表示反馈线存在。其中 C_0 应始终取 1，因为当 $C_0=0$ 时表示反馈线不存在，即无反馈，所以此时反馈线性移位寄存器将退化为静态移位寄存器，无法产生 m 序列。

图 2.4.2 和图 2.4.3 所示的反馈逻辑特征多项式分别为

$$\left.\begin{aligned}F(x)=1+x+x^4\\F(x)=1+x^3+x^4\end{aligned}\right\} \tag{2.4.6}$$

由以上两式可以看出，特征多项式最高阶次的系数 C_r 一般为 1，否则将退化为($r-1$) 级。

表 2.4.4 给出了 3 ～ 11 级移位寄存器的一种最简单的反馈逻辑及其特征多项式，供读者参考。

表 2.4.4　反馈逻辑和特征多项式

级　数	码长 L_p	最简单反馈线	特征多项式
3	7	3,2	$F(x)=1+x^2+x^3$
4	15	4,3	$F(x)=1+x^3+x^4$
5	31	5,3	$F(x)=1+x^3+x^5$
6	63	6,5	$F(x)=1+x^5+x^6$
7	127	7,6	$F(x)=1+x^6+x^7$
8	255	8,1	$F(x)=1+x^1+x^8$
9	511	9,5	$F(x)=1+x^5+x^9$
10	1 023	10,7	$F(x)=1+x^7+x^{10}$
11	2 047	11,9	$F(x)=1+x^9+x^{11}$

2.4.4 m 序列的特性

1. m 序列的统计特性

1) 在每一周期 T_p 内，两种元素出现的次数仅相差一次，即“1”的个数比“0”的个数多 1。这是由于移位寄存器不允许出现全 0 状态所致。

2) 在一个周期内，长度为 n 的游程（即同一元素连续出现 n 次）出现的次数，比长度为 $(n+1)$ 的游程出现次数多一倍。

3) r 级移位寄存器共有 2^r 种不同的状态，由于不允许出现全 0 状态，故线性反馈情况下最大周期为 2^r-1。

4) m 序列功率谱呈正态分布，因此具有随机噪声特性。由于 m 序列在出现概率、游程分布和自相关系数等特性上与随机噪声十分相近，所以称为伪随机噪声码。

2. m 序列的相关特性

两个周期同为 T_p 的周期函数 $x_1(t)$ 和 $x_2(t)$，其互相关函数 $R_c(\tau)$ 的定义为

$$R_c(\tau)=\int_0^{T_p} x_1(t)x_2(t-\tau)\mathrm{d}t \tag{2.4.7}$$

互相关系数定义为

$$\rho(\tau)=\frac{R_c(\tau)}{T_p}=\frac{1}{T_p}\int_0^{T_p} x_1(t)x_2(t-\tau)\mathrm{d}t \tag{2.4.8}$$

式中，τ 为 $x_2(t)$ 相对 $x_1(t)$ 的时间延迟。

当 $x_1(t)=x_2(t)$ 时，$\rho(\tau)$ 就成为自相关系数

$$\rho(\tau)=\frac{1}{T_p}\int_0^{T_p} x_1(\tau)x_1(t-\tau)\mathrm{d}t \tag{2.4.9}$$

对于二元 m 序列，其自相关和互相关系数分别为

$$\left.\begin{aligned}\rho(\tau)&=\frac{1}{L_p}\sum_{i=1}^{L_p}[a(i)a(i-\tau)]\\ \rho(\tau)&=\frac{1}{L_p}\sum_{i=1}^{L_p}[a(i)b(i-\tau)]\end{aligned}\right\} \tag{2.4.10}$$

式中，$a(i)$ 表示序列 a 的第 i 个元素，取值为 $+1$ 或 -1；L_p 为一个周期的码元数；τ 为两个序列之间的延迟时间等效的码元数。

理论上可以证明，上述定义的 m 序列自相关系数与下述定义等效：

$$\rho(\tau)=\frac{\text{相同码元个数}-\text{相异码元个数}}{\text{码元总数}} \tag{2.4.11}$$

根据 m 序列的统计特性，得其自相关系数为

$$\rho(\tau)=\begin{cases}1 & \tau=0,\pm T_p,\pm 2T_p,\cdots,\pm nT_p\\ -\dfrac{1}{L_p} & \tau\neq 0 \text{ 或 } jT_p(j=\pm1,\pm2,\cdots,\pm n)\end{cases} \tag{2.4.12}$$

由式(2.4.12)可知，当 $\tau=0$ 时，$\rho(\tau)=1$ 为极大值；当 $\tau\neq 0$ 时，$\rho(\tau)=-1/L_p$ 为最小值。

由于 m 序列自相关系数只有两个可能的取值，故称 m 序列具有双值自相关系数特性。图 2.4.4 给出了 m 序列自相关系数的图形，图中的 τ_0 表示一个码元的持续时间。

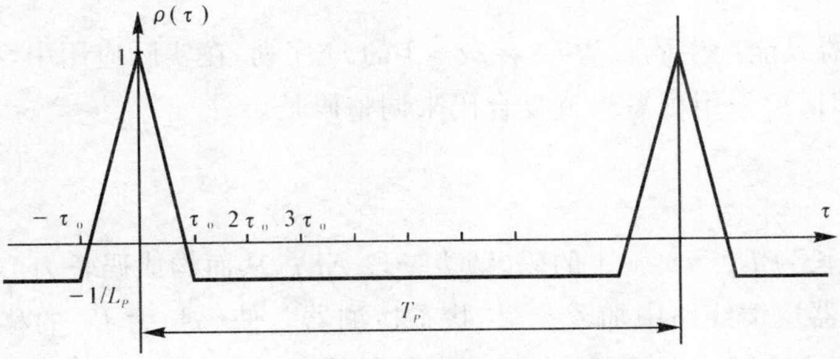

图 2.4.4　m 序列的自相关系数

m 序列的自相关性对于卫星导航具有重要的意义，它是伪随机码测距技术的理论基础。当卫星发射一个周期的伪随机码信号时，经过传播时间的延迟 τ 后到达接收机，接收机内也产生一个相同的伪随机码，称为本地码，其码速率与接收到的码相同。用本地码和接收到的码进行相关处理，如果没有出现最大值则移动本地码直到相关函数达到最大值为止，从而获得信号传播时间。

应当指出，自相关系数 $\rho(\tau)$ 不仅在 $\tau=0$ 时为极大值，而且在 τ 为整周期时也出现极大值，如图 2.4.4 所示，因此，m 序列的自相关性会产生多值性问题，在测距技术中称之为模糊度问题，需采用其他方法解决。

m 序列的互相关性是一个比较复杂的问题，经理论研究可得出一个重要的规律：若有一个 r 级 m 序列，$r \leqslant 16$，且 $r \neq 4i(i=1,2,3,4)$，则存在一组个数为 M_r 的 m 序列，该组内的各 m 序列的两两互相关系数为三值相关函数，其值为 $-1/L_p$，$-t(r)/L_p$ 和 $t(r-2)/L_p$。$t(r)$ 为移位寄存器级数 r 的函数，表 2.4.5 给出了 r 为 5～10 时 $t(r)/L_p$ 的值。这一组内 m 序列之间的互相关系数的绝对值比其他 m 序列间互相关系数绝对值的最大值 $|\rho|_{max}$ 要小很多，如表 2.4.5 所示。这表明，此组内的 m 序列具有良好的互相关特性。若用此组内的各 m 序列作为各卫星的伪随机码，则不同卫星的信号就不会互相造成严重干扰，可以采用相关的方式区分不同卫星。

表 2.4.5　m 序列互相关系数的有关参数

r	同族 m 序列数 J_r	码长 L_p	$\|\rho\|_{max}$	M_r	$t(r)/L_p$
5	6	31	0.29	3	0.290
6	6	63	0.36	2	0.270
7	18	127	0.32	6	0.134
8	16	255	0.37	0	0.129
9	48	511	0.32	2	0.065
10	60	1 023	0.37	3	0.064

由表 2.4.5 可知，这样一组 m 序列的个数 M_r 很少，不能满足卫星导航系统中卫星数量较多的要求。可以通过对 m 序列的截短和复合产生满足卫星导航系统需求的码序列。

2.4.5 截短码与复合码

r 级移位寄存器只能产生码长为 $L_p=2^r-1$ 的 m 序列，在实际应用中，往往需要各种不同码长的 m 序列，此时，可采用截短码或复合码来调整码长。

1. 截短码

截短码是将码长为 $L_p=2^r-1$ 的码，截去一段 ΔL_p，从而构成码长为 $L'_p=L_p-\Delta L_p$ 的截短码。在移位寄存器反馈线路中加入一个“状态检测器”，使码长为 L_p 的移位寄存器在“状态检测器”的控制下，经过 L'_p 个状态后，发生一次跳跃，跳过后面 $(L_p-L'_p)$ 个状态而回到初始状态，从而得到一个码长为 L'_p 的截短码。

直观地说，要从一个长度为 $L_p=2^r-1$ 的 m 序列中得到一个长度为 $L'_p<L_p$ 的截短序列，只需设法截去 m 序列中的一段长度为 $\Delta L_p=L_p-L'_p$ 的子序列就行了。或者说，如果使原来产生 m 序列的移位寄存器在经过 L'_p 个状态后，发生一次跳跃，跳过后面的 $L_p-L'_p$ 个状态而回到第一个状态上，便可以得到一个长度为 L'_p 的截短序列。

乍看起来，似乎截短序列的跳跃点(状态)是可以任意选择的，但实际上截短序列具体实现的难易程度与跳跃点的选择关系极大。也就是说，并不是任意跳跃点都容易得到截短序列。实际的情况是，对于每一个长度为 $L'_p<L_p$ 的截短序列都只有一个特殊的跳跃点才是容易实现的。

截短序列产生器不再是线性移位寄存器，而是非线性移位寄存器，故不能再用特征多项式来描述，而只能用反馈逻辑函数来描述。

图 2.4.5 是 4 级移位寄存器产生截短码的方框图。该移位寄存器产生的 m 序列的码长 $L_p=15$，现要产生截短码 $L'_p=11$，需要设置合适的初始状态和状态检测器。为此，选择初始状态为“1001”；状态检测器设置的状态为“0011”，其功能是，当寄存器状态为“0011”时输出 1，而为其他状态时均输出 0。将状态检测器输出加入到反馈线路中的模 2 加法器中，其效果是：当检测器输出为 0 时，不影响原模 2 加法器输出；当检测器输出为 1 时，就使模 2 加法器的输出由 0 变为 1，或由 1 变为 0，从而产生跳跃，完成一个序列的截短。表 2.4.6 为序列状态表和跳跃点。

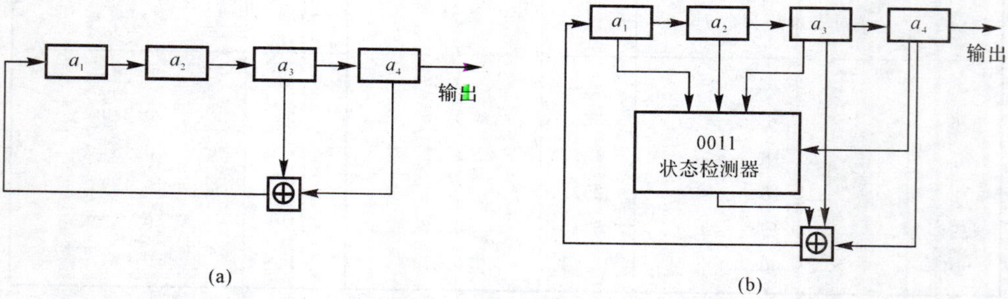

图 2.4.5 m 序列与截短序列的反馈逻辑

(a) m 序列； (b) 截短序列

表 2.4.6　4 级移位寄存器截短码的跳跃点

状态序列	第①级	第②级	第③级	第④级	反馈输出
初始　1	1	0	0	1	1
2	1	1	0	0	0
3	0	1	1	0	1
4	1	0	1	1	0
5	0	1	0	1	1
6	1	0	1	0	1
7	1	1	0	1	1
8	1	1	1	0	1
9	1	1	1	1	0
10	0	1	1	1	0
跳跃　11	0	0	1	1	1

2. 复合码

如果需要一个较长的码序列，可以由两个或两个以上的短码构成一个长码，称为复合码。构成长码的短码称为子码，由若干个子码组合而成的复合码，其形式可以是多种多样的，其中由模 2 和运算构成的称为模 2 和复合码，它有一个重要的特性，就是它们的自相关系数可以简单地表示成子码自相关系数的乘积。更确切地说，模 2 和复合序列的自相关系数离散值可以描述成子序列自相关系数离散值的乘积。由于序列之间模 2 和对应于波形之间的相位，因此模 2 和复合码实际上是子码之间互相调制的结果。例如：

一个码长 $L_{pa}=7$ 的码序列　　$a(1,1,1,0,1,0,0)$

一个码长为 $L_{pb}=15$ 的码序列　　$b(1,1,1,1,0,0,0,1,0,0,1,1,0,1,0)$

对以上两个码序列取模 2 和，可以得到一个长码，码长为 $L_{px}=L_{pa}L_{pb}=105$，如图 2.4.6 所示。

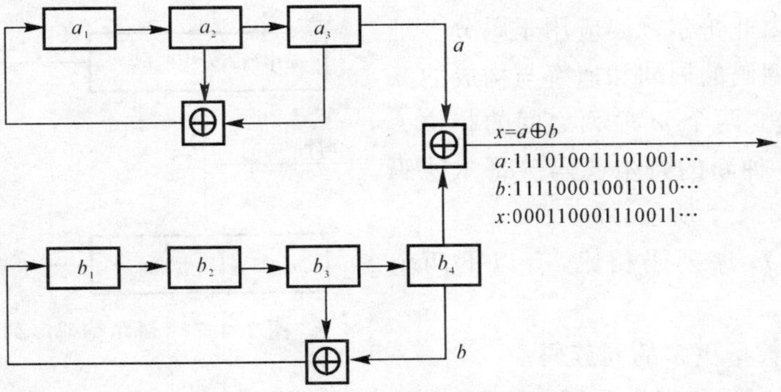

图 2.4.6　由 3 级和 4 级移位寄存器构成的模 2 和复合码

显然，当子码为 $x_1,x_2,\cdots,x_n$，其码长为 $L_{p1},L_{p2},\cdots,L_{pn}$，且 $L_{p1},L_{p2},\cdots,L_{pn}$ 互素时复合码

x 为

$$x = x_1 \oplus x_2 \oplus \cdots \oplus x_n \tag{2.4.13}$$

复合码 x 的码长为

$$L_{px} = L_{p1} L_{p2} \cdots L_{pn} \tag{2.4.14}$$

设各子码的自相关系数分别为 $\rho_1(\tau),\rho_2(\tau),\cdots,\rho_n(\tau)$，则复合码 x 的自相关系数 $\rho_x(\tau)$ 为

$$\rho_x(\tau) = \rho_1(\tau)\rho_2(\tau)\cdots\rho_n(\tau) \tag{2.4.15}$$

表 2.4.7 给出了两个子码 a 与 b 构成的复合码 x 的自相关系数值。其中 a,b 分别为由 3 级、4 级移位寄存器产生的 m 序列。

复合码不仅增加了码长，更重要的是能够改善自相关系数的特性，易于寻找最大自相关值，这对于卫星导航具有重要意义。

表 2.4.7 模 2 和复合码的自相关系数

ρ	r(码长)									
	0	1	2	…	7	…	14	15	…	105
ρ_1	1	$-\frac{1}{7}$	$-\frac{1}{7}$	…	1	…	1	$-\frac{1}{7}$	…	1
ρ_2	1	$-\frac{1}{15}$	$-\frac{1}{15}$	…	$-\frac{1}{15}$	…	$-\frac{1}{15}$	1	…	1
ρ_x	1	$\frac{1}{105}$	$\frac{1}{105}$	…	$-\frac{1}{15}$	…	$-\frac{1}{15}$	$-\frac{1}{7}$	…	1

2.4.6 哥尔德码与 Kasami 码

1. 哥尔德码

哥尔德码(Gold Code)是在 1967 年由 R. Gold 提出的。利用两个同周期、具有良好互相关特性的同族 m 序列组成的复合码序列族，称为哥尔德码。尽管哥尔德码本身不是 m 序列，但它允许从一对 m 序列(n 级移位寄存器)构造一族码(2^n-1 个)，所有的码都有良好的自相关性和互相关性。因此哥尔德码应用于码分多址比较理想。哥尔德码的周期和速率与构成的 m 序列是一致的，改变两个 m 序列之间的相位关系，就可以合成一种新的哥尔德码。哥尔德码发生器结构如图 2.4.7 所示。

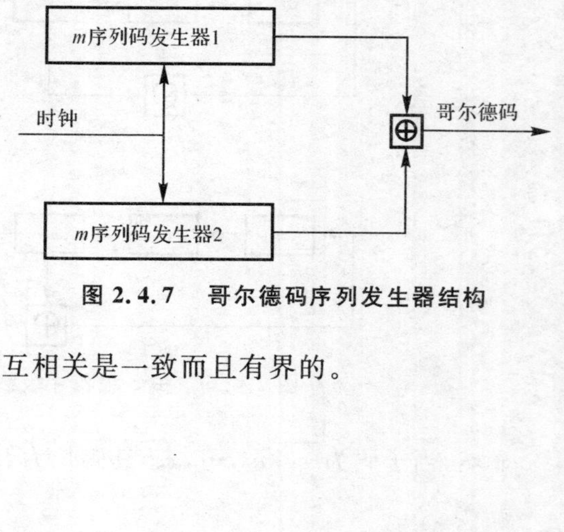

图 2.4.7 哥尔德码序列发生器结构

哥尔德码与 m 序列码相比，有以下两个优点：

1) 能够产生数量更多的同族码；

2) 由给定 m 序列码产生的哥尔德码之间的互相关是一致而且有界的。

2. Kasami 码

Kasami码与哥尔德码类似，该码继承了m序列的伪随机性、良好的自相关性和互相关性，而且数量也比较多。Kasami码分为小集合序列和大集合序列，小集合序列是周期为$N=2^r-1$的二进制序列。当r为偶数时，可以生成$2^{r/2}$个不同的序列。先定义一个以N为周期的m序列a，按频率$f_s=2^{r/2}+1$抽取，得到周期为$2^{r/2}-1$的序列b。将序列b复制f_s次（周期延拓），得到周期为2^r-1的序列c，将序列c循环移位$2^{r/2}-2$次，得到$2^{r/2}-2$个序列，加上移位前的序列c可得到一个包含$2^{r/2}-1$个序列的集合$\{d_i, i=1,2,\cdots,2^{r/2}-1\}$，将序列$a$和序列$d_i$模2和可产生一个包含$2^{r/2}-1$个序列的集合，加上序列$a$本身共有$2^{r/2}$个序列，即小集合，如图2.4.8所示。大集合的产生方法与此类似。

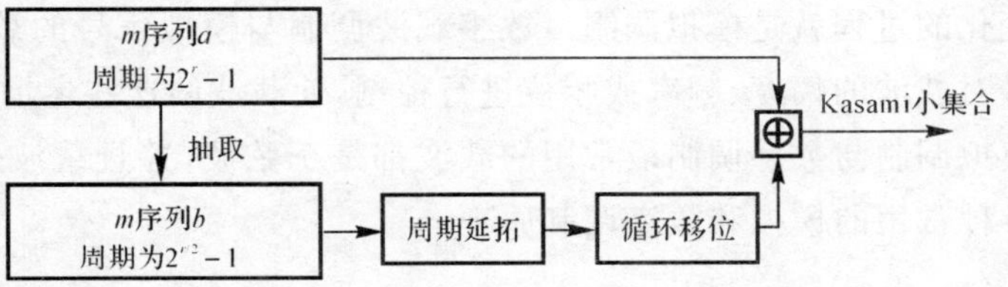

图 2.4.8　Kasami 小集合序列产生原理图

2.5　通信调制技术

在卫星导航定位系统中，卫星与地面站、卫星与主控站、卫星与接收机之间都需要频繁地通信。选择通信的频段对卫星导航十分重要，它将影响卫星导航系统的传输容量、卫星转发器的发射功率、卫星接收天线尺寸的大小、接收设备的复杂程度以及成本的高低等。选择频段首先要求电波传播衰减尽可能小，其次要求天线接收的外界噪声要小。也就是说，要有较宽的可用频带满足信息传输的要求，与地面微波通信、雷达等其他无线电系统间的相互干扰要小。综合上述要求，通常将导航卫星工作的频段选在L频段。目前大多数卫星系统工作的频段如表2.5.1所示。

表 2.5.1　卫星通信的工作频段

频　段	频率范围
L	1 000 ～ 2 000 MHz
S	2 000 ～ 4 000 MHz
C	4 000 ～ 8 000 MHz
X	8 000 ～ 12 500 MHz
K_u	12.5 ～ 18 GHz
K	18 ～ 26.5 GHz
K_a	26.5 ～ 40 GHz

卫星与地面、卫星与卫星之间的通信是超远距离的信息传输，要保证接收端能正确地接收到信号就涉及载波调制技术和扩频调制技术。

2.5.1 载波调制技术

卫星导航中需要传送的数据信息（导航电文）的频率通常只有几十赫兹，频率较低，不适宜直接在无线信道中传输。如果直接传送，信道利用率会非常低，而且该频段噪声较大。为了使卫星导航信号能够在无线信道中实现远距离传输，需要采用载波调制技术将低频数据信息搬移到信号损耗较小的指定的高频处进行传输。根据调制信号不同，载波调制分为模拟调制和数字调制。当利用模拟基带信号对高频正弦波的幅度、频率或相位参量进行控制时，使该参量随基带信号而变化的过程就是模拟调制。数字载波调制与模拟信号的载波调制相类似，即利用数字基带信号对载波的幅度、频率或相位进行控制，使载波的这些参量随数字基带信号的状态发生变化。模拟调制与数字调制最常用的载波都是正弦波，并且载波是连续的信号。下面分别简单介绍各种常用的模拟和数字调制原理。

1. 模拟调制

（1）振幅调制

载波的振幅随调制信号瞬时值而变化的调制方式称为振幅调制。振幅调制主要分为幅度调制、双边带调制、单边带调制、残留边带调制等方式。

1）幅度调制（Amplitude Modulation，AM）。设 $m(t)$ 为调制信号，即基带信号，该信号可以表示图像、声音、文字等信息，载波为

$$c(t)=\cos(\omega_c t) \tag{2.5.1}$$

式中，ω_c 为载波角频率（设载波初始相位为 0，不失讨论的一般性）。则幅度调制后的时域信号为

$$S_{\mathrm{AM}}(t)=[A_0+m(t)]\cos(\omega_c t) \tag{2.5.2}$$

式中，A_0 是外加的直流偏移；基带信号 $m(t)$ 可以是确知信号，也可以是随机信号，其均值假设为 0。

显然，$S_{\mathrm{AM}}(t)$ 的包络随 $m(t)$ 变化，设调制信号 $m(t)$ 的频谱为 $M(\omega)$，带宽为 ω_H，则由式（2.5.2）不难得到 $S_{\mathrm{AM}}(t)$ 的频谱为

$$S_{\mathrm{AM}}(\omega)=\pi A_0[\delta(\omega-\omega_c)+\delta(\omega+\omega_c)]+\frac{1}{2}[M(\omega-\omega_c)+M(\omega+\omega_c)] \tag{2.5.3}$$

式中，$M(\omega)$ 为 $m(t)$ 的频谱；$\delta(\omega)$ 为冲击函数。

AM 调制波形与频谱如图 2.5.1 所示，$M(\omega)$ 被搬移到 $\pm\omega_c$ 处。AM 信号在解调时既可以直接采用包络检波的方法，也可以利用载波同步实现相干解调。

幅度调制的优点是接收设备简单，缺点是功率利用率低，抗干扰能力差，信号带宽较宽，频带利用率不高，因此，幅度调制用于通信质量要求不高的场合，目前主要用在中波和短波调幅广播中。

2）双边带调制（Double Side Band，DSB）。如果将幅度调制中的直流偏移 A_0 去掉，即可

得到双边带调制的信号。双边带调制后的时域信号为

$$S_{DSB}(t)=m(t)\cos(\omega_c t) \tag{2.5.4}$$

对应的频域信号为

$$S_{DSB}(\omega)=\frac{1}{2}[M(\omega-\omega_c)+M(\omega+\omega_c)] \tag{2.5.5}$$

双边带调制与普通幅度调制信号的区别在于其载波的电压振幅不是在 A_0 上、下按调制信号规律变化的。这样，当双边带调制信号 $m(t)$ 进入负半周时，信号就变为负值，表明载波电压产生了 180° 相移，其包络已不再反映 $m(t)$ 的变化规律，因而不能采用简单的包络检波来恢复调制信号。双边带调制的优点是功率利用率高，但带宽与幅度调制相同，频带利用率不高，接收要求同步解调，设备较复杂。双边带调制通常只用于点对点的专用通信及低带宽信号多路复用系统。

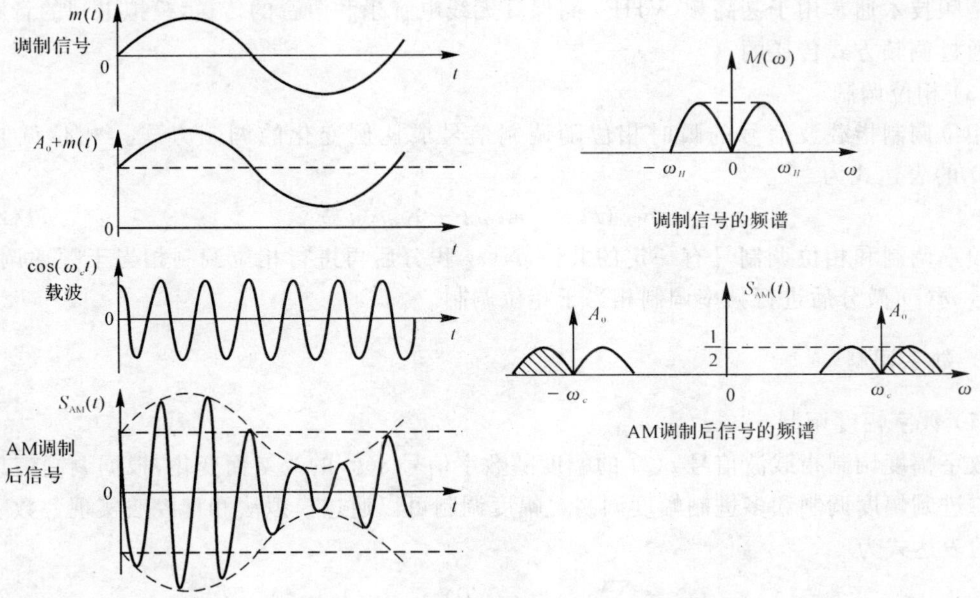

图 2.5.1　AM 调制波形与频谱

3）单边带调制(Single Side Band，SSB)。单边带调制信号的时域表示形式如下：

$$S_{SSB}(t)=\frac{1}{2}m(t)\cos(\omega_c t)\mp\frac{1}{2}\hat{m}(t)\sin(\omega_c t) \tag{2.5.6}$$

式中，“－”表示上边带调制；“＋”表示下边带调制；$\hat{m}(t)$ 是 $m(t)$ 的希尔伯特变换。

单边带调制的优点是功率利用率和频带利用率都较高，抗干扰能力和抗选择性衰落能力均优于幅度调制，而带宽只有幅度调制的一半；缺点是发送和接收设备都较复杂。单边带调制大多用在频带比较拥挤的场合，如短波波段的无线电广播和频分多路复用系统。

4）残留边带调制(Vestigial Side Band，VSB)。残留边带调制是介于 SSB 与 DSB 之间的一种折中方式，既克服了 DSB 信号占用频带宽的缺点，又解决了 SSB 信号实现中的困难。在这种调制方式中，不是将一个边带完全抑制，而是部分抑制，使其残留一小部分。

残留边带调制的性能与单边带调制相当，原则上也需要同步解调，但在某些残留边带调制系统中，附加一个足够大的载波，形成(VSB＋C)合成信号，就可以用包络检波法进行解调。

这种(VSB＋C)方式综合了AM,SSB和DSB三者的优点,在数据传输、商用电视广播等领域得到广泛使用。

(2) 频率调制

模拟频率调制是指载波信号$c(t)$的瞬时频率随调制信号而变化的调制方式。在这种调制方式中,载波的幅度可以保持不变。FM频率调制信号表示如下:

$$S_{FM}(t)=\cos\left(\omega_c t+\int_{-\infty}^{t}K_f m(\tau)\mathrm{d}\tau\right) \tag{2.5.7}$$

式中,$S_{FM}(t)$为已调频信号;K_f为比例常数。令相位$\varphi(t)=\int_{-\infty}^{t}K_f m(\tau)\mathrm{d}\tau$,则瞬时频率$\frac{\mathrm{d}\varphi(t)}{\mathrm{d}t}=K_f m(t)$。根据$\varphi(t)$的不同可得到不同的调频波,如线性调频、二次型调频和指数型调频等。

调频技术通常用于甚高频(VHF)高保真无线电音乐和语音的传送,模拟电视的音频信号也是通过调频方式传递的。

(3) 相位调制

相位调制指载波信号的瞬时相位随调制信号成比例变化的调制方式。相位调制信号$S_{PM}(t)$的表达式为

$$S_{PM}(t)=\cos(\omega_c t+K_f m(t)) \tag{2.5.8}$$

频率调制和相位调制具有一定的共性,$m(t)$积分后再进行相位调制相当于频率调制,基带信号$m(t)$微分后进行频率调制相当于相位调制。

2. 数字调制

(1) 数字幅度调制

数字幅度调制指载波信号$c(t)$的幅度随数字信号$s(t)$的改变而变化,根据调制信息不同分为二进制幅度调制和多进制幅度调制。幅度调制可以通过模拟法和键控法实现。数字信号$s(t)$的表达式为

$$s(t)=\sum_n a_n g(t-nT),\quad n=1,\cdots,M \tag{2.5.9}$$

式中,a_n为第n个码元所对应的电平值;T为码元持续时间;$g(t)$为某种脉冲波形。

数字幅度调制后的信号为

$$S_{ASK}(t)=s(t)\cos(\omega_c t) \tag{2.5.10}$$

式(2.5.10)表示了多进制数字幅度调制。当$M=2$时,调制方式为2ASK。若采用键控方式实现数字幅度调制,当$s(t)$为1时,开关处于接通状态,T时间长度内输出载波信号;当$s(t)$为0时,开关断开,T时间长度内输出0。

(2) 数字频率调制

数字频率调制指载波频率随数字信号的改变而变化,也可以通过模拟法和键控法实现。频率调制后信号的表达式为

$$S_{FSK}(t)=d(t)\cos(\omega_k t) \tag{2.5.11}$$

式中,ω_k对应不同的调制信息;

$$d(t)=\sum_{k=-\infty}^{\infty}g(t-kT) \tag{2.5.12}$$

式(2.5.12)为 M 进制数字频率调制。当 $M=2$ 时,调制方式为 2FSK。

(3) 数字相位调制

数字相位调制指载波的相位随调制信号的改变而变化。与数字幅度调制和频率调制一样,M 进制数字相位调制也可以通过模拟法和键控法实现。相位调制后信号的表达式为

$$S_{\mathrm{PSK}}(t)=d(t)\cos(\omega_c t+\varphi_k) \tag{2.5.13}$$

式中,φ_k 表示不同码元对应的相位。

当 $M=2$ 时,调制方式为 2PSK(或称为 BPSK)。BPSK 信号中信息码元 $d(t)$ 的取值为"0"和"1"时分别对应载波初始相位"0"和"π",而载波的幅度 A 和角频率 ω_c 保持不变。BPSK 调制信号的表达式如下:

$$S_{\mathrm{BPSK}}(t)=\begin{cases}A\cos(\omega_c t), & d(t)=0\\ A\cos(\omega_c t+\pi), & d(t)=1\end{cases} \tag{2.5.14}$$

BPSK 信号调制如图 2.5.2 所示。

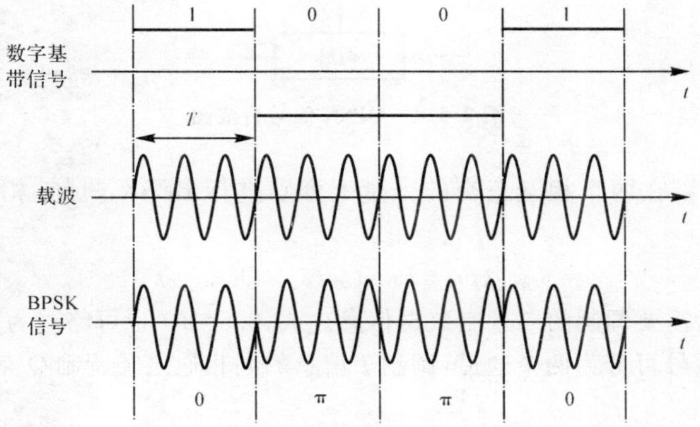

图 2.5.2　BPSK 调制波形图

当 $M=4$ 时,调制方式为 4PSK(或称为 QPSK)。QPSK 信号利用四个不同相位的载波来表征信息,每个载波相位代表两个比特,这两个比特信息与载波相位之间根据初始相位不同可以有两种对应关系,如表 2.5.2 所示,矢量关系如图 2.5.3 所示。

表 2.5.2　信息与载波相位的关系

二进制信息		载波相位	
信息 a	信息 b	初始相位 0°	初始相位 45°
0	0	0°	225°
1	0	90°	315°
1	1	180°	45°
0	1	270°	135°

图 2.5.3(a) 表示初始相位为 0° 的 QPSK 调制方式,图 2.5.3(b) 表示初始相位为 45° 的 QPSK 调制方式。QPSK 信号调制可以由两路正交 BPSK 调制信号合成,合成方法如图 2.5.4 所示。

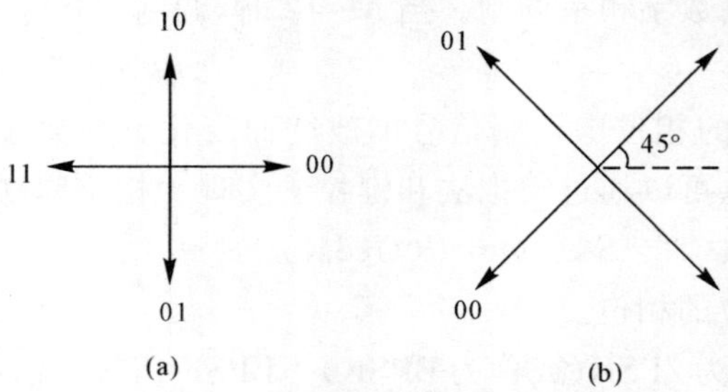

图 2.5.3 QPSK 信号矢量图

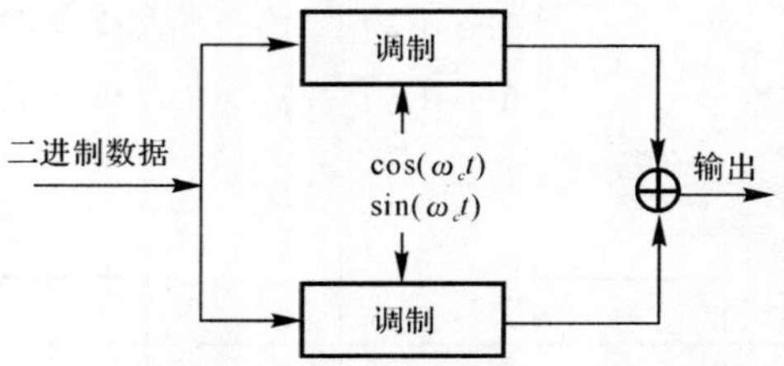

图 2.5.4 QPSK 信号合成图

二进制数据可以在两个相互正交的分量上分别进行 BPSK 调制，相加后即形成 QPSK 信号：

$$S_{\mathrm{QPSK}}(t)=I\cos(\omega_c t)+Q\sin(\omega_c t) \tag{2.5.15}$$

式中，I，Q 分别表示需要调制的二进制数据信息。式(2.5.15)也可略写为 $S_{\mathrm{QPSK}}(t)=I+\mathrm{j}Q$。因此，QPSK 调制信号可分为两个通道：调制 I 信息的同相通道和调制 Q 信息的正交通道。

2.5.2 多址通信

通信系统可以采用码分多址、频分多址和时分多址等方式区分不同的信号源。卫星导航系统中，不同的卫星同时向用户发送导航信号，为了使多颗卫星发送的信号互不干扰，除 GLONASS 采用频分多址外，其他卫星导航系统多采用码分多址方式，不同的卫星使用不同的扩频码。

1. 码分多址(Code Division Multiplexing Access, CDMA)

码分多址基于扩频技术实现，它利用了扩频码的正交性。不同的卫星分配不同的伪随机码序列，将要发送的信号频谱扩展到一个很宽的频带上。在接收端，扩频接收机用与发射端相同的伪随机码和接收到的信号进行相关处理，把接收到的扩频信号恢复成窄带的数字信号。在卫星通信系统中，扩频技术是一种重要的通信体制。

2. 频分多址(Frequency Division Multiplexing Access, FDMA)

频分多址是将卫星占用的频带按频率高低划分给各地面站的一种多址连接方式。各卫星在被分配的频带内发射各自的信号，而在接收端利用带通滤波器从接收信号中只取出与本站有关的信号。为了使各载波之间互不干扰，它们的中心频率必须有足够的间隔，而且要留有保护频带。这是卫星通信多址技术中最简单、应用范围最广的一种。GLONASS 卫星导航系统采用的就是频分多址方式区分不同的卫星。

3. 时分多址(Time Division Multiplexing Access, TDMA)

时分多址是将可使用的多个卫星信号在时间上分割成若干个互不重叠的时隙,各卫星按分配的时隙使用。时隙在时域上是正交的,接收端利用定时信号来选择不同地址的信号。时分多址需要系统的同步和定时,对信息需要进行数字化和编码。一个 TDMA 帧由基准分帧和数据分帧组成。前者由基准站发出,提供系统的同步和定时;后者由卫星发出,含有要传输的信息数据。各分帧之间设有保护时间。

2.6　通信中的编码和译码

数字信号在传输过程中常常受到噪声、衰落等干扰的影响,使信号码元波形变坏,故传输到接收端后可能发生错误判决。除了可以在接收端设置一个与信道特性具有相反特性的均衡器以减小或消除因信道的时变多径传播特性引起的码间干扰外,还可以通过编码技术检测和纠正传输过程中的误码。编码技术中的检、纠错技术用在数字通信中有着非常好的效果,是提高通信系统传输质量的重要手段。

在原始信息码的基础上增加一些监督码或检验码(冗余码元),使监督码元与信息码元之间建立一种确定的关系,称这一过程为差错控制编码或纠错编码。在接收端,根据监督码元与信息码元之间已知的特定关系,可实现检错和纠错,完成此任务的过程称之为译码或解码。

常用的差错控制方法有三种:检错重发法、反馈校验法、前向差错控制法。在检错重发法中,当检测到若干码元中存在一个或多个的错误时,设法通知发送端重新发送,直到正确接收为止。这种方法在检测到错码时,并不能确定错码的位置,因此需要双向信道。反馈校验法是将接收端的信息发回发送端,并与原发送码进行对比,如有错误则重新发送。这种方法不但需要双向信道,而且传输效率很低。

在卫星导航系统中大多采用的是前向差错控制(Forward Error Correction, FEC) 技术,它是发送端将数据信息按一定的规则附加多个冗余码元,组成具有纠错能力的码。到达接收端后,按预先的规则进行译码,以确定接收码组中有无错误。若有错,则确定其位置并进行纠正。

前向差错控制的主要优点是:不需要反馈信道,适合用于单向通信,因而适用于卫星导航系统。这种方式的译码过程一般比较复杂、效率较低,为了提高纠错能力,要求附加多余的监督码元,通常需要总码元的 25% ～ 50% 作为冗余码元,通过降低有效性来换取可靠性。

信号在传输之前常常对编码信息进行交织,即在时间上对码元进行混洗,使得信道的突发错误在时间上得以扩散。交织可分为卷积交织和块交织,后者较为常见。块交织常在数据分帧的情况下使用,比较适合卫星导航信号的帧结构。通常,块交织是将已编码序列按列填充到一个 M 行 N 列($M \times N$) 的矩阵中,然后码元按行传送到调制器并用于信道传输。在接收端,解交织器进行相反的操作即可。

FEC 编码也与交织技术结合使用,FEC 编码后的数据写到一个块交织寄存器中,然后从中读出进行下一步处理。如果传送时发生突发错误，那么解交织后错误将会随机分布，而不是某段数据连续发生错误，用 FEC 技术很容易纠正。

下面介绍卫星导航中常用的前向差错控制编码和译码技术。

1. 汉明校验码

汉明码(Hamming Code)是一种可以纠正单个随机差错的线性分组码。要纠正码字中的一个差错，要求所有与各单个差错相应的伴随式互不相同，因此，对于任意整数 m，可以构成参数为 (n,k,d) 的汉明码：

校验元数目：$r=m,\quad m>3$

码长：$n=2^m-1$

信息元数目：$k=2^m-1-m$

最小距离：$d=3$

纠错能力：$t=1$

该汉明码一致校验矩阵的 $n=2^m-1$ 列互不相同，且不全为"0"，其主要优点是编码效率高，尤其当码长很大时，其效率接近于1。

2. BCH 码

BCH 码是以三位发明者的名字(Bose，Chaudhuri，Hocguenghem)首字母命名的，它的重要性在于它可以在给定纠错能力的前提下寻找码的生成多项式。

BCH 码可以分为两类：本原 BCH 码和非本原 BCH 码。本原 BCH 码的码长 n 与监督位、纠错个数 t 之间的关系如下：对于正整数 m $(m\geqslant 3)$ 和正整数 $t<m/2$，必定存在一个码长为 $n=2^m-1$，监督位为 $n-k\leqslant mt$，能纠正所有不多于 t 个随机错误的 BCH 码。若码长 $n=(2^m-1)/i$ ($i>1$，且能除尽 (2^m-1))，则为非本原 BCH 码。能纠正小于等于 t 个随机错误的 BCH 码的生成多项式如下：

$$g(x)=LCM[m_1(x),m_3(x),\cdots,m_{2t-1}(x)] \tag{2.6.1}$$

式中，t 为可纠正的错误个数；$m_i(x)$ 为最小多项式；$LCM[\;]$ 为取括号内所有多项式的最小公倍数。

在工程设计中，一般不需要用计算方法去寻找生成多项式，可以通过查表法找到所需多项式。如果需要得到偶数长度的码，增加检错性能，只需要在 BCH 码生成多项式中乘上一个 $(x-1)$ 因式，从而得到 $(n+1,k+1)$ 的扩展 BCH 码。扩展 BCH 码相当于在原有 BCH 码的基础上增加一个校验位，此时码距增加1，但码已不具有循环性。

3. CRC 循环冗余校验码

CRC 循环冗余校验码(Cyclic Redundancy Code)用于发现和纠正信息传送过程中连续出现的多位错误。CRC 码是在 n 位被校验数据之后拼接 r 位校验码后得到的 $n+r$ 位编码。发送方根据 n 位数据算出 r 位校验码的值，一起发送给对方；接收方根据同一算法对 $n+r$ 位数据进行校验。CRC 校验原理如下：

假设被校验的代码为 n 位二进制数据，用多项式 $M(x)$ 表示。$M(x)$ 是按照降幂排列的多项式的系数，如"1101"可以表示成多项式 $1x^3+1x^2+0x^1+1x^0$。首先将 $M(x)$ 乘以 x^r(相当

于二进制数据左移 r 位）得到 $C(x)$。选择一个 r 次的多项式 $G(x)$，$C(x)$ 除以 $G(x)$ 得到的余数 $R(x)$ 为 $r-1$ 次多项式，将与 $R(x)$ 对应的 r 位二进制代码接在 $C(x)$ 之后，可得 $M(x)x^r+R(x)$，与多项式 $M(x)x^r+R(x)$ 对应的二进制代码即构成一个 $n+r$ 位带 CRC 循环冗余校验信息的数据。接收端收到这 $n+r$ 位信息后，将其还原成多项式并用同样的生成多项式 $G(x)$ 去除，如果信息传输正确则余数为 0，否则余数不为 0，接收端可根据不同的余数判断出错的位置并进行纠正。

4. 卷积编码和维特比译码

卷积码是由 P. Elias 于 1955 年提出的一种非分组码。与分组码不同的是，卷积码编码器把 k 比特信息段编成 n 比特的码组，但所编的码组不仅同当前的 k 比特信息段有关联，而且还同前面的 $N-1$ 个($N>1$，N 为整数）信息段有关联。一般称 N 为码的约束长度，卷积码通常被记作(n, k, N)，其中 n 为编码器输出的码元个数，k 是输入的码元个数，N 为约束长度，它的编码效率为 $R=k/n$。卷积码在编码过程中充分利用了各组之间的相关性，无论从理论上还是实践上均已证明其性能要优于分组码，随着 N 的增加，卷积码的纠错能力随之增强，误码率也成指数下降，因此卷积码以其优越的性能被广泛地应用在数字通信系统中。图 2.6.1 所示为(2，1，7) 卷积码的编码方式，其中，D 表示移位寄存器，G_1 的第 1,2,3,4,7 抽头连接到模 2 加法器，而 G_2 的 1,3,4,6,7 抽头连接到模 2 加法器，G_1 和 G_2 的输出为八进制。

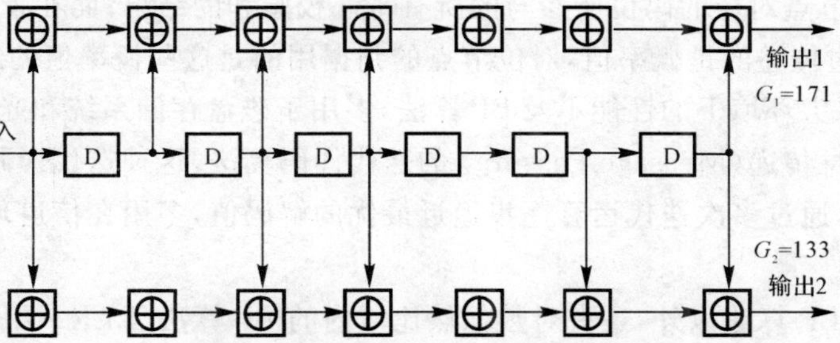

图 2.6.1　(2 ,1, 7) 卷积码编码器的结构

卷积编码的译码方法有两类：一类是大数逻辑译码，又称门限译码；另一类是概率译码，又分为维特比译码和序列译码两种。比较常用的是维特比译码，其基本思想是：将已接收序列与所有可能发送的序列做比较，选择其中码距（每两个码组间的距离）最小的一个序列作为发送序列。如果发送 L 组信息比特，那么对于(n,k,N) 卷积码来说，可能发送的序列有 2^{kL} 个，译码器和这些序列进行比较，以找到码距最小的那个序列。维特比算法采取接收一段，比较一段的方式，选择一段最大似然可能的码段，从而达到整个码序列是一个最大似然值的序列。

5. 低密度奇偶校验码

低密度奇偶校验码(Low Density Parity Check，LDPC) 是 1962 年由 Gallager 提出的一类基于稀疏校验矩阵的线性分组码。按照稀疏校验矩阵定义的 LDPC 码，每个码字满足许多线性约束，码字中的每个符号参与小数量约束。当以最佳译码器译码时，LDPC 码是一种非常好的码，它具有逼近香农限，描述和实现简单，译码简单并可并行操作等优点。LDPC 编码对于以低于香农限的任何码率通信，误码概率均变为 0。近年来，LDPC 码以其优异的性能、简洁的形式备受青睐。目前第二代卫星数字电视广播采用了BCH码和LDPC码级联的方案，并且LDPC码已成为B3G和IEEE802.16e极具竞争力的信道编码方案。

LDPC码可以由n列，m行的奇偶监督矩阵$\boldsymbol{H}$确定，其中n为码长，m为校正子个数。其奇偶校验矩阵中每列都有固定的列重量t(如$t=3$)，随机构造矩阵使其行重量t尽量均匀分布，且任意两列的重叠不大于1，且矩阵$\boldsymbol{H}$中不存在四角由"1"构成的矩阵。当确定矩阵$\boldsymbol{H}$后，即可由$\boldsymbol{H}$矩阵导出生成矩阵$\boldsymbol{H}$，这样一个LDPC编码的码组就确定了。

LDPC码又称为稀疏图码，它可以由一个Tanner图(又称二分图)表示。Tanner图可以从码的奇偶校验方程定义中得到，一般来说，一个码可以用一个以上的Tanner图描述。Tanner图是一种双向图，可看做一个非循环有向图(Directed acyclic graph, DAG)，可以用$\boldsymbol{G}=\{(\boldsymbol{V},\boldsymbol{E})\}$表示，其中$\boldsymbol{V}$是节点的集合，$\boldsymbol{V}=\boldsymbol{V}_b\cap\boldsymbol{V}_c$。对于维数为$m\times n$的校验矩阵，$\boldsymbol{V}_b=[v_1\quad v_2\quad\cdots\quad v_n]$称为变量节点，对应校验矩阵的列；$\boldsymbol{V}_c=[c_1\quad c_2\quad\cdots\quad c_n]$是校验节点，对应于校验矩阵的行，也就是校验方程。$\boldsymbol{E}$是节点之间相连的边的集合，$\boldsymbol{E}\subseteq\boldsymbol{V}_b\times\boldsymbol{V}_c$，同类节点之间没有边相连，只有两类节点之间有边存在。与节点相连的边数称为节点的度，从某个节点出发又回到某个节点为一个环，所经过的边的个数为环的长度。

LDPC码的译码有两种主要算法：比特翻转(Bit Flipping, BF)算法和置信度传播(Belief Propagation, BP)算法两类。本质上它们都是基于Tanner图的迭代译码算法。不同的是每次迭代过程中传递的信息不同，对于BF算法，沿Tanner图的边传递的是二进制值，对位节点的判据用的是该节点对应的码位所参与的所有奇偶校验和的结果；而在置信传播译码算法中，沿Tanner图的边传递的是概率值，对位节点的判据用的是这些概率值的组合。通常BF算法译码简单，但在恶劣环境下的性能不及BP算法，多用于磁盘存储系统和光通信系统中。BP算法是一种基于消息传递(Message Passing)的迭代译码算法，这种迭代译码方式类似于最大似然准则译码算法，通过多次迭代运算逐步逼近最优的解码值，多用在信道环境比较恶劣的无线通信系统中。

除了原始的BP算法以外，还有对数似然比域内的BP算法(LLR-BP)，以及为降低LLR-BP复杂度而提出的改进的BP算法，BP-Based译码算法，归一化BP译码(Normalized BP-Based)算法以及偏移BP(Offset BP-Based)算法等，可以根据需求进行选取。

第3章　GPS卫星导航系统

GPS卫星导航系统由空间段、地面段和用户段三部分构成，其中的用户段主要指接收机，第4章将对其工作原理进行详细阐述。本章主要介绍GPS卫星导航系统空间段和地面段的构成及作用，并对GPS系统的信号特点、调制方式、导航电文的格式和内容进行详细阐述，最后介绍GPS现代化的进展情况。

3.1　系统构成

3.1.1　空间段

1. GPS卫星轨道

GPS星座配置如图3.1.1所示，标称星座包括24颗工作卫星，分布在6个轨道面上，每个轨道面上有4颗卫星。

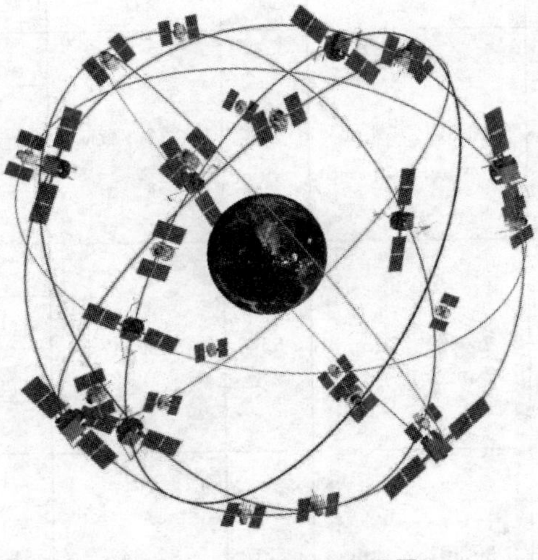

图3.1.1　GPS星座配置

GPS卫星轨道采用近圆形且高度达两万余千米的中地球轨道，表3.1.1列出了GPS卫星轨道参数和有关的物理常数。可以看出，每个轨道面上的4颗卫星呈不均匀分布，也就是说，虽然各轨道面的赤经是等间隔的，但在每个轨道面上的卫星本身是不等间隔的。这样配置的目的在于达到卫星的最佳可视性，使得当有某颗卫星发生故障时对整个系统的影响最小，保证系统工作的稳定性，而且这种配置使得在较高纬度地区具有一定冗余的卫星可供观测。表

3.1.2列出了 24 颗卫星的星座参数。

表 3.1.1　GPS 卫星轨道参数和有关物理常数

参　数	数　值
轨道间隔	6 个升交点等间隔(角距 60°)配置
轨道倾角	55°(标称)
轨道半径	26 561.75 km
偏心率	0±0.02
卫星运行周期	11 h 58 min
卫星运行角速度	$7.292\ 11\times10^{-5}$ rad/s
卫星运行线速度	3.870 4 km/s
光速	$2.997\ 924\ 58\times10^{8}$ m/s
π	3.141 592 653 589 8
地球引力常数	$3.986\ 005\times10^{14}\ m^3/s^2$
地球自转角速度	$7.292\ 115\ 146\ 7\times10^{-5}$ rad/s
1 恒星日	86 164.098 903 8 s
1 太阳日	86 400 s
J_2	$108\ 263\times10^{-8}$

表 3.1.2　GPS 系统 24 颗卫星星座参数

序号	平面/位置号	A	i	Ω	M	ΔM
1	A3	26 561.75 km	55°	272.847°	11.676°	103.55°
2	A4				41.806°	30.13°
3	A2				161.786°	119.98°
4	A1				268.126°	106.34°
5	B1	26 561.75 km	55°	332.847°	80.956°	130.98°
6	B2				173.336°	92.38°
7	B4				204.376°	31.04°
8	B3				309.976°	105.6°
9	C1	26 561.75 km	55°	32.847°	111.876°	100.08°
10	C4				241.556°	129.68°
11	C3				339.666°	98.11°
12	C2				11.796°	32.13°
13	D1	26 561.75 km	55°	92.847°	135.226°	100.07°
14	D4				167.356°	32.13°
15	D2				245.446°	98.09°
16	D3				35.156°	129.71°

续 表

序号	平面/位置号	A	i	Ω	M	ΔM
17	E1	26 561.75 km	55°	152.847°	197.046°	130.98°
18	E2				302.569°	105.55°
19	E4				333.086°	31.09°
20	E3				66.066°	92.38°
21	F1	26 561.75 km	55°	212.847°	238.886°	103.54°
22	F2				345.226°	106.34°
23	F3				105.206°	119.98°
24	F4				135.346°	30.00°

注：表中 A 为卫星轨道长半轴；i 为轨道面倾角；Ω 为升交点赤经；M 为平近点角；ΔM 为同一轨道面上相邻卫星的平近点角的角度差。

2. GPS 卫星结构

GPS 最初使用的 Block Ⅰ型试验卫星和 Block Ⅱ型工作卫星现已全部退役，目前在轨运行的是 Block Ⅱ-A，Block Ⅱ-R，Block ⅡR-M 和 Block Ⅱ-F 型工作卫星。部分 GPS 卫星外形结构如图 3.1.2 所示。

(a)　(b)　(c)　(d)

图 3.1.2　GPS 卫星外形结构示意图

(a)Block Ⅰ；(b)Block Ⅱ-A；(c)Block ⅡR-M；(d)Block Ⅱ-F

Block Ⅰ型卫星由 Rockwell International 公司制造，从 1978 年 2 月 22 日开始共发射了 11 颗。卫星质量为 759 kg，功率为 400 W，载有两台铯钟和两台铷钟，电文存储时间为 14 天，设计寿命为 5 年，但其中几颗已工作了 10 年以上。

Block Ⅱ型卫星从 1989 年 2 月 14 日开始共发射了 9 颗。卫星质量为 1 660 kg，功率为 710 W，载有两台铯钟和两台铷钟，L1 载频上发射的 C/A 码增加了选择可用性措施，电文存储时间为 14 天，设计寿命为 7.3 年。

Block Ⅱ-A(Advance)型卫星从 1990 年 11 月 26 日开始发射了 15 颗。卫星质量为 1 816 kg，功率为700 W，载有两台铯钟和两台铷钟，加装了激光反射镜，可被地面激光测距器跟踪，并具备动量管理能力，电文存储时间为 180 天，设计寿命为 7.8 年。

Block Ⅱ-R(Replacement)型卫星由 Lockheed Martin 公司生产，从 1997 年 1 月 17 日开始共发射了 9 颗卫星。卫星质量为 2 032 kg，功率为 1 136 W，载有三台铷钟，时钟系统还配有压控晶体振荡器，能够补偿时钟的频率漂移。与之前的卫星不同的是，Block Ⅱ-R 卫星具有可编程能力和自主导航能力，此外，在抗核辐射、抗激光照射能力和抗干扰方面也有所提高，卫星设计寿命增加到10年[6-7]。

Block Ⅱ R-M(Modernization)型是对Block Ⅱ-R型进行现代化改造后的卫星，2005年9月26日发射了首颗卫星。L1载频增加发射M码，具有更强的发射功率、抗干扰性能和保密能力，L2载频上增加发射M码的同时，增加发射L2C码，每个载频分别发射3种信号。通过改善天线和提高发射机效率加大了信号功率。

Block Ⅱ-F(Follow on)型卫星与Block Ⅱ R-M型卫星相比增加了民用频率L5，主要服务于民航安全，增强了星间链路数据处理和网络通信能力。其设计寿命最低15年[8]，质量与体积和Block Ⅱ相近，其性能将在3.4节介绍。

3. GPS卫星编号

GPS卫星都有各自的编号，根据应用目的不同，卫星可按下列方式编号：

1)顺序编号：按照卫星发射时间的先后次序给卫星编号。

2)PRN编号：根据卫星所采用的PRN码编号。截至2008年末，GPS系统拥有31颗在轨卫星，采用2～32的PRN码编号[9]。

3)IRON编号：即内部距离操作号(Inter Range Operation Number, IRON)，是由美国和加拿大组成的北美空军指挥部给定的一种随机号，以此识别它们所选择的目标。

4)NASA编号：这是美国航空航天局(National Aeronautics and Space Administration, NASA)在其序列文件中对GPS试验卫星的编号。

5)国际识别号：国际上为每颗人造地球卫星分配的编号，它由两部分组成：第一部分表示该颗卫星的发射年代，第二部分表示该年度中发射卫星的序列号。

在导航定位中，卫星一般采用PRN编号。对广大用户而言，若需查询某颗卫星的有关数据，必须提供该颗卫星的PRN识别号。表3.1.3为截至2008年末GPS在轨卫星运行的基本情况。

表3.1.3 GPS卫星运行简表

轨道平面	PRN	卫星型号	发射日期	启用日期	工作时间/月
A	9	Ⅱ-A	26.06.93	20.07.93	182.6
	31	ⅡR-M	25.09.06	13.10.06	24.5
	8	Ⅱ-A	06.11.97	18.12.97	130.4
	7	ⅡR-M	15.03.08	24.03.08	7.1
	25	Ⅱ-A	23.02.92	24.03.92	195.7
	27	Ⅱ-A	09.09.92	30.09.92	192.4
B	16	Ⅱ-R	29.01.03	18.02.03	68.1
	30	Ⅱ-A	12.09.96	01.10.96	144.1
	28	Ⅱ-R	16.07.00	17.08.00	98.4
	12	Ⅱ R-M	17.11.06	13.12.06	22.3
	5	Ⅱ-A	30.08.93	28.09.93	178.3

续表

轨道平面	PRN	卫星型号	发射日期	启用日期	工作时间/月
C	6	Ⅱ-A	10.03.94	28.03.94	174.3
	3	Ⅱ-A	28.03.96	09.04.96	149.3
	19	Ⅱ-R	20.03.04	05.04.04	54.7
	17	Ⅱ R-M	26.09.05	13.11.05	34.3
	29	Ⅱ R-M	20.12.07	02.01.08	9.8
D	2	Ⅱ-R	06.11.04	22.11.04	47.1
	11	Ⅱ-R	07.10.99	03.01.00	105.8
	21	Ⅱ-R	31.03.03	12.04.03	66.4
	4	Ⅱ-A	26.10.93	22.11.93	179.2
	24	Ⅱ-A	04.07.91	30.08.91	205.8
E	20	Ⅱ-R	11.05.00	01.06.00	100.8
	22	Ⅱ-R	21.12.03	12.01.04	57.6
	10	Ⅱ-A	16.07.96	15.08.96	145.7
	18	Ⅱ-R	30.01.01	15.02.01	92.3
	32	Ⅱ-A	26.11.90	10.12.90	166.3
F	14	Ⅱ-R	10.11.00	10.12.00	94.6
	15	Ⅱ R-M	17.10.07	31.10.07	11.9
	13	Ⅱ-R	23.07.97	31.01.98	128.8
	23	Ⅱ-R	23.06.04	09.07.04	51.6
	26	Ⅱ-A	07.07.92	23.07.92	195.1

4. GPS 卫星作用

卫星作为 GPS 的重要组成部分，具有如下主要功能：

1)接收和储存由地面注入站用 S 波段发送的导航电文及其他有关信息，形成 GPS 信号并实时地发送给用户。

2)连续不断地向用户发送导航定位信号，并通过导航电文发送卫星的位置、状态和其他在轨卫星的概略位置等信息。

3)接收并执行地面主控站通过注入站发送的卫星调度命令，如改正运行偏差、调整卫星姿态或启用备用时钟等命令。

4)卫星上设有微处理机，进行部分必要的数据处理工作。

5)通过星载的高精度原子钟提供精密的时间标准。

3.1.2　地面段

在轨道上运行的 GPS 卫星的各种设备工作是否正常、是否一直沿着预定轨道运行，是由地面监控系统监测和控制的。GPS卫星会根据地面监控系统的要求，利用卫星星历描述每颗卫星的轨道参数和卫星运行状态，不仅如此，地面监控系统还有一个重要作用，就是保持各颗卫星处于同一时间标准，即处于GPS系统时间。

GPS地面监控系统由一个主控站、四个注入站和六个监测站组成。主控站于1986年5月由加利福尼亚范登堡空军基地迁至位于美国本土科罗拉多斯平士的联合空间执行中心；四个注入站分别设在大西洋的阿森松群岛、印度洋的狄哥伽西亚和太平洋的卡瓦加兰以及佛罗里达州的卡纳维拉尔角；六个监测站除主控站和四个注入站以外，第六个监测站位于太平洋中部的夏威夷。地面监控系统分布情况如图3.1.3所示。

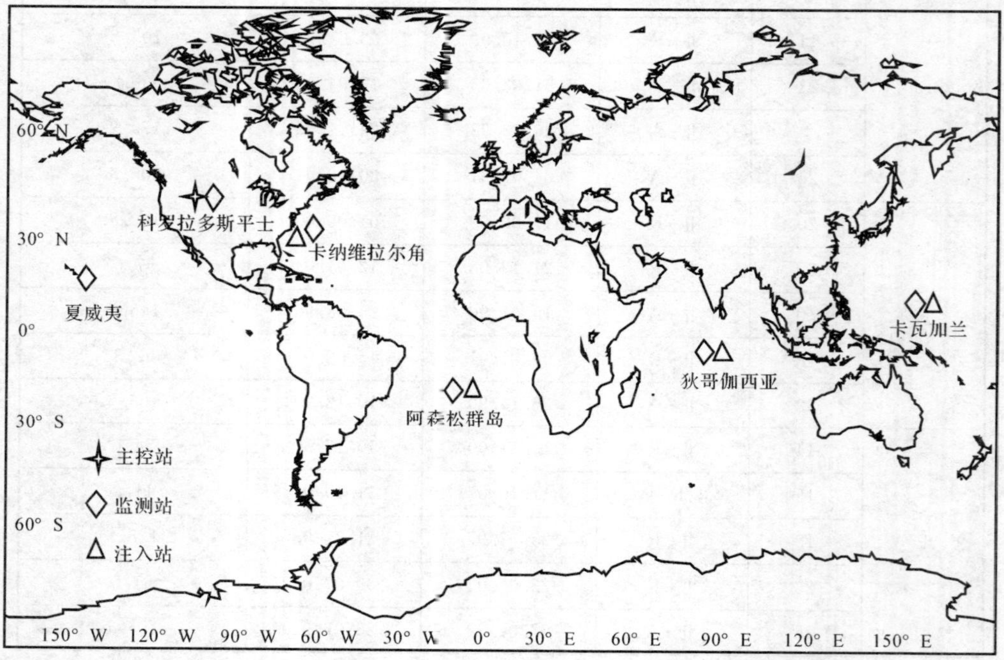

图3.1.3 GPS系统地面段分布

1. 主控站(Master Control Station, MCS)

主控站协调和管理所有地面监控系统的工作。除此以外，它还执行下列任务：

1)根据本站和其他监测站的所有观测资料推算编制各卫星的星历、卫星钟差和大气层的修正参数等，并将这些数据传送到注入站。

2)为GPS系统提供时间基准。各监测站和星载原子钟均应与主控站的原子钟同步或测出其钟差，并将这些钟差信息编入导航电文送到注入站。

3)对地面监控系统的工作状况及卫星的健康状况进行诊断，调整偏离轨道的卫星，使之沿预定的轨道运行。

4)进行卫星调度，控制启用备用卫星以替代失效的工作卫星。

2. 监测站(Moniter Station, MS)

监测站是在主控站直接控制下的数据自动采集中心，站内设有双频GPS接收机、高精度原子钟、大型计算机和环境数据传感器。原子钟提供时间基准，接收机对每颗过顶卫星每 6 s 进行一次伪距测量和积分多普勒频移观测，环境数据传感器负责收集气象信息。这些信息经初步处理后被分别存储和传送到主控站形成导航电文。

3. 注入站(Ground Antenna, GA)

注入站设备包括一台直径为 3.6 m 的天线、一台 S 波段发射机和一台大型计算机。注入站的主要任务是在主控站的控制下，将主控站推算和编制的卫星星历、钟差、导航电文和其他控制指令注入相应卫星的存储系统，并监测注入信息的正确性。当某颗 GPS 卫星飞越注入站上空时，注入站自动选择该卫星的导航电文，用 10 cm 波长的微波作载波，将导航电文发送给该卫星。

除主控站以外，整个 GPS 的地面监控系统均无人值守，各地面站通过现代化的通信建立联系，在原子钟和计算机的驱动和精确控制下实现高度的自动化管理。图 3.1.4 给出了 GPS 地面监控系统各站之间的功能框图。

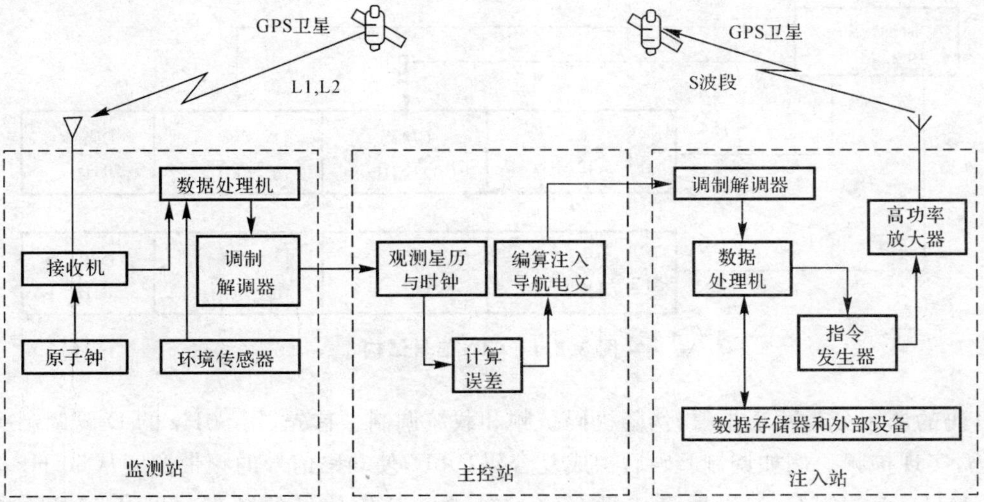

图 3.1.4 GPS 地面监控系统各站功能框图

3.2 卫星信号

GPS 接收机通过接收卫星发射的信号进行定位导航，系统定位精度与卫星发射的信号有着密切的关系。GPS 信号应具有的功能和特性如下：

1)确保系统精度，完成卫星的多址区分。

2)能在一定程度的多径干扰下正常工作。

3)能容许一定电平的随机或故意干扰、堵塞或模仿 GPS 信号的欺骗干扰。

根据实际需要，GPS 卫星发射的信号采用直接序列扩频调制体制，在发送端对导航电文进行扩频调制和载波调制，在接收端利用信号的相关性予以解调。下面首先介绍 GPS 卫星信号的结构和特性，然后介绍 GPS 信号中使用的测距码。

3.2.1 信号结构

GPS卫星发射的信号中包含三种分量：载波、测距码和数据码(即导航电文D码)。测距码采用伪随机码——C/A码(Coarse/Acquisition Code)和P码(Precise Code)。载波信号使用L频段，由L1和L2两个分量组成，L1的中心频率为1 575.42 MHz，L2的中心频率为1 227.6 MHz。之所以选择L频段，一是该频段的信道带宽比较容易分配，二是电离层延迟较小。GPS信号采用双频结构，是因为不同频率的信号经过电离层时的延迟时间不同，从而可以测定并补偿电离层效应引起的延时。

GPS信号的基准时钟频率 $f_0 = 10.23$ MHz，利用频率综合器产生所需的各种频率，如图3.2.1所示。两种载波分别为

L1载波：$f_{L1} = 154 \times f_0 = 1\,575.42$ MHz，波长 $\lambda_{L1} = 19.03$ cm；

L2载波：$f_{L2} = 120 \times f_0 = 1\,227.60$ MHz，波长 $\lambda_{L2} = 24.42$ cm。

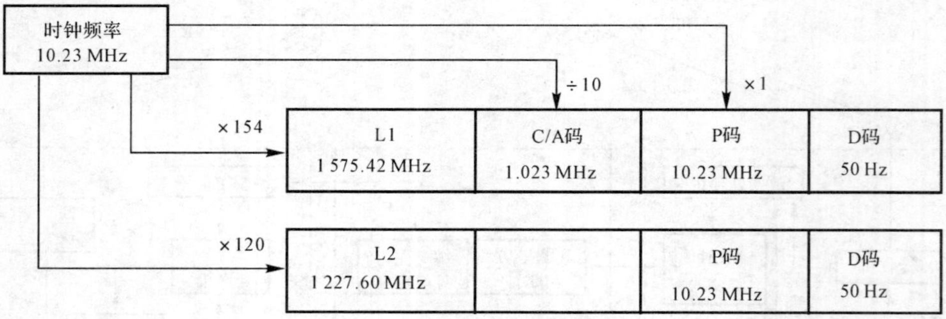

图3.2.1 GPS信号结构

D码的调制分为两个步骤：伪随机码扩频和载波调制。首先，用50Hz的D码调制一个伪随机码，实现扩频。例如调制P码后构成复合码P⊕D，使D码信号的频带宽度从50 Hz扩展到10.23 MHz；而调制C/A码后形成复合码C/A⊕D，D码信号的频带宽度从50 Hz扩展到1.023 MHz。然后，将扩频后的信号与载波L1或L2相乘，完成载波调制。载波L1上调制P⊕D码和C/A⊕D码，载波L2上只调制P⊕D码。经过上述两个步骤，即可将原来带宽较小的D码转变为频带较宽、频率较高的调制信号，既能节省卫星的电能，又可以增强信号抗干扰性和保密性。

调制后的L1，L2载波信号总称为GPS信号。两个载波均采用相移键控调制方式，其中L1采用四相相移键控调制(QPSK)，L2采用二相相移键控调制(BPSK)。L1的同相载波分量 $\cos(2\pi f_{L1} t + \varphi_{1i})$ 用C/A⊕D复合码进行调制，而正交载波分量 $\sin(2\pi f_{L1} t + \varphi_{1i})$ 则用复合码P⊕D进行调制；L2信号仅用P⊕D复合码进行调制。GPS信号表达式为

$$\left.\begin{aligned} S_{L1}^i &= A_{C/A} C_i(t) D_i(t) \cos(2\pi f_{L1} t + \varphi_{1i}) + A_P P_i(t) D_i(t) \sin(2\pi f_{L1} t + \varphi_{1i}) \\ S_{L2}^i &= B_P P_i(t) D_i(t) \sin(2\pi f_{L2} t + \varphi_{2i}) \end{aligned}\right\} \tag{3.2.1}$$

式中，A_P，$A_{C/A}$ 和 B_P 分别为载波L1和L2上信号分量的振幅；$P_i(t)$，$C_i(t)$ 和 $D_i(t)$ 分别为第 i 颗GPS卫星的P码、C/A码和D码；φ_{1i} 和 φ_{2i} 分别为第 i 颗卫星的载波L1和L2的初始相位。

GPS信号产生原理如图3.2.2所示。

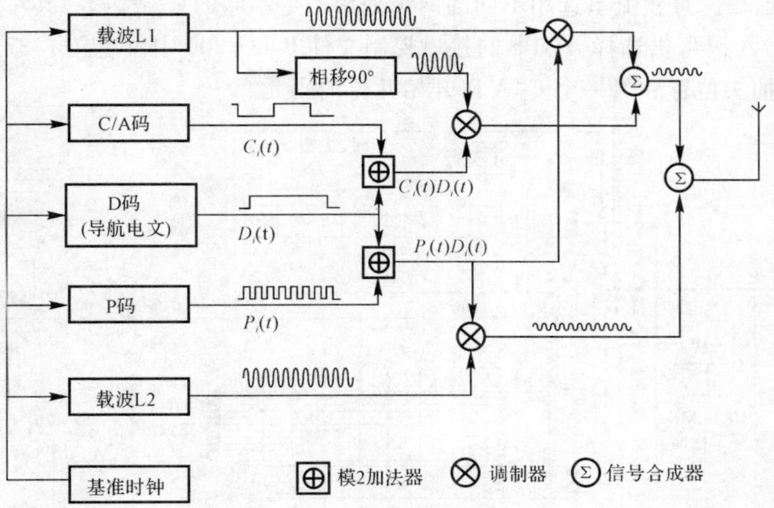

图 3.2.2　GPS 信号产生原理

3.2.2　测距码

如前所述，GPS 信号可提供两种测距码：一种是可供民用用户使用的 C/A 码，另一种是仅供授权用户使用的 P 码。

1. C/A 码

C/A 码是一种伪随机码，其码长为 1 023 个码元，周期为 1 ms。C/A 码很容易捕获，由于其测距精度较低，故称为粗捕获码。

(1)C/A 码产生

如图 3.2.3 所示，C/A 码由 G_1 和 G_2 两个 10 位移位寄存器产生，两个移位寄存器于每个星期日零时，在置"1"脉冲作用下恢复至全 1 状态。两个移位寄存器在码率 1.023 MHz 的时钟驱动下分别产生码长为 $N=2^{10}-1=1\,023$ 码元、周期为 1 ms 的 m 序列 G_1 和 G_2。由图3.2.3可知，G_1 和 G_2 的特征方程为

$$\left.\begin{aligned} G_1(x)&=1+x^3+x^{10}\\ G_2(x)&=1+x^2+x^3+x^6+x^8+x^9+x^{10}\end{aligned}\right\}\tag{3.2.2}$$

G_2 上的两个特定抽头组合(相位选择器)使 G_2 产生延时输出 $G_2(t+N_iT_c)$，然后 $G_1(t)$ 与 $G_2(t+N_iT_c)$ 模 2 相加后便得到 C/A 码，即

$$C(t)=G_1(t)\oplus G_2(t+N_iT_c)\tag{3.2.3}$$

式中，T_c 为一个码元(或码片)对应的时间，等于 1/1 023 ms≈977.5 ns；N_i 为 $G_1(t)$ 与 $G_2(t)$ 的码相位差值(单位为码元)。

在式(3.2.3)中，N_i 可以有 1 023 个不同的偏置量(延迟量)，因而可以产生 1 023 个不同的 C/A 码序列。由于只需给几十颗 GPS 卫星分配不同的 C/A 码，所以在生成 C/A 码时 G_2 的输出不是直接由移位寄存器的末级输出，而是根据平移可加性选择其中两级进行模 2 和运算后的输出。这样做的结果是，产生一个与原 G_2 序列平移等价的序列，其偏置量取决于选用哪两

级进行模2和运算。每颗卫星选用不同的两级抽头产生不同的C/A码，一共可以有 $C_{10}^{2}+10=55$ 种不同的C/A码可供选择。GPS的接口控制文件ICD-200中仅定义了37种码，表3.2.1给出了不同的抽头位置和每一个C/A码开始几位的码元。

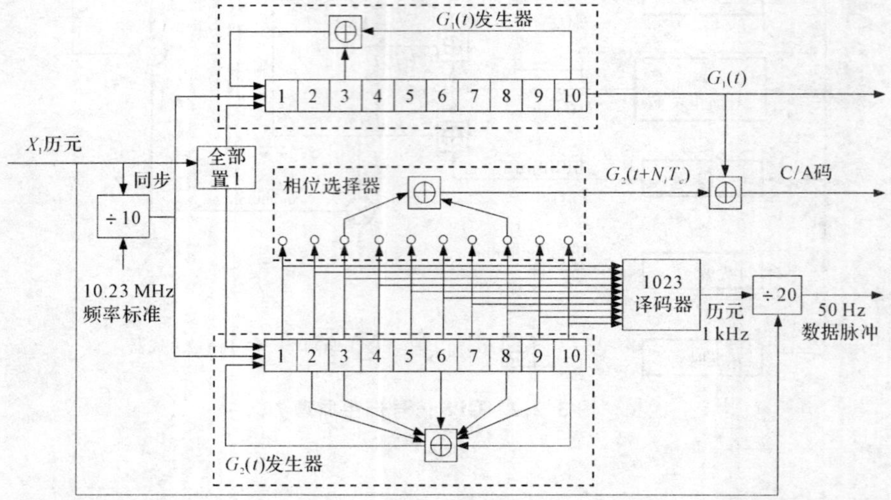

图 3.2.3 C/A码产生原理示意图

表 3.2.1 各卫星识别号的码状态(相位)分配(摘自GPS-ICD-200)

卫星识别号	PRN编号	C/A码相位选择	C/A码延迟码元	C/A码前10个码元(八进制)[a]	P码前12个码元(八进制)
1	1	2 ⊕6	5	1440	4444
2	2	3 ⊕7	6	1620	4000
3	3	4 ⊕8	7	1710	4222
4	4	5 ⊕9	8	1744	4333
5	5	1 ⊕9	17	1133	4377
6	6	2 ⊕10	18	1455	4355
7	7	1 ⊕8	139	1131	4344
8	8	2 ⊕9	140	1454	4340
9	9	3 ⊕10	141	1626	4342
10	10	2 ⊕3	251	1504	4343
11	11	3 ⊕4	252	1642	4343
12	12	5 ⊕6	254	1750	4343
13	13	6 ⊕7	255	1764	4343
14	14	7 ⊕8	256	1772	4343
15	15	8 ⊕9	257	1775	4343

续 表

卫星识别号	PRN 编号	C/A 码相位选择	C/A 码延迟码元	C/A 码前 10 个码元（八进制）[a]	P 码前 12 个码元（八进制）
16	16	9 ⊕10	258	1776	4343
17	17	1 ⊕4	469	1156	4343
18	18	2 ⊕5	470	1467	4343
19	19	3 ⊕6	471	1633	4343
20	20	4 ⊕7	472	1715	4343
21	21	5 ⊕8	473	1746	4343
22	22	6 ⊕9	474	1763	4343
23	23	1 ⊕3	509	1063	4343
24	24	4 ⊕6	512	1706	4343
25	25	5 ⊕7	513	1743	4343
26	26	6 ⊕8	514	1761	4343
27	27	7 ⊕9	515	1770	4343
28	28	8 ⊕10	516	1774	4343
29	29	1 ⊕6	859	1127	4343
30	30	2 ⊕7	860	1453	4343
31	31	3 ⊕8	861	1625	4343
32	32	4 ⊕9	862	1712	4343
——[c]	33	5 ⊕10	863	1745	4343
——[c]	34[b]	4 ⊕10	950	1713	4343
——[c]	35	1 ⊕7	947	1134	4343
——[c]	36	2 ⊕8	948	1456	4343
——[c]	37[b]	4 ⊕10	950	1713	4343

a. 以八进制表示的 C/A 码前 10 个码元中，第一个数字“1”表示第一个码元的“1”，后三位数字以通常的八进制数表示其余 9 个码元（以编号为 1 的 PRN 信号为例，其 C/A 码的前 10 个码元为 1100100000）；

b. 编号为 34 和 37 的 C/A 码是相同的；

c. 编号为 33 ～ 37 的 PRN 序列留待他用。

GPS 的 C/A 码是个短码，该码容易搜索和捕获。一个周期的 C/A 码对应的测距长度为 299.792 km，因此，用 C/A 码测距时在 300 km 内无模糊度问题。假设两个序列的码元对齐误差为码元宽度的 1/10 ～ 1/100，则此时相应的测距误差为 2.99 ～ 29.9 m。

(2)C/A 码的自相关性

GPS 的 C/A 码良好的自相关性和互相关性是接收机能够正确解调信号、实现距离测量的关键。由第 2 章可知，由于 C/A 码是一个长度 $L=1\,023$ 个码元的伪随机序列，那么可以将其自相关函数归一化为

$$R_c(\tau)=\frac{1}{1\,023T_c}\int_0^{1\,023}C(t)C(t-\tau)\mathrm{d}t \tag{3.2.4}$$

式中，$C(t)$ 表示 C/A 码；T_c 为一个码元的持续时间；τ 为码相位延迟(单位为码片)。C/A 码的自相关函数如图 3.2.4 所示。

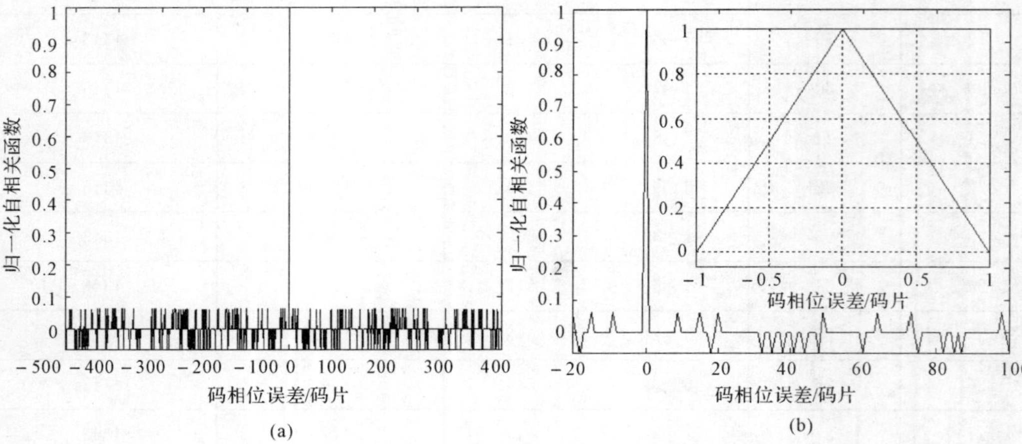

图 3.2.4 C/A 码自相关

(a) 一个周期 C/A 码自相关； (b) 局部放大

图 3.2.4 中的相关值已作归一化处理。当 τ 取不同的值时其自相关函数存在可能的取值为

$$1,\quad \frac{63}{1\,023}=0.061\,6,\quad -\frac{65}{1\,023}=-0.063\,5,\quad -\frac{1}{1\,023}=-0.001$$

此外，图 3.2.4(b) 显示，当 C/A 码相位误差为零时，自相关值达到最大值 1；当码相位误差为一个码元时，自相关值可认为是 0，即不存在相关性。通常采用下式近似表达这种自相关性：

$$R_c(\tau)\approx\begin{cases}1-\dfrac{1}{T_c}\mid\tau\mid & (\mid\tau\mid\leqslant T_c)\\ 0 & (T_c<\mid\tau\mid<(L-1)T_c)\end{cases} \tag{3.2.5}$$

GPS 正是利用 C/A 码的这一特性，在接收机中产生一个相同的 C/A 码，通过搜索不同码相位对应的相关峰值获取接收信号中正确的 C/A 码相位。

(3) 码分多址和抗干扰性能

GPS 采用码分多址通信体制，信号通过扩展频谱通信技术实现信息传输，系统占用的频带宽度远远大于要传输的导航电文带宽。在发送端，频带的展宽是通过扩频的方法来实现的。在接收端，则用完全相同的扩频码进行解扩，恢复信息数据。

接收机在正常工作时会同时接收到所有可视卫星的信号，也就是说，接收机产生的某一特定卫星的 C/A 码会与接收到的所有卫星的 C/A 码进行相关运算。该特定卫星的 C/A 码与其他卫星 C/A 码的互相关性如图 3.2.5 所示。为了与图 3.2.4 中的自相关性比较，图 3.2.5 中的互相关峰采用了与图 3.2.4 相同的归一化处理。实际上，C/A 码的互相关函数存在三个不同

的取值：

$$\frac{63}{1\,023}=0.061\,6,\quad -\frac{1}{1\,023}=-0.001,\quad -\frac{65}{1\,023}=-0.063\,5$$

相对于最大自相关峰值 1，其互相关值始终接近于 0。也就是说，各卫星间的互相关不会对自相关函数输出造成严重的干扰。这也说明，可以利用接收机产生的特定的 C/A 码与接收信号作相关运算，识别目标卫星，从而实现码分多址。

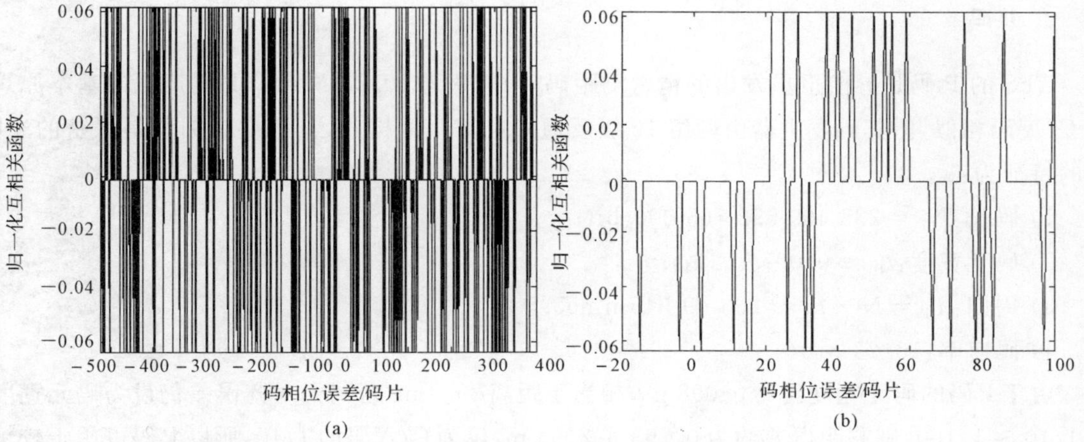

图 3.2.5　C/A 码互相关函数(GPS 1 号和 2 号卫星)

(a) 一个周期的 C/A 码互相关；(b) 局部放大

1) 抗白噪声干扰能力。假设接收信号中存在白噪声 $n(t)$ 干扰，接收机所接收的信号将是 $x_s(t)+n(t)$，不考虑载波的影响，噪声同样会与接收机产生的C/A码进行相关运算，经积分后的输出为

$$R_c(\tau)=\int[x_s(t)+n(t)]x(t-\tau)\,\mathrm{d}t=\int x_s(t)x(t-\tau)\,\mathrm{d}t+R_n(\tau) \qquad (3.2.6)$$

式中，$R_n(\tau)=\int n(t)x(t-\tau)\,\mathrm{d}t$，由白噪声的统计特性可知 $R_n(\tau)\approx 0$。这表明，白噪声对伪随机码的相关输出影响甚微。也就是说，伪随机码测距具有很强的抗白噪声干扰能力。

2) 抗窄带干扰能力。根据扩展频谱通信原理，导航电文经过扩频调制后频谱被展宽，带宽为扩频码速率的 2 倍，卫星发送的GPS信号的频谱如图 3.2.6 所示(图中包括了 GPS L1，L2 信号中的 P 码)。

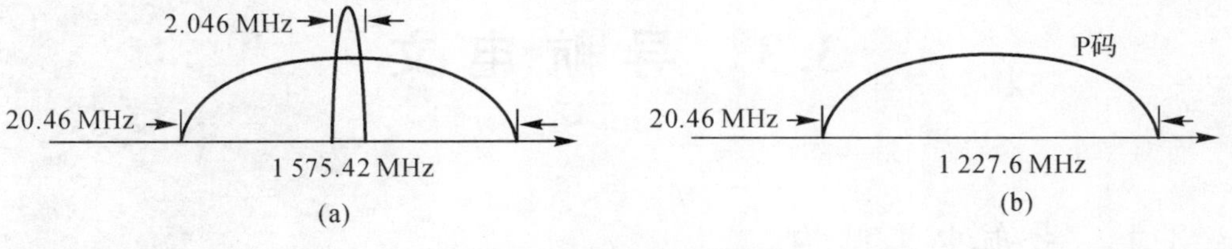

图 3.2.6　GPS 信号频谱

(a)GPS L1；(b)GPS L2

假设在接收信号中存在窄带干扰信号，由于解扩前后，有用信号和干扰信号的功率均保持不变，则解扩后有用信号变成窄带信号，功率谱密度变大；干扰信号带宽变宽，功率谱密度必然变小，从而降低了干扰信号的强度。需要说明的是，干扰信号降低的倍数与其扩展的频带的倍数成正比。系统的抗干扰能力可用扩频增益来表征，GPS C/A 码的扩频增益为

$$G_{p,J} = 10\lg\frac{1.023\times10^6}{50} = 43\ \text{dB} \tag{3.2.7}$$

2. P 码

GPS 的 P 码是导航卫星发出的精密测距码，码速率为 10.23 MHz。P 码产生的基本原理与 C/A 码相似，但其码发生器由两组 12 级反馈移位寄存器构成，具体设计细节是保密的。P 码的特征为：

1) 码长：$N_P = 235\ 469\ 592\ 765\ 000$ bit；

2) 码元宽度：$t_P \approx 0.097\ 752\ \mu s$；

3) 周期：$T_P = N \times t_P \approx 266$ d9 h45min55.5 s。

4) 码速率：10.23 Mb/s。

由于P码的码元宽度约为0.098 μs，相当于距离29.3 m，若码元对齐误差仍设为码元宽度的1/10～1/100，则测距误差约为0.293～2.93 m，仅为C/A码的1/10，所以P码可用于较精密的导航和定位，故通常称之为精码。

P码约266天才能重复一次，周期很长。而实际上P码周期被分为38个部分(每一部分周期为7天，码长约为 6.19×10^{12} bit)，其中有1个部分闲置，5个部分给地面监控站使用，其余32个部分分配给不同的卫星使用。这样，每颗卫星使用的P码便具有相同的码长和周期，但结构并不相同，以保证 GPS 工作卫星所使用的测距码的唯一性。

截短后的P码周期为7天，且将每个星期日的零时作为截短周期的起点，将每个星期六的午夜24时作为截短周期的终点。因此，如果采用与C/A码相同的搜索方式，无法实现P码的捕获和跟踪。实际应用中，可以先捕获C/A码，然后根据导航电文给出的有关信息来实现P码的捕获，当然也可以采用P码直捕技术。P码采用如此长的周期，具有以下几个优点：① 不容易被破译，有利于系统信息的保密；② 每颗卫星用周期为7天的一段区间，充分利用了复合码优良的自相关特性；③ 可以进行无模糊测距。根据美国政府的 GPS 政策，P码仅供特许用户使用。

3.3 导航电文

3.3.1 导航电文结构

GPS 导航电文的内容包括：卫星星历、时钟改正、电离层延时改正、卫星工作状态信息以及 C/A 码转换到捕获 P 码的信息。这些信息以 50 bit/s 的数据流调制在载频上，周而复始地

向外播发。卫星播发的信息内容仅在卫星被注入新的导航数据后才得以更新。

导航电文的格式如图3.3.1所示，包括：主帧、子帧、字码和页面。每帧电文长度为1 500 bit，播发一帧电文需要30 s。

每帧导航电文包括5个子帧。每个子帧包含300 bit，持续时间为6 s。第1,2,3子帧各有10个字码，每个字码包含30 bit。第4,5子帧各有25页，每次发送一个页面，这样前3个子帧的内容每30 s会重复一次，当前3个子帧第25次重复发送时，第4,5子帧的所有页面才第一次发送完毕。因此，完整的GPS导航电文需要30×25=750 s才能传送完成，用时长达12.5 min。

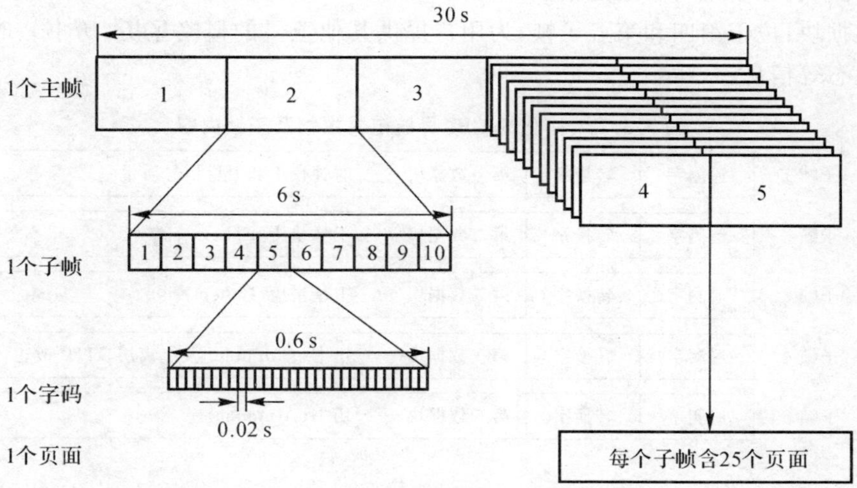

图3.3.1 导航电文的传输格式

导航电文为用户提供了几个关键的数据组，这是获得理想的导航、测绘和时间传递所必需的。表3.3.1给出了导航电文所包含的信息类别和形式。

表3.3.1 GPS导航电文的信息类别和形式

信息类别	导航电文的提供形式
信号发射时刻卫星的精确位置	利用地心惯性坐标系中修正的开普勒轨道模型表示卫星星历，并且将它变换到地心地固坐标系
卫星信号发射时刻的精确时间	卫星时钟误差模型和相对论校正
以C/A码捕获P(Y)码	发送转换字HOW，在一周内保持对P(Y)码1.5 s周期的跟踪，这些数据用来辅助对P(Y)码的捕获
在仰角受限的条件下选取位置最好的一组卫星	中等精度历书可以给出整个GPS星座的大致位置、时间以及卫星的健康状况
时间传递信息	GPS时向协调世界时(UTC)的时间转换数据
单频用户的电离层校正	电离层与时间、用户位置之间关系的近似模型
卫星信号/数据的质量	用户测距精度(URA)——发送URA指数可为民用(非特许)用户提供关于可用卫星精度的定量测度

3.3.2 导航电文的内容及其含义

导航电文的数据格式较为复杂，其总体结构如表 3.3.2 所示。每一子帧的前两个字码都分别是遥测字(Telemetry Word，TLW)和转换字(Hand Over Word，HOW)。各个子帧的第 3 ～ 10 字码分别构成以下三个数据块：

第一数据块：位于第一子帧，给出了载波的调制类型、星期序号、卫星健康状况、数据龄期以及卫星时钟改正系数。

第二数据块：位于第二和第三子帧，给出了该颗 GPS 卫星的星历。

第三数据块：位于第四和第五子帧，为用户提供其他卫星的概略星历(历书)、时钟改正和卫星工作状态等信息。

表 3.3.2 简化的 GPS 导航电文主帧及子帧内容

子帧 1	遥测字	转换字	第一数据块 —— 时钟校正和卫星信号质量
子帧 2	遥测字	转换字	第二数据块 —— 卫星星历(Ephemeris)
子帧 3	遥测字	转换字	第二数据块 —— 卫星星历(Ephemeris)
子帧 4	遥测字	转换字	第三数据块 —— 历书(Almanac)及电离层、UTC 改正
子帧 5	遥测字	转换字	第三数据块 —— 历书(Almanac)

1. 遥测字和转换字

(1) 遥测字

每个子帧的第一个字码都是遥测字，它的主要作用是指明卫星注入数据的状态。遥测字的第 1 ～ 8 位是固定不变的同步码(10001011)，作为识别电文内容的前导，使用户易于解释导航电文；第 9 ～ 22 位为遥测电文，它包括地面监控系统注入数据时的状态信息、诊断信息和其他信息，以此指示用户是否可以选用该颗卫星；第 23 和第 24 位是无意义的连接比特；第 25 ～ 30 位为奇偶检验码，用于发现并纠正个别错误，确保正确地传送导航电文。

(2) 转换字

每个子帧的第二个字码都是转换字。转换字的第 1 ～ 17 位为 Z 计数，计数范围为 0 ～ 100 799，周期为 6 s；第 18 位表明卫星注入电文后是否发生滚动动量矩缺载现象；第 19 位用于指示数据帧的时间是否与子码 X_1 的时钟信号同步；第 20 ～ 22 位是子帧识别标志；第 23 和第 24 位是无意义的连接比特；第 25 ～ 30 位是奇偶检验码。

实际上，GPS 中完整的 Z 计数由 P 码发生器中的 X_1 寄存器产生，共有 29 位，可用于快速捕获 P 码。其中的低 19 位表示星期时间(Time Of Week，TOW)，周期为 1.5 s，计数范围为 0 ～ 403 199；高 10 位表示 GPS 星期数(Week Number，WN)，计数范围为 0 ～ 1 023，表示自 1980 年 1 月 6 日零时至当前时刻所经历的星期数，每经过 1 024 个星期产生一次翻转。转换字中发送的只是完整 Z 计数的 17 位，是 TOW 的截短，它从 1 开始计数，计数值可作为下一子帧电文开始发送的标志。

2. 第一数据块 —— 子帧 1

子帧 1 含有卫星时钟校正和用户测距精度(User Range Accuracy，URA) 信息，如表 3.3.3 所示。表中参数说明如下。

表 3.3.3　子帧 1 用于时钟校正和其他数据的参数

参　数	位　数	尺度因子 LSB[a]	单　位
L2 上数据的调制类型	2	1	N/A
星期数	10	1	weeks
L2 上 P 码数据标志	1	1	
卫星精度	4		
卫星健康状态	6	1	N/A
T_{GD}	8[b]	2^{-31}	s
数据龄期(IODC)	10		
t_{oc}	16	2^4	s
a_{f2}	8[b]	2^{-55}	s/s^2
a_{f1}	16[b]	2^{-43}	s/s
a_{f0}	22[b]	2^{-31}	s

a. 最低有效位；

b. 标有 b 的参数采用二进制补码，其最高有效位(MSB) 是符号位(＋或－)。

(1)GPS 时钟校正数据格式

子帧 1 中，字码 8，9 和 10 含有用户进行卫星时钟校正所必需的数据。这些校正值表示的是一个时间的二阶多项式，具体地说，字码 8 的 9 ～ 24 位，字码 9 的 1 ～ 24 位和字码 10 的 1 ～ 22 位分别给出了四个时钟校准参数：t_{oc}，a_{f2}，a_{f1} 和 a_{f0}。

卫星时钟校正项用多项式 $\Delta t_{sv} = a_{f0} + a_{f1}(t - t_{oc}) + a_{f2}(t - t_{oc})^2 + \Delta t_R$ 来近似。式中，a_{f0}，a_{f1} 和 a_{f2} 是分别对应于时钟相位误差、频率误差和频率误差变化率的多项式校准系数；Δt_R 是相对论校正项；t_{oc} 是星历参考时刻(单位为 s)，从 GPS 时每周日零时起算，范围是0 ～ 604 799 s。

相对论校正必须由用户进行计算，它随卫星偏近点角 E_k 的正弦而变化，即

$$\Delta t_R = Fe\sqrt{A}\sin E_k \tag{3.3.1}$$

式中，$F = -2\sqrt{GM}/c^2 = -4.442\ 807\ 633 \times 10^{-10}\ \mathrm{s/m^{1/2}}$；$e$ 为卫星轨道的偏心率；E_k 为卫星轨道的偏近点角；A 为卫星轨道的长半轴。

(2) 单频用户的 L1－L2 校正

L1－L2 延迟校正项是由 GPS 主控站进行计算的，用以降低卫星发射的 L1 和 L2 信号之间存在的群延迟差。采用频率 L1 和 L2 的双频用户不必进行电离层延迟校正，但是，对仅使用 L1 频率的用户，就必须用 $(\Delta t_{sv})_{L1} = \Delta t_{sv} - T_{GD}$ 修改卫星时钟校正，其中，T_{GD} 由子帧 1 字码 7 的第 17 ～ 24 位数据给出。对于仅使用 L2 频率的用户，卫星时钟的校准为 $(\Delta t_{sv})_{L2} = \Delta t_{sv} - \gamma T_{GD}$，其中

$$\gamma=(f_{L1}/f_{L2})^2=(1\ 575.42/1\ 227.6)^2=(77/60)^2 \tag{3.3.2}$$

可见,校准项 T_{GD} 的值不等于卫星信号的差分群延迟,而是 $T_{GD}=(t_{L1}-t_{L2})/(1-\gamma)$,式中的 $t_{L1}-t_{L2}$ 是该卫星的差分群延迟。

(3)URA 指数

子帧 1 中字码 3 的第 13 ~ 16 位为该颗卫星的 URA 指数,这是为非特许用户设置的。URA 自身的单位为 m,而 URA 指数则不同,是在 1 ~ 15 范围内的一个整数,它与卫星 URA 的关系如表 3.3.4 所示。

表 3.3.4 URA 指数与 URA 取值范围的关系

URA 指数	URA 值 /m
0	0.0 ~ 2.4
1	2.4 ~ 3.4
2	3.4 ~ 4.85
3	4.85 ~ 6.85
4	6.85 ~ 9.65
5	9.65 ~ 13.65
6	13.65 ~ 24.0
7	24.0 ~ 48.0
8	48.0 ~ 96.0
9	96.0 ~ 192.0
10	192.0 ~ 384.0
11	384.0 ~ 768.0
12	768.0 ~ 1 536.0
13	1 536.0 ~ 3 072.0
14	3 072.0 ~ 6 144.0
15	> 6 144.0[a]

a. 没有可用的精度预测,非特许用户使用时要承担风险。

(4) 数据龄期

数据龄期信息载于第 1 子帧第 3 字码最高有效位的第 23 和 24 位以及字码 8 的第 1 ~ 8 位,它是时钟改正数的外推时间间隔,向用户表明卫星时钟改正数的置信度。

(5)L2 载波类型

GPS 信号的第二载波(L2) 具有三种不同的调制方案,由导航电文指示现时所采用的调制波类型,具体为:① 当第 1 子帧第 3 字码的第 11 和 12 位为"01"时,L2 的调制波是 P 码和数据码 D 的模 2 和所产生的 $P_i(t)\oplus D_i(t)$;② 当上述两位为"10"时,L2 的调制波是 C/A 码和数据码 D 的模 2 和所产生的 $C_i(t)\oplus D_i(t)$;③ 当第 1 子帧第 4 字码的第 1 位为"1"时,L2 的调制波仅是 $P_i(t)$,不发送数据码。

3. 第二数据块 —— 子帧 2 和子帧 3

第二数据块由子帧 2 和子帧 3 的第 3 ~ 10 字码共同构成,为用户提供 GPS 星历参数。纯粹的椭圆开普勒轨道仅对于二体问题才是精确的，实际的 GPS 卫星轨道存在多种扰动，包括地球非球体重力谐波分量、太阳和月亮的引力以及太阳光压等，因此，GPS 轨道模型必须采用摄动的椭圆轨道，其校正项要考虑下述扰动因素：① 对升交距角、轨道半径和倾角的正弦及余弦扰动；② 升交点赤经和倾角的变化率。该模型的各参数要做周期性的改变，以便与实际卫星轨道达到最佳的拟合。在正常运行的情况下，拟合间隔为 4 h，子帧 2 和子帧 3 为摄动的开普勒模型提供了 375 位信息。表 3.3.5 示出了星历模型参数，其中包括轨道长半轴二次方根、倾角和升交距角的正弦扰动、倾角变化率、升交点赤经角变化率以及基本的开普勒参数。这些参数的尺度因子如表 3.3.6 所示。

表 3.3.5　星历数据的定义

符　号	定　　义
M_0	星历参考时刻的平近点角
Δn	平均运动速度修正量
e	卫星轨道的偏心率
$\sqrt{A}$	长半轴的二次方根值
Ω_0	在星历参考时刻轨道平面的升交点赤经
i_0	在星历参考时刻的轨道倾角
ω	近地点角
$\dot{\Omega}$	升交点赤经变化率
$\dot{I}$	轨道倾角变化率
C_{uc}	升交距角余弦谐波校正项的幅值
C_{us}	升交距角正弦谐波校正项的幅值
C_{rc}	轨道半径余弦谐波校正项的幅值
C_{rs}	轨道半径正弦谐波校正项的幅值
C_{ic}	倾角余弦谐波校正项的幅值
C_{is}	倾角正弦谐波校正项的幅值
t_{oe}	星历参考时刻
IODE	数据龄期

表 3.3.6　星历参数

参　　数	位　数	尺度因子 LSB	单　　位
IODE	8		
C_{rs}	16[a]	2^{-5}	m
Δn	16[a]	2^{-43}	semi-circles

续表

参　数	位　数	尺度因子 LSB	单　位
M_0	32^a	2^{-31}	semi-circles
C_{uc}	16^a	2^{-29}	rad
e	32	2^{-33}	
C_{us}	16^a	2^{-29}	rad
$\sqrt{A}$	32	2^{-19}	$m^{\frac{1}{2}}$
t_{oe}	16	2^4	s
C_{ic}	16^a	2^{-29}	rad
Ω_0	32^a	2^{-31}	semi-circles
C_{is}	16^a	2^{-29}	rad
I_0	32^a	2^{-31}	semi-circles
C_{rc}	16^a	2^{-5}	m
ω	32^a	2^{-31}	semi-circles
$\dot{\Omega}$	24^a	2^{-43}	semi-circles/s
$\dot{I}$	14^a	2^{-43}	semi-circles/s

a. 参数采用二进制补码，最高有效位(MSB) 为符号位(＋或－)。

通过解调和提取子帧 2 和 3 的导航数据，用户就能计算出卫星随时间变化的位置和速度。数据龄期 IODE 是子帧 2 和子帧 3 都要给出的一个信息，它们与子帧 1 中 IODC 项的 8 个最低有效位(LSB) 进行比较。此外，子帧 2 和子帧 3 中的两个 IODE 必须相互符合，并且应与子帧 1 给出的 IODC 相一致，否则说明数据存在问题，必须收集新数据。

实际上，GPS 卫星星历分为预报星历和精密星历。预报星历又称为广播星历，或实时星历，它通过导航电文实时向用户传送，以上介绍的星历即为预报星历。精密星历是一种后处理星历，它是一些国家或组织为提高 GPS 定位精度，通过自己建立的卫星跟踪观测站对 GPS 卫星精密观测后综合计算而来的。如 IGS 提供的精密星历每隔 15 min 给出一次卫星的位置和时钟误差，实际使用时可采用插值法获得任意时刻的卫星位置。

4. 第三数据块 —— 子帧 4 和子帧 5

第三数据块由子帧 4 和子帧 5 的第 3～10 字码共同构成，为用户提供 GPS 历书、卫星健康状况和电离层模型。

(1) 历书数据

历书数据间接地给出了所有 GPS 卫星在任意时刻的大致位置，可以用来选择最佳配置卫星，并用作 P(Y) 码截获的手段，它还能提供近似的多普勒和延迟信息。如果接收机中预存了有效的历书数据，那么在开机执行首次定位时就可以利用此信息预测当前可观测卫星，减小首次定位时间。

与表 3.3.5 相比，历书数据所提供的是一组截短的、精度较低的星历参数组。它不仅提供多达 32 颗卫星的近似星历信息，而且还给出每颗卫星的健康状态数据。对于无效卫星或卫星数据无效的情况，该子帧会交替地发送无意义的“0”和“1”，以帮助完成同步。

表 3.3.7 列出了子帧 4 和子帧 5 的内容以及所在页面。数据时间的龄期与历书精度变化

如表 3.3.8 所示，历书参数及其尺度因子参见表 3.3.9。

表 3.3.7　子帧 4 和 5 中各页的关键元素

<table>
<tr><th>页　面</th><th>子帧 4</th><th>页　面</th><th>子帧 5</th></tr>
<tr><td>2～5,7～10</td><td>卫星 25～32 的历书数据</td><td rowspan="2">1～24</td><td rowspan="2">卫星 1～24 的历书数据</td></tr>
<tr><td>18</td><td>电离层改正和 UTC 数据</td></tr>
<tr><td>25</td><td>32 颗卫星的反电子欺骗特征符，25～32 颗卫星的健康状况</td><td rowspan="2">25</td><td rowspan="2">卫星 1～24 的卫星健康状况、历书参考时间和星期数</td></tr>
<tr><td>其他各页</td><td>分别为保留页、专用电文页和备用页</td></tr>
</table>

表 3.3.8　历书参数及精度

自发射起数据时间的龄期	历书精度
1 天	900 m
1 星期	1 200 m
2 星期	3 600 m

表 3.3.9　历书参数

参　数	位　数	尺度因子 LSB	单　位
e	16	2^{-21}	
t_{oa}	8	2^{-12}	s
δ_1	16[a]	2^{-19}	semi-circles
Ω	16[a]	2^{-38}	semi-circles
$\sqrt{A}$	24	2^{-11}	$m^{\frac{1}{2}}$
Ω_0	24[a]	2^{-23}	semi-circles
ω	24[a]	2^{-23}	semi-circles
M_0	24[a]	2^{-23}	semi-circles
a_{f0}	11[a]	2^{-20}	s
a_{f1}	11[a]	2^{-38}	s/s

a. 标有 *a* 的参数采用二进制补码，MSB 是符号位(＋或－)。

(2) 卫星“健康”状况

子帧 4 和子帧 5 还包含两类卫星健康状况数据：① 在含有卫星钟和星历数据的 32 个页面中，每一页都有 8 位状态字表明该颗卫星及其信号的健康状况。其中，前 3 个最高有效位给出该卫星的健康状况，后 5 个最低有效位给出卫星信号分量的健康状况，如表 3.3.10 所示。② 子帧 4 和子帧 5 为每颗卫星设置了由 6 位“健康”状况字组成的卫星状况简报。

表 3.3.10 卫星信号分量健康状况的编码表

LSB	定义
0 0 0 0 0	所有的信号都良好
0 0 0 0 1	所有的信号都较弱[a]
0 0 0 1 0	所有的信号都无法工作
0 0 0 1 1	所有的信号都没有数据调制
0 0 1 0 0	L1P 信号弱
0 0 1 0 1	L1P 信号无法工作
0 0 1 1 0	L1P 信号没有数据调制
0 0 1 1 1	L2P 信号弱
0 1 0 0 0	L2P 信号无法工作
0 1 0 0 1	L2P 信号没有数据调制
0 1 0 1 0	L1C 信号弱
0 1 0 1 1	L1C 信号无法工作
0 1 1 0 0	L1C 信号没有数据调制
0 1 1 0 1	L2C 信号弱
0 1 1 1 0	L2C 信号无法工作
0 1 1 1 1	L2C 信号没有数据调制
1 0 0 0 0	L1 和 L2 的 P 信号弱
1 0 0 0 1	L1 和 L2 的 P 信号无法工作
1 0 0 1 0	L1 和 L2 的 P 信号没有数据调制
1 0 0 1 1	L1 和 L2 的 C 信号弱
1 0 1 0 0	L1 和 L2 的 C 信号无法工作
1 0 1 0 1	L1 和 L2 的 C 信号没有数据调制
1 0 1 1 0	L1 信号弱[a]
1 0 1 1 1	L1 信号无法工作
1 1 0 0 0	L1 信号没有数据调制
1 1 0 0 1	L2 信号弱[a]
1 1 0 1 0	L2 信号无法工作
1 1 0 1 1	L2 信号没有数据调制
1 1 1 0 0	卫星暂时关闭(这一次过顶不使用该卫星)[a]
1 1 1 0 1	卫星将暂时关闭(使用时要小心)[a]
1 1 1 1 0	备用
1 1 1 1 1	需要多于一组来表述异常情况(标有 a 的除外)

a. 表示由于输出功率下降、额外的相位噪声、卫星姿态变化等造成低于规定功率电平 3 ～ 6 dB 的情形。

(3)GPS 时向 UTC 时的转换

在第2章已经述及,GPS时是以原子时为依据的。由于GPS卫星广播的时间是连续的,没有UTC时的跳秒,因而GPS时与UTC时之间会保留一个差值。GPS提供了由GPS时向UTC时转换的能力。

在子帧4第18页中,字码6～9的24个最高有效位和字码10的8个最高有效位含有将卫星广播的GPS时转换至UTC时的校正参数,这些参数如表3.3.11所示。

表3.3.11 GPS时至UTC时的时钟校准参数

参 数	定 义	位 数	尺度因子LSB	单 位
A_0	多项式常数项	32	2^{-30}	s
A_1	多项式一阶项	24	2^{-50}	s/s
Δt_{LS}	由跳秒产生的时间差	8	1	s
t_{0t}	UTC数据参考时间	8	2^{12}	s
WN_t	UTC参考星期数	8	1	weeks
WN_{LSF}	跳秒产生的星期数	8	1	weeks
DN	跳秒产生的天数	3	1～7	days
Δt_{LSF}	跳秒	8	1	s

该信息向用户公告由于跳秒Δt_{LS}造成的时间差Δt_{LSF}和跳秒产生的星期数WN_{LSF},当用户工作在即将发生跳秒的时刻,必须进行专门的调整。

(4)电离层

电离层群延迟可能会对测得的伪距群延迟造成较大的误差,在白天低仰角情况下可以达到300 ns,晚上延迟较小,一般在5～15 ns,并大致呈周期性变化。

借助于电离层模型,单频用户可以获得近似的校正,大约可校正电离层延迟的70%。此外,单频用户必须校正卫星L1－L2差分延迟差T_{GD},这是双频用户不必进行的。

3.3.3 任意时刻GPS卫星位置和速度计算

在GPS导航定位中,用户必须首先知道卫星的位置和速度,才能利用卫星作为动态已知点确定用户的位置和速度。在第5章卫星定位基本方法中将信号发送时刻的卫星位置视为已知量正是基于本节的计算过程。

由于GPS卫星星历(见表3.3.5)包含了计算任意时刻卫星的位置和速度需要的所有参数,所以我们可以根据卫星运动的二体问题,辅以轨道的摄动修正来精确计算卫星在轨道坐标系中的位置和速度,进而求出在WGS-84坐标系中卫星的位置和速度。

以下步骤中未解释的变量参见表3.3.5。

1. 任意时刻卫星位置计算步骤

(1)计算卫星运动的平均角速度n

根据已知卫星轨道长半轴$A=(\sqrt{A})^2$,计算出卫星无摄运动平均角速度

$$n_0=\sqrt{\mu/A^3} \tag{3.3.3}$$

根据星历提供的摄动修正 Δn，计算修正后的卫星运动平均角速度 n 为

$$n = n_0 + \Delta n \tag{3.3.4}$$

(2) 计算归化时间 t_k

卫星轨道参数是对应于星历参考时刻 t_{oe} 的，在任意 t 时刻(GPS时)，需要根据 t_{oe} 时刻卫星的轨道参数外推 t 时刻卫星的位置和速度。因此，需要将观测时间归化为

$$t_k = t - t_{oe} \tag{3.3.5}$$

由于一个星期的时间共 604 800 s，为避免 t 和 t_{oe} 跨越星期日零点时产生错误的结果，需要做如下处理：当 $t_k > 302\,400$ s时，将 t_k 减去 604 800 s；当 $t_k < -302\,400$ s时，将 t_k 加上 604 800 s。

(3) 计算观测时刻卫星平近点角 M_k

$$M_k = M_0 + nt_k \tag{3.3.6}$$

式中，M_0 为星历参考时刻的平近点角。

(4) 计算观测时刻偏近点角 E_k

通常采用迭代的方法计算 E_k，令 $E_k = M_k$，利用 E_k 的开普勒方程

$$E_{k+1} = M_k + e\sin E_k \tag{3.3.7}$$

式中，e 为卫星轨道偏心率。式(3.3.7)进行若干次迭代计算，当前后两次结果小于某一数值时结束，可获得很高的计算精度。

(5) 计算真近点角 v_k

$$v_k = \arctan\left\{\frac{\sin v_k}{\cos v_k}\right\} = \arctan\left\{\frac{\sqrt{1-e^2}\sin E_k/(1-e\cos E_k)}{(\cos E_k - e)/(1-e\cos E_k)}\right\} = \arctan\left\{\frac{\sqrt{1-e^2}\sin E_k}{(\cos E_k - e)}\right\} \tag{3.3.8}$$

(6) 计算升交距角 Φ_k

$$\Phi_k = v_k + \omega \tag{3.3.9}$$

(7) 计算升交距角、卫星矢径和轨道倾角的摄动

$$\left.\begin{aligned} \delta u_k &= C_{us}\sin 2\Phi_k + C_{uc}\cos 2\Phi_k \\ \delta r_k &= C_{rs}\sin 2\Phi_k + C_{rc}\cos 2\Phi_k \\ \delta i_k &= C_{is}\sin 2\Phi_k + C_{ic}\cos 2\Phi_k \end{aligned}\right\} \tag{3.3.10}$$

(8) 升交距角、卫星矢径和轨道倾角修正

$$\left.\begin{aligned} u_k &= \Phi_k + \delta u_k \\ r_k &= A(1 - e\cos E_k) + \delta r_k \\ i_k &= i_0 + \delta i_k + \dot{I} t_k \end{aligned}\right\} \tag{3.3.11}$$

(9) 计算卫星在轨道平面坐标系中的位置

$$\left.\begin{aligned} x'_k &= r_k\cos u_k \\ y'_k &= r_k\sin u_k \end{aligned}\right\} \tag{3.3.12}$$

(10) 升交点经度校正

$$\Omega_k = \Omega_0 + (\dot{\Omega} - \Omega_e)t_k - \dot{\Omega} t_{oe} \tag{3.3.13}$$

式中，Ω_0 和 $\dot{\Omega}$ 分别为星历参考时刻升交点赤经和赤经变化率；Ω_e 为地球自转角速率。

(11) 计算卫星在 WGS-84 坐标系中的位置

$$
\left.\begin{aligned}
x_k &= x'_k\cos\Omega_k - y'_k\cos i_k\sin\Omega_k \\
y_k &= y'_k\sin\Omega_k + y'_k\cos i_k\cos\Omega_k \\
z_k &= y'_k\sin i_k
\end{aligned}\right\} \tag{3.3.14}
$$

2. 任意时刻卫星速度计算

除计算任意时刻卫星的位置外，有时候我们也需要知道卫星的瞬时速度，以计算接收机的速度。以下过程中的变量上加点均表示位置计算过程中各变量的导数。

1）计算平近点角变化率 $\dot{M}_k$

$$\dot{M}_k = n \tag{3.3.15}$$

2）计算观测时刻偏近点角变化率 $\dot{E}_k$

$$\dot{E}_k = \frac{\dot{M}_k}{1 - e\cos E_k} \tag{3.3.16}$$

3）计算真近点角变化率 $\dot{v}_k$

$$\dot{v}_k = \frac{\sin E_k \cdot \dot{E}_k(1 - e\cos v_k)}{(1 - e\cos E_k)\sin v_k} \tag{3.3.17}$$

4）计算升交距角、卫星矢径和轨道倾角摄动变化

$$
\left.\begin{aligned}
\delta\dot{u}_k &= 2(C_{us}\cos 2\Phi_k - C_{uc}\sin 2\Phi_k)\dot{\Phi}_k \\
\delta\dot{r}_k &= 2(C_{rs}\cos 2\Phi_k - C_{rc}\sin 2\Phi_k)\dot{\Phi}_k \\
\delta\dot{i}_k &= 2(C_{is}\cos 2\Phi_k - C_{ic}\sin 2\Phi_k)\dot{\Phi}_k
\end{aligned}\right\} \tag{3.3.18}
$$

式中，$\dot{\Phi}_k = \dot{v}_k$。

5）升交距角、卫星矢径和轨道倾角变化修正

$$
\left.\begin{aligned}
\dot{u}_k &= \dot{\Phi}_k + \delta\dot{u}_k \\
\dot{r}_k &= A(1 - e\sin E_k \cdot \dot{E}_k) + \delta\dot{r}_k \\
\dot{i}_k &= i_0 + \delta\dot{i}_k
\end{aligned}\right\} \tag{3.3.19}
$$

6）计算卫星在轨道坐标系中的速度

$$
\left.\begin{aligned}
\dot{x}'_k &= \dot{r}_k\cos u_k - r_k\sin u_k \cdot \dot{u}_k \\
\dot{y}'_k &= \dot{r}_k\sin u_k + r_k\cos u_k \cdot \dot{u}_k
\end{aligned}\right\} \tag{3.3.20}
$$

7）计算卫星在 WGS-84 坐标系中的速度

$$
\left.\begin{aligned}
\dot{x}_k &= (\dot{x}'_k - y'_k\cos i_k \cdot \dot{\Omega}_k)\cos\Omega_k - (x'_k\dot{\Omega}_k + \dot{y}'_k\cos i_k - y'_k\sin i_k \cdot \dot{i}_k)\sin\Omega_k \\
\dot{y}_k &= (\dot{x}'_k - y'_k\cos i_k \cdot \dot{\Omega}_k)\sin\Omega_k + (x'_k\dot{\Omega}_k + \dot{y}'_k\cos i_k - y'_k\sin i_k \cdot \dot{i}_k)\cos\Omega_k \\
\dot{z}_k &= \dot{y}'_k\sin i_k + y'_k\cos i_k \cdot \dot{i}_k
\end{aligned}\right\} \tag{3.3.21}
$$

以上为任意时刻 GPS 卫星位置和速度的计算过程。实际进行用户位置、速度计算时，从观测时刻中减去信号的传播时间即为信号发送时刻，注意观测时刻以 GPS 时表示。为获得较高的计算精度，通常还需要利用导航电文提供的信息对卫星钟差、电离层群延迟及相对论效应进行修正。如果载体处于高速运动状态，由于信号传播时间内，卫星与接收机的相对位置变化较快，可对卫星位置进行迭代以获得理想的计算结果。

3.4 GPS 现代化

随着卫星导航技术的广泛应用和卫星导航产业的快速发展,GPS 卫星导航系统面临着巨大挑战。一方面其他卫星导航系统的逐渐成熟势必削弱 GPS 的市场份额;另一方面,由于 GPS 信号非常微弱,地面接收到的信号几乎淹没在背景噪声之中,无法穿透钢筋混凝土而进入室内,极易被建筑物遮挡。特别是在空间高轨卫星应用中,严重的信号衰减给定位带来很大困难。P 码的加密使得民间用户很难利用双频电离层改正措施实现高精度定位导航。为满足长期高性能的指标,增加军民用户选择信号的灵活性,保证 GPS 在未来几十年内的领导地位,美国从 20 世纪 90 年代中后期开始酝酿 GPS 现代化,并在 2005 年正式进入实施阶段。

1. 卫星现代化

从 2005 年第一颗现代化 Block ⅡR-M 卫星发射以来,先后已有 6 颗现代化 GPS 卫星在轨运行。Block ⅡR-M 卫星在 Block Ⅱ-R 卫星的基础上进行了现代化改进,主要包括:增加了测距码;增加了新的民用信号 L2C;提高了信号的发射功率,功率可在不同的信号间进行重新分配[10]。

与 Block ⅡR-M 卫星相比,2008 年年底发射的 Block Ⅱ-F 卫星又增加了频率为 L5 的民用信号,其星钟系统由 4 台铯钟和铷钟组成,时间误差优于 8 ns。为适应信号及其功率的增加,Block Ⅱ-F 卫星采用 ABLE 公司开发的新型太阳能电池阵,质量为 54.9 kg,在轨设计寿命为 12 年,并可在地面上储存 8 年。Block Ⅱ-F 卫星设计中考虑了更好的向后兼容性,增加了第四个民用信号 L1C,以提高定位精度、安全性和可靠性。

目前,Block Ⅱ-R 卫星已具有利用双频伪距观测值来测定卫星间的距离、在卫星间进行相互通信以及在卫星上计算自身星历和卫星钟差的能力。在没有地面控制系统支持的情况下,180 天预报星历误差可保持在 ±6 m 以内。当整个卫星星座完全由 Block Ⅱ-R 卫星和 Block Ⅱ-F 卫星组成时,整个系统可按下列三种方式进行工作[11]:

1)在地面控制系统支持下按常规方式工作;

2)按自主定轨方式工作,但地面控制系统每月对卫星星历进行一次更新,以控制误差的积累;

3)完全按自主导航方式工作,不依靠地面控制系统的支持。

此外,注入站能够自动地向主控站发射信号,每分钟报告一次它的工作状态[12]。

2010 年以后,美国将研制开发新型的 GPS Block Ⅲ系列卫星,按计划第 1 颗 GPS Ⅲ-A 卫星将于 2013 年发射,整个星座计划于 2017—2018 年部署完成。该计划将选择全新的优化设计方案,融合各种卫星资源,增大抗干扰功率,提高安全性以及导航、定位与授时服务的精度,增强完好性;将采用点波束发射技术,使得选定区域集中更高的信号功率;采用高性能原子钟(如氢钟等),增加卫星使用寿命;改变传统的 GPS 系统内部和外部接口,提高系统工作效率;还有可能改变卫星轨道构形和轨道高度,放弃标称的 24 颗中地球轨道卫星的星座配置方案,而采用由 33 颗高椭圆轨道和地球静止轨道卫星共同构成的空间星座。

2. GPS 现代化中的信号体制

Block ⅡR－M 以前的卫星只发射 L1(1 575.42 MHz)和 L2(1 227.6 MHz)两个频率的信号。伴随着 GPS 现代化计划的实施，Block ⅡR－M 卫星发射了新的 L2C 码，通过双频信号校正，可以获得更好的精度。Block Ⅱ－F 卫星增加了第三民用频率 L5(1 176.45 MHz)。2010 年以后发射 Block Ⅲ卫星时，将在 L1 频率上广播新型民码 L1C 码。GPS 现代化前、后整个信号的频谱分布变化如图 3.4.1 所示[13-14]。

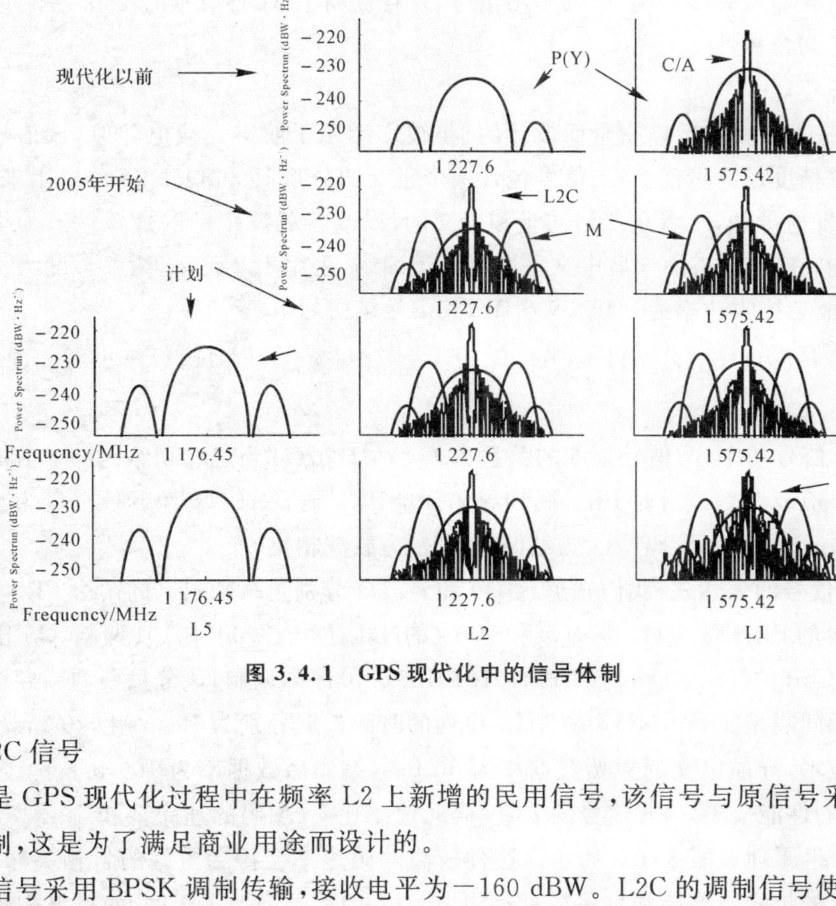

图 3.4.1　GPS 现代化中的信号体制

(1)L2C 信号

L2C 是 GPS 现代化过程中在频率 L2 上新增的民用信号，该信号与原信号采用正交的方式进行调制，这是为了满足商业用途而设计的。

L2C 信号采用 BPSK 调制传输，接收电平为－160 dBW。L2C 的调制信号使用两种 PRN 码，分别为中等长度码 CM(Moderate Length Code)和长码 CL(Long Code)两种。两者的码率均为 511.5 kHz，是 C/A 码速率的一半。CM 码周期为 20 ms，共有 10 230 个码片；CL 码周期为 1.5 s，共有 767 250 个码片。CM 码调制导航电文，CL 码不调制任何数据。CM 码与 CL 码交替发送，CM 码在前，CL 码在后，经时分复用合成后以 1.023 MHz 码率传输。CM 码和 CL 码是由相同的 27 级移位寄存器产生的，由于初始状态不同，可以分别产生 CM 和 CL 两种扩频码，对应的特征多项式为

$$F(x)=1+x^3+x^4+x^5+x^6+x^9+x^{11}+x^{13}+x^{16}+x^{19}+x^{21}+x^{24}+x^{27} \tag{3.4.1}$$

L2C 信号调制的导航电文原始信息速率为 25 b/s，经码率为 1/2、约束长度为 7 的卷积编

码，速率变为 50 b/s[15]，然后再与 CM 进行扩频调制。采用这种信号结构的 L2C 码比 C/A 码具有更强的数据恢复和信号跟踪性能，且标准定位用户可以通过 C/A 码和 L2C 码的伪距线性组合来修正电离层延迟误差，进一步提高导航定位精度。

(2)M 码信号

M 码信号是加载到 L1 和 L2 上的新军码信号，采用二进制偏移载波调制 BOC(10,5)传输，BOC(10,5)调制的码速率为 5.115 MHz，副载波的频率为 10.23 MHz[16]。在 GPS 现代化中，新增加的 M 码实现了军用信号与民用信号的彻底分离，减小了军民信号间的相互干扰，不需民用信号引导即可直接访问 M 码军用信号，并且提高了 M 码信号的发射功率，改善了军用信号的安全性和鲁棒性[17]。

(3)L5 信号

L5 频率是为了航空运输安全而设计的，将被广泛用于航空无线电导航，该信号的发射使厘米级的定位精度成为可能。L5 信号包含两个正交的分量 I5 和 Q5。I5 分量用来发射数据，Q5 信道用来发射导频，二者是严格同步和正交的，以改善载波跟踪的鲁棒性。为了提供更可靠的解调性能，在 I5 信道中导航电文采取了信道编码，采用 1/2 码率、约束长度为 7 的卷积编码方式。L5 最小接收功率为 −154.9 dBW，其信号结构如下：

$$s(t)=\sqrt{2P}\left[d(t)c_{\mathrm{XI}}(t)\,\mathrm{NH}_{10}(t)\cos(2\pi f_{\mathrm{L5}}t+\varphi)+c_{\mathrm{XQ}}(t)\,\mathrm{NH}_{20}(t)\sin(2\pi f_{\mathrm{L5}}t+\varphi)\right] \tag{3.4.2}$$

式中，P 为 L5 信号功率，与信号幅度的关系为 $A=\sqrt{2P}$；$d(t)$ 为经卷积编码的导航电文不归零码；$c_{\mathrm{XI}}(t)$ 和 $c_{\mathrm{XQ}}(t)$ 为数据分量 PRN 码和导频分量 PRN 码；$\mathrm{NH}_{10}(t)$ 和 $\mathrm{NH}_{20}(t)$ 为数据和导频 NH(Neumann Hoffman) 码；f_{L5} 为载波频率；φ 为载波相位。

结合 L5 信号的表达式，我们知道 $c_{\mathrm{XI}}(t)$ 和 $c_{\mathrm{XQ}}(t)$ 分别是每颗卫星的两个 PRN 码，彼此不相关。I5 分量的 PRN 码 $c_{\mathrm{XI}}(t)$ 被 $d(t)$ 和 10 bit 的 $\mathrm{NH}_{10}(t)=0000110101$ 调制，Q5 分量的 PRN 码 $c_{\mathrm{XQ}}(t)$ 被 20 bit 的 $\mathrm{NH}_{20}(t)=00000110101001110$ 序列调制，该分量不调制导航数据。序列的每一码元间隔是 1 ms，NH_{10} 和 NH_{20} 序列的时间长度分别为 10 ms 和 20 ms。由于采用了卷积编码技术，导航电文的原始数据率为 50 b/s，编码后数据率为 100 b/s[18]，卷积编码可以带来 5 dB 的性能改善。L5 信号的 PRN 码元速率比 C/A 码的速率要快 10 倍，达到 10.23 Mb/s，具体产生原理如图 3.4.2 所示。这种较高的码速率会得到更好的自相关峰值，并且可以改善接收机的抗噪声性能和抗多径衰落能力。L5 的信号增加了长度，使得自相关和互相关的旁瓣比 C/A 码小得多。C/A 码的最差旁瓣比主瓣弱 23 dB，而 L5 几乎可以接近 33 dB[19]。

L5 信号中扩频码的特征多项式为

$$\left.\begin{aligned}\mathrm{XA}:&\,1+x^{9}+x^{10}+x^{12}+x^{13}\\ \mathrm{XBI\ or\ XBQ}:&\,1+x+x^{3}+x^{4}+x^{6}+x^{7}+x^{8}+x^{12}+x^{13}\end{aligned}\right\} \tag{3.4.3}$$

(4)L1C 信号

L1C 信号是为了与其他导航系统协同工作而设计的，将在 Block Ⅲ卫星上发射，最小接收电平为 −157 dBW。L1C 信号由不调制导航数据的 L1CP 信号和调制导航数据的 L1CD 信号两种分量构成。其中 L1CP 经覆盖码 L1CO 调制，速率为 100 b/s，周期为 18 s，共有 1 800 个码元。扩频码速率为 1.023 Mb/s，周期为 10 ms，共有 10 230 个码元。导航电文中，时间间隔信息使用 BCH(Bose Chaudhuri Hocquenghem)编码,其他使用低密度奇偶校验(Low Density Parity Check, LDPC)编码,码速率为 100 b/s。L1C 信号调制方式存在两种可能的方案,即采用 BOC(1,1)调制,或采用 BOC(1,1)与 BOC(6,1)进行时分复用[20]。

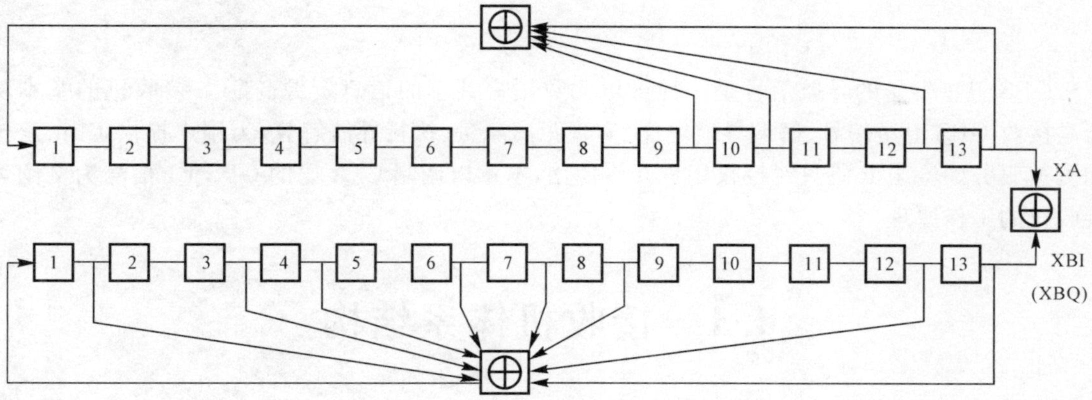

图 3.4.2　GPS L5 的码生成器

目前,GPS 导航电文数据结构基于 1 500 bit 的长帧格式,在 GPS 现代化进程中,定义了一种新的民用导航电文格式 CNAV,采用长度为 300 bit(含 24 bit CRC 校验码)、发送时间为 12 s 的基本格式广播。导航电文根据内容构成不同类型的数据块,如数据类型 10 和 11 为星历数据块,数据类型 30 为时钟、电离层、群时延校正参数数据块,数据类型 31 为简化历书数据块,等等。每个数据块都以相同的 8 bit(10001011)数据作为同步头,其后是 6 bit 卫星传输 PRN 序号、6 bit 数据块 ID 号以及 17 bit 周内时间计数。不同的数据内容广播的时间间隔不同,如星历广播时间间隔不超过 48 s,简化历书广播时间间隔不超过 20 min,轨道参数广播时间间隔不超过 30 min[21]。

在 GPS 卫星及信号进行现代化的同时,地面系统的现代化主要集中在控制段软件和硬件的升级、地面监测网络的完善以及同其他卫星导航系统协同工作的能力上。如果进展顺利,2012—2013 年后 GPS 将使用新的地面系统代替现有的地面系统。

第 4 章　GPS 接收机工作原理

GPS 卫星发送的导航信号是一种可供无数用户共享的信息资源。GPS 接收机的基本功能是接收 GPS 卫星信号、解调导航电文、实现距离测量、执行导航解算，为用户提供定时、定位和测速服务。鉴于 P 码只对授权用户开放使用，本章以调制 C/A 码的 GPS L1 信号为例阐述接收机的工作原理。

4.1　接收机体系结构

典型的 GPS 接收机结构如图 4.1.1 所示，包括四个功能模块：天线模块、射频前端（Radio Frequency Front-end，RF）模块、基带处理模块和应用处理模块。

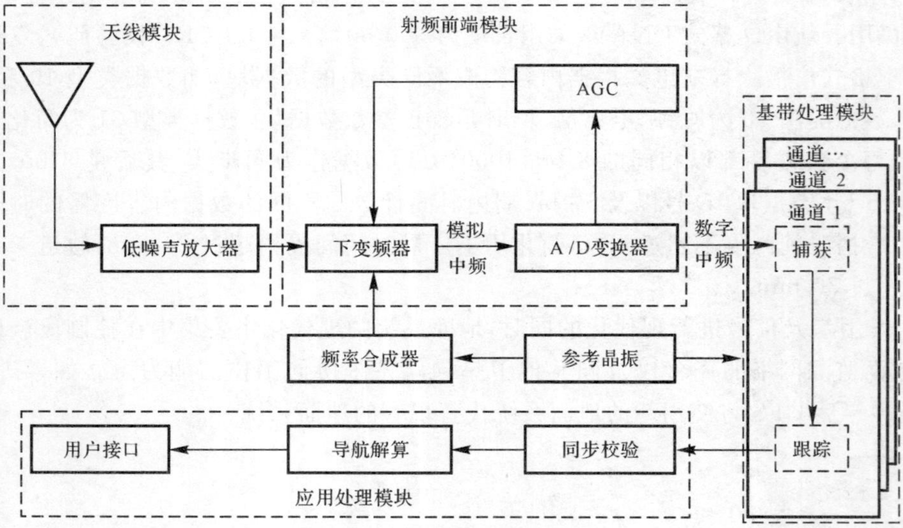

图 4.1.1　GPS 接收机组成原理图

1. 天线模块

天线模块主要由接收机天线和前置的低噪声放大器两部分组成。来自约 2×10^4 km 高空的 GPS 卫星信号，到达地面时信号非常微弱。天线的作用是接收 GPS 卫星信号这种极微弱的电磁波并将其转化为相应的电流，低噪声放大器的作用则是将 GPS 信号电流予以放大。为便于接收机对信号进行处理，对天线部分的要求较高：

1）天线与低噪声放大器应密封为一体，以减少信号损失，保证其正常工作。

2）能够接收来自任何方向的卫星信号，不产生死角。

3）有防护与屏蔽多路径效应的措施。

4)天线的相位中心保持高度的稳定,并与其几何中心尽量一致。

GPS接收机的天线有以下几种类型。

(1)单极或偶极天线

这种天线结构简单、体积较小,需要安装在一块基板上,属于单频天线。

(2)四线螺旋形天线

四线螺旋形天线由四条金属管线绕制而成,底部有一块金属抑制板。这种天线频带宽,全圆极化性能好,可以捕捉高度角较低的卫星。缺点是不能进行双频接收,抗震性能差,常用作导航型接收机天线。

(3)微波传输带天线

微波传输带天线简称为微带天线。其优点是高度低、质量轻、结构简单并且坚固,易于制造;既可用于单频接收机,也可用于双频接收机。不足之处在于增益较低,需要利用低噪声放大器来弥补。目前大部分测地型天线都是微带天线,它也适用于飞机、火箭等高速飞行器。

(4)锥形天线

锥形天线也称为盘旋螺线形天线,它可以同时工作在两个频率上,增益较高,但由于其天线较高,并且在水平方向上不对称,因而天线的相位中心和几何中心可能不完全重合,需要在安装时加以补偿。

目前常用的是四线螺旋形天线和微带天线。近年来,国际上一些著名的生产商在接收天线上各显神通,纷纷研制出高性能的接收机天线。如JAVAD Positioning Systems公司采用具有相位中心稳定性极高的GPS天线,针对普通扼流圈不能很好地抑制多路径效应问题,研制了双深度双频率低多径的扼流圈,并据此推出了第四代GPS接收机。

2. 射频前端模块

射频前端是GPS接收机工作的基础,包括从天线到基带处理之间的所有部件,其主要功能是将GPS射频信号变换为信号处理器工作范围内的中频数字信号。在这个过程中射频前端应尽可能对其他干扰进行有效的抑制,同时将接收信号电平提高到信号处理器可工作的电平,并提供一定的信号变化动态范围。

3. 基带处理模块

基带处理模块是GPS接收机的核心模块,其作用包括:①搜索、捕获并跟踪卫星信号;②对电文数据实行解扩、解调;③进行伪距测量、载波相位测量及多普勒频率测量。基带处理性能的优劣直接关系到接收机的定位精度、灵敏度等指标。

通常,如果基带处理模块能够同时处理 N 颗GPS卫星的信号,则表示该接收机有 N 个通道。

4. 应用处理模块

应用处理模块主要包括导航解算和用户接口两部分。

(1)导航解算

导航解算模块在微处理器的统一指令下工作,其主要工作步骤为:

1)开机后对整个接收机工作状况进行自检,并测定、校正和存储各通道的时延。

2)根据机内存储的卫星历书和接收机近似位置,计算所有在轨卫星升降时间、方位角和高度角。

3)控制接收机对卫星进行搜索、捕获和跟踪,并通过电文同步得到 GPS 卫星星历。当同时锁定至少 4 颗卫星时,利用伪距观测值和星历计算用户的三维坐标,并按预置更新率计算新的用户位置、速度和时间。

4)根据预先设置的航路点坐标和定位结果计算导航参数。

5)与用户进行人机对话。

(2)用户接口

GPS 接收机一般都配有液晶显示屏以显示接收机工作信息,并配有控制键盘以便用户操控接收机工作。有的接收机还配有大显示屏,在屏幕上直接显示导航信息或数字地图等。

综上所述,接收机的主要任务是:当 GPS 卫星在用户视界升起时,接收机能够捕获到按一定卫星截止高度角所选择的待测卫星,并能够跟踪这些卫星的信号;对接收到的 GPS 信号进行变换、放大和处理,测量出信号从卫星到接收天线的传播时间,解译出卫星所发送的导航电文,实时地计算出接收机的三维位置、三维速度和时间。

4.2 射频前端

射频前端实现信号从高频到中频、从模拟到数字的转换。GPS 信号经过天线后首先进入到射频前端,经多次混频,得到频率较低的中频模拟信号,继而通过模数转换器(Analog-to-Digital Converter, ADC)转换为数字中频信号,供基带处理模块实现信号的捕获、跟踪。因此,射频前端的噪声性能将会影响到接收信号质量,继而影响后续基带处理性能和导航定位精度。

图 4.1.1 所示射频前端经细化后的典型结构如图 4.2.1 所示,由低噪声放大器、混频器、滤波器、参考晶振以及模数转换器组成。

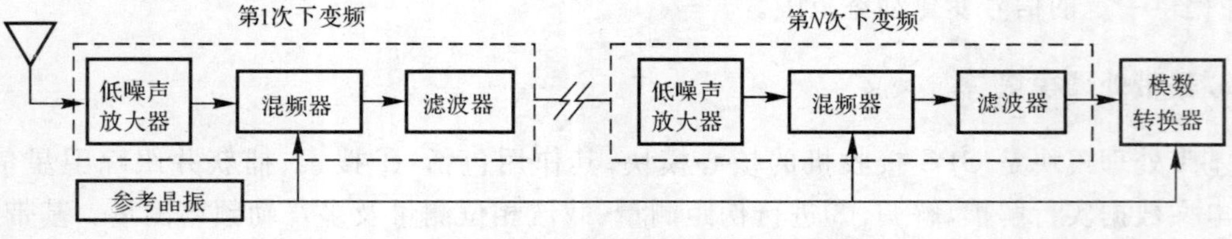

图 4.2.1 GPS 接收机射频前端基本结构

低噪声放大器:将接收信号放大到可以进行模数转换的程度。它的基本参数包括:增益、工作频率范围以及噪声系数等。理想的放大器仅放大信号的幅度,而事实上任何放大器都会引入噪声,因此在射频前端放大器设计时,应保证在放大信号的同时引入尽可能少的噪声。

混频器:实现信号高频到中频的转换。例如 Zarlink 公司生产的 GP2015 芯片就可以利用三次下变频实现 1 575.42 MHz 的射频信号向 4.309 MHz 的模拟中频信号转换。

滤波器:使特定频率通过并衰减其他频率信号,保证最小的插入损耗,由于 GPS 信号基本湮没在噪声之中,因此对滤波器的设计要求很高。

模数转换器:顾名思义是实现信号的模数转换,其中的采样和量化两个过程均会对信号的信噪比产生影响。一般民用的接收机都是采用几兆赫兹或几十兆赫兹的频率进行采样的,量化位数不超过 3 位,这些无疑会恶化信号的质量。然而高品质的模数转换器成本很高,具体选择时应充分权衡成本和性能。

参考晶振:为整个电路提供时钟信号,除了在混频电路中必不可少,在模数转换中也扮演着重要角色。由于接收机的射频前端对时钟精度要求很高,因此大都选择温度补偿晶振(Temperature Compensated Crystal Oscillator,TCXO)或恒温晶振(Oven Centrolled Crystal Oscillator,OCXO)。

4.3　基带输入信号质量

GPS 信号从距地面约 20 000 km 的卫星发送到地球表面,地面接收信号的强度由卫星天线的发射功率、天线的波瓣宽度、卫星到接收机的距离和接收天线的有效面积决定,GPS 卫星天线的发射功率为 478.63 W[1],即 $P=10\lg 478.63=26.8$ dBW。如果接收天线具有单位增益,则信号在自由空间的衰减(Free-space Loss)为

$$F=\left(\frac{\lambda}{4\pi R}\right)^2=\left(\frac{0.19}{4\pi\times 2\times 10^7}\right)^2\approx 5.73\times 10^{-19}\,\mathrm{W}=10\lg 5.73\times 10^{-19}=-182\ \mathrm{dBW} \tag{4.3.1}$$

式中,λ 为 L1 载波波长;R 为卫星距地面的高度。此外,大气层对 GPS 信号的衰减(Atmospheric attenuation)约为 $A=2.0$ dBW,接收天线的极化损失(Polarization mismatch loss)约为 $M=2.4$ dBW,则到达地面时的 C/A 码信号功率的理论值为

$$S=P-F-A-M=26.8-182.4-2.0-2.4=-160\ \mathrm{dBW} \tag{4.3.2}$$

式(4.3.2)也可以以 dBm 为单位表示为 $S=-160$ dBW $=-130$ dBm。

当接收机射频通道不存在任何损失时,天线输入端和射频输出端之间只存在内部热噪声,其额定功率为

$$N_i=kTB \tag{4.3.3}$$

式中,N_i 的单位为 W;k 为玻耳兹曼常数,$k=1.38\times 10^{-23}$ J/K;T 为电阻绝对温度,典型值为 290 K(开氏温度);B 为接收机噪声带宽。

通常,我们可以利用信号功率与某一带宽上的噪声功率的比值来表征接收信号的质量,即信噪比。对 C/A 码接收机来说,$B\approx 2$ MHz,即允许噪声通过的带宽大约为 2 MHz。这种条件下可计算接收机中总的热噪声功率为 $10\lg(kTB/0.001)=-111$ dBm,而信号功率为 -130 dBm,得到的信噪比为 -19 dB/2MHz。显然,信号功率小于噪声功率,需要采用特殊的方法从带有噪声的信号中获取有用信号,这也是无线扩频传输系统的特点之一。

接收机灵敏度是指接收机所能检测的最低输入信号功率,通常以 dBm 为单位,为评估接收机基带算法的性能,使用与带宽无关的噪声功率谱密度(1 Hz 带宽上的噪声功率)来表示噪声,此时的信噪比指的是载波和噪声功率谱密度之比 C/N_0(dB/Hz),简称载噪比。因此,可计算的噪声功率谱密度为 $N_i=10\lg(kT/0.001)=-174$ dBm/Hz,略写为 -174 dBm。

如式(4.3.2)所示,天线接收到的信号功率为 -130 dBm,计算接收机芯片处理的 GPS 信

号 C/N_0 为

$$C/N_0 = \frac{S}{N_i} = -130\ \text{dBm} - (-174\ \text{dBm}) = 44\ \text{dB/Hz} \tag{4.3.4}$$

式(4.3.4)为典型环境下接收机基带输入的信号质量，实际上，用户接收到的信号功率会随天线增益、卫星仰角和信号传播路径等因素变化，C/N_0 通常会在 35～55 dB/Hz 之间。

4.4 信号捕获

在不考虑载波的情况下，GPS 接收机要想实现定位导航，一方面，需要利用伪随机噪声码的相位变化实现距离测量；另一方面，为获取信号中调制的导航电文需要对信号实现解扩，即剥离 C/A 码。为获取正确的 C/A 码相位，通常在接收机内部产生一个与接收到的某颗卫星信号完全相同的 C/A 码(称为本地码)，当本地码与接收码对齐(码相位相同)时，可利用相关运算实现信号解扩。对任意一颗卫星，我们已经知道其 C/A 码的产生方法，然而，由于卫星与接收机距离的不确定性导致接收信号中的码相位是未知的，因此，接收机需要进行码相位搜索。

在 5.2.3 节我们将知道，由于 GPS 卫星发射的是射频信号，载波频率很高，而卫星运动的平均速度约为 3.8 km/s，即使不考虑接收机的运动，接收信号中也仍然会存在随时间变化的多普勒频移，导致接收信号的载波频率与卫星发射时的频率并不相等。为此，接收机需要借助自身产生的载波(称为本地载波)，在一定的频率范围内搜索正确的载波频率。

综上所述，GPS 信号捕获是码相位空间和多普勒频率空间的二维搜索，它利用了 C/A 码良好的自相关性和互相关性。接收信号中包含了所有可视卫星的信号，接收机首先产生某颗卫星特定的 C/A 码，通过对本地码相位和载波频率的不断调整，使其与接收信号中的码相位和载波频率的误差保持在一定范围内。如果接收信号中不包含这颗卫星的信号，由于特定的 C/A 码与其他卫星的 C/A 码的互相关性几乎为零，因此不会出现相关峰；如果接收信号中包含这颗卫星的信号，由于 C/A 码的强自相关性，将出现相关峰，通过对相关峰值的检测来提取对应的码相位和载波频率，完成信号的捕获。

也就是说，GPS 信号捕获需要解决三个问题：① 检测接收信号中是否存在可用的 GPS 卫星；② 估计可用 GPS 卫星信号的 C/A 码相位；③ 估计可用 GPS 卫星信号的载波多普勒频率。由于在轨运行的卫星数量众多，如果接收机无法获得可用的历书信息，不能预测当前可视卫星，那么就需要遍历所有的卫星；如果接收机能够利用前次使用时预存的历书信息预测当前可视卫星，则可直接对可视卫星进行捕获。前者称为接收机冷启动，后者称为接收机热启动。

4.4.1 有用信号的提取

GPS 信号是一种由扩频码(C/A 码或 P 码)调制的频谱扩展的信号，有用信号分布在大约 2 MHz 带宽的频带上，到达接收机天线时信号功率小于噪声功率，为获得较高的信噪比，通常采用积分的办法来抑制噪声。

假设带噪声的信号可以表示为

$$y(t) = s(t) + n(t) \tag{4.4.1}$$

式中，$y(t)$ 表示带噪声的信号；$s(t)$ 为有用信号，在时间 T 内的平均功率为 P_s；$n(t)$ 为零均值互不相关的噪声，其功率等于方差 σ_n^2。

对 $y(t)$ 进行积分后可得

$$z(t)=\frac{1}{T}\int_0^T y(t)\mathrm{d}t\approx\frac{1}{N}\sum_{m=1}^{N}y(m)=\frac{1}{N}\sum_{m=1}^{N}[s(m)+n(m)]=$$
$$\frac{1}{N}\sum_{m=1}^{N}s(m)+\underbrace{\sum_{m=1}^{N}\frac{1}{N}n(m)}_{n'} \tag{4.4.2}$$

式中，T 为积分时间；N 为积分时间内的采样点数。当采样频率为 f_s 时，$N=f_sT$。显然积分后有用信号的平均功率保持不变，最后一项为积分后的噪声，其功率为

$$\sigma_{n'}^2=\mathrm{E}\left[\left(\sum_{m=1}^{N}\frac{1}{N}n(m)\right)\left(\sum_{l=1}^{N}\frac{1}{N}n(l)\right)\right]=\frac{1}{N^2}\sum_{m=1,l=1}^{N}\mathrm{E}[n(m)n(l)]=$$
$$\frac{1}{N^2}\sum_{m=1,l=1}^{N}\sigma_n^2\delta_{ml}=\frac{1}{N}\sigma_n^2 \tag{4.4.3}$$

从式(4.4.3)可知，当采样频率一定时，积分时间越长，噪声功率减小越明显。积分具有平均噪声功率的作用，且与积分时间成比例。实际上，积分操作相当于对函数加矩形窗，从频域上看可形成低通滤波器，可抑制噪声，改善信噪比。

4.4.2　时域串行捕获

时域串行捕获原理如图 4.4.1 所示。将积分时间 T_{coh} 记为

$$T_{coh}=T_{C/A}=NT_s$$

式中，$T_{C/A}$ 为 C/A 码周期；N 为积分时间内的采样点数；T_s 为采样周期。通常将积分时间设置为一个 C/A 码周期的长度，即 $NT_s=1$ ms。

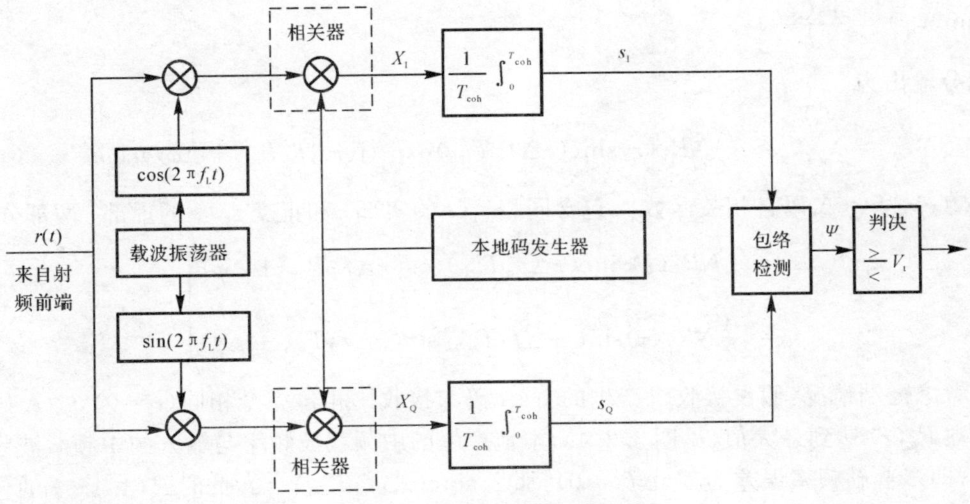

图 4.4.1　时域串行捕获原理

为进行原理性阐述，不考虑噪声功率的变化，对于一颗卫星的信号，经射频前端下变频后，

任取 1 ms 中频数据可表示为

$$r(t)=AD(t)C(t)\cos[2\pi(f_{IF}+f_d)t+\varphi]+n(t) \tag{4.4.4}$$

式中，A 为信号幅度，可以用信号功率 P 表示为 $A=\sqrt{2P}$；D 为电文数据位，取值为 ± 1；C 为 C/A 码，相位未知；f_{IF} 为标称中频 L1 载波频率；f_d 为多普勒频率（未知）；$f_{IF}+f_d$ 为实际中频 L1 载波频率；φ 为载波相位（未知）；n 为均值为零、方差为 σ_{IF}^2 的高斯白噪声。

将接收机产生的本地信号以复数形式表示为

$$r_L(t)=C(t-\tau)[\cos(2\pi f_L t)+\mathrm{j}\sin(2\pi f_L t)]$$

式中，τ 为码相位延时；本地产生的中频载波频率 f_L 与实际中频载波频率差为 Δf_d（多普勒频率差），相位差为 $\Delta\varphi$。$r_L(t)$ 与输入信号 $r(t)$ 相乘，由于接下来的积分器具有低通滤波的作用，因此，此处忽略相乘产生的高频分量，可得积分器的输入为

$$X=\frac{A}{2}DC(t)C(t-\tau)\exp(\mathrm{j}(2\pi\Delta f_d T_s+\Delta\varphi))+n(T_s) \tag{4.4.5}$$

假设积分时间内没有导航电文数据位符号变化（设 $D=+1$），频率偏差 Δf_d 保持不变，则有

$$\begin{aligned}
&\frac{1}{N}\sum^{N}\exp(\mathrm{j}(2\pi\Delta f_d T_s+\Delta\varphi)\approx\\
&\frac{1}{T_{coh}}\int_0^{T_{coh}}\exp(\mathrm{j}(2\pi\Delta f_d t+\Delta\varphi))\mathrm{d}t=\\
&\frac{1}{T_{coh}}\,\frac{1}{\mathrm{j}2\pi\Delta f_d}\cdot\exp(\mathrm{j}\Delta\varphi)\cdot\exp\left(\mathrm{j}(2\pi\Delta f_d\frac{T_{coh}}{2})\right)\cdot\\
&\left[\exp\left(\mathrm{j}(2\pi\Delta f_d\frac{T_{coh}}{2})\right)-\exp\left(-\mathrm{j}(2\pi\Delta f_d\frac{T_{coh}}{2})\right)\right]=\\
&\mathrm{sinc}(2\pi\Delta f_d\frac{T_{coh}}{2})\cdot\exp\left(\mathrm{j}(2\pi\Delta f_d\frac{T_{coh}}{2}+\Delta\varphi)\right)=\\
&\mathrm{sinc}(\pi\Delta f_d T_{coh})\cdot\exp(\mathrm{j}(\pi\Delta f_d T_{coh}+\Delta\varphi))
\end{aligned}$$

式中，$\mathrm{sinc}(x)=\dfrac{\sin(x)}{x}$。

积分输出为

$$s=\sum_{i=1}^{N}X_i\approx\frac{A}{2}NR_c(\tau)\mathrm{sinc}(\pi\Delta f_d T_{coh})\exp\ (\mathrm{j}(\pi\Delta f_d T_{coh}+\Delta\varphi))+n_k \tag{4.4.6}$$

式中，$R_c(\tau)$ 为 C/A 码自相关函数，s 包含同相 s_I（s 的实部）和正交 s_Q（s 的虚部）两部分：

$$\left.\begin{aligned}
s_I&=\frac{A}{2}NR_c(\tau)\mathrm{sinc}(\pi\Delta f_d T_{coh})\cos(\pi\Delta f_d T_{coh}+\Delta\varphi)\\
s_Q&=\frac{A}{2}NR_c(\tau)\mathrm{sinc}(\pi\Delta f_d T_{coh})\sin(\pi\Delta f_d T_{coh}+\Delta\varphi)
\end{aligned}\right\} \tag{4.4.7}$$

现考虑极端情况：假设接收机产生的 C/A 码与接收码相位完全相同（$\tau=0$），C/A 码的自相关函数 $R_c(\tau)$ 达到最大值（见图 3.2.4），本地产生的中频载波频率与输入的中频载波频率完全相等，即多普勒频率误差为零（$\Delta f_d=0$），那么 $\mathrm{sinc}(\pi\Delta f_d T_{coh})=1$，此时式(4.4.6) 的包络也将会达到最大值，即

$$\Psi=|s|=\sqrt{s_I^2+s_Q^2}=\text{最大值} \tag{4.4.8}$$

当式(4.4.8) 超过设定的检测阈值 V_t（门限值）时可判断信号捕获成功。

由于输入信号 $r(t)$ 中的 C/A 码相位和多普勒频率是未知的，因此接收机需要对码相位和多普勒频率进行搜索。通过对不同码相位和多普勒频率点对应的 Ψ 值的检测可判断信号是否被捕获到。

假设待搜索的多普勒频率范围为 $f_{\mathrm{d}} \in [-\hat{f}_{\mathrm{d}}, \hat{f}_{\mathrm{d}}]$，则实际输入信号的载波频率在 $[f_{\mathrm{IF}} - \hat{f}_{\mathrm{d}}, f_{\mathrm{IF}} + \hat{f}_{\mathrm{d}}]$ 范围内。如果频率搜索步长为 f_{step}，那么覆盖搜索范围的所有多普勒频率点为

$$f_{\mathrm{d}} = -\hat{f}_{\mathrm{d}} + (i-1) f_{\mathrm{step}}, \quad 1 \leqslant i \leqslant \frac{2\hat{f}_{\mathrm{d}}}{f_{\mathrm{step}}} + 1 \tag{4.4.9}$$

式中，i 表示第 i 次搜索。

对某一卫星执行时域串行捕获的过程如下：

1) 将 $f_{\mathrm{IF}} + f_{\mathrm{d}}$ 作为待估计的载波频率，在接收机内部产生两路相互正交的载波，同时在接收机内部生成某颗 GPS 卫星的 C/A 码。

2) 将生成的码和载波分别与采样后的中频信号相乘，相乘结果通过积分器经时间 T_{coh} 后得出积分值 $s_{\mathrm{I}}, s_{\mathrm{Q}}$。

3) 执行包络检测(相关峰值检测)。如果检测统计量 Ψ 大于检测阈值 V_{t} 则认为该颗卫星捕获成功，提取与 Ψ 对应的码相位和多普勒频率转入信号跟踪；否则移动本地 C/A 码，重复 2) ～ 3) 直至遍历所有 1 023 个 C/A 码相位。

4) 若 3) 执行完毕仍未检测到信号，则按式(4.4.9) 改变 f_{d}，重复 1) ～ 3) 直至遍历待搜索的多普勒频率范围。

对于上述捕获过程，一共需要搜索 $(2\hat{f}_{\mathrm{d}}/f_{\mathrm{step}}) + 1$ 个频率点，假设多普勒频率搜索范围为 ±10 kHz，每次频率改变的步长为 $f_{\mathrm{step}} = 1$ kHz，那么共需要搜索 21 个频率点，并在每个频率点顺序搜索 1 023 个码相位，获得 1 023 个 $R_{\mathrm{c}}(\tau_i)(i=0,1,\cdots,1\,022)$。上述载波频率的搜索顺序也可以采用从中间频率 f_{IF} 向两侧扩散的方式实现。时域串行捕获的实现方式简单有效，特别适合采用硬件实现，但执行速度会受到一定限制，可采用多相关器并行处理来减少捕获时间，但它以硬件资源的消耗为代价。

4.4.3 频域并行捕获

串行捕获法需要顺序搜索 1 023 个码相位，进行 1 023 次相关运算后可判断所有检测统计量中的最大值。频域捕获方法[22] 基于频域相乘与时域卷积等效的原理，先将时域 C/A 码经快速傅里叶变换(FFT) 至频域，执行频域相乘，然后利用快速傅里叶反变换(IFFT) 将相乘结果变换回时域，通过考察时域结果判断某一卫星是否被捕获。对某一个待检测的频率点，频域法只需要一次傅里叶变换即可得到所有 1 023 个码相位对应的 Ψ 值，是一种并行捕获方法。

1. 时域卷积和频域相乘[23]

根据数字信号处理理论，如果输入信号经过一个线性时不变系统，可由卷积运算得到时域结果，也可由傅里叶变换得到频域结果。也就是说，时域的卷积与频域的傅里叶变换是等效的。对于离散信号 $x(n)$ 和 $h(n)$，其相关可以表示为

$$z(n) = \sum_{m=0}^{N-1} x(m) h(n+m) \tag{4.4.10}$$

设 $Z(K)$，$X(K)$，$H(K)$ 分别表示式(4.4.10)中对应变量的傅里叶变换后的结果，则对式(4.4.10)进行离散傅里叶变换(DFT)可得

$$\begin{aligned} Z(K) = & \sum_{n=0}^{N-1}\sum_{m=0}^{N-1} x(m)h(n+m)\mathrm{e}^{(-\mathrm{j}2\pi Kn)/N} = \\ & \sum_{m=0}^{N-1} x(m)\left[\sum_{n=0}^{N-1} h(n+m)\mathrm{e}^{(-\mathrm{j}2\pi K(n+m))/N}\right]\mathrm{e}^{(\mathrm{j}2\pi Km)/N} = \\ & H(K)\sum_{m=0}^{N-1} x(m)\mathrm{e}^{(\mathrm{j}2\pi Km)/N} = \\ & H(K)X^{-1}(K) \end{aligned} \tag{4.4.11}$$

同理，存在 $Z(K)=H^{-1}(K)X(K)$，当 $x(n)$ 为实数时，$x^{*}(n)=x(n)$（上标“$*$”表示取复数的共轭），则

$$|Z(K)|=|H^{*}(K)\cdot X(K)|=|H(K)\cdot X^{*}(K)| \tag{4.4.12}$$

利用这个关系可以得到输入信号中的 C/A 码与本地产生的 C/A 码离散形式的相关性：

$$R_{\mathrm{c}}(n)=\frac{1}{N}\mathrm{IFFT}[\mathrm{FFT}[C(n)]\cdot \mathrm{FFT}^{*}[C(n)]] \tag{4.4.13}$$

式中，$C(n)$ 为采样后的 C/A 码；n 为离散形式的码相位；N 为采样点数。

2. 基于 FFT 的频域并行捕获

基于 FFT 的 GPS 信号并行捕获原理如图 4.4.2 所示。

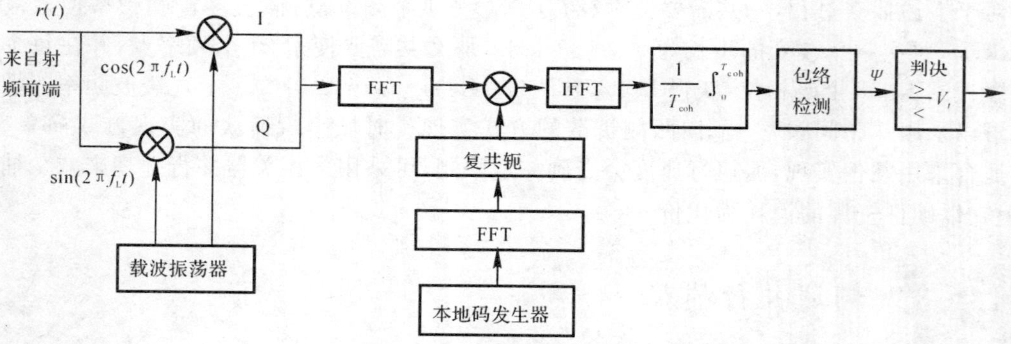

图 4.4.2 基于 FFT 的并行捕获原理

由本地载波发生器发出的两路正交载波 $\sin(2\pi f_{\mathrm{L}}t)$ 和 $\cos(2\pi f_{\mathrm{L}}t)$ 分别与输入的数字中频信号相乘，得到 I 支路和 Q 支路信号，将 I 支路作为实部、Q 支路作为虚部构成一个新的复序列，对这个新的序列作复数 FFT 变换至频域。与此同时，由本地产生的 C/A 码也通过 FFT 变换至频域并取其复共轭，将上述两个频域结果进行复数乘法运算后执行 IFFT 变换回时域，积分后取时域结果的包络，比较并找出最大值，将这个最大值和预先设定的门限作比较，如果大于门限则判断信号捕获，提取对应的码相位和载波频率，接收机转换至信号跟踪；如果小于门限则表示没有捕获到信号，此时以一定的频率步长在新的频率点重复上述过程，直至所有频率点都执行完毕。

由于一次 FFT 可以得到所有 1 023 个码相位的相关值，而不必移动本地 C/A 码，也就是说，式(4.4.5)中 1 023 个 $R_{\mathrm{c}}(\tau_i)$($i=0,1,\cdots,1\ 022$)的获取不必采用串行移动本地码的方式一次一次地获得，而是利用 FFT 和 IFFT 一次性得到。因此，频域并行捕获方法较时域串行方法

速度快，易于软件控制，得到了广泛研究。

时域串行捕获和频域并行捕获均使用了积分操作，式(4.4.6)在抑制噪声的同时保留了载波相位信息，通常称这种积分方式为相干积分。由于式(4.4.5)中导航电文数据位 D 的周期为 20 ms，因此，当采用更长的积分时间时，需要保证积分时间内 D 的符号不发生变化，由此产生非相干积分和差分相干积分等方法。关于更长时间的相干积分、非相干积分和差分相干积分法的原理和性能分析将在第 14 章予以介绍。

4.5　GPS 信号跟踪

信号捕获可得到实际接收信号中码相位和多普勒频率的粗略估计(与 Ψ 对应)，将标称中频频率 f_{IF} 加上估计的多普勒频率即可得到估计的载波频率。然而，接收机要想解调导航电文，实现距离测量，还必须获取精确的码相位、载波频率和载波相位。信号跟踪环节即是完成这一任务的精同步过程。本节假设本地码振荡器和载波振荡器已利用捕获得到的码相位和多普勒频率完成初始化，在此基础上介绍两种最常用的 GPS 信号跟踪环路：用于载波跟踪的锁相环(Phase Locked Loop, PLL)和用于码跟踪的延迟锁定环(Delay Locked Loop, DLL)。

4.5.1　PLL 实现载波跟踪

如图 4.5.1 所示，PLL 由本地载波振荡器、积分清零器(Integrate and Dump)、载波相位鉴别器和环路滤波器组成，环路积分时间假设为 1 ms。

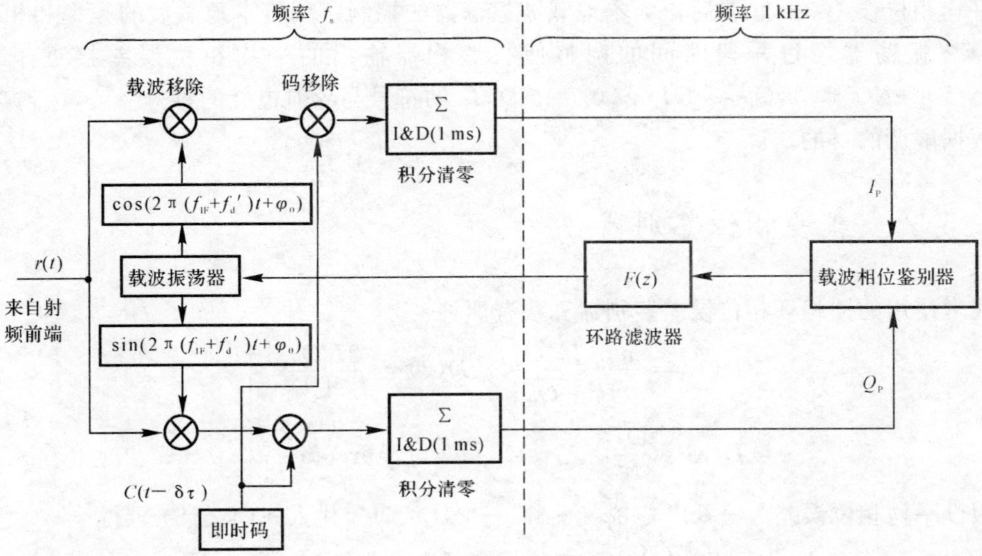

图 4.5.1　载波跟踪原理

设输入的中频信号采样频率为 f_s。考虑一颗卫星并忽略噪声的影响，那么输入的中频

GPS 信号可以表示为

$$r(t)=AD(t)C(t)\cos(2\pi(f_{\mathrm{IF}}+f_{\mathrm{d}})t+\varphi) \tag{4.5.1}$$

由接收机产生的即时码和载波形成的本地信号为

$$\left.\begin{aligned} I&=C(t-\delta\tau)\cos(2\pi(f_{\mathrm{IF}}+f'_{\mathrm{d}})t+\varphi_0) \\ Q&=C(t-\delta\tau)\sin(2\pi(f_{\mathrm{IF}}+f'_{\mathrm{d}})t+\varphi_0) \end{aligned}\right\} \tag{4.5.2}$$

式(4.5.1)和式(4.5.2)经相乘积分后滤除高频分量,可得

$$\left.\begin{aligned} I_{\mathrm{P}}&=\frac{1}{2}ANDR_{\mathrm{c}}(\delta\tau)\,\frac{\sin(\pi\Delta fT)}{\pi\Delta fT}\cos(\pi\Delta fT+\Delta\varphi) \\ Q_{\mathrm{P}}&=\frac{1}{2}ANDR_{\mathrm{c}}(\delta\tau)\,\frac{\sin(\pi\Delta fT)}{\pi\Delta fT}\sin(\pi\Delta fT+\Delta\varphi) \end{aligned}\right\} \tag{4.5.3}$$

式中,f_{d} 为实际多普勒频率;φ 为输入中频信号的载波相位;φ_0 为本地信号的载波相位;f'_{d} 为由信号捕获得到的多普勒频率估计值;T 为环路预检测积分时间,通常设置为 1 ms;N 为积分周期内的采样点数;Δf 为本地载波与接收载波的频率误差;$\Delta\varphi$ 为本地载波与接收载波的相位误差;R_{c} 为 C/A 码的自相关函数;$\delta\tau$ 为本地产生的 C/A 码(这里称为即时码)与接收信号中 C/A 码的相位误差,它是信号捕获后码相位的残余误差,小于半个码元。

假设接收机产生的本地即时码与接收信号中的 C/A 码已完全对齐,式(4.5.3)中 $\delta\tau=0$,完成码剥离,即信号已被解扩,则式(4.5.3)可写为

$$\left.\begin{aligned} I_{\mathrm{P}}&=\frac{1}{2}AND\,\frac{\sin(\pi\Delta fT)}{\pi\Delta fT}\cos(\underbrace{\pi\Delta fT+\Delta\varphi}_{\delta\varphi}) \\ Q_{\mathrm{P}}&=\frac{1}{2}AND\,\frac{\sin(\pi\Delta fT)}{\pi\Delta fT}\sin(\underbrace{\pi\Delta fT+\Delta\varphi}_{\delta\varphi}) \end{aligned}\right\} \tag{4.5.4}$$

将 I_{P} 和 Q_{P} 两路信号输入相位鉴相器获得输入信号中的载波与本地载波在一个积分周期内的平均相位误差 $\delta\varphi$,滤波后作为本地载波振荡器的控制字调整本地载波的频率和相位,当本地载波振荡器经过一段时间的调整使得鉴相器输出的平均相位误差接近于零时,$\sin(\pi\Delta fT)/\pi\Delta fT\approx 1$,$Q_{\mathrm{P}}\approx 0$,$I_{\mathrm{P}}\approx 0.5AND$,$I_{\mathrm{P}}$ 的符号与导航电文的符号一致,达到载波跟踪和数据解调的目的。

4.5.2 载波相位鉴别器

通常使用的锁相环相位误差鉴别器算法有四种:

$$\left.\begin{aligned} D(1)&=\frac{\mathrm{sign}(I_{\mathrm{P}})Q_{\mathrm{P}}}{\sqrt{I_{\mathrm{P}}^2+Q_{\mathrm{P}}^2}}, & D(2)&=\frac{2I_{\mathrm{P}}Q_{\mathrm{P}}}{I_{\mathrm{P}}^2+Q_{\mathrm{P}}^2} \\ D(3)&=\frac{Q_{\mathrm{P}}}{I_{\mathrm{P}}}, & D(4)&=\arctan\frac{Q_{\mathrm{P}}}{I_{\mathrm{P}}} \end{aligned}\right\} \tag{4.5.5}$$

假设平均相位误差为 $-90^\circ\leqslant\delta\varphi=\pi\Delta fT+\Delta\varphi\leqslant 90^\circ$,代入式(4.5.5)可得

$$\left.\begin{aligned} D(1)&=\frac{\mathrm{sign}(I_{\mathrm{P}})Q_{\mathrm{P}}}{\sqrt{I_{\mathrm{P}}^2+Q_{\mathrm{P}}^2}}=\sin\delta\varphi, & D(2)&=\frac{2I_{\mathrm{P}}Q_{\mathrm{P}}}{I_{\mathrm{P}}^2+Q_{\mathrm{P}}^2}=\sin 2\delta\varphi \\ D(3)&=\frac{Q_{\mathrm{P}}}{I_{\mathrm{P}}}=\tan\delta\varphi, & D(4)&=\arctan\frac{Q_{\mathrm{P}}}{I_{\mathrm{P}}}=\delta\varphi \end{aligned}\right\} \tag{4.5.6}$$

那么鉴别器的增益为

$$\left.\begin{array}{ll} D(1)'=\cos\delta\varphi\big|_{\delta\varphi=0}=1, & D(2)'=2\cos\delta\varphi\big|_{\delta\varphi=0}=2 \\ D(3)'=\left.\dfrac{1}{\cos(\delta\varphi)^2}\right|_{\delta\varphi=0}=1, & D(4)'=1 \end{array}\right\} \tag{4.5.7}$$

图 4.5.2 显示了鉴别器输出随相位误差的变化关系。显然，鉴别器 $D(4)$ 无论在高信噪比还是低信噪比条件下都具有比较稳定的性能，处理增益并不依赖输入的相位误差。当相位误差在 $-45°\sim+45°$ 范围变化时，鉴别器 $D(2)$ 具有最佳的性能。

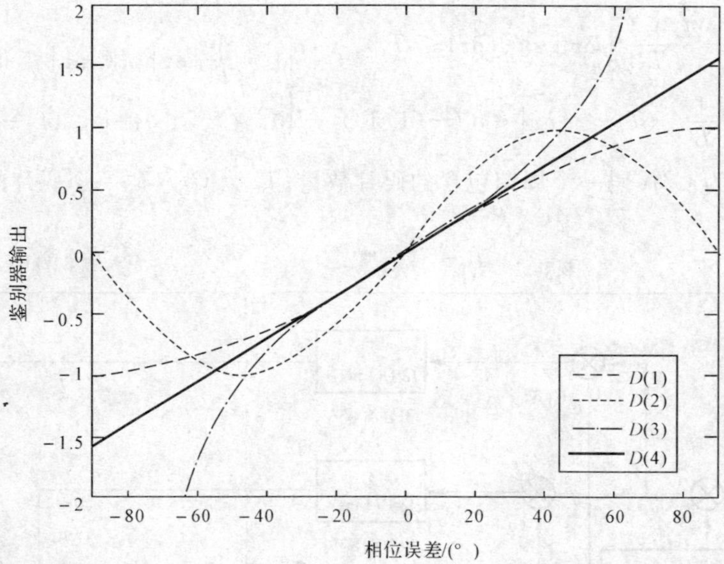

图 4.5.2　PLL 鉴别器性能

4.5.3　DLL 实现码跟踪

如图 4.5.3 所示，DLL 由 C/A 码发生器、积分清零器、码相位鉴别器和环路滤波器组成。前一节我们提到本地码振荡器可以产生一个即时码用于信号解扩，与载波跟踪环的相位鉴别器不同，DLL 为便于实现输入信号中 C/A 码与即时码的相位鉴别，还需要产生相位超前和相位滞后的 C/A 码，这里的相位超前和滞后都是相对于即时码而言的，也就是说，DLL 的本地码振荡器需要产生三个具有不同相位的 C/A 码，分别记为

$$超前码：C\left(\delta\tau-\frac{d}{2}\right);\quad 即时码：C(\delta\tau);\quad 滞后码：C\left(\delta\tau+\frac{d}{2}\right)$$

式中，d 为超前码与滞后码的间隔，典型值为 1，单位为码片，表示一个码片的持续时间。

与式(4.5.3) 同理，可得图 4.5.3 中的 I_E，Q_E，I_L，Q_L 分别为

$$\left.\begin{aligned}I_{\mathrm{E}}&=\frac{1}{2}ANDR_{\mathrm{c}}(\delta\tau-\frac{d}{2})\frac{\sin(\pi\Delta fT)}{\pi\Delta fT}\cos(\pi\Delta fT+\Delta\varphi)\\Q_{\mathrm{E}}&=\frac{1}{2}ANDR_{\mathrm{c}}(\delta\tau-\frac{d}{2})\frac{\sin(\pi\Delta fT)}{\pi\Delta fT}\sin(\pi\Delta fT+\Delta\varphi)\\I_{\mathrm{L}}&=\frac{1}{2}ANDR_{\mathrm{c}}(\delta\tau+\frac{d}{2})\frac{\sin(\pi\Delta fT)}{\pi\Delta fT}\cos(\pi\Delta fT+\Delta\varphi)\\Q_{\mathrm{L}}&=\frac{1}{2}ANDR_{\mathrm{c}}(\delta\tau+\frac{d}{2})\frac{\sin(\pi\Delta fT)}{\pi\Delta fT}\sin(\pi\Delta fT+\Delta\varphi)\end{aligned}\right\}\tag{4.5.8}$$

C/A 码的自相关函数可以用下式近似表示：

$$R_{\mathrm{c}}(\delta\tau)=\begin{cases}1-\dfrac{L+1}{LT_{\mathrm{c}}}|\delta\tau| & (|\delta\tau|\leqslant T_{\mathrm{c}})\\-\dfrac{1}{L} & (T_{\mathrm{c}}<|\delta\tau|<(L-1)T_{\mathrm{c}})\end{cases}\approx\begin{cases}1-\dfrac{1}{T_{\mathrm{c}}}|\delta\tau| & (|\delta\tau|\leqslant T_{\mathrm{c}})\\0 & (T_{\mathrm{c}}<|\delta\tau|<(L-1)T_{\mathrm{c}})\end{cases}\tag{4.5.9}$$

式中，$L=1\ 023$，为 C/A 码一个周期包含的码片数量；T_{c} 为 C/A 码一个码片的持续时间。

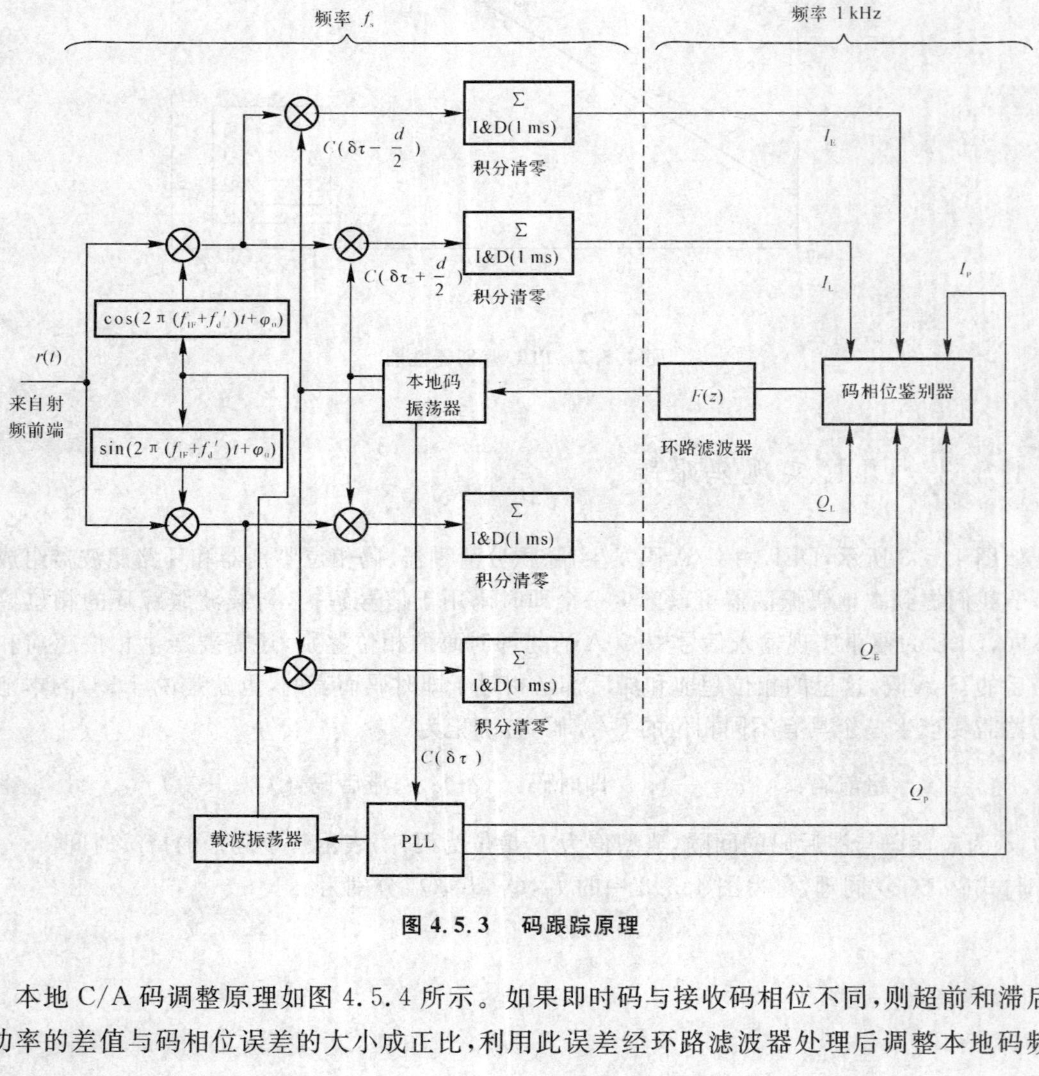

图 4.5.3 码跟踪原理

本地 C/A 码调整原理如图 4.5.4 所示。如果即时码与接收码相位不同，则超前和滞后信号功率的差值与码相位误差的大小成正比，利用此误差经环路滤波器处理后调整本地码频率

(见图 4.5.4(a)),直至即时码与输入信号中的 C/A 码完全对齐(见图 4.5.4(b)),超前和滞后信号的功率相等,鉴别器输出的误差信号为零,从而移除 C/A 码,实现信号解扩。显然,DLL 鉴别器和环路滤波器决定了码跟踪性能。

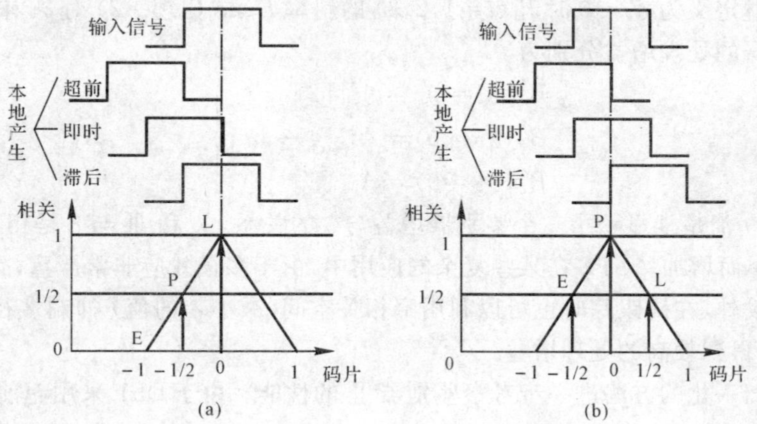

图 4.5.4 C/A 码相位调整

(a) 滞后码相关值最大; (b) 即时码相关值最大

4.5.4 码相位鉴别器

DLL 利用码相位鉴别器控制码发生器产生与接收码相位完全相同的本地码,而本地码与接收码的对准程度直接影响伪距测量结果。为了获得最优的 DLL 性能,我们利用鉴别器增益和归一化法考察三个常用的 DLL 鉴别器:

$$\left.\begin{aligned}&\text{Ⅰ}: \quad B_1(\delta\tau)=(I_E-I_L)I_P+(Q_E-Q_L)Q_P\\&\text{Ⅱ}: \quad B_2(\delta\tau)=(I_E^2+Q_E^2)-(I_L^2+Q_L^2)\\&\text{Ⅲ}: \quad B_3(\delta\tau)=\sqrt{I_E^2+Q_E^2}-\sqrt{I_L^2+Q_L^2}\end{aligned}\right\}\qquad(4.5.10)$$

设 $\delta=\dfrac{d}{2}$,将式(4.5.3) 和式(4.5.8) 代入式(4.5.10) 可得

$$\left.\begin{aligned}B_1(\delta\tau)&=\left(\frac{A}{2}ND\,\frac{\sin(\pi\Delta fT)}{\pi\Delta fT}\right)^2\left[R_c(\delta\tau-\delta)-R_c(\delta\tau+\delta)\right]R_c(\delta\tau)\\B_2(\delta\tau)&=\left(\frac{A}{2}ND\,\frac{\sin(\pi\Delta fT)}{\pi\Delta fT}\right)^2\left[R_c(\delta\tau-\delta)^2-R_c(\delta\tau+\delta)^2\right]\\B_3(\delta\tau)&=\left(\frac{A}{2}ND\,\frac{\sin(\pi\Delta fT)}{\pi\Delta fT}\right)\left[R_c(\delta\tau-\delta)-R_c(\delta\tau+\delta)\right]\end{aligned}\right\}\qquad(4.5.11)$$

记 $A_{\text{dis}}=\dfrac{1}{2}AND\,\dfrac{\sin(\pi\Delta fT)}{\pi\Delta fT}$,假设本地载波与接收信号中的载波已经同步,即 PLL 已经锁定,相位和频率误差非常小,则 $\dfrac{\sin(\pi\Delta fT)}{\pi\Delta fT}\approx 1$。

将式(4.5.9) 代入式(4.5.11),当 $\delta\tau\leqslant\delta$ 时

$$\left.\begin{aligned}B_1(\delta\tau)&=A_{\rm dis}^2[R_{\rm c}(\delta\tau-\delta)-R_{\rm c}(\delta\tau+\delta)]R(\delta\tau)=A_{\rm dis}^2[2\delta\tau(1-|\delta\tau|)]\\B_2(\delta\tau)&=A_{\rm dis}^2[R_{\rm c}(\delta\tau-\delta)^2-R_{\rm c}(\delta\tau+\delta)^2]=A_{\rm dis}^2[4\delta\tau-4\delta\tau\delta]\\B_3(\delta\tau)&=A_{\rm dis}[R_{\rm c}(\delta\tau-\delta)-R_{\rm c}(\delta\tau+\delta)]=A_{\rm dis}[2\delta\tau]\end{aligned}\right\}\tag{4.5.12}$$

鉴别器增益定义为 $\delta\tau=0$ 时 $B_i(i=1,2,3)$ 的斜率 B_i'，式(4.5.12) 对 $\delta\tau$ 求导后取 $\delta\tau=0$，可得三个鉴别器的处理增益分别为

$$\left.\begin{aligned}B_1'(\delta\tau=0)&=A_{\rm dis}^2[2]\\B_2'(\delta\tau=0)&=A_{\rm dis}^2[4-4\delta]\\B_3'(\delta\tau=0)&=A_{\rm dis}[2]\end{aligned}\right\}\tag{4.5.13}$$

式(4.5.13) 清楚地显示了三个鉴别器增益与 δ 的关系，Ⅰ 和 Ⅲ 与 δ 是相互独立的，Ⅱ 的增益随 δ 的减小而增加。GPS 在某些复杂的应用中，由于多径效应非常严重，除在天线处减少多径信号的接收外，在码跟踪时也可以利用窄相关空间(减小 δ 的值) 抑制多径干扰，此时，利用鉴别器 Ⅱ 可得到较高的处理增益。

下面采用归一化的方法进一步考察鉴别器 Ⅱ 的性能。由于 DLL 采用超前 / 滞后跟踪环，因此存在三种归一化方式：

$$\left.\begin{aligned}Norm_1(\delta\tau)&=\frac{B_2}{(I_{\rm E}^2+Q_{\rm E}^2)+(I_{\rm L}^2+Q_{\rm L}^2)}=\frac{(I_{\rm E}^2+Q_{\rm E}^2)-(I_{\rm L}^2+Q_{\rm L}^2)}{(I_{\rm E}^2+Q_{\rm E}^2)+(I_{\rm L}^2+Q_{\rm L}^2)}\\Norm_2(\delta\tau)&=\frac{B_2}{I_{\rm P}^2+Q_{\rm P}^2}=\frac{(I_{\rm E}^2+Q_{\rm E}^2)-(I_{\rm L}^2+Q_{\rm L}^2)}{I_{\rm P}^2+Q_{\rm P}^2}\\Norm_3(\delta\tau)&=\frac{B_2}{(AN/2)^2}=\frac{(I_{\rm E}^2+Q_{\rm E}^2)-(I_{\rm L}^2+Q_{\rm L}^2)}{(AN/2)^2}\end{aligned}\right\}\tag{4.5.14}$$

式(4.5.14) 可进一步表示为

$$\left.\begin{aligned}Norm_1(\delta\tau)&=\frac{2\delta\tau-2\delta\tau\delta}{1-2\delta+\delta^2+\delta\tau^2}\\Norm_2(\delta\tau)&=\frac{4\delta\tau-4\delta\tau\delta}{1-2|\delta\tau|+\delta\tau^2}\\Norm_3(\delta\tau)&=4\delta\tau-4\delta\tau\delta\end{aligned}\right\}\tag{4.5.15}$$

则归一化后鉴别器 Ⅱ 的增益为

$$\left.\begin{aligned}B_{norm1}'(\delta\tau=0)&=\frac{2-2\delta}{1-2\delta+\delta^2}\\B_{norm2}'(\delta\tau=0)&=4-4\delta\\B_{norm3}'(\delta\tau=0)&=4-4\delta\end{aligned}\right\}\tag{4.5.16}$$

图 4.5.5 显示了归一化鉴别器的处理增益，从图中可以看出，当 δ 增加时，对鉴别器 Ⅱ 采用第 2 和第 3 种归一化处理会使增益降低，而采用第 1 种归一化处理的增益则和 δ 成正比。

图 4.5.6 显示了归一化鉴别器 Ⅱ 的输出随码延迟误差的变化。当 δ 分别为 0.1 或 0.25 个码片时，归一化方法 2 具有最好的鉴别器性能；当 δ 为 0.5 个码片时，方法 2 相对于方法 1 的性能略有下降。因此，在 δ 较小的情况下，归一化方法 1 的鉴别增益较小，归一化方法 2 具有最优的性能。

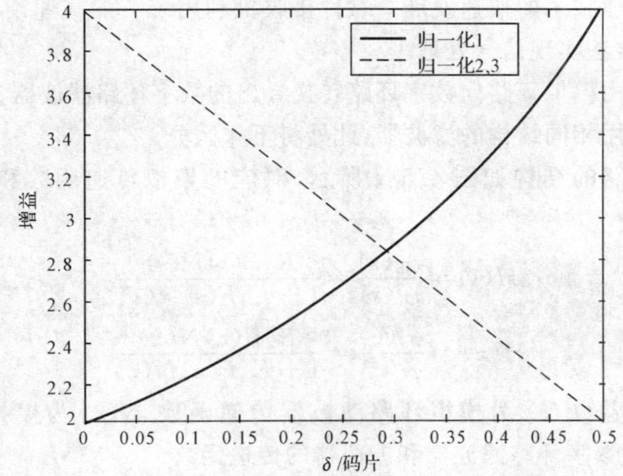

图 4.5.5　归一化鉴别器增益与相关空间的关系

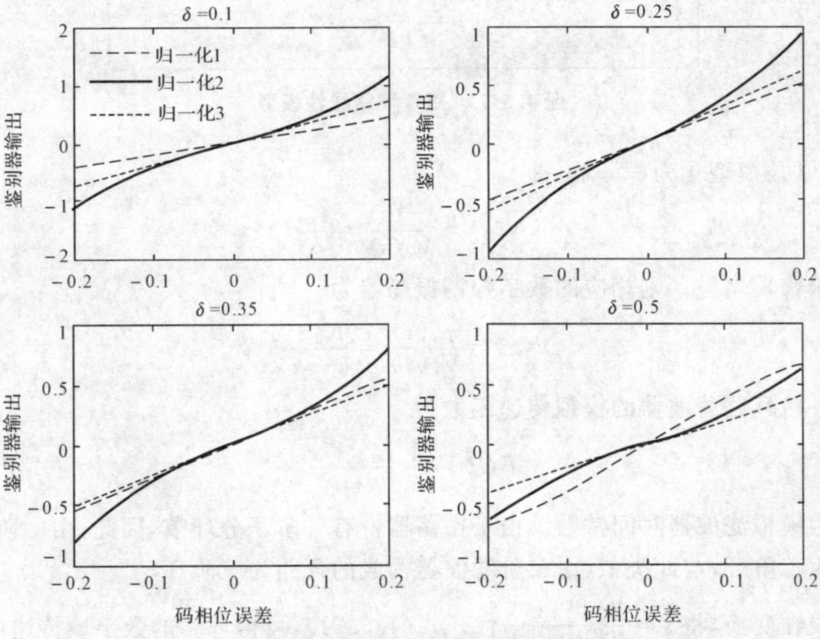

图 4.5.6　鉴别器输出随码相位误差的变化

4.5.5　环路滤波器

信号跟踪环路在本质上是一个反馈控制系统。环路滤波器是一个低通滤波器，用于滤除带外噪声，滤波器不同的阶数和参数配置将最终影响环路的某些性能，是跟踪环路中的关键器件。传统的接收机由于采用软硬件固化的方式实现，后期难以进行功能扩展和参数配置，不便于进一步的开发利用。当前卫星导航技术日新月异的发展，一方面得益于其自身的优势，另一个很重要的原因就是 20 世纪 90 年代末软件接收机技术的兴起，其灵活的功能变化和参数配置方法推动了卫星导航技术的快速发展。软件接收机利用统一的高速硬件平台，甚至仅使用PC机采用数字化的方法实现信号处理。

下面我们就介绍由模拟环路向数字环路转换导出的数字环路滤波器参数配置方法。由于码和载波跟踪环可采用相同结构的滤波器，此处将不作区分。

线性模拟跟踪环路的结构如图 4.5.7 所示，对应的模拟传递函数和数字域传递函数分别为

$$H(s)=\frac{\varphi_o(s)}{\varphi_i(s)}=\frac{K_d F(s)N(s)}{1+K_d F(s)N(s)} \tag{4.5.17}$$

$$H(z)=\frac{\varphi_o(z)}{\varphi_i(z)}=\frac{K_d F(z)N(z)}{1+K_d F(z)N(z)} \tag{4.5.18}$$

式中，K_d 为鉴别器增益；$F(s)$ 为模拟环路滤波器传递函数；$N(s)$ 为模拟振荡器传递函数；$F(z)$ 和 $N(z)$ 分别为数字环路滤波器和振荡器的传递函数。

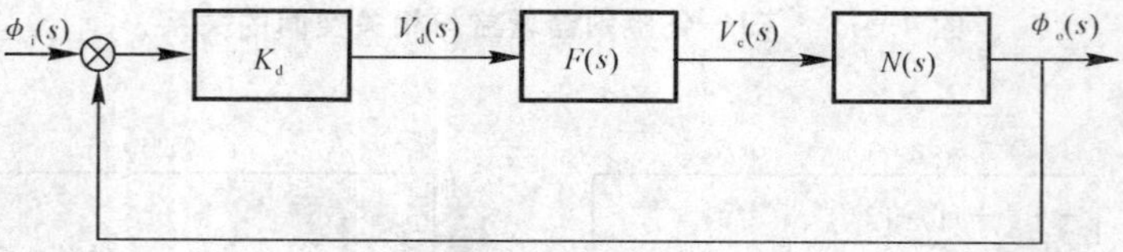

图 4.5.7 跟踪环路线性模型

$N(s)$ 通常被模型化为积分器，即

$$N(s)=\frac{\varphi_o(s)}{V_c(s)}=\frac{K_0}{s} \tag{4.5.19}$$

式中，K_0 为振荡器增益。则相应的数字控制振荡器为

$$N(z)=\frac{\varphi_o(z)}{V_c(z)}=\frac{K_0 z^{-1}}{1-z^{-1}} \tag{4.5.20}$$

典型的一阶环路滤波器的模拟传递函数为

$$F(s)=\frac{1}{s}\frac{\tau_2 s+1}{\tau_1} \tag{4.5.21}$$

式中，τ_1，τ_2 为模拟滤波器时间常数。由于振荡器带有一阶积分环节，因此，由一阶滤波器构成的跟踪环路为二阶环，与此类似，由二阶滤波器构成的环路为三阶环。

利用双线性变换，将 $s=\frac{2}{T}\frac{1-z^{-1}}{1+z^{-1}}$ 代入式(4.5.21)，可得环路的数字域传递函数为

$$F(z)=\frac{(C_1+C_2)-C_1 z^{-1}}{1-z^{-1}} \tag{4.5.22}$$

式中，$C_1=\frac{\tau_2}{\tau_1}-\frac{T}{2\tau_1}$；$C_2=\frac{T}{\tau_1}$；$T$ 为采样间隔，即环路积分时间。

与式(4.5.22) 对应的数字滤波器结构如图 4.5.8 所示。

将式(4.5.20) 和式(4.5.22) 代入式(4.5.18)，可得

$$H(z)=\frac{K_0 K_d (C_1+C_2) z^{-1}-K_0 K_d z^{-2}}{1+[K_0 K_d (C_1+C_2)-2]z^{-1}+(1-K_0 K_d C_1)z^{-2}} \tag{4.5.23}$$

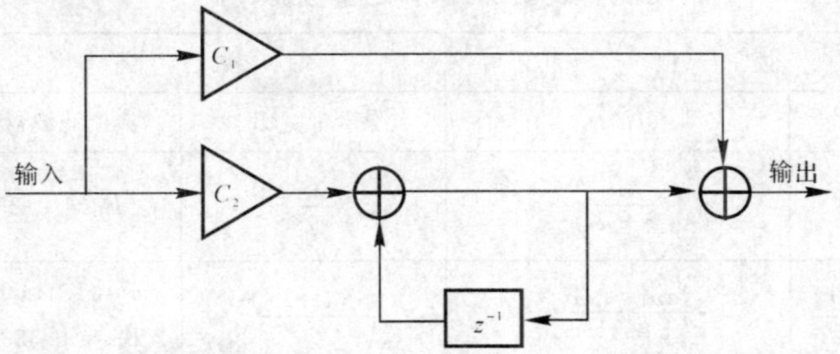

图 4.5.8　一阶数字环路滤波器

将式(4.5.19)和式(4.5.21)代入式(4.5.17)可得

$$H(s)=\frac{2\xi\omega_L s+\omega_L^2}{s^2+2\xi\omega_L s+\omega_L^2}=\frac{a\omega_L s+\omega_L^2}{s^2+a\omega_L s+\omega_L^2} \tag{4.5.24}$$

式中，$\omega_L=\sqrt{\frac{K_0K_d}{\tau_1}}$ 为环路自然角频率；$a=2\xi$；$\xi=\frac{\tau_2\omega_L}{2}$ 为阻尼因数。

对式(4.5.24)执行双线性变换，可得环路数字域传递函数

$$H(z)=\frac{[4\xi\omega_L T+(\omega_n T)^2]+2(\omega_L T)^2z^{-1}+[(\omega_n T)^2-4\xi\omega_L T]z^{-2}}{[4+4\xi\omega_L T+(\omega_L T)^2]+[2(\omega_L T)^2-8]z^{-1}+[4+4\xi\omega_L T+(\omega_L T)^2]z^{-2}} \tag{4.5.25}$$

令式(4.5.23)与式(4.5.25)分母相等，两式比较可得

$$C_1=\frac{1}{K_0K_d}\frac{8\xi\omega_L T}{4+4\xi\omega_L T+(\omega_L T)^2} \tag{4.5.26}$$

$$C_2=\frac{1}{K_0K_d}\frac{4(\omega_L T)^2}{4+4\xi\omega_L T+(\omega_L T)^2} \tag{4.5.27}$$

将 $s=\mathrm{j}\omega$ 代入式(4.5.24)可得环路的频率响应 $H(\mathrm{j}\omega)$，则闭环系统的单边环路等效噪声带宽为

$$B_L=\int_0^{\infty}|H(\mathrm{j}\omega)|^2\mathrm{d}f \tag{4.5.28}$$

式中，$\omega=2\pi f$，单位为 rad/s；f 和 B_L 的单位均为 Hz。可求得

$$B_L=\frac{\omega_L(1+4\xi^2)}{8\xi}=\frac{\omega_L(1+a^2)}{4a} \tag{4.5.29}$$

噪声带宽 B_L 用于限制进入跟踪环路的噪声，同时也能决定环路从未锁定至锁定过程的时间，即牵引时间，噪声带宽越小，牵引时间越长。

阻尼因数 ξ 用于控制环路达到稳定状态的速度和超调量的大小，通常设置 $\xi=\sqrt{2}/2$，此时 $a=1.414$，$B_L=0.5305\ \omega_L$。

环路积分时间 T 越长，抑制噪声的能力越强，这是因为与积分前相比，积分后信号平均功率保持不变，而噪声功率却被平均。典型的 GPS 环路积分时间与 C/A 码周期(1 ms)相等，最长不能超过一个导航电文数据位的持续时间(20 ms)，电文在积分之前并没有被解调；此外，如果在一次积分时间内电文极性发生变化，那么环路跟踪性能将会下降，甚至产生错误的解调结果。

同理，对于一阶、二阶、三阶甚至更高阶的环路，可按上述方法进行参数的推导。典型的一阶、二阶和三阶 PLL 中与滤波器有关的表达式和参数如表 4.5.1 所示。

表 4.5.1 环路滤波器

环路阶数	模拟		数字		环路动态性能
	$F(s)$	$H(s)$	噪声带宽 B_L	典型滤波器参数	
一阶	1	$\frac{\omega_L}{s+\omega_L}$	$\frac{\omega_L}{4}$	$B_L=0.25\omega_L$	敏感速度应力
二阶	$\frac{1}{s}\ \frac{\tau_2 s+1}{\tau_1}$	$\frac{a\omega_L s+\omega_L^2}{s^2+a\omega_L^2 s+\omega_L^2}$	$\frac{\omega_L(1+a^2)}{4a}$	$a=1.414$ $B_L=0.530\ 5\omega_L$	敏感加速度应力
三阶	$\left(\frac{1+s\tau_2}{s\tau_1}\right)^2$	$\frac{b\omega_L s^2+a\omega_L^2 s+\omega_L^3}{s^3+b\omega_L s^2+a\omega_L^2 s+\omega_L^3}$	$\frac{\omega_L(ab^2+a^2-b)}{4(ab-1)}$	$a=1.1, b=2.4$ $B_L=0.784\ 5\omega_L$	敏感动态应力

4.5.6 载波跟踪与码跟踪融合

如图 4.5.9 所示，载波振荡器和码振荡器首先被捕获得到的载波频率和码相位初始化，将射频前端输出的数字中频信号分为两路。本地 C/A 码振荡器能够产生相位超前(超前码)、相位相同(即时码) 和相位滞后(滞后码) 的三个 C/A 码信号，输入信号分别与本地 C/A 码发生器产生的即时码、超前码和滞后码作相关运算并在一定的时间内积分，得到六路 —— 同相即时(I_P)、同相超前(I_E)、同相滞后(I_L)、正交即时(Q_P)、正交超前(Q_E) 和正交滞后(Q_L) 信号。码相位鉴别器利用这些信号(取决于式(4.5.10)) 获得即时码与接收码的相位误差，滤波后送入 C/A 码振荡器，控制本地即时码的速率，实现输入信号的解扩(码剥离)，将输入信号变为仅被导航电文调制的连续波信号。锁相环是一种反馈跟踪控制环路，输入信号分别与本地载波振荡器产生的同相和正交载波相乘，相乘结果经积分和滤波后送入锁相环鉴相器，得到本地载波与接收载波的相位误差，利用此误差信号控制载波振荡器的频率和相位，实现精确的载波相位跟踪和多普勒频率跟踪，从而实现导航电文解调。

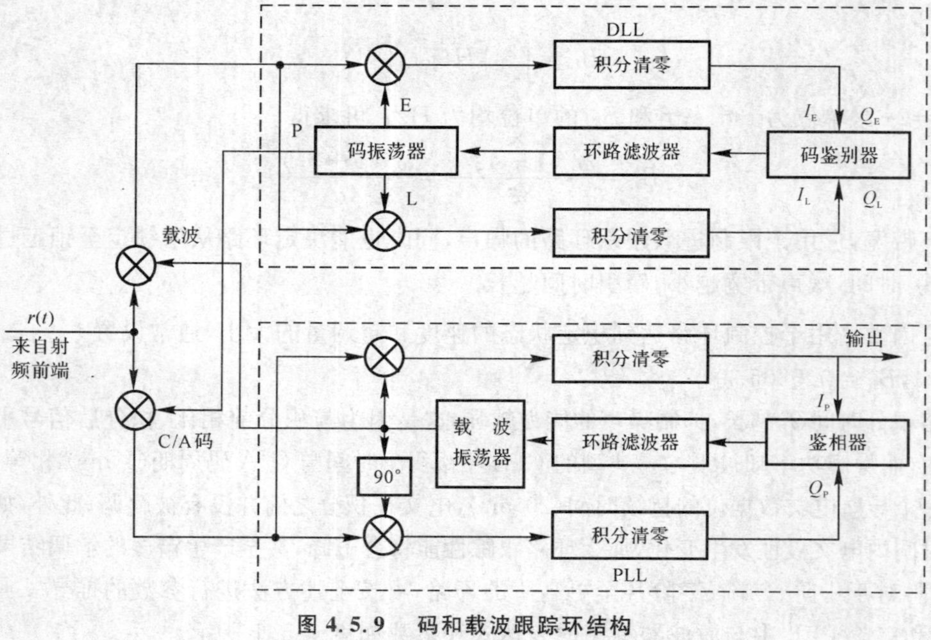

图 4.5.9 码和载波跟踪环结构

实际上，在信号跟踪过程中，码跟踪环和载波跟踪环相互作用，码相位鉴别器和载波相位鉴别器都存在非线性区域。如果外部干扰或输入信号本身的扰动引起码或载波相位误差进入鉴别器的非线性区域，产生较大的码或载波相位误差，使得本地码或载波振荡器得到不合理的控制信号，则可能引起信号解扩或解调失败，导致环路失锁。

4.6 GPS跟踪环抗干扰性能

4.6.1 DLL抗干扰性能

GPS的C/A码频率比载波频率低得多，码环中的干扰也非常小，最主要的误差源来自接收机热噪声、动态应力误差和多径干扰。其中，窄相关技术可以有效抑制多径干扰，如果利用载波辅助码环，可使动态应力误差小于0.1 Hz。因此，码环设计时可重点考虑以下几个方面：

1）利用尽可能窄的环路噪声带宽抑制热噪声。

2）利用窄相关空间抑制多径干扰。

3）利用尽可能大的环路噪声带宽使环路具有一定的视距动态性能。

1. 热噪声

由表4.5.1可知，对于同样的ω_L，一阶DLL的噪声带宽最小，能够最大限度地抑制接收机噪声，但其动态性能最差；三阶DLL噪声带宽最大，动态性能最好，但进入环路的热噪声也将增多。由于码环中多普勒频率变化比载波环小得多，所以接收机中多采用二阶DLL，此时，进入DLL的热噪声为

$$\sigma_{tDLL}=\sqrt{\frac{B_L d}{2C/N_0}\left[1+\frac{2}{T(2-d)\,C/N_0}\right]} \tag{4.6.1}$$

式中，σ_{tDLL}为码跟踪误差（码片）；B_L为码环等效带宽（Hz）；T为积分时间。

当环路积分时间分别为1 ms和20 ms时，不同参数的二阶DLL抑制热噪声性能如图4.6.1和图4.6.2所示。积分时间越短，环路更新速率越快，由积分操作等效的噪声带宽越大，热噪声的影响也就越大；环路滤波器带宽和相关空间越小，抑制热噪声的能力越强，然而，太小的相关空间将会引起码相位鉴别器输出信号的幅度减小，不利于判断码相位误差。

2. 动态应力误差

接收信号中多普勒频率随时间的变化可表示为

$$f_d(t)=-f_c\frac{v(t)}{c} \tag{4.6.2}$$

式中，$f_d(t)$为多普勒频率；f_c为GPS信号发射频率；$v(t)$为接收机与卫星沿视距方向（径向）的相对运动速度；c为电磁波传播速度。

为了分析载体动态性对接收机跟踪环路的影响，将多普勒频率在$t_0=0$时刻进行泰勒级数

展开，可得

$$f_{\mathrm{d}}(t)\big|_{t_0=0}=f_0+f_1t+\frac{1}{2}f_2t^2+\eta(t) \tag{4.6.3}$$

式中，f_0 为多普勒频率；f_1 为其一阶变化率；f_2 为其二阶变化率；$\eta(t)$ 为泰勒级数展开式的余项，代表频率变化高阶成分的影响，可以忽略不计。f_0、f_1 和 f_2 的大小分别与实际接收机速度、加速度和加速度变化率有关。

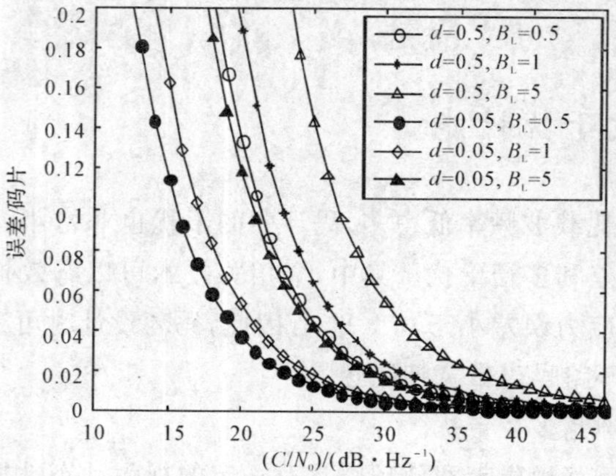

图 4.6.1 二阶 DLL 的热噪声抑制性能(1 ms)

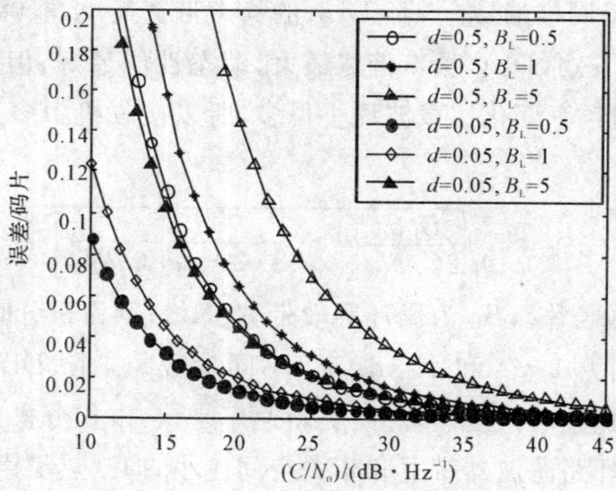

图 4.6.2 二阶 DLL 的热噪声抑制性能(20 ms)

采用理想的一阶、二阶、三阶码跟踪环，能够以一定的稳态误差跟踪式(4.6.3)所示的输入信号的速度、加速度、加速度变化率分量，对应的 3σ 稳态跟踪误差可以表示为

$$R_{\mathrm{e}}=\frac{\mathrm{d}^nR/\mathrm{d}t^n}{\omega_{\mathrm{L}}^n} \tag{4.6.4}$$

式中，R_{e} 的单位为码片；$n=1,2,3$ 为不同阶数的跟踪环路。

若取码跟踪环的最大误差为 $d/6$，则码相位跟踪的 3σ 误差为

$$\sigma_{\mathrm{DLL}}=\sigma_{\mathrm{tDLL}}+\frac{R_{\mathrm{e}}}{3}\leqslant\frac{d}{6} \tag{4.6.5}$$

式中，σ_{DLL} 为码相位测量的均方根误差；σ_{tDLL} 为热噪声引入的均方根误差；R_e 为码跟踪环中信号动态性引入的误差。

由式(4.6.5)可得

$$R_e \leqslant \frac{d}{2} - 3\sigma_{tDLL} \tag{4.6.6}$$

将式(4.6.1)代入式(4.6.6)可得二阶码跟踪环的最大视距动态性为

$$\frac{d^2R}{dt^2} \leqslant \left\{\frac{d}{2} - 3\sqrt{\frac{B_L d}{2\,C/N_0}\left[1 + \frac{2}{T(2-d)\,C/N_0}\right]}\right\}\omega_L^2 \tag{4.6.7}$$

式(4.6.7)显示了二阶码跟踪环的动态性能：随着环路带宽增大，载体的动态性引起的误差减小；然而，在载噪比较低的情况下，增加带宽反而会使环路的动态性能下降，因为低载噪比时，增加带宽时由热噪声引起的误差增大，超过环路的跟踪阈值，将引起环路失锁；此外，环路的动态性能与相关空间成正比。

4.6.2 PLL 抗干扰性能

由于GPS信号的载波频率是C/A码频率的1 540倍，在信号传播和接收机处理过程中，各种因素的干扰均会导致锁相环性能不同程度地下降。全面分析锁相环的抗干扰性能对跟踪环路的设计具有重要的指导意义。

锁相环为解调电文信息，本地产生的载波需要和接收载波完全同步，即需要对信号的真实相位进行精确估计。然而，由于各种误差的存在，在接收机天线处观测到的相位与从卫星天线发射的信号相位是不同的。假设接收机天线处接收到的信号真实相位为 φ_t，将环路输入信号相位的观测值记为 φ_i，则它和真实相位之间的关系为

$$\varphi_i = \varphi_t + \delta\varphi_{sv} + \delta\varphi_i \tag{4.6.8}$$

式中，$\delta\varphi_{sv}$ 为卫星时钟不稳定性造成的误差，$\delta\varphi_i$ 为输入端热噪声。

由于无法预知 φ_t，实际上，接收机是通过本地信号对 φ_i 估计来实现对 φ_t 的间接估计。假设锁相环输出的本地信号的相位为 φ_o，则

$$\begin{aligned}\varphi_o &= \varphi_i + \delta\varphi_{av} + \delta\varphi_v + \delta\varphi_d + \delta\varphi_o = \\ &\quad \varphi_t + \delta\varphi_{sv} + \delta\varphi_{av} + \delta\varphi_v + \delta\varphi_d + \delta\varphi_i + \delta\varphi_o\end{aligned} \tag{4.6.9}$$

式中，$\delta\varphi_{av}$ 为接收机基准振荡器误差引起的相位抖动；$\delta\varphi_v$ 为振动引起的振荡器相位抖动；$\delta\varphi_{sv}$ 为卫星时钟误差引起的相位抖动；$\delta\varphi_o$ 为输出端热噪声干扰；$\delta\varphi_d$ 为接收机与卫星相对运动产生的相位抖动(动态应力误差)。

结合式(4.6.8)和式(4.6.9)，将热噪声引起的总的相位抖动记为 $\delta\varphi_t = \delta\varphi_i + \delta\varphi_o$。$\delta\varphi_{av}$，$\delta\varphi_v$ 和 $\delta\varphi_{sv}$ 均由振荡器不稳定性引起。其中，$\delta\varphi_{av}$ 由接收机的基准振荡器频率不稳定性引起，称为 Allan 方差相位抖动误差；$\delta\varphi_v$ 由环路振荡器振动引起，与载体应用环境有关；$\delta\varphi_{sv}$ 由卫星时钟频率不稳定性引起，约为 $\delta\varphi_{av}$ 的 1/100[24]，可忽略其影响。

综上所述，信号跟踪过程中引入的干扰如图4.6.3所示（图中省略了积分操作）。在理想情况下，我们希望 φ_o 和 φ_t 之间的误差最小，然而，由于不可能直接测量 φ_t，因此这种假设是不现实的。锁相环只能试图通过对接收信号中的观测相位 φ_i 进行估计，得到估计误差 $\delta\varphi=\varphi_i-\varphi_o$，并将该误差反馈到滤波器的输入，以最小化误差信号 $\delta\varphi$ 的方式闭环调整本地 NCO 的频率。

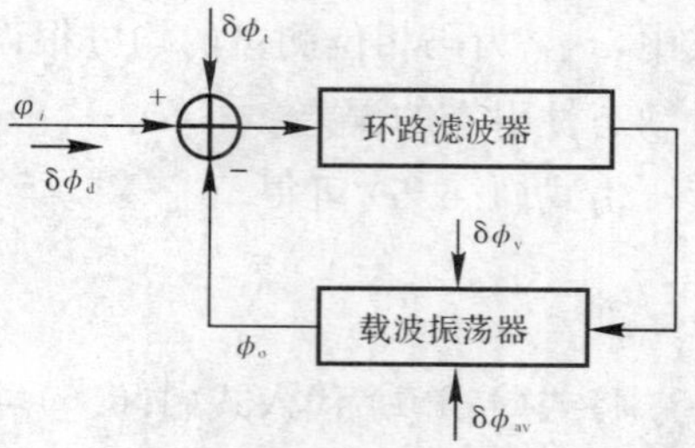

图 4.6.3 锁相环路引入的噪声

根据 Kaplan 的分析，影响 PLL 跟踪性能的最重要的误差源是热噪声 $\delta\varphi_t$、动态应力误差 $\delta\varphi_d$、振动引起的振荡器相位噪声 $\delta\varphi_v$ 和 Allan 方差振荡器相位噪声 $\delta\varphi_{av}$，可用这些误差引起的稳态相位误差的标准差来描述 PLL 的跟踪性能。就所有误差源来说，总的 PLL 抖动及相应的跟踪阈值法则可以采用下式进行计算[25]：

$$\sigma_{\mathrm{PLL}}=\sqrt{\sigma_t^2+\sigma_{av}^2+\sigma_v^2}+\frac{\sigma_d}{3}\leqslant 15^\circ \quad (1\sigma) \tag{4.6.10}$$

也就是说，总的 PLL 相位抖动不应超过15°或载波波长 λ 的1/24，此为 1σ 相位误差[26]；如果相位误差以 3σ 表示，则对应的跟踪阈值为45°。

1. 热噪声

热噪声的影响不依赖于环路阶数，在 PLL 中，热噪声相位抖动误差可以表示为[25]

$$\sigma_t=\sqrt{\frac{B_L}{C/N_0}\left[1+\frac{1}{2TC/N_0}\right]}\ (\mathrm{rad}) \tag{4.6.11}$$

式中，C/N_0 为载噪比；T 为环路更新时间（预检测积分时间）；B_L 为噪声带宽。

根据式(4.6.11)，在热噪声干扰下，影响 PLL 性能的是环路预检测积分时间、载噪比和环路噪声带宽，与载波频率无关。如图 4.6.4 所示为预检测积分时间 1 ms时不同载噪比和环路噪声带宽下热噪声引起的相位抖动误差。

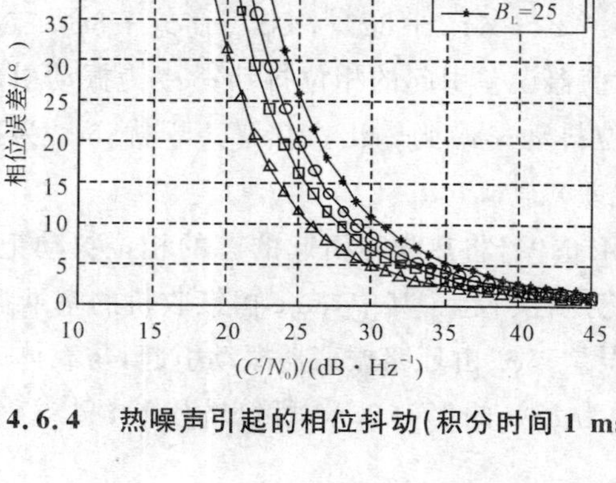

图 4.6.4 热噪声引起的相位抖动(积分时间 1 ms)

显然，滤波器噪声带宽越大，载噪比越低，进入环路的热噪声越多；带宽越小，接收机灵敏度越高。延长积分时间至 20 ms，结果如图 4.6.5 所示，环路抑制热噪声的能力显著增加；当带宽为 5 Hz 时，只有热噪声影响的接收机跟踪灵敏度能达到 20 dB/Hz。

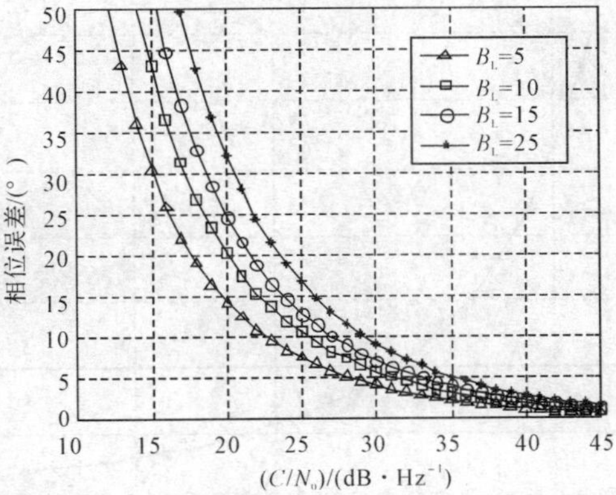

图 4.6.5　热噪声引起的相位抖动(积分时间 20 ms)

2. 动态应力误差

卫星和接收机的相对运动，使接收机接收到的信号含有动态性变化，此时，PLL 跟踪环动态应力误差可表示为[27]

$$\sigma_{\mathrm{d}} = \frac{\frac{\mathrm{d}^n R}{\mathrm{d}t^n}}{\omega_{\mathrm{L}}^n} \quad (\mathrm{m}) \tag{4.6.12}$$

式中，分子表示接收机至卫星的距离变化，反映到载波跟踪环上为多普勒频率的变化。

动态应力误差依赖于环路阶数 n 和环路噪声带宽 B_{L}，将 ω_{L} 与 B_{L} 的关系(参见表 4.5.1)代入式(4.6.12)，可得由视距动态性引起的 PLL 相位误差分别为

$$\left.\begin{aligned} \sigma_{\mathrm{d},1} &= \frac{\dot{x}(t)}{4B_{\mathrm{L}}}\frac{360}{\lambda} \quad (°) \\ \sigma_{\mathrm{d},2} &= \frac{\ddot{x}(t)}{(1.885B_{\mathrm{L}})^2}\frac{360}{\lambda} \quad (°) \\ \sigma_{\mathrm{d},3} &= \frac{\dddot{x}(t)}{(1.2B_{\mathrm{L}})^3}\frac{360}{\lambda} \quad (°) \end{aligned}\right\} \tag{4.6.13}$$

式中，$\dot{x}(t)$ 为视距速度(m/s)；$\ddot{x}(t)$ 为视距加速度($\mathrm{m/s^2}$)；$\dddot{x}(t)$ 为视距动态应力($\mathrm{m/s^3}$)；$\lambda = c/f_{\mathrm{c}}$ 为载波波长。显然，一阶环对速度应力敏感，而二阶和三阶环分别对加速度和动态应力敏感，而且，随着载波频率 f_{c} 的增大，动态应力误差也随之增大。

以三阶环为例，如图 4.6.6 所示，当动态应力为 98 $\mathrm{m/s^3}$ 时，小的环路带宽已很难跟踪到这种视距快速变化引起的误差；当动态应力减小至 0.98 $\mathrm{m/s^3}$ 时，在三阶 PLL 上产生的相位抖动误差非常小，几乎可以忽略。

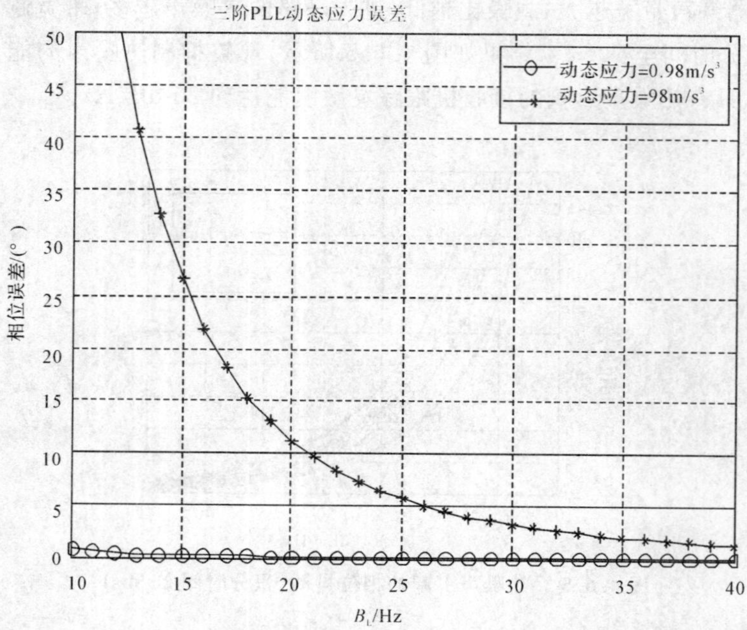

图 4.6.6 三阶 PLL 视距动态性

3. 振动引起的相位噪声

振动引起的 PLL 跟踪误差可用下式表示[28]：

$$\sigma_v^2 = \frac{1}{2\pi}\int_0^\infty G_v(\omega)\left|1 - H(\omega)\right|^2 d\omega \tag{4.6.14}$$

式中，积分变量 $\omega = 2\pi f$ 为振动角频率；$G_v(\omega)$ 是振荡器相位噪声单边谱密度，且

$$G_v(\omega) = (2\pi f_c)^2 K_g^2(\omega)\frac{G_g(\omega)}{\omega^2} \tag{4.6.15}$$

式中，$G_g(\omega)$ 为单边振动谱密度（g^2/Hz）；$K_g(\omega)$ 为振荡器的 g 灵敏度（$1/g$），对于温度补偿晶振，典型值为 $K_g = 1\times 10^{-9}$[25,29]。式(4.6.14)中 $1-H(\omega)$ 为环路误差传递函数的频率响应，依赖于环路阶数 n，且

$$\left|1 - H(\omega)\right|^2 = \frac{\omega^{2n}}{\omega_L^{2n} + \omega^{2n}} \tag{4.6.16}$$

将式(4.6.15)和式(4.6.16)代入式(4.6.14)中，可得振动引起的相位噪声如下：

二阶 PLL：
$$\sigma_v^2 = 2\pi f_c^2\int_0^\infty \frac{K_g^2(\omega)G_g(\omega)\omega^2}{\omega_L^4 + \omega^4}d\omega \tag{4.6.17}$$

三阶 PLL：
$$\sigma_v^2 = 2\pi f_c^2\int_0^\infty \frac{K_g^2(\omega)G_g(\omega)\omega^4}{\omega_L^6 + \omega^6}d\omega \tag{4.6.18}$$

典型的航空和车载应用环境下 GPS 接收机振荡器的振动谱密度如图 4.6.7 所示[30-31]，与图中所示的振动频率与谱密度对应的取值见表 4.6.1。显然，对于相同的应用环境，振荡器的振动并不始终保持常数，意味着式(4.6.17)和式(4.6.18)的积分范围与振动谱的实际形状有关，需要采用分段积分求解。

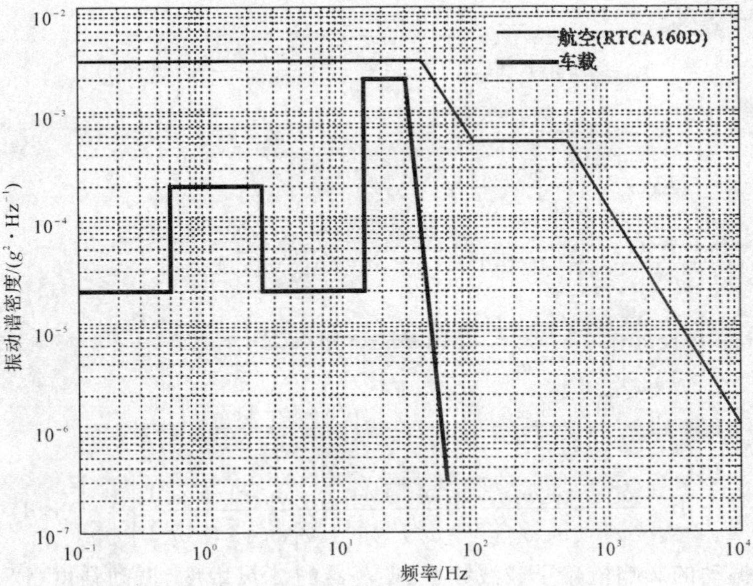

图 4.6.7　航空和车载应用中的振动谱密度

表 4.6.1　振动谱密度

航空(RTCA160D)		车载	
振动谱密度 /($g^2 \cdot Hz^{-1}$)	频率 /Hz	振动谱密度 /($g^2 \cdot Hz^{-1}$)	频率 /Hz
3.0×10^{-3}	$f<40$	2.0×10^{-5}	$f<0.5$
$3.0\times10^{-3}\times(f/40)^{-2}$	$40<f<100$	2.0×10^{-4}	$0.5<f<2.5$
5.0×10^{-4}	$100<f<500$	2.0×10^{-5}	$2.5<f<15$
$5.0\times10^{-4}\times(f/40)^{-2}$	$f>500$	2.0×10^{-3}	$15<f<30$
		$2.0\times10^{-5}\times(f/30)^{-6}$	$f>30$

对式(4.6.17)和式(4.6.18)分别进行积分后可得

二阶 PLL，$\omega\in[0,\infty]$：

$$\sigma_v^2=2\pi f_c^2K_g^2G_g\int_0^\infty\frac{\omega^2\mathrm{d}\omega}{\omega_L^4+\omega^4}=\frac{\pi^2f_c^2k_g^2G_g}{\sqrt{2}\omega_L}\quad(\text{rad})\tag{4.6.19}$$

二阶 PLL，$\omega\in[\omega_1,\omega_2]$：

$$\sigma_v^2=2\pi f_c^2K_g^2G_g\int_{\omega_1}^{\omega_2}\frac{\omega^2\mathrm{d}\omega}{\omega_L^4+\omega^4}=$$

$$\frac{\pi f_c^2k_g^2G_g}{\sqrt{2}\omega_L}\left\{\arctan\left(\frac{\omega_2\sqrt{2}}{\omega_L}+1\right)+\arctan\left(\frac{\omega_2\sqrt{2}}{\omega_L}-1\right)-\right.$$

$$\arctan\left(\frac{\omega_1\sqrt{2}}{\omega_L}+1\right)-\arctan\left(\frac{\omega_1\sqrt{2}}{\omega_L}-1\right)+$$

$$\left.\frac{1}{2}\ln\left[\frac{(\omega_1^2+\omega_L\omega_1\sqrt{2}+\omega_L^2)(\omega_2^2-\omega_L\omega_2\sqrt{2}+\omega_L^2)}{(\omega_1^2-\omega_L\omega_1\sqrt{2}+\omega_L^2)(\omega_2^2+\omega_L\omega_2\sqrt{2}+\omega_L^2)}\right]\right\}\quad(\text{rad})\tag{4.6.20}$$

三阶 PLL，$\omega\in[0,\infty]$：

$$\sigma_{\mathrm{v}}^{2}=2\pi f_{\mathrm{c}}^{2}K_{g}^{2}G_{g}\int_{0}^{\infty}\frac{\omega^{4}\mathrm{d}\omega}{\omega_{\mathrm{L}}^{6}+\omega^{6}}=\frac{2\pi f_{\mathrm{c}}^{2}k_{g}^{2}G_{g}}{3\omega_{\mathrm{L}}}\quad(\mathrm{rad})\tag{4.6.21}$$

三阶 PLL，$\omega\in[\omega_1,\omega_2]$：

$$\begin{aligned}\sigma_{\mathrm{v}}^{2}&=2\pi f_{\mathrm{c}}^{2}K_{g}^{2}G_{g}\int_{\omega_1}^{\omega_2}\frac{\omega^{4}\mathrm{d}\omega}{\omega_{\mathrm{L}}^{6}+\omega^{6}}=\\&\frac{2\pi f_{\mathrm{c}}^{2}K_{g}^{2}G_{g}}{\omega_{\mathrm{L}}}\Bigg\{\frac{1}{3}\left[\arctan\left(\frac{\omega_2}{\omega_{\mathrm{L}}}\right)-\arctan\left(\frac{\omega_1}{\omega_{\mathrm{L}}}\right)\right]+\\&\frac{1}{6}\Bigg[\arctan\left(\frac{-\sqrt{3}\,\omega_{\mathrm{L}}+2\omega_2}{\omega_{\mathrm{L}}}\right)+\arctan\left(\frac{\sqrt{3}\,\omega_{\mathrm{L}}+2\omega_2}{\omega_{\mathrm{L}}}\right)-\\&\arctan\left(\frac{-\sqrt{3}\,\omega_{\mathrm{L}}+2\omega_1}{\omega_{\mathrm{L}}}\right)-\arctan\left(\frac{\sqrt{3}\,\omega_{\mathrm{L}}+2\omega_1}{\omega_{\mathrm{L}}}\right)\Bigg]+\\&\frac{1}{4\sqrt{3}}\ln\left[\frac{(\omega_{\mathrm{L}}^{2}-\omega_{\mathrm{L}}\omega_2\sqrt{3}+\omega_2^{2})(\omega_{\mathrm{L}}^{2}+\omega_{\mathrm{L}}\omega_1\sqrt{3}+\omega_1^{2})}{(\omega_{\mathrm{L}}^{2}+\omega_{\mathrm{L}}\omega_2\sqrt{3}+\omega_2^{2})(\omega_{\mathrm{L}}^{2}+\omega_{\mathrm{L}}\omega_1\sqrt{3}+\omega_1^{2})}\right]\Bigg\}\quad(\mathrm{rad})\end{aligned}\tag{4.6.22}$$

显然，随机振动的影响依赖于载波频率、振荡器的 g 灵敏度、振动强度（PSD）和振动的频率范围。为便于分析各种因素的影响，参考表 4.6.1 中的数据，以普通车载应用为研究对象。振动谱密度取前四项的均值，可得 $G_g=6\times10^{-4}$；由于振动频率没有上限，设置振动角频率（$\omega=2\pi f$）上限 $\omega_2=3\,000$，下限 $\omega_1=0$；g 灵敏度 $K_g=1\times10^{-9}$。振动在不同阶次的跟踪环中产生的相位误差如图 4.6.8 中 $\omega_1=0$ 时所示的情况，振动引起的相位抖动误差随环路噪声带宽的减小和环路阶数的提高而增加，二阶和三阶环误差很小。

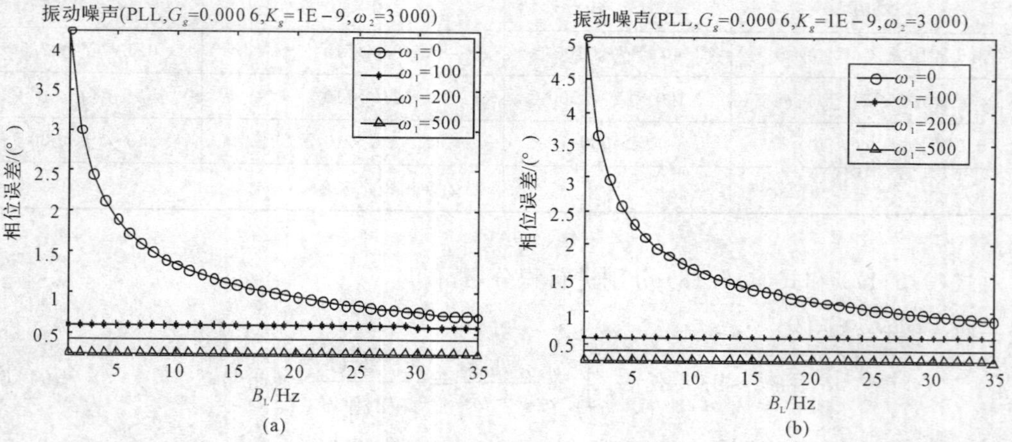

图 4.6.8　低频振动对 PLL 性能的影响

(a) 二阶；(b) 三阶

实际上，由于载体运动的不规律性，振动谱并不总是出现在全部频率范围内。如果忽略低频振动或应用隔离低频振动的设备，即设置不同的振动角频率下限 ω_1，那么可以得到振动对二阶和三阶环路的影响（见图 4.6.8），当不存在低频振动时，相位抖动误差明显减少，几乎可以忽略，且不随环路带宽变化。可见，低频振动对相位抖动的影响起主要作用。此外，振动引起的相位抖动误差与接收机时钟的 g 灵敏度成比例，如果 g 灵敏度减小，将会显著降低时钟相位误差的影响。如图 4.6.9 所示，g 灵敏度减小一个数量级，振动产生的相位抖动明显减小到一个较为理想的状态。

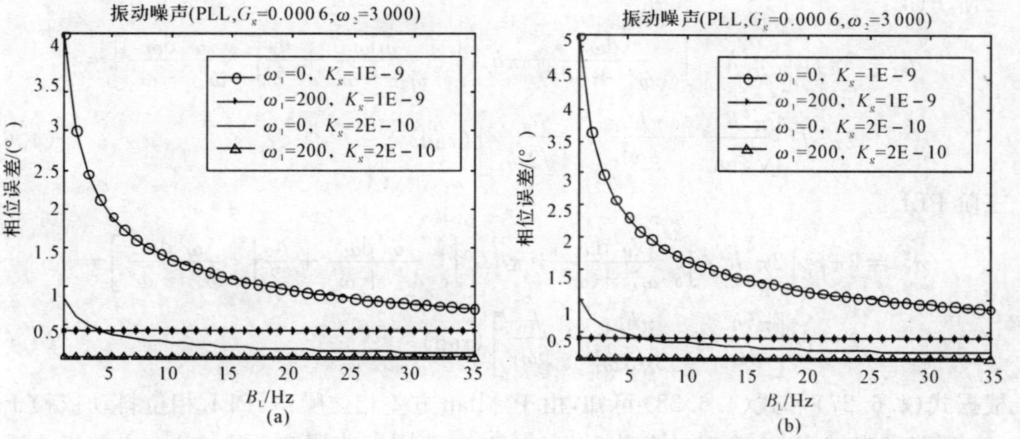

图 4.6.9 g 灵敏度减小时 PLL 相位抖动

(a) 二阶； (b) 三阶

4. Allan 方差相位噪声

理想的振荡器可以用一个正弦波 $y(t)=\cos(\omega_0 t)$ 描述，幅度恒定、相位保持连续且不受干扰。而实际振荡器不仅会表现出幅度噪声调制，而且还会表现出相位噪声调制，这两种调制过程均具有随机性[32]。这些振荡器频率短期不稳定性可以采用 Allan 方差描述[33]。由于同样是振荡器频率不稳定性对跟踪环路的影响，因此，可以采用类似振动噪声的分析方法。将式(4.6.14)重写为

$$\sigma_{\mathrm{av}}^2=\frac{1}{2\pi}\int_0^{\infty} S_{\varphi}(\omega)\left|1-H(\omega)\right|^2\mathrm{d}\omega \tag{4.6.23}$$

式中，$S_{\varphi}(\omega)$ 是由频率不稳定性产生的单边带振荡器相位噪声谱密度，用下式表示[34]：

$$S_{\varphi}(\omega)=(2\pi f_{\mathrm{c}})^2\frac{S_y(\omega)}{\omega^2} \tag{4.6.24}$$

$S_y(\omega)$ 为时钟功率谱，可以表示为

$$S_y(f)=\frac{h_{-2}}{2f^2}+\frac{h_{-1}}{2f}+\frac{h_0}{2},\quad 0<f<f_h \tag{4.6.25}$$

式中，f_h 为振荡器输出频率的上限；h_{-2}，h_{-1} 和 h_0 为振荡器时钟参数，分别表示频率随机游走、频率闪烁噪声和频率白噪声项。将 $f=\omega/2\pi$ 代入式(4.6.25)可得

$$S_y(\omega)=\frac{2\pi^2 h_{-2}}{\omega^2}+\frac{\pi h_{-1}}{\omega}+\frac{h_0}{2} \tag{4.6.26}$$

典型的 GPS 接收机时钟 TCXO 和 OCXO 的参数 h_{-2}，h_{-1}，h_0 如表 4.6.2 所示[35]。

表 4.6.2 振荡器时钟参数

振荡器	TCXO	OCXO
h_0	1.00×10^{-21}	2.51×10^{-26}
h_{-1}	1.00×10^{-20}	2.51×10^{-23}
h_{-2}	2.00×10^{-20}	2.51×10^{-22}

将式(4.6.24)和式(4.6.26)代入式(4.6.23),可得由 Allan 方差引入的相位抖动为

二阶 PLL:

$$\sigma_{\mathrm{av}}^2=2\pi f_{\mathrm{c}}^2\left[2\pi^2 h_{-2}\int_0^{\infty}\frac{\mathrm{d}\omega}{\omega_{\mathrm{L}}^4+\omega^4}+\pi h_{-1}\int_0^{\infty}\frac{\omega\mathrm{d}\omega}{\omega_{\mathrm{L}}^4+\omega^4}+\frac{h_0}{2}\int_0^{\infty}\frac{\omega^2\mathrm{d}\omega}{\omega_{\mathrm{L}}^4+\omega^4}\right]=$$

$$2\pi^2 f_{\mathrm{c}}^2\left[\frac{\pi^2 h_{-2}}{\sqrt{2}\,\omega_{\mathrm{L}}^3}+\frac{\pi h_{-1}}{4\omega_{\mathrm{L}}^2}+\frac{h_0}{4\sqrt{2}\,\omega_{\mathrm{L}}}\right](\mathrm{rad}) \tag{4.6.27}$$

三阶 PLL:

$$\sigma_{\mathrm{av}}^2=2\pi f_{\mathrm{c}}^2\left[2\pi^2 h_{-2}\int_0^{\infty}\frac{\omega^2\mathrm{d}\omega}{\omega_{\mathrm{L}}^6+\omega^6}+\pi h_{-1}\int_0^{\infty}\frac{\omega^3\mathrm{d}\omega}{\omega_{\mathrm{L}}^6+\omega^6}+\frac{h_0}{2}\int_0^{\infty}\frac{\omega^4\mathrm{d}\omega}{\omega_{\mathrm{L}}^6+\omega^6}\right]=$$

$$2\pi^2 f_{\mathrm{c}}^2\left[\frac{\pi^2 h_{-2}}{3\omega_{\mathrm{L}}^3}+\frac{\pi h_{-1}}{3\sqrt{3}\,\omega_{\mathrm{L}}^2}+\frac{h_0}{6\omega_{\mathrm{L}}}\right](\mathrm{rad}) \tag{4.6.28}$$

根据式(4.6.27)和式(4.6.28)可知,由于 Allan 方差相位噪声,PLL 相位抖动依赖于载波频率 f_{c}、环路噪声带宽 B_{L} 和时钟参数 h_{-2},h_{-1},h_0。不同振荡器产生的 Allan 方差相位噪声对二阶和三阶 PLL 环路的影响如图 4.6.10 所示。

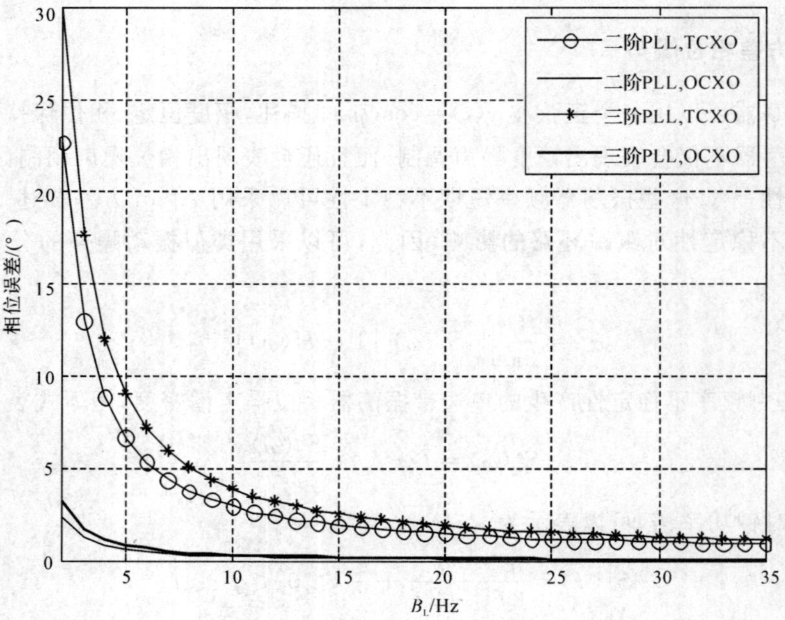

图 4.6.10 Allan 方差相位抖动

在 Allan 方差相位噪声的影响下,PLL 相位抖动依赖于环路噪声带宽 B_{L},特别是在噪声带宽较小的时候,相位抖动显著地增加。从图 4.6.10 的结果来看,三阶 PLL 的相位抖动比二阶 PLL 稍微高一点,通过降低环路阶次的办法并不能取得显著效果。要提高 PLL 跟踪性能可考虑两种途径:一种是提高环路噪声带宽 B_{L},然而,这种方法会增加环路热噪声,降低闭环 C/N_0,导致接收机变得更容易失锁,因此,它仅适用于 C/N_0 高的情况;另一种途径则是考虑比常用的 TCXO 和 OCXO 性能更为优良的晶振。

5. 总体性能

总结以上的分析可以看出,决定热噪声、动态应力、振动相位噪声和 Allan 方差相位噪声

对 PLL 影响的因素如表 4.6.3 所示，四个重要的误差源均与噪声带宽有关。

表 4.6.3　PLL 误差源及影响因素

热噪声	环路噪声带宽 B_L 预检测积分时间 T 载噪比 C/N_0
动态应力	环路阶次 n 环路噪声带宽 B_L 视距动态性 $\mathrm{d}^n R/\mathrm{d}t^n$ 载波频率 f_c
振动相位噪声	环路阶次 n 环路噪声带宽 B_L 振荡器 g 灵敏度 K_g 振动功率谱密度 G_g 载波频率 f_c
Allan 方差相位噪声	环路阶次 n 环路噪声带宽 B_L 时钟参数 h_{-2}, h_{-1}, h_0 载波频率 f_c

为评估锁相环在各种干扰下的实际跟踪性能，将以上讨论的误差源同时作用于锁相环来产生总的相位抖动，固定跟踪阈值为 15°(或载波波长的 1/24)。当总的相位抖动不超过阈值时，PLL 应能连续可靠地跟踪信号，否则 PLL 将变得不稳定。虽然三阶 PLL 在时钟误差上比二阶 PLL 略差，但却比二阶 PLL 具有更好的动态性，能够跟踪载体的常加速运动，适合低动态用户使用。下面我们就以三阶 PLL 为例评估跟踪环的总体性能，参数设置如下：

接收机时钟：TCXO；

振动强度：$G_g = 6 \times 10^{-4}$ (g^2/Hz)；

振动角频率范围：$\omega \in [0, 3\,000]$；

g 灵敏度：$K_g = 1 \times 10^{-9}$ $(1/g)$；

视距动态性：9.8 m/s^3。

图 4.6.11 分别给出了积分时间为 1 ms 和 20 ms 时不同带宽情况下三阶 PLL 的总相位误差。图 4.6.12 给出了环路噪声带宽分别为 $B_L = 10$ Hz 和 $B_L = 20$ Hz，预检测积分时间 T 分别为 1 ms，5 ms 和 20 ms 时，相位误差随载噪比的变化情况。图中粗实线表示跟踪阈值 15°，相位误差在 15° 以下可保证对输入信号连续稳定的跟踪。

经前述分析，我们可进一步总结出 PLL 中各项噪声的特性及可能的抑制方案：

热噪声：独立于环路阶数，随着环路噪声带宽的增加而增加。热噪声的负面影响主要可通过窄的噪声带宽和长的预检测积分时间来降低。

动态应力误差：它对 PLL 跟踪性能的负面影响随环路噪声带宽的增加而降低。可以通过增加环路噪声带宽来降低动态应力误差，噪声带宽应足够宽以应对较高的动态性，但同时应避免引入额外的热噪声。

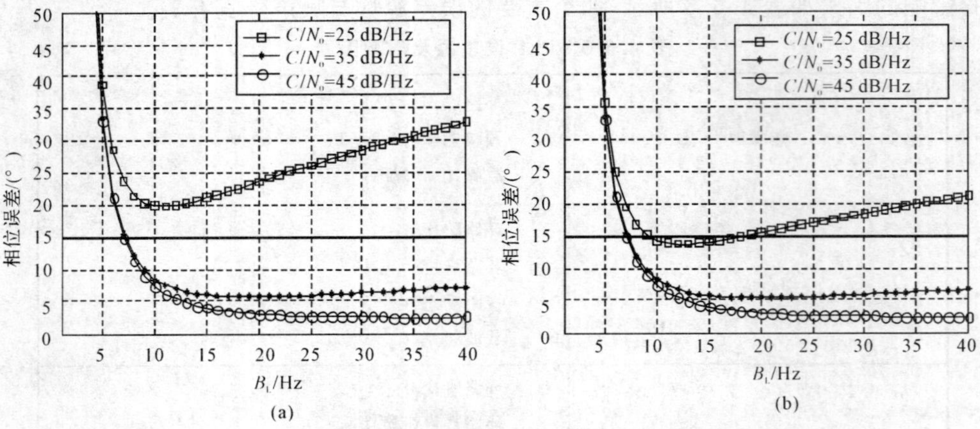

图 4.6.11 不同环路带宽时三阶 PLL 总相位误差

(a) 积分时间 1 ms；(b) 积分时间 20 ms

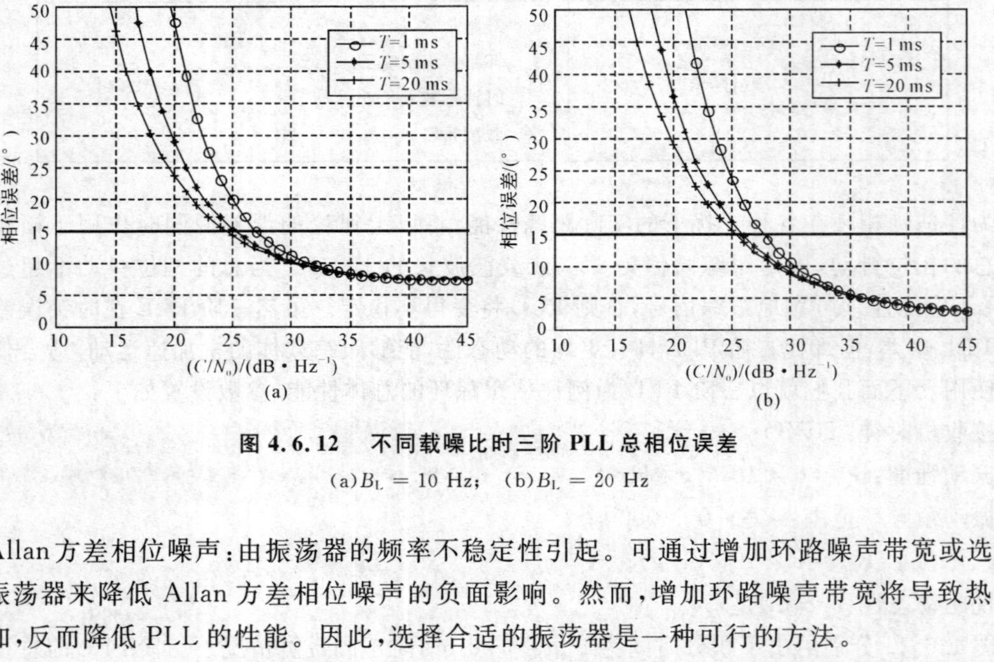

图 4.6.12 不同载噪比时三阶 PLL 总相位误差

(a) B_L = 10 Hz；(b) B_L = 20 Hz

Allan方差相位噪声：由振荡器的频率不稳定性引起。可通过增加环路噪声带宽或选择合适的振荡器来降低 Allan 方差相位噪声的负面影响。然而，增加环路噪声带宽将导致热噪声的增加，反而降低 PLL 的性能。因此，选择合适的振荡器是一种可行的方法。

随机振动：主要依赖于振荡器的 g 灵敏度、振动强度（振动的功率谱密度）和振动的频率范围。如果振动谱为有限带宽，则将使得相位振动独立于环路阶数和环路噪声带宽。一种减小随机振动误差的可行方法是提高振荡器的 g 灵敏度（减小 K_g 数值）；另外一种方法是选择合适的振荡器设备，或加装振荡器减振装置，该装置至少应具有隔离大部分低频振动的作用。

4.7 导航电文输出

当跟踪环路处于稳定跟踪状态时，PLL 的输出并不是可供导航解算直接使用的导航电文，需要经过电文数据位同步找出 1 bit 导航电文数据位边界，进而利用同步码找到每一子帧导航电文的起始位置，经校验后才可以使用。

4.7.1　位同步

通常，经采样后的 GPS 信号进入跟踪环以 1 ms 为周期更新，而 1 bit 导航电文的持续时间是 20 ms，也就是说，环路输出序列中，20 个连续的数值才会构成一个完整的电文数据位。位同步就是在环路的输出序列中找出 1 bit 导航电文数据位边界的过程。

由于导航电文的周期为 20 ms，因此，可将环路输出序列的每 20 ms 数据分解为 20 个单元，每单元 1 ms，并设置 20 个单元计数器，用于在多个连续的 20 ms 数据中记录数据的符号位变化次数。当数据符号位改变时，相应的单元计数器值加 1，直至某一单元计数器的值超过设定的门限值，那么此单元对应的位置即为导航电文数据位边界。实际上，这是一种记录 1 ms数据符号位变化频率的方法，因为在任意一段持续的时间范围内，导航电文数据位边界处的符号位变化频率要高于其他位置。

位同步完成后即可连续提取完整的电文数据位，获得二进制数据流格式的导航电文。

4.7.2　帧同步

在第 3 章中我们已经介绍过，GPS 导航电文每个子帧的第一个字码都是遥测字，遥测字的第 1～8 位为同步码(10001011)，作为识别电文内容的前导。帧同步就是寻找同步码确认子帧起始位置的过程。

当检测到同步码时，需要确定两个或多个相邻同步码的间隔是否为 6 s(两个连续子帧的间隔)，如果是，则找到子帧起始位置。

4.7.3　校验

尽管正常情况下 GPS 导航数据以相对较高的载噪比接收，误码率极低(一般在 10^{-5} 以内)，但是对接收到的数据进行码校验，舍弃含有错误的码仍然十分重要。导航电文中，每个 30 bit的字码加上前一字码的最后两位编码，即为由符号位 $n=32$、信息码元 $k=26$ 构成的扩展汉明码，其中接收码元中只有 24 位是真正的信息，即信息码元。

GPS 奇偶校验码是一种扩展的汉明码(32,26)，其码距为 4。如果校验发射位 D_i(可根据以下的公式和 $\boldsymbol{H}$ 矩阵或通过式(4.7.1) 奇偶校验编码方程计算得到) 与接收到的六位校验位 D_{25}，D_{26}，D_{27}，D_{28}，D_{29} 和 D_{30} 不相符合的话，则信息位 $d_i(i \leqslant 24)$ 应予舍弃。

六个奇偶校验位的校验方程是

$$\boldsymbol{p} = \boldsymbol{H}\boldsymbol{d}$$

式中，$\boldsymbol{H}$ 为 6×24 维的一致性校验矩阵：

$\boldsymbol{H} =$

$$\begin{bmatrix} 1&0&1&1&1&0&1&1&0&0&0&1&1&1&1&1&0&0&1&1&0&1&0&0&1&0 \\ 0&1&0&1&1&1&0&1&1&0&0&0&1&1&1&1&1&0&0&1&1&0&1&0&0&1 \\ 1&0&1&0&1&1&1&0&1&1&0&0&0&1&1&1&1&1&0&0&1&1&0&1&0&0 \\ 0&1&0&1&0&1&1&1&0&1&1&0&0&0&1&1&1&1&1&0&0&1&1&0&1&0 \\ 0&1&1&0&1&0&1&1&1&0&1&1&0&0&0&1&1&1&1&1&0&0&1&1&0&1 \\ 1&0&0&0&1&0&1&1&0&1&1&1&1&0&1&0&1&0&0&0&1&0&0&1&1&1 \end{bmatrix}$$

D_i 为校验发射位，$D_i = d_i \oplus D_{30}^*$，$i \leqslant 24$；$\boldsymbol{d}$ 为接收到的数据位矢量，

$$\boldsymbol{d} = [D_{29}^* \quad D_{30}^* \quad d_1 \quad d_2 \quad \cdots \quad d_{24}]$$

$\boldsymbol{p}$ 为矢量

$$\boldsymbol{p} = [D_{25} \quad D_{26} \quad D_{27} \quad D_{28} \quad D_{29} \quad D_{30}]$$

在具体进行计算时，先计算出 $d_i = D_i \oplus D_{30}^*(i \leqslant 24)$，然后再计算并校验 D_i 奇偶校验位 $(25 \leqslant i \leqslant 30)$。注意，在校验矩阵中的每一行均是前一行的循环移位，最后一行例外。最后一行是前面所有各行的校验。

$$\left.\begin{aligned}
D_1 &= d_1 \oplus D_{30}^* \\
D_2 &= d_2 \oplus D_{30}^* \\
D_3 &= d_3 \oplus D_{30}^* \\
&\cdots\cdots \\
D_{24} &= d_{24} \oplus D_{30}^* \\
D_{25} &= D_{29}^* \oplus d_1 \oplus d_2 \oplus d_3 \oplus d_5 \oplus d_6 \oplus d_{10} \oplus d_{11} \oplus d_{12} \oplus d_{13} \oplus d_{14} \oplus d_{17} \oplus d_{18} \oplus d_{20} \oplus d_{23} \\
D_{26} &= D_{30}^* \oplus d_2 \oplus d_3 \oplus d_4 \oplus d_6 \oplus d_7 \oplus d_{11} \oplus d_{12} \oplus d_{13} \oplus d_{14} \oplus d_{15} \oplus d_{18} \oplus d_{19} \oplus d_{21} \oplus d_{24} \\
D_{27} &= D_{29}^* \oplus d_1 \oplus d_3 \oplus d_4 \oplus d_5 \oplus d_7 \oplus d_8 \oplus d_{12} \oplus d_{13} \oplus d_{14} \oplus d_{15} \oplus d_{16} \oplus d_{19} \oplus d_{20} \oplus d_{22} \\
D_{28} &= D_{30}^* \oplus d_2 \oplus d_4 \oplus d_5 \oplus d_6 \oplus d_8 \oplus d_9 \oplus d_{13} \oplus d_{14} \oplus d_{15} \oplus d_{16} \oplus d_{17} \oplus d_{20} \oplus d_{21} \oplus d_{23} \\
D_{29} &= D_{30}^* \oplus d_1 \oplus d_3 \oplus d_5 \oplus d_6 \oplus d_7 \oplus d_9 \oplus d_{10} \oplus d_{14} \oplus d_{15} \oplus d_{16} \oplus d_{17} \oplus d_{18} \oplus d_{21} \oplus d_{22} \oplus d_{24} \\
D_{30} &= D_{29}^* \oplus d_3 \oplus d_5 \oplus d_6 \oplus d_8 \oplus d_9 \oplus d_{10} \oplus d_{11} \oplus d_{13} \oplus d_{15} \oplus d_{19} \oplus d_{22} \oplus d_{23} \oplus d_{24}
\end{aligned}\right\} \tag{4.7.1}$$

式中，$d_1, d_2, \cdots, d_{24}$ 为源数据位；符号“$*$”为表示本子帧前一字码的最后两位；$D_{25}, D_{26}, \cdots, D_{30}$ 为计算出的校验位；$\oplus$为模 2 加法(异或)。

如果假设信号传输误码率为 p，那么整个数据信息的不可检测错误概率就变为 $p_u \approx 1\,085p^4 - 29\,295p^5 + 403\,404p^6 + o(p^7)$。在比较低的传输误码率$(p < 10^{-3})$的情况下，$p_u$ 可以忽略。

第5章 卫星定位基本方法

5.1 卫星定位方法的分类

卫星定位技术在航空、航海、陆地导航以及大地测量领域得到了广泛的应用，其定位方法也多种多样，主要可从接收机天线所处的状态、是否具有参考基准和所获取的用于定位测量的信息来划分。从接收机天线所处的状态来看，卫星定位可分为静态定位和动态定位；从接收机定位是否具有参考基准来看，卫星定位可分为单点定位（也称绝对定位）和相对定位；从卫星定位观测信息的性质来看，卫星定位可以分为测码伪距定位、测相伪距定位、多普勒定位和射电干涉定位。

1. 静态定位和动态定位

如果待定点相对于周围的固定点没有可觉察到的运动，或者虽有可觉察到的运动，但由于这种运动非常缓慢以至于在一次观测期间（一般为数小时至若干天）无法被觉察到，而只有在两次观测期间（一般为几个月至几年）这些运动才能被反映出来。每次处理接收机观测资料时，待定点在 ECEF 坐标系中的位置都可以被认为是固定不变的，确定这些待定点位置的方法称为静态定位。测定地球板块运动和监测地壳形变就是静态定位的典型应用。如果在一次观测期间待定点相对于周围的固定点有可觉察到的运动或显著的运动，则在处理该时段的观测资料时待定点的位置将随时间变化，确定这些运动的待定点的位置就称为动态定位。严格地说，静态定位和动态定位的根本区别并不在于待定点本身是否在运动，而在于建立的数学模型中待定点的位置是否可看作常数，也就是说，在观测期间待定点的位移量和允许的定位误差相比是否显著，能否忽略不计。由于进行静态定位时待定点的位置可视为固定不动，因而就有可能通过大量重复观测来提高定位精度。静态定位在大地测量、精密工程测量、地球动力学和地震监测等领域得到了广泛应用，是实现精密定位的基本模式。

2. 单点定位和相对定位

独立确定待定点在坐标系中的绝对位置的方法称为单点定位，也称为绝对定位。单点定位的优点是只需用一台接收机即可独立定位，因此，外出观测的组织和实施较为自由方便，数据处理也较为简单。但单点定位的结果受卫星星历误差和卫星信号传播过程中大气延迟误差的影响比较显著，因此定位精度比带有误差改正信息的差分定位模式要低。单点定位模式在船舶与飞机的导航、地质矿产勘探、暗礁定位、建立浮标、海洋捕鱼和低精度测量等领域中有着广泛的应用，在国防建设中也有重要的作用。

相对定位则是同步跟踪相同卫星信号的若干台接收机确定待定点相对位置的一种定位模式。由于用同步观测资料进行相对定位时，对于各同步测站来讲有许多误差是相同的或近似的(如卫星钟的时钟误差、卫星星历误差、卫星信号在大气中的传播误差等),这些误差可以通过对各站观测数据求差的方式予以消除或大幅度削弱,因此可获得很高精度的相对位置。然而,进行相对定位时需用多台(至少两台)接收机进行同步观测,其中任何一台接收机因故未能按预定计划按时开机或在观测过程中出现故障,都将使得与该测站有关的相对定位工作无法进行。因此,相对定位中观测的组织和实施较单点定位更为复杂,数据处理也更为麻烦。相对定位的结果是各同步测站之间的基线向量,因而需至少给出其中一站的坐标后才能求出其余各站的坐标。相对定位不仅可用于静态定位,也可用于动态定位。相对定位这种模式在大地测量、工程测量和地壳形变监测等精密定位领域内有广泛的应用。

绝对定位和相对定位中,又都包含静态和动态两种方式,即动态绝对定位、静态绝对定位、动态相对定位和静态相对定位。

3. 由观测信息确定的定位方法

接收机接收到的信号中包含伪随机码、导航电文、载波频率等信息,也就是说,我们可以利用接收信号中伪随机码的时间延迟、载波相位以及由卫星与接收机之间的相对运动导致的多普勒频移获取卫星与接收机之间的距离(或距离差),进而实现定位测量。通过伪随机码测定传播时间 τ 实现定位的方法,称为测码伪距法定位;通过载波相位测量实现定位的方法则称为测相伪距法定位(又称载波相位法定位);如果上述观测信息中带有误差改正数(通常由专门的测站发送),则称为差分定位;通过测量多普勒频移(或称多普勒频率)实现定位的方法称为多普勒法定位。其中,多普勒法定位较早应用于美国的子午仪卫星导航系统。由于多普勒法定位的实时性能较差,要想实现高精度定位,需要较长的观测时间,所以一般都采用伪距或载波相位定位,而多普勒频移常用于测定接收机的速度。

此外,我们还可以通过观测类星体或导航卫星发出的信号,从而得到时间延迟进行定位,这种测量定位方法称为射电干涉定位,主要用于卫星大地测量。射电干涉定位将卫星信号作为噪声信号来使用,因而无须了解信号的结构。

5.2 卫星定位基本观测量

卫星导航定位的方法多种多样,但不管用何种方法实现,都必须获取测站与卫星间的距离(或距离差),通过求解观测方程来获取用户当前时刻的状态。由于信号从遥远的卫星经大气层到达接收机,所测距离难免会受各种误差的影响,所以,接收机测出的距离并非真实距离,而是包含有误差的伪距。

5.2.1 测码伪距

无线电测距的基本原理是通过测定电磁波传播时间 τ 得到距离观测量

$$\rho = c\tau$$

式中,c 为电磁波传播速度。

卫星导航系统在利用伪随机码测距时,均基于同样的原理。接收机利用本机产生的与发射信号相同的复现信号(称本地信号),与所接收到含有噪声的信号进行相关,并测量相关函数最大值的位置,使得本地码与接收信号中的码同步,通过监测本地码相位的变化实现距离测量。

为阐述方便,我们以 GPS 的 C/A 码信号为例予以介绍,假设接收机中产生的载波与接收到的载波完全同步,并忽略大气层延迟误差。

1. 伪随机码测距基本思想

如图 5.2.1 所示,从接收机于 t 时刻接收到的卫星信号中任取一个长度为码周期的信号,该信号中包含伪随机码 $C(t)$,其中码相位为 τ。对 GPS 的 C/A 码来说,周期 $T_{C/A}$ 为 1 ms,共包含 1 023 个码元,相位 $\tau = N/1\ 023(N=0,1,\cdots,1\ 022)$。假设卫星发送信号时该伪随机码的相位为 0,信号经传播延迟 $\tau + nT_{C/A}$ 后到达接收机,显然,发送时刻信号中包含的伪随机码为 $C(t-\tau-nT_{C/A})$,n 为正整数。

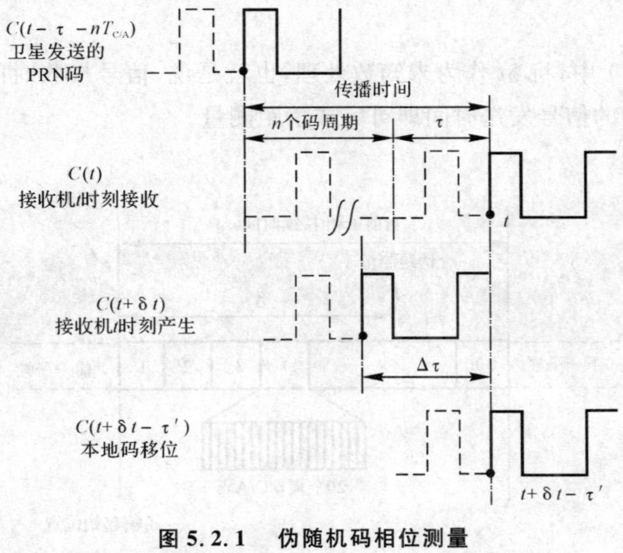

图 5.2.1　伪随机码相位测量

由接收机时钟控制的本地码发生器产生一个与接收到的伪随机码相同类型的本地码 $C(t+\delta t)$,初始相位为 0,δt 为接收机时钟相对于卫星时钟的钟差。将本地码移位(延迟)τ',得到 $C(t+\delta t-\tau')$。

将接收码 $C(t-\tau-nT_{C/A})$ 和本地码 $C(t+\delta t-\tau')$ 进行相关运算,经积分器后可得相关输出

$$R_c(\Delta\tau)=\int C(t-\tau-nT_{C/A})C(t+\delta t-\tau')\mathrm{d}t \tag{5.2.1}$$

式中

$$\Delta\tau=(t+\delta t-\tau')-(t-\tau-nT_{C/A}) \tag{5.2.2}$$

码振荡器不断调整本地码延迟,当本地码与接收码完全对齐时 $\Delta\tau=0$,且相关输出达到最大值

$$[R_c(\Delta\tau)]_{\max}=R_c(0) \tag{5.2.3}$$

假设此时本地码的相位延迟量为 τ',则由式(5.2.2)可得

$$t+\delta t-\tau'=t-\tau-nT_{C/A}\Rightarrow\tau'=\tau+\delta t+nT_{C/A} \tag{5.2.4}$$

式(5.2.4)两边同乘以电磁波传播速度 c,可得距离测量值 ρ 为

$$\rho=c\tau'=c(\tau+\delta t+nT_{C/A})=R+c\delta t \tag{5.2.5}$$

式(5.2.5)为伪随机码测距的基本方程。其中,R 为卫星至接收机的真实距离。

上述推导过程中将卫星时钟视为完全精确,实际上,相对于导航系统基准时,卫星时钟同样存在钟差 δt_s,如果假设接收机时钟相对于导航系统基准时的钟差为 δt_k,则式(5.2.5)中,$\delta t=\delta t_k-\delta t_s$。因此,利用伪随机码所测定的距离 ρ 并不等于信号从卫星传播至接收机的真实距离,若能精确求得 δt,则可由 ρ 求得 R。实际上,δt_s 可由导航电文提供的卫星时钟误差参数计算得出,而接收机通常为节省成本采用了廉价的时钟,无法达到原子钟的精度,误差较大,只能在定位解算中将其作为一个待定参数求解。因此,利用测码伪距定位,需要至少同步观测 4 颗卫星,测相伪距中同样会存在这个问题。

2. 获取码伪距

由于在式(5.2.4)中,将 δt 作为未知数处理,也就是说,信号接收时间为本地时间,那么,接收机只需测得精确的信号发送时间即可完成伪距测量。

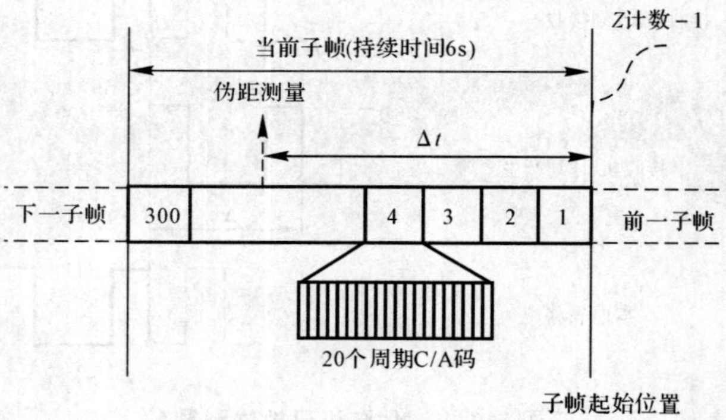

图 5.2.2 获取码伪距

如第 3 章所述,GPS 每一子帧电文持续时间为 6 s,共有 300 位,每位电文持续 20 ms,对应 20 个 C/A 码周期。在卫星上,子帧中的 Z 计数值从周日零时以 6 s 间隔从 1 开始计数,同时卫星开始发送第一子帧电文。因此,任一子帧的 Z 计数值减 1 后乘以 6 s 即表示当前子帧起始位置的发送时间。

如图 5.2.2 所示,当接收机在某个本地时刻需要测量伪距时,首先从解调的导航电文中获得 Z 计数,得到当前子帧起始位置对应的发送时间。如果能够获得 Δt,即可得出伪距测量时刻电文的发送时间。

由于 Δt 由周期为 20 ms 的导航电文(N_{Data})、整周期的 C/A 码($N_{C/A}$)、不足一周期的 C/A 码片数(N_{chips})以及不足一个码片的部分(N_{Res},$0<N_{Res}<1$)构成:

$$\Delta t=N_{Data}\times 20\times 10^{-3}+N_{C/A}\times 10^{-3}+\frac{N_{chips}}{1.023\times 10^{6}}+\frac{N_{Res}}{1.023\times 10^{6}} \tag{5.2.6}$$

因此，如果接收机能够对接收信号中的导航电文和伪随机码进行计数，那么就可以获得精确的信号发送时间。由于接收机能够利用码跟踪环使本地码与接收码精确同步，因此，对本地码的计数间接地实现了对接收信号中的伪随机码的计数，再综合码振荡器的变化和解调的电文位数即可获得 Δt。Δt 加上 Z 计数的时间，即为信号的精确发送时间，再与本地接收时间作差即可得到信号的传播时间。

采用伪随机码测距技术时，距离测量误差在很大程度上取决于本地码与接收码的对准误差，而码相位对准误差主要受热噪声、载体动态性和多径干扰的影响。由于接收机采用诸如窄相关空间、码相位拟合等技术，相位对准误差远小于一个码片，对于 GPS 的 C/A 码，测距误差通常在 0.3～30 m 的范围。

5.2.2 测相伪距

导航卫星发送的是高频调制正弦波信号，信号发送和接收时载波相位的变化同样包含距离变化，也就是说，同样可以利用载波相位的变化实现距离测量。

以下讨论中，载波相位均以周为单位，2π 为一周。

如图 5.2.3 所示，需要测定 A 和 B 之间的距离。假设在信号传播过程中，载波频率 f 始终保持不变，当载波于 t_A 时刻到达 A 点时，相位为 $\varphi(t_A)$；当信号于 t_B 时刻到达 B 点时，测得其相位为 $\varphi(t_B)$，有如下关系式成立：

$$\varphi(t_B)=\varphi(t_A)+f(t_B-t_A) \tag{5.2.7}$$

则信号从 A 至 B 的传播延迟为

$$\tau_{AB}=t_B-t_A=\frac{\varphi(t_B)-\varphi(t_A)}{f} \tag{5.2.8}$$

可得 A,B 之间的距离

$$|AB|=c\tau_{AB}=\lambda[\varphi(t_B)-\varphi(t_A)]=\lambda(N+\Delta\varphi) \tag{5.2.9}$$

式中，c 为电磁波传播速度；λ 为载波波长；N 为 $|AB|$ 包含的载波整周数；$\Delta\varphi$ 为不足一周的相位。

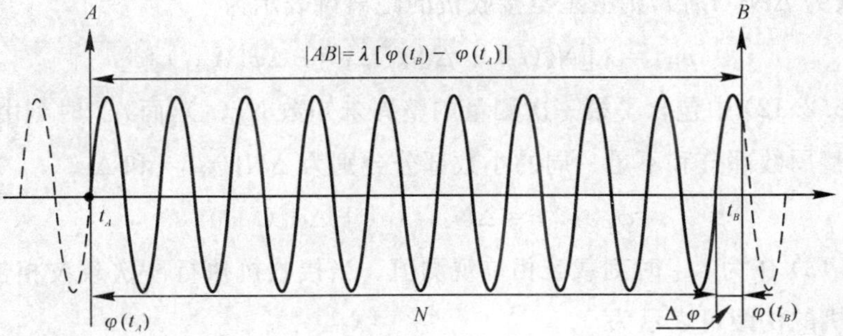

图 5.2.3 载波相位测距

同理，当使用卫星发出的载波信号测距时，假设卫星 j 在时刻 t_j 发出的载波信号相位为 $\varphi^j(t_j)$，信号到达接收机 k 时的相位为 $\varphi_k(t_k)$，对应的时刻为 t_k，如果不考虑误差因素，而且假

定信号传播过程中，载波频率始终保持恒定，则卫星 j 至接收机 k 的距离可表示为

$$\rho = \lambda[\varphi_k(t_k) - \varphi^j(t_j)] \tag{5.2.10}$$

由于接收机能够产生一个与接收信号几乎完全同步的载波信号，可以通过测量两者之间的相位差来实现距离测量。一旦得到了接收载波与本地载波之间的相位差，那么很容易就可获得图 5.2.3 中的 $\Delta\varphi$，即不足一周的相位。而卫星发出信号时的载波相位 $\varphi^j(t_j)$ 却无法直接测量，此时将引入未知的载波整周数 N。

如果接收机 k 对卫星 j 进行连续观测，那么多次测量得到的载波相位伪距中包含的整周未知数会存在一定的关系。

如图 5.2.4 所示，假设在 t_i 时刻，接收机 k 开始测量与卫星 j 之间的距离

$$\rho_i = \lambda[N_k^j(t_i) + \Delta\varphi_k^j(t_i)] \tag{5.2.11}$$

式中，$\Delta\varphi_k^j(t_i)$ 为 t_i 时刻接收机测得的不足一周的相位；$N_k^j(t_i)$ 为初始整周模糊度。

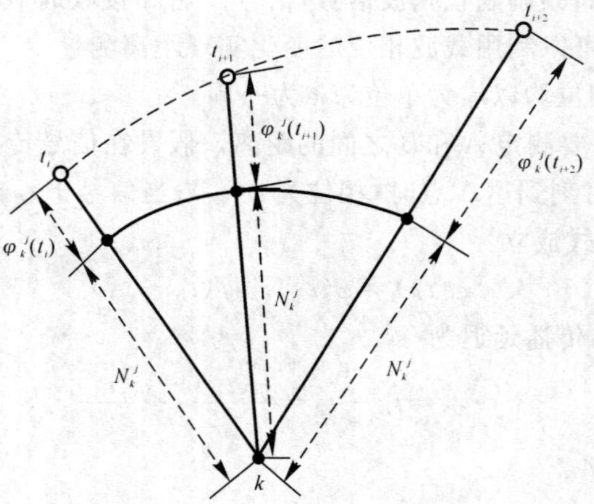

图 5.2.4　连续载波相位测量

如果接收机从 t_i 时刻开始，连续跟踪卫星信号，并进行载波的整周计数，在下一时刻 t_{i+1} 时，整周计数值为 $\Delta N_k^j(t_{i+1})$，则卫星至接收机的距离可表示为

$$\rho_{i+1} = \lambda[N_k^j(t_i) + \Delta N_k^j(t_{i+1}) + \Delta\varphi_k^j(t_{i+1})] \tag{5.2.12}$$

显然，式(5.2.12) 中包含了第一次测量的整周未知数 $N_k^j(t_i)$，而 t_{i+1} 时刻由接收机直接测量得到的载波整周数部分和不足一周的小数部分分别为 $\Delta N_k^j(t_{i+1})$ 和 $\Delta\varphi_k^j(t_{i+1})$，可记为

$$\varphi_k^j(t_{i+1}) = \Delta N_k^j(t_{i+1}) + \Delta\varphi_k^j(t_{i+1}) \tag{5.2.13}$$

将式(5.2.13) 作为 t_{i+1} 时刻载波相位观测值。当接收机执行 n 次载波相位测量后，得到的卫星至接收机的伪距可表示为

$$\left.\begin{aligned}\rho_{i+1} &= \lambda[N_k^j(t_i) + \varphi_k^j(t_{i+1})]\\ \rho_{i+2} &= \lambda[N_k^j(t_i) + \varphi_k^j(t_{i+2})]\\ &\cdots\cdots\\ \rho_{i+n} &= \lambda[N_k^j(t_i) + \varphi_k^j(t_{i+n})]\end{aligned}\right\} \tag{5.2.14}$$

从式(5.2.14)我们发现，接收机在执行首次观测以后，整周未知数 $N_k^j(t_i)$ 包含在随后的连续相位测量中，如果接收机在测量过程中不发生整周计数的丢失(即周跳)情况，则后续的所有载波相位伪距观测值中均包含了首次测量时的 $N_k^j(t_i)$，将 $N_k^j(t_i)$ 简记为 N_k^j，N_k^j 称为初始载波相位整周模糊度。对接收机来说，N_k^j 是未知量，其具体确定方法将在第7章的7.4节介绍。

以上讨论中没有考虑任何误差的影响，式(5.2.14)实际上表示的是真实距离。如果引入接收机和卫星时钟偏差，那么一旦得到了载波相位伪距，同样可以写出形如式(5.2.5)的载波相位伪距与真实距离和测量误差之间的关系式。

对于卫星导航信号来说，用于距离测量的载波信号频率的范围是1～5 GHz，其波长相对于伪随机码来说非常短，如GPS的L1载波，波长仅为19 cm，而接收机载波相位的对准误差可达波长的1/100，因而其测距精度要远高于C/A码，能够实现高精度定位。

5.2.3 多普勒频移

由物理学可知，凡是波源(声源、光源和无线电波发射源等连续辐射波)和接收者之间有相对运动时，接收者收到的信号频率会发生改变，不再与波源发出的信号频率相等，这种现象叫多普勒效应。接收者收到的信号频率与波源发出的频率之差称为多普勒频移(或多普勒频率)，它与波源的频率、波源和接收者的相对运动速度有关。

波源向接收者运动时，接收频率高于波源频率；波源背离接收者运动时，接收频率低于波源频率。多普勒频移值的大小可以表示波源接近或远离速度的大小。

卫星以固定频率连续发射信号。由于卫星绕地球运动，它和地面测站间存在相对速度，所以地面接收到的卫星信号频率相对于发射时的频率会发生变化，从而产生多普勒效应。由物理学可知，接收信号频率 f_r 可表示为发射信号频率 f_c、信号传播速度 c、单位时间内波源和接收者之间的距离变化量 $\mathrm{d}R/\mathrm{d}t$ 的函数，在不考虑相对论效应时，接收频率为

$$f_r = f_c\left(1 - \frac{\mathrm{d}R/\mathrm{d}t}{c}\right) \tag{5.2.15}$$

式中，$\mathrm{d}R/\mathrm{d}t$ 为单位时间内卫星与地面接收机间的距离变化，即卫星相对于测站的径向速度，记为 v。相应的多普勒频移为

$$f_d = f_r - f_c = -f_c\,\frac{v}{c} \tag{5.2.16}$$

如图5.2.5所示，当卫星从地面升起时，卫星逐渐接近测站，卫地距离逐渐减小，v 为负，此时接收频率大于发射频率，多普勒频移大于零，且逐渐减小；卫星过顶时，距离变化率为零，接收频率等于发射频率，多普勒频移为零；当卫星远离测站时，接收频率小于发射频率，多普勒频移小于零。

利用卫星信号中的多普勒频移或多普勒计数值作为观测量，求得距离差，同样可以实现测站的定位。

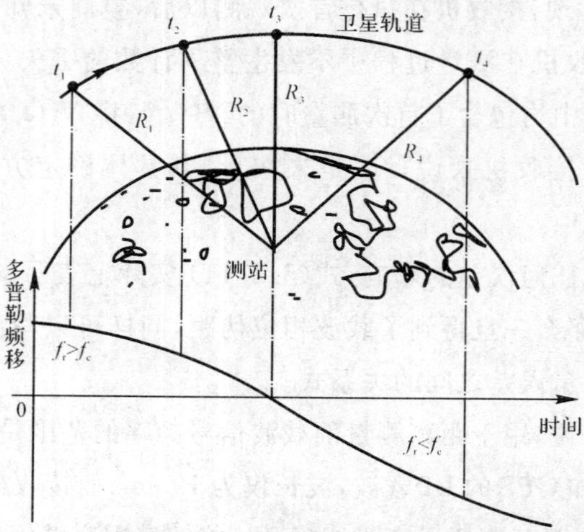

图 5.2.5 多普勒频移随距离的变化

5.3 伪距法定位

5.3.1 定位原理

如果未知点与空间多个已知点的距离是可测量的，那么可以在同一坐标系下，根据已知点的位置以及已知点与未知点的距离求得未知点的坐标，这就是伪距法定位的基本数学思想。实际应用中，要得到准确的未知点坐标，还需要考虑各种误差的影响。

由 5.2 节内容可知，用户接收机可以通过伪随机码相位测量或载波相位测量得到至卫星的伪距，这种由接收机测量得到的伪距中实际上包含了接收机时钟误差、大气延时和卫星星历等误差，因此，可将式(5.2.5) 扩展如下：

$$\rho_k^j = c\tau' = R_k^j + c\mathrm{d}\tau_k - c\mathrm{d}\tau^j + \mathrm{d}\rho_{\mathrm{ion}}^j + \mathrm{d}\rho_{\mathrm{trop}}^j \tag{5.3.1}$$

式中，ρ_k^j 为接收机 k 至卫星 j 的伪距，由接收机直接测量得到；R_k^j 为接收机 k 至卫星 j 的真实距离；τ' 为测量的信号传播时间；$\mathrm{d}\tau_k$ 为接收机钟差；$\mathrm{d}\tau^j$ 为卫星钟差，可由导航电文求得；$\mathrm{d}\rho_{\mathrm{ion}}^j$ 为电离层延迟；$\mathrm{d}\rho_{\mathrm{trop}}^j$ 为对流层延迟。

卫星 j 至接收机 k 的真实距离可表示为

$$R_k^j = |\boldsymbol{X}^j - \boldsymbol{x}_k| = \sqrt{(X^j - x_k)^2 + (Y^j - y_k)^2 + (Z^j - z_k)^2} \tag{5.3.2}$$

式中，$\boldsymbol{X}^j$ 为卫星 j 在 ECEF 坐标系中的位置矢量，$\boldsymbol{X}^j = [X^j, Y^j, Z^j]^{\mathrm{T}}$；$\boldsymbol{x}_k$ 为用户 k 在 ECEF 坐标系中的位置矢量，$\boldsymbol{x}_k = [x_k, y_k, z_k]^{\mathrm{T}}$。

在式(5.3.1) 中，由于电离层、对流层误差均可利用模型进行修正，卫星钟差可由导航电文提供的参数修正，因此，式(5.3.1) 可简化为

$$\rho_k^j = |\boldsymbol{X}^j - \boldsymbol{x}_k| + c\mathrm{d}\tau_k \tag{5.3.3}$$

为了求解用户的三维位置 $\boldsymbol{x}_k$ 和接收机时钟偏差 $\mathrm{d}\tau_k$ 这 4 个未知数，至少需要 4 个形如式(5.3.3) 的方程，因此，需要同时观测至少 4 颗卫星，即 $j \geqslant 4$，如图 5.3.1 所示。

式(5.3.3)是非线性方程，求解困难，一般可将其化简为线性方程。

如果接收机的概略位置已知，那么可以将真实位置 $\boldsymbol{x}_k$ 与概略位置 $\hat{\boldsymbol{x}}_k=[\hat{x}_k,\hat{y}_k,\hat{z}_k]^{\mathrm{T}}$ 之间的偏移用 $\Delta\boldsymbol{x}_k=[\Delta x_k,\Delta y_k,\Delta z_k]^{\mathrm{T}}$ 来标记，则用户真实位置为

$$\boldsymbol{x}_k=\hat{\boldsymbol{x}}_k+\Delta\boldsymbol{x}_k \tag{5.3.4}$$

用泰勒级数将式(5.3.3)绕概略位置 $\hat{\boldsymbol{x}}_k$ 展开，便可以将位置偏移 $\Delta\boldsymbol{x}_k$ 表示为已知坐标和伪距测量值的线性函数。

为更清楚地说明这一线性化过程，考虑单颗卫星的情况，并将式(5.3.3)用坐标表示为

$$\rho_k^j=\sqrt{(X^j-x_k)^2+(Y^j-y_k)^2+(Z^j-z_k)^2}+c\mathrm{d}\tau_k \tag{5.3.5}$$

设 v_k^j 为观测误差，将式(5.3.5)写成观测误差方程的形式

$$v_k^j=\rho_k^j-\sqrt{(X^j-x_k)^2+(Y^j-y_k)^2+(Z^j-z_k)^2}-c\mathrm{d}\tau_k \tag{5.3.6}$$

将式(5.3.6)在概略位置 $\hat{\boldsymbol{x}}_k$ 处进行泰勒级数展开并忽略二阶以上高次项，可得伪距定位线性误差方程为

$$v_k^j=\boldsymbol{I}_k^j\Delta\boldsymbol{x}_k-c\mathrm{d}\tau_k-L_k^j \tag{5.3.7}$$

式中，v_k^j 为用户 k 对第 j 颗卫星的观测误差；$\boldsymbol{I}_k^j$ 为用户 k 指向卫星 j 的单位方向矢量，$\boldsymbol{I}_k^j=\left[\dfrac{X^j-\hat{x}_k}{\hat{\rho}_k^j},\dfrac{Y^j-\hat{y}_k}{\hat{\rho}_k^j},\dfrac{Z^j-\hat{z}_k}{\hat{\rho}_k^j}\right]$；$\hat{\rho}_k^j$ 为用户 k 至卫星 j 的近似距离，$\hat{\rho}_k^j=|\boldsymbol{X}^j-\hat{\boldsymbol{x}}_k|=\sqrt{(X^j-\hat{x}_k)^2+(Y^j-\hat{y}_k)^2+(Z^j-\hat{z}_k)^2}$；$L_k^j$ 为常数项，$L_k^j=\rho_k^j-\hat{\rho}_k^j$。

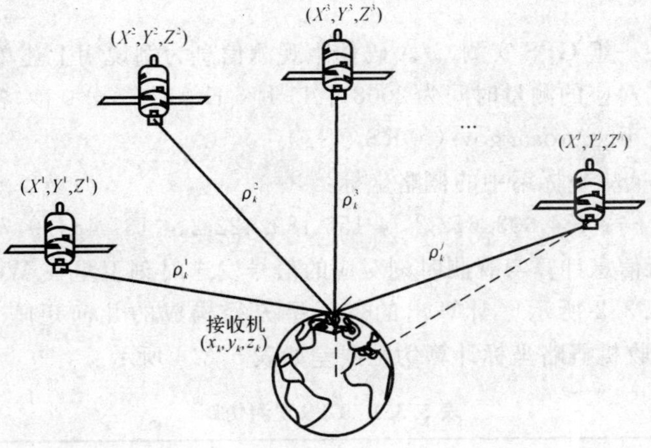

图 5.3.1　伪距单点定位原理

当同时观测 $n(n\geqslant 4)$ 颗卫星时，有如下联立方程：

$$\left.\begin{aligned}
v_k^1&=\boldsymbol{I}_k^1\Delta\boldsymbol{x}_k-c\mathrm{d}\tau_k-L_k^1\\
v_k^2&=\boldsymbol{I}_k^2\Delta\boldsymbol{x}_k-c\mathrm{d}\tau_k-L_k^2\\
&\cdots\cdots\\
v_k^n&=\boldsymbol{I}_k^n\Delta\boldsymbol{x}_k-c\mathrm{d}\tau_k-L_k^n
\end{aligned}\right\} \tag{5.3.8}$$

写成矩阵的形式

$$\boldsymbol{V}=\boldsymbol{A}\boldsymbol{X}-\boldsymbol{L} \tag{5.3.9}$$

式中

$$\boldsymbol{V}=[v_k^1,v_k^2,\cdots,v_k^n]^{\mathrm{T}},\quad \boldsymbol{A}=\begin{bmatrix}\boldsymbol{I}_k^1 & -1\\ \boldsymbol{I}_k^2 & -1\\ \vdots & \vdots\\ \boldsymbol{I}_k^n & -1\end{bmatrix},\quad \boldsymbol{X}=\begin{bmatrix}\Delta\boldsymbol{x}_k\\ c\mathrm{d}\tau_k\end{bmatrix},\quad \boldsymbol{L}=[L_k^1,L_k^2,\cdots,L_k^n]^{\mathrm{T}}$$

式(5.3.9)就是卫星导航伪距定位的测量方程。测量残差 $\boldsymbol{V}$ 是指消除掉已知偏差后的残存误差,一般由一些缓慢变化的项及随机噪声组成,前者可从导航电文中给出的等效用户测距误差(URE)中获得,后者的高频误差主要由接收机噪声和量化误差产生。

由于接收机观测的卫星数量不同,所以对上式的求解方法也有差异,可以分为以下几种情况:

1)当观测4颗卫星时($n=4$),只能忽略观测随机误差(即 $\boldsymbol{V}=\boldsymbol{0}$),求得代数解

$$\hat{\boldsymbol{X}}=\boldsymbol{A}^{-1}\boldsymbol{L} \tag{5.3.10}$$

2)当观测4颗以上卫星时($n>4$),可以根据最小二乘法求解,即组成法方程

$$\boldsymbol{A}^{\mathrm{T}}\boldsymbol{A}\boldsymbol{X}=\boldsymbol{A}^{\mathrm{T}}\boldsymbol{L} \tag{5.3.11}$$

解法方程,求得未知参数向量

$$\hat{\boldsymbol{X}}=(\boldsymbol{A}^{\mathrm{T}}\boldsymbol{A})^{-1}\boldsymbol{A}^{\mathrm{T}}\boldsymbol{L} \tag{5.3.12}$$

当概略坐标误差较大时,用于建立矩阵 $\boldsymbol{A}$ 的先验估值与真实值相差较大(如数千米以上),会使定位结果产生较大的偏差,可以通过迭代的方法加以解决。实际上,当接收机概略坐标未知时,可将其设置在地球的质心,对最小二乘求解过程进行多次迭代后,解算结果将收敛于接收机真实位置。

现以表5.3.1中一组GPS实测C/A码伪距观测信息为例说明上述单点定位数学模型的使用方法。表中数据对应的测量时间为2008年11月5日0时55分0秒,各卫星星历信息可登录网站 http://www.ngs.noaa.gov/CORS/ 下载。

接收机在WGS-84坐标系中的概略坐标:

$$\hat{\boldsymbol{x}}=[-2\,484\,603.672\,2,\ 4\,156\,189.422\,2,4\,137\,464.977\,6]^{\mathrm{T}}$$

根据获取的星历信息计算与观测时刻对应的信号发送时刻卫星在WGS-84坐标系中的位置及高度角如表5.3.2所示。计算出的各卫星矢径构成的几何矩阵 $\boldsymbol{A}$ 中的各元素如表5.3.3所示。利用接收机概略坐标计算伪距残差如表5.3.4所示。

表5.3.1 GPS观测伪距

卫星号	伪距/m
6	20 570 515.796 48
7	24 975 380.495 47
13	22 011 585.319 47
16	20 738 148.865 48
19	23 131 322.252 46
21	24 347 536.817 46
23	21 086 195.400 47
25	23 331 967.340 47
31	22 875 950.414 47

表 5.3.2　卫星位置和高度角

卫星号	x 方向 /m	y 方向 /m	z 方向 /m	高度角 /(°)
6	－14 172 018.475 034 90	19 755 237.618 573 43	10 868 927.384 195 63	67.8
7	18 330 796.835 811 89	8 549 726.841 996 728	17 246 038.587 879 80	7.6
13	8 031 537.399 741 862	15 157 267.263 488 68	20 162 994.765 705 39	37.7
16	－12 040 326.079 406 45	9 166 097.043 341 288	21 889 224.936 832 35	63.3
19	－6 938 259.427 421 996	25 060 026.224 893 67	－4 752 429.906 040 238	24.3
21	－22 502 827.214 400 43	－6 135 806.834 881 257	13 469 513.260 324 27	17.1
23	2 452 126.121 777 505	22 257 456.118 633 85	14 020 041.021 487 49	50.2
25	11 598 034.063 816 87	11 736 910.252 796 09	21 132 876.697 373 28	26.8
31	－25 013 505.592 171 38	8 090 687.439 106 602	4 374 388.129 520 225	30.1

表 5.3.3　矩阵 A 中各元素

卫星号	单位矢径 x 分量	单位矢径 y 分量	单位矢径 z 分量
6	－0.566 763 848 867 934 4	0.756 452 709 482 729 3	0.326 432 286 902 878 1
7	0.833 003 442 710 851 3	0.175 823 270 609 707 9	0.524 586 925 060 065 7
13	0.475 833 481 144 763 3	0.497 775 859 961 747 2	0.725 121 845 941 079 9
16	－0.459 997 017 539 935 8	0.241 168 847 908 099 2	0.854 541 005 834 737 1
19	－0.192 398 124 132 069 8	0.903 046 667 512 521 1	－0.384 043 849 221 662 6
21	－0.821 536 381 129 447 6	－0.422 377 607 174 574 7	0.382 981 894 399 998 5
23	0.232 799 236 322 581 1	0.853 593 621 539 087 2	0.466 028 373 423 130 5
25	0.603 437 668 619 692 6	0.324 832 079 772 400 0	0.728 249 339 197 480 7
31	－0.985 037 392 319 557 5	0.172 029 141 962 950 7	0.010 359 056 316 932 36

表 5.3.4　观测伪距和伪距残差

卫星号	观测伪距 /m	伪距残差 /m
6	20 570 515.796 48	6 126.773 260 286 655
7	24 975 380.495 47	6 114.998 823 747 943
13	22 011 585.319 47	6 126.257 243 632 485
16	20 738 148.865 48	6 128.425 933 561 098
19	23 131 322.252 46	6 123.600 016 442 804
21	24 347 536.817 46	6 119.413 544 843 717
23	21 086 195.400 47	6 129.626 229 565 269
25	23 331 967.340 47	6 125.185 910 924 343
31	22 875 950.414 47	6 127.016 822 991 042

表 5.3.4 中的伪距残差列构成 $\boldsymbol{L}$ 矩阵，伪距残差与卫星高度角、接收机时钟误差有关。应用最小二乘法，求得接收机坐标改正数和钟差为

$$\begin{cases}\Delta x=-5.728\,492\,743\,434\,230\,8\\ \Delta y=10.317\,112\,560\,144\,665\\ \Delta z=8.423\,108\,342\,035\,448\,0\\ \mathrm{d}\tau_k=-2.040\,282\,114\,653\,057\,5\times 10^{-5}\end{cases}$$

利用上述改正数修正概略坐标后的定位解与精确坐标的位置误差为

$$\Delta \boldsymbol{X}=[-4.520\,692\,743\,360\,996, 7.421\,312\,559\,861\,690, 6.334\,708\,341\,863\,006]^{\mathrm{T}}$$

如果采用不同的截止卫星高度角，则得到的结果如表 5.3.5 所示。可见，对于高度角较低的卫星，由于具有更大的传播路径延迟，信号容易受到各种因素的干扰，因而会导致较大的观测误差，参与定位计算反而会对定位结果产生负面影响。

表 5.3.5 不同截止卫星高度角时的定位误差

截止高度角 /(°)	x 分量误差 /m	y 分量误差 /m	z 分量误差 /m
0	−4.520 692 743 360 996	7.421 312 559 861 690	6.334 708 341 863 006
10	−1.653 482 476 249 337	4.581 295 360 345 393	4.098 388 657 439 500
20	1.241 378 712 002 188	0.249 844 423 495 233 1	2.544 883 863 534 778

5.3.2 定位精度

在大多数应用环境中，接收机可以观测到多于 4 颗卫星的情况，因此考察式(5.3.12)的估计精度。

设由观测噪声引起 x,y,z 方向的定位误差和接收机时钟误差引起的距离差为 $\boldsymbol{v}_{\hat{X}}=[v_x,v_y,v_z,v_\tau]^{\mathrm{T}}$，以下将 $\boldsymbol{v}_{\hat{X}}$ 简称为定位误差，可得

$$\begin{aligned}\boldsymbol{v}_{\hat{X}}=\boldsymbol{X}-\hat{\boldsymbol{X}}=\boldsymbol{X}-(\boldsymbol{A}^{\mathrm{T}}\boldsymbol{A})^{-1}\boldsymbol{A}^{\mathrm{T}}\boldsymbol{L}=\boldsymbol{X}-(\boldsymbol{A}^{\mathrm{T}}\boldsymbol{A})^{-1}\boldsymbol{A}^{\mathrm{T}}(\boldsymbol{A}\boldsymbol{X}-\boldsymbol{V})=\\ (\boldsymbol{A}^{\mathrm{T}}\boldsymbol{A})^{-1}\boldsymbol{A}^{\mathrm{T}}\boldsymbol{V}\end{aligned} \tag{5.3.13}$$

显然，定位误差与伪距观测误差 $\boldsymbol{V}$ 有关。假设在一次观测期间，用户对各卫星的伪距测量误差是零均值互不相关的噪声，且具有相等的方差 $\sigma_{\mathrm{URE}}^2(\mathrm{m}^2)$，则

$$\left.\begin{aligned}\mathrm{E}[\boldsymbol{V}]=\boldsymbol{0}\\ \mathrm{E}[\boldsymbol{V}\boldsymbol{V}^{\mathrm{T}}]=\sigma_{\mathrm{URE}}^2\boldsymbol{I}\end{aligned}\right\} \tag{5.3.14}$$

记 $\boldsymbol{R}=\sigma_{\mathrm{URE}}^2\boldsymbol{I}$ 为伪距测量误差协方差，$\boldsymbol{I}$ 表示 n 行 n 列的单位阵，n 为当前参与定位解算的卫星数量。σ_{URE}^2 称为用户测距误差(URE)的方差。

由式(5.3.13)可得位置误差的方差为

$$\begin{aligned}\mathrm{E}[\boldsymbol{v}_{\hat{X}}\boldsymbol{v}_{\hat{X}}^{\mathrm{T}}]=(\boldsymbol{A}^{\mathrm{T}}\boldsymbol{A})^{-1}\boldsymbol{A}^{\mathrm{T}}\mathrm{E}[\boldsymbol{V}\boldsymbol{V}^{\mathrm{T}}]\boldsymbol{A}(\boldsymbol{A}^{\mathrm{T}}\boldsymbol{A})^{-1}=\\ (\boldsymbol{A}^{\mathrm{T}}\boldsymbol{A})^{-1}\boldsymbol{A}^{\mathrm{T}}\boldsymbol{R}\boldsymbol{A}(\boldsymbol{A}^{\mathrm{T}}\boldsymbol{A})^{-1}\end{aligned} \tag{5.3.15}$$

令 $\boldsymbol{H}=(\boldsymbol{A}^{\mathrm{T}}\boldsymbol{A})^{-1}$，进一步化简可得

$$\mathrm{E}[\boldsymbol{v}_{\hat{X}}\boldsymbol{v}_{\hat{X}}^{\mathrm{T}}]=\sigma_{\mathrm{URE}}^2\,(\boldsymbol{A}^{\mathrm{T}}\boldsymbol{A})^{-1}=\sigma_{\mathrm{URE}}^2\boldsymbol{H} \tag{5.3.16}$$

可见，$\boldsymbol{H}$ 是从用户测距误差转换到位置误差的变换因子矩阵。由于矩阵 $\boldsymbol{A}$ 由卫星与用户

接收机之间的方向矢量确定，因此，它能够反映卫星的几何分布情况。**A** 常常称为几何矩阵，有时也写作 **G**。

由以上分析可知，定位误差由两个因素决定：用户测距误差和用户与卫星之间的几何关系。当用户与卫星之间的几何关系一定时，用户测距误差越小，定位误差越小，但必须指出的是，上述分析过程基于所有卫星伪距测量值的误差是非相关的且具有相同的统计特性这样一个假定，因此接下来由此导出的各项定位误差也仅仅是一个近似值。下面我们重点分析用户与卫星之间的几何关系。

式(5.3.16)左边定位误差的方差可写为

$$\mathrm{E}[\boldsymbol{v}_{\hat{X}}\boldsymbol{v}_{\hat{X}}^{\mathrm{T}}]=\begin{bmatrix}\mathrm{E}[v_x^2] & \mathrm{E}[v_xv_y] & \mathrm{E}[v_xv_z] & \mathrm{E}[v_xv_\tau]\\ \mathrm{E}[v_yv_x] & \mathrm{E}[v_y^2] & \mathrm{E}[v_yv_z] & \mathrm{E}[v_yv_\tau]\\ \mathrm{E}[v_zv_x] & \mathrm{E}[v_zv_y] & \mathrm{E}[v_z^2] & \mathrm{E}[v_zv_\tau]\\ \mathrm{E}[v_\tau v_x] & \mathrm{E}[v_\tau v_y] & \mathrm{E}[v_\tau v_z] & \mathrm{E}[v_\tau^2]\end{bmatrix} \tag{5.3.17}$$

而 $\boldsymbol{v}_{\hat{X}}$ 中各分量的方差分别为

$$\left.\begin{aligned}\sigma_x^2&=\mathrm{E}[v_xv_x^{\mathrm{T}}]=\mathrm{E}[v_x^2]\\ \sigma_y^2&=\mathrm{E}[v_yv_y^{\mathrm{T}}]=\mathrm{E}[v_y^2]\\ \sigma_z^2&=\mathrm{E}[v_zv_z^{\mathrm{T}}]=\mathrm{E}[v_z^2]\\ \sigma_\tau^2&=\mathrm{E}[v_\tau v_\tau^{\mathrm{T}}]=\mathrm{E}[v_\tau^2]\end{aligned}\right\} \tag{5.3.18}$$

也就是说，定位误差与式(5.3.16)中 **H** 阵的对角线元素有关，用 $h_{rr}(r=1,2,3,4)$ 表示矩阵 **H** 的对角线元素，则三维位置误差就可以表示为

$$\sigma_p=\sqrt{\sigma_x^2+\sigma_y^2+\sigma_z^2}=\sigma_{\mathrm{URE}}\sqrt{h_{11}+h_{22}+h_{33}}$$

由此导出如下定义：

$$\left.\begin{aligned}\mathrm{GDOP}&=\sqrt{h_{11}+h_{22}+h_{33}+h_{44}}\\ \mathrm{PDOP}&=\sqrt{h_{11}+h_{22}+h_{33}}\\ \mathrm{HDOP}&=\sqrt{h_{11}+h_{22}}\\ \mathrm{VDOP}&=\sqrt{h_{33}}\\ \mathrm{TDOP}&=\sqrt{h_{44}}/c\end{aligned}\right\} \tag{5.3.19}$$

式(5.3.19)的含义如表 5.3.6 所示。

表 5.3.6　精度因子

GDOP	几何精度因子(Geometrical Dilution Of Precision)
PDOP	位置精度因子(Positional Dilution Of Precision)
TDOP	时间精度因子(Time Dilution Of Precision)
HDOP	水平精度因子(Horizontal Dilution Of Precision)
VDOP	垂直精度因子(Vertical Dilution Of Precision)

那么定位的各项误差值可分别以用户测距误差和精度因子表示为

位置误差：　$\sigma_{\mathrm{URE}}\times\mathrm{PDOP}$；

水平位置误差：$\sigma_{\mathrm{URE}}\times\mathrm{HDOP}$；

垂直位置误差：$\sigma_{\mathrm{URE}} \times \mathrm{VDOP}$；

时间误差：　　$\sigma_{\mathrm{URE}} \times \mathrm{TDOP}$。

可见，精度因子越小，表明卫星和接收机之间的几何关系越好，在同等测距误差的情况下，定位误差越小。

为了更深入地了解精度因子，现将 **A** 矩阵表示成卫星高度角和方位角的形式。如图5.3.2所示，由于 **A** 矩阵是由接收机至卫星的单位方向矢量 **I** 构成的，定义卫星 S_i 的方位角为 A_{Zi}（从真北起顺时针到卫星的投影线，范围是 0°～360°），仰角为 E_i（从本地水平面到卫星的高度，范围是 0°～90°），转换到当地地理坐标系（东北天坐标系，接收机处于原点位置）。

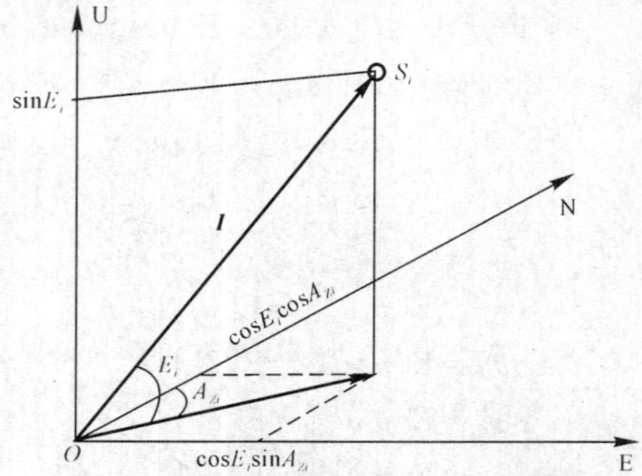

图 5.3.2　接收机至卫星的方向矢量

假设某一时刻接收机只观测到 4 颗卫星，则 **A** 矩阵可写为

$$\boldsymbol{A}=\begin{bmatrix}\cos(E_1)\sin(A_{Z1}) & \cos(E_1)\cos(A_{Z1}) & \sin(E_1) & -1\\ \cos(E_2)\sin(A_{Z2}) & \cos(E_2)\cos(A_{Z2}) & \sin(E_2) & -1\\ \cos(E_3)\sin(A_{Z3}) & \cos(E_3)\cos(A_{Z3}) & \sin(E_3) & -1\\ \cos(E_4)\sin(A_{Z4}) & \cos(E_4)\cos(A_{Z4}) & \sin(E_4) & -1\end{bmatrix} \tag{5.3.20}$$

式(5.3.20)明确地反映了 **H** 阵与卫星和接收机的位置几何关系有关。对于陆地和海洋的用户来说，由于可见卫星的最低仰角为 0°，当 $n=4$ 时最好的 GDOP 将发生在 1 颗卫星在天顶，其他 3 颗卫星等间隔地分布在接近地平线的最低仰角上，图 5.3.3 给出了较好和较差 GDOP 的情况。

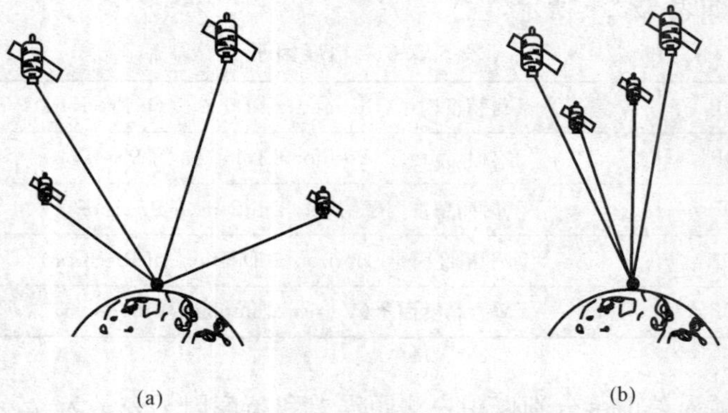

图 5.3.3　几何位置关系示意图

(a) 较好的 GDOP；(b) 较差的 GDOP

下面我们给出的例子是采用水平面上最低仰角(5°)等间隔分布的 3 颗卫星和 1 颗正好在天顶的卫星，如表 5.3.7 所示，由这样 4 颗卫星获得的定位精度应该是最佳的。

表 5.3.7　卫星的位置

	卫星 1	卫星 2	卫星 3	卫星 4
仰角	5°	5°	5°	90°
方位	0°	120°	240°	0°

根据式(5.3.20)可以得到 $\boldsymbol{A}$ 矩阵的逆矩阵为

$$\boldsymbol{A}^{-1}=\begin{bmatrix} 0.000 & 0.580 & -0.580 & 0.000 \\ 0.670 & -0.335 & -0.335 & 0.000 \\ -0.365 & -0.365 & -0.365 & 1.095 \\ -0.365 & -0.365 & -0.365 & 0.095 \end{bmatrix}$$

$$\boldsymbol{H}=(\boldsymbol{A}^{\mathrm{T}}\boldsymbol{A})^{-1}=\begin{bmatrix} 0.672 & 0.000 & 0.000 & 0.000 \\ 0.000 & 0.672 & 0.000 & 0.000 \\ 0.000 & 0.000 & 1.600 & 0.505 \\ 0.000 & 0.000 & 0.505 & 0.409 \end{bmatrix}$$

在逆矩阵 $\boldsymbol{A}^{-1}$ 中，前三行各元素之和均为 0，这表明测距误差的公共偏差不影响定位精度。最后一行的和为 -1，得到的是接收机时钟偏差解，表明任何一种公共偏差都只表现为接收机的时钟偏差。由式(5.3.17)可知，GDOP 矩阵 $\boldsymbol{H}$ 中，除了垂直误差和时间相关外，所有非对角元素均为零。

由上式可以计算出 GDOP 及其他几何精度因子的数值：

HDOP=1.16，　VDOP=1.26，　PDOP=1.72，　TDOP=0.64，　GDOP=1.83

对于这个例子，PDOP 值为 1.72，是非常理想的几何分布，事实上我们所选的四颗星是最低仰角为 5°时的最佳位置。对于 GPS 而言，在全球范围内，有代表性的 PDOP 值约为 2.5 (50%概率)。由 24 颗卫星构成的 GPS 星座有时会出现值为 6 或 7 的 PDOP。一般来说，大于 5 的 PDOP 将会给定位结果带来较大的误差。

最后我们给出图 5.3.4 说明仰角对各种精度因子的影响。这里选择的卫星在方位上保持等间隔分布，只改变最低仰角时精度因子的变化情况。其中出现负仰角意味着采用伪卫星时的情况。图中 HDOP 在整个区间内起伏不大，这是由于所选的 4 颗星在方位上是最佳配置的。另外应该注意到较低的仰角对垂直定位有利。

精度因子能够描述用户与卫星之间的位置关系，当用户的位置一定时，它依赖于卫星的几何位置，因而可以直接加以计算而不必考虑伪距观测质量。若伪距观测误差较大，则有可能导致定位结果较差，而这一点是无法由 DOP 值描述的；高度角较低的卫星可以改善定位卫星的几何配置，然而这些卫星的伪距测量由于存在较大的大气延迟误差，因而可能导致较差的定位精度。这在上一节定位的例子中就有所体现。基于表 5.3.2 和表 5.3.3 中的数据，可以计算，当所有卫星都参与定位时，可得到 PDOP 值为 1.635 2；当仰角小于10°的卫星不参与计算时，得到的 PDOP 值为 1.920 1；当仰角小于20°的卫星不参与计算时，得到的 PDOP 值为2.381 8。PDOP 值逐渐变大，而定位结果与真实位置的偏差却是逐渐减小的。可见，参与定位的卫星数量增多,有可能改善定位的几何分布,但在 DOP 值已经很小的情况下,如果引入了低仰角的卫星,则极有可能会得到较差的定位结果。

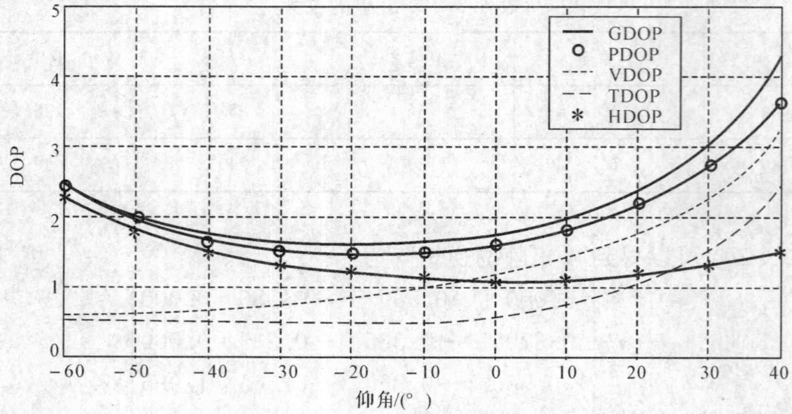

图 5.3.4 最佳方位配置的四颗卫星 DOP 值与仰角的关系

以上介绍的单点定位方法通常采用测码伪距法实现,只需一台接收机单独测量即可完成定位,其优点是数据采集和数据处理较为简单,不受第 7 章介绍的差分法中多点同步测量以及基线长度的限制,在进行大范围测量作业时比较方便。然而,由于测码伪距观测误差一般为数分米至数十米,卫星位置的误差可达数米至数十米,卫星时钟改正数的误差也约有 20 ns,因此这种方法的定位精度并不高。

5.4 精密单点定位

随着复杂的科研和工程项目活动的日益增加,对定位的要求也呈现出多样化,如精密地质工程测量、精密划界等,均要求分米甚至厘米级的定位精度。为了解决定位精度和差分方法中作用距离的矛盾,美国喷气推进实验室(JPL)的 Zumberge 于 1997 年提出精密单点定位(Precise Point Positioning, PPP)技术。

在将接收机钟差作为未知参数进行求解的情况下,利用卫星定位的主要误差可以分为三类:轨道误差(星历误差)、卫星钟差和大气层延时造成的误差。PPP 定位过程与传统的单点定位基本一致,但是必须采用精细的模型对各种误差加以改正,并利用辅助参数估计卫星天线相位中心偏差和地球潮汐等造成的误差。如果采用双频接收机,可以利用载波相位组合,消除电离层延时的影响;如果选择在地心地固坐标系中表示卫星轨道,那么便可以根据相同的计算参考框架,消去观测方程中的地球自转参数。于是,只要通过外界服务给定精密卫星轨道和卫星钟差,再利用精密的观测模型,以无电离层影响的载波相位和伪距组合观测值为观测资料,对测站的位置、接收机钟差、对流层天顶延迟和组合后的相位模糊度等参数进行估计,就可以利用单个接收机计算出精确位置、钟差、模糊度和对流层延时参数。这就是 PPP 定位的基本思想,目前主要针对 GPS 应用。

5.4.1　在线定位服务

PPP 技术需要外界提供卫星的精密轨道和钟差，在线定位服务就是提供这一功能的专门机构，它源于 1998 年 JPL 的 Auto-Gipsy 服务。目前，国际 GPS 服务组织(International GPS Service，IGS)的几个数据分析中心就具备提供卫星精密轨道和钟差等自动数据分析服务的能力，只是提供的大都是后处理结果，只能用于事后处理和静态定位。根据 IGS 的相关报告，其提供的卫星精密轨道精度能够达到 2～3 cm，卫星钟差的精度优于 0.02 ns。近 10 年来，由于 IGS 的努力，GPS 卫星预报轨道的精度已经达到十几厘米，预报轨道的时间也由 24 h 缩短到 3 h，基于此精度的卫星钟差和轨道，已经能够满足绝大多数应用场合的定位要求。此外，加拿大和欧洲也有类似的服务机构。

5.4.2　定位原理

在 PPP 中，双频观测量可有效地消除电离层延迟误差，通过 IGS 服务可获得卫星精密轨道和钟差。以下介绍中，下标 L1 和 L2 表示 GPS 两个载频相应的参数。

自由电离层组合(Ionosphere-Free Combination)的伪距和载波相位双频观测模型为

$$\rho_{\mathrm{IF}}=\frac{f_{\mathrm{L1}}^2\rho_{\mathrm{L1}}-f_{\mathrm{L2}}^2\rho_{\mathrm{L2}}}{f_{\mathrm{L1}}^2-f_{\mathrm{L2}}^2}=R+c\mathrm{d}\tau_k+\mathrm{d}M_{\mathrm{IF}}^{\varrho}+\mathrm{d}\rho_{\mathrm{trop}}^j+v_{\rho_{\mathrm{IF}}} \tag{5.4.1}$$

$$\varphi_{\mathrm{IF}}=\frac{f_{\mathrm{L1}}^2\varphi_{\mathrm{L1}}-f_{\mathrm{L2}}^2\varphi_{\mathrm{L2}}}{f_{\mathrm{L1}}^2-f_{\mathrm{L2}}^2}=R+c\mathrm{d}\tau_k+\frac{cf_{\mathrm{L1}}N_{\mathrm{L1}}-cf_{\mathrm{L2}}N_{\mathrm{L2}}}{f_{\mathrm{L1}}^2-f_{\mathrm{L2}}^2}+\mathrm{d}M_{\mathrm{IF}}^{\varphi}+\mathrm{d}\rho_{\mathrm{trop}}^j+v_{\varphi_{\mathrm{IF}}} \tag{5.4.2}$$

式中，j 为卫星号；R 为真实距离；$d\tau_k$ 为接收机钟差；f_{L1}，f_{L2} 为载波频率；ρ_{L1}，ρ_{L2} 为测码伪距观测值；φ_{L1}，φ_{L2} 为载波相位观测值；N_{L1}，N_{L2} 为整周模糊度；$\mathrm{d}M_{\mathrm{IF}}^{\varrho}$，$\mathrm{d}M_{\mathrm{IF}}^{\varphi}$ 为码和载波相位的多路径效应；$\mathrm{d}\rho_{\mathrm{trop}}^j$ 为对流层延迟；$v_{\rho_{\mathrm{IF}}}$，$v_{\varphi_{\mathrm{IF}}}$ 为观测噪声。

伪距和载波相位双频观测模型中存在接收机位置、钟差、对流层延迟、多路径效应和载波相位整周模糊度五个参数需要估算。自适应天线能有效地降低多路径的影响；码多路径误差可根据载波相位的平滑得到一定的控制；对流层延迟变化较为缓慢，数量级为 cm/h；只要跟踪连续，模糊度将保持为初始的常值不变。

对 GPS 来说，由于 P 码的军用限制，双频定位模型的使用并不十分方便，如何利用单频接收机实现 PPP 则具有更普遍的适用性。

单频 GPS 接收机的码和载波精密观测模型为

$$\rho_{\mathrm{L1}}^j=R+c\mathrm{d}\tau_k-c\mathrm{d}\tau^j+c\mathrm{d}\tau_{GD}^j+\mathrm{d}\rho_{\mathrm{orb}}^j+\mathrm{d}\rho_{\mathrm{rel}}^j+\mathrm{d}M_{\mathrm{IF}}^{\varrho}+\mathrm{d}\rho_{\mathrm{ion}}^j+\mathrm{d}\rho_{\mathrm{trop}}^j+v_{\rho_{\mathrm{L1}}^j} \tag{5.4.3}$$

$$\varphi_{\mathrm{L1}}^j=R+c\mathrm{d}\tau_k-c\mathrm{d}\tau^j+\mathrm{d}\rho_{\mathrm{orb}}^j+\mathrm{d}M_{\mathrm{IF}}^{\varphi}-\mathrm{d}\rho_{\mathrm{ion}}^j+\mathrm{d}\rho_{\mathrm{trop}}^j+\lambda_1N_{\mathrm{L1}}+\mathrm{d}\rho_{\mathrm{rel}}^j+\mathrm{d}\rho_{\mathrm{w1}}^j+v_{\varphi_{\mathrm{L1}}^j} \tag{5.4.4}$$

式中，$\mathrm{d}\tau^j$ 为卫星钟差；$\mathrm{d}\rho_{\mathrm{orb}}^j$ 为卫星轨道误差；$\mathrm{d}\rho_{\mathrm{ion}}^j$ 为电离层误差；$\mathrm{d}\rho_{\mathrm{w1}}^j$ 为由于天线旋转造成的相位缠绕误差等效距离误差；$\mathrm{d}\tau_{\mathrm{GD}}^j$ 为电离层群延迟；$\mathrm{d}\rho_{\mathrm{rel}}^j$ 为相对论效应等效距离误差；$v_{\rho_{\mathrm{L1}}}^j$，$v_{\varphi_{\mathrm{L1}}}^j$ 为观测噪声。

为了获得分米级的定位精度，卫星精密轨道和钟差需由 IGS 或者 JPL 服务组织提供，这样可以消除 $\mathrm{d}\rho_{\mathrm{orb}}^j$ 和 $\mathrm{d}\tau^j$；$\mathrm{d}\rho_{\mathrm{trop}}^j$，$\mathrm{d}\rho_{\mathrm{rel}}^j$ 和 $\mathrm{d}\rho_{\mathrm{w1}}^j$ 可通过建立模型把误差控制在厘米级；由于 IGS 提供的

精密时钟改正数，群延迟 $d\tau_{GD}^j$ 可通过导航电文得出。所以，方程(5.4.3)和(5.4.4)可简化为

$$\rho_{L1}^j = R + c d\tau_k + d\rho_{ion}^j + v_{\rho_{L1}^j} \tag{5.4.5}$$

$$\varphi_{L1}^j = R + c d\tau_k - d\rho_{ion}^j + \lambda_{L1} N_{L1} + v_{\varphi_{L1}^j} \tag{5.4.6}$$

从方程(5.4.5)和(5.4.6)可以看出，伪距和载波相位观测模型的主要误差源为 $d\rho_{ion}^j$，可采用模型化的方法加以修正。

不管用户采用何种定位模型，定位的实时性都会对其应用范围和后续的发展产生重要影响。实时 PPP 技术利用实时精密卫星轨道参数和实时精密卫星钟差解算单台接收机经过数据预处理的非差相位数据，得到分米甚至厘米级精度的定位结果。实时精密单点定位的实现分如下几个步骤：

1）利用 IGS 提供的预报星历与 IGS 准实时跟踪站数据进行卫星轨道精化，得到实时的精度优于 20 cm 的高可靠性的卫星轨道。

2）区域 GPS 基准站实时数据采集、传输。采用有效的实时数据压缩方法、数据加密方法、数据传输标准及基准站数据的质量监测与数据预处理，为系统提供安全可靠的实时数据流，供实时估计卫星钟差使用。经过预处理后的载波相位观测值的精度可达到毫米级。

3）利用实时轨道和实时区域观测数据估计精密卫星钟差，精度优于 0.5 ns。

4）利用实时精密轨道和精密卫星钟差以及用户实时采集的数据进行动态定位，水平相对精度优于 10 cm，高程相对精度优于 20 cm。

可见，上述实现过程中，精密卫星轨道参数和精密卫星钟差的实时提供是一项关键技术。

5.5 多普勒法定位

5.5.1 多普勒积分值求距离差

多普勒频移可表示为接收频率和卫星发射频率相差的每秒相位周，因为电波频率对时间的积分表现为电波的周数，它和距离变化率有关。把某段时间间隔内一共差多少个相位周，用计数的办法累计出来，称为多普勒计数，或称多普勒积分值。由于在一次卫星通过期间，多普勒积分值会呈现双值性，为了避免出现这种情况，接收机并不直接测量接收频率与发射频率之差，如果本机基准频率和卫星发射频率相差一个固定值，那么接收机就可以通过测量接收频率 f_r 与本机基准频率 f_G 之差，求其多普勒频移积分值，进而得到距离差。

如图 5.5.1 所示，假设在 t_1 时刻卫星在 S_1 处发射信号，此时 S_1 与观测点 P 相距 R_1，电波以速度 c 传播，测者在 t_1+R_1/c 时刻接收到信号；t_2 时刻，卫星在 S_2 处发射信号，此时卫星与观测点距离为 R_2，测者在 t_2+R_2/c 时刻接收到信号。

接收机接收卫星从 t_1 到 t_2 时刻传播的信号，可测得多普勒积分值 N，它是距离差 R_2-R_1 的函数：

$$N = \int_{t_1+R_1/c}^{t_2+R_2/c} (f_G - f_r)\,dt = \int_{t_1+R_1/c}^{t_2+R_2/c} f_G\,dt - \int_{t_1+R_1/c}^{t_2+R_2/c} f_r\,dt \tag{5.5.1}$$

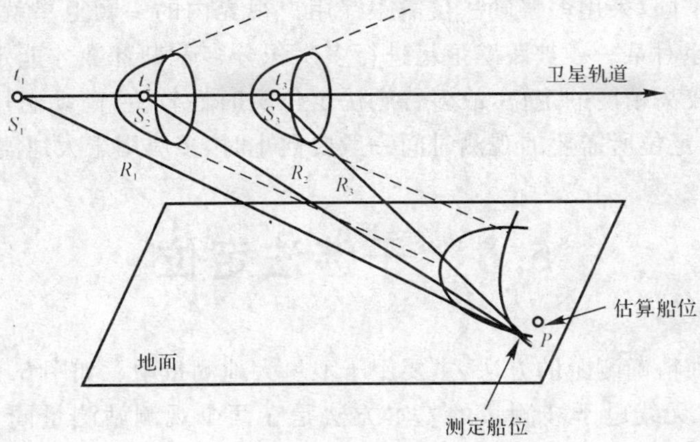

图5.5.1　卫星多普勒频移积分值定位原理

式(5.5.1)等号右边第二部分代表接收机在$(t_1+R_1/c)\sim(t_2+R_2/c)$时间内接收到的电波总周数，它等于卫星在$t_1\sim t_2$之间发射的电波总周数。即

$$\int_{t_1+R_1/c}^{t_2+R_2/c} f_r \mathrm{d}t = \int_{t_1}^{t_2} f_c \mathrm{d}t \tag{5.5.2}$$

将式(5.5.2)代入式(5.5.1)得

$$N = \int_{t_1+R_1/c}^{t_2+R_2/c} f_G \mathrm{d}t - \int_{t_1}^{t_2} f_c \mathrm{d}t \tag{5.5.3}$$

由于发射频率f_c和本机振荡频率f_G都很稳定，在卫星通过测者上空期间可以认为是常数。所以式(5.5.3)可改写成

$$\begin{aligned} N &= f_G[(t_2-t_1)+(R_2-R_1)/c] - f_c(t_2-t_1) = \\ &(f_G-f_c)(t_2-t_1)+(R_2-R_1)f_G/c \end{aligned} \tag{5.5.4}$$

式中，如果f_G，f_c，c，t_2-t_1都是已知值，那么只要测得多普勒频移积分值N，就可求得t_2和t_1两时刻卫星与测者之间的距离差ΔR。公式如下：

$$\Delta R = R_2 - R_1 = N\frac{c}{f_G} - (f_G - f_c)(t_2 - t_1)\frac{c}{f_G} \tag{5.5.5}$$

5.5.2　定位原理

接收机接收卫星信号后，就能获得卫星轨道参数、时间和多普勒频移三种信息。根据轨道参数，可以确定卫星位置；根据多普勒频移积分值，可以得出相应时间卫星和测者的距离差。这时与空间两定点距离差为一定值的点的轨迹，是以这两个点为焦点的旋转双曲面，参见图5.5.1。曲面与地球表面相交的曲线，就是测者的位置线。同时测得多条位置线时，这些位置线的交点即为观测点的位置。

卫星导航接收机进行相关接收和实现解扩后，由多普勒计数算出距离差，实现接收机定位。利用广播星历的单机定位精度一般为10 m左右，若观测100次卫星通过后对测量数据平差解算，可获得精度为3～5 m的地心坐标解；如果利用精密星历观测40次卫星通过后对测量数据平差解算，可获得精度为0.5～1 m的地心坐标解。为了消除公共误差以提高定位精度，可利用2台以上的多普勒定位仪进行联测，联测的定位精度一般为0.5 m。

与伪距法定位不同，采用多普勒法仅需跟踪用户视界内的一颗卫星就可实现定位，当然，由于必须以一定时序对某一颗被跟踪卫星进行多次积分多普勒计数才能定位，且只有计数次数较多时才能实现较高精度的定位，故多普勒法定位实时性较差，高动态用户不宜使用；在静态应用时，多普勒法定位所需要的观测时间一般要数小时，多应用于大地测量中。

5.6　干涉法定位

干涉测量是一种精确测距的方法，主要用于卫星大地测量中。如图 5.6.1 所示，假设两站间的基线矢量为 $\boldsymbol{b}$。无线电干涉测量的基本方法是在两个观测站测量同一射电源发出的信号，由于射电源很远，此时可以认为两站接收的电波是平行波，比较两站收到的信号相位就可以确定电波从观测站 1 到观测站 2 的时延 τ，从而可以求得基线长度

$$|\boldsymbol{b}|=\frac{c\tau}{\cos\theta} \tag{5.6.1}$$

式中，c 为电波传播速度。

如果观测站 2 的位置是已知的，就可求得观测站 1 的位置。

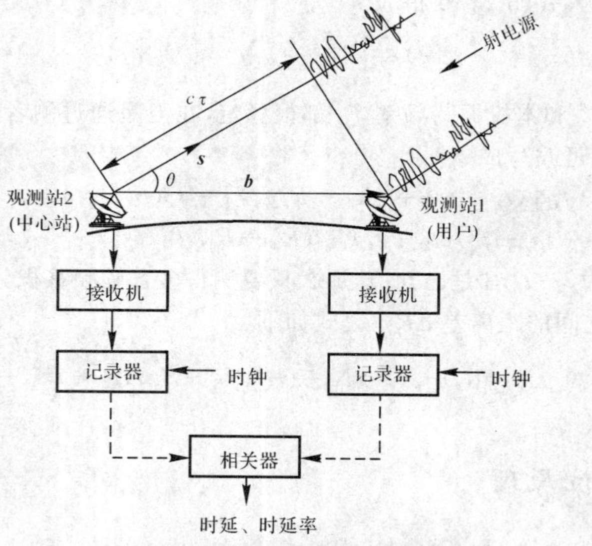

图 5.6.1　甚长基线干涉测量示意图

普通的干涉仪具有统一的记录系统，用来记录两站收到的信号，但这种干涉仪的基线长度受到了限制。20 世纪 60 年代末，出现了甚长基线干涉测量（Very Long Baseline Interferometry，VLBI）方法，其基本思想是由两个具有独立时间标准的观测站观测同一个射电源，利用观测所得的磁带记录进行比对。基线可以很长，甚至几千千米。

如果将导航卫星信号作为噪声射电源，利用甚长基线干涉原理进行测量，可以达到厘米级的相对定位精度。

在图 5.6.1 中，中心站位于已知点 2，用户位于未知点 1。两站同时接收卫星信号，这时的信号表现为微弱的随机波形式。在接收机中，卫星信号经放大、变频、滤波、周期性采样等一系

列的处理后，形成数字化电流，以此来表示接收的信号。将站 1 的数据流 $X(t)$ 和站 2 的数据流 $X(t+\tau)$ 各自记录在磁带上，时标信号也同时记录在磁带上。把记录的数据流用计算机进行事后处理，当求得 $X(t)$ 和 $X(t+\tau)$ 的最大相关时，就可得到卫星信号到达两站的时延 τ。

假设基线矢量 $\boldsymbol{b}=[\Delta x \quad \Delta y \quad \Delta z]^{\mathrm{T}}$，测站 2 的天线指向卫星方向的单位矢量为 $\boldsymbol{s}$，且 $\boldsymbol{s}=\begin{bmatrix}\cos\delta_s\cos(\alpha_s-\alpha_G)\\ \cos\delta_s\sin(\alpha_s-\alpha_G)\\ \sin\delta_s\end{bmatrix}$，$\alpha_s$ 为卫星的赤经，δ_s 为卫星赤纬，α_G 为格林尼治子午线赤经。

根据图 5.6.1 所示的几何原理，可以求得 τ 与基线及卫星射电源方向的关系如下：

$$\tau=\frac{|\boldsymbol{b}|\cos\theta}{c}=\frac{\boldsymbol{b}\cdot\boldsymbol{s}}{c}=\frac{1}{c}\{\cos\delta_s[\Delta x\cos(\alpha_s-\alpha_G)+\Delta y\sin(\alpha_s-\alpha_G)]+\Delta z\sin\delta_s\} \quad (5.6.1)$$

由式(5.6.1) 可以看出，只要对多颗卫星进行时延 τ 和时延率 $\dot{\tau}$(τ 对时间的导数) 的多次测量，在已知中心站位置坐标的条件下，就可解出未知点的三维坐标。

5.7　接收机速度测量

对绝大多数用户来说，除利用卫星导航系统进行定位之外，经常也需要测定载体的速度。传统的测速手段主要借助计程仪、雷达等设备，卫星导航系统的出现，为速度的测量提供了一种新的技术途径和实用方法。它可以比较经济、快速、可靠地获取运动载体的速度值，广泛应用于星载、机载、车载、舰载以及武器试验等多种场合。

卫星导航接收机测速大致有三种方法：第一种是基于高精度定位结果，通过位置差分来获取速度；第二种是利用原始多普勒频移观测值直接计算速度；第三种是利用载波相位中心差分所获得的多普勒频移观测值来计算速度。

位置差分法利用两次位置解算结果除以时间间隔求取速度；载波相位中心差分法将历元 $t-\Delta t$ 和 $t+\Delta t$ 的载波相位观测值 φ_1 和 φ_3 作中心差分，获得历元 t 时刻的多普勒频移观测值

$$\dot{\varphi}_2=\frac{\varphi_3-\varphi_1}{2\Delta t} \quad (5.7.1)$$

式中，Δt 为采样间隔。然后用 $\dot{\varphi}_2$ 代替原始多普勒频移观测值求解载体的速度。

显然，位置差分法、载波相位中心差分法适用于载体做匀速运动的情况，它们的测速精度不仅与接收机的定位结果、载波相位观测值的精度有关，而且还受载体运动状态的影响。如果载体运动不符合匀速运动，其速度精度必定受到影响，而且速度变化越快，即载体加速度越大，测量误差就越大。

实际接收机中通常采用原始多普勒频移法，其速度精度主要取决于多普勒频移观测值的精度，基本不受载体运动状态的影响。

5.7.1　测速原理

由 5.2.3 节可知，对于动态用户，由于接收机相对于卫星在不停地运动，导致用户与观测卫星间的距离不断地变化，产生多普勒频移。由式(5.2.16) 可知，接收机与卫星间的多普勒

频移为

$$f_{\mathrm{d}}=f_{\mathrm{r}}-f_{\mathrm{c}}=-f_{\mathrm{c}}\frac{v}{c} \tag{5.7.2}$$

式中，f_{r} 为信号接收时的载波频率；f_{c} 为信号发送时的载波频率；v 为卫星相对于接收机的径向运动速度；c 为电磁波传播速度。

多普勒频移反映了卫星与接收机间的距离变化，即

$$\dot{\rho}=\frac{\mathrm{d}\rho}{\mathrm{d}t}=-f_{\mathrm{d}}\frac{c}{f_{\mathrm{c}}}=-f_{\mathrm{d}}\lambda \tag{5.7.3}$$

此处不考虑大气层延迟的影响，卫星钟差可由导航电文提供的信息进行修正。由伪距定位方程式对时间求导可得

$$-f_{\mathrm{d}}^{j}\lambda=\dot{\rho}_{k}^{j}-c\mathrm{d}\dot{\tau}_{k} \tag{5.7.4}$$

式中，f_{d}^{j} 为卫星 j 的多普勒频移观测值，单位为 Hz；λ 为载波波长；$\mathrm{d}\dot{\tau}_{k}$ 为接收机钟差变化率误差；$\rho_{k}^{j}=|\boldsymbol{X}^{j}-\boldsymbol{x}_{k}|=\sqrt{(X^{j}-x_{k})^{2}+(Y^{j}-y_{k})^{2}+(Z^{j}-z_{k})^{2}}$ 为接收机 k 至卫星 j 的几何距离，其对时间的变化率为

$$\dot{\rho}_{k}^{j}=\frac{(\boldsymbol{X}^{j}-\boldsymbol{x}_{k})^{\mathrm{T}}(\dot{\boldsymbol{X}}^{j}-\dot{\boldsymbol{x}}_{k})}{\rho_{k}^{j}} \tag{5.7.5}$$

式中，求导项表示速度。卫星位置 $\boldsymbol{X}^{j}$ 和速度 $\dot{\boldsymbol{X}}^{j}$ 可通过星历求出，接收机位置 $\boldsymbol{x}_{k}$ 和速度 $\dot{\boldsymbol{x}}_{k}$ 为未知参数。

式(5.7.5)为非线性方程，需要对其线性化。选取前一时刻接收机的位置 $\hat{\boldsymbol{x}}_{k}$ 和速度 $\hat{\dot{\boldsymbol{x}}}_{k}$ 作为近似值，相应的位置改正数为 $\Delta\boldsymbol{x}_{k}$，速度改正数为 $\Delta\dot{\boldsymbol{x}}_{k}$，$\Delta\boldsymbol{x}_{k}$ 可由接收机定位的结果来确定，不作为未知参数求解。将 $\hat{\boldsymbol{x}}_{k}$ 和 $\hat{\dot{\boldsymbol{x}}}_{k}$ 代入式(5.7.5)得到距离变化率的估计值 $\hat{\dot{\rho}}_{k}$，则式(5.7.5)线性化后的结果为

$$\dot{\rho}_{k}^{j}=\hat{\dot{\rho}}_{k}^{j}-\frac{(\dot{\boldsymbol{X}}^{j}-\hat{\dot{\boldsymbol{x}}}_{k})^{\mathrm{T}}\Delta\boldsymbol{x}_{k}+(\boldsymbol{X}^{j}-\hat{\boldsymbol{x}}_{k})^{\mathrm{T}}\Delta\dot{\boldsymbol{x}}_{k}}{\hat{\rho}_{k}^{j}} \tag{5.7.6}$$

将式(5.7.6)代入式(5.7.4)并写为误差方程的形式

$$\dot{v}_{k}^{j}=\frac{(\boldsymbol{X}^{j}-\hat{\boldsymbol{x}}_{k})^{\mathrm{T}}}{\hat{\rho}_{k}^{j}}\Delta\dot{\boldsymbol{x}}_{k}+c\mathrm{d}\dot{\tau}_{k}-(\lambda f_{\mathrm{d}}^{j}+\hat{\dot{\rho}}_{k}^{j})+\frac{(\dot{\boldsymbol{X}}^{j}-\hat{\dot{\boldsymbol{x}}}_{k})^{\mathrm{T}}}{\hat{\rho}_{k}^{j}}\Delta\boldsymbol{x}_{k} \tag{5.7.7}$$

式中，$\dot{v}_{k}^{j}$ 为观测噪声；$\hat{\rho}_{k}^{j}$ 为接收机与卫星的概略距离；$\Delta\dot{\boldsymbol{x}}_{k}$ 为待求的接收机速度修正值。

式(5.7.7)即为接收机速度测量误差方程，当观测 4 颗以上卫星时，可构成测速方程组。

5.7.2 测速精度

如果接收机同时观测 n 颗卫星，那么由式(5.7.7)构成的最小二乘估计方程中的矩阵 $\boldsymbol{A}$ 与式(5.3.9)定位观测方程的系数矩阵 $\boldsymbol{A}$ 相同，因此，5.3 节关于定位精度的讨论结果同样适用于速度测量，所不同的是 σ^{2} 应为测速观测值 $\dot{\rho}_{k}^{j}$ 误差的方差，此时测速误差可以表示为

速度误差：　$\sigma\times\mathrm{PDOP}$

水平速度误差：$\sigma\times\mathrm{HDOP}$

垂向速度误差：$\sigma\times\mathrm{VDOP}$

由式(5.7.7)可知,单点测速的误差源与单点定位的误差源不同,单点测速的主要误差来自卫星的位置和速度、接收机的位置、卫星时钟、大气层延迟误差的变化率、相对论效应、接收机观测噪声以及多普勒频移观测值的精度等。其中,卫星速度误差直接影响接收机速度测量精度且以相同的数量级变化;大气层误差和相对论效应影响较小;此外,由于速度测量是通过多普勒频移观测实现的,接收机时钟和卫星时钟的频率稳定性也将直接影响速度测量的精度,其中的接收机钟差作为未知参数求解,而卫星钟差经模型改正后的影响较小。

设用于速度测量的载波波长为 λ(m),载波相位观测精度以波长的 1% 计,则相位观测误差等效距离误差约为 $\lambda/100$ (m)。将相位观测值对时间微分,可得相位变化率误差,即多普勒频移观测误差

$$\frac{\varphi(t_2)-\varphi(t_1)}{t_2-t_1}=\frac{\varphi(t_2)-\varphi(t_1)}{\Delta t} \tag{5.7.8}$$

如果相位观测时间间隔 Δt 为 1 s,则反映在距离变化上的多普勒频移观测误差为$\sqrt{2}\times\lambda/100$(m/s)。通常,由于多普勒频移观测值的精度高于相位观测值微分得到的相位变化率精度,因此多普勒频移观测值的精度优于$\sqrt{2}\times\lambda/100$。

假设速度测量过程中,DOP 值始终小于 6,可得速度误差

$$\Delta v<\frac{6\sqrt{2}\lambda}{100}\quad(\mathrm{m/s}) \tag{5.7.9}$$

导航信号的载波波长 λ 通常仅为几十厘米,因此,用多普勒频移测速在理论上可达厘米级精度。实际应用中,要想实现高精度测速,其他误差的影响也应当考虑,如卫星速度、载体坐标等均需要准确计算。

第6章 卫星导航系统误差分析

卫星导航接收机是通过接收卫星广播的星历信息，获取信号的传播时间从而解算接收机坐标。在信号发送、传输和接收等环节存在着各种干扰和误差，如测量同步误差、多径传输和各种噪声干扰。本章对卫星导航系统的误差源进行分析，并在此基础上介绍消除和削弱这些误差的方法和措施。

6.1 卫星导航的误差来源

6.1.1 卫星导航系统误差分类

卫星导航系统的误差从来源上可以分为四类：与卫星有关的误差、与信号传播有关的误差、与接收机有关的误差以及地球潮汐、负荷潮等造成的其他误差。表6.1.1列出了这些误差的具体分类和采用GPS民用信号测距时的影响程度。

表6.1.1 GPS测量误差分类及对测距的影响

误差来源		对测距的影响/m
与信号传播有关的误差	电离层延迟	1.5～15.0
	对流层延迟	
	多径效应	
与卫星有关的误差	星历误差	1.5～15.0
	时钟误差	
	相对论效应	
与接收机有关的误差	时钟误差	1.5～5.0
	位置误差	
	天线相位中心变化	
其他误差	地球潮汐	1.0
	负荷潮	

下面根据误差来源的不同分别介绍这些误差产生的原因以及对导航定位的影响。

6.1.2 信号传播误差

与信号传播有关的误差包括电离层折射误差、对流层折射误差及多径效应误差。首先考虑大气层对卫星信号传播的影响。

1. 电离层折射

所谓电离层是指地球上空距地面高度在 50～1 000 km 之间的大气层。电离层中的气体分子由于受到太阳等天体各种射线的辐射，产生强烈的电离，形成大量的自由电子和正离子。当卫星信号通过电离层时，同其他电磁波一样，信号的路径会发生弯曲，传播速度也会发生变化。所以用信号的传播时间乘以真空中电磁波的传播速度而得到的距离可能不等于卫星至接收机间的几何距离，这种距离上的偏差叫电离层折射误差。

电离层折射误差是影响卫星定位的主要误差源之一，它引起的距离误差一般白天可达 15 m，夜晚可达 3 m；在天顶方向最大可达 50 m，水平方向最大可达 150 m[36]。

卫星导航信号在电离层中的传播与频率有关，电离层属于色散介质，其单一频率的相位传播折射率与测距码群波传播折射率有如下关系[37]：

$$n_g = n_p + f\frac{dn_p}{df} \tag{6.1.1}$$

式中，n_p 为相折射率；n_g 为群折射率，在离子化的大气中，某一折射率的弥散公式为

$$n_p = 1 - k_1 N_e f^{-2} + k_2 N_e (H_0 \cos\theta) f^{-3} - k_3 N_e^2 f^{-4} + \cdots + k_n N_e^2 f^{-(n+1)} \tag{6.1.2}$$

式中，N_e 为电子密度（电子数 /m³）；f 为信号频率（Hz）；k_i 为展开式各项系数；H_0 为地磁场强度；θ 为地磁场矢量与信号传播方向的夹角。

电离层含有较高密度的电子，电磁波在这种介质内传播时，其速度与频率有关。理论证明，电离层的群折射率 n_g 为

$$n_g = 1 - \frac{40.28N_e}{f^2} \tag{6.1.3}$$

因而群速为

$$v_g = cn_g = c\left(1 - \frac{40.28N_e}{f^2}\right) \tag{6.1.4}$$

式中，c 为真空中的电磁波传播速度。

进行伪距测量时，调制码就是以群速 v_g 在电离层中传播的。若 Δt 为信号从卫星发射到接收机接收所经历的时间，S' 为信号传播路径，则卫星至接收机的真正距离 S 为

$$S = \int_{\Delta t} v_g \mathrm{d}t = \int_{\Delta t} c\left(1 - \frac{40.28N_e}{f^2}\right)\mathrm{d}t = c\Delta t - \frac{40.28}{f^2}\int_{S'} N_e \mathrm{d}s =$$

$$\rho - \frac{40.28}{f^2}\int_{S'} N_e \mathrm{d}s = \rho + \mathrm{d}\rho_{ion} \tag{6.1.5}$$

式(6.1.5)说明根据信号传播时间 Δt 和传播速度 c 相乘算得的距离 $\rho = c\Delta t$ 中还需加上电离层改正项才等于卫星和接收机之间正确的距离，电离层延迟模型为

$$\mathrm{d}\rho_{ion} = -\frac{40.28}{f^2}\int_{S'} N_e \mathrm{d}s \tag{6.1.6}$$

式(6.1.6)中的积分项表示沿着信号传播路径 S' 对电子密度 N_e 进行积分，即电子总量。

可见电离层改正的大小主要取决于电子总量和信号频率。需要说明的是，载波相位测量的电离层折射改正和上述伪距测量的改正数大小相同，符号相反。

2. 对流层折射

对流层从地球表面开始向高空伸展，直至对流层顶，即平流层的起点为止。它的高度因纬度而不同，在低纬度地区为 17～18 km，在中纬度的地区为 10～12 km，在高纬度地区只有 8～9 km。英语里的对流层一字“Troposphere”的字首，是由希腊语的“Tropos”(意即“旋转”或“混合”)引申而来的。由于对流层是大气层中湍流最多的一层，也是唯一会出现天气现象的一层，因此，喷气式客机大多会飞越此层以避开影响飞行安全的气流。来自卫星的信号在穿过电离层后，即穿过平流层和对流层，平流层和对流层中的粒子多数是中性离子，对频率低于 30 GHz的无线电信号没有散射作用，即非色散性。对流层的折射与地面气候、大气压力、温度和湿度变化密切相关，这也使得对流层折射比电离层折射更复杂。卫星信号在通过对流层的过程中，不仅速度发生变化，而且传播方向也发生变化，传播路径呈曲线。对流层折射的影响与信号的高度角有关，观测卫星的高度角越小，则信号需经由较长的路线才能穿过对流层，因而对流层对信号传播的影响越大，在天顶方向(高度角为 90°)的影响约为 2.3 m，在地面方向(高度角为 10°)的影响可达 20 m。所以在应用卫星导航时，通常避免观测高度角低于 15°的卫星，以减弱对流层的影响[38]。

3. 磁暴

当太阳表面活动旺盛，特别是在太阳黑子极大期时，太阳表面的闪焰爆发次数也会增加，闪焰爆发时辐射出 X 射线、紫外线、可见光及高能量的质子和电子束，其中的带电粒子(质子、电子)形成的电流冲击地球磁场，引起地球磁场的急剧变化，称为磁暴。

高能质子沿地球磁场落到高纬度地区，同自然大气相互作用产生离子，形成强大的电子密度和较大的切断效应，从而产生不规则性。这种不规则性使得在高纬度地区工作的导航接收机产生强大的振幅闪烁和相位闪烁效应，甚至改变导航信号的传播路线。由电离层诱发的这种磁暴在高纬度地区可能要持续几小时到几天，在中、低纬度地区一般较少出现。磁暴期间，单频接收机的电离层修正误差将远大于磁暴平静期的误差[39]。

4. 多径效应

接收机接收信号时，如果接收机周围物体所反射的信号也进入天线，反射信号和来自卫星的直达信号相互叠加，则产生衰落。这种由于多径信号传播所引起的衰落被称作多径效应，也称多路径效应。多径效应的发生与反射体特性、天线增益形式和接收机相关器的类型有关，在静态观测条件下，多径效应是非高斯分布的，且由于卫星几何分布的变化，表现为周期为几分钟的正弦振荡，在动态条件下，多径效应是随机变化的。

多径效应是卫星导航系统一种主要的误差源，将严重损害卫星定位的精度，严重时还将引起信号的失锁，下面简要介绍产生多径效应的原因及其对距离测量的影响。

如图 6.1.1 所示，接收机天线接收到的信号是直达信号和反射信号产生干涉后的组合信号。天线 A 同时收到来自卫星的直达信号 S 和经地面反射的信号 S'，显然这两种信号所经过的路径长度是不同的，到达接收机的时间也不同，反射信号与直达信号的路径差称为误差，用 Δ 表示，从图中可以看出：

$$\Delta = GA - OA = GA(1-\cos 2z) = \frac{H}{\sin z}(1-\cos 2z) = 2H\sin z \quad (6.1.7)$$

式中，H 为天线离地面的高度。

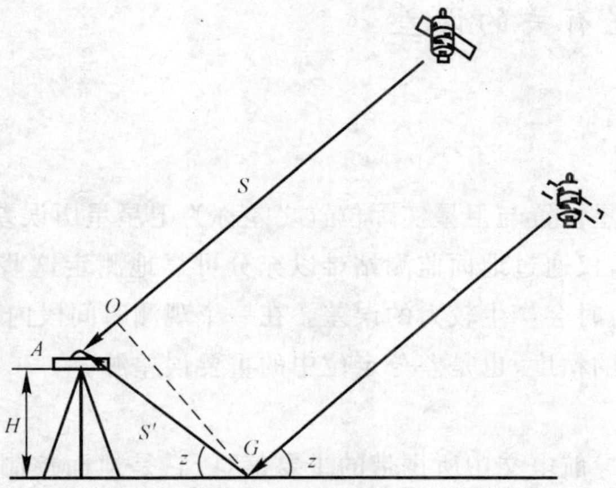

图 6.1.1　卫星信号多径传播

反射信号相对于直达信号的相位延迟为

$$\theta = \Delta\frac{2\pi}{\lambda} = \frac{4\pi H\sin z}{\lambda} \quad (6.1.8)$$

式中，λ 为载波波长。

由于反射信号的一部分能量被反射面吸收，接收天线一般为右旋圆极化结构，也抑制了反射信号的能量，所以反射信号除了存在相位延迟外，信号能量一般也会产生损耗。定义反射信号的幅度与直达信号的幅度比值为反射系数 $\alpha(0 \leqslant \alpha \leqslant 1)$，显然，反射系数越大，反射信号相对于直达信号的损耗越小。表 6.1.2 给出了部分反射体的反射系数和损耗。

表 6.1.2　反射系数表

水　面		稻　田		野　地		森林山地	
反射系数	损耗 /dB	反射系数	损耗 /dB	反射系数	损耗 /dB	反射系数	损耗 /dB
1.0	0	0.8	2	0.6	4	0.3	10

多径效应影响伪距测量和载波相位测量，近年来的理论研究和实践证明，GPS 点位测量中的多径误差具有下列特征：

1)多径误差包括常数性和周期性两部分。常数部分取决于天线周围的地形地物，日复一日重复出现，即使连续观测也无法消除。周期部分可通过延长观测时间予以削弱或消除，但是，运动物体动态定位时，不能延长观测时间，显然无法削弱多径误差。观测值中的多数周跳常常也是由多径误差引起的。

2)无论是码观测值还是载波相位观测值，都受多径误差的影响。例如 GPS 的 P 码观测值比载波相位观测值误差大两个数量级。P 码观测值的多径误差在中等反射条件下为±3 cm，在高反射环境下为±5 m；载波相位值的多径误差对点位坐标的影响，一般条件下为±5 cm，在高反射环境下可达±19 cm。凡采用 P 码接收机观测，利用码/载波相位组合法解算整周模糊度时更应注意消除多径误差的影响。

3)卫星的高度角和方位角对多径误差有一定影响[40]。

6.1.3 与卫星有关的误差

1. 卫星星历误差

由星历所给出的卫星位置与卫星实际位置之差称为卫星星历误差。由于卫星在运行中要受到多种摄动力的影响，仅通过地面监测站难以充分可靠地测定这些摄动力并掌握它们的作用规律，因此在星历预报时会产生较大的误差。在一个观测时间段内星历误差属于系统误差，它将影响所有单点定位的精度，也是差分定位中的重要误差源。

(1)星历数据来源

1)广播星历是卫星导航电文中所携带的主要信息，它是地面控制中心根据监测站的观测数据进行外推经导航卫星发播的一种预报星历。由于尚不能充分了解作用在卫星上的各种摄动因素的大小及变化规律，所以预报数据中存在着一定的误差。例如 GPS 卫星电文中解译出来的星历参数共 17 个，由此确定的卫星位置精度为 20～40 m，有时可达 80 m。为精确预报星历，通常采取建立全球区域测轨站的方法，如果利用全球分布的 GPS 跟踪网进行测轨和预报，则由星历参数计算的卫星坐标可以精确到 5～10 m。

2)精密星历是根据实测资料进行拟合处理而直接得出的星历。它需要在一些精确已知位置的点上跟踪卫星来计算观测瞬间卫星的真实位置，从而获得准确可靠的精密星历。这种星历要在观测后 1～2 个星期才能得到，这对导航和动态定位无任何意义，但是在静态精密定位中具有重要作用。

(2)星历误差对定位的影响

在伪距单点定位测量方程中，非线性方程需要在测站近似坐标$(\hat{x}_k,\hat{y}_k,\hat{z}_k)$处利用泰勒级数展开获得如下线性化的观测误差方程：

$$v_k^j=\frac{X^j-\hat{x}_k}{\hat{\rho}_k^j}\Delta x_k+\frac{Y^j-\hat{y}_k}{\hat{\rho}_k^j}\Delta y_k+\frac{Z^j-\hat{z}_k}{\hat{\rho}_k^j}\Delta z_k-c\mathrm{d}\tau_k-L_k^j \tag{6.1.9}$$

式中各变量的含义参见式(5.3.7)。

如果由于卫星星历误差而使 ρ_k^j 存在增量 $\mathrm{d}\hat{\rho}_k^j$，由此引起的接收机位置误差为$(\delta_x,\delta_y,\delta_z)$，引起的接收机时钟误差为 δ_τ，则$(\delta_x,\delta_y,\delta_z,\delta_\tau)$和 $\mathrm{d}\hat{\rho}_k^j$ 之间存在下列关系：

$$\frac{X^j-\hat{x}_k}{\hat{\rho}_k^j}\delta_x+\frac{Y^j-\hat{y}_k}{\hat{\rho}_k^j}\delta_y+\frac{Z^j-\hat{z}_k}{\hat{\rho}_k^j}\delta_z-c\delta_\tau=\mathrm{d}\hat{\rho}_k^j \tag{6.1.10}$$

式(6.1.10)表明，星历误差在接收机至卫星方向上影响测站坐标和接收机时钟改正数，影响的大小取决于 $\mathrm{d}\hat{\rho}_k^j$，与卫星的几何图形有关。广播星历误差对测站坐标的影响一般可达数米、数十米甚至上百米。

2. 卫星时钟误差

卫星时钟误差包括由钟差、频偏、频漂等产生的误差，也包含时钟的随机误差。导航卫星上设有高精度的原子钟，但与理想的卫星系统时之间仍存在着偏差或漂移，这些偏差的总量一般在 1 ms 以内。卫星钟的这种偏差一般可表示为以下二阶多项式的形式：

$$\Delta t_{sv}=a_{f0}+a_{f1}(t-t_{oc})+a_{f2}(t-t_{oc})^2 \tag{6.1.11}$$

式中，t_{oc} 为星历参考时刻；系数 a_{f0}，a_{f1}，a_{f2} 分别表示卫星钟在 t_{oc} 时刻的钟差、钟速及钟速的变化率。这些数值由地面控制系统根据前一段时间的跟踪资料和系统标准时推算出来，并通过卫星的导航电文提供给接收机。

经以上改正后，各卫星钟之间的同步差可保持在 20 ns 以内，由此引起的等效距离偏差不会超过 6 m。如果需要对改正后的残余误差进一步处理，偏差会进一步减小，例如在接收机之间求一次差[41]。

3. 相对论效应

卫星钟和接收机钟所处的运动速度和重力位是不同的，由此引起卫星钟和接收机钟之间产生相对钟误差，即所谓的相对论效应。由于相对论效应主要取决于卫星的运动速度和重力位，并且是以卫星时钟的误差形式出现的，所以我们将其归入与卫星有关的误差。

根据狭义相对论，安置在高速运动卫星上的卫星钟的频率 f_s 将变为

$$f_s=f\left[1-\left(\frac{V_s}{c}\right)^2\right]^{1/2}\approx f\left(1-\frac{V_s^2}{2c^2}\right) \tag{6.1.12}$$

即

$$\Delta f_s=f_s-f=-\frac{V_s^2}{2c^2}f \tag{6.1.13}$$

式中，V_s 为卫星在惯性坐标系中的运动速度；f 为时钟的频率；c 为真空中的光速。对于 GPS 而言，卫星的平均运动速度 $\bar{V}_s=3\ 874$ m/s，将 $\bar{V}_s$ 和 $c=299\ 792\ 458$ m/s 代入式(6.1.13)，可得$\Delta f_s=-0.835\times10^{-10}\times f$。这表明，卫星钟比静止在地球上的接收机时钟走慢了。

由于狭义相对论效应，卫星钟相对于接收机钟的频率偏差可视为

$$\Delta f_1=\Delta f_s=-0.835\times10^{-10}\times f \tag{6.1.14}$$

按广义相对论，若卫星所处的重力位为 W_s，地面接收机的重力位为 W_T，那么放在卫星上的和放在地面上的同一台钟频率将相差

$$\Delta f_2=\frac{W_s-W_T}{c^2}f \tag{6.1.15}$$

由于广义相对论效应量值很小，在计算时可以将地球的重力位看做是一个质点位，同时略去日、月引力位，这样 Δf_2 变为

$$\Delta f_2=\frac{\mu}{c^2}f\left(\frac{1}{R}-\frac{1}{r}\right) \tag{6.1.16}$$

式中，μ 为万有引力常数 G 和地球质量 M 的乘积，其数值为 $\mu=3.986\ 005\times10^{14}\ \mathrm{m^3/s^2}$；$R$ 为接收机离地心的距离；r 为卫星离地心的距离。取 $R=6\ 378$ km 和 $r=26\ 500$ km，代入式(6.1.16)后得 $\Delta f_2=5.284\times10^{-10}\times f$。由此可以看出，广义相对论效应的影响比狭义相对论效应的影响要大得多，且符号相反。总的相对论效应影响为

$$\Delta f=\Delta f_1+\Delta f_2=4.449\times10^{-10}f \tag{6.1.17}$$

由于相对论效应,GPS 卫星上的时钟频率比地面上时钟增加 $4.449\times10^{-10}f$,解决相对论效应的简单办法就是在制造卫星钟时预先把频率降低 $4.449\times10^{-10}f$。GPS 卫星钟的标称基准频率为 10.23 MHz, 在实际当中把频率降为 $10.23\ \text{MHz}\times(1-4.449\times10^{-10})=10.229\ 999\ 995\ 45\ \text{MHz}$,当这些卫星钟进入轨道受到相对论效应的影响时,频率正好变为标准频率10.23 MHz。应该说明,上述讨论是在 $r=26\ 500$ km 的圆形轨道上卫星做匀速运动情况下进行的。事实上,卫星轨道是一个椭圆,卫星运行速度也随时间发生变化,相对论效应影响并非常数,所以经上述改正后仍有残差,它对 GPS 时的影响最大可达 70 ns,精密定位时仍不可完全忽略。

6.1.4 与接收机有关的误差

与接收机有关的误差主要有接收机时钟误差、接收机到测站的位置误差、天线相位中心位置误差等。

1. 接收机时钟误差

接收机一般采用高精度的石英钟,若接收机钟与卫星钟间的同步差为 1 μs,则由此引起的等效距离误差约为 300 m,必须采取一定的措施削弱这些误差。减小接收机钟差的方法有:

1) 将各个观测时刻的接收机钟差当做一个独立的未知数,在数据处理中与观测站的位置参数一并求解,这是目前比较常用的方法。

2) 认为各观测时刻的接收机钟差间是相关的,与卫星钟类似,将接收机钟差表示为时间多项式,并在观测量的平差计算中求解多项式的系数。这种方法可以减少未知数个数,求解相对简单,但该方法成功与否的关键在于时钟误差模型的有效程度。

3) 通过在卫星间求一次差来消除接收机的钟差。

2. 接收机到测站的位置误差

接收机天线相位中心相对测站中心的误差,称做接收机位置误差,包括天线的置平、对中误差以及量取天线高度误差。如当天线高度为 1.6 m、置平误差为 0.1°时,可能会产生对中误差 3 mm。因此,在精密定位时,必须仔细操作,以尽量减少这种误差的影响。

3. 天线相位中心位置的偏差

在卫星导航定位测量中,观测值都是以接收机天线的相位中心位置为基准的,理论上,天线的相位中心与其几何中心应保持一致,而实际上天线的相位中心随着信号输入的强度和方向不同而有所变化,即观测时相位中心的瞬时位置(一般称相位中心) 与理论上的相位中心将有所不同,这种差别称做天线相位中心的位置偏差。这种偏差的影响约为数毫米至数厘米,如何减少相位中心的偏差是天线设计中的一个重要问题。

6.1.5　其他误差来源

1. 地球自转的影响

当卫星信号传播到接收机时，与地球固联的协议地球坐标系相对卫星发射信号的瞬时位置已产生了旋转（绕 Z 轴）。若取 Ω_e 为地球的自转角速度，则地球旋转的角度为

$$\alpha = \Omega_e \tau \tag{6.1.18}$$

式中，τ 为卫星信号传播到接收机的时间。由地球自转引起坐标系中的卫星坐标（X^j, Y^j, Z^j）的变化为

$$\begin{bmatrix} \Delta X \\ \Delta Y \\ \Delta Z \end{bmatrix} = \begin{bmatrix} 0 & \sin\alpha & 0 \\ -\sin\alpha & 0 & 0 \\ 0 & 0 & 0 \end{bmatrix} \begin{bmatrix} X^j \\ Y^j \\ Z^j \end{bmatrix} \tag{6.1.19}$$

由于旋转角 $\alpha < 1.5''$，所以当取等价无穷小时，式(6.1.19)可简化为

$$\begin{bmatrix} \Delta X \\ \Delta Y \\ \Delta Z \end{bmatrix} = \begin{bmatrix} 0 & \alpha & 0 \\ -\alpha & 0 & 0 \\ 0 & 0 & 0 \end{bmatrix} \begin{bmatrix} X^j \\ Y^j \\ Z^j \end{bmatrix} \tag{6.1.20}$$

2. 地球潮汐改正

地球并非是一个刚体，在太阳和月球的万有引力作用下，固体地球要产生周期性的弹性形变，称为固体潮。此外在日月引力的作用下，地球上的负荷也将发生周期性的变动，使地球产生周期的形变，称为负荷潮汐，例如海潮。固体潮和负荷潮引起的测站位移可达 80 cm，使得同一地点不同时间的测量结果互不一致，在高精度差分定位中应考虑其影响。

由固体潮和负荷潮引起的测站点的位移值可表达为

$$\left.\begin{aligned} \delta_h &= h_2 \frac{U_2}{g} + h_3 \frac{U_3}{g} + 4\pi GR \sum_{i=1}^{n} \frac{h'_i \sigma_i}{(2i+1)g} \\ \delta_\varphi &= \frac{l_2 \partial U_2}{g \partial \varphi} + l_3 \frac{\partial U_3}{\partial \varphi} + \frac{4\pi GR}{g} \sum_{i=1}^{n} \frac{l'_i}{2i+1} \frac{\partial \sigma_i}{\partial \varphi} \\ \delta_\lambda &= \frac{l_2 \partial U_2}{g \partial \lambda} + l_3 \frac{\partial U_3}{\partial \lambda} + \frac{4\pi GR}{g} \sum_{i=1}^{n} \frac{l'_i}{2i+1} \frac{\partial \sigma_i}{\partial \lambda} \end{aligned}\right\} \tag{6.1.21}$$

式中，U_2, U_3 为日、月二阶、三阶引力潮位；σ_i 为海洋单层密度；h_i, l_i 为第一、第二固体潮勒夫数；h'_i, l'_i 为第一、第二负荷潮勒夫数；G 为万有引力常数；g 为重力常数；R 为地球平均半径。

当已知测站的形变量 $\boldsymbol{\delta} = [\delta_\lambda, \delta_\varphi, \delta_h]$ 后，即可将其投影到测站及卫星的方向上，从而求出单点定位时由于地球潮汐所引起的改正数为

$$v = \frac{\delta_\lambda x + \delta_\varphi y + \delta_h z}{(x^2 + y^2 + z^2)^{1/2}} \tag{6.1.22}$$

式中，x, y, z 为观测站的近似坐标。

进行差分定位时，两个测站均可采用上述方法分别对观测值进行改正。需要指出，在卫星定位中除上述各种误差外，卫星时钟和接收机时钟振荡器的随机误差、大气折射模型和卫星轨

道摄动模型的误差等也会对卫星信号的观测量产生影响。随着对长距离定位精度要求的不断提高,研究这些误差来源并确定它们的影响规律具有重要的意义。

6.2 卫星导航系统误差的抑制

6.2.1 误差的抑制方法

6.1 节介绍的各项误差对测距的影响可达数十米,有时甚至可超过百米,比观测噪声带来的影响大几个数量级。因此必须设法加以消除或削弱,否则将会对定位精度造成极大的损害。消除或削弱这些误差的主要方法有:

1. 建立误差改正模型

建立误差改正模型既可以通过对误差的特性、机制以及产生的原因进行研究,推导建立理论公式;也可以通过对大量观测数据的分析、拟合,建立经验公式。在多数情况下,往往同时采用这两种方法来建立综合模型。

在理想情况下,如果每个误差改正模型都是十分完善且严密的,模型中所需的参数都是准确的,经误差改正模型补偿后,观测值中的系统误差将被彻底消除,只留下偶然误差。然而改正模型本身的不严密以及所获取各种参数的不准确,导致仍会有一部分偏差残留在观测值中。这些残留偏差通常要比偶然误差大得多,严重影响定位精度。

误差改正模型的精度好坏不等,有的误差改正模型效果较好,例如双频电离层折射改正模型的残余偏差约为总量的 1% 左右或更小;有的效果一般,如多数对流层折射改正公式的残余误差为总量的 5% ~ 10%;有的改正模型则效果较差,如由广播星历所提供的单频电离层折射改正模型,残余误差高达 30% ~ 40%。

2. 求差法

仔细分析误差对观测值或平差结果的影响,采取适当的观测方法和数据处理方法(如同步观测,差分定位等),利用误差在观测值之间的相关性或在定位结果之间的相关性,通过求差来消除或大幅度地削弱其影响的方法称为求差法。差分定位技术将在第 7 章详细介绍。

例如,当两个接收机对同一卫星进行同步观测时,观测值中都包含了卫星钟差,将两接收机观测值求差即可消除此项误差。同样,一台接收机对多颗卫星进行同步观测时,将不同卫星观测值求差即可消除接收机钟差的影响。

又如,利用相距不太远的两个测站上的同步观测值进行差分定位时,由于两站至卫星的几何图形十分相似,因而星历误差对两站坐标的影响也基本一致。利用这种相关性在求坐标差时就能把星历误差消除掉。

3. 选择高性能硬件和良好观测条件

有的误差,如多径误差,既不能采用求差的方法来解决,也无法建立改正模型,削弱它的办法通常是选用较好的天线，尽量选地理位置好的测站，远离反射物和干扰源。

上述方法也可结合使用，例如首先采用大气传播延迟模型对原始测量值进行改正，再用求差法消除无法用模型改正但却具有相关性的那些残余误差。

6.2.2 减弱电离层影响的措施

近年来，改正电离层延迟误差的多种方法相继出现，如多频法、电离层模型法和求差法等。目前使用最广泛、最有效的电离层误差改正技术是多频法。为此，卫星导航系统都配有至少两个以上的工作频率，以削弱电离层对观测值的影响[42]。

1. 利用双频观测

由式(6.1.6)可知，电磁波通过电离层所产生的折射改正数与电磁波频率 f 的平方成反比。如果分别用两个频率 f_{L1} 和 f_{L2} 来发射卫星信号，这两个不同频率的信号就将沿着同一路径到达接收机。若令 $-40.28\int_{S'} N_e \mathrm{d}s = A$，则 $\mathrm{d}\rho_{ion} = A/f^2$。

GPS 信号中包含两个载波频率：$f_{L1} = 1\ 575.42$ MHz 和 $f_{L2} = 1\ 227.6$ MHz，利用双频测量得到的码伪距分别表示为 ρ_{L1} 和 ρ_{L2}，于是由式(6.1.5)可得

$$\left.\begin{aligned} S &= \rho_{L1} + \frac{A}{f_{L1}^2} \\ S &= \rho_{L2} + \frac{A}{f_{L2}^2} \end{aligned}\right\} \tag{6.2.1}$$

将两式相减有

$$\begin{aligned} \Delta\rho = \rho_{L1} - \rho_{L2} &= \frac{A}{f_{L2}^2} - \frac{A}{f_{L1}^2} = \frac{A}{f_{L1}^2}\left(\frac{f_{L1}^2 - f_{L2}^2}{f_{L2}^2}\right) = \\ &\mathrm{d}\rho_{ion1}\left[\left(\frac{f_{L1}}{f_{L2}}\right)^2 - 1\right] = 0.646\ 9\ \mathrm{d}\rho_{ion1} \end{aligned} \tag{6.2.2}$$

所以

$$\left.\begin{aligned} \mathrm{d}\rho_{ion1} &= 1.545\ 73(\rho_{L1} - \rho_{L2}) \\ \mathrm{d}\rho_{ion2} &= 2.545\ 73(\rho_{L1} - \rho_{L2}) \end{aligned}\right\} \tag{6.2.3}$$

采用双频码伪距观测值，除电离层折射的影响不同以外，其余误差影响都是相同的，所以 $\Delta\rho$ 实际上就是 ρ_1 和 ρ_2 码测得伪距之差。如果用户采用双频接收机进行伪距测量，就能利用电离层折射和信号频率有关的特性，从两个伪距观测值中求得电离层折射改正量，最后得

$$\left.\begin{aligned} S &= \rho_{L1} + \mathrm{d}\rho_{ion1} = \rho_{L1} + 1.545\ 73\Delta\rho = \rho_{L1} + 1.545\ 73(\rho_{L1} - \rho_{L2}) \\ S &= \rho_{L2} + \mathrm{d}\rho_{ion2} = \rho_{L2} + 2.545\ 73\Delta\rho = \rho_{L2} + 2.545\ 73(\rho_{L1} - \rho_{L2}) \end{aligned}\right\} \tag{6.2.4}$$

双频载波相位观测值 φ_{L1} 和 φ_{L2} 的电离层折射改正与上述分析方法相似，但和伪距测量有两点不同：一是电离层折射改正的符号相反；二是要引入相位整周模糊度参数。

2. 三频改正法

对用户来说，可用的导航频率会越来越多，利用多个频率信号进行电离层修正，可获得比双频法更高的精度。通过三频改正可将电离层折射误差改正至毫米级[43]，基本上消除电离层

的影响，同时，三频改正对定位中其他误差（如多径误差）的降低将起到很大作用[44]。

假设三个可用的频段分别为 L1，L2 和 L5，则接收机对卫星三个频率的载波相位观测方程为[45]

$$\left.\begin{aligned} &L1:\lambda_{L1}\varphi_{L1}=\rho-\lambda_{L1}N_{L1}+d\rho_{trop}+d\rho_{ion}+\Delta s+n_{L1}+m_{L1}\\ &L2:\lambda_{L2}\varphi_{L2}=\rho-\lambda_{L2}N_{L2}+d\rho_{trop}+(\lambda_{L2}/\lambda_{L1})^2 d\rho_{ion}+\Delta s+n_{L2}+m_{L2}\\ &L5:\lambda_{L5}\varphi_{L5}=\rho-\lambda_{L5}N_{L5}+d\rho_{trop}+(\lambda_{L5}/\lambda_{L1})^2 d\rho_{ion}+\Delta s+n_{L5}+m_{L5}\end{aligned}\right\} \tag{6.2.5}$$

其中，λ_{Li} 为载波波长，φ_{Li} 为载波相位观测值，N_{Li} 为整周模糊度，m_{Li} 和 n_{Li} 分别为多径误差和加性噪声误差，$i=1,2,5$；ρ 为接收机至卫星的真实距离；$d\rho_{trop}$，$d\rho_{ion}$，Δs 分别为对流层、电离层和卫星星历误差，式(6.2.5)忽略了高阶项的影响。

对于式(6.2.5)构造线性组合

$$f_L=\alpha_1\lambda_{L1}\varphi_{L1}+\alpha_2\lambda_{L2}\varphi_{L2}+\alpha_5\lambda_{L5}\varphi_{L5} \tag{6.2.6}$$

为使几何距离不受影响，通常设置 $\alpha_1+\alpha_2+\alpha_5=1$，综合式(6.2.5)和式(6.2.6)可得

$$f_L=\rho-\lambda N+d\rho_{trop}+\eta d\rho_{ion}+\Delta s+n_L+m_L \tag{6.2.7}$$

式中

$$\begin{aligned} &\eta=\alpha_1+\alpha_2\ (\lambda_{L2}/\lambda_{L1})^2+\alpha_5\ (\lambda_{L5}/\lambda_{L1})^2\\ &\lambda N=\alpha_1\lambda_{L1}N_{L1}+\alpha_2\lambda_{L2}N_{L2}+\alpha_5\lambda_{L5}N_{L5}\\ &n_L=\alpha_1 n_{L1}+\alpha_2 n_{L2}+\alpha_5 n_{L5}\\ &m_L=\alpha_1 m_{L1}+\alpha_2 m_{L2}+\alpha_5 m_{L5}\end{aligned}$$

为使组合观测值的模糊度保持整数特性，令

$$\alpha_i=z_i\lambda/\lambda_{Li},\quad i=1,2,5 \tag{6.2.8}$$

式中，z_i 为整数；λ 为组合信号的波长，显然

$$\lambda=\frac{1}{\dfrac{\alpha_1}{\lambda}+\dfrac{\alpha_2}{\lambda}+\dfrac{\alpha_5}{\lambda}}=\frac{1}{\dfrac{z_1}{\lambda_{L1}}+\dfrac{z_2}{\lambda_{L2}}+\dfrac{z_5}{\lambda_{L5}}}=\frac{\lambda_{L1}\lambda_{L2}\lambda_{L5}}{z_1\lambda_{L2}\lambda_{L5}+z_2\lambda_{L1}\lambda_{L5}+z_5\lambda_{L1}\lambda_{L2}}$$

设 $f_{Li}(i=1,2,5)$ 为三频载波频率，由信号频率 $f=c/\lambda$ 可得组合信号的频率

$$f=z_1\frac{c}{\lambda_{L1}}+z_2\frac{c}{\lambda_{L2}}+z_5\frac{c}{\lambda_{L5}}=z_1 f_{L1}+z_2 f_{L2}+z_5 f_{L5} \tag{6.2.9}$$

组合后的相位观测值为

$$\varphi=z_1\varphi_{L1}+z_2\varphi_{L2}+z_5\varphi_{L5} \tag{6.2.10}$$

3. 利用电离层改正模型加以修正

对于双频接收机来说，采用双频接收技术可以有效地减弱电离层折射的影响。对于单频接收机来说，一般采用导航电文提供的参数利用电离层模型加以改正。

目前常用的电离层模型主要有以下几种：①1996 年 Klobuchar 提出的电离层模型；②IGS 或其他定位服务组织提供的全球电离层模型（Global Ionospheric Model，GIM）；③2003 年 Montenbruck 提出的单频自由电离层组合模型；④ 意大利萨拉姆国际理论物理中心高空物理和电波传播实验室（ARPL－ICTP，Trieste）与奥地利格拉茨大学地球物理、气象和天体物理研究所（IGAM，University of Graz）联合研究得到的 NeQuick 电离层模型。

下面我们就介绍在 GPS 定位解算中，如何利用 Klobuchar 模型改正电离层延迟，其他模

型可参阅相关文献。

Klobuchar 模型中将白天的电离层延迟看成是余弦波中正的部分，而将晚上的电离层延迟看成是一个常数来处理，即任一时刻 t 由电离层造成的信号传播延迟时间为

$$I(t)=\begin{cases}F(E)\left[5\times 10^{-9}+AMP\cos\left[2\pi(t-50\ 400)/PER\right]\right], & \text{白天}\\ F(E)(5\times 10^{-9}), & \text{夜晚}\end{cases} \tag{6.2.11}$$

式中，E 是用户与卫星间的夹角；$F(E)$ 是倾斜因子；AMP 是半余弦幅值，它是电离层交截点在地球上投影的地磁纬度的函数；PER 是半余弦的周期。

通常将余弦函数用其级数展开式的前三项 $\cos x\approx 1-(x^2/2)+x^4/24$ 来表示，其中 $x=2\pi(t-50\ 400)/PER(\text{rad})$，$t$ 为当地太阳时，$0\leqslant t<86\ 400$ s，若 $t>86\ 400$ s，就减去 86 400 s；若 $t<0$ s，则加上 86 400 s，因此式(6.2.11)可表示为

$$I(t)=\begin{cases}F(E)\left[5\times 10^{-9}+AMP(1-(x^2/2)+x^4/24)\right], & |x|<1.57,\text{白天}\\ F(E)(5\times 10^{-9}), & |x|\geqslant 1.57,\text{夜晚}\end{cases} \tag{6.2.12}$$

式中

$$F(E)=1.0+16.0(0.53-E)^3 \tag{6.2.13}$$

$$AMP=\begin{cases}\sum_{n=0}^{3}\alpha_n\varphi_m^n, & AMP\geqslant 0\\ 0, & AMP<0\end{cases} \tag{6.2.14}$$

$$PER=\begin{cases}\sum_{n=0}^{3}\beta_n\varphi_m^n, & PER\geqslant 72\ 000\\ 72\ 000, & PER<72\ 000\end{cases} \tag{6.2.15}$$

式(6.2.14)和式(6.2.15)中，$\varphi_m=\varphi_i+0.064\cos(\lambda_i-1.617)$，$\lambda_i=\lambda_u+\psi\dfrac{\sin A}{\cos\varphi_i}$，而

$$\varphi_i=\left.\begin{cases}\varphi_u+\psi\cos A, & |\varphi_i|\leqslant 0.416\\ \varphi_i+0.416, & \varphi_i>0.416\\ \varphi_i-0.416, & \varphi_i<-0.416\end{cases}\right\}(\text{半圆}) \tag{6.2.16}$$

式中，$\psi=\dfrac{0.013\ 7}{E+0.11}-0.022$；$t=4.32\times 10^4\lambda_i+\text{GPST}$；$\alpha_n$ 和 $\beta_n(n=0,1,2,3)$ 由 GPS 导航电文提供。根据倾斜因子 F 的定义，当仰角 E 等于 0° 时，$F=3.382\ 032$。可见，在低仰角时倾斜因子的值比 3 略大一些；而当 E 为 0.5 个半圆(即90°)时，则 $F=1.004$。

在计算电离层延迟时需使用的有关项包括：

1) 卫星发射的项：

α_n—— 垂直延迟幅值的三项方程系数；

β_n—— 模型周期的三项方程系数。

2) 接收机产生的项：

A—— 用户与卫星之间的方位角，从正北顺时针为正；

φ_u—— 用户的大地纬度，WGS-84 坐标系；

λ_u—— 用户的大地经度，WGS-84 坐标系。

3) 计算出的项：

F—— 倾斜因子；

t—— 当地时间；

φ_m—— 电离层交截点向地球投影的地磁纬度，假设电离层平均高度为 350 km；

λ_i—— 电离层交截点向地球投影的地磁经度；

φ_i—— 电离层交截点向地球投影的测地纬度；

ψ—— 用户位置与电离层交截点在地球上投影之间的地心角。

上述推导都是以 L1 频率为基准，如果接收机工作于 L2 频率上，校正项必须乘以$r=1.646\ 944\ 444$。

由于影响电离层折射的因素很多，机制又较复杂，所以无法建立严格的数学模型。从系数 α_n 和 β_n 的选取方法可以知道，上面介绍的电离层改正模型基本上是一种经验估算公式，这种模型只能大体上反映全球的平均状况，与各地的实际情况必然会有一定的差异。

4. 利用同步观测值求差

用两台接收机在基线的两端进行同步观测并取其观测量之差，可以减弱电离层折射的影响。这是因为当两接收机相距不太远时，由卫星至两观测站电磁波传播路径上的大气状况极为相似，因此电离层折射的影响可通过同步观测量的求差而削弱。

这种方法对于短基线(例如小于 20 km)的效果尤其明显，所以在卫星信号测量中，对于短距离的差分定位，使用单频接收机也可达到相当高的精度。不过，随着基线长度的增加，其精度随之明显降低。

6.2.3 减弱对流层影响的措施

对流层折射误差普遍采用改正模型的方法加以减弱。下面介绍三个常用的改正模型。

1. 霍普菲尔德(Hopfield) 公式

$$\mathrm{d}\rho_{\mathrm{trop}}=\Delta S_{\mathrm{d}}+\Delta S_{\mathrm{w}}=\frac{K_{\mathrm{d}}}{\sqrt{\sin(E^2+6.25^\circ)}}+\frac{K_{\mathrm{w}}}{\sqrt{\sin(E^2+2.25^\circ)}} \tag{6.2.17}$$

式中

$$\left.\begin{aligned}
K_{\mathrm{d}}&=77.6\frac{P_{\mathrm{s}}}{T_{\mathrm{s}}}\times\frac{1}{5}(h_{\mathrm{d}}-h_{\mathrm{s}})10^{-6}=\\
&\quad 155.2\times10^{-7}\frac{P_{\mathrm{s}}}{T_{\mathrm{s}}}\times(h_{\mathrm{d}}-h_{\mathrm{s}})\\
K_{\mathrm{w}}&=77.6\frac{e_{\mathrm{s}}}{T_{\mathrm{s}}^2}\times\frac{1}{5}(h_{\mathrm{w}}-h_{\mathrm{s}})=\\
&\quad 155.2\times10^{-7}\frac{4\ 810}{T_{\mathrm{s}}^2}e_{\mathrm{s}}(h_{\mathrm{w}}-h_{\mathrm{s}})\\
h_{\mathrm{d}}&=40\ 136+148.72(T_{\mathrm{s}}-273.16)\\
h_{\mathrm{w}}&=11\ 000
\end{aligned}\right\} \tag{6.2.18}$$

ΔS_{d} 为干气分量；ΔS_{w} 为湿气分量；T_{s} 为测站的绝对温度，以 K 为单位；P_{s} 为测站的气压，以

mbar (1 mbar$=10^2$ Pa) 为单位;e_s 为测站的水汽压,以 mbar 为单位;h_s 为测站的高程,以 m 为单位;h_d 为对流层外边缘的高度,以 m 为单位;E 为卫星高度角,以(°) 为单位;$d\rho_{trop}$ 为对流层折射改正值,以 m 为单位。

2. 萨斯塔莫宁(Saastamoinen) 公式

$$d\rho_{trop}=\frac{0.002\,277}{\sin E'}\left[P_s+\left(\frac{1\,255}{T_s}+0.05\right)e_s-\frac{a}{\tan^2 E'}\right] \tag{6.2.19}$$

式中,$E'=E+\Delta E$;$\Delta E=\frac{16.00''}{T_s}\left(P_s+\frac{4\,810e_s}{T_s}\right)\cot E$;$a=1.16-0.15\times10^{-3}h_s+0.716\times10^{-8}h_s^2$;其他各变量的意义与式(6.2.17) 和式(6.2.18) 相同。

3. 布莱克(Black) 公式

$$\begin{aligned}d\rho_{trop}=&K_d\left[\sqrt{1-\left[\frac{\cos E}{1+(1-l_0)h_d/r_s}\right]^2}-b(E)\right]+\\&K_w\left[\sqrt{1-\left[\frac{\cos E}{1+(1-l_0)h_w/r_s}\right]^2}-b(E)\right]\end{aligned} \tag{6.2.20}$$

式中,r_s 为测站的地心半径,参数 l_0 和路径弯曲改正 $b(E)$ 用下式确定:

$$\left.\begin{aligned}&l_0=0.833+[0.076+0.000\,15(T_s-273.16)]^{-0.3E}\\&b(E)=1.92\times(E^2+0.6)^{-1}\end{aligned}\right\} \tag{6.2.21}$$

h_d,h_w,K_d,K_w 含义均和前相同,但按下列公式计算:

$$\left.\begin{aligned}&h_d=148.98(T_s-3.96)\,(\mathrm{m})\\&h_w=13\,000\ \mathrm{m}\\&K_d=0.002\,312(T_s-3.69)\,\frac{P_s}{T_s}(\mathrm{m})\\&K_w=0.20\ \mathrm{m}\end{aligned}\right\} \tag{6.2.22}$$

采用上述对流层模型加以改正时,气象参数由测站直接测定。理论分析与实践表明,目前采用的各种对流层模型,均只能部分削弱对流层误差的影响,尚不能完全消除对流层误差。对流层延迟误差具有如下特点:

1) 理论上,对流层延迟同卫星高度角密切相关。卫星高度角越大,对流层延迟的影响越小;卫星高度角越小,不仅对流层,而且电离层误差和多径误差也将随之增大,对定位结果影响也就越大。

2) 对流层延迟误差主要影响高程精度。在同一测点,基线较短、同一高度角的条件下,若测点间的高程相差较小,则对流层延迟差异通常小于 1 cm[46]。两点之间高程差越大,对流层的误差越大。目前,作为高程分量误差的主要来源,当基线长为 30 km 时,对流层效应引起的高程差为 3 ~ 8 cm。

此外,也可以利用同步观测值求差的方法减弱对流层误差的影响,当两观测站相距不太远时(例如小于 20 km),由于信号通过对流层的路径相似,所以对同一卫星的同步观测值求差,可以明显地减弱对流层折射的影响。这一方法在精密差分定位中被广泛应用,当然,随着同步观测站之间距离的增大，求差法的有效性也将随之降低。

6.2.4 削弱多径误差的方法

1. 选择合适的站址

多径误差不仅与卫星信号的入射方向（入射角）和反射系数有关，而且与反射物离测站远近有关，在大地测量中测站选址时可参考以下因素：

测站应远离大面积平静的水面；

植被能较好地吸收微波信号的能量，是较为理想的设站地址；

翻耕后的土地和其他粗糙不平的地面反射能力也较差，也可选址；

测站不宜选择在山坡、山谷和盆地中。

另外，测站应远离高层建筑物。

2. 对接收机天线的要求

为了削弱多径误差带来的影响，接收机天线上均应配置抑径板。抑径板的半径 r、高度角 $Z_{限}$ 和抑径板高度 h 之间的关系为 $r=h/\sin(Z_{限})$。

若接收机天线相位中心至抑径板的高度 $h=70$ mm，截止高度角 $Z_{角}=15°$，则抑径板的半径 r 必须大于或等于 70 mm/sin15° = 27 cm。

此外，接收天线对于极化特性不同的反射信号应具有较强的抑制作用。由于多径误差是时间的函数，所以在静态定位中经过较长时间的观测后，多径误差的影响可大为削弱。

3. 采用新的设计方法

多径传播引起的码测量误差有时可达到码片宽度的一半（米级），而载波相位多径效应引起的测量误差通常小于波长的 1/4。近年来，许多新的接收机设计方法被用来降低码多径效应和载波相位多径效应，如窄相关技术、多径估计延迟锁定环（MEDLL）、Strobe 相关器和自适应滤波技术等。

6.2.5 解决星历误差的方法

1. 建立卫星跟踪网进行独立定轨

建立自己的卫星跟踪网进行独立定轨，通过为非实时用户提供精密星历可提高定位精度，也可为实时导航提供较高精度的预报星历。

2. 轨道松弛法

在平差模型中将卫星星历给出的轨道作为初始值并视其改正数为未知数，通过平差同时求得测站位置及轨道改正数，这种方法就称为轨道松弛法。常采用的轨道松弛法有：

(1) 半短弧法

仅将轨道切向、径向和法向三个改正数设为未知数，这种方法计算较为简单。

(2) 短弧法

将轨道偏差改正数作为未知数，通过轨道模型建立观测值和未知数之间的关系。这种方法的计算工作量较大，精度大体与半短弧法相当。

当然，轨道松弛法也有一定的局限性，它不宜作为卫星定位的基本方法，而只能在无法获得精密星历的情况下，作为某些部门采取的补救措施。

3. 同步观测值求差

这一方法利用在两个或多个观测站上，对同一卫星的同步观测值求差，以减小卫星星历误差的影响。星历误差对两站的影响具有很强的相关性，所以在求坐标差时，共同的影响可自行消去，从而获得精度很高的相对坐标。完成上述求差的计算后，残余误差可由下式确定：

$$\frac{\Delta b}{b}=\frac{\Delta s}{\rho} \tag{6.2.23}$$

式中，b 为基线长；Δb 为由于卫星星历误差而引起的基线误差；Δs 为星历误差；ρ 为卫星至测站的距离；$\Delta s/\rho$ 为星历的相对误差。当取 $b=5$ km，$\rho=25\ 000$ km，$\Delta s=50$ m 时，$\Delta b=1$ cm。可见，采用差分定位可有效地减弱星历误差的影响。通常，经数小时观测后的基线相对误差约为星历相对误差的 1/4。

6.3　卫星导航系统定位精度描述方法

描述卫星导航系统定位精度的方法有很多种，比较常用的有圆概率误差(Circular Error Probability, CEP) 和 2 倍距离均方根误差(Twice the Distance Root Mean Square Error, 2DRMS)，其他方法还包括简单的统计描述，如一维正态分布的标准差值等。本节简要介绍几种精度描述的定义，以便于读者在使用时加以区分。

6.3.1　圆概率误差

圆概率误差描述的是定位误差为圆半径 50% 的概率时的误差。例如，圆概率误差为 100 m 的定位精度，表明有 50% 的水平定位结果偏离真实位置的误差在 100 m 以内。对于绝大多数水面和陆地导航定位来说，50% 的概率过低，必须采用较高的概率描述，一般认为比较合理的是 95%(记作 $R95$，同样地，圆概率误差可记作 $R50$)。$R95$(或 CEP) 定义如下：把大量的卫星单点定位结果标出来，然后以均值(或已知真实位置点) 为圆心画圆包含全部测位结果的 95%(或 50%)，则该圆的半径就称为 $R95$(或 CEP)，参见图 6.3.1。当然，这种精度描述方法的不足之处在于未对剩余的 5%(或 50%) 的结果给出任何说明(除非已知或已经假定误差的概率密度函数)，它们之中可能存在着定位误差非常大的情况。

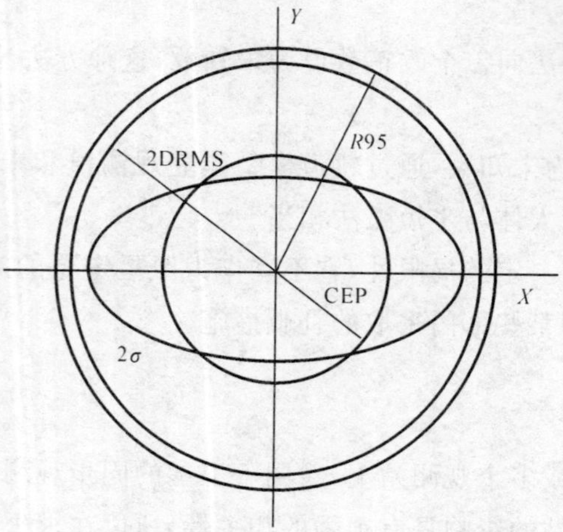

图 6.3.1 不同定位精度描述之间的关系

6.3.2 两倍距离均方根误差

目前用两倍距离均方根误差描述卫星导航的定位精度较为普遍，在美国联邦无线电导航计划中曾广泛使用这种描述方法。为了从一组数据中计算出 DRMS 值，需要首先计算出误差半径(即测位点和已知点或均值位置之间的线性距离)的均方根值。该值可通过协方差分析方法加以预测，即卫星水平精度因子 HDOP 乘以观测伪距的标准差。这种定位精度描述在实际中获得了普遍的应用。

2DRMS 描述方式的不足之处在于没有一个固定的常值概率与之匹配。这一点很复杂，国外一些文献曾作了专门的分析研究，认为与之相关的概率是特定卫星几何位置误差椭圆的函数。如果假定伪距误差是正态分布的，则与 2DRMS 对应的概率范围为 95.4% ~ 98.2%。

6.3.3 二维水平标准差

二维水平标准差值就是东向和北向位置水平距离的二维标准差，即 $\sigma=(\sigma_N^2+\sigma_E^2)^{1/2}$。二维水平位置精度通常可用标准差值 Sigma($\sigma$) 来表示，$\sigma_N$ 表示相对于平均纬度的标准差，σ_E 表示相对于平均经度的标准差，通过计算二维标准差值来描述定位精度。

如果给定的参考值是 1σ，那么定位结果以 68.3% 的概率在平均位置的 $1\times\sigma$ 范围以内；如果给定的参考值是 2σ，那么定位结果以 95.4% 的概率在平均位置的 $2\times\sigma$ 范围以内；对于给定的参考值是 3σ，那么定位结果以 99.7% 的概率在平均位置的 $3\times\sigma$ 范围以内；可以认为以 100% 概率的定位结果都将位于平均位置的 $4\times\sigma$ 范围以内。

6.3.4 UKOOA 描述方法

英国业者协会(United Kingdom Operators' Association)在其差分 GPS 测量指南

UKOOA(1994 年)中给出了评价差分定位结果的推荐方法和统计测试方法，统计测试的目的在于确保进行定位所使用的数据独立于测量误差和定位程序。卫星导航的用户采用水平误差椭圆描述定位结果的估计质量，椭圆本身描述各个方向定位精度的近似，垂直线代表分布的形状。95％ 水平误差椭圆的物理含义如下：如果椭圆中心位于真位置点，那么估计的测位中有 95％ 位于该椭圆内，如图 6.3.2 所示。后处理误差椭圆的面积、形状和方向与参与定位的卫星几何形状和所采用的随机模型有关。实际上，它们随时间的变化是十分缓慢的，其变化是由卫星几何位置的变化引起的，而且变化主要集中在卫星进入和离开测量范围的时间段。

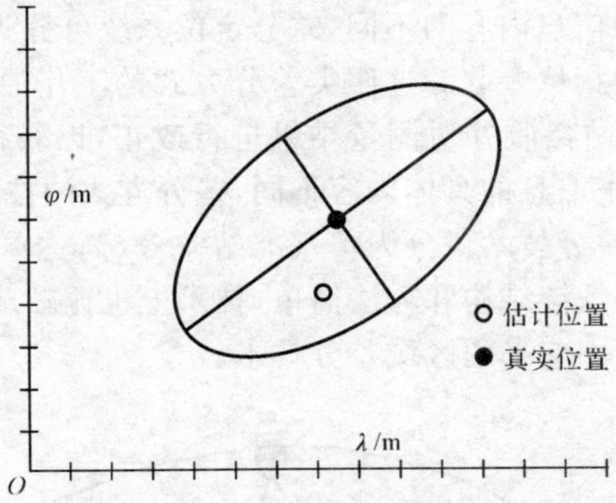

图 6.3.2　水平误差椭圆

第 7 章　差分定位方法

卫星导航差分定位技术利用卫星导航系统的误差随时间变化缓慢，而且与距离和路径强相关的特性，通过求差的方法消除公共误差和绝大部分传播延迟误差，从而显著提高系统的定位精度。

根据差分基准站发送的信息内容的不同，差分定位系统可分为四类：位置差分、伪距差分、相位平滑的伪距差分和载波相位差分。这四类差分方式的工作原理是相同的，都是由基准站发送误差改正信息，由用户站接收并对测量结果进行改正，以获得精确的定位结果。不同的是，各类差分方式发送的改正信息的具体内容不同，差分方式的技术难度、定位精度也不同。

按照作用范围的不同，差分技术可分为单基准站差分（简称单站差分）和具有多个基准站的区域差分两类。单站差分系统结构和算法简单，技术上也比较成熟，主要用于小范围的差分定位工作；对于较大的范围，则应采用区域差分技术。

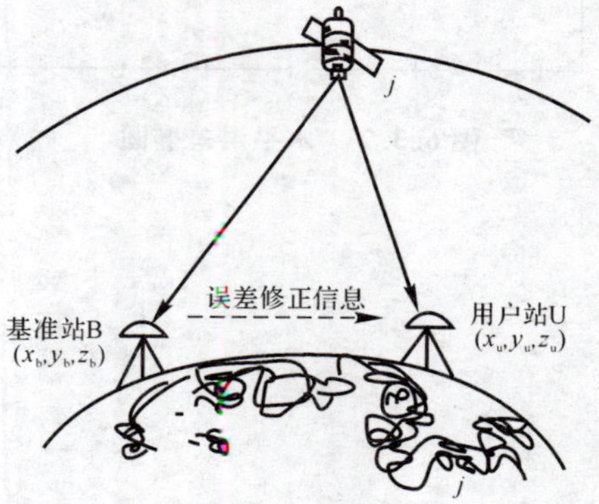

图 7.0.1　差分定位示意图

如图 7.0.1 所示，差分定位技术的基本原理是通过在一个地理位置精确已知点建立差分基准台 B(一般称为基准站)，实时计算出与位置有关的误差，并将此误差信息传送给用户 U，用户即可对本机的定位结果或观测量进行修正。这种差分修正主要有两种实现方式：在测量过程中修正（如伪距差分、相位平滑伪距差分、载波相位差分等）和对计算结果修正（如位置差分）。

除非特别说明，本章后面的介绍中，均以 $\boldsymbol{x}_b = [x_b, y_b, z_b]^T$ 表示基准站的精确位置矢量，可通过事先精密测量获得；$\boldsymbol{x}_u = [x_u, y_u, z_u]^T$ 表示待解算的用户站位置矢量。

7.1　测码伪距差分定位

7.1.1　位置差分

位置差分是一种最简单的差分方法，任何一种导航接收机均可改装成这种差分系统。安装在基准站的导航接收机观测 4 颗卫星后便可进行三维定位，解算出基准站的坐标。由于存在轨道误差、时钟误差、大气影响、多路径效应以及其他的误差，解算出的坐标与基准站的精确坐标是不一样的，存在误差

$$\Delta \boldsymbol{x} = \boldsymbol{x}_b^* - \boldsymbol{x}_b \tag{7.1.1}$$

式中，$\boldsymbol{x}_b^*$ 为实测并解算出的基准站三维位置矢量；$\Delta \boldsymbol{x}$ 为基准站三维坐标改正数。

基准站将此改正数发送给用户站，用户对解算的用户站坐标进行改正：

$$\boldsymbol{x}_u = \boldsymbol{x}_u^* - \Delta \boldsymbol{x} \tag{7.1.2}$$

式中，$\boldsymbol{x}_u^*$ 为接收机直接解算出的用户位置，存在误差；$\boldsymbol{x}_u$ 为应用位置差分方法得到的用户位置，是对 $\boldsymbol{x}_u^*$ 改正后的结果。

如果考虑用户站的位置改正瞬间变化，则

$$\boldsymbol{x}_u = \boldsymbol{x}_u^* - \left[\Delta \boldsymbol{x} + \frac{\mathrm{d}\Delta \boldsymbol{x}}{\mathrm{d}t}(t - t_0)\right] \tag{7.1.3}$$

式中，t_0 为位置校正的有效时刻。

由式(7.1.2)和式(7.1.3)可知，最后得到的改正后的用户坐标消去了基准站和用户站的共同误差，如卫星星历误差、大气层延迟影响等，提高了定位精度。

位置差分方式的优点是计算方法简单，适用范围较广；缺点是对用户站和基准站之间的距离有一定的限制。由以上所述可知，必须保证基准站的坐标改正数适用于用户站，这就要求用户站和基准站同时观测同一组卫星。如果两站距离较远，由于用户站和基准站的观测条件不一致，很难保证同时观测的是相同的卫星，实现时就有一定的难度。

7.1.2　伪距差分

与位置差分法不同，在伪距差分方法中，基准站发出的改正数是基准站至各颗卫星的伪距改正数。在基准站上的接收机计算出基准站至每颗可见卫星的真实距离，并将计算出的距离与含有误差的伪距测量值进行比较，求出差值，然后将所有卫星的测距误差传输给用户站，用户站利用这些测距误差估计值来改正测量的伪距。最后，用户利用改正后的伪距解算出用户站的位置，就可消去公共误差，提高定位精度。

首先，基准站利用导航电文解算出卫星 i 在 ECEF 坐标系中的位置 $\boldsymbol{X}^i = [X^i, Y^i, Z^i]$，可以求出各卫星到基准站的真实距离

$$R_b^i = |\boldsymbol{X}^i - \boldsymbol{x}_b| \tag{7.1.4}$$

基准站接收机测量的伪距 ρ_b^i 包含基准站接收机钟差、电离层延迟、对流层延迟和卫星钟差等各种因素引起的距离误差，与真实距离 R_b^i 求差可以求出伪距的改正数

$$\Delta\rho_b^i = R_b^i - \rho_b^i \tag{7.1.5}$$

如果需要更精确的伪距改正数，可求出伪距改正数的变化率

$$\Delta\dot{\rho}_b^i = \frac{\Delta\rho_b^i}{\Delta t} \tag{7.1.6}$$

由于基准站和用户站之间的距离较近，可以认为卫星信号到基准站和到用户站的传输路径近似相同，那么可以认为求得的基准站伪距改正数及其变化率也适用于用户站。因此，基准站将 $\Delta\rho_b^i$ 和 $\Delta\dot{\rho}_b^i$ 传送给用户站，用户站接收机测量出用户站至卫星的伪距 ρ_u^i 后，加上伪距改正

数，便可以得到经过差分修正的伪距

$$\hat{\rho}_u^i = \rho_u^i + \Delta\rho_b^i + \Delta\dot{\rho}_b^i(t - t_0) \tag{7.1.7}$$

利用修正后的伪距按照第 5 章 5.3 节介绍的方法计算用户站的位置，将会进一步提高定位精度。

伪距差分有以下优点：

1）由于基准站的伪距改正数及其变化率是直接在 ECEF 坐标系上计算得出的，用户站伪距在使用时不必进行坐标转换，可以避免坐标转换引起的误差，提高定位的精度；

2）基准站能同时提供伪距改正数及其变化率，用户站即使在未得到改正数的空隙也可以采用外推的方法继续进行高精度定位，这也满足 RTCM SC－104 标准的要求；

3）基准站能同时提供所有可见卫星的改正数及其变化率，允许用户站使用其中任意 4 颗以上的卫星信号进行定位，而不要求必须与基准站观测完全相同的卫星，因而放宽了使用限制，使伪距差分方法得到广泛的应用。

与位置差分相似，伪距差分也能将基准站和用户站的公共误差抵消，但随着用户站和基准站之间距离的增加将引入新的系统误差，这种误差是采用任何差分定位方法都不能消除的。用户站和基准站之间的距离对用户站的定位精度有决定性影响。

7.2 载波相位平滑伪距

接收机除了能够进行伪距测量外，还可同时实现载波相位测量。由于载波相位的测量精度比伪随机码相位的测量精度在距离域内高 2 个数量级，因此，如果能获得载波相位整周模糊度，就可以得到精度极高的距离测量值。然而，在一般情况下，接收机无法获得整周模糊度，但可以获得载波多普勒频率计数。实际上，载波多普勒频率计数反映了载波相位变化的信息，即反映了伪距变化率的信息。考虑到载波多普勒频率计数的精度很高，并且精确地反映了基准站伪距的变化，因此，若能利用载波多普勒频率计数来辅助码伪距测量，就可以获得比单独采用码伪距测量更高的定位精度，这种方法被称为载波相位平滑伪距（Carrier Smoothed Code，CSC）定位。

7.2.1 多历元相位差法

从第 5 章可以得到用户站码伪距和载波相位的观测方程为

$$\rho_u^i = R_u^i + c\mathrm{d}\tau_u + v_1 \tag{7.2.1}$$

$$\lambda(\varphi_u^i + N_u^i) = R_u^i + c\mathrm{d}\tau_u + v_2 \tag{7.2.2}$$

式中，ρ_u^i 为用户站至卫星 i 的伪距；$\mathrm{d}\tau_u$ 为接收机钟差；φ_u^i 为相位观测值；N_u^i 为卫星 i 的载波相位整周模糊度；λ 为载波波长；R_u^i 为用户站至卫星的真实距离，其中包括用户站的三维坐标；v_1，v_2 为接收机的测量噪声。

为避免求解相位整周模糊度 N_u^i，取 t_1，t_2 两时刻的相位观测量之差

$$\begin{aligned}\Delta\rho_u^i(t_1,t_2) &= \lambda[\varphi_u^i(t_2) - \varphi_u^i(t_1)] = \\ &R_u^i(t_2) - R_u^i(t_1) + c\mathrm{d}\tau_u(t_2) - c\mathrm{d}\tau_u(t_1) - v_2'\end{aligned} \tag{7.2.3}$$

相对于伪距观测量而言，认为载波相位观测噪声可以忽略，即 $v'_2=0$。

假设接收机在 t_2 时刻的伪距观测量为

$$\rho_u^i(t_2)=R_u^i(t_2)+c\mathrm{d}\tau_u(t_2)+v_1 \tag{7.2.4}$$

将式(7.2.3)代入式(7.2.4)中，得

$$\rho_u^i(t_2)=R_u^i(t_1)+c\mathrm{d}\tau_u(t_1)+\Delta\rho_u^i(t_1,t_2)+v_1 \tag{7.2.5}$$

式(7.2.5)进一步写成

$$R_u^i(t_1)+c\mathrm{d}\tau_u(t_1)+v_1=\rho_u^i(t_2)-\Delta\rho_u^i(t_1,t_2) \tag{7.2.6}$$

式(7.2.6)等号左边实际上为 t_1 时刻的伪距，这个伪距是由 t_2 时刻的伪距观测值经相位变化回推得到的结果。由于不同时刻的伪距观测值相互独立，可以认为噪声项是零均值的高斯分布。因此，t_1 时刻伪距观测值的估计值可以写为

$$\rho_u^i(t_1)=\rho_u^i(t_2)-\Delta\rho_u^i(t_1,t_2) \tag{7.2.7}$$

利用式(7.2.7)，可以由不同时段的相位差回推求出 t_1 时刻的伪距值。假定有 k 个历元的观测值 $\rho_u^i(t_1),\rho_u^i(t_2),\cdots,\rho_u^i(t_k)$，利用相位观测量可求出从 t_1 到 t_k 的相位差值 $\Delta\rho_u^i(t_1,t_2)$，$\Delta\rho_u^i(t_1,t_3),\cdots,\Delta\rho_u^i(t_1,t_k)$。利用上述差值可以求出 t_1 时刻的 k 个伪距观测量

$$\left.\begin{aligned}&\rho_u^i(t_1)=\rho_u^i(t_1)\\&\rho_u^i(t_1)=\rho_u^i(t_2)-\Delta\rho_u^i(t_1,t_2)\\&\qquad\cdots\cdots\\&\rho_u^i(t_1)=\rho_u^i(t_k)-\Delta\rho_u^i(t_1,t_k)\end{aligned}\right\} \tag{7.2.8}$$

对所有推导值取平均，得到 t_1 时刻的伪距平滑值

$$\bar{\rho}_u^i(t_1)=\frac{1}{k}\sum^k\rho_u^i(t_1) \tag{7.2.9}$$

式(7.2.9)为相位平滑的伪距观测量，由于利用了所有历元的测码伪距和载波相位观测信息，它大大减小了噪声电平。设各历元时刻的噪声都服从零均值的高斯分布，若其方差记为 $\sigma^2(\rho)$，则伪距平滑值的误差方差为

$$\sigma^2(\bar{\rho})=\frac{1}{k}\sigma^2(\rho) \tag{7.2.10}$$

求得 t_1 时刻的平滑值后，可推得其他各时刻的平滑值

$$\bar{\rho}_u^i(t_k)=\bar{\rho}_u^i(t_1)+\Delta\rho_u^i(t_1,t_k),\quad k=2,3,\cdots \tag{7.2.11}$$

多历元相位差法需要存储前 k 个历元的伪距和伪距变化，所有历元观测完成后才可以实现定位，显然这种方法的实时性较差，在较高实时性要求情况下的应用受到极大的限制。

7.2.2　Hatch 滤波法

Hatch 滤波器利用一个低通滤波器抑制测码伪距中的高频噪声，达到提高距离测量精度的目的。20 世纪 80 年代，R. Hatch 提出采用 Hatch 滤波器提高载波相位平滑伪距的实时性[47]，目前的 GPS 局域增强系统采用的就是这种方法。Hatch 滤波器的结构如图 7.2.1 所示。

在图 7.2.1 中，ρ，$\lambda\varphi$ 分别为测码伪距和载波相位观测量的等效距离；S 为平滑后的测码伪距。一阶低通滤波器的模拟传递函数为 $F(s)=1/(\tau s+1)$；τ 为平滑时间(典型值为 100 s)，由

图可知

$$\bar{\chi}(s)=F(s)\chi(s) \tag{7.2.12}$$

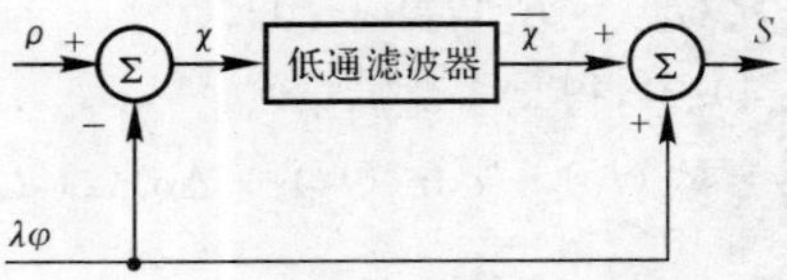

图 7.2.1 Hatch 滤波器

对式(7.2.12)两边作 Laplace 反变换,可得

$$\bar{\chi}(t+1)=\frac{\tau-1}{\tau}\bar{\chi}(t)+\frac{1}{\tau}\chi(t+1) \tag{7.2.13}$$

而图 7.2.1 中的平滑码伪距为

$$S=\bar{\chi}+\lambda\varphi \tag{7.2.14}$$

因此,综合式(7.2.12)～式(7.2.14)可得

$$S_i=\frac{1}{L}\rho_i+\frac{L-1}{L}[S_{i-1}+\lambda(\varphi_i-\varphi_{i-1})] \tag{7.2.15}$$

式中,$L=\tau/T$ 为滤波器平滑权值(也称为滤波器步长);T 为平滑伪距输出的采样间隔;下标 i 表示平滑的历元数。整理式(7.2.15)可得

$$S_i=\frac{1}{L}\sum_{j=1}^{i-1}\rho_j+\frac{1}{L}\sum_{j=1}^{i-1}\lambda(\varphi_i-\varphi_j) \tag{7.2.16}$$

显然,Hatch 滤波利用算术平均得到测码伪距的低频成分,利用时间差分算子得到载波相位的高频成分。需要说明的是,图 7.2.1 中也可以使用二阶滤波器,此时需要三个历元实现平滑,效果略优于一阶滤波器;如果在测量期间载波相位观测值发生周跳,则需要重启 Hatch 滤波器;另外,由于电离层延迟对码伪距有滞后效应,而对载波相位有超前效应,使得传统载波相位平滑伪距中的包含了两倍的电离层延迟,称为载波相位平滑伪距中的电离层发散效应(Code Carrier Divergence, CCD)。电离层发散效应可采用变平滑窗平滑或利用双频观测量平滑等方法进行抑制[48-49]。

在利用式(7.2.16)得到平滑后的码伪距之后,为进一步提高定位精度,采用差分的方式来消除大部分误差。由于这种方法多用于航空,因此,下面的介绍中以上标 G 和 A 分别代表地面基准站和空中动态用户。原理如图 7.2.2 所示。

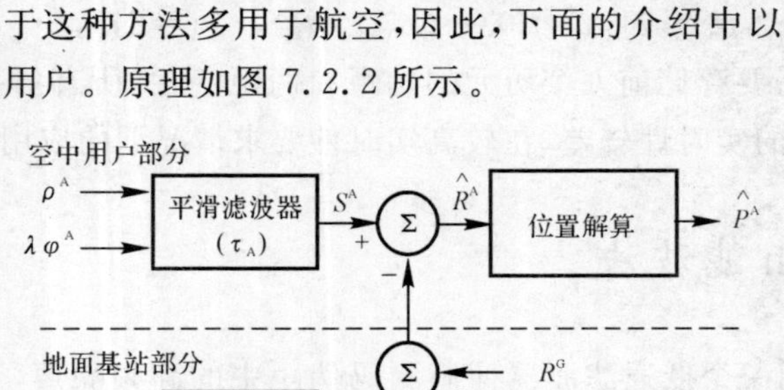

图 7.2.2 基于 Hatch 滤波的相位平滑伪距差分原理

已知地面基准站的精确位置坐标,用户站可以利用基准站广播的差分伪距修正值得到精

度更高的伪距修正值

$$\hat{R}^{A}=S^{A}-(S^{G}-R^{G}) \tag{7.2.17}$$

式中，S^{A} 为用户站平滑伪距；S^{G} 为基准站平滑伪距；R^{G} 为基准站利用精确坐标计算的与卫星的距离。

式(7.2.17) 表明，差分伪距修正值中包含地面基准站和动态用户之间的共性误差，这些共性误差可以利用差分修正予以消除。然而，差分伪距修正值中也包含了非共性误差，例如多径误差和平滑电离层延迟产生的误差等，这些误差在某些情况下甚至会导致米级的定位误差，这将大大影响定位精度。因此，基准站可以在广播差分修正值之前进行滤波处理，这对提高动态用户的定位精度是非常必要的。

设差分伪距修正值误差为 δRC，它可以通过下式计算：

$$\delta RC=\hat{R}^{A}-R^{A}=(S^{A}-R^{A})-(S^{G}-R^{G}) \tag{7.2.18}$$

这里主要考虑电离层和多径两部分误差，有

$$S^{A}=R^{A}+I^{A}+\varepsilon^{A},\quad S^{G}=R^{G}+I^{G}+\varepsilon^{G} \tag{7.2.19}$$

式中，I 表示平滑后的电离层延迟误差；ε 表示多径误差。

将式(7.2.19) 代入式(7.2.18)，可得差分修正值误差为

$$\delta RC=(S^{A}-S^{G})-(R^{A}-R^{G})=(I^{A}-I^{G})+(\varepsilon^{A}-\varepsilon^{G}) \tag{7.2.20}$$

注意式(7.2.20) 中的修正值是对某一颗卫星，而不是对所有可用卫星伪距的综合校正。因此，电离层误差和多径误差的抑制程度决定了系统的精度。

实际上，Hatch 滤波法实现的载波相位平滑伪距不仅适用于局域增强系统中的航空用户，对于其他应用也同样适用。

7.3　载波相位差分定位

位置差分、伪距差分、载波相位平滑伪距等技术通过不同的实现方式能够实时确定载体的位置，精度为米级，已成功地应用于各种工程作业中，随之而来的是更加精密的测量技术——载波相位差分技术。

载波相位差分法的基本原理是：基准站，实时地将载波相位信息(或载波相位修正值)和基准站精确坐标通过无线传输设备一同传送给用户站；用户站，接收来自导航卫星和基准站的信息，建立载波相位差分观测模型，并实时给出厘米级的定位结果，这种定位模式被称为实时动态载波相位差分技术，简称 RTK(Real Time Kinematic)。如果基准站和用户站之间没有安装无线电传输设备，可以分别记录两站的原始观测数据，经事后处理得到高精度测量结果。

根据基准站发送信息不同，用户站可采用逼近法或求差法实现载波相位差分定位。

1. 逼近法

与伪距差分相似，基准站将载波相位修正值和精确位置坐标发送给用户站，以改正用户站的载波相位观测值，然后求解用户站的坐标，这种方法被称为准 RTK 技术。

基准站利用卫星星历计算出卫星的位置，再根据基准站的已知精确坐标，计算出卫星至基准站的真实距离 R_{b}^{i}，从而求出基准站的伪距改正数

$$\Delta\rho_b^i = R_b^i - \rho_b^i \tag{7.3.1}$$

式中，$R_b^i = |\boldsymbol{X}^i - \boldsymbol{x}_b|$ 为基准站至第 i 颗卫星的真实距离，可由基准站坐标和卫星星历求得；ρ_b^i 为基准站对第 i 颗导航卫星的测相伪距观测值，$\rho_b^i = \lambda(N_b^i + \varphi_b^i)$；$N_b^i$ 为相位初始整周模糊度（此处假设为已知量）；φ_b^i 为载波相位观测值；λ 为载波波长。

用 $\Delta\rho_b^i$ 对用户站的伪距 ρ_u^i 进行修正：

$$\Delta\rho_b^i + \rho_u^i = |\boldsymbol{X}^i - \boldsymbol{x}_u| + \mathrm{d}\rho \tag{7.3.2}$$

式中，$\mathrm{d}\rho$ 表示伪距残差，主要由基准站和用户站接收机钟差的一次差引起。

将式(7.3.1)代入基准站和用户站的观测方程式(7.3.2)中，可得

$$R_b^i + \lambda(N_u^i - N_b^i) + \lambda(\varphi_u^i - \varphi_b^i) = |\boldsymbol{X}^i - \boldsymbol{x}_u| + \mathrm{d}\rho \tag{7.3.3}$$

式中，N_u^i 为用户站观测第 i 颗卫星的整周模糊度；φ_u^i 为用户站对卫星 i 的载波相位观测值。

显然，当同时观测多颗卫星时，求解式(7.3.3)所示方程组的最关键问题是如何求解相位整周模糊度。

2. 求差法

求差法是指，基准站将载波相位观测值和精确坐标信息发送给用户站，用户站经差分处理消除或削弱绝大多数误差，获得精密定位结果。求差法在实际中得到广泛应用。

载波相位差分可以在卫星间求差，可以在接收机间求差，也可以在不同历元之间求差，求差的结果与先后次序无关。将观测值直接相减称为求一次差，即单差；在一次差的基础上继续求差，便可以得到二次差，也称双差；二次差仍可以继续求差，称为三次差。

求差法在实际使用时通常采用在接收机间求一次差，在接收机和卫星间求二次差，在接收机、卫星和观测历元之间求三次差的方式，如图 7.3.1 所示。

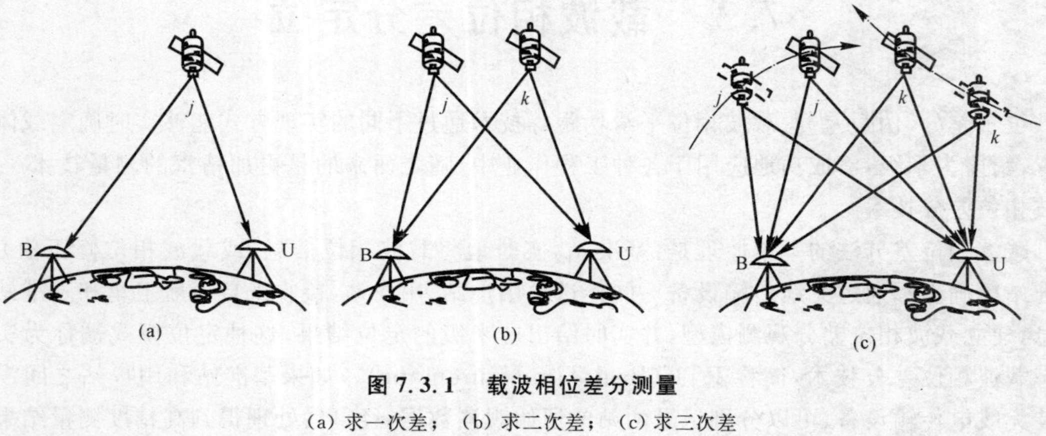

图 7.3.1 载波相位差分测量

(a) 求一次差；(b) 求二次差；(c) 求三次差

下面重点介绍应用最为广泛的单差和双差载波相位定位模型，并对影响精密定位结果的载波相位双差观测值的相关性进行分析。

7.3.1 单差定位模型

图 7.3.1 中 B 为基准站，U 为用户站。两站同时观测卫星 j，忽略观测噪声，则两站至卫星

j 的测相伪距分别为

$$\left.\begin{aligned}\rho_b^j &= R_b^j + c(d\tau_b - d\tau^j) + d\rho_b^j - d\rho_{b,ion}^j + d\rho_{b,trop}^j \\ \rho_u^j &= R_u^j + c(d\tau_u - d\tau^j) + d\rho_u^j - d\rho_{u,ion}^j + d\rho_{u,trop}^j\end{aligned}\right\} \tag{7.3.4}$$

以通用下标“$*$”表示基准站和用户站，ρ_*^j为测相伪距，$\rho_*^j = \lambda N_*^j + \lambda\varphi_*^j$；$R_*^j$ 为测站至卫星 j 的真实距离；$d\tau_*$为接收机时钟偏差；$d\tau^j$ 为卫星 j 的时钟偏差；$d\rho_*^j$为卫星 j 的星历误差引起的伪距误差；$d\rho_{*,ion}^j$ 为电离层超前；$d\rho_{*,trop}^j$ 为对流层延迟。

当基准站与用户站相距较近（小于 100 km）时，$d\rho_b^j \approx d\rho_u^j$，$d\rho_{b,ion}^j \approx d\rho_{u,ion}^j$，$d\rho_{b,trop}^j \approx d\rho_{u,trop}^j$，式(7.3.4)中两式相减，可化简为

$$\lambda(\varphi_b^j - \varphi_u^j) = (R_b^j - R_u^j) + c(d\tau_b - d\tau_u) - \lambda(N_b^j - N_u^j) \tag{7.3.5}$$

令 $\Delta(*)_{ub}^j = (*)_b^j - (*)_u^j$ 表示式(7.3.5)中的各项单差，则式(7.3.5)可简化为

$$\lambda\Delta\varphi_{ub}^j = \Delta R_{ub}^j + c\Delta d\tau_{ub} - \lambda\Delta N_{ub}^j \tag{7.3.6}$$

式中，ΔN_{ub}^j 称为载波相位单差模糊度。

可见，上述单差模型的主要优点是，消除了卫星钟差和星历误差的影响，同时可以明显减弱电离层和对流层折射误差的影响。

将式(7.3.6)线性化后有

$$\lambda\Delta\varphi_{ub}^j = \boldsymbol{I}_u^j\Delta\boldsymbol{x}_u + \hat{\rho}_u^j - R_b^j + c\Delta d\tau_{ub} - \lambda\Delta N_{ub}^j \tag{7.3.7}$$

式中，$\boldsymbol{I}_u^j$ 为用户站与卫星 j 的方向矢量，参见式(5.3.7)；$\Delta\boldsymbol{x}_u$ 为用户站概略坐标的修正；$\hat{\rho}_u^j$ 为用户站至卫星 j 的距离近似值；$R_b^j = |\boldsymbol{X}^j - \boldsymbol{x}_b|$ 为基准站至卫星 j 的真实距离。

写成误差方程的形式

$$\Delta v_{ub}^j = \boldsymbol{I}_u^j\Delta\boldsymbol{x}_u + c\Delta d\tau_{ub} - L_{ub}^j \tag{7.3.8}$$

式中，Δv_{ub}^j 为单差相位观测误差；$L_{ub}^j = \lambda(\Delta N_{ub}^j + \Delta\varphi_{ub}^j) + (R_b^j - \hat{\rho}_u^j)$ 为常数项。

式(7.3.8)即为载波相位单差定位观测误差模型。单差可以消除卫星钟差和星历误差的影响，大大削弱对流层和电离层折射的影响，但无法消除接收机钟差。如果观测卫星数大于 4 颗，则可由式(7.3.8)通过最小二乘法求解出用户站坐标改正数，实现单差分定位解算。如果整周模糊度未知，那么未知数的个数大于方程的数量，需要进行多个历元的观测。

7.3.2　双差定位模型

双差定位模型是在单差的基础上，在卫星之间再次求差，能够消除接收机钟差的影响。双差法在实现时通常选择高度角最大的卫星 k 作为双差时的参考卫星，然后在其他卫星的单差观测方程与参考卫星的单差观测方程之间作差。

对于参考卫星 k，我们同样可以得到如式(7.3.7)的线性化单差观测方程

$$\lambda\Delta\varphi_{ub}^k = \boldsymbol{I}_u^k\Delta\boldsymbol{x}_u + \hat{\rho}_u^k - R_b^k + c\Delta d\tau_{ub} - \lambda\Delta N_{ub}^k \tag{7.3.9}$$

将式(7.3.7)与式(7.3.9)求差可得

$$\lambda(\Delta\varphi_{ub}^j - \Delta\varphi_{ub}^k) = (\boldsymbol{I}_u^j - \boldsymbol{I}_u^k)\Delta\boldsymbol{x}_u + (\hat{\rho}_u^j - \hat{\rho}_u^k) - (R_b^j - R_b^k) - \lambda(\Delta N_{ub}^j - \Delta N_{ub}^k) \tag{7.3.10}$$

记$\nabla\Delta(*)_{ub}^{kj} = \Delta(*)_{ub}^j - \Delta(*)_{ub}^k$，则式(7.3.10)化简为

$$\lambda\nabla\Delta\varphi_{ub}^{kj} = (\boldsymbol{I}_u^j - \boldsymbol{I}_u^k)\Delta\boldsymbol{x}_u + (\hat{\rho}_u^j - \hat{\rho}_u^k) - (R_b^j - R_b^k) - \lambda\nabla\Delta N_{ub}^{kj} \tag{7.3.11}$$

考虑双差相位观测误差为$\nabla\Delta v_{\mathrm{ub}}^{kj}$,则式(7.3.11)可写为误差方程的形式

$$\nabla\Delta v_{\mathrm{ub}}^{kj}=(\boldsymbol{I}_{\mathrm{u}}^{j}-\boldsymbol{I}_{\mathrm{u}}^{k})\Delta\boldsymbol{x}_{\mathrm{u}}-L_{\mathrm{ub}}^{kj} \tag{7.3.12}$$

式(7.3.12)即为载波相位双差观测误差方程。其中,$\nabla\Delta\varphi_{\mathrm{ub}}^{kj}$为双差相位观测值;$\nabla\Delta N_{\mathrm{ub}}^{kj}$为双差相位整周模糊度(假设为已知量);$L_{\mathrm{ub}}^{kj}$为双差产生的常数项,$L_{\mathrm{ub}}^{kj}=\lambda(\nabla\Delta N_{\mathrm{ub}}^{kj}+\nabla\Delta\varphi_{\mathrm{ub}}^{kj})-(\hat{\rho}_{\mathrm{u}}^{j}-\hat{\rho}_{\mathrm{u}}^{k})+(R_{\mathrm{b}}^{j}-R_{\mathrm{b}}^{k})$。

在双差观测方程中,如果两个测站同步观测n颗卫星,参考卫星编号为1,未知数为未知用户站的3个位置坐标改正数,写成矩阵形式

$$\boldsymbol{V}=\boldsymbol{AX}-\boldsymbol{L} \tag{7.3.13}$$

式中

$$\boldsymbol{A}=\begin{bmatrix}\boldsymbol{I}_{\mathrm{u}}^{2}-\boldsymbol{I}_{\mathrm{u}}^{1}\\ \boldsymbol{I}_{\mathrm{u}}^{3}-\boldsymbol{I}_{\mathrm{u}}^{1}\\ \vdots\\ \boldsymbol{I}_{\mathrm{u}}^{n}-\boldsymbol{I}_{\mathrm{u}}^{1}\end{bmatrix},\quad \boldsymbol{L}=[L_{\mathrm{ub}}^{12},L_{\mathrm{ub}}^{13},\cdots,L_{\mathrm{ub}}^{1n}]^{\mathrm{T}}$$

$$\boldsymbol{X}=\Delta\boldsymbol{x}_{\mathrm{u}},\quad \boldsymbol{V}=[\nabla\Delta v_{\mathrm{ub}}^{12},\nabla\Delta v_{\mathrm{ub}}^{13},\cdots,\nabla\Delta v_{\mathrm{ub}}^{1n}]^{\mathrm{T}}$$

双差的数学模型中不仅消除了卫星时钟误差,而且消除了用户接收机时钟误差,避免了因接收机采用廉价时钟而导致的建模困难,同时又使未知数个数减少,因而能够达到很高的定位精度。然而,要想利用载波相位双差法获得精密定位结果,还应解决以下两个问题。

1. 双差载波相位整周模糊度

上述模型的前提是双差整周模糊度已知,而实际上接收机并不能直接提供双差相位整周模糊度,需要专门求解。如果将双差整周模糊度$\nabla\Delta N_{\mathrm{ub}}^{kj}$视为未知数参数,则式(7.3.11)可化简为

$$\nabla\Delta v_{\mathrm{ub}}^{kj}=(\boldsymbol{I}_{\mathrm{u}}^{j}-\boldsymbol{I}_{\mathrm{u}}^{k})\Delta\boldsymbol{x}_{\mathrm{u}}-\lambda\,\nabla\Delta N_{\mathrm{ub}}^{kj}-L_{\mathrm{ub}}^{kj} \tag{7.3.14}$$

式中,常数项$L_{\mathrm{ub}}^{kj}=\lambda\,\nabla\Delta\varphi_{\mathrm{ub}}^{kj}-(\hat{\rho}_{\mathrm{u}}^{j}-\hat{\rho}_{\mathrm{u}}^{k})+(R_{\mathrm{b}}^{j}-R_{\mathrm{b}}^{k})$。

当同时观测n颗卫星时,定义模糊度向量$\nabla\Delta\boldsymbol{N}=[\nabla\Delta N_{\mathrm{ub}}^{12},\nabla\Delta N_{\mathrm{ub}}^{13},\cdots,\nabla\Delta N_{\mathrm{ub}}^{1n}]^{\mathrm{T}}$,可得与式(7.3.13)相同的矩阵形式,其中

$$\boldsymbol{A}=\begin{bmatrix}\boldsymbol{I}_{\mathrm{u}}^{2}-\boldsymbol{I}_{\mathrm{u}}^{1} & -\lambda & 0 & \cdots & 0\\ \boldsymbol{I}_{\mathrm{u}}^{3}-\boldsymbol{I}_{u}^{1} & 0 & -\lambda & \cdots & 0\\ \vdots & \vdots & \vdots & & \vdots\\ \boldsymbol{I}_{\mathrm{u}}^{n}-\boldsymbol{I}_{\mathrm{u}}^{1} & 0 & 0 & \cdots & -\lambda\end{bmatrix},\quad \boldsymbol{L}=[L_{\mathrm{ub}}^{12},L_{\mathrm{ub}}^{13},\cdots,L_{\mathrm{ub}}^{1n}]^{\mathrm{T}},\quad \boldsymbol{X}=\begin{bmatrix}\Delta\boldsymbol{x}_{\mathrm{u}}\\ \nabla\Delta\boldsymbol{N}\end{bmatrix}$$

此时,未知数的个数为$n+2$,其中包括3个坐标改正数,$n-1$个双差相位整周模糊度,而观测方程个数为$n-1$,无法求解。如果接收机观测m个历元,则可构成$m(n-1)$个观测方程,从而求解出未知参数。我们知道,双差相位整周模糊度是整数,而直接求解的结果为浮点值,直接使用浮点值进行精密定位时,将使结果产生厘米甚至分米级的误差,所以,应获得精确的整数模糊度解。

2. 双差载波相位观测值之间的相关性

由于载波相位双差观测值均共用同一参考卫星,因此不可避免地存在相关性。在利用式

(7.3.13) 求解时，通常采用加权最小二乘估计以减弱双差载波相位观测值的相关性影响。

假设双差载波相位观测值的协方差矩阵为 $\boldsymbol{Q}$，取权值 $\boldsymbol{R}=\boldsymbol{Q}^{-1}$，则

$$\hat{\boldsymbol{X}}=(\boldsymbol{A}^{\mathrm{T}}\boldsymbol{R}\boldsymbol{A})^{-1}\boldsymbol{A}^{\mathrm{T}}\boldsymbol{R}\boldsymbol{L} \tag{7.3.15}$$

式(7.3.15) 的估计精度为

$$\hat{\sigma}^2=\frac{\boldsymbol{V}^{\mathrm{T}}\boldsymbol{R}\boldsymbol{V}}{f},\quad f=nm-(6+n) \tag{7.3.16}$$

可以看出，式(7.3.15) 的估计结果很明显受到 $\boldsymbol{Q}$ 的影响，也就是说，$\boldsymbol{Q}$ 能否真实反映相位观测质量，将决定最终的定位结果。$\boldsymbol{Q}$ 又称为双差相位观测值随机模型。

当然，在上述二次差的基础上，还可对不同历元时刻进一步求三次差。然而，三次差的计算较为复杂，实践证明，三次差方程由于相关性较强，不会明显提高差分定位结果的精度，因而使用得并不多。由于三次差不存在整周模糊度的问题，所以它可以用来确定用户站位置初始值，以协助解决整周模糊度和整周跳变等问题，而在实时定位中使用较少。

7.3.3　相位观测值随机模型

利用载波相位差分法定位，由于单差和双差相位观测值都是载波相位原始观测量的某种线性组合，因此，它们的协方差阵可由原始观测量的线性组合导出。假设可视卫星的非差相位观测值(求差之前的载波相位原始观测值) 为独立同分布的随机变量，方差为 σ_{φ}^2。则对卫星 i，j 分别在测站之间作单差为

$$\begin{cases}\Delta\varphi_{\mathrm{ub}}^i=\varphi_{\mathrm{b}}^i-\varphi_{\mathrm{u}}^i\\ \Delta\varphi_{\mathrm{ub}}^j=\varphi_{\mathrm{b}}^j-\varphi_{\mathrm{u}}^j\end{cases}\Leftrightarrow\begin{bmatrix}\Delta\varphi_{\mathrm{ub}}^i\\ \Delta\varphi_{\mathrm{ub}}^j\end{bmatrix}=\begin{bmatrix}1&-1&0&0\\0&0&1&-1\end{bmatrix}\begin{bmatrix}\varphi_{\mathrm{b}}^i\\ \varphi_{\mathrm{u}}^i\\ \varphi_{\mathrm{b}}^j\\ \varphi_{\mathrm{u}}^j\end{bmatrix} \tag{7.3.17}$$

计算单差协方差矩阵

$$\sigma_{\Delta\varphi}^2=\begin{bmatrix}1&-1&0&0\\0&0&1&-1\end{bmatrix}\begin{bmatrix}\sigma_{\varphi}^2&0&0&0\\0&\sigma_{\varphi}^2&0&0\\0&0&\sigma_{\varphi}^2&0\\0&0&0&\sigma_{\varphi}^2\end{bmatrix}\begin{bmatrix}1&0\\-1&0\\0&1\\0&-1\end{bmatrix}=2\sigma_{\varphi}^2\boldsymbol{I}_{2\times2} \tag{7.3.18}$$

式中，$\boldsymbol{I}_{2\times2}$ 表示 2 行 2 列的单位矩阵。

式(7.3.18) 显示，载波相位单差观测值是不相关的，然而，相位单差的方差为载波相位测量方差的 2 倍，即求单差后的相位观测噪声增加一倍。

现在考虑双差的情况，假设得到三颗卫星的单差观测值，其中，参考卫星为 k，则

$$\left.\begin{aligned}\Delta\varphi_{\mathrm{ub}}^k&=\varphi_{\mathrm{b}}^k-\varphi_{\mathrm{u}}^k\\ \Delta\varphi_{\mathrm{ub}}^i&=\varphi_{\mathrm{b}}^i-\varphi_{\mathrm{u}}^i\\ \Delta\varphi_{\mathrm{ub}}^j&=\varphi_{\mathrm{b}}^j-\varphi_{\mathrm{u}}^j\end{aligned}\right\} \tag{7.3.19}$$

可得相位双差值为

$$\begin{cases}\Delta\nabla\varphi_{\mathrm{ub}}^{ki}=\Delta\varphi_{\mathrm{ub}}^i-\Delta\varphi_{\mathrm{ub}}^k\\ \Delta\nabla\varphi_{\mathrm{ab}}^{kj}=\Delta\varphi_{\mathrm{ub}}^j-\Delta\varphi_{\mathrm{ub}}^k\end{cases}\Leftrightarrow\begin{bmatrix}\Delta\varphi_{\mathrm{ub}}^{ki}\\ \Delta\varphi_{\mathrm{ub}}^{kj}\end{bmatrix}=\begin{bmatrix}1&-1&0\\0&-1&1\end{bmatrix}\begin{bmatrix}\varphi_{\mathrm{ub}}^i\\ \varphi_{\mathrm{ub}}^k\\ \varphi_{\mathrm{ub}}^j\end{bmatrix} \tag{7.3.20}$$

计算双差相位协方差矩阵

$$\sigma_{\Delta\nabla\varphi}^2=\begin{bmatrix}1 & -1 & 0\\0 & -1 & 1\end{bmatrix}\begin{bmatrix}2\sigma_\varphi^2 & 0 & 0\\0 & 2\sigma_\varphi^2 & 0\\0 & 0 & 2\sigma_\varphi^2\end{bmatrix}\begin{bmatrix}1 & 0\\-1 & -1\\0 & 1\end{bmatrix}=2\sigma_\varphi^2\begin{bmatrix}2 & 1\\1 & 2\end{bmatrix} \tag{7.3.21}$$

由于非对角线元素不为零，即使原始观测量不相关，双差相位观测值也是相关的，如果继续求三次差，那么三次差也会是相关的[50-51]。

一般我们总是基于相位差是相互独立、不相关的等精度观测值这样的假设来开展工作的。实际上，在影响相近的误差源的作用下，相距不远的两个测站同步观测同一颗卫星所得的两个相位差所包含的大气折射误差的影响是十分接近的，而这种相关性由于难以准确描述，在多种误差源作用下，各观测值间的这种相关性及精度差异性只能采用简化的假设，严格来讲，这是不符合实际情况的。

目前，载波相位观测值随机模型 Q 的建立方法主要有等权值法、卫星高度角法、验后残差估计法以及载噪比法等。

1. 等权值模型

基于前述分析，如果观测 n 颗卫星，记 $Q_i=\begin{bmatrix}2 & 1 & \cdots & 1\\1 & 2 & \cdots & 1\\\vdots & \vdots & & \vdots\\1 & 1 & \cdots & 2\end{bmatrix}_{(n-1)\times(n-1)}$，观测历元数为 m 时，可得

$$\boldsymbol{Q}=\begin{bmatrix}\boldsymbol{Q}_1 & & & \boldsymbol{0}\\ & \boldsymbol{Q}_2 & & \\ & & \ddots & \\ \boldsymbol{0} & & & \boldsymbol{Q}_m\end{bmatrix} \tag{7.3.22}$$

2. 高度角模型

利用等权值模型确定协方差阵的方法实际上是将同一历元中的各个双差观测值看成是等权值观测值。事实上，同一历元各个双差观测值由于观测条件不同，其相关性也是不同的。研究人员通过大量实验已经得出：卫星高度角越大，电离层和对流层折射就越小，多路径影响也相对越小；卫星高度角越小，电离层和对流层折射以及多路径影响越大。因此，通过高度角决定观测权值的方法比等权值模型更接近实际情况。这种方法被称为高度角定权法，由此产生的模型为高度角随机模型。

在高度角随机模型中，非差相位观测值的方差 σ_φ^2 可表示为

$$\sigma_\varphi^2=a^2+b^2f^2(E_r^j(i)) \tag{7.3.23}$$

式中，a 和 b 为常值；$f(E_r^j(i))$ 表示第 i 个历元卫星 j 的高度角函数；r 表示载波频率类型。

假设卫星 1 为双差时的参考卫星，则利用式(7.3.23) 建立的双差载波相位观测值的协方差阵可表示为

$$\boldsymbol{Q}=a^2\boldsymbol{T}_{ai}+b^2\boldsymbol{T}_{bi},\quad \boldsymbol{T}_{ai}=2\sigma_\varphi^2\boldsymbol{Q}_i,\quad \boldsymbol{T}_{bi}=\begin{bmatrix} f_{1i}+f_{2i} & f_{1i} & \cdots & f_{1i} \\ f_{1i} & f_{1i}+f_{3i} & \cdots & f_{1i} \\ \vdots & \vdots & & \vdots \\ f_{1i} & f_{1i} & \cdots & f_{1i}+f_{ni} \end{bmatrix}_{(n-1)\times(n-1)} \tag{7.3.24}$$

式中，$\boldsymbol{Q}_i$ 同式(7.3.22)；$f_{ji}=f(E_1^j(i))+f(E_2^j(i))$，$j=1,2,\ldots n$。

式(7.3.23)的高度角函数可用正弦函数、余弦函数或指数函数的形式来表示：

(1) 正弦函数模型

$$\sigma_\varphi^2=a^2+\frac{b^2}{(\sin E_r^j(i))^2} \tag{7.3.25}$$

式中，取 $a=4$ mm，$b=3$ mm。

(2) 余弦函数模型

$$\sigma_\varphi^2=a^2+\frac{b^2}{(\cos E_r^j(i))^2}\quad 或\quad \sigma_\varphi^2=a^2+b^2(\cos E_r^j(i))^2 \tag{7.3.26}$$

(3) 指数函数模型[52]

$$\sigma_\varphi=s(a_0+a_1\exp(-E/E_0)) \tag{7.3.27}$$

式中，s 为尺度因子，通常，在一个较短的观测时间内，所有观测值的 s 是一致的，可由实际观测数据事先确定。a_0，a_1 和 E_0 的典型参数如表 7.3.1 所示。

表 7.3.1　指数随机模型常值

	a_0/mm	a_1/mm	E_0/(°)
载波相位观测	3	26	20
伪距观测	70	600	20

高度角随机模型比较简单实用，且不需要其他额外的信息，适用于静态定位与动态定位，已被许多科研型或商业软件所采用。

3. 载噪比(C/N_0)模型

为削弱卫星信号衍射误差的影响，Brunner 等人利用 C/N_0 观测值建立了非差载波相位观测值的 SIGMA－ε 模型和 SIGMA－Δ 模型。实际上这种模型与高度角法原理相似，因为接收信号的载噪比(C/N_0)与多路径效应、接收机天线增益、信号在电缆中的衰减、卫星信号发射功率以及对流层延迟等均有关。近几年，接收机已经能够输出载噪比观测值，这为基于载噪比随机模型的推广应用提供了可能。

SIGMA－ε 同时利用了载噪比信息和接收机跟踪环噪声带宽，因为测量噪声与环路噪声带宽是成正比的。SIGMA－ε 模型如下[53-54]：

$$\sigma_\varphi^2=B\left(\frac{\lambda}{2\pi}\right)^2\times 10^{-\frac{C/N_{0,\text{Measured}}}{10}} \tag{7.3.28}$$

式中，σ_φ^2 为非差相位观测值方差；B 为接收机载波跟踪环噪声带宽(Hz)；λ 为载波波长(m)。

当接收机、天线及电缆长度一定，且无其他信号干扰时，C/N_0 与卫星高度角之间会存在一定的关系，而且这个关系是固定的，可用一个函数关系定义，这是上述模型建立的前提。然而，当卫星信号发生衍射或受到干扰时，其 C/N_0 比一般情况下相同高度角所对应的 C/N_0 值要更小。根据这一性质，Brunner 在 SIGMA-ε 的基础上，建立了 SIGMA-Δ 模型。其表达式为[55]

$$\Delta = C/N_{0,\text{Template}} - C/N_{0,\text{Measured}} \tag{7.3.29}$$

$$\sigma_\varphi^2 = B\left(\frac{\lambda}{2\pi}\right)^2 \times 10^{-\frac{C/N_{0,\text{Measured}} - \alpha\Delta}{10}} \tag{7.3.30}$$

式中，Δ 为载噪比模板值 $C/N_{0,\text{Template}}$ 与实际值 $C/N_{0,\text{Measured}}$ 之差；α 通常取 2。

采用 SIGMA-Δ 模型时，可以用高度角为参数建立 $C/N_{0,\text{Template}}$。方法是预先将一个固定的接收机天线组合在开阔的环境来建立高度角与 C/N_0 关系，对于同一类型的天线，可在某一高度角时将最大的 C/N_0 值作为模板值[56]。

SIGMA 模型作为测量信号质量和失真的手段，主要依赖于 C/N_0，而 C/N_0 衰减和相位误差之间并没有直接的关系，在某些信号异常的情况下仍然会受到限制[57]。为了减小异常值的影响，可以采用更为可靠的方法，例如在递推最小二乘的基础上进一步调整观测值权值。

4. 基于残差的模型

对于长基线高精度定位，引起相位测量误差的原因主要有多径、大气层延迟、星历误差等，而这些误差在最小二乘解的残差中是没有建立模型的，此时，可考虑在随机模型中对这些误差进行建模。

用最小二乘建立观测模型的定位结果估计值及精度指标如式(7.3.15)和式(7.3.16)所示。此处用 v 和 $\bar{v}$ 分别表示观测模型中的残差向量及其均值，则 $\boldsymbol{Q}$ 定义为

$$\boldsymbol{Q} = \mathrm{E}[(v-\bar{v})(v-\bar{v})^{\mathrm{T}}] = \mathrm{E}\left(\begin{bmatrix} v_1-\bar{v} \\ v_2-\bar{v} \\ \vdots \\ v_n-\bar{v} \end{bmatrix} [v_1-\bar{v}, v_2-\bar{v}, \cdots, v_n-\bar{v}]\right) =$$

$$\begin{bmatrix} \sigma_{v_1}^2 & \sigma_{v_1 v_2} & \cdots & \sigma_{v_1 v_n} \\ \sigma_{v_2 v_1} & \sigma_{v_2}^2 & \cdots & \sigma_{v_2 v_n} \\ \vdots & \vdots & & \vdots \\ \sigma_{v_n v_1} & \sigma_{v_n v_2} & \cdots & \sigma_{v_n}^2 \end{bmatrix} \tag{7.3.31}$$

已有研究表明[58]，这种方法在长基线定位时效果较好，然而由于通常用于定位的观测时间很长，从而导致计算量大且消耗大量的计算机内存。为解决这一问题，考虑到观测误差随时间变化较缓慢，可将全部数据分成若干个较短的数据段，每个数据段中测站应观测相同的卫星，并认为对这些卫星的观测误差的随机性是相同的。如果某一数据段包含的历元数为 K，利用残差均值可计算其协方差矩阵为

$$\boldsymbol{Q} = \frac{1}{K}\sum_{i=1}^{K} v_i v_i^{\mathrm{T}} \tag{7.3.32}$$

此外，由于双差观测值的形成包含了基准站与用户站之间的求差操作，而这一操作的精度依赖于基线长度，由此可建立基线长度与非差相位测量误差的关系[59]

$$\sigma_\varphi^2 = \alpha^2 + \beta^2 D^2 \tag{7.3.33}$$

式中，D 表示基线长度，$\alpha=9$ mm，$\beta=0.1$ mm/km。

式(7.3.33) 被称为基线长度模型。实际上，要找到一个非常完美地符合双差相位观测误差分布及观测值之间的相关性的方法是非常困难的。而随机模型的准确性对获得精确的结果具有重要意义，因为合理的观测权值将使最小二乘算法提供真正无偏的参数估计[60]，这些估计值可以作为接下来整周模糊度确定时的浮点解，显然它关系到整周模糊度计算的可靠性，并影响定位结果。

7.4　整周模糊度求解

由前述定位模型可知，对于载波相位双差定位技术，一旦初始整周模糊度确定，测量期间载波相位测量值不发生周跳，那么基准站和用户站只需同步观测 5 颗以上的卫星，理论上定位精度就能够达到厘米，甚至毫米级。因此，载波相位整周模糊度解算是实现精密定位的关键技术之一。伴随着卫星导航应用的发展，出现了各种求解整周模糊度的方法，大致可分为以下三类。

1. 观测域

直接利用不存在模糊度的测码伪距观测值确定载波相位模糊度，显然这种方式解算的精度与码伪距测量精度有关。伴随着 GPS 系统现代化和多卫星导航系统的发展，利用多频载波相位观测值求解整周模糊度的方法在双频的基础上得到进一步的研究，产生了如三载波整周模糊度解算(Three Carrier Ambiguity Resolution, TCAR)[61]、多载波整周模糊度解算(Multiple Carrier Ambiguity Resolution, MCAR) 等方法[62-63]。

2. 坐标域

它主要是指 Counselman 在 1981 年提出的模糊度函数法(Ambiguity Function Method, AFM)。该算法由于仅利用载波相位观测值的非整数部分，因此对周跳不敏感[64]。然而由于算法的运算量较大，实际中很少使用。

3. 模糊度域搜索

基于模糊度域的搜索算法一直以来都是整周模糊度求解技术的热点，这类搜索算法以整数最小二乘估计为理论基础，分三步执行：计算模糊度浮点解、整数模糊度估计(搜索) 和模糊度固定。每种方法都可以利用协方差矩阵获得浮点解，并且在整数模糊度估计阶段利用不同的搜索过程，如最小二乘模糊度搜索算法(Least-Squares Ambiguity Search Technique, LSAST)、快速解模糊度方法(Fast Ambiguity Resolution Approach, FARA)、改进的 Cholesky 分解方法、快速模糊度搜索滤波器(Fast Ambiguity Search Filter, FASF)、最小二乘模糊度解相关调整算法(Least-squares AMBiguity Decorrelation Adjustment, LAMBDA)、最优估计 GPS 模糊度方法等[65-70]。这些方法中尤其以由荷兰 Delft 大学 Teunissen 教授提出的 LAMBDA 方法最为快速、有效，而且已有公开的 MATLAB 代码供研究者使用[71-72]。

本节重点介绍观测域内多载波模糊度解算和基于模糊度域搜索的 LAMBDA 方法。

7.4.1 基于多载波的方法

基于多载波的方法同时利用了没有模糊度的测码伪距观测值和载波相位观测值，通过多载波相位观测值的线性组合，形成虚拟载波信号，并结合伪距观测值求解整周模糊度。

1. 双频

由于载波相位观测值 φ 与距离 ρ 和整周模糊度 N 有关，此处不考虑 N 的符号，则 φ 可表示为

$$\varphi = \frac{\rho}{\lambda} + N \tag{7.4.1}$$

可得整周模糊度

$$N = \left[\varphi - \frac{\rho}{\lambda}\right]_{取整} \tag{7.4.2}$$

式中，使用的载波波长越长，模糊度的估计值越准确。

假设接收机能够同时处理两个载波频率 f_{L1} 和 f_{L2}，对应的波长为 λ_{L1} 和 λ_{L2}，利用载波相位观测值 φ_{L1} 和 φ_{L2} 构建新的相位观测值 φ_{L12}，并设其对应的波长为 λ_{L12}。那么相位观测值 φ_{L1} 和 φ_{L2} 与信号传播时间 τ 有下列关系：

$$\tau = \frac{\varphi_{L1}}{f_{L1}} = \frac{\varphi_{L2}}{f_{L2}} \tag{7.4.3}$$

φ_{L1} 和 φ_{L2} 之间的线性组合可采用如下形式：

$$\varphi_{L12} = m\varphi_{L1} + n\varphi_{L2} \tag{7.4.4}$$

该组合显然应该满足下列关系：

$$\tau = \frac{\varphi_{L12}}{f_{L12}} \tag{7.4.5}$$

式中，f_{L12} 为新组成的相位观测值 φ_{L12} 的频率，有

$$f_{L12} = \frac{\varphi_{L12}}{\tau} = \frac{m\varphi_{L1} + n\varphi_{L1}}{\tau} = mf_{L1} + nf_{L2} \tag{7.4.6}$$

则 φ_{L12} 的整周模糊度为

$$N_{L12} = mN_{L1} + nN_{L2} \tag{7.4.7}$$

通常，载波相位观测组合后形成的新观测量（虚拟观测值）应满足如下标准[73]：① 新观测量应保持模糊度的整数特性，以利于正确确定整周模糊度；② 新观测量应具有适当的波长；③ 新观测量应不受或基本不受电离层折射的影响；④ 新观测量应具有较小的观测噪声。

φ_{L1} 和 φ_{L2} 的电离层效应不同，假设电离层影响分别为 I_{L1} 和 I_{L2}，则有

$$I_{L1} = -\frac{A}{cf_{L1}},\quad I_{L2} = -\frac{A}{cf_{L2}} \tag{7.4.8}$$

式中，$A=-40.28N_e$，N_e 为电离层电子总量。

从而新观测值 φ_{nm} 的电离层效应为

$$I_{L12} = mI_{L1} + nI_{L2} = -\frac{A}{c}\,\frac{mf_{L2} + nf_{L1}}{f_{L1}f_{L2}} \tag{7.4.9}$$

为满足组合要求，通常取($m=1, n=-1$)或($m=1, n=1$)的组合系数。

当取($m=1, n=-1$)时，称为宽巷(Wide lane)组合，此时相位宽巷观测值和波长为

$$\left.\begin{aligned}\varphi_{L12}&=\varphi_{L1}-\varphi_{L2}\\ \lambda_{L12}&=\frac{c}{f_{L1}-f_{L2}}\end{aligned}\right\} \tag{7.4.10}$$

由于

$$\left.\begin{aligned}\varphi_{L1}&=\frac{\rho}{\lambda_{L1}}+N_{L1}+v_{\varphi_{L1}}\\ \varphi_{L2}&=\frac{\rho}{\lambda_{L2}}+N_{L2}+v_{\varphi_{L2}}\end{aligned}\right\} \tag{7.4.11}$$

可推出

$$\varphi_{L12}=\rho\left(\frac{1}{\lambda_{L1}}-\frac{1}{\lambda_{L2}}\right)+N_{L1}-N_{L2}+v_{\varphi_{L12}}=\frac{\rho}{\lambda_{L12}}+N_{L12}+v_{\varphi_{L12}} \tag{7.4.12}$$

$$N_{L1}-\frac{\lambda_{L2}}{\lambda_{L1}}N_{L2}=\varphi_{L1}-\frac{\lambda_{L2}}{\lambda_{L1}}\varphi_{L2} \tag{7.4.13}$$

式中，对于 GPS 的 L1 和 L2 载波，$\lambda_{L12}=0.862$ m，称为相位宽巷测量值，对应的频率 $f_{L12}=f_{L1}-f_{L2}=347.82$ MHz；N_{L12} 为宽巷组合模糊度。

由于波长增加，因而宽巷模糊度易于求解。由式(7.4.12)可求得组合模糊度为

$$N_{L12}=N_{L1}-N_{L2}=\left[\varphi_{L12}-\frac{\rho}{\lambda_{L12}}\right]_{\text{取整}} \tag{7.4.14}$$

应用式(7.4.13)和式(7.4.14)即可求出 N_{L1} 和 N_{L2}。

为说明载波相位宽巷组合后的噪声变化情况，以 GPS 为例，很容易得到

$$\varphi_{L12}=\frac{f_{L1}}{f_{L1}-f_{L2}}\varphi_{L1}-\frac{f_{L2}}{f_{L1}-f_{L2}}\varphi_{L2}=\frac{154}{34}\varphi_{L1}-\frac{120}{34}\varphi_{L2} \tag{7.4.15}$$

式(7.4.15)显示，宽巷组合方式将会使噪声被放大 5.7 倍，因为$\sqrt{\left(\frac{154}{34}\right)^2+\left(\frac{120}{34}\right)^2}=5.7$。对于定位来说，这是非常不利的。

当取($m=1, n=-1$)时，称为窄巷(Narrow lane)组合，相应的相位窄巷观测值和波长为

$$\left.\begin{aligned}\varphi_{L12}&=\varphi_{L1}+\varphi_{L2}\\ \lambda_{L12}&=\frac{c}{f_{L1}+f_{L2}}\end{aligned}\right\} \tag{7.4.16}$$

对于 GPS 的 L1 和 L2 载波，由于窄巷组合观测值的波长仅为 0.11 m，加上噪声的影响，将使组合模糊度很难准确获得。与宽巷组合同理，可得到组合相位观测值与各载波相位观测值的关系

$$\varphi_{L12}=\frac{f_{L1}}{f_{L1}+f_{L2}}\varphi_{L1}+\frac{f_{L2}}{f_{L1}+f_{L2}}\varphi_{L2}=\frac{154}{274}\varphi_{L1}+\frac{120}{274}\varphi_{L2} \tag{7.4.17}$$

显然，窄巷组合后观测噪声减小，对定位有利。

2. 多频(TCAR/MCAR)

(1) TCAR

TCAR 技术使用三个频率来解算载波相位的整周模糊度，其基本思想是采用不同波长的载波形成宽巷和甚宽巷组合，使得下一步的虚拟测量值的波长远大于上一步的测量噪声，同时下一步的测量噪声小于上一步的测量噪声，从而通过“桥接”的方式逐步提高测量精度，最终确定各频率的载波相位整周模糊度。

GPS 第三民用信号 L5 已经可以使用，其中心频率为 1 176.45 MHz。下面讨论如何使用 GPS 的 L1，L2 和 L5 三频载波相位观测值通过 TCAR 方法求解整周模糊度。

GPS 三频载波的频率和波长，以及采用不同的载波组合时可形成的虚拟信号的频率和波长如表 7.4.1 所示。

表 7.4.1 GPS 三频载波及其组合特点

载波	频率 /MHz	波长 /m
L1	$f_{L1}=1\ 575.42$	$\lambda_{L1}=0.19$
L2	$f_{L2}=1\ 227.6$	$\lambda_{L2}=0.244$
L5	$f_{L5}=1\ 176.45$	$\lambda_{L5}=0.255$
L1－L5	$f_{L15}=398.97$	$\lambda_{L15}=0.751$
L1－L2	$f_{L12}=347.82$	$\lambda_{L12}=0.862$
L2－L5	$f_{L25}=51.15$	$\lambda_{L25}=5.861$

TCAR 求解步骤如下[74]：

第 1 步：用 L2 和 L5 构成超宽巷组合。

计算 L5 伪距双差观测值，记为 ρ_1。

第 2 步：超宽巷模糊度估计。

$$N_{L25}=\left[\varphi_{L2}-\varphi_{L5}-\left(\frac{1}{\lambda_{L2}}-\frac{1}{\lambda_{L5}}\right)\rho_1\right]_{取整}=\left[\varphi_{L2}-\varphi_{L5}-\frac{\rho_1}{\lambda_{L25}}\right]_{取整} \tag{7.4.18}$$

超宽巷信号具有波长 $\lambda_{L25}=\dfrac{\lambda_{L2}\lambda_{L5}}{\lambda_{L5}-\lambda_{L2}}$，由于波长较长，因而式(7.4.18)对 N_{L25} 的估计精度将会很高。假设 L5 双差伪距观测值误差标准差 $\sigma_{\rho_1}=1$，则 N_{L25} 的估计误差 $\sigma_{N_{L25}}<0.2$ 周。

在求出超宽巷模糊度 N_{L25} 后，对双差伪距观测值进行修正：

$$\rho_2=\lambda_{L25}(\varphi_{L2}-\varphi_{L5}-N_{L25}) \tag{7.4.19}$$

修正后双差伪距观测值误差为

$$\sigma_{\rho_2}=\lambda_{L25}\sqrt{\sigma_{\varphi_{L2}}^2+\sigma_{\varphi_{L5}}^2} \tag{7.4.20}$$

通常，这一精度足以完成第 3 步固定宽巷模糊度。

第 3 步：利用第 2 步修正的双差伪距值计算 N_{L12}。

$$N_{L12}=\left[\varphi_{L1}-\varphi_{L2}-\left(\frac{1}{\lambda_{L1}}-\frac{1}{\lambda_{L2}}\right)\rho_2\right]_{取整}=\left[\varphi_{L1}-\varphi_{L2}-\frac{\rho_2}{\lambda_{L12}}\right]_{取整} \tag{7.4.21}$$

同理可得到新的双差伪距估计值及估计误差为

$$\left.\begin{aligned}\rho_3 &= \lambda_{L12}(\varphi_{L1} - \varphi_{L2} - N_{L12}) \\ \sigma_{\rho_3} &= \lambda_{L12}\sqrt{\sigma_{\varphi_{L1}}^2 + \sigma_{\varphi_{L2}}^2}\end{aligned}\right\} \tag{7.4.22}$$

第 4 步：估计 L1 整周模糊度 N_{L1}。

$$N_{L1} = \varphi_{L1} - \frac{\rho_3}{\lambda_{L1}} \tag{7.4.23}$$

以上为利用 TCAR 方法计算 GPS 三频整周模糊度的过程，最后一步估计整周模糊度的载波称为基本载波信号。

对于伽利略信号，由于伽利略系统提供了远多于 GPS 的信号频率可供用户选择，从而可用的载波及其可能形成的虚拟信号的频率和波长如表 7.4.2 所示。根据 TCAR 方法的计算过程，在求解伽利略信号整周模糊度时，可以采用如表 7.4.3 所示的 18 种组合。

表 7.4.2　伽利略载波信号及其组合信号特性

载波	频率 /MHz	波长 /m
E5a	1 176.45	0.254 8
E5b	1 207.14	0.248 3
E5ab	1 191.795	0.251 5
E6	1 278.75	0.234 4
L1	1 575.42	0.190 3
L1 - L6	297.67	1.010 5
L1 - E5b	368.28	0.814 0
L1 - E5a	398.97	0.751 4
L1 - E5ab	383.625	0.781 5
E6 - E5b	71.61	4.186 5
E6 - E5a	102.3	2.930 5
E6 - E5ab	86.955	3.447 7
E5b - E5a	30.69	9.768 4
E5b - E5ab	15.345	19.536 8
E5ab - E5a	15.345	19.536 8

表 7.4.3　对伽利略信号使用 TCAR 时可能的组合

组合	码伪距	超宽巷	宽巷	基本载波
1	E5ab	E5b - E5a	E6 - E5a	E5ab
2	E5ab	E5b - E5a	E6 - E5b	E5ab
3	E5ab	E5b - E5a	L1 - E5a	E5ab
4	E5ab	E5b - E5a	L1 - E5b	E5ab
5	E5ab	E5ab - E5a	E6 - E5a	E5ab
6	E5ab	E5ab - E5a	E6 - E5b	E5ab

续 表

组合	码伪距	超宽巷	宽巷	基本载波
7	E5ab	E5ab - E5a	L1 - E5a	E5ab
8	E5ab	E5ab - E5a	L1 - E5b	E5ab
9	E5ab	E5b - E5ab	E6 - E5a	E5ab
10	E5ab	E5b - E5ab	E6 - E5b	E5ab
11	E5ab	E5b - E5ab	L1 - E5a	E5ab
12	E5ab	E5b - E5ab	L1 - E5b	E5ab
13	E5ab	E6 - E5ab	L1 - E5ab	E5ab
14	E5ab	E6 - E5ab	L1 - E6	E5ab
15	E5a	E6 - E5a	L1 - E5a	E5a
16	E5a	E6 - E5a	L1 - E6	E5a
17	E5b	E6 - E5b	L1 - E5b	E5b
18	E5b	E6 - E5b	L1 - E6	E5b

TCAR 通过宽巷组合的多级构造，形成误差可控的虚拟观测值，使模糊度解算变得易于实现。当然，上述过程的最终求解精度仍然取决于伪距观测值的精度。

(2)MCAR

MCAR 方法实际上是 TCAR 的扩展，主要用于处理多于三个载波的情况，目前并没有统一的方法。由于可观测载波相位类型增多，那么在使用 MCAR 方法时可以考虑一些措施，以得到更好的模糊度估计性能。这些可能的措施有：

1)选择具有较大带宽的测距码。码测量噪声是相互独立的测量值，如果一个测距码具有较大的带宽，那么它的测距精度应该会高于其他扩频码，应在 TCAR/MCAR 中的第一步中使用。

2)更精确的“桥接”。不同虚拟信号之间更精确的“桥接”将有助于模糊度解算精度的提高。例如，在处理某一超宽巷信号(波长 10 m)之后，处理一个波长为 4 m 的中等宽巷信号将比处理波长为 1 m 的宽巷信号更可靠。

3)考虑校验。在超宽巷或宽巷求解过程中，可考虑校验模糊度的连续性。

由于伽利略的 E5ab 复合信号是由 E5a 和 E5b 合成的，它具有比 E5a 或 E5b 更长的波长和更小的观测噪声，可与其他载波组成更多的波长较长或受电离层影响较弱的组合观测值，从而可以将 E5ab 的测距码作为 MCAR 方法第一步站星距离的初始值。因为载波 Ll 的波长比伽利略其他载波信号的波长都短，因此，如果基本载波 L1 的模糊度能够以一定的成功率被固定，则其他载波的模糊度便可以以更高的成功率被固定。MCAR 对于总的模糊度估计的成功率，主要取决于甚宽巷和宽巷模糊度解算的成功率。

基于以上考虑，在应用 MCAR 方法求解伽利略信号整周模糊度时，以精确的“桥接”方式最终形成的各解算步骤和虚拟观测值如表 7.4.4 所示。

表 7.4.4　伽利略信号在 MCAR 方法中可能的最优组合

	信号	虚拟宽巷信号波长/m
测距码	E5ab	
第 1 步	E5b - E5a	9.768 4
第 2 步	E6 - E5b	4.186 5
第 3 步	E6 - E5a	2.930 5
第 4 步	L1 - E6	1.010 5
第 5 步	L1 - E5a	0.751 4
第 6 步	L1	0.19

在模糊度估计的精度和可靠性方面，如果没有严重的多径干扰存在，即测码伪距观测值比较理想的情况下，单独的 TCAR 方法已经能够达到厘米级的定位精度，且模糊度解算成功率非常高，MCAR 方法将不会有太大的改进。如果测码伪距观测质量不高，则在第 1 步中会得到含有较大误差的距离，从而使得中间步骤计算错误，破坏 TCAR/MCAR 方法的"层叠"关系，导致模糊度估计失败。当然，由于可用载波数量的增加，在模糊度估计的可靠性方面，MCAR 方法将会具有一定的优势。

7.4.2　基于搜索的方法

在载波相位双差观测数学模型中，存在两组未知参量：基线矢量和双差相位整周模糊度。由于未知数的个数多于观测方程的个数，我们可以观测多个历元，利用最小二乘估计求解出模糊度的浮点解，然而这并不能得到理想的厘米级定位精度。与基于多载波的方法不同，为在较短的时间内得到更加精确的定位结果，基于模糊度域的搜索方法利用了模糊度的整数特性，以浮点解为基础，构造一个代价函数（目标函数），并使代价函数达到极值的准则搜索正确的整周模糊度。

由于基于模糊度域的方法以最小二乘估计为理论基础，因此本节首先简要介绍加权最小二乘估计，然后重点分析以 LAMBDA 为基础的整周模糊度求解过程。

1. 最小二乘估计

最小二乘估计是一种不需要随机变量的任何统计信息的无偏估计，是卫星导航定位领域的基本数学工具。

标准最小二乘估计由于忽略了观测信息矢量的质量，通常估计精度不高。如果对观测信息有比较深入的了解，则可以利用加权的方式控制各观测信息对最终结果的影响程度，从而提高估计的精度。根据这一原理的方法称为加权最小二乘估计。

假设观测信息矢量与参数矢量构成的观测方程为

$$\boldsymbol{y} = \boldsymbol{f}(\boldsymbol{x}) + \boldsymbol{e} \tag{7.4.24}$$

式中，$\boldsymbol{y}$ 为观测信息矢量；$\boldsymbol{e}$ 为观测误差；$\boldsymbol{f}(\boldsymbol{x})$ 为模型化的观测量，针对卫星导航定位计算，将式(7.4.24)应用泰勒级数展开得到线性观测方程

$$\boldsymbol{y}=\boldsymbol{f}(\boldsymbol{x}_0)+\boldsymbol{A}\mathrm{d}\boldsymbol{x}+\boldsymbol{e} \text{ 或 } \boldsymbol{Z}=\boldsymbol{y}-\boldsymbol{f}(\boldsymbol{x}_0)=\boldsymbol{A}\mathrm{d}\boldsymbol{x}+\boldsymbol{e} \tag{7.4.25}$$

式中，$\boldsymbol{A}$ 为系数矩阵；$\boldsymbol{f}(\boldsymbol{x}_0)$ 为观测矢量的初始估计；$\boldsymbol{e}$ 为拟合后的残差。

应用权值矩阵 $\boldsymbol{R}$ 对式(7.4.25)进行加权最小二乘可得

$$\boldsymbol{J}(\hat{\boldsymbol{x}})=(\boldsymbol{Z}-\boldsymbol{A}\mathrm{d}\boldsymbol{x})^{\mathrm{T}}\boldsymbol{R}(\boldsymbol{Z}-\boldsymbol{A}\mathrm{d}\boldsymbol{x}) \tag{7.4.26}$$

以 $\boldsymbol{J}(\hat{\boldsymbol{x}})$ 最小为准则，我们可以得到参数矢量 $\boldsymbol{x}$ 的估计值

$$\hat{\boldsymbol{x}}=\boldsymbol{x}_0+\mathrm{d}\hat{\boldsymbol{x}}=\boldsymbol{x}_0+(\boldsymbol{A}^{\mathrm{T}}\boldsymbol{R}\boldsymbol{A})^{-1}\boldsymbol{A}^{\mathrm{T}}\boldsymbol{R}\boldsymbol{Z} \tag{7.4.27}$$

若残差 $\boldsymbol{e}$ 的均值为零，方差为 $\boldsymbol{Q}$。令等式中 $\boldsymbol{R}=\boldsymbol{Q}^{-1}$，则参数矢量 $\boldsymbol{x}$ 的加权最小二乘估计值为

$$\hat{\boldsymbol{x}}=\boldsymbol{x}_0+\mathrm{d}\hat{\boldsymbol{x}}=\boldsymbol{x}_0+(\boldsymbol{A}^{\mathrm{T}}\boldsymbol{Q}^{-1}\boldsymbol{A})^{-1}\boldsymbol{A}^{\mathrm{T}}\boldsymbol{Q}^{-1}\boldsymbol{Z} \tag{7.4.28}$$

均方误差阵为

$$\boldsymbol{P}=(\boldsymbol{A}^{\mathrm{T}}\boldsymbol{Q}^{-1}\boldsymbol{A})^{-1}$$

上述加权最小二乘估计又被称为马尔可夫估计，可以证明，它的均方误差比任何加权最小二乘估计的均方误差都要小，所以马尔可夫估计是一种最优加权最小二乘估计，只要处理得当，观测值越多，最小二乘估计的均方误差越小。

2. 基于 LAMBDA 的模糊度求解

模糊度求解的目标是利用最短的时间求出准确的模糊度整数解，显然这涉及解算的效率和成功率。LAMBDA 方法就是一种高效、快速求解整周模糊度的技术，得到广泛的研究和应用。它首先对整周模糊度协方差阵进行整数高斯变换解相关，缩小搜索范围，提高搜索速度；然后对模糊度进行条件调整；最后在超椭球区域内进行离散搜索获得整周模糊度的固定解。LAMBDA 方法解算整周模糊度可分为三个步骤：① 整数最小二乘参数估计；② 模糊度搜索；③ 模糊度检验。

(1) 整数最小二乘参数估计

由 7.3.2 节可以得到最小二乘估计模型

$$\boldsymbol{V}=\boldsymbol{A}_{m\times(n+3)}\boldsymbol{X}_{(n+3)\times 1}-\boldsymbol{L}_{m\times 1} \tag{7.4.29}$$

式中，m 为观测历元数；n 为双差模糊度个数；$\boldsymbol{X}$ 为基线矢量和整周模糊度构成的向量；$\boldsymbol{A}$ 为方向矢量求差构成的矩阵；$\boldsymbol{L}$ 为观测向量；$\boldsymbol{V}$ 为误差。

将上述模型中 $\boldsymbol{X}$ 对应的模糊度和基线矢量分别用 $\boldsymbol{a}$ 和 $\boldsymbol{b}$ 表示，并写为观测方程的形式

$$\boldsymbol{y}=\boldsymbol{A}\boldsymbol{a}+\boldsymbol{B}\boldsymbol{b}+\boldsymbol{e} \tag{7.4.30}$$

式中，$\boldsymbol{a}$ 为整周模糊度向量；$\boldsymbol{b}$ 为基线矢量；$\boldsymbol{e}$ 为误差项；$\boldsymbol{y}$ 为观测向量；$\boldsymbol{A}$ 为模糊度系数构造矩阵；$\boldsymbol{B}$ 为浮点解系数构造矩阵。

由于在式(7.4.30)中要求被估计参数 $\boldsymbol{a}$ 为整数，此时最小二乘法为非标准形式，称之为整数最小二乘估计。最小二乘的估计值等价于求解最小二次范数估计值，构造代价函数如下：

$$\min_{\boldsymbol{a},\boldsymbol{b}} \|\boldsymbol{y}-\boldsymbol{A}\boldsymbol{a}-\boldsymbol{B}\boldsymbol{b}\|_{\boldsymbol{Q}_y^{-1}}^2,\ \boldsymbol{a}\in\mathbf{Z}^n,\ \boldsymbol{b}\in\mathbf{R}^3 \tag{7.4.31}$$

式中，$\|\cdot\|_{\boldsymbol{Q}_y^{-1}}^2=(\cdot)^{\mathrm{T}}\boldsymbol{Q}_y^{-1}(\cdot)$；$\boldsymbol{Q}_y$ 为观测协方差矩阵；$\mathbf{Z}^n$ 表示 n 维整数空间；$\mathbf{R}^3$ 为基线矢量的三维实数空间。

由于 $\boldsymbol{a}$ 受到整数约束的限制，此处约定，由整数最小二乘求出的模糊度和基线矢量（固定解）分别表示为 $\breve{\boldsymbol{a}}$，$\breve{\boldsymbol{b}}$，相应地由不受约束的最小二乘求出的模糊度和基线矢量（浮点解）分别表示为 $\hat{\boldsymbol{a}}$，$\hat{\boldsymbol{b}}$。

对式(7.4.31)的求解可以分成以下三步进行：

1）将 $\boldsymbol{a}\in\mathbf{Z}^n$ 替换为 $\boldsymbol{a}\in\mathbf{R}^n$，求解模糊度和基线修正值的实数估计值。由于根据浮点解可得到参数 $\boldsymbol{a},\boldsymbol{b}$ 的估计值，那么我们可以利用参数 $\boldsymbol{b}$ 的估计值，根据式(7.4.28)对 $\boldsymbol{a}$ 进行马尔可夫估计：

$$\boldsymbol{a}=(\boldsymbol{A}^{\mathrm{T}}\boldsymbol{Q}_y^{-1}\boldsymbol{A})^{-1}\boldsymbol{A}^{\mathrm{T}}\boldsymbol{Q}_y^{-1}(\boldsymbol{y}-\boldsymbol{B}\boldsymbol{b}) \tag{7.4.32}$$

整理可得

$$\boldsymbol{A}^{\mathrm{T}}\boldsymbol{Q}_y^{-1}\boldsymbol{A}\boldsymbol{a}+\boldsymbol{A}^{\mathrm{T}}\boldsymbol{Q}_y^{-1}\boldsymbol{B}\boldsymbol{b}=\boldsymbol{A}^{\mathrm{T}}\boldsymbol{Q}_y^{-1}\boldsymbol{y} \tag{7.4.33}$$

同理，利用参数 $\boldsymbol{a}$ 的估计值对 $\boldsymbol{b}$ 进行马尔可夫估计，整理后可得

$$\boldsymbol{B}^{\mathrm{T}}\boldsymbol{Q}_y^{-1}\boldsymbol{A}\boldsymbol{a}+\boldsymbol{B}^{\mathrm{T}}\boldsymbol{Q}_y^{-1}\boldsymbol{B}\boldsymbol{b}=\boldsymbol{B}^{\mathrm{T}}\boldsymbol{Q}_y^{-1}\boldsymbol{y} \tag{7.4.34}$$

将以上两式综合并写成矩阵形式

$$\underbrace{\begin{bmatrix}\boldsymbol{B}^{\mathrm{T}}\boldsymbol{Q}_y^{-1}\boldsymbol{B} & \boldsymbol{B}^{\mathrm{T}}\boldsymbol{Q}_y^{-1}\boldsymbol{A}\\ \boldsymbol{A}^{\mathrm{T}}\boldsymbol{Q}_y^{-1}\boldsymbol{B} & \boldsymbol{A}^{\mathrm{T}}\boldsymbol{Q}_y^{-1}\boldsymbol{A}\end{bmatrix}}_{\boldsymbol{N}}\underbrace{\begin{bmatrix}\boldsymbol{b}\\ \boldsymbol{a}\end{bmatrix}}_{\boldsymbol{X}}=\begin{bmatrix}\boldsymbol{B}^{\mathrm{T}}\boldsymbol{Q}_y^{-1}\boldsymbol{y}\\ \boldsymbol{A}^{\mathrm{T}}\boldsymbol{Q}_y^{-1}\boldsymbol{y}\end{bmatrix} \tag{7.4.35}$$

式(7.4.35)称为正则化方程(Normnal Equation)，$\boldsymbol{N}$ 为正则化矩阵。记

$$\begin{bmatrix}\boldsymbol{Q}_{\hat{b}} & \boldsymbol{Q}_{\hat{b}\hat{a}}\\ \boldsymbol{Q}_{\hat{a}\hat{b}} & \boldsymbol{Q}_{\hat{a}}\end{bmatrix}=\begin{bmatrix}\boldsymbol{B}^{\mathrm{T}}\boldsymbol{Q}_y^{-1}\boldsymbol{B} & \boldsymbol{B}^{\mathrm{T}}\boldsymbol{Q}_y^{-1}\boldsymbol{A}\\ \boldsymbol{A}^{\mathrm{T}}\boldsymbol{Q}_y^{-1}\boldsymbol{B} & \boldsymbol{A}^{\mathrm{T}}\boldsymbol{Q}_y^{-1}\boldsymbol{A}\end{bmatrix}^{-1} \tag{7.4.36}$$

式中，$\boldsymbol{Q}_{\hat{a}}$ 表示参数矢量 $\boldsymbol{a}$ 的协方差矩阵；$\boldsymbol{Q}_{\hat{b}}$ 表示参数矢量 $\boldsymbol{b}$ 的协方差矩阵；$\boldsymbol{Q}_{\hat{a}\hat{b}}$ 和 $\boldsymbol{Q}_{\hat{b}\hat{a}}$ 表示 $\boldsymbol{a},\boldsymbol{b}$ 的互协方差矩阵。

将模糊度和基线修正值的实数估计值和相应的协方差阵表示为

$$\begin{bmatrix}\hat{\boldsymbol{b}}\\ \hat{\boldsymbol{a}}\end{bmatrix},\begin{bmatrix}\boldsymbol{Q}_{\hat{b}} & \boldsymbol{Q}_{\hat{b}\hat{a}}\\ \boldsymbol{Q}_{\hat{a}\hat{b}} & \boldsymbol{Q}_{\hat{a}}\end{bmatrix}$$

2）根据整数最小二乘估计求固定解 $\breve{\boldsymbol{a}}$。

$$\min_{\boldsymbol{a}}\|\hat{\boldsymbol{a}}-\boldsymbol{a}\|^2_{\boldsymbol{Q}_{\hat{a}}^{-1}}\overset{\text{def}}{=\!=}\min\{(\hat{\boldsymbol{a}}-\boldsymbol{a})^{\mathrm{T}}\boldsymbol{Q}_{\hat{a}}^{-1}(\hat{\boldsymbol{a}}-\boldsymbol{a})\},\quad \boldsymbol{a}\in\mathbf{Z}^n \tag{7.4.37}$$

整周模糊度的解算不仅要求准确，而且计算效率也非常重要，而式(7.4.37)的求解通常采用搜索法实现，即根据协方差矩阵 $\boldsymbol{Q}_{\hat{a}}$，寻找最接近 $\hat{\boldsymbol{a}}$ 的整数解，显然这是快速求解整周模糊度的关键步骤。如果 $\boldsymbol{Q}_{\hat{a}}$ 为对角阵，那么式(7.4.37)的最小值就等效为对若干个独立的模糊度分别取最接近的整数，计算变得非常简单。然而，大多数情况下 $\boldsymbol{Q}_{\hat{a}}$ 是非对角阵，此时将 $\boldsymbol{N}$ 进行三角分解(如 Cholesky 分解)，从而得到 $\boldsymbol{N}=\boldsymbol{C}\boldsymbol{C}^{\mathrm{T}}$，$\boldsymbol{C}$ 为下三角阵，记为

$$\boldsymbol{C}=\begin{bmatrix}* & \boldsymbol{0}\\ * & \boldsymbol{G}\end{bmatrix} \tag{7.4.38}$$

利用矩阵 $\boldsymbol{C}$ 的因子 $\boldsymbol{G}$ 即可计算浮点解 $\hat{\boldsymbol{a}}$ 的协方差矩阵的逆阵：

$$\boldsymbol{Q}_{\hat{a}}^{-1}=\boldsymbol{G}\boldsymbol{G}^{\mathrm{T}}$$

3）基线矢量修正。一旦获得固定解 $\breve{\boldsymbol{a}}$，利用 $\hat{\boldsymbol{a}}-\breve{\boldsymbol{a}}$ 计算浮点解 $\hat{\boldsymbol{b}}$，可得到固定解 $\breve{\boldsymbol{b}}$ 及相应的协方差阵

$$\left.\begin{aligned}\breve{\boldsymbol{b}}&=\hat{\boldsymbol{b}}-\boldsymbol{Q}_{\hat{b}\hat{a}}\boldsymbol{Q}_{\hat{a}}^{-1}(\hat{\boldsymbol{a}}-\breve{\boldsymbol{a}})\\ \boldsymbol{Q}_{\breve{b}}&=\boldsymbol{Q}_{\hat{b}}-\boldsymbol{Q}_{\hat{b}\hat{a}}\boldsymbol{Q}_{\hat{a}}^{-1}\boldsymbol{Q}_{\hat{a}\hat{b}}\end{aligned}\right\} \tag{7.4.39}$$

(2)LAMBDA 搜索

1) 模糊度搜索空间构造。对式(7.4.37)的搜索过程,实际上相当于从一系列候选整数解中找出使式(7.4.37)最小的过程,显然候选整数解中应包含正确的解,且候选整数解越少越好。基于这一原则,定义模糊度搜索空间

$$(\hat{\boldsymbol{a}}-\boldsymbol{a})^{\mathrm{T}}\boldsymbol{Q}_{\hat{a}}^{-1}(\hat{\boldsymbol{a}}-\boldsymbol{a})\leqslant\chi^2 \tag{7.4.40}$$

式中,$\boldsymbol{a}$ 决定了超椭球的位置;χ^2 决定了超椭球的大小;$\boldsymbol{Q}_{\hat{a}}$ 决定了超椭球的形状。

由于双差相位观测值之间的相关性使得整周模糊度方差－协方差矩阵中 $\boldsymbol{Q}_{\hat{a}}$ 非对角线元素不为0,使超椭球是一个狭长的区域,包含较多的整数点。如果将双差相位观测值解相关,使得 $\boldsymbol{Q}_{\hat{a}}$ 的非对角线元素化为0或接近于0,即,将 $\boldsymbol{Q}_{\hat{a}}$ 转换为以对角线的值为主的矩阵,则椭球的形状近似为球形,算法搜索的整数点减少,从而提高搜索速度。

2) 双差模糊度解相关。为改善模糊度搜索空间的形状,消除双差模糊度的相关性,同时保证解相关后的模糊度空间中包含正确的解,LAMBDA 方法要求解相关必须满足三个条件:① 变换后有整数值;② 变换必须保证体积不变;③ 变换能够减小协方差阵元素的值。LAMBDA 方法的解相关实际上是使 $\boldsymbol{Q}_{\hat{a}}^{-1}$ 向对角阵变换的过程。

设解相关后新的模糊度浮点解为 $\hat{z}$,其协方差矩阵为 $\boldsymbol{Q}_{\hat{z}}$。令 $\boldsymbol{z}=\boldsymbol{Z}^{\mathrm{T}}\boldsymbol{a}$,$\hat{\boldsymbol{z}}=\boldsymbol{Z}^{\mathrm{T}}\hat{\boldsymbol{a}}$,$\boldsymbol{Q}_{\hat{z}}=\boldsymbol{Z}^{\mathrm{T}}\boldsymbol{Q}_{\hat{a}}\boldsymbol{Z}$,将 $\boldsymbol{Q}_{\hat{a}}$ 进行LDL^{T} 分解为 $\boldsymbol{Q}_{\hat{a}}=\boldsymbol{L}^{-\mathrm{T}}\boldsymbol{D}^{-1}\boldsymbol{L}^{-1}$,可得

$$\boldsymbol{Q}_{\hat{z}}=\boldsymbol{Z}^{\mathrm{T}}\boldsymbol{Q}_{\hat{a}}\boldsymbol{Z}=\boldsymbol{Z}^{\mathrm{T}}\boldsymbol{L}^{-\mathrm{T}}\boldsymbol{D}^{-1}\boldsymbol{L}^{-1}\boldsymbol{Z}=\bar{\boldsymbol{L}}^{-\mathrm{T}}\bar{\boldsymbol{D}}^{-1}\bar{\boldsymbol{L}}^{-1} \tag{7.4.41}$$

因此,$\boldsymbol{Q}_{\hat{z}}^{-1}=\bar{\boldsymbol{L}}\bar{\boldsymbol{D}}\bar{\boldsymbol{L}}^{\mathrm{T}}$。经式(7.4.41)处理后,式(7.4.37)等价于下式:

$$\min_{z}\|\hat{\boldsymbol{z}}-\boldsymbol{z}\|_{\boldsymbol{Q}_{\hat{z}}^{-1}}^{2}\overset{\text{def}}{=\!=\!=}\min\{(\hat{\boldsymbol{z}}-\boldsymbol{z})^{\mathrm{T}}\boldsymbol{Q}_{\hat{z}}^{-1}(\hat{\boldsymbol{z}}-\boldsymbol{z})\},\quad \boldsymbol{z}\in\boldsymbol{Z}^{n}$$

从而转换后的模糊度搜索空间为

$$(\hat{\boldsymbol{z}}-\boldsymbol{z})^{\mathrm{T}}\boldsymbol{Q}_{\hat{z}}^{-1}(\hat{\boldsymbol{z}}-\boldsymbol{z})\leqslant\chi^2 \tag{7.4.42}$$

以上过程称为 Z 变换法。为保证解相关的三个条件,转换矩阵中的元素必须始终保持为整数,$\boldsymbol{Q}_{\hat{z}}^{-1}$ 尽量对角化,$\bar{\boldsymbol{D}}$ 对角线元素降序排列。

模糊度解相关实际上就是将一个狭长的椭圆压成一个圆形,使长轴和短轴近似相等。为检测模糊度解相关的质量,即 $\boldsymbol{Q}_{\hat{z}}^{-1}$ 引起的模糊度搜索空间的变化,引入两个物理量:条件数和相关系数。条件数,即 $\boldsymbol{Q}_{\hat{z}}^{-1}$ 的奇异值最大值和最小值的比值,它反映了超椭球的长半径和短半径的比值,该值越小,超椭球越圆;相关系数反映了整周模糊度之间的相关性的大小,该值越小,非对角线元素越小,超椭球越圆。当模糊度向量的维数 $n=2$ 时搜索区域为椭圆,$n=3$ 时搜索区域为椭球,$n>3$ 时搜索区域为超椭球。一般情况下,模糊度向量维数 $n>2$。图7.4.1为解相关前后二维空间包含的整数点的个数变化。

从图7.4.1可以明显看出,在超椭球体积相等的前提条件下,分布在椭球区域内部的离散整数点的个数明显减少。

3) 确定搜索边界(χ^2)、执行搜索过程。对于模糊度搜索的多维椭球区域,其搜索空间的大小取决于 χ^2。为了获得合理的 χ^2 值,同时提高搜索效率,设定的边界值应该使椭球体积尽量小,而且必须保证搜索空间中至少包含一个整数矢量。在实际应用中经常采用两种确定 χ^2 值的方法:一种是确保搜索空间内至少存在一个整数矢量,另一种是确保搜索空间内至少存在两个整数矢量。这两种方式都是从概率的角度选择最合适的搜索边界值。

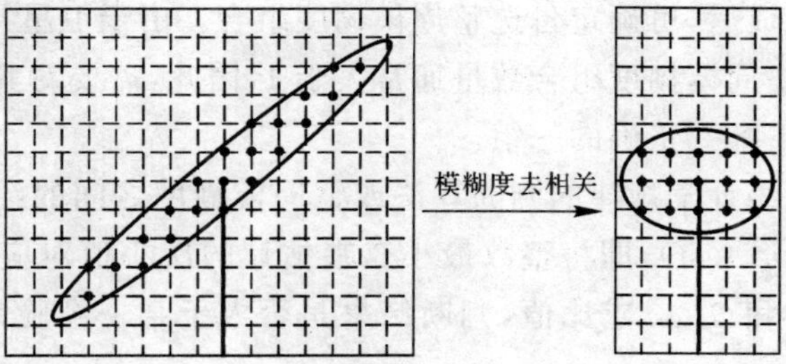

图 7.4.1 二维椭球压缩为近似椭球

方法一：将模糊度浮点解矢量 $\hat{z}$ 中的每一个模糊度分量值取整到离它们各自最接近的整数，可得到一个最接近 $\hat{z}$ 的整数模糊度矢量 z'，用 z' 代替式(7.4.40)中的 z，将式(7.4.40)中的不等号直接取为等号即可求得 χ^2。这种方法可确保搜索空间中包含一个整数矢量。

方法二：在方法一的基础上，将实数模糊度向量中的某一个分量取整到次接近于它的整数，而另外 $n-1$ 个分量分别取整到最接近于它们的整数，可以得到 n 个模糊度整数解，即可确定 n 个较小的 χ^2 值，加上方法一得到的 χ^2 值，总共可以求出 $n+1$ 个 χ^2 值。将次最小的 χ^2 值作为式(7.4.40) 的 χ^2 值，可保证搜索空间中至少有两个整数模糊度解。

上述两种确定 χ^2 值的方法是否有效均取决于双差模糊度的解相关处理效果。由于双差模糊度之间高度的相关性，使得搜索空间极易被拉长。如果解相关效果不明显，随后确定的搜索空间一方面可能引入大量错误的候选整数矢量，造成搜索运算量急剧增加，从而降低整个算法的效率；另一方面，也有可能因为模糊度搜索范围太小而造成模糊度搜索失败。

模糊度搜索空间构造完成后，搜索求解由式(7.4.40) 确定的模糊度固定解，用 $\bar{d}_i$，$\bar{l}_{ij}$ 分别表示式(7.4.41) 中 $\bar{\boldsymbol{D}}$ 和 $\bar{\boldsymbol{L}}$ 的元素，可将式(7.4.40) 写为

$$\sum_{i=1}^{n}\bar{d}_i\left[z_i-\hat{z}_i+\sum_{j=i+1}^{n}\bar{l}_{ij}(z_j-\hat{z}_j)\right]^2\leqslant\chi^2 \tag{7.4.43}$$

设

$$\hat{z}_{i|i+1,\cdots,n}=z_i-\sum_{j=i+1}^{n}\bar{l}_{ij}(z_j-\hat{z}_j) \tag{7.4.44}$$

引入模糊度搜索范围

$$\underbrace{\left[(z_i-\hat{z}_i)+\sum_{j=i+1}^{n}\bar{l}_{ji}(z_j-\hat{z}_j)\right]^2}_{\mathrm{left}_i}\leqslant\underbrace{\frac{\chi^2}{\bar{d}_i}-\frac{1}{\bar{d}_i}\sum_{l=i+1}^{n}\bar{d}_l\left[(z_l-\hat{z}_l)+\sum_{j=l+1}^{n}\bar{l}_{jl}(z_j-\hat{z}_j)\right]^2}_{\mathrm{right}_i} \tag{7.4.45}$$

式(7.4.45) 经变换后可得

$$\hat{z}_i-\sqrt{\mathrm{right}_i}-\sum_{j=i+1}^{n}\bar{l}_{ji}(z_j-\hat{z}_j)\leqslant z_i\leqslant\hat{z}_i+\sqrt{\mathrm{right}_i}-\sum_{j=i+1}^{n}\bar{l}_{ji}(z_j-\hat{z}_j) \tag{7.4.46}$$

式中，不等号左边为搜索的下界，右边为搜索的上界，搜索求得 z_i 的固定解。然后从 z_i 向 z_1 递推求解 n 维模糊度固定解，逐个判断各点在超椭球区域内的整数点，使式(7.4.37) 成立的点即为所求的整周模糊度。

(3) 模糊度检验

整周模糊度搜索完成后,可确定备选整周模糊度组合。由于卫星几何图形、观测值噪声等各种因素的影响,备选整周模糊度组合数量通常大于1,因此,需要对其进行校验,剔除不正确的模糊度组合,直至剩下唯一正确的一组。

模糊度检验可根据统计学规律的判断算法或整周模糊度之间的约束条件进行,最常用的方法是残差比检验(Ratio test),即将整数最小二乘估计的次小值对应的残差平方和 $\Omega_{k次小}$ 与最小值对应的残差平方和 $\Omega_{k最小}$ 求比值,判断结果是否大于某一经验常数 M_R(模糊度确认阈值),即

$$\text{Ratio}=\frac{\Omega_{k次小}}{\Omega_{k最小}}>M_R \tag{7.4.47}$$

如果式(7.4.47)成立,则表明模糊度组合可用。在实际工作中经常会因为 M_R 值选择过小而滤除正确模糊度,无法获得正确模糊度,因此,阈值的选择至关重要。通常假设检验统计服从 F 分布,可在基于显著水平 α 的基础上选取[75]。如果 M_R 值选择过大,将无法完全滤出错误的模糊度组合。通常可采用的经验值范围为 1.5 ~ 5,例如,Landau 和 Euler 在研究中就曾将 M_R 的值设置为 2[76]。

上述基于 LAMBDA 搜索技术的模糊度解算流程如图 7.4.2 所示。

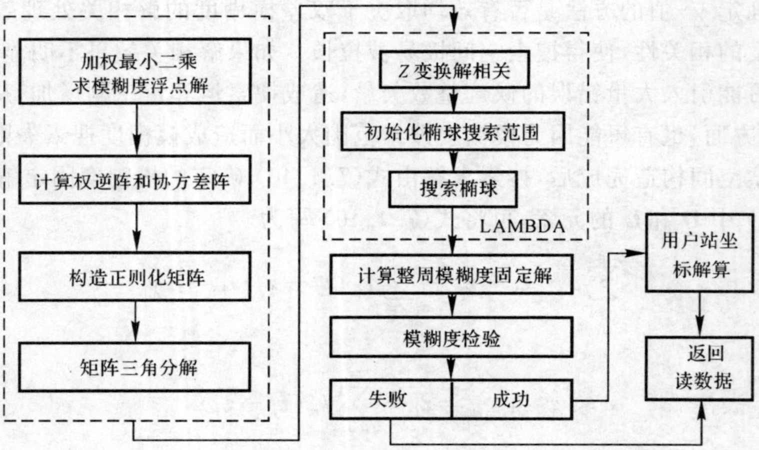

图 7.4.2 LAMBDA 方法解算整周模糊度

理论上,上述 LAMBDA 方法只需要两个历元的双差观测值就可以求解,然而,如果历元间隔很小(如 1 s),观测量的相关性很强,最小二乘估计的法方程将存在严重的病态性,并不能正确固定整周模糊度。这是因为当两个历元间隔时间很短时,观测卫星与接收机构成的空间几何图形几乎没有什么变化,从而会造成法方程严重病态,导致矩阵求逆不稳定。在这种情况下,第 2 个历元的观测只是保证了相位模糊度系数矩阵列满秩的性质,并没有带来足够的观测信息,得到的结果也不可靠。可采用岭估计、L 曲线等方法缓解法方程的病态性。如果增加解算整周模糊度的时间,观测量的相关性减弱,法方程的病态性减弱,解的可靠性也将提高。因此,为得到高精度的定位结果,通常采用多个历元的观测信息,模糊度一旦解算成功,如果观测期间不产生周跳,则可实现用户坐标的连续解算。

目前,也有一些学者研究单历元模糊度解算方法,就解模糊度的性能而言,对相同的一组观测数据,单历元方法的成功率将会低于多历元方法。此外,当观测值在严重的多径干扰、大气层延迟和卫星星历误差等诸多不利因素的环境下获得时,单历元观测值的局部最小值极易受到这些误差的影响,而在一个相对较长的时间内利用多个连续的观测历元的全局最小值就显得较为可靠。

7.5　区域差分定位系统

7.5.1　差分定位精度与单站差分

单站差分的结构和算法相对比较简单,技术上也较为成熟,特别适合小范围内一些需要进行差分定位的工程测量项目。目前以 GPS 为代表的各种差分实现方式能够达到的精度如图 7.5.1 所示。

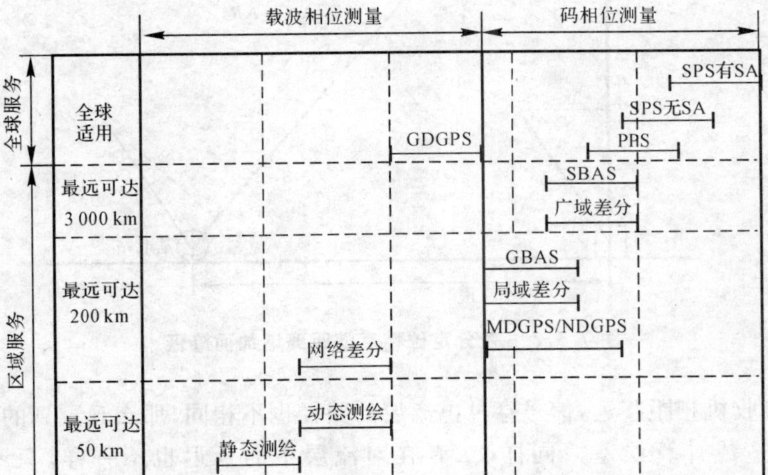

图 7.5.1　差分定位精度(1σ)

实际上,差分定位技术不仅要考虑定位精度,在定位的连续性、系统的可靠性方面也有很高的技术要求。在单站差分中,用户站只能收到一个基准站的改正信号,当基准站或信号发射系统出现故障时,该系统中的所有用户便无法开展工作,当改正信号出现错误时用户的定位结果就会出错,系统的可靠性较差;另外一个问题是,单站差分受数据通信链的限制,在保持精度的情况下作用距离一般只有几十千米,而且由于单站差分是建立在用户的位置或距离误差与基准站的误差完全相同这一基础之上,当用户站与基准站之间的距离不断增加时,这种误差相关性将变得越来越弱,从而使用户站的定位精度迅速下降。

例如,RTK 技术虽然可以用来进行高精度定位,然而,随着用户站和基准站之间距离的增加，会导致星历误差、大气延迟不相关，使得星历误差在用户 — 卫星视线上的投影与在基准站 — 卫星视线上的投影不再相同，如图 7.5.2 所示，图中 Δs 为星历误差，它将在基准站产生一个较小的距离误差 ΔR_s，而在用户站却产生一个较大的距离误差 ΔR_u。如果用户站使用基准站广播的改正数进行修正，就会存在一个较大的距离误差 $\Delta R_s-\Delta R_u$。正如 6.2.5 节的讨论，基准站与用户站之间的最大差分距离误差值 Δb 由下式给出：

$$\Delta b=\frac{b\Delta s}{\rho}$$

式中，Δs 为星历误差；b 为用户站与基准站之间的距离；ρ 为用户站至卫星的距离。

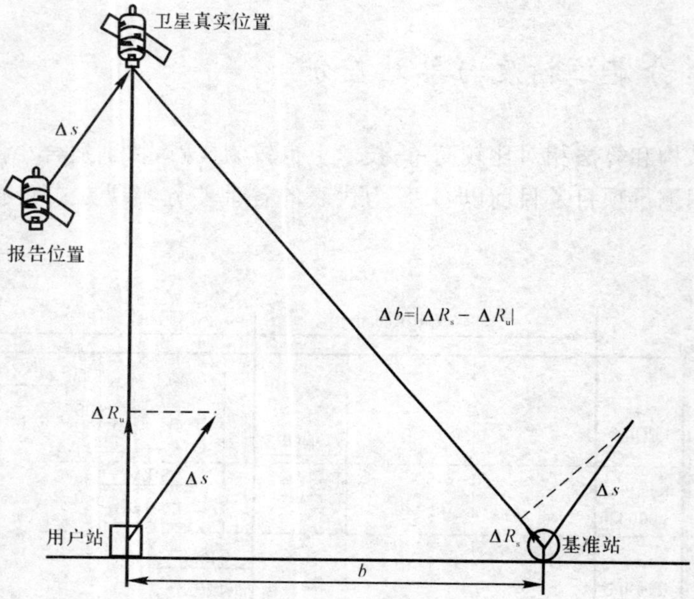

图 7.5.2 差分定位精度随距离增加而降低

如果两个接收机相距甚远，信号穿过电离层的路径也不相同，那么观测到的电离层效应也不会相同，势必造成计算误差。同样，二者在对流层中的延迟也不一样，只不过影响较小而已。

20 世纪 90 年代，长距离快速精密定位方法实现突破，出现了利用多个基准站实现的区域差分的定位系统。这种方法是在某一区域中设置多个观测站，利用各测站数据的综合处理使得卫星星历误差和大气折射误差可以得到消除或削弱，实现区域中任意位置的高精度定位。

7.5.2 局域差分

局域差分 GNSS(Local Area Differential GNSS，LADGNSS))系统由基准站、数据通信链和用户三者构成差分 GNSS 网。每个基准站与用户之间均有无线电数据通信链，各站的信号具有足够大的覆盖区域以保证系统中的用户能同时收到多个基准站的改正信息。由于需要有较大的信号覆盖区域，所以多采用长波或中波无线电通信。

在局域差分系统中，各基准站进行独立的观测，分别计算差分改正数并向外广播，但首先应对改正数的类型,信号的内容、结构、格式及各站的标识符等作统一规定。位于该局部区域中的用户,通常采用加权平均法或最小方差法对来自多个基准站的坐标改正数或距离改正数进行平差计算以求得自己的坐标改正数或距离改正数。若基准站和用户站同步观测同一颗卫星,且基准站和用户站间隔在一定距离内,一般不超过 500 km,则这两个站上的观测值相应于同一卫星的同一轨道弧段,它们之间存在强相关性,即都包含相同的误差,则可利用基准站的精确坐标和观测值为用户站提供定位修正信息,达到提高精度的目的。

局域差分系统对硬件要求较低,维护费用也不高,其中的伪距差分系统对于大中城市和近海海域精度要求不高的定位和导航比较适用。由于具有多个基准站,而且顾及了距离对差分改正数的影响,由多基准站形成的局域差分较单站差分可用于更大范围内的导航定位,并且系统的可靠性和用户的定位精度都有较大的提高。当个别基准站出现故障时,整个系统仍能正常运行。

7.5.3　广域差分

广域差分的基本思想是对 GNSS 观测量的误差源加以区分,并单独对每一种误差源分别加以模型化,然后将计算出的每种误差源的数值通过数据链传输给用户,以对用户定位的误差加以改正,达到削弱这些误差、改善用户定位精度的目的。

卫星导航误差源主要表现在三个方面:星历误差、大气延迟误差和卫星钟差。广域差分 GNSS(Wide Area Differential GNSS, WADGNSS)就是为削弱这三种误差源而设计的一种工程系统,该系统的一般构成包括一个中心站、几个监测站及相应的数据通信网络。其工作原理是:在已知坐标的若干监测站上跟踪观测卫星的伪距、相位等信息,监测站将这些信息传输到中心站;中心站在区域精密定轨计算的基础上,计算出三项误差改正模型,并将这些误差改正模型通过数据通信链发送给用户站;用户站利用这些误差改正数修正自己观测到的伪距、相位和星历等,从而计算出高精度的定位结果。其工作流程可分解为如下五个步骤:

1)在已知坐标的若干监测站上,跟踪观测导航卫星的伪距、载波相位等信息。

2)将监测站上测得的受电离层影响的伪距和载波相位测量结果全部传输到中心站。

3)中心站在区域精密定轨计算的基础上,计算出三项误差改正数,即卫星星历误差改正、卫星钟差改正及电离层延迟改正数。

4)将这些误差改正用数据通信链传输到用户站。

5)用户利用这些误差改正自己观测到的伪距、载波相位和星历等,计算出高精度的定位结果。

广域差分将中心站、基准站与用户站间的距离从 100 km 增加到 2 000 km,且系统的定位精度分布均匀,无明显下降;对于大区域内的广域差分网,需要建立的监测站很少,其覆盖区域可以扩展到远洋、沙漠等局域差分系统不易作用的区域,具有较大的经济效益;但是,广域差分系统使用的硬件设备及通信工具昂贵,软件技术复杂,运行维护费用比局域差分系统高得多。

7.5.4　多基准站 RTK

如前所述,随着作用距离的增加,基准站和用户站观测误差的不相关性增加,单站差分的定位精度快速下降，而对于 RTK 技术，这种距离的增加将使得模糊度参数的整数特性降低，难以固定整周模糊度，有时甚至不能固定，从而导致测量作业难以顺利实施。区域差分定位系统的实现使得各种误差可以得到消除或削弱，模糊度的整数特性得到加强，由此产生了多基准站 RTK 技术。多基准站 RTK 技术也称网络 RTK 技术，是对普通 RTK 方法的改进。目前应用于网络 RTK 最为成熟的数据处理的方法是虚拟参考站法(Virtual Reference Station, VRS)，通过这种方法实现的网络 RTK 被称为 VRS RTK 系统。

VRS RTK 系统是网络技术、无线电通信技术、GNSS 定位技术综合应用的系统。其结构和工作原理如图 7.5.3 所示，由若干个连续运行的 GNSS 基准站、控制中心和用户站(移动站)构成。基准站对卫星进行连续观测，并将观测值实时地传输至控制中心。控制中心根据这些基准站的观测值，建立区域内的 GNSS 电离层、对流层和卫星星历误差改正模型，并实时地将各基准站的观测值减去其误差改正，形成"无误差"的观测值，再结合移动站的观测值，在移动站附近(通常约为几米到几十米)形成一个虚拟的参考站，计算出虚拟参考站的相位差分改正，并实时发布。用户站利用接收到的相位差分改正信息和自身的相位观测值，组成双差相位观测值并快速确定整周模糊度参数和位置信息，完成实时定位。

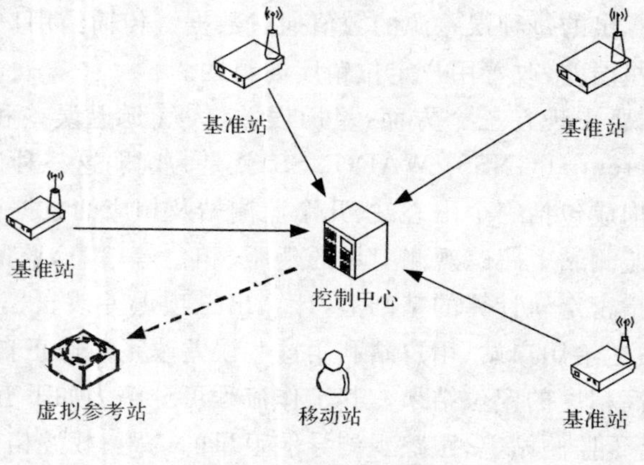

图 7.5.3 VRS RTK 原理

在 VRS RTK 系统中，由于差分改正是经过多个基准站观测资料有效组合求出的，可以消除电离层、对流层和卫星星历等误差，即使用户站远离基准站，也能很快地确定自己的整周模糊度，实现厘米级的实时快速定位。

VRS RTK 技术大大扩展了普通 RTK 的作业范围，用户站不需要在每次测量时都单独架设基准站，使得测量作业成本得到降低，而且在基准站信号覆盖范围内，定位精度保持稳定，可靠性得到进一步提高。

7.5.5 信标差分 GPS

信标差分技术是在无线电指向标(Radio Beacon, RBN)的基础上发展起来的，无线电指向标主要用来发送引导船舶航行的无线电信号。在此基础上结合国情创建的无线电指向标/差分 GPS 定位系统(RBN/DGPS，简称信标差分)，是利用无线电指向标强大的无线电传送功能，与 GPS 卫星定位系统结合起来，利用 RBN/DGPS 台在发射导航无线电码的同时，也发射 DGPS 差分信号，向用户提供全天候实时高精度服务的导航定位系统。

RBN/DGPS 基本的工作原理与自主差分系统是一致的。GPS 基准站实时计算卫星伪距差值（GPS 自身定位的伪距值与已知伪距值的差值），借助 RBN 的信号调制发送功能，将其调制成载波差分数据改正信号，在有效范围内实时、连续地发送。GPS 移动站在运动中接收差分数据改正信号，作为 GPS 本机定位的数据修正量，实时修正 GPS 自身定位的偏差。

RBN/DGPS 与自主差分 GPS 系统不同的是：该系统的基准站是由国家建立的，而一般的 DGPS 的基准站是由用户自行设立的。前者是长期固定的，不间歇地发射信号，发射功率强大，作用范围大（一般可达 300 km）；后者是临时的，发射功率小，作用范围一般不超过 50 km。

信标差分系统基准站处于开阔、高耸的地方，精确计算 GPS 的伪距差分改正量，及时利用空中数据传送纽带（RBN 数据链）传送给 GPS 移动站。移动站上的电台将收到的差分改正量信号进行技术处理后，作为改正值加在 GPS 移动站本身实测的结果上，从而提高 GPS 移动站的定位精度。信标发射设备因为受到通讯距离的影响，在每套发送设备的覆盖区域之间，应设计信号叠加的公共区域，以防相邻区域之间形成信号接收的死角。

在自主差分实现过程中，往往存在着数据链不连续、GPS 基准站定位受到卫星状态影响致使差分数据误差过大的问题，从而导致动态定位的偏差过大。信标差分系统的基准站采用能够相互纠正定位误差的双套 GPS 定位系统，实现了对 GPS 定位系统的监控。

信标差分系统包括信标基准站定位与发射系统（RBN/DGPS Base Station）、移动站系统（RBN/DGPS Move Station）、自动采集系统（Automatic Login System）等三部分。作为国家基础设施的信标基准站，实行全天候运行，实时发射差分改正信号。

信标差分系统基准站所发射的差分改正信号，其数据格式完全遵循国际通用标准，任何用户在拥有 RBN 信号接收设备后，都可以使用该数据链来获得与自主差分相近的定位精度。

RBN/DGPS 信标台站组网受到了国际社会的广泛关注，并在全球范围内兴建。国际航标管理协会（IALA）负责全球范围的海上无线电信标的管理工作，并出台了国际标准。

RBN/DGPS 之所以会出现如此方兴未艾的局面，有很多原因：

1）海上无线电信标长期以来一直被广泛用于定向、指向。它们分布广，在关键的导航区域均有设置。而 RBN/DGPS 的调制广播既不干扰原来的定向功能，又可大大增强其使用效果，因而受到航海人员的一致欢迎。

2）RBN/DGPS 造价低廉，无须另付费用。利用现存的无线电指向标发送 DGPS 数据，只需增加一个基准站、一个 MSK 调制器和一个完好性监视器即可。

3）RBN/DGPS 信号以地波方式传播，作用距离远，一般均可超过 300 km。

不仅如此，与常规的自主式 DGPS 相比，RBN/DGPS 还有如下一些优势：

1）扩大了 DGPS 进行水域测量的有效作业范围。由于信标台是由 RBN 发展而来，创立之初就已考虑到通信距离的问题，立站高度和发送功率远优于自主式 DGPS 基准站，其通信半径已经达到 300km，完全可以满足海域测量对通信距离的要求。

2）利用 RBN/DGPS 进行水域测量，成为减少人员和设备投入的最佳技术方案，使普通用户不需要对基准站进行维护和管理。

3）减少了诸多 DGPS 用户自建数据链造成的相互干扰，缓解了电磁波使用频段过于混乱的局面。

4)数据电台与 GPS 接收机合二为一,缩小了设备体积,该系统进一步开发可成为具有高度集成性的一体化接收机,增强其可携带性。

5)动态性能好,定位与信号接收的两位一体减少了单机组合时的信号延迟,有效提高差分数据的内复合效果。

7.6 差分数据通信与电文格式

7.6.1 差分数据链频率

差分定位系统由基准站和用户站组成。基准站与用户站之间的联系,即由基准站计算出的改正数发送到用户站的手段是靠数据链完成的。数据链由调制解调器和电台组成。调制解调器将改正数进行编码和调制,然后传输到电台上发射出去。用户站将其接收下来,并将数据解调后送入接收机。电台是将调制后的数据变成强大的电磁波发射出去,能在作用范围内提供足够的信号强度,使用户站能可靠地接收。发射频率和辐射功率的选择是数据链的重要问题,它视作用距离而定。为了更有效地选择发射频率,在表 7.6.1 中列出了已经建立的各种无线电定位和导航系统的发射频率与作用距离。

表 7.6.1 各种无线电导航定位系统发射频率与作用距离

系统名称	采用的频率	覆盖范围
Decca	50～90 kHz,110～130 kHz	2 000 km
Radiobeacon	190～415 kHz,510～535 kHz	1 000 km
Loran C	100 kHz	2 000 km
Geoloc	1 600～2 300 kHz	500 km
Toran	1 800～2 000 kHz	500 km
ARGO	1 646.5 kHz	100 km
Hydrotrac	1 520 kHz	100 km
Maxian	430 MHz	320 km
Syledis	430 MHz	120 km
Trisponder	9 480/9 325 MHz	80 km
Artemis	9 200/9 300 MHz	30 km

从表 7.6.1 中,我们可以将通信设备分为两大类:第一类为直接波传输,包括甚高频(VHF)和超高频(UHF),传输距离与电台发射天线高度、功率及移动站天线和基准站天线间的阻挡有关。基准站的天线建立在高塔之上,以视距直接通信的方式采用 25 W 的功率进行传输,一般作用距离可达到 20～100 km。这种设备的天线简单、容易架设,适用于流动作业,

适合于海港、河道等测量应用。VHF 和 UHF 易受山丘、河谷和建筑物等的影响而导致信号衰减，此时可通过选用合适的天线、频率或时间来克服。

第二类为地波传输，包括低频(LF)和中频(MF)。这种信号能沿地球表面传播，能绕过建筑物和山丘，使作用距离达到 1000～2 000 km。为增加辐射范围，天线设计为高桅杆或铁塔，适合于固定基准站应用，一般一旦建立就长期应用，适合于远距离导航和定位。

7.6.2 差分数据通信类型

按传输差分信息的覆盖范围来区分，差分数据通信类型大体可以分为三类，即近程(小于 100 km)、中程(30～800 km)和远程(大于 800 km)通信。

1. 差分定位系统的近程数据通信

临时性或短期性的差分定位作业，其近程数据传输的播发站一般直接附加在导航接收机上，往往采用 UHF 无线通信传输或有线通信传输。UHF 的频率为 300 MHz～3 GHz，波长为 10 cm～1 m，故一般为分米波，其穿透性、直线传播性强，但易受障碍物、地形和地球曲率的影响。此外，也可以采用城市的调频(FM)电台，利用调频信号基带中的副载波进行数据传输，既不影响调频台主频道的正常播音，又充分利用了调频信号基带中的副载波资源。

2. 差分定位系统的中程数据通信

差分定位系统的中程数据通信可以采用长波、中波和短波无线通信。长波通信主要靠地面波传输，受大气影响小而受地形影响较大。由于数据传输速率和数据分辨率呈正比，因此长波的低分辨特性不太适宜于差分定位的数据通信。中波传输的主要缺点是频道拥挤，易受干扰，而且传播速率仍偏低。短波传输的优点是通信设备造价低廉，集成度高，但易受天气影响，而且在主控站附近常会出现盲区。

3. 差分定位系统的远程数据通信

差分定位系统的远程数据通信往往采用星基的差分数据播发站，例如可以采用 HF 和卫星通信。卫星通信中的 Inmarsat 系统和公共电话网相联，也可以和 Internet 网相联，具有 64 kb/s的传输速率，是一种比较理想的远程数据通信网络，但价格比较昂贵。

7.6.3 差分数据电文格式

随着卫星导航差分定位技术在不同领域的广泛应用，不同的国际组织制定了多种标准差分协议。如航空无线电技术委员会 RTCA(Radio Technical Commission of Aeronautic Services)的 159 专门委员会(SC－159)制定了适用于广域差分和增强系统的 RTCA SC－159 差分电文标准协议，Trimble 制定了适用于低带宽通信链的 RTK CMR(Real Time Kinematic Compact Measurement Record)差分协议以减小差分数据传输量。

本节我们重点介绍目前广泛使用的由国际海运事业无线电技术委员会制定的 RTCM (Radio Technique Commission for Maritime Services)标准协议——RTCM SC－104。

1983 年 11 月，为全球推广应用差分 GPS 业务，国际海运事业无线电技术委员会设立了 SC－104 专门委员会，以便论证用于提供差分 GPS 业务的各种方法，制定各种数据格式标准。1985 年 11 月委员会发表了 Ver 1.0 版本的建议文件。经过 5 年的试验研究，委员会取得了丰富的试验资料，对文件版本进行了升级和修改，于 1990 年 1 月公布了 Ver 2.0 版本。新版本提高了差分改正数的抗差错性能，增大了可用信息量。多次试验结果表明，伪距差分定位精度由原版本的 8～10 m 提高到 5 m，通常可达 2～3 m。如果应用载波相位信息和积分多普勒技术，则可使定位精度提高到 1 m。目前商用 GPS 接收机除了编制自己的专用格式外，几乎都具备通用 RTCM SC－104 格式的通信能力。

为了适应载波相位差分 GPS 的需要，1994 年 1 月 SC－104 专门委员会又公布了 Ver 2.1 版本，这一版本保留了基本电文，增加了几个支持实时动态定位的新电文。考虑到 GPS 的用户已经熟悉了 GPS 的基本导航电文，在 RTCM 电文格式中保留了 GPS 电文的字长、字格式、奇偶校验规则和其他特性。两种格式的主要差别在于 GPS 电文格式中各子帧的长度是固定的，而差分 GPS 电文格式采用可变长度的格式。为适应与 GLONASS 系统的兼容，Ver 2.3 版本的第 31～36 电文处增加了 GLONASS 相关的信息，这一版本的差分信息以 4 800 b/s 的速率同时发送 12 颗卫星的码和载波相位观测量的改正信息。表 7.6.2 给出了 RTCM SC－104 Ver2.x 的电文类型，它分为 21 类共 63 种电文格式。

RTCM 电文在具体使用中应考虑以下因素：

1)增强奇偶校验规则，以检测出数据中的误差，避免将错误改正数发送给用户，提高用户使用的可靠性。

2)一般用户不需要数据链的奇偶校验，不需要在数据传输过程中的控制。这样，在多数应用中不要求数据链的奇偶校验和编码方案。

3)奇偶校验规则搭接边界和求解模糊度符号在双相调制数据传输中统一协调解决。

4)采用 30 bit 字码和 50 Hz 传输率与 GPS 相匹配，字边界时间为 0.6 s 的整数倍，便于定时控制。以前采用的 32 bit 字码只能在 16 s 内有一次相遇。

2004 年，为兼容在建的卫星导航系统，SC－104 委员会设计完成了 RTCM SC－104 Ver 3.0 版本，以满足差分全球卫星导航系统(DGNSS)的服务需求，新版本的差分格式与以前的版本一样能够为特殊用户提供高精度的导航定位需求。与旧版 Ver 2.x 相比，RTCM SC－104 Ver3.x 具有如下特点：在每帧的末 24 位采用循环冗余校验(CRC)，数据发送速率改为 1 800 b/s，具有更高的效率，易于接收机设计使用和添加新的功能；典型的 Ver 3.x 格式的 RTK 模式使用的数据量比 Ver 2.x 少一半以上；Ver 3.0 支持 GPS 和 GLONASS 的 RTK 操作模式，包括码和载波相位观测量、天线位置和辅助系统参数等信息；后续的 3.x 版本除了支持传统的 RTK 模式，新版本的差分协议支持网络 RTK 定位。目前发布的 RTCM SC—104 Ver 3.0 差分协议格式如表 7.6.3 所示。

表 7.6.2　Ver 2.x 电文类型

电文类型	状　态	内　　容
1	固定	差分 GPS 改正数
2	固定	△差分 GPS 改正数
3	固定	基准站参数
4	试用	基准站信息
5	固定	卫星星座健康状态
6	固定	零帧
7	固定	DGPS 信标历书
8	试用	伪卫星历书
9	固定	部分卫星差分改正数
10	备用	P 码差分改正数(全部卫星)
11	备用	C/A 码,L1,L2△改正数
12	备用	伪卫星站参数
13	试用	地面发射机参数
14	固定	GPS 周时间
15	固定	电离层、对流层电文
16	固定	GPS 专用电文
17	试用	GPS 轨道参数
18	固定	RTK 未改正的载波相位观测量
19	固定	RTK 未改正的伪距观测量
20	固定	RTK 载波相位改正数
21	固定	RTK 伪距改正数
22	试用	扩展的基准站参数
23	试用	天线类型定义
24	试用	基准站天线参考点参数
25～26		未定义
27	试用	扩展的信标 DGPS 历书
28～30		未定义
31	试用	GLONASS 差分改正数
32	试用	GLONASS 差分基准站参数
33	试用	GLONASS 星座健康状况
34	试用	部分 GLONASS 差分改正数
35	试用	GLONASS 信标历书
36	试用	GLONASS 专用电文
37	试用	GNSS 系统时间偏差
38～58		未定义
59	固定	专用电文
60～63	备用	多用途

表 7.6.3　Ver 3.0 电文类型

电文类型	状　态	内　　容
1001	固定	仅 GPS L1 RTK 观测量
1002	固定	仅 GPS L1 RTK 观测量扩展
1003	固定	GPS 双频观测量
1004	固定	GPS 双频观测量扩展
1005	固定	RTK 基准站位置
1006	固定	带天线高度信息的 RTK 基准站位置
1007	固定	天线类型
1008	固定	天线类型和序列号
1009	固定	仅 GLONASS L1 RTK 观测量
1010	固定	仅 GLONASS L1 RTK 观测量扩展
1011	固定	GLONASS 双频观测量
1012	固定	GLONASS 双频观测量扩展
1013	固定	系统参数
1019	试用	卫星星历

第 8 章　GLONASS 卫星导航系统

20 世纪 70 年代，作为对美国宣布建立和发展 GPS 的回应，苏联国防部构想了 GLONASS(ГЛОНАСС)，这是苏联的第二代卫星导航系统。然而，直到 80 年代末期，GLONASS 的信息仍然是鲜为人知的，除了卫星轨道的一般特征和传送导航信息的频率之外，苏联国防部未披露任何其他信息。到了 1993 年，俄罗斯政府才正式将 GLONASS 交由俄空军(VKS)负责。VKS 负责 GLONASS 的航天器部署及在轨维护，并通过科学信息中心将 GLONASS 的信息传播给公众。随着苏联的解体，俄罗斯全面解密了 GLONASS 的接口控制文档(Interface Control Document，ICD)。ICD 描述了 GLONASS 系统及其组成、信号结构和供民用的导航信息。1995 年 11 月 4 日在加拿大蒙特利尔国际民用航空组织第二次会议上，俄罗斯将更新后的 ICD 交给大会的导航卫星系统讨论组，并于 2002 年进行了部分内容的更新[77]，俄罗斯方面保证至少提供 15 年的免费服务。自此，有关 GLONASS 的信息越来越明朗。

1996 年 1 月，24 颗 GLONASS 工作卫星全面布置完毕，这是该系统正式成为卫星导航系统的重要里程碑。通过对 GLONASS 星座的分布、信号健康状况、信号的可用性、数据质量以及系统维护等方面的研究，可以看出其定位精度与没有施加选择可用性(SA)时 GPS 的定位精度相当。GLONASS 的用户测距误差(URE)的均方根值在 10 m 左右，能够提供两个级别的服务：GLONASS 标准精度通道(CSA)提供给民用用户，高精度通道(CHA)仅提供给获得批准的用户使用。

8.1　系统构成

与 GPS 一样，GLONASS 系统也由三部分组成：空间段、地面段和用户段。

8.1.1　空间段

GLONASS 的空间部分由 24 颗卫星组成，轨道排列在三个平面上，参见图 8.1.1 所示的系统星座配置。GLONASS 卫星的升交点赤经彼此相隔 120°，轨道平面倾角为 64.8±0.3°，轨道偏心率为 0±0.01。每个轨道平面上有 8 颗卫星，在同一平面上卫星均匀分布。卫星轨道长半轴为25 510 km，卫星运行周期为 11h15min44±5 s。在全球任何地点可以看到 5～10 颗 GLONASS 卫星，根据理论计算，在高于北纬 50°的地方，GLONASS 可见卫星的几何位置要比 GPS 的好。图 8.1.2 显示了 1996 年 9 月 1 日的 GLONASS 工作卫星的星座分布情况。GLONASS 星座的结构是按这样两条准则设计的：在系统工作所有时间和所有可使用范围内，用户的最大定位误差值最小；系统中轨道平面数最少。

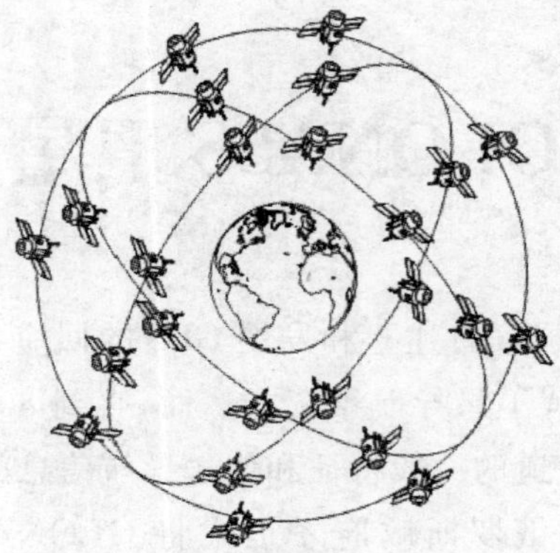

图 8.1.1 GLONASS 卫星星座配置

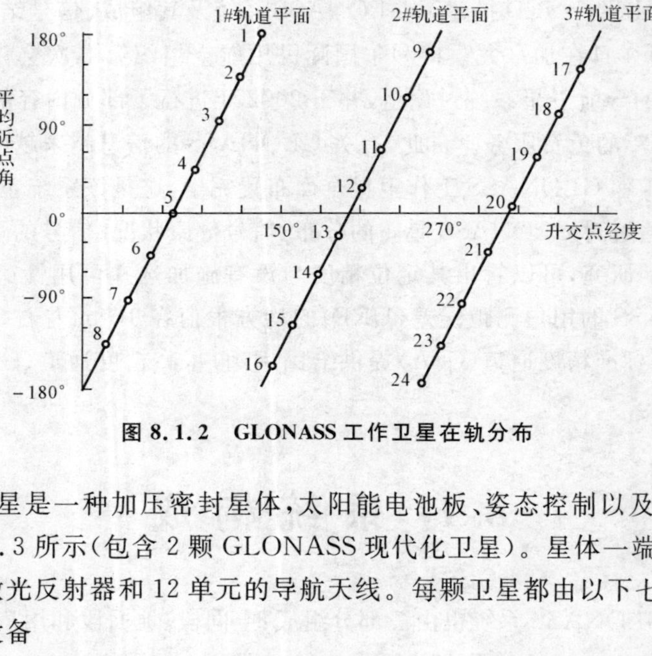

图 8.1.2 GLONASS 工作卫星在轨分布

GLONASS 卫星是一种加压密封星体，太阳能电池板、姿态控制以及温控部件都连接在加压舱上，如图 8.1.3 所示（包含 2 颗 GLONASS 现代化卫星）。星体一端的天线支撑装置安装了地球传感器、激光反射器和 12 单元的导航天线。每颗卫星都由以下七个部分组成：

(1)星载导航设备

星载导航设备是卫星的核心，包括导航信息构造单元、星上同步器、寄存器、接收机和导航发射机。GLONASS 卫星星载导航设备的主要作用是：记录从地面站上行发送来的卫星星历和系统历书；产生时间信号，重新产生导航信息帧发往系统用户；完成星上导航设备工作状态的例行诊断。

(2)星上控制设备

星上控制设备包括测距子系统、星上控制单元和遥测遥控系统，用于记录导航信息、发送遥测数据、控制和调整星上功率的分配。必要时由测距子系统直接给出卫星距离测量信息。

(3)姿态控制系统

姿控控制系统完成卫星的初始定向，调整卫星纵轴使天线指向地球，并在整个卫星寿命期内维持正常姿态。

(a) (b) (c)

图8.1.3 GLONASS卫星

(a)GLONASS； (b)GLONASS-M； (c)GLONASS-K

(4)机动系统

机动系统将卫星置于指定的轨道面位置，维持卫星的升交距角，并控制卫星的推进系统。推进系统包括20个定向推进器和两个位置推进器。

(5)温控系统

温控系统调整星内温度，允许卫星使用排气式温控系统，利用加压星体外表面做散热器。星体内采用电扇使气体循环，发散各器件的热量。

(6)电源系统

电源系统包括太阳能电池、蓄电池、控制继电器和稳压器，为星载设备提供电源。太阳能电池表面积为17.5 m^2，初始输出功率为1 600 W。有太阳直射时，太阳能电池板对电池充电；卫星处于地球阴影时，由蓄电池供电。蓄电池的放电容量为70 A·h。

(7)星载时钟

星载时钟是GLONASS卫星最关键的部件之一，目前采用的是铯原子钟，频率稳定度达到1×10^{-11}/d，温度稳定度达到2×10^{-13}/℃。

8.1.2 地面段

GLONASS的地面控制部分由系统控制中心和遍布俄罗斯的跟踪网组成，如图8.1.4所示。GLONASS的地面控制部分与GPS很相似，负责测量和预报各卫星的星历并监视导航信号，此外还控制向每颗GLONASS卫星上行发送预报星历、相位数据以及24颗卫星的在轨历书。在确定星历和卫星钟补偿时顾及了GLONASS卫星时与俄罗斯国家Etalon测定的UTC(SU)的尺度差别，并每隔30 min向卫星加载导航数据。卫星测控和星载设备的控制也由地面控制设备完成。

地面控制部分包括下列六个组成单元：

(1)系统控制中心(SCC)

系统控制中心设在莫斯科西南70 km处的Golotsino，由军事航天部负责对所有系统功能的运行进行协调和调度。

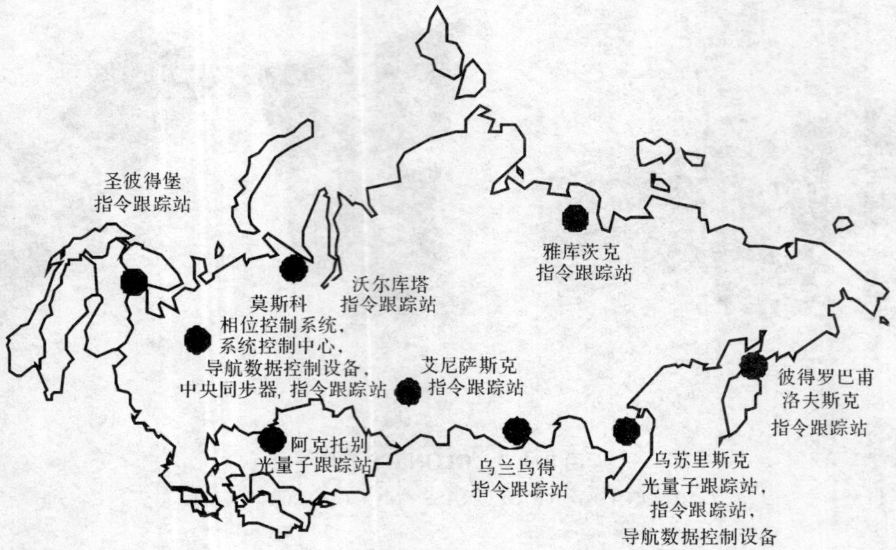

图 8.1.4 GLONASS 地面控制系统分布

(2)中央同步器(SC)

中央同步器负责产生标准系统时间信号,并送往相位控制系统。

(3)指令跟踪站(CTS),即地基跟踪站

地基跟踪站测量各卫星的轨道,向星上计算机上行发送所需控制和辅助信息。对那些已运行 10～14 圈的卫星采用雷达测距方式进行轨道跟踪测量,最大测距误差在 2～3 m 之间。这些雷达设备定期用光量子跟踪站的激光测距仪进行校准,为此每颗卫星都特意加装了激光反射器。

(4)相位控制系统(PCS)

相位控制系统监视卫星发射的信号。它将接收到的测距信号与高稳定频标(相对误差约为 10^{-13})基准信号进行比对,从而测量出卫星频标与地面站频标之间相位差造成的距离误差(一般在 3～4 m 之间),相应地也可以预测卫星测距信号的修正量。地面站将此内容上行发送,修正卫星时标的漂移。

(5)光量子跟踪站(QOTS)

光量子跟踪站是精密测地系统的一部分,用来测定地球坐标系和地球重力场模型。这是 GLONASS 卫星精密轨道计算的基础。

(6)导航数据控制设备(NFCE)

导航数据的更新在 NFCE 上进行,从任一卫星接收到的星历信息,都对应于最近30 min 的星历,其位置和速度最大预期误差为:

顺轨:30～60 m 和 1～3 mm/s;

横向:20～40 m 和 4～8 mm/s;

径向:5～12 m 和 1～3 mm/s。

8.2 卫星信号

8.2.1 信号结构

GLONASS 信号与 GPS 信号都是用 L 频段上的两个频带(L1 和 L2)作为载波,伪随机码周期均为 1 ms。其中,L1 频段调制 C/A 码和 P 码,C/A 码速率 511 kb/s,P 码速率 5.11 Mb/s;L2 频段只调制 P 码。GLONASS 卫星以 50 b/s 的速率向用户接收机发送卫星轨道概略坐标和定位使用的卫星星历。

GLONASS 与 GPS 识别卫星的方法不同。24 颗 GPS 卫星使用相同的频率工作,但是每颗卫星发射不同的伪随机码,即采用码分多址技术。而 GLONASS 根据卫星在轨道上的分布位置从 1 至 24 顺序编码,叫做 ID 码,且每颗卫星使用特定的频率工作,采用频分多址技术。另外,GLONASS 不实施降低定位精度的人为干扰,如 SA。

在载波频率方面,GLONASS 的 L1 和 L2 载波频率范围分别为 1 597～1 617 MHz 和 1 240～1 260 MHz,均由一个 5 MHz 的参考频率产生。各卫星频率按下式计算:

$$f_k(\mathrm{L1}) = 1\,602 + k \times 0.562\,5 \quad (\mathrm{MHz})$$

$$f_k(\mathrm{L2}) = 1\,246 + k \times 0.437\,5 \quad (\mathrm{MHz})$$

式中,$k=-7,\cdots,+6$ 为卫星的载频识别号,GLONASS 系统用户一般不用 $k=0$ 的识别号,仅当轨道上增补备份卫星时作检测用。

GLONASS 系统的频分多址方式占用了较宽的频带,给国际电信联盟(ITU)的频率计划带来了一定的影响。国际电信联盟曾决定低轨卫星移动通信采用 1 610.0～1 626.5 MHz 频段,射电天文测量采用 1 610.6～1 613.8 MHz 和 1 660.0～1 670.0 MHz 频段。这样,从 GLONASS 星座的第 15 颗卫星开始,便占据了国际电信联盟的规定频率。为此,国际电信联盟向俄罗斯建议改变 GLONASS 卫星所用的载波频率,让出所用频段的高端频率。因此,GLONASS 系统中分布在地球两端的部分卫星采用了相同的频率,这样的卫星共有 8 对,它们是第一轨道平面的 03/07,第二轨道平面的 09/13,10/14,11/15,12/16 以及第三轨道平面的 17/21,18/22 和 19/23。

GLONASS 卫星发射右旋圆极化导航信号,当卫星仰角高于 5°时,在地面接收到的 L1 信号最小功率为－161 dBW、L2 信号最小功率为－167 dBW。

GLONASS 两个频段信号的产生原理如图 8.2.1 所示。与 GPS 信号不同的是,GLONASS 是一个频分复用的系统,需要采用频率综合器产生各个频段的载波信号,进而产生同相和正交两路载波分别与扩频序列调制。由于采用不同的频率区分卫星,因而所有的 GLONASS 卫星都采用相同的扩频码(C/A 码和 P 码)。调制 C/A 码和 P 码后的 GLONASS 信号频谱如图 8.2.2 所示,其中,C/A 码带宽 1.022 MHz,P 码带宽 10.22 MHz。

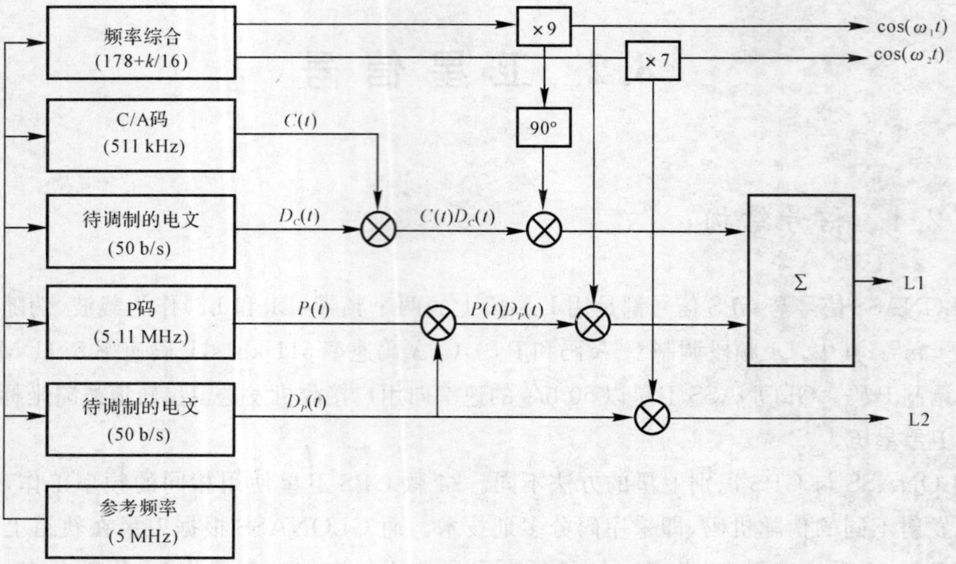

图 8.2.1 GLONASS 信号产生原理

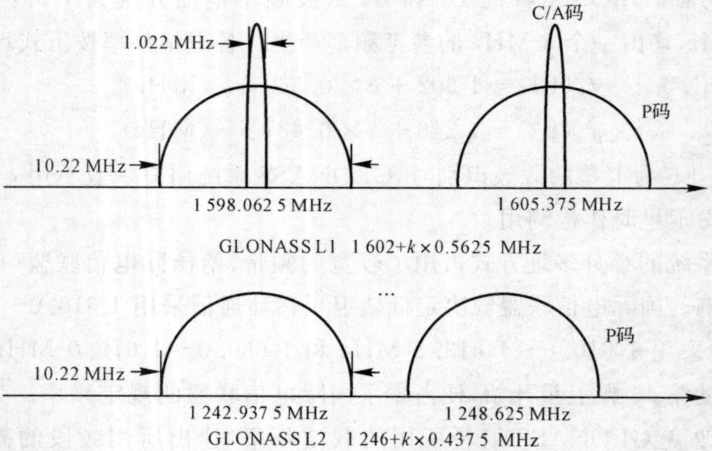

图 8.2.2 GLONASS 信号频谱

8.2.2 测距码

GLONASS 民用测距码(C/A 码)采用最长线性移位寄存器产生,周期为 1 ms,码速率为 511 kb/s。码产生原理如图 8.2.3 所示。

GLONASS C/A 码由一个 9 级移位寄存器的第 7 级输出,寄存器初始状态为(111111111),输出的前 9 个基码为(111111100),每 1 ms 重复。码发生器对应的移位寄存器的特征多项式为

$$F(x)=1+x^5+x^9$$

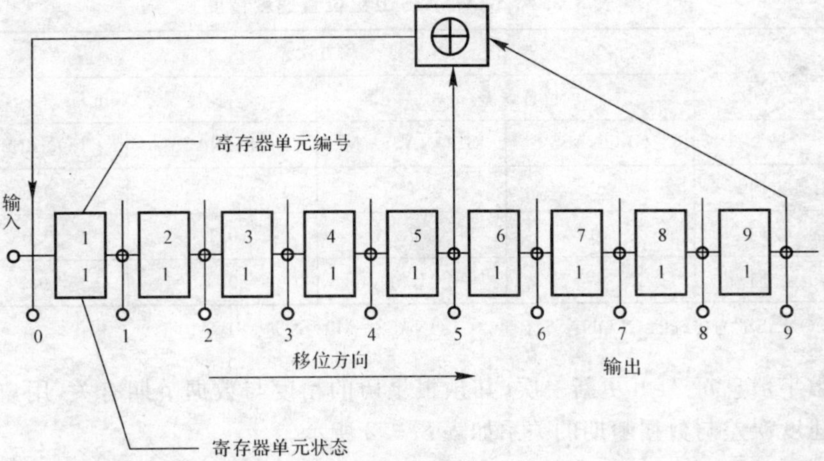

图 8.2.3 GLONASS C/A 码产生

8.3 导航电文

8.3.1 概述

GLONASS 和 GPS 的广播星历结构有一些区别，GPS 广播星历是以开普勒轨道及其摄动参数的形式给出的，每小时更新一次，有效期为 2 h。而 GLONASS 广播星历是以卫星在 PZ－90 笛卡尔地心坐标系中的状态向量给出，每半小时更新一次。

GLONASS 广播星历中包含的导航电文的主体是在 L1 频段上调制的数据序列，其内容分为可操作数字信息及非操作数字信息两类，其中，可操作数字信息包括：

1）卫星时标数字；

2）卫星时间标度相对 GLONASS 系统时间标度的偏差；

3）导航信号的载频与其标称值的相对差；

4）精密星历信息。

非操作数字信息包括：

1）系统全部卫星状态数据（状态预报星历）；

2）各卫星时间标度相对 GLONASS 系统时间标度之差（相位预报星历）；

3）系统全部卫星轨道参数（轨道预报星历）；

4）GLONASS 系统时间标度的改正值。

在上述信息中，可操作数字信息的更新率为每半小时一次，精密星历的有效时段为星历时刻前后 15 min，空间卫星位置和速度参数的精度如表 8.3.1 所示[78]。

表 8.3.1 GLONASS 卫星位置速度精度

误差分量	均方误差			
	位置误差/m		速度误差/(cm・s^{-1})	
卫星	GLONASS	GLONASS-M	GLONASS	GLONASS-M
沿迹方向	20	7	0.05	0.03
径　向	10	7	0.1	0.03
法　向	5	1.5	0.3	0.2

注:"GLONASS"为传统的 GLONASS 卫星,"GLONASS-M"为改进型卫星。

非操作数字信息每 24 h 更新一次,其预报星历的精度与数据龄期有关,用户测定的卫星距离和径向速度误差与数据龄期的关系如表 8.3.2 所示。

表 8.3.2 数据龄期对精度的影响

预报星历数据年龄/d	测距误差/km	测速误差/(m・s^{-1})
1	0.83	0.33
10	2.0	0.7
20	3.3	4.2

GLONASS 导航电文中所给出的时间值是在 GLONASS 时间系统中度量的,经修正后与 UTC(SU)之差小于 1 μs;所给出的空间参数是在 PZ-90 坐标系中度量的。

8.3.2 电文结构

GLONASS 导航电文结构如图 8.3.1 所示,由超帧、帧和子帧构成。一个超帧的导航电文可分为长度相等的 5 帧,每帧持续时间30 s。每帧电文又可分为 15 个子帧,各子帧持续时间 2 s。每帧的 1~4 子帧给出该星的星历;第 5 子帧给出该星星号及系统时间修正值;6~15 子帧中每相邻的两个子帧给出 1 颗卫星的历书数据,每帧可给出 5 颗卫星的历书数据;每一子帧又分为信息与校验位(1.7 s)及时标码(0.3 s)两部分。

8.3.3 电文内容及格式

GLONASS 导航电文中各子帧的格式和内容基本相同,如图 8.3.2 所示。

导航电文中各帧的内容及格式基本相同,因此这里仅以一帧为例。在一帧中,1~5 子帧内容及格式各异,6,8,10,12,14 子帧内容及格式相同,7,9,11,13,15 子帧亦然。因此只要给出 1~7 子帧的详细情况,便可以知道整个电文的情况。1~7 子帧内容及格式分述如下:

每一子帧中,各参数的具体求法及意义如表 8.3.3~表 8.3.9 所示。与 GPS 不同的是,GLONASS 卫星直接给出了星历时刻卫星的位置、速度和加速度信息,用户可根据接收电文中的参数通过推算的方法获得星历时刻前后某一时间段内的任意位置、速度和加速度,为保持一定的精度,通常为星历时刻前后 15 min。

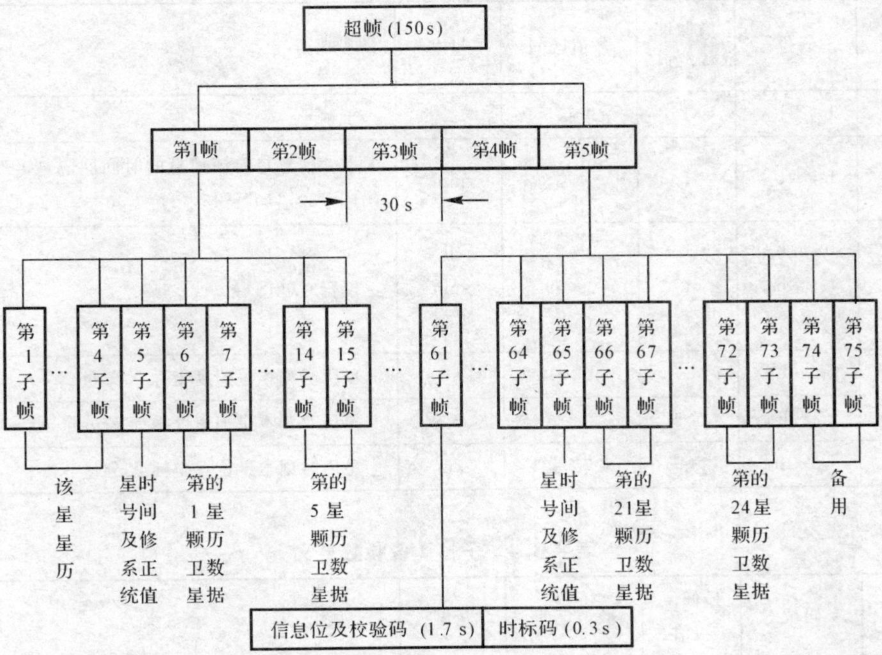

图 8.3.1　GLONASS 导航电文结构示意图

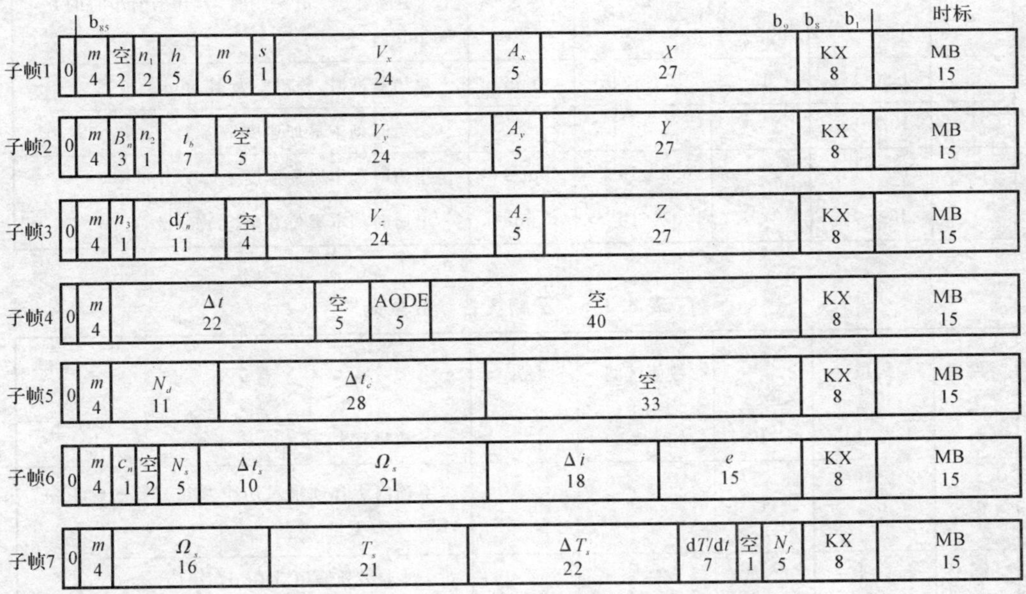

图 8.3.2　GLONASS 导航电文的内容及格式

表 8.3.3 子帧 1 各参数意义

参数	码位	最低位权值	数值区间	量纲	意 义
m	$b_{84}\sim b_{81}$	1	0～15		子帧号
n_1	$b_{78}\sim b_{77}$	1		min	本帧信息与前帧信息的时间间隔，“00”－0，“01”－30，“10”－45，“11”－60
T_k	$b_{76}\sim b_{72}$ $b_{71}\sim b_{66}$ b_{65}	1 1 1	0～23 0～59 0,30	h min s	现行时(MST)
V_x	$b_{64}\sim b_{41}$	2^{-20}	$-4.3\sim4.3$	km/s	星历时刻本星速度坐标 X 分量
A_x	$b_{40}\sim b_{36}$	2^{-30}	6.2×10^{-9}	km/s^2	星历时刻本星加速度坐标 X 分量
X	$b_{35}\sim b_9$	2^{-11}	2.7×10^4	km	星历时刻本星位置坐标 X 分量

表 8.3.4 子帧 2 各参数意义

参数	码位	最低位权值	数值区间	量纲	意 义
m	$b_{84}\sim b_{81}$	1	0～15		子帧号
B_n	$b_{80}\sim b_{78}$	1			有效性，高位为“1”时本次观测对该星无效
n_2	b_{77}	1			t_b更新标志，$n_2=1$时，t_b在当前小时的 0～30 min
t_b	$b_{76}\sim b_{70}$	15	15～1245	min	星历基准时，分辨率为 15 min
V_y	$b_{64}\sim b_{41}$	2^{-20}	$-4.3\sim4.3$	km/s	星历时刻本星加速度坐标 Y 分量
A_y	$b_{40}\sim b_{36}$	2^{-30}	6.2×10^{-9}	km/s^2	星历时刻本星加速度坐标 Y 分量
Y	$b_{35}\sim b_9$	2^{-11}	2.7×10^{-4}	km	星历时刻本星位置坐标 Y 分量

表 8.3.5 子帧 3 各参数意义

参数	码位	最低位权值	数值区间	量纲	意 义
m	$b_{84}\sim b_{81}$	1	0～15		子帧号
n_3	b_{80}	1			本帧内所含预报星历个数，“1”～5 颗卫星，“0”～4 颗卫星
df_n	$b_{79}\sim b_{69}$	2^{-40}	2^{-30}		t_b时本星频偏相对值，$df_n=(f-f_n)/f_n$
V_z	$b_{64}\sim b_{41}$	2^{-20}	$-4.3\sim4.3$	km/s	星历时刻本星速度坐标 Z 分量
A_z	$b_{40}\sim b_{36}$	2^{-30}	6.2×10^{-9}	km/s^2	星历时刻本星加速度坐标 Z 分量
Z	$b_{35}\sim b_9$	2^{-11}	2.7×10^{-4}	km	星历时刻本星位置坐标 Z 分量

表 8.3.6 子帧 4 各参数意义

参数	码位	最低位权值	数值区间	量纲	意 义
m	$b_{84}\sim b_{81}$	1	0～15		子帧号
Δt	$b_{80}\sim b_{59}$	2^{-30}	2^{-9}	s	本星时间相对系统时之差：$\Delta t = t_g(t_b) - t_s(t_b)$
AODE	$b_{54}\sim b_{50}$	1	0～31		本星历的数据年龄

表 8.3.7 子帧 5 各参数意义

参数	码位	最低位权值	数值区间	量纲	意 义
m	$b_{84}\sim b_{81}$	1	0～15		子帧号
N_d	$b_{80}\sim b_{70}$	1	0～1461	d	系统相对上一闰年开始的积日
Δt_c	$b_{54}\sim b_{50}$	2^{-27}	－1～＋1	s	系统时相对 UTC(SU)之差

表 8.3.8 子帧 6,8,10,12,14 各参数意义

参数	码位	最低位权值	数值区间	量纲	意 义
m	$b_{84}\sim b_{81}$	1	0～15		子帧号
C_n	b_{80}	1			卫星健康字，$C_n=1$，有效；$C_n=0$，无效
N_s	$b_{77}\sim b_{73}$	1	1～24		卫星编号
Δt_s	$b_{72}\sim b_{63}$	2^{-18}	$+1.9\times10^{-3}$	s	本星当天第一次升交点时刻相对系统时间偏差粗略值
Ω_s	$b_{62}\sim b_{42}$	2^{-20}	－1～＋1	semi-circle	本星当天第一次升交点时格林尼治经度
Δi	$b_{41}\sim b_{24}$	2^{-20}	＋0.067	semi-circle	本星轨道倾角相对 63°的偏差
e	$b_{23}\sim b_{9}$	2^{-20}			本星轨道偏心率

表 8.3.9 子帧 7,9,11,13,15 各参数意义

参数	码位	最低位权值	数值区间	量纲	意 义
m	$b_{84}\sim b_{81}$	1	0～15		子帧号
Ω_s	$b_{80}\sim b_{65}$	2^{-15}	－1～＋1	semi-circle	本星当天第一次升交点时轨道近地点幅角
T_s	$b_{64}\sim b_{44}$	2^{-5}	0～44100	s	本星当天第一次升交点时刻
ΔT_s	$b_{43}\sim b_{22}$	2^{-9}	$+3.6\times10^{3}$	s	本星周期相对 43 200 s 的偏差
dT/dt	$b_{21}\sim b_{15}$	2^{-14}	$+2^{-8}$	s/circle	本星周期的变化率
N_f	$b_{14}\sim b_{10}$	1	1～24		本星载频识别号

8.3.4 电文解码

1. 还原

一般而言，GLONASS 接收机收到的信息并非信息符号序列 $a_l \cdots a_k$，而是含有时标码的 c_i 序列，需进行信息还原，方法是

$$b_i = c_{i-1} \odot c_i (c_0 = 0)$$

2. 校验

根据电文结构，数据信息位为 $b_{84} \cdots b_9$，校验位为 $b_8 \cdots b_1$，利用校验矩阵可进行信息校验，判断数据信息位是否有错，具体做法是：

令 $$\boldsymbol{B}_1 = (b_{84} \cdots b_9), \quad \boldsymbol{B}_2 = (b_8 \cdots b_1), \quad \boldsymbol{C} = (c_8 \cdots c_1)$$

$$\boldsymbol{H} = \begin{bmatrix} 96 & 99 & 72 & cd & 2d & 32 & da & 65 & cb & 7 \\ ff & ff & fe & 00 & 00 & 00 & 00 & 00 & 00 & 0 \\ 00 & 00 & 1f & ff & ff & ff & c0 & 00 & 00 & 0 \\ f0 & 00 & 1f & ff & e0 & 00 & 3f & ff & 80 & 0 \\ 0f & f0 & 1f & e0 & 1f & e0 & 3f & c0 & 7f & 0 \\ 0f & 0f & 1e & 1e & 1e & 1e & 3c & 3c & 78 & e \\ cc & cc & d9 & 99 & 99 & 99 & b3 & 33 & 66 & d \\ aa & aa & b5 & 55 & 55 & 55 & 6a & aa & d5 & b \end{bmatrix}$$

式中，$\boldsymbol{H}$ 为十六进制格式的校验矩阵。当 $\boldsymbol{C} = \boldsymbol{B}_1 \times \boldsymbol{H}^{\mathrm{T}} = \boldsymbol{B}_2$ 时，校验正确；否则数据信息位有错。

3. 纠错（见表 8.3.10）

表 8.3.10 C 值对照表

	9	8	7	6	5	4	3	2	1	0
8						0x83	0x85	0x86	0x87	0x89
7	0x8a	0x0b	0x8c	0x0d	0x0e	0x8f	0x91	0x92	0x13	0x94
6	0x15	0x16	0x97	0x98	0x19	0x1a	0x9b	0x1c	0x9d	0x9e
5	0x1f	0xal	0xa2	0x23	0xa4	0x25	0x26	0xa7	0xa8	0x29
4	0x2a	0xab	0x2c	0xad	0xae	0x2f	0xb0	0x31	0x32	0x33
3	0x34	0xb5	0xb6	0x37	0x38	0xb9	0xba	0x3b	0x3c	0x3d
2	0x3a	0xbf	0xc1	0xc2	0x43	0xc4	0x45	0x46	0xc7	0xc8
1	0x49	0x4a	0xcb	0x4c	0xcd	0xce	0x4f	0xd0	0x51	0x52
0	0xd3									

当上面求得的 $\boldsymbol{C}(c_8 \cdots c_1)$ 与校验码 $\boldsymbol{B}_2(b_8 \cdots b_1)$ 不相等时，表明本子帧数据有误。当只有一位错时，可将其纠正过来，方法是比较 $\boldsymbol{C}$ 是否与表 8.3.10 中的值相等，若相等，表示相应位错，将其取反即可纠正过来。例如，当 $\boldsymbol{C}=0x34$ 时，查表可知该值位于表中第 3 行第 9 列，则表示第 39 位错，将其取反即可。若 $\boldsymbol{C}$ 值与表中各值均不等，则表明至少有两位出错，无法纠正，本子帧数据无效，需重新收集数据。

8.4　GLONASS 现状与发展

自 GLONASS 具备完整运行能力后，由于受俄罗斯经济的影响，GLONASS 星座的补网发射难以顺利进行，星座维持陷入困境，用户设备的开发更是受到了极大的影响。2001 年，GLONASS 在轨工作卫星只有 7 颗，如图 8.4.1 所示，用户能够同时观测到 4 颗卫星的概率只有 17%，很难为用户提供连续可靠的导航定位服务。2001 年 8 月 20 日，俄罗斯政府批准了 GLONASS 系统 2002—2011 年发展计划，将 GLONASS 系统的复兴提上日程。2005 年 7 月 14 日普京政府批准了俄航天局提出的《2006—2015 年航天发展规划》，计划投资 3 050 亿卢布，以保证俄罗斯在航天领域的优势地位，而加强 GLONASS 系统，加快其现代化是该规划的重点。

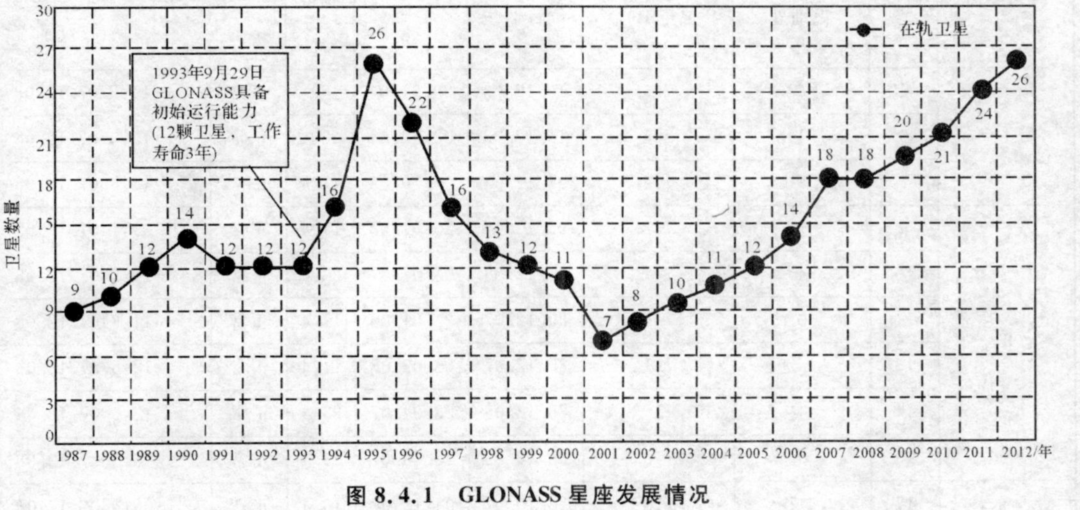

图 8.4.1　GLONASS 星座发展情况

具体来讲，GLONASS 系统现代化共分三个阶段完成：

第一阶段：2007 年以前，对 GLONASS 星座进行补充，满足 GLONASS 星座卫星数量的最低要求。

第二阶段：GLONASS 星座升级。开发新一代改进型 GLONASS－M 卫星，在 2008 年以前使在轨卫星总数达到 18 颗，信号覆盖全球，全面恢复 GLONASS 系统的服务，并使垂直定位精度优于 30m[79]。

第一颗经现代化改进的 GLONASS－M 卫星已经于 2004 年 12 月 26 日发射；第九颗 GLONASS－M 卫星于 2008 年 11 月 27 日发射升空。截至 2008 年 12 月 7 日，GLONASS 系统在轨工作卫星为17颗，具体情况如表8.4.1所示。加上2008年年底发射的GLONASS-M卫星，在轨工作卫星达到18颗。GLONASS-M的主要改进包括如下几个方面：在L频段增加第二民用导航信号，采用新的原子钟以降低卫星误差，提高导航、定位与授时精度；提高星上系统的可靠性和寿命，使卫星的使用寿命增加至7年；改善系统的完好性。GLONASS-M卫星的位置速度、精度改善情况参见表8.3.1。

第三阶段：利用小卫星GLONASS-K进行星座升级，争取在2010年形成由24颗GLONASS-M和GLONASS-K卫星组成的现代化星座；进行地面控制段的升级，引入L频段的第三民用导航信号，载波频率为1 201.74～1 208.51 MHz，改善导航信号的特性以及提升用户设备的性能；通过对控制中心、用于轨道监测和控制的现代化测量设备以及控制站和控制中心之间的通信设备的改进，使GLOLASS星历精度提高30%～40%，降低伪距测量误差，使用户垂直定位精度提高到10 m以内。

此外，为增强GLONASS系统的整体性能，扩大应用领域，提高GLONASS的竞争能力，俄罗斯政府计划于2015年开始发射新型的GLONASS-KM卫星。

传统的GLONASS卫星、GLONASS-M、GLONASS-K卫星基本参数如表8.4.2所示。

表8.4.1 GLONASS星座状况(2008年12月7日)

轨道平面	站位	载频识别号	GLONASS卫星编号	发射日期	工作日期	运行时长	卫星健康状况	
						月	历书	星历(UTC)
Ⅰ	4	6	795	10.12.03	29.01.04	60	正常	+11:2207.12.08
	6	1	701	10.12.03	08.12.04	60	正常	+12:5707.12.08
	7	5	712	26.12.04	07.10.05	47.4	正常	+12:5807.12.08
Ⅱ	9	−2	722	25.12.07	25.01.08	11.4	正常	+09:1407.12.08
	10	4	717	25.12.06	03.04.07	23.4	正常	+10:2307.12.08
	11	0	723	25.12.07	22.01.08	11.4	正常	+11:3407.12.08
	13	−2	721	25.12.07	08.02.08	11.4	正常	+12:5707.12.08
	14	4	715	25.12.06	03.04.07	23.4	正常	+12:5807.12.08
	15	0	716	25.12.06	12.10.07	23.4	正常	+06:3007.12.08
Ⅲ	17	−1	718	26.10.07	04.12.07	13.4	正常	+06:3807.12.08
	18	−3	724	25.09.08	26.10.08	2.4	正常	+08:2807.12.08
	19	3	720	26.10.07	25.11.07	13.4	正常	+10:3807.12.08
	20	2	719	26.10.07	27.11.07	13.4	正常	+12:1707.12.08
	21	−1	725	25.09.08	05.11.08	2.4	正常	+12:5707.12.08
	22	−3	726	25.09.08	13.11.08	2.4	正常	+12:5707.12.08
	23	3	714	25.12.05	31.08.06	35.4	正常	+12:5707.12.08
	24	2	713	25.12.05	31.08.06	35.4	正常	+04:5707.12.08

表 8.4.2　GLONASS 卫星参数

	GLONASS	GLONASS - M	GLONASS - K
有效工作年限	3 年	7 年	10～12 年
电源供电	1 000 W	1 450 W	1 270 W
导航有效载荷	180 kg	250 kg	260 kg
导航有效载荷功耗	600 W	580 W	750 W
时钟稳定性	5×10^{-13} s	1×10^{-13} s	1×10^{-13} s
太阳能帆板定位精度	5°	2°	1°

GLONASS 系统的现代化不仅在补充和完善卫星星座、提高定位精度方面下了很大的工夫，而且在对导航性能要求日益提高的今天，未来 GLONASS 系统考虑了空间段的完好性、努力提高系统定位的连续性和可用性。经现代化改进的 GLONASS 系统的可用性大大提高，如图 8.4.2 所示。颜色越深，表示可见 GLONASS 卫星数越少。

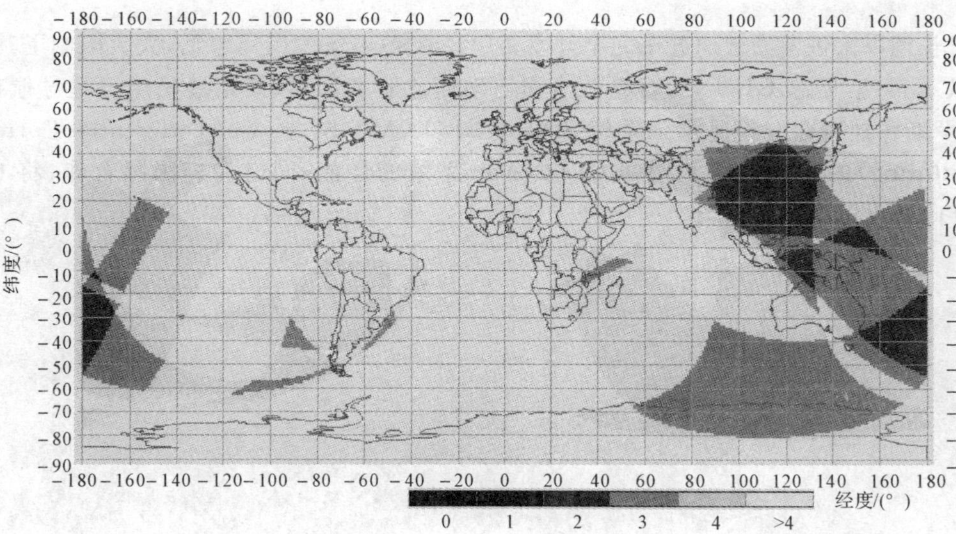

图 8.4.2　GLONASS 系统目前的可用性

空间段完好性主要是检查 GLONASS 卫星发射的导航信号的数据质量，通过以下两种方式实现：

第一，每颗现代化卫星均具有连续自主运行监测能力，一旦检测到影响导航信号的故障，则在导航电文中置“不健康”标志字。这种标志字以 30 s 为周期重复发送，从检测出故障到产生“不健康”标志字的最大延迟时间不超过 1 min。在 GLONASS - M 卫星中，通过在导航电文中插入字 l_n 和更新 B_n 的速率使延迟时间降低至 10 s，“不健康”标志字每 4 s 重复一次。

第二，使用专门的地面跟踪站监测整个 GLONASS 空间段的运行情况，一旦空间段性能恶化，系统将产生另一个“不健康”标志，在所有卫星中以 2.5 min 为周期重复发送。从发现故障至产生标志字的最大延迟时间不超过 16 h。

因此,GLONASS 卫星可发射两种类型的“不健康”标志字:

字 $B_n(l_n)$——“0”表示卫星正常运行,信号适合导航,“1”表示本次观测无效。

字 $C_n(n=1,\cdots,24)$——标志地面站上传 GLONASS 历书时刻整个星座的运行状态,$C_n=0$ 表示卫星 n 故障,$C_n=1$ 表示卫星 n 工作正常。

GLONASS用户可通过同时判断 $B_n(l_n)$ 和 C_n 的置位情况决定当前信号是否可用,具体如表 8.4.3 所示。

表 8.4.3 GLONASS 卫星健康标志

标志位值		信号是否可用
$B_n(l_n)$	C_n	
0	0	否
0	1	是
1	0	否
1	1	否

由于长期以来俄罗斯政府并未完全开发 GLONASS 系统的民用市场,大大限制了其使用范围。从 2007 年开始,GLONASS 系统全面启动商业服务计划,以拓展民用卫星导航市场。此外,俄罗斯正通过建立星基增强系统 SDCM(GLONASS System of Differential Correction and Monitoring)的方式进一步增强 GLONASS 系统的性能,同时促进国际合作,将 GLONASS 推向世界民用导航市场。

第9章　Galileo 卫星导航系统

Galileo(伽利略)卫星导航系统由欧洲空间局(European Space Agency, ESA)和欧盟(European Union, EU)发起并提供主要资金支持,采用完全非军方的控制与管理模式,旨在建立一个高效经济的民用导航及定位服务系统。早在 1982 年,欧洲空间局就提出建议,希望通过国际合作建立一套民用的全球卫星导航系统。1998 年,欧盟正式提出建立欧洲自己的全球卫星导航系统,并于 2001 年正式批准了该项计划,确定总投资约为 35 亿欧元,其中大部分经费由欧盟和欧洲空间局提供,其余费用由欧洲工业界和私人企业及投资商投入,系统的运营费和维护费由运营公司承担。2002 年 3 月 26 日,欧盟 15 个成员国的交通部长在布鲁塞尔研究决定正式实施伽利略计划,并形成了伽利略任务高级定义(Galileo Mission High Level Define)文档[80],阐述了欧盟对伽利略系统的政策、系统提供的服务、系统结构以及开发计划。2005 年 12 月 28 日,首颗伽利略实验卫星 GIOVE - A(Galileo In Orbit Validation Element)发射成功,标志着伽利略全球卫星导航系统正式进入轨道验证阶段。2007 年,伽利略计划办公室(Galileo Project Office)发布了针对 GIOVE - A 实验卫星信号说明的接口控制文档(GIOVE - A SIS ICD)[81],以便于信号的广泛测试。2006 年,欧洲空间局与伽利略联合执行体(Galileo Joint Undertaking, GJU)共同发布了伽利略开放服务空间信号接口控制文档(Galileo OS SIS ICD)草案[82],对伽利略系统的频率计划、与开放服务有关的信号结构和导航电文等内容进行了详细的描述。

9.1　系统构成

如图 9.1.1 所示,伽利略系统主要由四部分构成:全球性系统组成部分、区域性系统组成部分、当地系统组成部分和用户终端。

全球性系统组成部分是伽利略系统的核心,主要包括空间段和地面控制段,为整个系统的各项服务提供技术支持。

区域性系统组成部分由在某些国家或区域内布设的地面设施(如完好性监测网络、完好性控制中心和完好性注入站)组成,实现卫星导航系统的性能增强和完好性监测。伽利略卫星导航系统的区域性系统目前主要是指欧洲建立的由若干颗地球静止轨道卫星构成的星基增强系统 EGNOS。关于 EGNOS 的详细情况将在第 11 章予以介绍。

当地系统组成部分是在某些局部区域布设的卫星导航信号增强和增值服务设施,为用户提供差分校正信息、完好性信息、导航信息、特殊区域的增强定位信号和移动通信等服务,以满足复杂环境下的特殊需求。

用户终端实现伽利略信号以及与其他系统信号的接收处理功能,从而实现伽利略系统提供的多种服务。

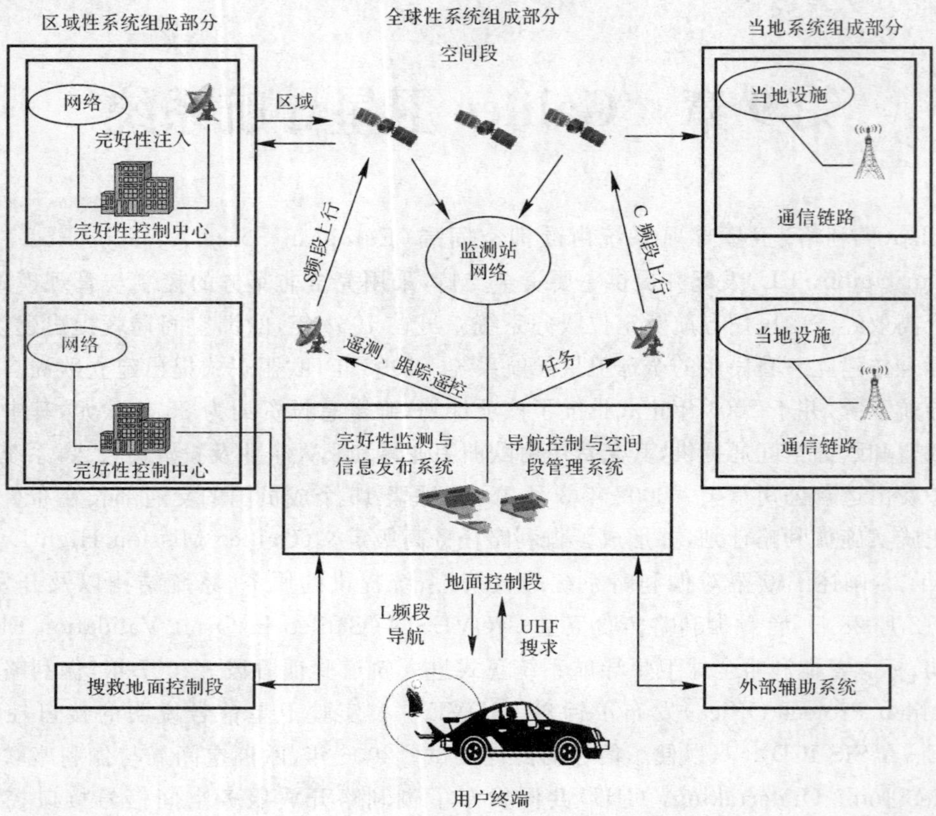

图 9.1.1 伽利略系统总体结构

9.1.1 全球性系统

全球性系统组成部分包括提供伽利略系统服务所必需的设施，它包含伽利略空间段和附属的地面控制段。

1. 空间段

空间段是由 30 颗卫星组成的沃克(Walker)27/3/1 星座，如图 9.1.2 所示。沃克星座的 30 颗卫星均匀分布在三个中等高度圆形地球轨道上，每个轨道上的 10 颗卫星中有 9 颗工作卫星和 1 颗备用卫星。备用卫星也能收发信号，并能移动到所在轨道其他卫星的位置。伽利略系统额定的星座技术指标见表 9.1.1。

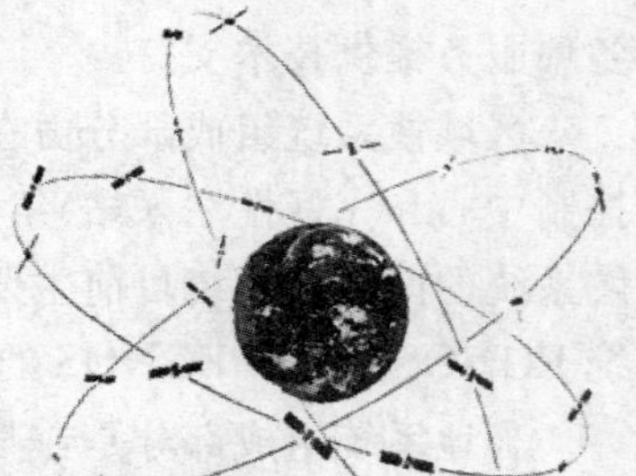

图 9.1.2 伽利略星座

伽利略卫星由卫星平台、卫星导航有效载荷和搜救载荷三部分组成[83]。卫星平台尺寸为 2.7 m×1.1 m×1.2 m，太阳翼翼展为 13 m。卫星导航有效载荷为 140 kg，主要用于提供导航服务，以 L 波段向用户广播各种精确的时间、星历数据及其他数据。搜救载荷为 9 kg，主要包括超高频搜救信号发射天线(S&R 天线)和 L 波段导航信号发射天线，发射天线位于卫星底部，保证发射方向总是指向地球。图 9.1.3(a)所示为首颗伽利略试验卫星——GIOVE-A，图 9.1.3(b)所示为伽利略卫星外形结构示意图。

表 9.1.1　空间段配置

轨道高度	23 616 km
半长轴	29 994 km
轨道平面数	3
轨道倾角	56°
运行周期	14 h 4 min
卫星质量	730 kg
功率	1.8 kW
卫星寿命	15～20 年
载波频率	1 176.45 MHz，1 207.140 MHz，1 278.75 MHz，1 575.42 MHz

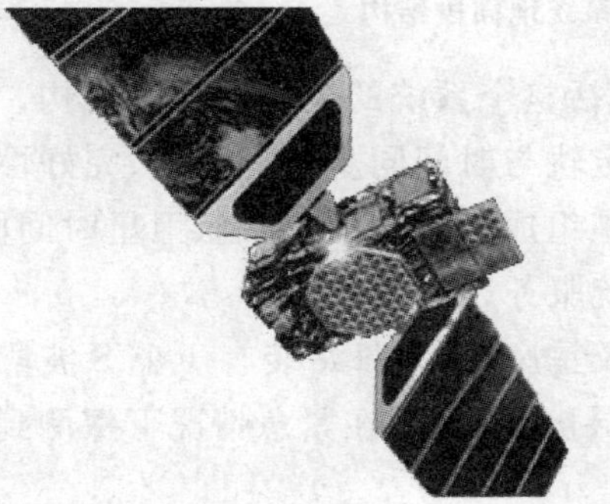

(a)

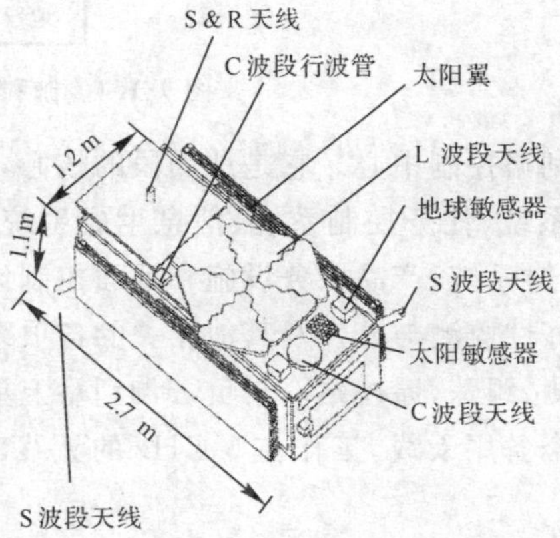

(b)

图 9.1.3　伽利略星座及卫星外形结构

(a)GIOVE-A；(b)卫星外形结构

2. 地面段

伽利略系统的地面段是连接空间段和用户段的中间环节，实现卫星控制和任务控制功能，为用户安全可靠地使用整个伽利略系统的全部服务提供保障。

伽利略系统的地面段包括：位于欧洲的 2 个伽利略控制中心(Galileo Control Centers，GCC)；实现空间卫星与地面控制中心数据交换的 5 个 S 波段遥测、跟踪、遥控站(Telemetry Tracking & Command，TTC)；10 个 C 波段任务上行站(Upload Stations，ULS)；29 个分布于全球的伽利略监测站(Galileo Sensor Station，GSS)；完好性处理装置和任务管理办公室。它们之间由伽利略数据链路和伽利略通信网络连接，与之相关的部门还包括搜索救援中心、EGNOS 和协调世界时部门。地面段结构如图 9.1.4 所示。

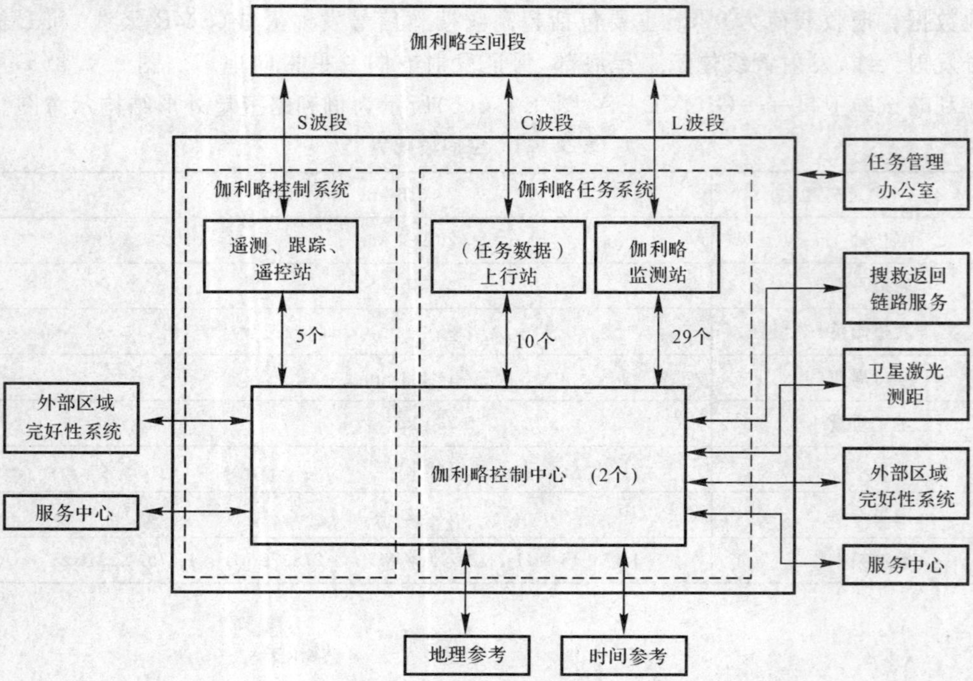

图 9.1.4 伽利略系统地面段结构

1)伽利略控制中心。它是地面段的核心,包括整个系统的控制和处理机构。控制中心由卫星控制系统、任务控制系统、信息生成系统、定轨与时间同步处理系统、完好性信息处理系统、精密授时系统、产品服务设施和地面控制设施组成,负责卫星控制、卫星时间同步、全球卫星数据完好性监测与分发及其他相关的各项系统服务。

2)遥测、跟踪、遥控站。它负责伽利略卫星及星座控制,每站装有 1 个 S 波段的碟形天线和至少 1 个备用天线,工作在 5 GHz 的无线电导航频段,能在紧急情况下探测到轨道上的每颗卫星。

3)C 波段任务上行站。它负责向 C 波段上行链路注入已更新的导航数据信息、完好性信息、搜救信息以及其他与导航有关的信息。

4)伽利略监测站。负责对包含四种服务(公共服务、商业服务、公共特许服务和生命安全服务)的 L 波段信号进行接收和处理,可同时接收完好性信息和导航相关的信息。当伽利略卫星从监测站上空经过时,监测站将采集的卫星信息及气象、环境等参数传给控制中心进行处理,实现被动式测距定轨、时间同步和完好性监测功能。伽利略系统监测站的全球分布如图 9.1.5 所示。

5)全球局域网络。由天基和陆基专用线路或租用线路组成。实现控制中心与全世界范围内遥测、跟踪和遥控站、任务上行站、伽利略监测站及其他相关设施之间的通信[84]。

9.1.2 区域性系统

伽利略区域性系统组成部分将包括最多 8 个外部区域完好性系统(如 EGNOS),分别由欧洲及以外的各机构、国家建设和运行,通过完好性上行数据链或经由全球构成的地面段设施实现系统的区域性增强和完好性监测。

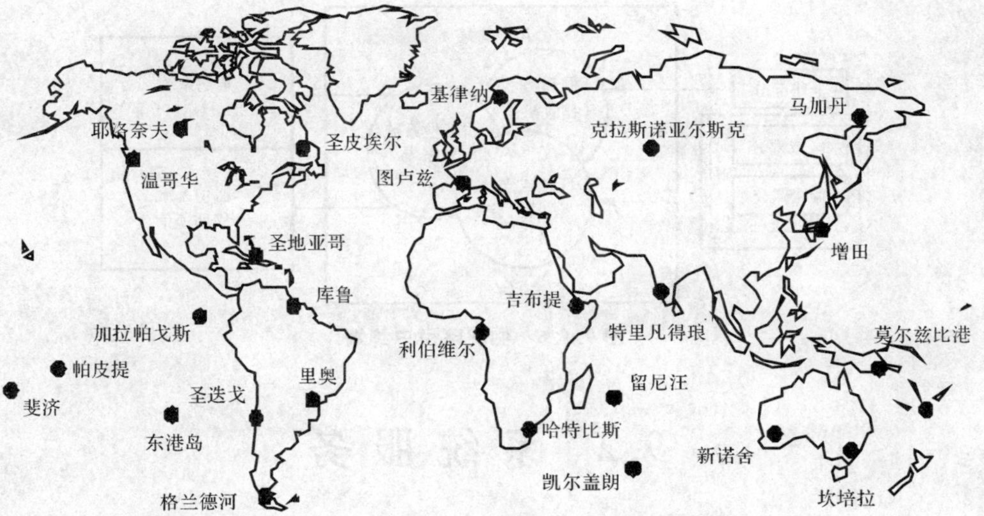

图 9.1.5　伽利略监测站的全球分布

9.1.3　当地系统

对于机场、港口和市区等特殊的定位和导航用户，由于应用环境的恶化和导航性能需求，需要生成局部增强信号，以便在定位精度、可用性、连续性和完好性方面提供更高的性能。当地系统组成部分是可对某一特定区域用户的信号进行增强、提高导航性能的设施，它和用户之间的数据传输可以通过专用伽利略通信链路，也可以借助 GSM(Global System for Mobile Communications)、UMTS(Universal Mobile Telecommunications System)标准移动通信网或罗兰-C 无线电导航等系统实施。当地系统组成部分主要由以下设施构成：

1)当地精确导航设施：通过无线数据广播、GSM 或 UMTS 提供本地差分信号供用户终端对卫星星历、卫星时钟及大气层延迟误差进行补偿；

2)当地高精度导航设施：通过无线数据广播、GSM 或 UMTS 提供本地差分信号，使用户终端除可以修正常规误差外，还能为用户提供载波相位整周模糊度解算；

3)当地辅助导航设施：采用单向或双向通信方式协助用户终端实现复杂环境下的定位；

4)当地增强可用性导航设施：提供本地辅助伪卫星信号，提高用户终端在视野受限及可用性要求较高的条件下的定位质量。

9.1.4　用户接收机

用户接收机接收和处理伽利略卫星发射的信号和来自其他系统的信号。如图 9.1.6 所示，在多种卫星导航系统及其外部辅助设施和附加功能实现的情况下，针对不同的用户，将会出现各种各样可提供多种类型的卫星无线电导航服务的处理终端。如果需要获得伽利略系统提供的所有服务，用户应拥有多功能接收终端，该终端应具备直接接收伽利略信号、某一区域的增强信号和与其他系统协同工作的能力。

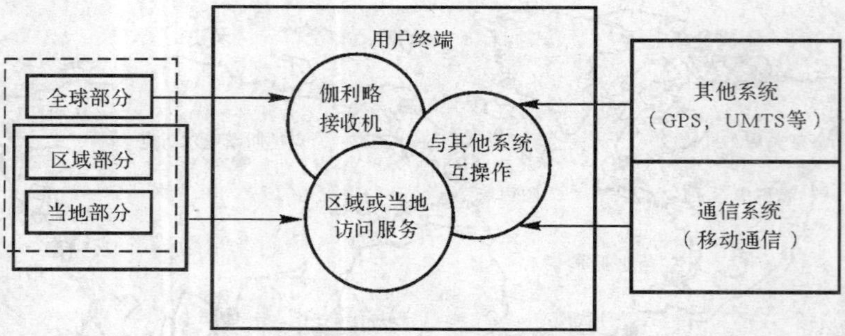

图 9.1.6 伽利略用户终端

9.2 系统服务

伽利略系统的服务是在全面考察用户需求和市场分析的基础上提出的，这些服务由伽利略系统与其他卫星导航系统相互合作产生。虽然伽利略系统服务信息仍然以位置、速度和时间的形式提供，但服务种类却比只有 PPS 和 SPS 两种服务的 GPS 丰富得多。伽利略卫星单独提供的信号与其他系统的信号组合可提供如下满足不同用户需求的服务。

9.2.1 Galileo 卫星单独提供的服务

伽利略系统将向全球提供导航和搜救服务。这些服务通过伽利略卫星向全球广播，且独立于其他系统。拥有此服务的用户（或接收设备上带有伽利略系统的功能）将能够在无人为干扰、无异常干扰、无异常电离层和对流层活动、卫星仰角大于10°和较少的多路径环境的常规条件下获得服务。伽利略卫星单独提供的服务分为以下五种类型。

1. 开放服务（Open Service，OS）

伽利略系统的开放服务与 GPS 的 SPS 类似，免费为用户提供位置、速度和时间信息。它分为单频和双频两种，性能与其他 GNSS 系统相当，如表 9.2.1 所示。需要说明的是，开放服务不提供完好性信息，伽利略系统的经营公司将不对这项服务提供质量保证或承担责任，有需求的用户可在终端采用完好性技术改善服务的性能。

表 9.2.1 伽利略系统开放服务性能

载频	单频	双频
完好性	无	
电离层改正	基于简单模型	基于双频观测值
覆盖范围	全球	
精度（95%，卫星仰角 10°）	水平：15 m	水平：4 m
	垂直：35 m	垂直：8 m

续 表

载频	单频	双频
告警限制	不可用	
告警时间		
完好性风险		
可信度	99.8%	
定时精度(UTC/TAI)	30 ns	

2. 商业服务(Commercial Service, CS)

商业服务在开放服务的基础上增加了两个加密信号,提高了数据传输速度,使用户能够改善定位精度。因此,商业服务面向性能需求高于开放服务的市场,如高精度定位和室内导航、与无线通信网络的综合应用等场合。商业服务项目由各服务商开发,服务商需要向伽利略系统的经营公司付费购买这两个商业信号的使用权,为授权的用户提供服务。

3. 生命安全服务(Safety of Life, SoL)

生命安全服务可向全球用户提供完好性信息,用于向某些精度或完好性要求得不到满足的用户告警,因而性能高于开放服务,可以被加密,需要认证后才可以获得该服务。生命安全服务是一项全球无缝服务,主要面向对安全性有特殊要求的应用,如航空公司、远洋海运公司等。生命安全服务的性能如表 9.2.2 所示,表中的性能参数是基于双频接收机的评估。实际上,伽利略的生命安全服务可在三个频率上发送信号,关于三频生命安全服务的性能目前正在评估中。

表 9.2.2　伽利略系统生命安全服务性能

载　频	双　频	
完好性计算	有	
电离层改正	基于双频观测值	
覆盖范围	全球	
	危险级	非危险级
精度(95%)	水平:4 m	水平:220 m
	垂直:8 m	垂直:无
告警限制	水平:12 m	水平:556 m
	垂直:20 m	垂直:无
告警时间	6 s	10 s
完好性风险	$3.5\times10^{-7}/150$ s	10^{-7}/h
连续性风险	$10^{-5}/15$ s	$10^{-4}\sim10^{-8}$/h
认证/义务	是	
完好性可信度	99.5%	
精度可信度	99.8%	

4. 公共特许服务(Public Regulated Service, PRS)

公共特许服务是为国家安全应用而专门设置的一项服务,以专用频率向特许用户提供比其他公共服务(OS,CS,SoL)更高水平的服务,具有信号稳定、抗干扰和反电子欺骗的特点。公共特许服务将提供给警察、海岸警卫队和海关等机构在涉及国家安全、应急服务、全球环境、安全监测及其他政府行为的情况下使用。公共特许服务的性能见表9.2.3。

表9.2.3 伽利略系统公共特许服务性能

载频	双频
完好性计算	有
电离层改正	基于双频观测值
覆盖范围	全球
精度(95%)	水平:6.5 m
	垂直:12 m
告警限制	水平:20 m
	垂直:35 m
告警时间	10 s
完好性风险	3.5×10^{-7}/150 s
连续性风险	10^{-5}/15 s
定时精度(UTC/TAI)	100 ns
可用性	99.5%

5. 搜索救援服务(Search and Rescue Service, SAR)

搜索救援服务是欧洲伽利略计划在人道主义搜救活动中与国际“科斯帕斯-萨尔萨特”(COSPAS - SARSAT)合作的成果。通过对全球海上遇险与安全系统(Global Maritime Distress Security Service, GMDSS)和国际民航组织的紧急位置指示器无线电信标(Emergency Position Indicator Radio Beacon, EPIRB)的探测满足国际海事组织的需求。搜救服务的特点如下:①能实时地从地球任何地方接收遇险信息(目前平均等待时间为1 h);②精确确定报警位置(目前规定误差范围为5 m);③采用多星探测,以克服恶劣条件下的地形遮挡问题;④空间段可用性得到提高(除“科斯帕斯-萨尔萨特”系统现有的4颗低轨卫星和3颗静地卫星外,伽利略系统新增了30颗中地球轨道卫星)。

伽利略系统将成为中低轨道搜救系统(MEOSAR)的一个重要组成部分,搜索救援服务的执行过程如图9.2.1所示。卫星上的搜索和救援异频雷达收发机可以捕获到从地球上任何地方发出的406～406.1 MHz频段的报警信号,并将其发往各国的救援中心,救援中心根据这些信号获得事故发生的准确位置,并通过反向链路向信标机回发反馈信息。

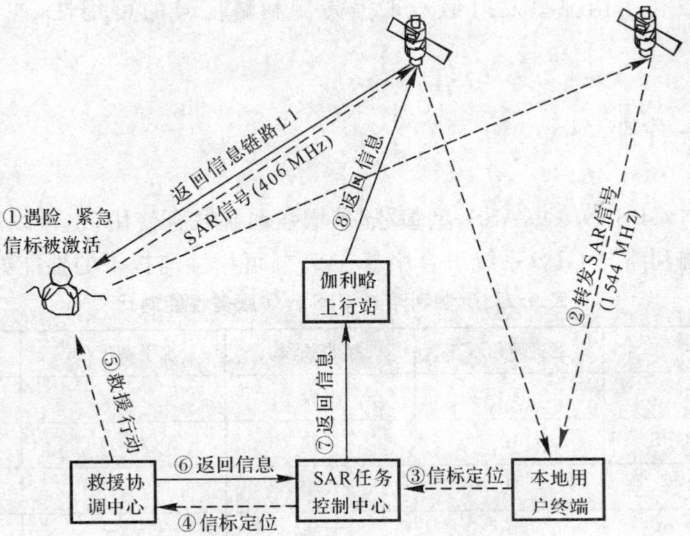

图 9.2.1 搜救服务执行过程

9.2.2 当地辅助服务

伽利略系统的开放服务、商业服务、生命安全服务和公共特许服务都将通过当地设施部分增强其性能，以满足用户在精度、完好性和可用性等方面的更高要求。当地辅助服务主要包括以下四个服务项目，性能如表 9.2.4 所示。

表 9.2.4 当地辅助服务性能

区域辅助类型	伪码差分改正	载波相位差分改正	室内辅助
精度(95%)	<1 m	<10 cm	50 m(预计)
告警时间完好性	<1 s	待定	待定
完好性告警极限	待定	待定	待定
可用性	99%～99.95%(待定)	99%～99.9%(待定)	99%～99.9%(待定)
无线通信网	广播	单向或双向	单向或双向

(1)当地精确导航服务(Local Precision Navigation Service)

为单频或双频用户提供差分修正信息，精度优于 1 m，该项服务还提供完好性报警功能。

(2)当地高精度导航服务(Local High Precision Navigation Service)

为三频用户提供差分修正信息，由于整周模糊度和电离层等得到有效的解算和修正，精度优于 10 cm。

(3)当地辅助导航服务(Local Assisted Navigation Service)

通过提供辅助信息改进用户首次定位时间(Time To First Fix，TTFF)和信号跟踪性能，提高市区、室内等恶劣环境下信号的可用性。

(4)当地增强可用性服务(Local Augmented Availability Service)

在特定的区域利用伪卫星发射信号来提高伽利略信号的可用性，如市区、飞机着陆等环境。

9.2.3 合作服务

伽利略可以与GPS，GLONASS，星基/陆基增强系统联合使用，也可以通过区域设施增强其性能。典型的伽利略与GPS系统组合服务在99%可用性前提下的性能如表9.2.5所示。

表9.2.5 伽利略与GPS合作服务性能对比

组合类型	卫星仰角/(°)	接收频段	水平精度/m	垂直精度/m
Galileo OS	10	单频	15	35
Galileo OS + GPS	10	单频	7～11	13～26
Galileo OS	10	双频	4	8
Galileo OS + GPS	10	双频	3～4	6～8
Galileo OS	30	单频	14～54	21～81
Galileo OS + GPS	30	单频	11～21	17～32

伽利略系统与其他系统组合提供的合作服务预计能够满足以下需求：

1)满足用户的最大需求；

2)降低弱信号环境对卫星导航系统的影响；

3)针对生命安全服务，提供冗余信息以增加导航定位的可靠性；

4)面向未来卫星导航市场的需求和发展趋势；

5)开拓新的应用领域。

除上述合作服务外，伽利略系统还可与非卫星导航系统(如INS，罗兰-C，UMTS等系统)合作，克服与现有其他卫星导航系统合作的弱点，如信号强度不够和通信能力有限等。在定位方面，伽利略系统可与其他非基于卫星的无线电导航、移动通信网络或运动传感器组合应用，以增强定位导航能力。

9.3 卫星信号

无线电频率的合理选择和分配是卫星导航系统综合性能的有力保障。为了保证伽利略系统的频谱在一些特殊应用场合仍然可以使用，必须对系统的频率进行特殊的选取，并采取一定的手段加以保护。在此前提下，欧盟要求伽利略系统在全球范围内全天候地提供各种导航服务和搜索救援服务，既要保证与GPS信号互不干扰，具有完全的独立性，同时又必须考虑与GPS系统的兼容性，允许未来两系统相互协调工作，三个载波频段上提供的开放服务性能应至少与GPS现代化性能相当。2001年3月，伽利略信号工作组(Signal Task Force，STF)宣布了信号的基本结构，并于2006年发布正式草案。

9.3.1　调制方式

伽利略系统采用多种调制方式产生导航信号，在四个频段上存在 BPSK，BOC 和 AltBOC 调制方式，调制参数如表 9.3.1 所示。

表 9.3.1　伽利略导航信号主要参数

信号名称	通道	调制类型	扩频码频率 / MHz	符号速率 / $b \cdot s^{-1}$	最小接收功率* / dBW
E5	E5a 数据通道	AltBOC(15, 10)	10.23	50	−155
	E5a 导频通道			无	
	E5b 数据通道			250	−155
	E5b 导频通道			无	
E6	E6 - A 数据通道	BOC(10, 5)	10.23		−155
	E6 - B 数据通道	BPSK(5)	5.115	1000	
	E6 - C 导频通道			无	
L1	L1 - A 数据通道	BOC(12, 2.5)	1.023		−157
	L1 - B 数据通道	BOC(1,1)		250	
	L1 - C 导频通道			无	

* 卫星仰角大于 10°

1. BOC 调制

BOC(Binary Offset Carrier)调制，即二元偏置载波调制技术的提出源于 GPS 现代化。GPS 现代化中提出增加新的军用信号，并且要求与民用信号分开，使其具有更好的保密和安全性能，避免军民信号的互相影响。1997 年 8 月，GPS 联合计划办公室技术专家 J. W. Betz 提出了一种频谱复用技术——正弦曲线副载波调制。1998 年 3 月，J. W. Betz 对其进行改进，提出了二元偏置载波调制技术，采用不归零双极性码代替正弦曲线[85]。此后，对 BOC 调制技术的研究逐步展开。1998—1999 年，伽利略系统通过对各导航系统的比较研究，最终借鉴了 GPS 现代化中采用的 BOC 调制技术。BOC 调制原理如图 9.3.1 所示，调制过程中产生的信号如图 9.3.2 所示。

BOC 调制有两个参数，即 BOC(n, m)，其中，副载波(偏载波)频率为 $f_n = n \times 1.023$(MHz)，扩频码频率 $f_m = m \times 1.023$(MHz)。BOC 调制的扩展率定义为

$$\kappa = n/m \tag{9.3.1}$$

在 BOC 调制中，副载波为方波信号，采用不归零的双极性码，可以是正弦相位也可以是余弦相位。相应地，BOC 调制信号分别记为 BOCsin(n, m) 和 BOCcos(n, m)。以正弦相位的副载波为例，BOCsin(n, m) 调制信号可表示为

$$S_s(t) = s(t)\,\mathrm{sign}[\sin(2\pi f_n t)] \tag{9.3.2}$$

式中，$\mathrm{sign}[\sin(2\pi f_n t)]$ 表示副载波信号；$s(t)$ 是码率为 f_m 的伪随机码(扩频码)。式(9.3.2)中未考虑图 9.3.1 中的载波。

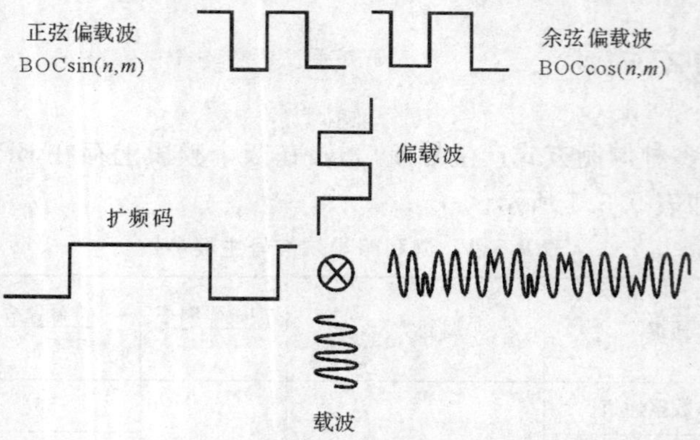

图 9.3.1 BOC 信号调制原理

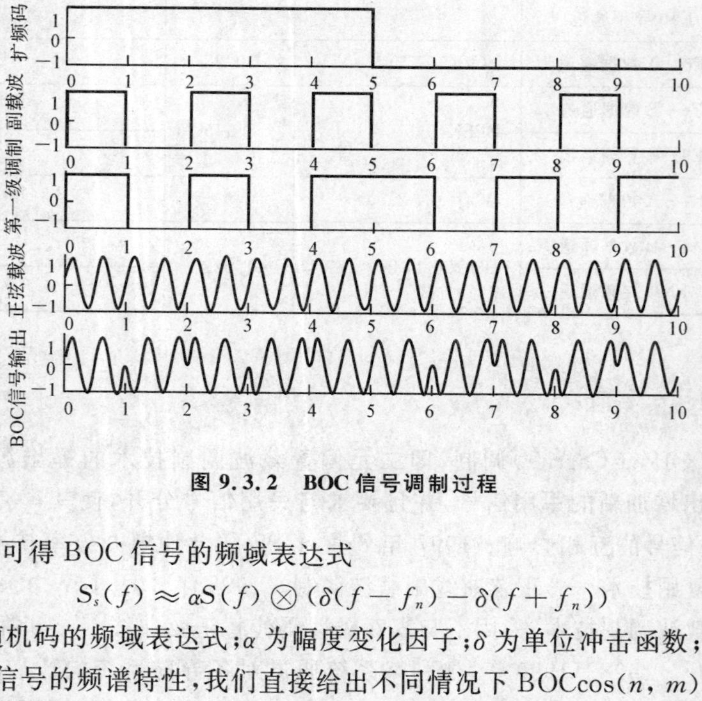

图 9.3.2 BOC 信号调制过程

由式(9.3.2)可得 BOC 信号的频域表达式

$$S_s(f) \approx \alpha S(f) \otimes (\delta(f-f_n)-\delta(f+f_n)) \tag{9.3.3}$$

式中,$S(f)$ 为伪随机码的频域表达式;α 为幅度变化因子;δ 为单位冲击函数;$\otimes$ 表示卷积。

为分析 BOC 信号的频谱特性,我们直接给出不同情况下 BOCcos(n, m) 调制信号的功率谱密度如式(9.3.4)和式(9.3.5)所示。关于 BOCcos(n, m) 和 BOCsin(n, m) 的功率谱密度的公式推导可阅读文献[85]和[86]。

$$G_{\mathrm{BOC}(f_n,f_m)}(f)=f_m\left(\frac{\tan\dfrac{\pi f}{2f_n}\sin\dfrac{\pi f}{f_m}}{\pi f}\right)^2,\quad \frac{2f_n}{f_m}=n\ 为偶数 \tag{9.3.4}$$

$$G_{\mathrm{BOC}(f_n,f_m)}(f)=f_m\left(\frac{\tan\dfrac{\pi f}{2f_n}\cos\dfrac{\pi f}{f_m}}{\pi f}\right)^2,\quad \frac{2f_n}{f_m}=n\ 为奇数 \tag{9.3.5}$$

在 BOC 调制中,由于 $s(t)$ 与频率为 f_n 的方波副载波相乘,副载波将原信号的频谱分成两个近似的部分,并向载波频率的左右两边搬移,如图 9.3.3 所示。

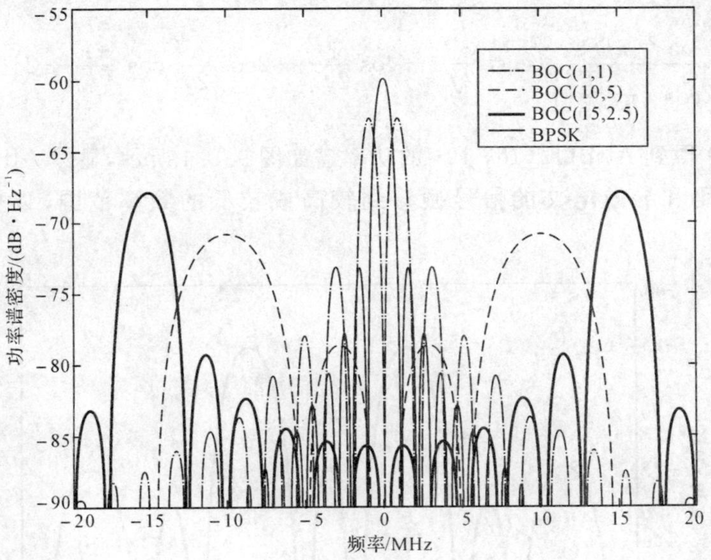

图 9.3.3　BOC 信号的功率谱

相对于 BPSK 调制，BOC 调制具有以下优势：

1)BOC 调制可以根据需要将信号的大部分能量集中在分配频段的上下边界，弥补了 BPSK 调制不能充分利用频段边界的缺陷，有效地利用了频谱资源。

2)BOC 调制提高了信号的保密性。与 BPSK 调制相比，BOC 调制信号中使用了频率更高的副载波进行二次调制，使信号的保密程度得到进一步加强。

3)由于 BOC 信号具有更显著的相关峰值，使得 BOC 调制有更强的伪距测量能力，更好地抑制多径延迟引起的测距误差。

4)由于 BOC 调制将信号能量更多地集中在所占带宽的边缘部位，增加了信号的有效带宽，使得调制信号的抗噪声性能优于 BPSK 调制。

2. AltBOC 调制

AltBOC 调制与 BOC 调制原理类似，不同的是，AltBOC 调制将基带信号与一个“复数”的矩形副载波相乘。在 BOC 调制中，原有信号的频谱向两侧搬移，而 AltBOC 调制技术则是实现信号频谱向单侧搬移，可看作是双侧频谱信号中伪随机码与信息数据不同的 BOC 调制[87]。可见，AltBOC 调制是 BOC 调制的一种变形。AltBOC 有两个调制参数 n 和 m，其含义与 BOC 调制相同，但 AltBOC(n, m)信号频谱是将原伪随机码信号频谱单边搬移到更高的频率，因而副载波可视为复信号。与 BOC 调制中参数意义相同，AltBOC(n, m)调制信号可表示为

$$S_s(t)=s(t)\{\mathrm{sign}[\cos(2\pi f_n t)]+\mathrm{j}\,\mathrm{sign}[\sin(2\pi f_n t)]\} \tag{9.3.6}$$

对应的信号的频域表示为

$$S_s(f)\approx \alpha S(f)\otimes\delta(f-f_n) \tag{9.3.7}$$

设 $T_m=1/f_m$，当 $n=\dfrac{2f_n}{f_m}$ 为奇数时，AltBOC(n, m) 信号的功率谱密度可表示如下[88]：

$$G_{\mathrm{AltBOC}(f_n,f_m)}(f)=\frac{4f_m}{\pi^2 f^2}\frac{\cos^2(\pi f T_m)}{\cos^2\left(\pi f\dfrac{T_m}{n}\right)}\left(\cos^2\frac{\pi f}{2f_n}-\cos\frac{\pi f}{2f_n}-2\cos\frac{\pi f}{2f_n}\cos\frac{\pi f}{4f_n}+2\right) \tag{9.3.8}$$

由式(9.3.8)得到 AltBOC(15，10)的功率谱如图 9.3.4 所示，显然 AltBOC 调制可以将包含了不同扩频码和导航电文的信号搬移到较高或较低的频率范围，以便于加载不同的信息。

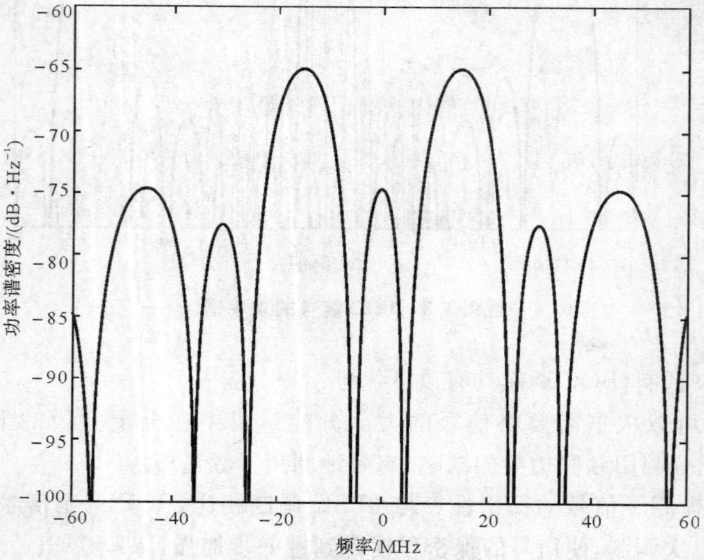

图 9.3.4　AltBOC 信号的功率谱

AltBOC 调制技术在伽利略系统中用于 E5 信号的调制，具有以下优点：

1）频谱利用率高。同 BOC 相比，AltBOC 等效于 BOC 上边带与下边带传输不同的信号。

2）接收灵活。接收端既可以整体接收 E5a，E5b 频段信号，然后采用 AltBOC 接收技术进行处理，也可以将 E5a，E5b 分为两个子频段单独处理。

3）减小码噪声，提高信号的抗多径性能，减弱电离层延迟的影响。

9.3.2　信号结构

伽利略卫星提供 11 个信号，包括 10 个右旋圆极化(Right Hand Circle Polarize, RHCP)导航信号和 1 个搜索救援信号，分布在 4 个不同的频段上。由于 E5a 和 E5b 信号又可作为一个中心频率为 1 191.795 MHz 的宽带信号进行处理，所以存在 E5(E5a+E5b)信号。

如表 9.3.2 所示，在 E5a，E5b，E6 和 E2 - L1 - E1(简记为 L1)频段，除覆盖卫星无线电导航服务(Radio Navigation Satellite Service, RNSS)频段外，其中的 E5a，E5b 和 L1 还包含在航空无线电导航服务(Aeronautical Navigation Service, ARNS)频段中，这个频段的信号可被民用航空用户使用。

与 GPS 系统比较，伽利略系统可用的频段范围更广，各频率对应的频段分布如图 9.3.5 所示。由图 9.3.5 可知，伽利略卫星使用的频率在 1.1～1.6GHz 的频段内，这一频段特别适合用于移动导航和通信服务。每颗伽利略卫星播发 10 种不同的导航信号,使伽利略系统能提供开放服务、生命安全服务、商业服务和公共特许服务。为便于终端处理,伽利略信号包含多个信道,其中包含导航数据的信道称为数据通道(Data),不含导航数据的信道称为导频通道(Pilot)。两种信道的信号相位相差90°,以便接收机将其分开。

表 9.3.2 伽利略系统信号及载波频率分配

信号	载波频率/MHz
E5a	1 176.450
E5b	1 207.140
E5(E5a+ E5b)	1 191.795
E6	1 278.750
L1	1 575.420

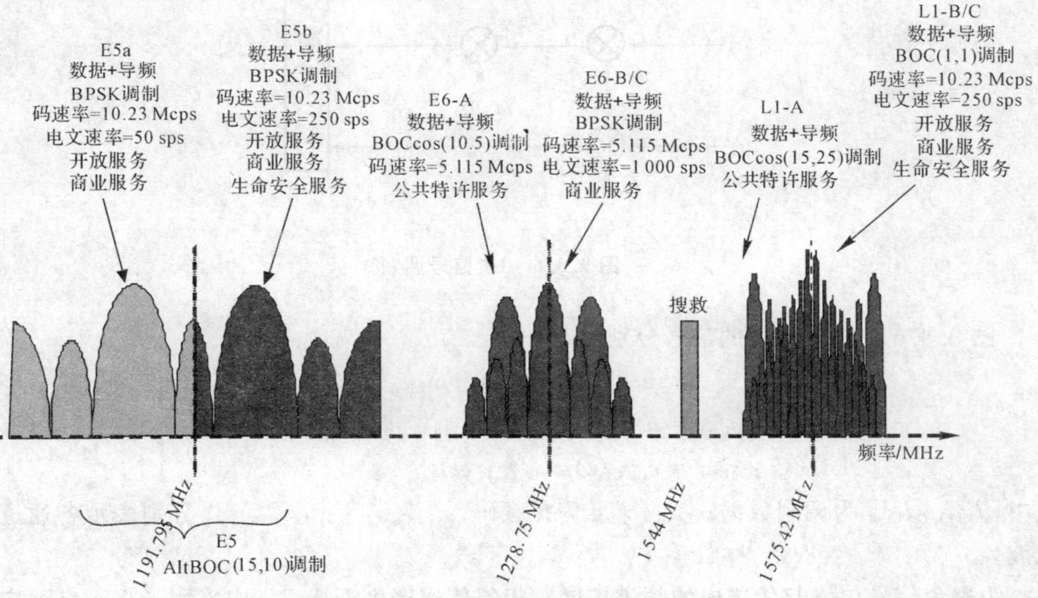

图 9.3.5 伽利略信号频段分布

E5a 信号:在 E5 频段发射,包括数据通道和导频通道,数据通道中加载未加密的测距码和导航信息,数据传输速率较低,能够被所有用户使用。E5a 信号提供基本的导航与测时功能,支持开放服务和商业服务。

E5b 信号:在 E5 频段发射,包括数据通道和导频通道,数据通道中加载未加密的测距码、导航数据、未加密的完好性信息和加密的供商业用户使用的数据,支持开放服务、商业服务和搜救服务。

E6 信号:在 E6 频段发射,包括三个通道,即被政府加密的受限访问数据通道 E6-A、数据通道 E6-B 和导频通道 E6-C,支持商业服务和公共特许服务。

L1 信号:在 L1 频段发射,包括三个通道,即被政府加密的受限访问数据通道 L1-A、数据通道 L1-B 和导频通道 L1-C。L1 信号中非加密测距码和导航数据可供所有用户使用,

L1－B 数据通道也包含非加密的完好性信息和仅供商业用户使用的加密信息，支持公共特许服务、开放服务、商业服务和搜救服务。

1. L1 频段

伽利略系统 L1 频段上的 E2 和 El 与 GPS 的 L1 中心频率重叠，使其在一个宽频带内与 GPS 具有最大的兼容性和共用性。L1 载波用三个信号调制：L1－A 通道采用 BOCcos(15，2.5)调制方案，使其与 GPS 的 M 码具有独立性；L1－B 和 L1－C 采用 BOC(1，1)的调制方案。L1－B 和 L1－C 通道曾经考虑过采用 BOC(2，2)调制方式，虽然该调制方式的抗多径性能优于 BOC(1，1)，但由于 L1 信号提供商业服务和公共特许服务，为符合国家安全兼容标准(National Security Compatibility Criteria，NSCC)，保证信号不受干扰且与 GPS 兼容，最终采用 BOC(1，1)调制方式。L1 信号调制方案如图 9.3.6 所示。

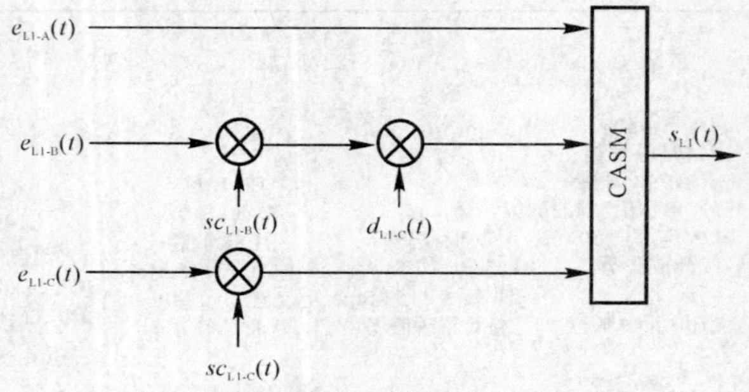

图 9.3.6 L1 信号调制

图 9.3.6 中三个通道的信号分别为[89-90]

$$\left.\begin{aligned}\text{L1-A}&: s_{L1\text{-}A}=e_{L1\text{-}A}(t)=d_{L1\text{-}A}(t)c_{L1\text{-}A}(t)sc_{BOCcos(15,2.5)}(t)\\ \text{L1-B}&: s_{L1\text{-}B}=d_{L1\text{-}B}(t)c_{L1\text{-}B}(t)sc_{BOC(1,1)}(t)\\ \text{L1-C}&: s_{L1\text{-}C}=c_{L1\text{-}C}(t)sc_{BOC(1,1)}(t)\end{aligned}\right\}\tag{9.3.9}$$

式中，$d_{L1\text{-}A}$，$d_{L1\text{-}B}$ 为调制数据；$c_{L1\text{-}A}$，$c_{L1\text{-}B}$ 为扩频码；$sc_{BOCcos(15,2.5)}$，$sc_{BOC(1,1)}$ 分别表示各通道的副载波。

为避免信号包络起伏造成的频谱扩展对相邻信道产生干扰，L1 中采用了相干自适应副载波调制 CASM(Coherent Adaptive Subcarrier Modulation) 的多路复用技术，保证输出信号的恒包络特性。三个通道复用后得到的结果为

$$s_{L1}(t)=[\alpha s_{L1\text{-}B}(t)-\alpha s_{L1\text{-}C}(t)]+\mathrm{j}[\beta s_{L1\text{-}A}(t)+\gamma s_{L1,int}(t)]\tag{9.3.10}$$

式中，$s_{L1,int}(t)=s_{L1\text{-}A}(t)s_{L1\text{-}B}(t)s_{L1\text{-}C}(t)$；$\alpha$，$\beta$ 和 γ 为放大器增益，能够决定三个通道中能量的分配，且满足归一化条件

$$\sqrt{(\alpha-\alpha)^2+(\beta+\gamma)^2}=1\tag{9.3.11a}$$

在伽利略系统中，A 通道(同相支路)占整个信号能量的 50%，B 和 C 通道(正交支路)各占 25%，同相和正交支路的能量相等，即

$$\alpha^2+\alpha^2=\beta^2\tag{9.3.11b}$$

最后考虑总的信号能量为 1，则

$$\alpha^2+\alpha^2+\beta^2+\gamma^2=1\tag{9.3.11c}$$

联合式(9.3.11)所示的三个方程求得

$$\alpha=\frac{\sqrt{2}}{3},\quad \beta=\frac{2}{3},\quad \gamma=\frac{1}{3}$$

从而可得

$$s_{\mathrm{L1}}(t)=\frac{1}{3}\{[\sqrt{2}\,s_{\mathrm{L1\text{-}B}}(t)-\sqrt{2}\,s_{\mathrm{L1\text{-}C}}(t)]+\mathrm{j}[2s_{\mathrm{L1\text{-}A}}(t)+s_{\mathrm{L1,int}}(t)]\} \tag{9.3.12}$$

采用上述方案调制的 L1 信号，互调乘积项 $s_{\mathrm{L1,int}}(t)$ 约占整个信号能量的 $\left(\frac{1}{3}\right)^2=11.11\%$，它是信号保持恒包络特性的关键，以消耗信号能量的 11.11% 为代价；对于有用信号，A 通道约占整个信号能量的 $\left(\frac{2}{3}\right)^2=44.44\%$，B 和 C 通道各占 $\left(\frac{\sqrt{2}}{3}\right)^2=22.22\%$。

2. E5 频段

伽利略 E5 频段信号采用 AltBOC(15, 10) 调制方案，以 1 191.795 MHz 为中心频率的四路信号中的两路搬移到以 1 175.42 MHz 为中心频率的 E5a 频段，另外两路搬移到以 1 207.14 MHz 为中心频率的 E5b 频段。E5 信号产生原理如图 9.3.7 所示。

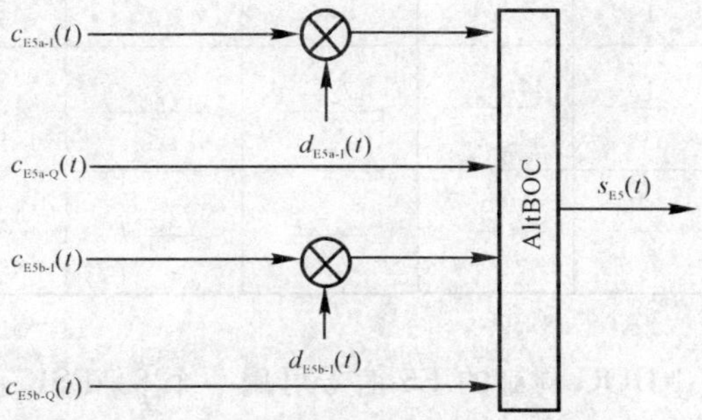

图 9.3.7　E5 信号调制

由于 E5 宽带信号以 AltBOC(15, 10) 方式调制，所以调制的副载波频率为 15×1.023 MHz，扩频码频率为 10×1.023 MHz。AltBOC(15, 10) 将两个信号 E5a 和 E5b 组合成一个复合恒包络信号，可注入一个带宽极宽的信道。在伽利略接收机中，可将 E5a 和 E5b 信号作为一个大的宽带信号进行处理。由 E5a 信号调制原理可得

$$\begin{aligned}s_{\mathrm{E5}}(t)=&\frac{1}{2\sqrt{2}}(c_{\mathrm{E5a\text{-}I}}(t)d_{\mathrm{E5a\text{-}I}}(t)+\mathrm{j}c_{\mathrm{E5a\text{-}Q}}(t))[sc_{\mathrm{E5\text{-}s}}(t)-\mathrm{j}sc_{\mathrm{E5\text{-}s}}(t-T_{\mathrm{s,E5}}/4)]+\\&\frac{1}{2\sqrt{2}}(c_{\mathrm{E5b\text{-}I}}(t)d_{\mathrm{E5b\text{-}I}}(t)+\mathrm{j}c_{\mathrm{E5b\text{-}Q}}(t))[sc_{\mathrm{E5\text{-}s}}(t)-\mathrm{j}sc_{\mathrm{E5\text{-}s}}(t-T_{\mathrm{s,E5}}/4)]+\\&\frac{1}{2\sqrt{2}}(\bar{S}_{\mathrm{E5a\text{-}I}}(t)+\mathrm{j}\bar{S}_{\mathrm{E5a\text{-}Q}}(t))[sc_{\mathrm{E\text{-}p}}(t)-\mathrm{j}sc_{\mathrm{E5\text{-}p}}(t-T_{\mathrm{s,E5}}/4)]+\\&\frac{1}{2\sqrt{2}}(\bar{S}_{\mathrm{E5b\text{-}I}}(t)+\mathrm{j}\bar{S}_{\mathrm{E5b\text{-}Q}}(t))[sc_{\mathrm{E5\text{-}p}}(t)-\mathrm{j}sc_{\mathrm{E5\text{-}p}}(t-T_{\mathrm{s,E5}}/4)]\end{aligned} \tag{9.3.13}$$

式中

$$\left.\begin{aligned}\bar{S}_{\text{E5a-I}}(t)&=c_{\text{E5a-Q}}(t)c_{\text{E5b-I}}(t)d_{\text{E5b-I}}(t)d_{\text{E5b-Q}}(t)\\\bar{S}_{\text{E5a-Q}}(t)&=c_{\text{E5a-I}}(t)d_{\text{E5a-I}}(t)c_{\text{E5b-I}}(t)d_{\text{E5b-I}}(t)c_{\text{E5b-Q}}(t)\\\bar{S}_{\text{E5b-I}}(t)&=c_{\text{E5b-Q}}(t)d_{\text{E5a-I}}(t)c_{\text{E5a-I}}(t)c_{\text{E5a-Q}}(t)\\\bar{S}_{\text{E5a-Q}}(t)&=c_{\text{E5b-I}}(t)d_{\text{E5b-I}}(t)c_{\text{E5a-I}}(t)d_{\text{E5a-I}}(t)c_{\text{E5a-Q}}(t)\end{aligned}\right\}\tag{9.3.14}$$

以上两式中，$c_{\text{E5a-I}}$，$c_{\text{E5a-Q}}$ 分别为 E5a 数据通道和导频通道的扩频码；$d_{\text{E5a-I}}$ 为 E5a 数据通道调制的数据信息；$c_{\text{E5b-I}}$，$c_{\text{E5b-Q}}$ 分别为 E5b 数据通道和导频通道的扩频码；$d_{\text{E5b-I}}$ 为 E5b 数据通道调制的数据信息；$T_{\text{s,E5}}$ 为副载波周期；$sc_{\text{E5-s}}$ 和 $sc_{\text{E5-p}}$ 为副载波，在一个周期内分别有表 9.3.3 所示的 8 个取值。

对于式(9.3.13)，第一项表示 E5a 的基带信号与副载波相乘，在频域上表现为将 E5a 信号向较低的频段搬移；第二项表示将 E5b 信号向较高的频段搬移。在 E5a 和 E5b 信号加载到 E5 频段的中心频率 1 191.795 MHz 上后，可知 E5a 的基带信号被载入到 1 191.795 − 15.345 = 1 176.45 MHz，E5b 信号则被载入到 1 191.795＋15.345＝1 207.14 MHz，近似为两路独立的 QPSK 调制。第三项和第四项是作为补偿的互调乘积项，互调乘积项占 E5 信号总能量的 $(\sqrt{2}-1)^2+1/8=14.64\%$。

表 9.3.3　副载波信号的取值

I	0	1	2	3	4	5	6	7
$sc_{\text{E5-s}}(t)$	$\frac{\sqrt{2}+1}{2}$	$\frac{1}{2}$	$-\frac{1}{2}$	$\frac{-\sqrt{2}-1}{2}$	$\frac{-\sqrt{2}-1}{2}$	$-\frac{1}{2}$	$\frac{1}{2}$	$\frac{\sqrt{2}+1}{2}$
$sc_{\text{E5-p}}(t)$	$\frac{-\sqrt{2}+1}{2}$	$\frac{1}{2}$	$-\frac{1}{2}$	$\frac{\sqrt{2}-1}{2}$	$\frac{\sqrt{2}-1}{2}$	$-\frac{1}{2}$	$\frac{1}{2}$	$\frac{-\sqrt{2}+1}{2}$

正如表 9.3.3 所示，AltBOC 调制的 E5 信号可用一个 8 - PSK 信号表示如下：

$$s_{\text{E5}}(t)=\exp\left(\mathrm{j}\,\frac{\pi}{4}k(t)\right)\quad k(t)\in\{1,2,3,4,5,6,7,8\}\tag{9.3.15}$$

式(9.3.15) 相当于在一个周期内对余弦信号采样 8 个点，对应的 8 - PSK 相位参见图9.3.8。

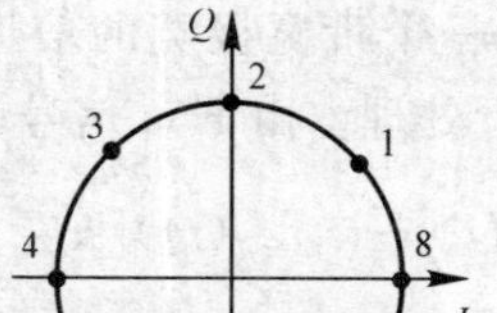

图 9.3.8　E5 信号的 8 - PSK 相位

3. E6 频段

由于 E6 信号提供限制普通用户使用的商业服务和公共特许服务，且不和 GPS 及 GLONASS 信号频段重叠，所以 E6 信号的调制没有太多的限制因素。E6 信号具有三个通道，即 E6 - A,E6 - B 和 E6 - C,利用三个基带信号调制载波。E6 - A 通道采用 BOCcos(10, 5) 方式调制载波,E6 - B 和 E6 - C 通道均采用 BPSK(5) 方式调制。E6 信号的产生原理如图9.3.9 所示。

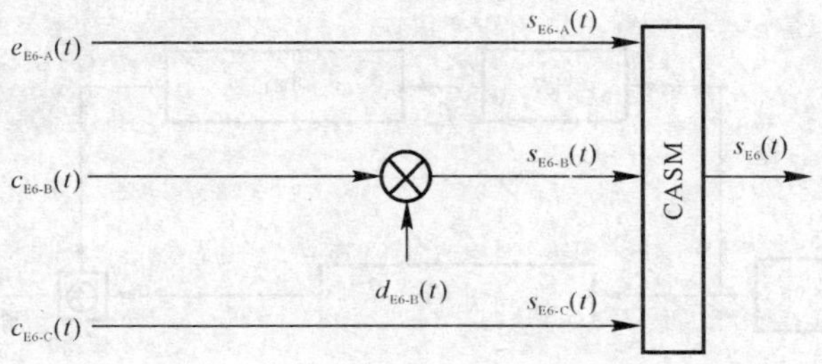

图 9.3.9　E6 信号调制

和 L1 相同,E6 信号同样采用了 CASM 多路复用技术,三个通道的信号分别为

$$\left.\begin{aligned}&E6-A: s_{E6-A}(t)=d_{E6-A}(t)c_{E6-A}(t)sc_{BOCcos(10.5)}(t)\\&E6-B: s_{E6-B}(t)=d_{E6-B}(t)c_{E6-B}(t)\\&E6-C: s_{E6-C}(t)=c_{E6-C}(t)\end{aligned}\right\}\tag{9.3.16}$$

式中,d_{E6-A},d_{E6-B} 分别为调制的信息数据;c_{E6-A},c_{E6-B},c_{E6-C} 分别为三个通道的扩频码。参照 L1 信号的 CASM 技术可得到 E6 信号。

9.3.3　测距码

用于伽利略导航信号的扩频码序列能够决定系统的信号捕获、抗干扰等重要性能,因此,扩频码的设计需考虑诸如码长及其与数据速率关系、码序列的自相关和互相关特性、首次开机捕获时间等。

伽利略的扩频码由卫星上的移位寄存器产生,每个信号通道、每颗卫星均对应不同的扩频码,实现码分多址。为了改善信号的相关性,提高在干扰条件下信号的捕获性能,导频通道中采用较长的扩频码。伽利略扩频码参数如表 9.3.4 所示。

表 9.3.4　伽利略信号扩频码

通道类型	扩频码频率/MHz	数据速率/(b·s^{-1})	扩频码周期/ms	扩频码长/chips
E5a 数据通道	10.230	50	20	204 600
E5a 导频通道	10.230	无	100	1 023 000
E5b 数据通道	10.230	250	4	40 920
E5b 导频通道	10.230	无	100	1 023 000
E6 - B 数据通道	5.115	1 000	1	5115
E6 - C 导频通道	5.115	无	100	1 023 000
L1 - B 数据通道	1.023	250	4	4 092
L1 - C 导频通道	1.023	无	100	1 023 000

与 GPS 不同的是，伽利略扩频码采用基于主码和副码的分层码结构，又称为分层测距码。如图 9.3.10 所示，主码基于传统的哥尔德码或经优化的存储码(Memory Codes)，副码是一种周期较长的码。

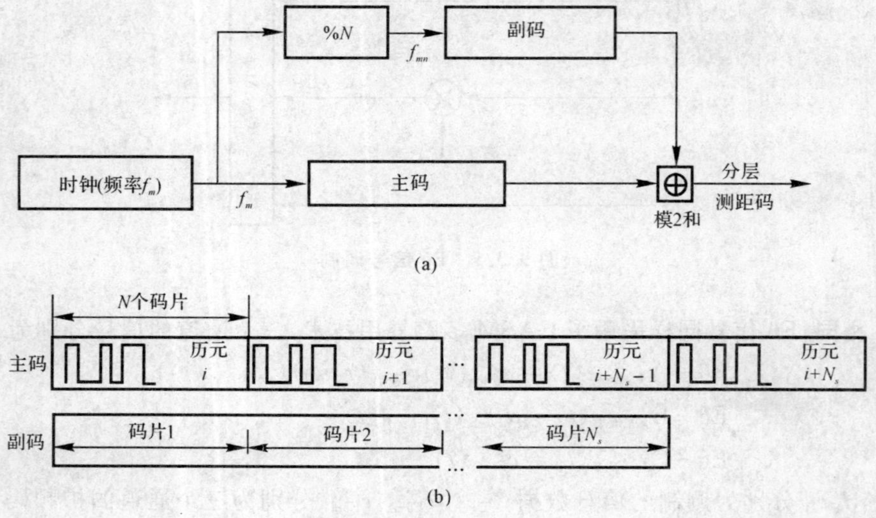

图 9.3.10 伽利略扩频码

(a)扩频码产生； (b)主码与副码的调制关系

图 9.3.10 中，符号“%”表示求余；主码长度为 N，码片速率为 f_m；副码长度为 N_s，码片速率为 $f_{mn}=f_m/N$。主码的一个周期等于副码的一个码片长度，主码被副码调制。主码可用于信号的快速捕获，整个分层码可用于信号的跟踪。

伽利略信号中扩频码的设置如表 9.3.5 所示。

表 9.3.5 伽利略信号的主码和副码

通道	主码		副码
	类型	长度	长度
E5a 数据通道	截短 Gold 码	10 230	20
E5a 导频通道	截短 Gold 码	10 230	100
E5b 数据通道	截短 Gold 码	10 230	4
E5b 导频通道	截短 Gold 码	10 230	100
E6－B 数据通道	存储码	5 115	
E6－C 导频通道	存储码	5 115	100
L1－B 数据通道	存储码	4 092	
L1－C 导频通道	存储码	4 092	25

9.4 导航电文

9.4.1 电文结构

伽利略信号可搭载以下四种不同类型的电文，四种电文对应的服务和支持内容如表9.4.1所示。

F/NAV(Freely Accessible Navigation Message，自由访问导航电文)：支持开放服务和商业服务，由 E5a 传送。

I/NAV(Integrity Navigation Message，完好性导航电文)：支持开放服务、商业服务和搜索救援服务，可为外部系统提供完好性信息，由 E5b 和 L1－B 传送。

C/NAV(Commercial Navigation Message，商业导航电文)：支持商业服务，被授权用户具有访问权限，由 E6－B 传送。

G/NAV(Governmental Access Navigation message，政府访问导航电文)：支持公共特许服务，由 E6－A 和 L1－A 传送。

表 9.4.1　伽利略系统电文配置

电文类型	服务	发射通道	电文支持内容				
			导航	完好性	搜救	附加信息	服务管理
F/NAV	OS/CS	E5a－I	是	否	否	否	否
I/NAV	OS/CS/SoL	E5b－I/L1－B	是	是	是	否	是
C/NAV	CS	E6－B	否	否	否	是	是
G/NAV	PRS	E6－A/L1－A	是	是	否	否	是

伽利略导航电文总体结构如图 9.4.1 所示，以超帧、帧、子帧的形式发送，每帧电文的发送时刻由伽利略系统时间控制。子帧以页为单位。页是电文最基本的构成单位，每一页由同步字、数据区、循环冗余校验和页尾构成。同步字用没有进行编码的数据符号表示，页尾信息为该帧除同步字外的所有信息提供前向差错控制编码。图 9.4.1 中，左边为电文的最高有效位，在卫星上首先被发送。

伽利略导航电文提供了三种误差编码技术：循环冗余校验，用于导航电文恢复后，检查错误的电文；前向差错控制编码技术，如前所述，页尾的一系列零位允许对电文进行维特比解码；块交织，通过避免错误的数据包使前向差错控制编码算法具有很高的容错能力和可靠性。三种误差编码技术为用户提供高可靠性和完整性的电文。

下面简要介绍支持开放服务的 F/NAV 和 I/NAV 导航电文的结构，详细电文格式和内容可参考文献[82]。

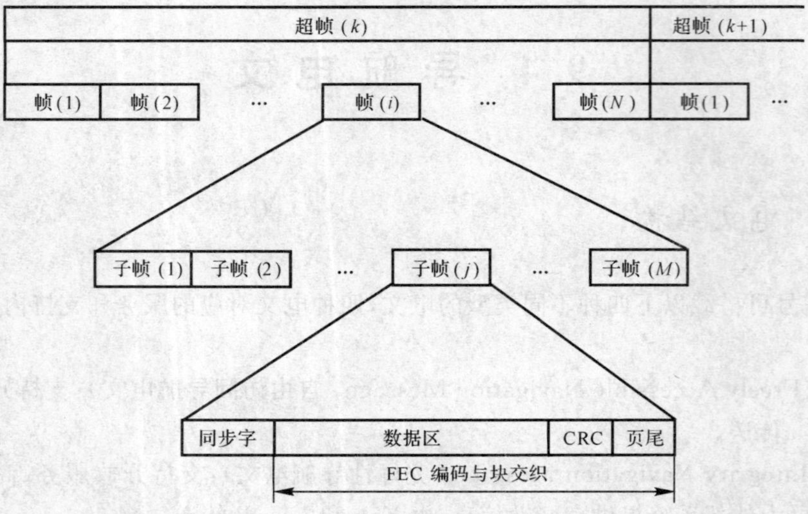

图 9.4.1 伽利略导航电文结构

9.4.2 F/NAV 电文

F/NAV 电文包含普通用户用于导航、定位的所有信息，包括计算伽利略卫星位置的参数、星钟改正参数、时间转换参数和伽利略系统所有卫星的历书等。F/NAV 电文每一帧持续时间 600 s，由 12 个子帧构成；每一子帧持续时间 50 s，每一子帧包含 5 页；每一页持续时间 10 s。F/NAV 电文页中的符号(Symbol)和位(bit)分配如图 9.4.2 所示。每一页包括同步字 12 位，符号 488 位，共 500 位。页内容区域以字节为单位，每个字节为 6 位，包括页标识 6 位，导航数据 208 位，CRC 校验 24 位，页尾 6 位全部置零，用于接收机完成每一页信息的前向差错控制解码。

同步字	符号	总符号数
12	488	500

页标识	字 导航数据	CRC	页尾	总位数
6	208	24	6	244

图 9.4.2 F/NAV 电文页分布

F/NAV 每一子帧传送的内容如下。

第一页：页标识为 1，用于发送卫星 ID、星钟改正参数、空间信号精度(Signal In Space Accuracy，SISA)、电离层改正数、传播群延迟、信号健康状况、伽利略系统时间(Galileo System Time，GST)和数据有效性状态。

第二、三页：页标识分别为 2 和 3，用于发送卫星轨道参数，部分没有发完的轨道参数在第四页发送。

第四页：页标识为 4，用于发送第二、三页未发送完的轨道参数、GST－GPST 和 GST－UTC 的转换参数、星期时间(TOW)。

第五页：如果当前是奇数子帧，则页标识为 5；如果是偶数子帧，则页标识为 6。最后一页用于发送卫星历书信息。三颗卫星的历书数据要由两个连续的子帧才能发送完毕，共需要 100 s，伽利略系统 30 颗卫星的历书可在 20 min 之内全部传送完毕。

9.4.3　I/NAV 电文

在通道 E5b－I 和 L1－B 中传送的 I/NAV 电文共有 24 个子帧，具有与 F/NAV 相同的结构，只是页的顺序有所不同。两个通道中采用页交换技术使拥有双频接收机的用户能够快速接收数据。

I/NAV 电文中定义了两种类型的数据页：

1)标称页。持续时间为 2 s，在 E5b 和 L1 频段发送，结构如图 9.4.3 所示。

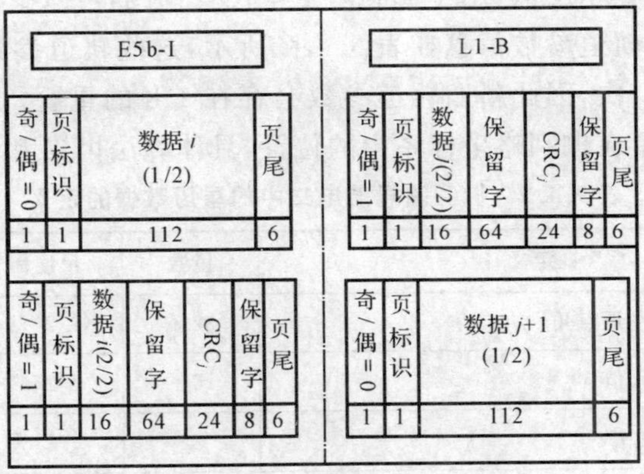

图 9.4.3　I/NAV 标称页位分布

页参数说明如下：

奇偶字段：偶数页时置零，奇数页时置 1；

Type：页标识，零表示无效页；

数据区：128 位，奇偶页共同组成完整的数据。

2)告警页。由标称页在两个通道上扩展而成，分为两部分(Data 1/2 和 Data 2/2)。它们在同一历元分别由 E5b 和 L1－B 通道发射，在下一历元，两通道间交换页内容后发射。告警页中的位分布如图 9.4.4 所示，图中涉及的参数意义与标称页相同。

9.4.4　卫星轨道参数

伽利略导航数据中包括了用户实现导航定位的所有信息并向全世界广播，共有四种类型的参数：

卫星轨道参数：用于解算观测时刻卫星的在轨位置；

系统时间和卫星时钟改正参数：用于计算伽利略卫星相对于观测用户的伪距；

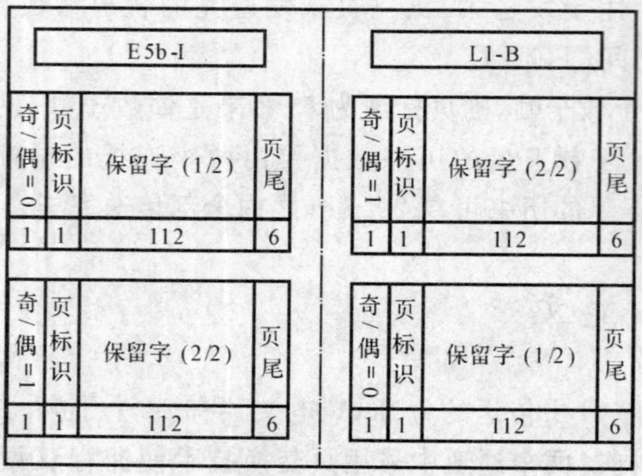

图 9.4.4 I/NAV 告警页位分布

服务参数:如信号健康状况等;

历书参数:比轨道参数精度低,用于伽利略卫星位置预测,可减少用户首次定位时间。

伽利略系统的 16 个轨道参数信息如表 9.4.2 所示,这些轨道参数在 4 h 内有效,而新的轨道参数每 3 小时上载一次,因此新旧轨道参数会存在 1 h 的重叠。利用这些轨道参数可计算出观测时刻伽利略卫星在伽利略坐标系中的位置,具体算法可参考 GPS 卫星位置的计算。

表 9.4.2 伽利略导航电文中的星历数据的定义

参数	定义	位数	尺度因子	单位
M_0	参考时刻的平近点角	32 *	2^{-31}	semi-circle
Δn	平均运动校正值	16 *	2^{-43}	semi-circle/s
e	卫星轨道偏心率	32	2^{-33}	
$\sqrt{A}$	半长轴的平方根	32	2^{-19}	$m^{\frac{1}{2}}$
Ω_0	升交点赤经(在每星期历元上)	32 *	2^{-31}	semi-circle
i_0	倾角(在 t_{oe} 时)	32 *	2^{-31}	semi-circle
ω	近地点幅角(在 t_{oe} 时)	32 *	2^{-31}	semi－circle
$\dot{\Omega}$	升交点赤经变化率	24 *	2^{-43}	semi-circle/s
di/dt	倾角变化率	14 *	2^{-43}	semi-circle/s
C_{uc}	对纬度幅角余弦的校正值	16 *	2^{-29}	rad
C_{us}	对纬度幅角正弦的校正值	16 *	2^{-29}	rad
C_{rc}	对轨道半径余弦的校正值	16 *	2^{-5}	m
C_{rs}	对轨道半径正弦的校正值	16 *	2^{-5}	m
C_{ic}	对倾角余弦的校正值	16 *	2^{-29}	rad
C_{is}	对倾角正弦的校正值	16 *	2^{-29}	rad
t_{oe}	星历参考时刻	14	60	s

* 项表示由最高有效位的符号位(＋或－)和数值两部分构成。

9.5　Galileo 坐标系统与时间系统

9.5.1　坐标系统

伽利略坐标系统采用国际民用标准，其坐标和时间参考框架的建立与 GPS 不同，使得伽利略系统与 GPS 既保持独立又可互相作为备份系统。伽利略系统的大地参考框架（Galileo Terrestrial Reference Frame，GTRF）是国际地球旋转服务（International Earth Rotation Service，IERS）中心建立的国际大地参考框架（International Terrestrial Reference System，ITRF）的一个实际、独立的应用，由伽利略大地测量服务原型（Galileo Geodetic Service Provider Prototype，GGSP）负责建立和维持[91-92]。GTRF 不仅要服务于伽利略核心系统，同时也要服务于伽利略用户部分。GTRF 的实现将借鉴 IGS 框架的相关技术和经验，其初始实现所采用的测站网由三部分组成：18 个 GSS 站（在 GSS 运行前等效于 IGS 站）、45 个 IGS 站和 10 个并置了 SLR（Satellite Laser Ranging）技术的 IGS 站[93]。

9.5.2　时间系统

伽利略系统时间（GST）起始历元待定，秒长与原子时秒长相同。GST 在电文中共有 32 位，包括两部分：星期数 WN（12 bit）和星期时间 TOW（20 bit）。星期数的计数范围是 0～4 095，即4 096个星期（约 78 年）后星期计数器被重置为零。与 GPS 一样，每星期周六和周日交界的零时，星期时间计数器（0～604 799）被重置为零。

假设卫星 k 在 t^k 时刻发送信号，到达接收机的时刻为 t_j，则信号传播时间为

$$\tau_j^k = t_j - t^k \tag{9.5.1}$$

信号传播时间乘以电磁波传播速度可得到伪距，但由于卫星和接收机的时钟均不是在理想状态下工作，所以存在卫星钟差 dt^k 和接收机钟差 dt_j。接收机钟差可作为导航解算方程中的未知数求解，卫星钟差由接收机的星历参数进行修正：

$$dt^k = a_0 + a_1(t - t_{oe}) + a_2(t - t_{oe})^2 \tag{9.5.2}$$

式中，t 为信号发送时刻；a_0，a_1，a_2 为星钟改正数；t_{oe} 为星历参考时刻。星钟改正数和星历参考时刻均由伽利略卫星导航电文提供。

9.5.3　GST 与 UTC，GPST 的转换

GST 与 UTC 时的关系可通过国际原子时（TAI）来建立。UTC 和 TAI 之间的跳秒在 2003 年 1 月的值是 32 s，即存在如下关系：

$$\Delta t_{LS} = \text{TAI} - \text{UTC}_{2003} = +32\ \text{s} \tag{9.5.3}$$

伽利略导航电文中提供的 GST 与 UTC 时转换参数及说明如表 9.5.1 所示。设 GST 相对于星期起始时刻的时间历元为 t_E，t_E 时刻 GST 与 TAI 之间的差为 A_0；时间差变化率记为 A_1，

A_1 是 A_0 的导数；t_{0t} 为 UTC 参考时间；换算中需要考虑 UTC 星期数 WN_t，跳秒 Δt_{LSF} 产生的时间差 Δt_{LS}、星期数 WN_{LSF} 和跳秒结束时的日期数 DN。DN 的取值范围为一个星期，星期日时的值为 1。在这些参数中，t_E 是 GST 相对于星期起始时刻的时间历元的估计值，由用户接收机确定，其他参数均由伽利略卫星导航电文提供。

表 9.5.1　GST 与 UTC 转换参数

参数	定义	位数	尺度因子	单位
A_0	多项式常数项	32	2^{-30}	s
A_1	多项式一阶项	24	2^{-50}	s/s
Δt_{LS}	由跳秒产生的时间差	8	1	s
t_{0t}	UTC 数据参考时间	8	3 600	s
WN_t	UTC 参考星期数	8	1	weeks
WN_{LSF}	跳秒产生的星期数	3	1	weeks
DN	跳秒产生的天数	8	1～7	days
Δt_{LSF}	跳秒	8	1	s

由 GST 转换 UTC 时的修正项为

$$\Delta t_{UTC} = \Delta t_{LS} + A_0 + A_1[t_E - t_{0t} + 604\ 800(WN - WN_t)] \tag{9.5.4}$$

式中，WN 为 GST 星期数。

下面分三种情况计算 UTC 时间：

1）当 $t_E > WN_{LSF}$，$DN < t_E < DN + \frac{3}{4}$，$t_E > DN + \frac{5}{4}$ 时。由 WN_{LSF} 和 DN 表示的有效日期相对于用户当前时间尚未过时，此时用户当前时间尚未落在 $\left(DN + \frac{3}{4}, DN + \frac{5}{4}\right)$ 之间的时间段内，GST 与 UTC 时的关系为

$$t_{UTC} = \mathrm{mod}\ (t_E - \Delta t_{UTC}, 86\ 400) \tag{9.5.5}$$

2）当 $DN + \frac{3}{4} < t_E < DN + \frac{5}{4}$ 时。用户当前时间落在 $\left(DN + \frac{3}{4}, DN + \frac{5}{4}\right)$ 之间的时间段，此时 UTC 时为

$$t_{UTC} = \mathrm{mod}\ (W, 86\ 400 + \Delta t_{LSF} - \Delta t_{LS}) \tag{9.5.6}$$

式中，$W = \mathrm{mod}\ (t_E - \Delta t_{UTC} - 43\ 200, 86\ 400) + 43\ 200$。

3）当 $WN_{LSF} < t_E < DN$ 时。由 WN_{LSF} 和 DN 值表示的跳秒有效日期相对于用户当前时刻尚未过时，此时 UTC 时为

$$t_{UTC} = \mathrm{mod}\ (t_E - \Delta t_{UTC}, 86\ 400) \tag{9.5.7}$$

式中，GST 与 UTC 转换的参数由伽利略卫星导航电文提供。

GST 与 GPST 转换的时间差可由下式实现：

$$\Delta t_{Systems} = t_{Galileo} - t_{GPS} = A_{0G} + A_{1G}[t_{Galileo} - t_{0G} + 604\ 800(WN - WN_{0G})] \tag{9.5.8}$$

式中，$\Delta t_{Systems}$ 的单位为 s；$t_{Galileo}$，t_{GPS} 分别为伽利略时和 GPS 时；A_{0G}，A_{1G} 分别为时间偏差的常数项和一阶项；t_{0G} 为 GGTO(Galileo/GPS Time Offset) 参考时；WN_{0G} 为 GGTO 星期数。后四个变量为伽利略卫星导航电文提供的 GST 与 GPST 的转换参数，这些参数的说明如表

9.5.2 所示。

表 9.5.2　GST 与 GPST 转换参数

参数	定义	位数	尺度因子	单位
A_{0G}	时间差多项式的常数项	16	2^{-35}	s
A_{1G}	时间差多项式的一阶项	12	2^{-51}	s/s
t_{0G}	GGTO 参考时	8	3 600	s
WN_{0G}	GGTO 参考星期数	6	1	weeks

9.6　Galileo 系统的特点

由欧盟和欧洲空间局共同提出和组织实施的伽利略计划，旨在建立一个民用全球卫星导航系统。伽利略系统在整个建设和维护过程没有军方直接参与，这是伽利略系统首先区别于 GPS 和 GLONASS 系统的地方。另外，伽利略系统在总体构成、频段划分、信号设计和安全保障措施等方面均与其他卫星导航系统有所不同。

1）伽利略系统从概要设计开始就考虑了系统的完好性问题，从系统结构设计的角度对完好性加以处理，保证全球的可用性。

2）伽利略星座的卫星数量多，轨道位置高，轨道面少，覆盖面积大，即使是处于地球两极高纬度地区的用户，也能获得较好的定位结果。

3）伽利略系统能够提供多样化、多层次的服务——开放服务、生命安全服务、商业服务、公共特许服务和搜救服务，满足全球用户的需要，真正体现民用卫星导航系统的价值。

4）伽利略系统既与现有的卫星导航系统保持独立又具有兼容性，欧盟已与美国达成两个系统互相兼容的协议，两者信号在混合使用的情况下，定位精度将更高，同时也为多频段、多星座的卫星导航接收机提供了发展空间。

5）伽利略系统可为移动电话业务提供服务，能用于搜索救援，为对生命安全要求高的应用提供服务。

6）伽利略系统允许其他非欧盟国家为系统的建设提供资金和技术支持，共享伽利略系统提供的各项服务。

9.7　Galileo 系统未来应用分析

卫星导航市场无论是从规模还是业务类型来说都非常巨大。GPS 系统的成熟应用使人们很容易想到，未来伽利略系统将会面临与 GPS 激烈竞争的局面。当然，伽利略计划的推动力来源于用户市场的需求，以及对未来经济和社会效益的全面分析[94-95]，多样化服务以及与 GPS 兼容操作对未来伽利略系统取得成功起着非常重要的作用。根据伽利略计划实施方案，其应用将遍及海洋、陆地、空中和空间等各个领域，并进一步承接和拓展卫星导航技术多领域、多模式、多用途、多机型的应用发展趋势。

总体上讲，伽利略系统的未来应用主要包括大众消费市场(Mass Market)、生命救援(Save of Life)以及专业应用(Professional)三个方面。

近年来，随着电子产品价格的下降，越来越多的人拥有各种各样的电脑、手机等产品，移动通信的普及改变了人们的生活和工作方式，人类经济和社会活动更加频繁，工作效率的提高加速了人们对卫星导航应用的需求。伽利略与GSM、CDMA和UMTS组合，不仅能增加信号的可用性，提高系统精度，而且能实现市区乃至室内的定位，通过接收移动运营商提供的广域和区域精密差分信号，可以为用户提供米级到厘米级的定位服务。市场研究和预测结果表明，至2020年伽利略的用户数量将达到25亿个，其中90%的用户是在大众消费市场[96]。因此，与GNSS接收机集成的移动电话业务、车辆应用系统业务和基于位置的服务将是伽利略系统应用的重要领域。

伽利略系统在生命救援方面的应用主要指紧急救援、抢险救灾、防盗报警等。伽利略系统将提供国际搜救服务，在现有系统性能的基础上减少报警时间、提高电子遇险信标定位的精度和确认遇险信息，提高紧急救援的效率。除系统本身的优势外，2002年，欧洲出台的E112法案，旨在将卫星导航应用于手机等通信设备，以有效处理突发事件，为伽利略系统未来全方位的应用预留了空间。

伽利略系统的专业应用包括油气和地质勘探、露天开矿、土木工程、民用建筑、精细农业、物流管理、电网管理、气象预报、地震监测以及各种科学研究等。欧盟委员会已于2006年12月在布鲁塞尔发表了有关伽利略卫星导航系统应用的绿皮书[97]，不仅全面分析了伽利略系统的应用领域，而且决定在开发伽利略系统的同时，启动全球环境和安全监测(Global Monitoring for Environment and Security, GMES)系统，在太空范围内实现伽利略系统与通信、地球观测与定位监测系统的综合应用，力争在各类专业应用中发挥重要作用。

第 10 章　北斗卫星导航系统

北斗卫星导航系统由我国自主建立，以“先区域，后全球”的建设思想分为北斗一代（Beidou Ⅰ）和北斗二代（BDS 或 Beidou Ⅱ）两个阶段。Beidou Ⅰ卫星导航系统是具备通信功能的、区域性有源定位双星导航系统，能实现中国和东南亚地区的导航、通信、授时服务。Beidou Ⅰ于 2003 年正式投入使用以来，工作状态稳定可靠，并逐步向 BDS 全球卫星导航系统过渡。

10.1　Beidou Ⅰ系统构成

Beidou Ⅰ卫星导航系统由空间段、地面段和用户段三部分组成，如图 10.1.1 所示。与全球卫星导航系统不同的是，Beidou Ⅰ只有两颗工作卫星，属于区域卫星导航系统。

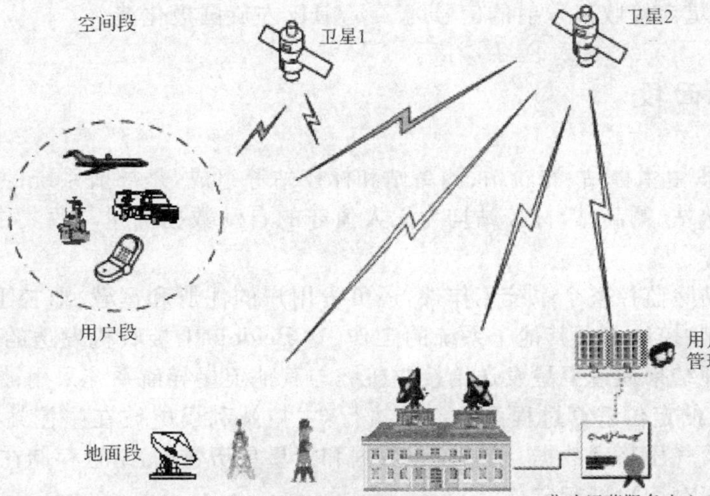

图 10.1.1　Beidou Ⅰ卫星导航系统组成

10.1.1　空间段

Beidou Ⅰ卫星导航系统采用双星定位技术，空间卫星指的是地球同步轨道上距离地面 36 000 km的两颗工作卫星，分别位于赤经 80°E 和 140°E，升交点赤经相差 60°，能够覆盖地球 70°E～140°E，5°N～55°N 的区域。Beidou Ⅰ系统建成后又发射了两颗备用卫星，分别位于赤经 110.5°E 和 86°E。Beidou Ⅰ卫星的发射情况见表 10.1.1（表中包括两颗 BDS 实验卫星）。

表 10.1.1　卫星发射时间表

日　期	火　箭	卫　星	轨　道
2000 年 10 月 31 日	长征三号甲	北斗-1A	140°E
2000 年 12 月 21 日	长征三号甲	北斗-1B	80°E
2003 年 05 月 25 日	长征三号甲	北斗-1C	110.5°E
2007 年 02 月 03 日	长征三号甲	北斗-1D	86°E
2007 年 04 月 14 日	长征三号甲	北斗-2A	中地球轨道
2009 年 04 月 15 日	长征三号丙	北斗-2B	地球同步轨道

Beidou Ⅰ导航卫星选用东方红三号卫星平台，总质量约 2 300 kg，设计使用寿命为 8 年。卫星采用三轴稳定方式，由转发器、天线、电源、测控、姿态和轨道控制等分系统组成。卫星为 2 000 mm×1 720mm×2 200 mm 的立方体箱形结构，分为服务舱、推进舱和载荷舱。卫星上的遥测系统能够接收来自地面主控站发出的命令，根据主控站的指令进行工作状态调整。Beidou Ⅰ导航卫星的主要任务是转发主控站和接收机间的信号。卫星与主控站使用 C 波段实现通信，从主控站发出的信号采用 6.3 GHz 线极化波，进入主控站的信号采用 5.1 GHz 线极化波。卫星与接收机的通信则采用 L 波段和 S 波段，接收机向卫星发射的信号为 1.6 GHz 右旋圆极化波，而卫星向接收机发射的信号为 2.5 GHz 左旋圆极化波。

10.1.2　地面段

Beidou Ⅰ地面段由主控站、测轨站、测高站和标校站等组成，是导航系统的控制、计算、处理和管理中心。测轨站、测高站、标校站均为无人值守的自动数据测量与收集中心，在主控站的监测与控制下工作[98]。

主控站。主控站除监控整个系统工作外，还负责用户的注册和运营、监控卫星工作、实现与卫星之间的通信、监控地面上其他子系统的工作、对 Beidou Ⅰ接收机发送的业务请求进行应答处理以及将处理结果通过卫星发送给接收机。与其他卫星导航系统采用被动定位不同的是，Beidou Ⅰ接收机的定位解算过程由主控站执行：主控站利用电波在主控站、卫星、用户间往返的传播时间以及气压高度数据、误差校正数据和卫星星历数据，结合存储在主控站的系统覆盖区数字高程地图对用户进行定位。

测轨站。在卫星导航定位中，卫星在轨位置对于定位解算至关重要，卫星轨道坐标的测量误差将直接引起定位误差。为精确解算接收机的坐标，在 Beidou Ⅰ卫星导航系统中建立了多个坐标已知的测轨站，各测轨站将卫星轨道的测量结果发送至主控站，主控站根据收到的观测信息精确计算卫星在轨位置。

测高站。在 Beidou Ⅰ卫星导航系统覆盖区内已设立了若干测高站，用气压高度计测量测高站所在地区的海拔高度，通常一个测站测得的数据粗略地代表了其周围 100～200 km 地区的海拔高度。海拔高度和该地区大地水准面高度之和就是该地区实际地形离基准椭球面的高度，测高站将测量结果发送给主控站，以便主控站解算接收机坐标时调用。

标校站。由于信号传播、接收机高程等信息受各种误差影响较大，为提高定位精度，在系统覆盖区域内设立了若干坐标已知的标校站，实施差分测量。接收机距离标校站越近、覆盖区域中标校站数量越多，则定位误差越小。

10.1.3　用户段

用户段主要是指 Beidou Ⅰ接收机，该接收机同时具备定位、通信和授时功能。北斗卫星导航系统运营服务商和系统集成商根据用户的需求为用户构建适合的应用系统并配置北斗用户机，北斗运营服务中心将授权用户一个与手持机号码类似的 ID 识别号，用户按照 ID 号注册登记后，北斗运营服务中心为用户开通服务，用户机正式投入使用。根据北斗用户机的应用环境和功能的不同，可分为以下五种类型[99]：

普通型。该型用户机只能进行定位和点对点的通信，适合于一般车辆、船舶及便携用户的定位导航应用，可接收和发送定位及通信信息，与主控站及其他用户终端双向通信。

通信型。该型用户机适合于野外作业、水文测报、环境监测等各类数据采集和数据传输用户，可接收和发送短报文信息，与主控站和其他用户终端进行双向或单向通信。

授时型。该型用户机适合于授时、校时、时间同步等用户，可提供数十纳秒级的时间同步精度。

指挥型。指挥型用户机供拥有一定用户数量的上级集团管理部门所使用，除具有普通型用户机所有功能外，还能够播发通信信息和接收主控站发给所属用户的定位通信信息。指挥型用户机适合于指挥中心指挥调度、监控管理等应用，具有鉴别、指挥下属其他北斗用户机的功能，同时还可与下属北斗用户机及中心站进行通信，接收下属用户的报文，并向下属用户发播指令。

多模型。此种用户机既能接收北斗卫星定位和通信信息，又可利用 GPS 系统或 GPS 增强系统进行导航定位，适合于对位置信息要求比较高的用户。

10.2　Beidou Ⅰ卫星信号

Beidou Ⅰ卫星导航系统主控站通过卫星向用户转发的信号包含同相(I)和正交(Q)两个通道。两个通道分别对信息进行卷积编码和扩频，然后采用 QPSK 方式调制到高频载波上，其中，I 通道采用 Kasami 码进行扩频，调制定位、通信、授时或其他服务信息；Q 通道采用 Gold 码进行扩频，调制定位和通信信息。Beidou Ⅰ信号编码、扩频、调制过程如图 10.2.1 所示，图中 f_c 表示载波频率。

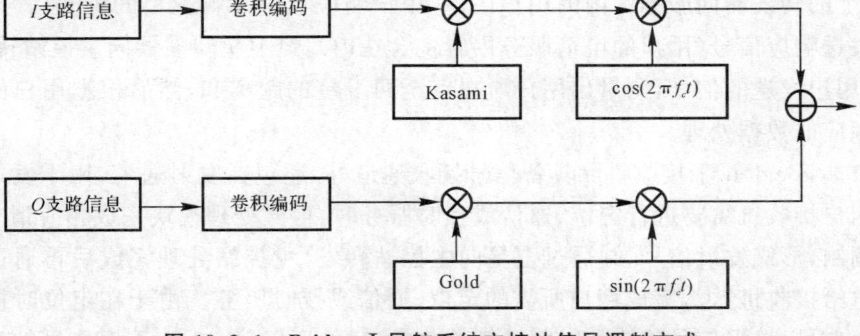

图 10.2.1　Beidou Ⅰ导航系统主控站信号调制方式

Beidou Ⅰ的导航信息在时间上采用帧结构方式，每秒传送 32 帧，每一帧包含 250 bit，传送时间为 31.25 ms[100]，信息格式如表 10.2.1 所示。

表 10.2.1　Beidou Ⅰ 导航信息

类别	授时信息															空帧	重播	其他
出站帧号	1~5帧	6~7帧	8~12帧	13帧	14~34帧			35~46帧			47~53帧	54~117帧				118~128帧	129~245帧	246~1920帧
内容	时刻 20 bit	闰秒 8 bit	时差 20 bit	卫星号 4 bit	卫星位置			卫星速度			时延	电磁波传播修正模型参数 $A_0\cdots A_{15}$				暂无	重播 1~117	内容待定
					X	Y	Z	X	Y	Z		A_0	A_1	…	A_{15}			
					28 bit	28 bit	28 bit	16 bit	16 bit	16 bit	28 bit	16 bit	16 bit	16 bit	16 bit			

表 10.2.1 中各参数说明如下：

时刻——第一帧开始时对应的时刻，单位为 min。

闰秒——Beidou Ⅰ系统时间与协调世界时之间相差的整秒数，单位为 s。

时差——Beidou Ⅰ系统时间与协调世界时之间的时间差，单位为 10 ns。

卫星号——转发本次出站的授时数据对应的卫星号。

卫星位置——卫星在北京坐标系 P54 中的位置，单位为 m。

卫星速度——卫星在北京坐标系 P54 中的速度，单位为 m/s。

大气延时——从主控站到卫星的对流层/电离层延时，单位为 ns。

电磁波传播修正模型参数——用于对电磁波传播延时进行模型修正，与系统选用的模型有关。

10.3　Beidou Ⅰ工作原理

如图 10.3.1 所示，Beidou Ⅰ系统工作时首先由主控站向卫星 1 和卫星 2 同时发送询问信号，经卫星上的转发器向服务区内的用户广播，用户响应其中一颗卫星的询问信号，同时向第二颗卫星发送响应信号(用户的申请服务内容包含在内)，经卫星转发器向主控站转发，主控站接收、解调用户发送的信号，测量出用户所在点至两卫星的距离和，然后根据用户的申请服务内容进行相应的数据处理。

在用户端，Beidou Ⅰ接收机除具备信号接收通道外，还包括发射通道，用于发送用户请求信号。当用户接收机需要进行定位、通信或授时服务时，信号处理模块完成相应请求信号的编码、扩频、调制，形成发射信号，并通过卫星向主控站转发，主控站处理完成后再通过卫星将处理结果发送给接收机[101]，完成用户所需的定位、通信或授时服务。由于在定位时接收机需要向卫星发送信号，根据信号传播的时间计算接收机坐标，所以，Beidou Ⅰ卫星导航系统是一种有源定位系统[102]。

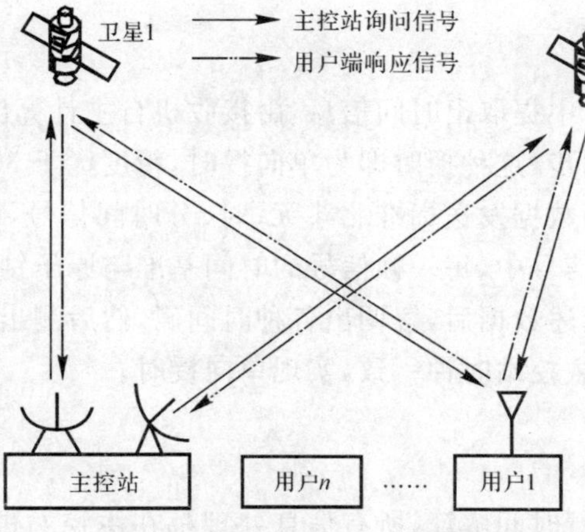

图 10.3.1 Beidou Ⅰ 信号转发示意图

由于采用主动式定位，在某一时刻，主控站需要响应所有用户的定位请求，因而系统容量有一定的限制，Beidou Ⅰ的平均用户容量约为 30 万个。

10.3.1 通信原理

在 Beidou Ⅰ导航系统中，接收机与接收机之间、接收机与主控站之间均可实现双工通信。每个接收机采用不同的加密码，所有的通信内容和指令均通过主控站进行转发。主控站可以和系统中任何接收机利用时分多址方式进行通信，即主控站分不同时段向不同接收机发送信号，实现和不同接收机的通信。每次通信可传送最多 120 个汉字。

当接收机需要和主控站通信时，通信内容存储在询问信号和回答信号的信息段中，由主控站对通信内容解调，获得原始信息，经卷积编码、扩频和调制后发送至卫星，并由卫星向接收用户转发。如果系统中某一用户接收机收到主控站发来的第 I 帧信号，该接收机以此时刻为基准，延迟预定时间 T_0 并截取一段足够长的信号，以避免丢失数据造成无法解调。在对接收信号的询问信号段的信息进行解扩、解调和解码后，即可得到主控站的通信内容。信号接收完成后可向卫星发射应答信号，实现接收机对主控站的回复。

在上述通信过程中，主控站利用接收机的 ID 识别不同的用户[103]。当 i 接收机需要与 j 接收机通信时，将 j 接收机的 ID 和通信内容置入其应答信号的通信信息段中，通过卫星转发给主控站，主控站将 i 接收机要发送的通信内容转存在询问信号中，j 接收机接收到卫星转发的询问信号后，识别自己的地址码并获得 i 接收机发送的通信内容和 i 接收机的 ID 码。如果 j 接收机需要对 i 接收机进行回复，重复上述过程即可。

10.3.2 授时原理

授时是指接收机通过接收卫星发送的时间信号获得本地时间与北斗标准时间的钟差，然后调整接收机本地时钟与北斗标准时间同步的过程。在 Beidou Ⅰ卫星导航系统中，接收机根据卫星发射的信号核准自身时钟，可以得到很高的时钟精度。Beidou Ⅰ可为用户提供两种授时方式:单向授时和双向授时。

1. 单向授时

接收机从卫星发送的信号中提取出时间信息,由接收机自主计算出钟差并修正本地时间,使本地时间和北斗标准时间同步,这种授时即为单向授时,精度优于 30 ns。

卫星广播信息中的第一帧数据发送标准北斗天、时、分时间信号,时间修正数据和卫星坐标信息,这些信息调制在广播信号中,每一帧信号的时间基准与原子钟产生的时标用同一频率原子钟来实现。接收机获得上述数据后,解调出各种时间码,然后测出本地时钟和主控站时钟的钟差,调整本地时钟使之与主控站时钟一致,实现单向授时。

2. 双向授时

接收机只接收信号,不进行时间解算,所有信息处理都在主控站进行,接收机只需把接收的时标信号通过卫星回复给主控站,这种方式称为双向授时,精度优于 10 ns。如主控站在 T_0 时刻发送时标信号 S_{T_0},该时标信号到达卫星后,由卫星向接收机转发,接收机对接收到的信号进行简单处理,再经过卫星将信号回复给主控站。也就是说,表示时间 T_0 的时标信号 S_{T_0} 经过一定的时延,最终在 T_1 时刻回到了主控站。主控站将接收时标信号的时间与发射时间相减,得到信号的双向传播时延 $T_1 - T_0$,进而可以得到单向传播时延。主控站将单向传播时延发送给接收机,接收机根据接收到的时标信号及单向传播时延计算出本地时间与主控站时间的差值修正本地时间,使之与主控站的时间同步,实现双向授时[104-105]。

10.3.3 定位原理

1. 基本原理

由于参与定位的卫星数量有限,Beidou Ⅰ借助大地高程信息通过两颗卫星实现用户的三维定位,即主控站根据两颗卫星的位置坐标、卫星至接收机的伪距以及接收机的大地高程组成观测方程计算接收机的位置坐标。

系统定位原理如图 10.3.2 所示,分别以两颗卫星为球心,以卫星至接收机的伪距 ρ_1 和 ρ_2 为半径可分别得到两个球面,由于两颗卫星直线距离(约为 42 000 km)小于卫星至接收机的距离之和 36 000×2=72 000 km,因此两球面必然相交且形成一个穿过赤道的交线圆弧,由此可确定接收机在该圆弧上,此时还需要利用额外的信息才可以确定接收机位于此交线圆的具体位置。由于 Beidou Ⅰ的主控站配有电子高程地图,由它可以获得一个以地心为球心、以球心至地球表面高度为半径的非均匀椭球面,卫星的交线圆与该椭球面同样存在交点,接收机的位置可唯一确定。

设 $p_{\mathrm{SAT}i}(x_{\mathrm{SAT}i}, y_{\mathrm{SAT}i}, z_{\mathrm{SAT}i})$, $i=1,2$ 为卫星坐标,$p_m(x_m, y_m, z_m)$ 为主控站坐标,$p_r(x_r, y_r, z_r)$ 为接收机坐标,$p_{o'}(x_{o'}=0, y_{o'}=0, z_{o'}=-R_{\mathrm{N}}e^2\sin\varphi)$ 为接收机处椭球法线与短轴的交点坐标,R_{N} 为接收机所在测站点的卯酉圈曲率半径,e 为参考椭球偏心率,φ 为测站点纬度。接收机至卫星 1 和卫星 2 的距离分别为 ρ_1 和 ρ_2,接收机至 $p_{o'}$ 的距离为 ρ_3,卫星 1 和卫星 2 至主控站的距离分别为 S_1 和 S_2。接收机坐标包含三个未知数(x_r, y_r, z_r),若要解出三个未知数,必

须建立三个方程。通过卫星位置信息可以得到两个方程，利用主控站的数字化地形图、接收机携带的测高仪可得到接收机大地高 h[106]，从而得到第三个方程。联立三个方程即可解算出接收机的坐标：

$$\left.\begin{aligned}\rho_1 &= f(p_{\mathrm{SAT1}}, p_r)\\ \rho_2 &= f(p_{\mathrm{SAT2}}, p_r)\\ \rho_3 &= f(h, p_r)\end{aligned}\right\} \tag{10.3.1}$$

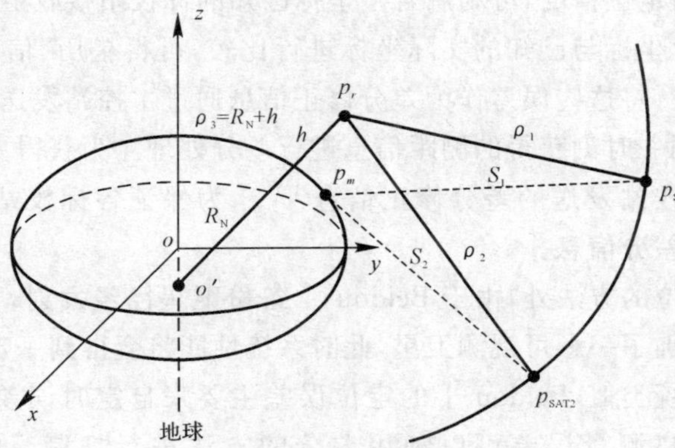

图 10.3.2　系统定位原理图

2. 定位方程求解

主控站在接收到应答信号后进行接收机坐标计算，具体解算时可以不利用校准信息进行单点定位，也可以利用校准信息实现差分定位。单点定位解算的典型计算方法有多种，如代入法、相似椭圆法、三点交会法和近似椭球法等，几种方法的解算精度相差不大，而三点交会法的计算量要小于其他几种方法，下面就以三点交会法为例说明接收机坐标解算过程。

由图 10.3.2 可得

$$\left.\begin{aligned}\rho_1 &= f(p_{\mathrm{SAT1}}, p_r) = \sqrt{(x_{\mathrm{SAT1}} - x_r)^2 + (y_{\mathrm{SAT1}} - y_r)^2 + (z_{\mathrm{SAT1}} - z_r)^2}\\ \rho_2 &= f(p_{\mathrm{SAT2}}, p_r) = \sqrt{(x_{\mathrm{SAT2}} - x_r)^2 + (y_{\mathrm{SAT2}} - y_r)^2 + (z_{\mathrm{SAT2}} - z_r)^2}\\ \rho_3 &= f(p_{o'}, p_r) = (x_r^2 + y_r^2 + (z_r + R_{\mathrm{N}} e^2 \sin\varphi)^2)^{1/2} = R_{\mathrm{N}} + h\\ S_1 &= f(p_{\mathrm{SAT1}}, p_m) = \sqrt{(x_{\mathrm{SAT1}} - x_m)^2 + (y_{\mathrm{SAT1}} - y_m)^2 + (z_{\mathrm{SAT1}} - z_m)^2}\\ S_2 &= f(p_{\mathrm{SAT2}}, p_m) = \sqrt{(x_{\mathrm{SAT2}} - x_m)^2 + (y_{\mathrm{SAT2}} - y_m)^2 + (z_{\mathrm{SAT2}} - z_m)^2}\end{aligned}\right\} \tag{10.3.2}$$

主控站定位的观测量是信号在主控站、卫星、接收机之间往返传播的时间，相应的距离为 D_1 和 D_2，D_1 为主控站与接收机间信号经其中一颗卫星转发所对应的距离，D_2 为经两颗卫星转发所对应的距离，如图 10.3.2 所示，相应的方程为

$$\left.\begin{aligned}D_1 &= 2(S_1 + \rho_1) = 2[f(p_{\mathrm{SAT1}}, p_m) + f(p_{\mathrm{SAT1}}, p_r)]\\ D_2 &= S_1 + \rho_1 + S_2 + \rho_2 = f(p_{\mathrm{SAT1}}, p_m) + f(p_{\mathrm{SAT1}}, p_r) + f(p_{\mathrm{SAT2}}, p_m) + f(p_{\mathrm{SAT2}}, p_r)\\ D_3 &= \rho_3 = f(p_{o'}, p_r) = R_{\mathrm{N}} + h\end{aligned}\right\} \tag{10.3.3}$$

式中，除接收机三个位置参数 $p_r(x_r, y_r, z_r)$ 外，其他均为已知量，故方程可解。

由于 $\sin\varphi$ 和 R_N 均为近似值，解算出一次接收机坐标后，可根据下式进行多次迭代找到最优解：

$$\left.\begin{aligned}\varphi_{(k+1)} &= \arctan[z_r/(x_r^2+y_r^2)^{1/2}(1-\frac{e^2 R_{N(k)}}{R_{N(k)}+h})^{-1}] \\ R_{N(k+1)} &= a(1-e^2\sin\varphi_{(k)})^{-1/2}\end{aligned}\right\} \quad (10.3.4)$$

式中，a 为椭球长半轴。当式(10.3.4)中的 $\varphi_{(k+1)}$ 和 $\varphi_{(k)}$ 的差值小于设定门限时迭代结束。

为提高 Beidou Ⅰ的定位精度，可利用若干坐标已知的标校站接收卫星信号并对其所在位置坐标进行解算，将解算坐标与已知的实际坐标进行比较，可得星历、信号传播、地球自转、相对论效应等引起的误差。将这些误差作为差分修正信息通过主控站发送至标校站以外的接收机，这些接收机利用在同一时刻获得的测距信息进行差分处理。为获得更高的定位精度，接收机应选择距离较近的标校站发送的差分修正信息[107]。为保证各标校站自身的完好性，标校站之间也能够互相收发差分信息。

除上述利用双星定位的方法外，由于 Beidou Ⅰ备份卫星已经发射，可考虑利用备份卫星实现三星定位。由于增加了一颗可观测卫星，此时系统性能将会得到一定的改善。

与其他卫星导航系统类似，Beidou Ⅰ的定位误差主要来自定时误差、距离测量误差和几何精度因子，其中的距离测量误差可以利用差分的方法进行抑制。值得一提的是，由于 Beidou Ⅰ在解算坐标时需要知道接收机所在位置的高程，它可通过测高仪提供。测高仪在测量时产生的误差对定位精度也会产生影响，而且在低纬度比在高纬度要大。当测距误差为 10 m，高程误差为 10 m 时，系统覆盖区域内接收机的单点定位精度在100 m以内，差分定位精度在30 m以内[108]。

10.4 BDS 卫星导航系统

与采用被动定位方式实现的全球性卫星导航系统相比，采用主动定位方式的 Beidou Ⅰ由于卫星数量有限，在信号覆盖范围、定位精度、隐蔽性、系统容量等方面存在很多不足，已不能满足我国日益增长的导航需求，其他卫星导航系统的发展也对 Beidou Ⅰ提出了更高的挑战。为了克服 Beidou Ⅰ卫星导航系统的缺点，保留其可以进行报文通信的优点，我国于 2004 年开始筹建性能更高、覆盖面更广、技术更先进的 BDS 全球卫星导航系统。2007 年 4 月和 2009 年 4 月先后成功发射两颗 BDS 卫星进入预定轨道，标志着系统卫星组网工作正式启动。作为北斗第二代卫星导航系统，BDS 既能够兼容 Beidou Ⅰ，又与其在工作原理和性能上存在明显的区别：

1)BDS 卫星导航系统的接收机可免发上行信号，不再依赖主控站而是由接收机解算位置坐标，系统的用户容量不受限制，定位隐蔽性提高；

2)采用多颗卫星进行定位，而不是双星定位，不需要高程信息辅助；

3)保留了 Beidou Ⅰ的通信功能，能够实现报文或指令通信；

4)定位精度、授时精度更高。

BDS 卫星导航系统建成后将提供两种服务，一种是针对非授权用户的开放服务，另一种是针对特许用户的授权服务[109]。开放服务在全球范围内定位精度可达 10 m，授时精度可达

20 ns，测速精度为 0.2 m/s。授权服务可以提供更高精度的定位、授时、测速服务。局部区域内差分定位精度可以达到 1 m，并且可以利用 BDS 卫星进行报文通信。

10.4.1　系统构成

1. 空间段

BDS 卫星导航系统空间段计划由 5 颗地球静止轨道卫星和 30 颗非静止轨道卫星组成，其中 5 颗地球静止轨道卫星高度为 36 000 km，在赤道上空分布于 58.75°E，80°E，110.5°E，140°E 和 160°E；30 颗非静止轨道卫星由 27 颗中地球轨道卫星和 3 颗倾斜同步轨道（IGSO）卫星组成；27 颗中地球轨道卫星分布在倾角为 55°的 3 个轨道平面上，轨道高度为21 500 km。图 10.4.1 所示为 BDS 卫星轨道示意图[110]。图 10.4.2 所示为 BDS 倾斜同步轨道卫星和中地球轨道卫星，两者由于工作性质不同，在结构、配置和外形上均有所不同。

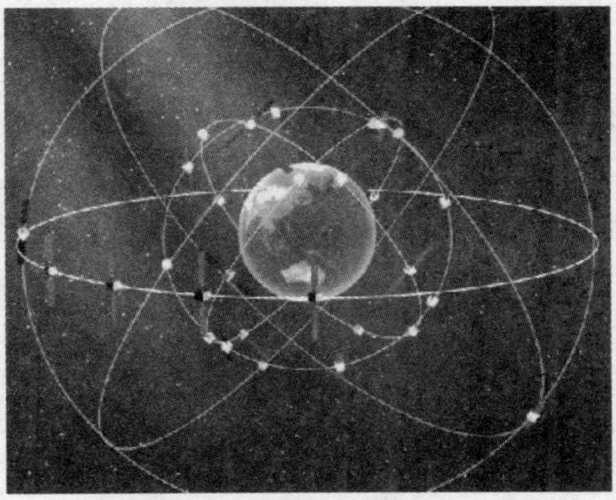

图 10.4.1　BDS 卫星轨道示意图

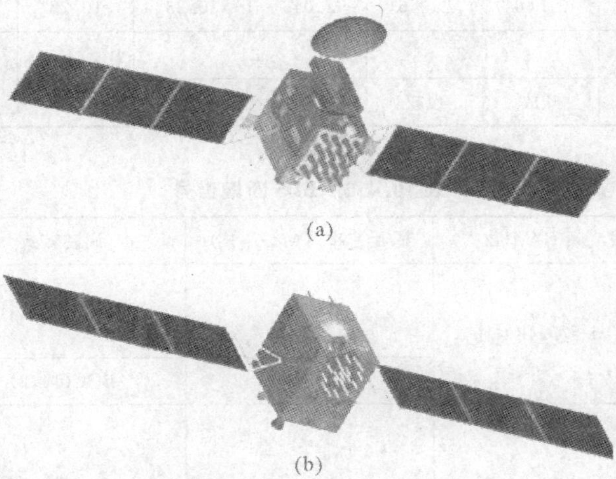

图 10.4.2　BDS 卫星

（a）倾斜同步轨道卫星；（b）中地球轨道卫星

未来几年里，我国将陆续发射BDS系列导航卫星，继续完善BDS星座配置，并进行系统组网和导航实验，在近期内建成BDS区域卫星导航系统，满足我国境内和周边地区的导航需求。根据BDS的计划，在2012年以前，预计发射12颗卫星，其中包括5颗地球静止轨道卫星和7颗中地球轨道卫星。

2. 地面段

BDS的地面段包括1个主控站、2个注入站和30个监测站[111]。监测站实时跟踪监测卫星工作状况和监测站附近的空间、地理环境的变化，并将这些信息传送给主控站。主控站接收监测站发送的数据，编算导航电文、星历数据，将其与时间基准一同传送至注入站，协调管理注入站和监测站的工作，并根据监测数据控制卫星运行状态，保证BDS星座正常运转。注入站将卫星星历、导航电文、钟差和其他控制指令注入卫星。

10.4.2　卫星信号

BDS卫星导航系统与GPS、伽利略系统在载波频率、信号结构和定位原理等方面有很多相似之处[112]。根据国际电信联盟的登记，BDS卫星将发射四种频率的信号，这些信号均采用QPSK调制(见表10.4.1)。随着系统的逐步完善，还将发射其他频率的信号(见表10.4.2)。出于安全保密以及与其他卫星导航系统兼容，避免在相同频段内与其他卫星导航系统的信号产生干扰，BDS信号将采用复用二元偏置载波(MBOC)、交替二元偏置载波(AltBOC)等调制方式。

表10.4.1　BDS卫星发射的信号

通道	B1(*I*)	B1(*Q*)	B2(*I*)	B2(*Q*)	B3	B1-2(*I*)	B1-2(*Q*)
调制方式	QPSK		QPSK		QPSK	QPSK	
载波频率/MHz	1 561.098		1 207.14		1 268.52	1 589.742	
码片速率/($Mc \cdot s^{-1}$)	2.046	2.046	2.046	10.23	10.23	2.046	2.046
带宽/MHz	4.092		24		24	4.092	
服务类型	开放	授权	开放	授权	授权	开放	授权

表10.4.2　BDS新增信号

频带	载波频率/MHz	码片速率/($Mc \cdot s^{-1}$)	调制方式	服务类型
B1-CD	1 575.42	1.023	MBOC(6,1,1/11)	开放
B1-CP				
B1		2.046	BOC(14,2)	授权
B2aD	1 191.795	10.23	AltBOC(15,10)	开放
B2aP				
B2bD				
B2bP				

续 表

频带	载波频率/MHz	码片速率/($\mathrm{Mc \cdot s^{-1}}$)	调制方式	服务类型
B3	1 268.52	10.23	QPSK(10)	授权
B3aD		2.557 5	BOC(15,2.5)	授权
B3aP				

鉴于本书写作时官方尚未发布与 BDS 有关的接口控制文档，以下内容是从美国斯坦福大学的研究报告和网络资源获得的相关信息[113-114]，需要说明的是，这些与 BDS 信号有关的信息并未经过官方证实，仅供感兴趣的读者参阅。

在 BDS 卫星发射成功后，斯坦福大学的研究人员利用 1.8 m 的碟形天线，以46.8 MHz 的采样频率对卫星信号进行接收，经研究分析后给出了 BDS 三个频段 B1，B2，B3 的信号波形，如图 10.4.3 所示，BDS 在不同频段发射信号的波形、带宽有一定差异，各频段的起始和截止频率如下：B1：1 559.05～1 563.15 MHz，B2：1 195.14～1 219.14 MHz，B3：1 256.52～1 280.52 MHz，B1-2：1 587.69～1 591.79 MHz。

BDS 卫星发射的导航电文经扩频、载波调制后向其覆盖区域广播，接收机接收到信号后，对信号进行解调与解扩，可实现接收机位置坐标的解算。

根据斯坦福和法国空间中心的研究报告[112]，目前只接收到 BDS 导航卫星发送的三种频率信号(B1，B2，B3)，尚未接收到 B1-2 频率的信号，这些信号采用 QPSK 调制方式，分为同相 I 和正交 Q 两个通道，其中，I 通道由余弦载波调制，Q 通道由正弦载波调制，接收信号可以表示为

$$s_b(t)=D(t-\tau_d)C(t-\tau_d)\exp(j2\pi f_D t+\theta)+n_b(t) \tag{10.4.1}$$

式中，$D(t)$ 为导航电文；$C(t)$ 为扩频码序列；τ_d 为时延；f_D 为包含多普勒频移的载波频率，θ 为初始相位；$n_b(t)$ 为噪声。

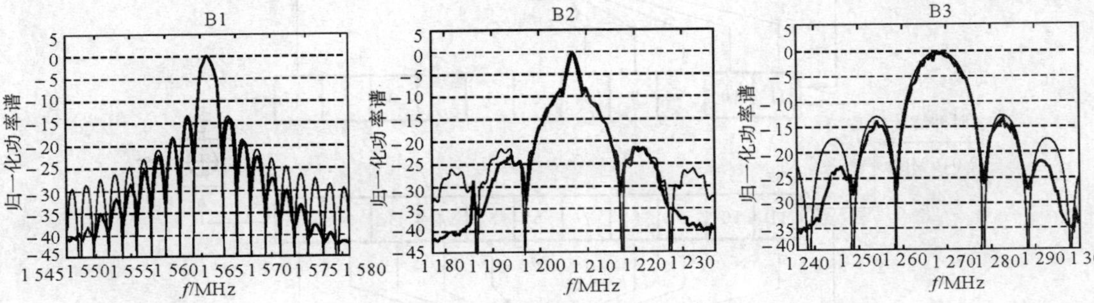

图 10.4.3　接收的 BDS 卫星发射信号

在 BDS 的 PRN 码生成多项式未知的情况下，斯坦福大学的科研人员利用接收信号自身的一部分进行自相关来提取信号的特征，由于接收到的卫星信号淹没在噪声中，而导航信号采用了扩频调制体制，因而具有一定的相关特性，从而可提取信号的特征参数，如码元周期、多普勒频移等。首先将截取接收信号的一部分定义为

$$\hat{s}_b(t)=\begin{cases} s_b(t), & 0<t\leqslant t_0 \\ 0, & t>t_0 \end{cases} \tag{10.4.2}$$

式中，t_0 表示截取部分信号持续的时间。t_0 的长度要适中，太长则有可能包含信号的下一个周期；太短则可能导致没有相关峰出现。信号的自相关可以表示为

$$R_{ss}=\int_{-\infty}^{+\infty}s_b(t+\tau)\hat{s}_b^*(\tau)d\tau=\int_{-\infty}^{+\infty}s_b(\tau)\hat{s}_b^*(\tau-t)d\tau=$$
$$\int_t^{t+t_0}s_b(\tau)s_b^*(\tau-t)d\tau \tag{10.4.3}$$

假设噪声 $n_b(t)$ 是均值为 0 的高斯白噪声，将式(10.4.1) 代入式(10.4.3) 可得

$$R_{ss}=\int_t^{t+t_0}[D(\tau-\tau_d)C(\tau-\tau_d)\exp(j2\pi f_D t+\theta)]\times$$
$$[D(\tau-\tau_d-t)C(\tau-\tau_d-t)\exp(j2\pi f_D(\tau-t)+\theta)]d\tau=$$
$$\exp(j2\pi f_D t)\int_t^{t+t_0}D(\tau-\tau_d)C(\tau-\tau_d)D(\tau-\tau_d-t)C(\tau-\tau_d-t)d\tau \tag{10.4.4}$$

PRN 码速率、码元长度的设计都与信号的抗干扰性能、捕获与跟踪的难易程度有着密切关系。通过对接收信号进行自相关，科研人员研究了 B1,B2,B3 频段信号的 PRN 码生成多项式[112]。载频 B1 和 B2 上调制的 PRN 码都是码长为 2 046 bit 的 Gold 码，由 11 级移位寄存器产生，B1 的 I 通道 Gold 码生成多项式如表 10.4.3 所示，由两个 11 级移位寄存器模 2 和生成，对应的码发生器原理图如图 10.4.4 所示。

表 10.4.3　B1 的 I 通道码生成多项式及初始状态

多项式 1	$x^{11}+x^{10}+x^9+x^8+x^7+x+1$
初始状态 1	[0 1 0 1 0 1 0 1 0 1 0]
多项式 2	$x^{11}+x^9+x^8+x^5+x^4+x^3+x^2+x+1$
初始状态 2	[0 0 0 0 0 0 0 1 1 1 1]

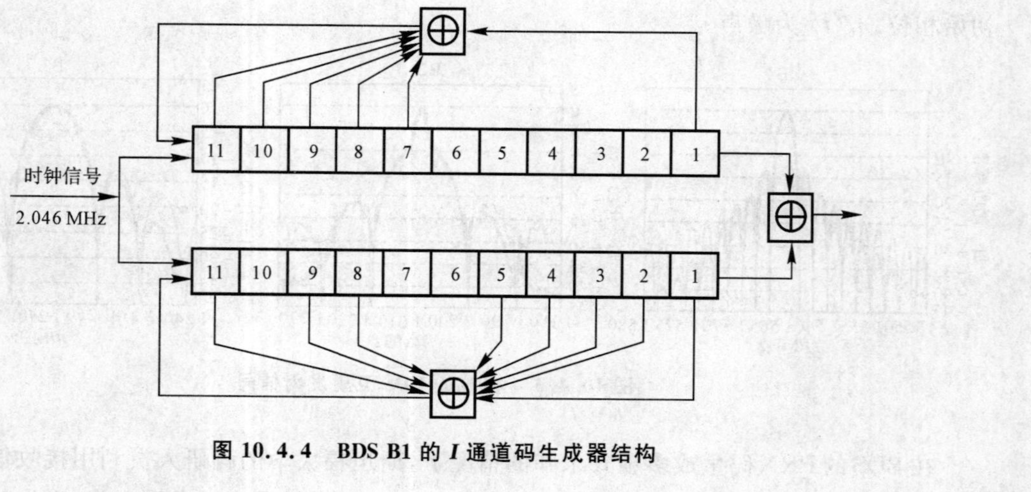

图 10.4.4　BDS B1 的 I 通道码生成器结构

根据相关研究，B3 调制的扩频码与 B1 调制的扩频码不同，B3 的扩频码是一种组合码，分为前后两段，前段包含扩频码序列的前 8 190 bit，后段包含扩频码序列的 8 191 ～ 10 230 bit。B3 扩频码的前、后两段由 26 级移位寄存器生成，前段和后段的扩频码序列均由两个 13 级的移位寄存器模 2 和生成，如图 10.4.5 所示。实际上，B3 扩频码的前、后两

段使用的是相同的 13 级移位寄存器，只是初始状态的最后一位有所不同，表 10.4.4 和表 10.4.5 分别给出了 B3 扩频码前段信号和后段信号的生成多项式和初始状态。

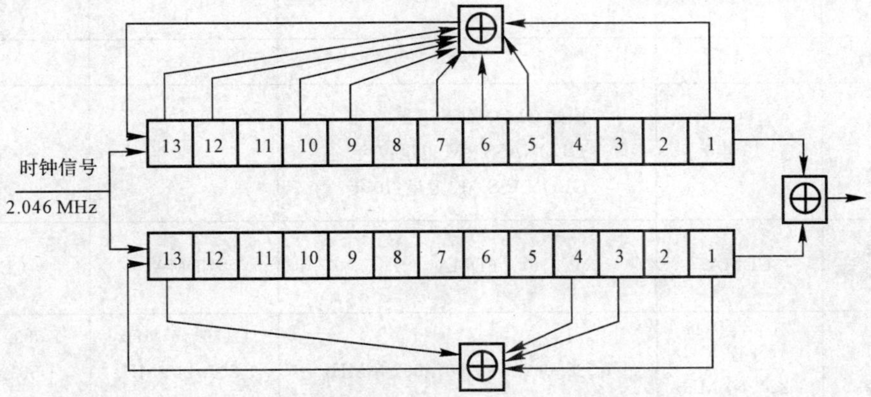

图 10.4.5　BDS B3 的 *I* 通道前段码发生器结构

表 10.4.4　B3 的 *I* 通道前段信号生成多项式及初始状态

多项式 1	$x^{13}+x^{12}+x^{10}+x^{9}+x^{7}+x^{6}+x^{5}+x+1$
初始状态 1	[1 1 1 1 1 1 1 1 1 1 1 1 0]
多项式 2	$x^{13}+x^{4}+x^{3}+x+1$
初始状态 2	[1 1 1 1 1 1 1 1 1 1 1 1 1]

表 10.4.5　B3 的 *I* 通道后段信号生成多项式及初始状态

多项式 1	$x^{13}+x^{12}+x^{10}+x^{9}+x^{7}+x^{6}+x^{5}+x+1$
初始状态 1	[1 1 1 1 1 1 1 1 1 1 1 1 1]
多项式 2	$x^{13}+x^{4}+x^{3}+x+1$
初始状态 2	[1 1 1 1 1 1 1 1 1 1 1 1 1]

10.5　卫星导航系统的兼容性与互操作性

随着 GNSS 的全面发展，欧洲的 Galileo 和中国的 BDS 都将会像美国的 GPS、俄罗斯的 GLONASS 一样，成为全球性的导航定位系统。目前而言，GPS 发展最好、应用最为广泛，随着其现代化进程的深入，性能也会进一步提高；GLONASS 采用频分多址(FDMA)接入方式，在应用市场的开发上尚需努力；Galileo 是基于民用的全球卫星导航定位系统，它向用户提供开放服务、商业服务、生命安全服务、公共特许服务以及搜索救援等多种服务；中国的 BDS 系统预计 2012 年开始提供服务。各卫星导航系统在卫星配置、卫星轨道、系统架构方面既有很多相似之处，又各具特点，如表 10.5.1 所示[115]。卫星导航系统正进入多系统并存、多技术融合的新发展阶段。

表 10.5.1 GNSS 参数

	GPS	GLONASS	Galileo	BDS
卫星数量	24	24	30	35
轨道面数	6	3	3	6
卫星工作年限	10 年	原始 GLONASS 卫星:3 年 GLONASS-M 卫星:7 年 GLONASS-K 卫星:10 年	>12 年	
信号接入方式	CDMA	FDMA	CDMA	CDMA
载波频率	1 575.42 MHz 1 227.60 MHz 1 176.45 MHz	1 598.062 5～1 607.062 5 MHz 1 242.937 5～1 249.937 5 MHz	1 176.45 MHz 1 207.140 MHz 1 278.75 MHz 1 575.42 MHz	1 589.74 MHz 1 561.1 MHz 1 207.14 MHz 1 268.52 MHz
轨道高度	20 200 km	19 100 km	23 200 km	20 200 km
轨道倾角	55	64.8	56	55
坐标系统	WGS-84	PZ-90	GTRF	中国大地 2000
时间系统	GPST	GLONASST	GST	BDT
调制方式	BPSK+ QPSK+BOC	BPSK+BOC	BPSK+BOC +AltBOC	QPSK+BOC

根据前面的介绍，美国的 GPS、俄罗斯的 GLONASS、中国的 BDS、欧洲的 Galileo 卫星导航系统全部投入使用时，全球用于导航的卫星数目将超过 100 颗，对用户来说，多系统、多频信号的兼容接收机的研制已经成为不可逆转的趋势。相对于单一的导航系统，GNSS 组合定位有着显著的优势：相对于单频而言，多个载波频率的组合使用，有利于减弱电离层效应的影响和载波相位整周模糊度的实时快速解算；可视卫星数量的增加，必然能够在全球获得更好的卫星位置几何关系，这对提高系统的定位精度以及改善系统的完好性、连续性和可用性有着十分重要的意义。

要实现多系统的组合定位，必然要求各系统之间具有一定的兼容性(Compatibility)和互操作性(Interoperability)。美国 2004 年 12 月发布的 PNT(Positioning Navigation and Timing)政策对 GPS 的兼容性和互操作性作出了如下定义：

兼容性是指单独或联合使用美国空基定位、导航以及授时系统和其他相应系统提供的服务时互相不干扰，兼容性需要在国际电信联盟提供的架构之下考虑对接收信号信噪比产生影响的技术细节。互操作性是指联合使用美国民用空基定位、导航和授时系统以及国外相应系统提供的服务，从而在用户层面提供较好的性能，理想的互操作性意味着应用不同系统的信号进行导航定位时，不产生额外的消耗。

不同的系统在体系结构、载波频率、调制方式、坐标系统和时间系统等方面都存在差异，这些都增加了系统兼容和互操作的复杂度。总的来说，GNSS 各系统之间的兼容性和互操作性主要体现在时空基准和空间信号两方面[116]。

在 GNSS 体系中，不同的系统采用各自的坐标系和时间基准，因此时空基准的兼容性和互操作性就是要建立一个统一的框架，在空间上指明用户和卫星的位置，在时间上指明用户和卫星的时钟偏差的时间标度。GNSS 空间信号的兼容与互操作主要是通过共用中心频率以及频谱重叠来实现，对于中心频率相同的导航信号，接收机可以采用相同的射频前端、不同的捕获跟踪模块、相同的导航解算模块来实现多系统融合。虽然通过共用中心频率和频谱重叠的方式可以实现系统间的协同工作，但仍然需要采用不同的信号调制方式或参数，以便在频谱上将这两个信号分离，从而保证信号之间的相互干扰降至最低。

具体来讲，各系统之间的兼容性和互操作性主要体现在如下几方面：

(1)载波频率

为了保证多系统接收机结构简单，首先要解决好载波频率的兼容性。图 10.5.1 所示为 GNSS 系统现有和计划采用的主要频率占用情况示意图，GPS 载波采用了 3 个频段，Galileo 和 BDS 都采用了 4 个频段，而 GLONASS 系统采用频分多址的方式，分配给每颗卫星的频率都不一样，因此导航卫星所采用的载波频率较多。由图可见，BDS 和 Galileo 系统所占用的几个频段多数重叠，兼容性较好，Galileo 的 E5 与 GPS 的 L5、BDS 的 B2 频段重叠，Galileo 的 E6 与 GLONASS 的 L2、BDS 的 B3 频段重叠，Galileo 的 E2 - L1 - E1 与 BDS 的 B1 和 B1 - 2、GLONASS 的 L1、GPS 的 L1 频段重叠。各卫星导航系统的频段重叠保证了信号的兼容性，同时也简化了导航接收机的设计。当然，各卫星导航系统载波频段重叠也必然会带来信号干扰的问题，由于各系统采用了不同的信号调制方式，这种干扰并不会太强。

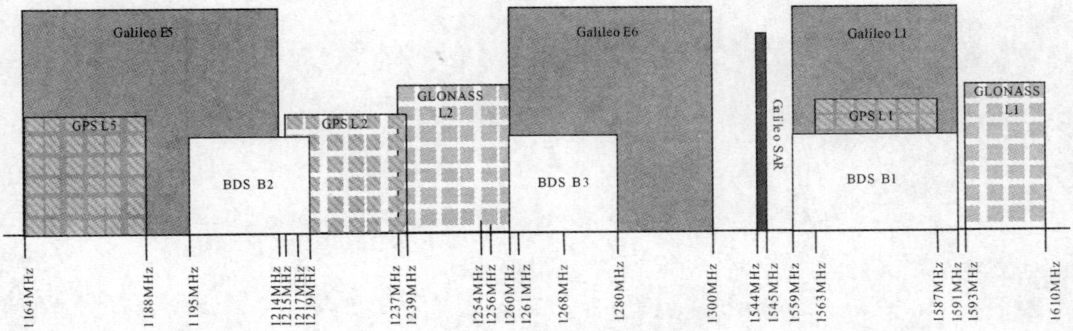

图 10.5.1　GNSS 频段分配

(2)坐标系

各卫星导航系统分别采用了不同的坐标系统。GPS 采用 WGS - 84 坐标系，GLONASS 采用 PZ - 90 坐标系，Galileo 采用了全球参考框架 GTRF 坐标系，而 BDS 采用了中国 2000 国家大地坐标系。四个不同的坐标系之间存在一定差异，因此为了实现各系统的兼容，在进行数据融合时需进行坐标系的统一。理论上，通过参数转换模型即可确定任意两个坐标系间的转换参数，从而实现坐标系的统一。

(3)时间基准

同坐标系一样，时间基准也是全球卫星导航系统的一个重要基准，时间精度直接影响到导航定位的精度。GPS 采用的是 GPST 时间系统，没有跳秒改正；GLONASS 时间系统采用的是莫斯科协调世界时 UTC(SU)，含有跳秒改正；Galileo 采用的是国际原子时 GST；而 BDS 采用的是 BDT 时间系统。虽然四者分别采用了不同的时间系统，但它们都与协调世界时存在转换关系，可以转换为统一、兼容的时间基准。

(4)星座配置

星座配置的兼容性主要体现在单个卫星导航系统实现星座最优配置的前提下，争取实现与其他系统星座的互补性。星座配置的兼容性要求各系统星座构型、轨道参数与星座性能之间的关系，在某种判定准则下达到最优的星座配置方案。为此，首先需要研究目前系统星座配置下的性能指标；其次需要研究在将来不同发展阶段下系统星座配置所具备的性能指标；在此基础上重点研究在其他系统补充下某一系统如何进行星座配置，从而实现基于星座的兼容与互操作所带来的性能提升。

研究 GNSS 体系的兼容性和互操作性是保证各系统间互不干扰、协同工作的前提。多系统定位在提高导航定位性能的同时，也加强了政府之间的联系，对促进卫星导航的全球化有着重要意义[117]。

第11章　卫星导航增强系统

为弥补传统导航设备在安全、容量和效率上的不足，国际民航组织（ICAO）于1983年提出，利用卫星和其他辅助设备提供的通信、导航和监视（Communication，Navigation and Surveillance，CNS）技术，在太空、飞机和地面建立新航行系统（Future Aero Navigation System，FANS）。由于空中交通管理（Air Transportation Management，ATM）是CNS实现的关键，因此，FANS也称为CNS/ATM系统。FANS计划中有一项重要内容就是利用全球导航卫星系统（GNSS）、各类GNSS增强系统和惯导替代传统的地面导航设备，以解决航路导航和航路监视受限于地面设施的问题，从而增加航路设计的灵活性、加强飞机进近和着陆的安全保障。

由于卫星导航独特的全球、全天时、全天候定位优势，20世纪90年代，一些学者就已经开始研究将GNSS作为主要的导航设备应用于民用航空的精密进近和着陆，以取代价格昂贵的微波着陆系统（Microwave Landing System，MLS）和仪表着陆系统（Instrument Landing System，ILS）。然而，单独的GNSS定位精度很难满足各个飞行阶段的要求，而且缺乏完好性和可用性，无法直接应用，为此，以美国的广域增强系统和局域增强系统为代表的各类GNSS增强系统被广泛研究，以满足航空导航的需求。ICAO根据增强信息的来源将这些增强系统分为以下三种类型：

1）星基增强系统（Satellite Based Augmentation System，SBAS）；

2）陆基增强系统（Ground Based Augmentation System，GBAS）；

3）机载增强系统（Aircraft Based Augmentation System，ABAS）。

这些增强系统的建立，大大提高了独立GNSS的导航性能。在增强系统的服务区内，不仅航空用户，其他用户只要拥有能够接收和处理GNSS及其增强信号的接收机，均可享受这一服务。

11.1　航空导航需求

11.1.1　RNP/RNAV

采用传统的地面导航方式，飞机需要飞越地面台站的信号覆盖范围，因此，航路是由各地面台站连成的折线，这必然影响飞机的航行效率。随着全向信标（VOR）、测距仪（DME）和卫星导航技术的发展，飞机已经能够根据这些设备传回的数据连续地计算位置。为此，ICAO于1991年提出了区域导航（Regional Navigation，RNAV）的概念，即飞机可以选择飞越或不飞越导航台，从而不再受传统导航方式要求的沿导航台飞行的限制。为更好地实施RNAV导航，国际民航组织提出了所需导航性能（Required Navigation Performance，RNP）的概念。

RNP是指在一个确定的空域内飞行的飞机必须具备的导航性能，如图11.1.1所示。图中飞机在预设航路中飞行，RNP - x 表示一个特定的飞行阶段，x 表示机载或外部导航设备的精度指标，它规定了机载设备或机载设备与地面设备配合的系统必须提供的导航精度指标（总飞行时间的95%）。图11.1.1(a)显示了RNP - x 规定的飞机在特定空域内的有效活动范围。引入RNP - x 的RNAV，即RNP/RNAV导航方式，则多出了一段包容区域（Containment Region），如图11.1.1(b)所示，它是以预设航路为中心线的上下 $2x$ 的区域，要求飞机在占总飞行时间99.99%的时间内位于这一区域，从而保持飞行区域的连续性。

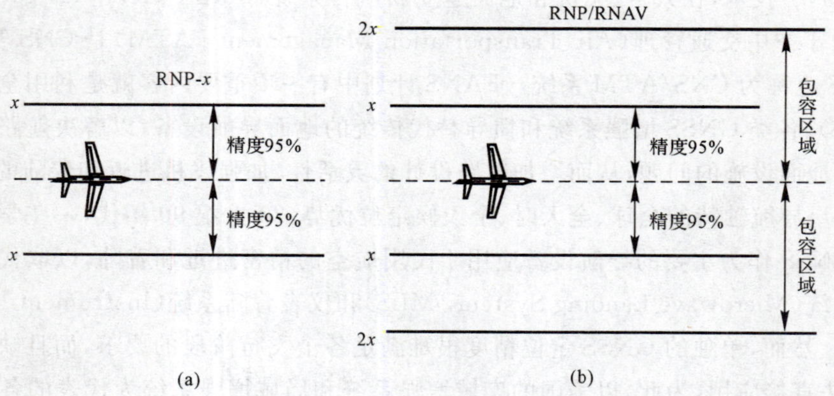

图11.1.1 RNP与RNP/RNAV

1998年4月，RNAV在欧洲初步应用，随后逐步在世界各地展开。应用实践表明，与传统导航方式相比，RNAV具有如下优点：

1)RNP的引入将有助于保持有序、可预测的空中交通流量。

2)RNP/RNAV导航方式使飞机可以根据周围地形的特点，灵活地选择航迹。飞机不必沿参考导航设备确定的具体航路飞行，因此，可以建立旁通航路，使飞机绕过高密度终端区。

3)可建立复式或平行航路，随着新设备导航能力的增加，可提高空域容量，有利于建立无缝的空间航空导航系统。

4)由于RNP/RNAV导航方式不要求飞机沿特定的航路飞行，增加了地面建台的灵活性。

5)RNP/RNAV导航方式是向“自由飞行”迈出的重要一步。飞机起飞后可根据特殊情况在控制区域内自由改变航线，建立最直接、最安全的航路。

与传统的基于设备的导航方式不同，RNP/RNAV导航方式与飞机配备何种导航设备无关。只要导航设备提供的实际导航性能（Actual Navigation Performance, ANP）能够达到RNP - x 的要求，即认为可完成某一级别的RNP飞行；如果不能满足精度要求，则飞机应发出警告。例如，满足RNP - 0.3要求的飞机可实现精密进近，满足RNP - 10要求的飞机可实现航路导航，其中的数字以n mile（海里）为单位。

各类GNSS增强系统能够弥补单一系统（如GPS，GLONASS）完好性监测性能不足的缺陷，可以从根本上解决由地面建台困难导致的空域不能充分利用和与航空飞行安全有关的问题。因此，为实现全球航空导航系统的标准化和统一运行，国际民航组织在整合各国RNAV

和 RNP 运行实践和技术标准的基础上，提出了基于性能的导航（Performance Based Navigaition，PBN）概念，它旨在利用 GNSS、各类 GNSS 增强系统和 INS 逐步取代传统的地面导航设备，为航空导航提供更精确、更安全的飞行和更高效的空中交通管理模式。航空导航由传统方式向 PBN 方式转变的示意图如图 11.1.2 所示[118]。

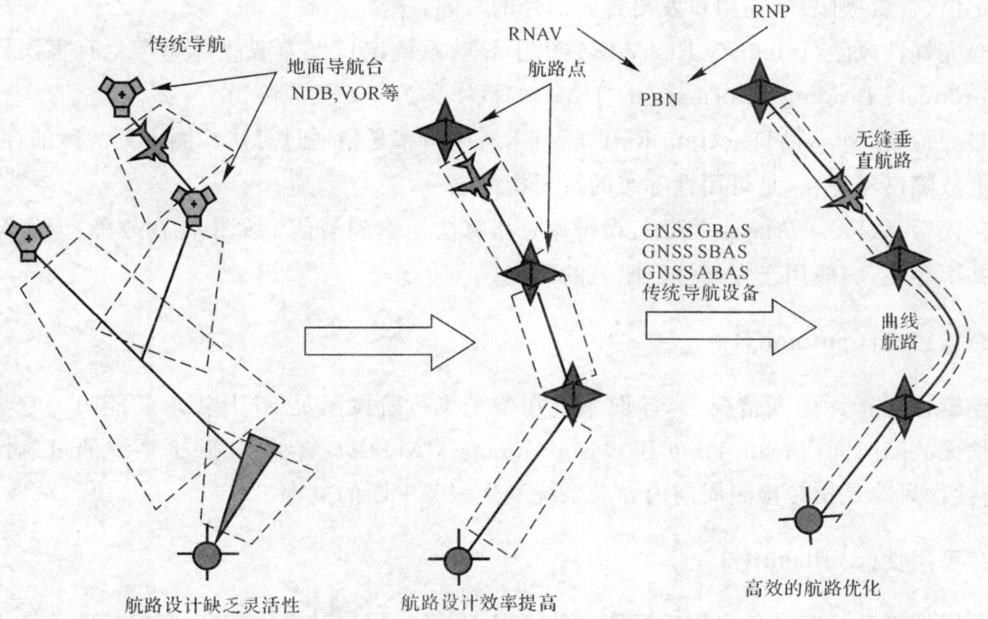

图 11.1.2　航空导航方式的转变

11.1.2　性能要求

RNP 作为航空导航的性能标准，对在某一固定空域内运行的飞机的安全保障是非常必要的，它既适用于传统的地面导航设备，同时也适用于其他航空导航系统。根据 ICAO 的定义，应用于航空飞行的导航系统应满足如下导航参数所对应的性能指标[119]。

1. 精度（Accuracy）

在无故障条件下，利用导航系统确定的用户位置与真实位置的偏离程度，分为水平定位精度和垂直定位精度。陆基导航系统与空基导航系统具有不同的精度变化特点，如仪表着陆系统或信标的定位精度就具有重复性，且直至下一次定位时才会发生变化。对于全球卫星导航系统，定位精度通常以 95％的置信度给出。由于卫星连续定轨以及信号在大气层中传播，系统误差随时间和地点改变，因而不具有重复精度的特点。

2. 完好性（Integrity）

完好性是导航系统提供的信息正确性的置信度，包括系统在无法用于某些预定操作时向用户及时告警的能力。用于评估导航系统完好性的指标主要有以下几种：

1)告警极限(Alert Limit, AL):告警极限是指导航系统在定位误差超过某一界限时向用户发出告警的最小误差范围,当超出这一规定的范围时,系统应发出警告,可分为水平告警极限(Horizontal Alert Limit, HAL)和垂直告警极限(Vertical Alert Limit, VAL)。

2)告警时间(Time to Alert, TTA):告警时间是指从导航系统检测到定位误差超过规定的限定值(告警极限)到向用户发出告警信号的时间。

3)完好性风险(Integrity Risk, IR):由于导航系统定位误差或故障而产生有害误导信息(Hazardously Leading Information, HMI)的概率称为完好性风险。

4)漏检率(Missed Detection Ratio, MDR):漏检率是指通过算法检测不到故障的存在,但事实上故障已经存在,是可用性等级的重要指标之一。

5)误警率(False Alarm, FA):误警率是指算法检测到当前卫星中存在故障,但实际上该故障并不存在,一般用于完好性门限值的确定。

3. 连续性(Continuity)

连续性是指无中断情况下,导航系统在整个飞行阶段满足 RNP 需求的能力。它与系统的平均无故障时间(Mean Time Between Outages, MTBO)有关,反映了系统的可靠性。因此,连续性风险是指在检测周期内导航系统发生服务中断的概率。

4. 可用性(Availability)

可用性指系统在具备完整运行能力的情况下,满足用户对定位精度、完好性和连续性要求的时间百分比。例如,当 GNSS 用于民航非精密进近的可用性指标为 99.999%时,意味着 100 000 h的非精密进近时间里只能出现最长 1 h 的不可用时段。GNSS 的可用性依赖于卫星信号的可用性和覆盖区域的几何位置。可用性可采用平均故障间隔时间(Mean Time Between Failure, MTBF)和平均修复时间(Mean Time To Repair, MTTR)来表达,然而,GNSS 并不能直接提供这些参数,需要通过外部设计、分析和建模实现。

完好性和连续性与包容区域有关,该包容区域应为 RNP 指标的 2 倍。假设 RNP 要求为 100 m,则 RNAV 的包容区域半径为 200 m,如果系统总误差(Total System Error, TSE)超过保护区,系统将产生告警。这里 TSE 包括各种导航设备故障、显示错误和飞行技术错误等。

如前所述,导航系统必须在定位误差超过某一界限时发出告警,水平方向的告警极限称为水平告警极限,垂直方向的告警极限称为垂直告警极限。导航系统的误差应控制在一定范围内,称这个误差范围为保护级别,水平方向的误差范围称为水平保护级别(Horizontal Protect Level, HPL),垂直方向的误差范围称为垂直保护级别(Vertical Protect Level, VPL)。如图 11.1.3 所示,其中图 11.1.3(b)为图 11.1.3(a)的俯视图,黑点表示导航系统估计的飞机位置,坐标中心表示飞机的真实位置。导航系统的定位精度是决定保护级别的因素之一,定位精度越高,系统的保护级别越小。当保护级别小于保护极限时,称系统此时是可用的。当导航系统定位精度下降时,保护水平可能会超过保护极限,此时将导致系统不可用而向用户告警。

航空导航各飞行阶段对导航系统的性能要求如表 11.1.1 所示[120-122],飞机各飞行阶段对应图 11.1.4。

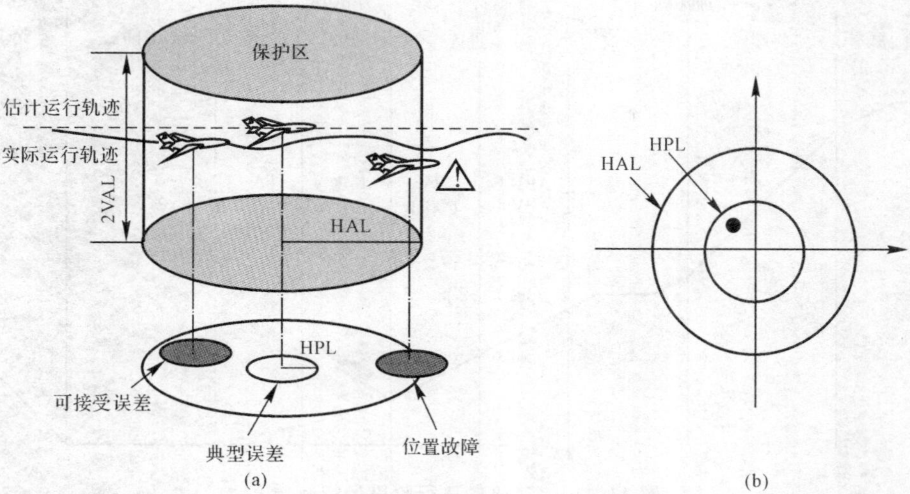

图 11.1.3　航空导航性能要求示意图

表 11.1.1　民用航空导航性能要求

飞行阶段	精度(95%)/m		完好性			完好性风险	连续性风险	可用性
	水平(H)	垂直(V)	告警极限/m 水平	告警极限/m 垂直	告警时间/s			
海洋(Oceanic)	22965	N/A	7408	N/A	120	1×10⁻⁷/h	1×10⁻⁵/h	0.99～0.999 99
航路(En - Route)	3704	N/A	3704	N/A	60	1×10⁻⁷/h	1×10⁻⁵/h	
终端(Terminal)	741	N/A	1852	N/A	30	1×10⁻⁷/h	1×10⁻⁵/h	
非精密进近(NPA)	220	N/A	556	N/A	10	1×10⁻⁷/h	1×10⁻⁵/h	
垂直引导进近(APV Ⅰ)	220	20	556	50	10	(1～2)×10⁻⁷/approach	(1～8)×10⁻⁶/15s	
垂直引导进近(APV Ⅱ)	16	8	40	20	6	(1～2)×10⁻⁷/approach	(1～8)×10⁻⁶/15s	
精密进近(CAT Ⅰ)	16	4～6	40	10～15	6	(1～2)×10⁻⁷/approach	(1～8)×10⁻⁶/15s	
精密进近(CAT Ⅱ)	6.9	2.0	17.3	5.3	1	1×10⁻⁹/15s	(1～4)×10⁻⁶/15s	
精密进近(CAT Ⅲ)	6.2	2.0	15.5	5.3	1	1×10⁻⁹/15s	(1～2)×10⁻⁶/30s(H) (1～2)×10⁻⁶/15s(V)	

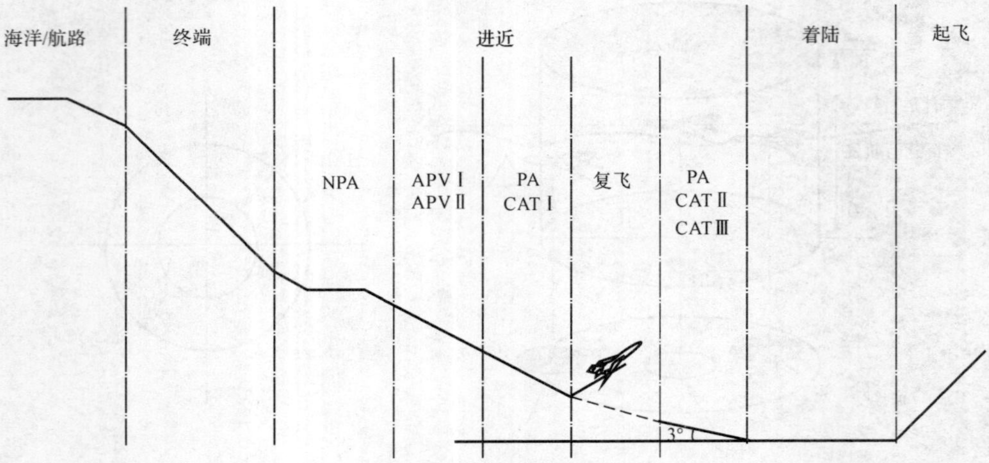

图 11.1.4 飞机各飞行阶段运行轨迹

传统的非精密进近(Non Precision Approaches, NPA)是指利用全向信标、无方向信标和测距仪等无垂直引导的仪表进近,对导航系统在垂直方向的精度没有要求,即 LNAV(Lateral Navigation),NPA 由最低下降高度和跑道视程(或能见度)两个因素决定,当飞机到达允许的最低下降高度(Minimum Descent Altitude, MDA)即复飞点后,应根据实际情况执行精密进近或复飞。然而,由于天气、导航设备性能、能见度、机场跑道照明等各种因素的影响,从 NPA 到达复飞点的过程中,由于缺少垂直引导,极易产生安全事故。2002 年 11 月,国际民航组织将进近过程重新划分(见图 11.1.4),引入了垂直引导进近(Approach Vertical Guidance, APV)作为 NPA 至 PA 的过渡。APV I 又称为 LNAV/VNAV(Lateral Navigation with Vertical Guidance),支持 GNSS、气压高度表与 SBAS 进近,允许飞机下降到距离地面 350 ft 的高度;APV II 又称为 LPV(Lateral Precision with Vertical guidance,LPV),支持 GNSS SBAS 进近,允许飞机下降到距离地面 250 ft 的高度。在重新划分飞行阶段并引入 RNAV 导航的概念后,NPA 过程采用传统地面导航设备与 GNSS ABAS 结合的方式实现。APV 进近时,利用气压高度表和 GNSS ABAS 实现垂直引导,利用 GNSS SBAS 实现水平引导。

传统的精密进近(Precision Approaches, PA)是利用昂贵的仪表着陆系统、微波着陆系统等能够水平和垂直引导的过程。ICAO 根据判决高度(Decision Hight, DH)和跑道视程两个因素将 PA 划分为三个子阶段:①CAT I,判决高度即飞机距离地面的最低高度为 60 m,能见度不低于 800 m 或跑道视程不小于 550 m;②CAT Ⅱ,判决高度低于 60 m,但不低于 30 m,即允许飞机下降到高于地面 30 m 和 60 m 之间,跑道视程不小于 350 m。③CAT ⅢA,能见度至少200 m,允许飞机下降到距离地面 30 m 以下的高度。CAT ⅢB,精密进近和着陆最低标准的判决高度低于 15 m,或无判决高度;跑道视程小于 200 m,但不小于 50 m。CAT ⅢC,精密进近和着陆最低标准无判决高度和无跑道视程的限制,允许飞机在零能见度条件下,一直下降到接地区。CAT ⅢC 类系统必须使用自动驾驶着陆。PA 可采用 GNSS GBAS 与传统的 PA 导航设备结合的方式实现。

11.2　星基增强系统(SBAS)

SBAS 实际上是星基广域差分技术、完好性监测和地球静止轨道卫星(GEO)测距三者的组合系统。它通过 GEO 卫星向用户广播测距信号、广域差分修正信息和完好性信息,以提高 GNSS 的精度、完好性、连续性和可用性,满足航空导航的需求。

目前世界各地建立的 SBAS 均以增强 GPS/GLONASS 为主,如美国的广域增强系统(WAAS)、欧洲的静地卫星导航重叠服务系统(EGNOS)、日本的多功能卫星增强系统(MSAS)、印度的 GPS 辅助静地轨道增强系统(GAGAN)。由于采用统一的开发标准,各国建立的 SBAS 基本原理大致相同,因而这些系统能够相互兼容并具备互操作性。

本节首先阐述 SBAS 的基本工作原理,然后对目前全球 SBAS 的建设情况进行介绍,最后介绍 SBAS 的数据通信和电文格式。

11.2.1　SBAS 基本工作原理

如图 11.2.1 所示,SBAS 主要由 GNSS 卫星、GEO 卫星、SBAS 用户和地面设备组成。地面设备包括地面地球站(Ground Earth Station, GES)、SBAS 参考站(SBAS Reference Stations)和主控站(Master Station),各站之间利用地面通信网络连接。需要说明的是,对于不同国家建立的 SBAS,各部分的名称并不完全一致。

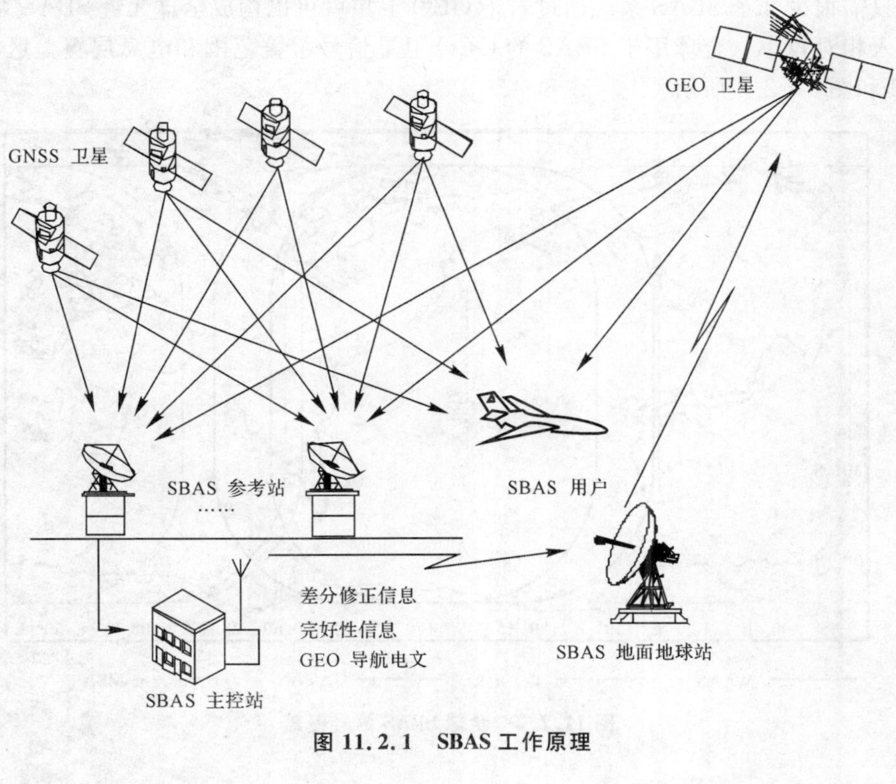

图 11.2.1　SBAS 工作原理

GNSS 星座：目前主要指 GPS 和 GLONASS 星座，由于 SBAS 具有可扩展性，因此可支持未来其他全球卫星导航系统。

SBAS 参考站：每个 SBAS 参考站的位置精确已知，并配备多台 GNSS 接收机，可连续跟踪测量参考站至可视卫星的距离，收集计算 GNSS 误差修正信息，连同观测卫星信息一起发送至主控站。

SBAS 主控站：收集来自各 SBAS 参考站的数据并进行处理，以确定每个被监测卫星(GNSS 和 GEO 卫星)的完好性、与卫星轨道相关的长期误差(星历误差)、卫星钟差和大气延迟误差，生成 GEO 卫星导航电文。将这些信息以及 GEO 卫星导航电文经地面地球站上传至 GEO 卫星，通过卫星向 SBAS 用户广播。

GEO 卫星：GEO 卫星信号与 GPS 信号在体制上保持一致，采用 BPSK 调制方式，扩频码频率为 1.023 MHz，并在 L1 频段(1 575.42 MHz)广播。因此，SBAS 参考站可连续跟踪监测 GEO 卫星运行，并通过主控站编制 GEO 卫星导航电文，使用户能够实现与 GEO 卫星的距离测量。

SBAS 用户：SBAS 用户主要是指机载接收机，其基本任务是接收卫星的观测数据，包括 GEO 卫星广播的差分修正和完好性信息，用差分修正信息进行定位解算、完好性分析、导航处理和其他的辅助工作，最终得到实时的差分定位结果和完好性信息。用户接收机在利用差分修正进行定位解算的同时，需要对 GEO 卫星广播的完好性信息进行分析处理，以确定观测卫星的信息是否“不可用”(或“未被监测”)。若某卫星处于告警状态、差分修正信息及误差超限或得不到电离层延迟改正时，则该卫星不参与差分处理。若导航定位解的精度估计值超出用户的限定值，则向用户告警。

由于 SBAS 采用广域布设参考站的模式，信号覆盖范围可遍及海洋、边远山区及荒漠地区，因此，只需很少几个 SBAS 系统通过若干 GEO 卫星就可以构成全球无缝 SBAS 系统，用户端硬件投入相对较小。全球用于 SBAS 的 GEO 卫星信号覆盖范围和电离层覆盖区域分别如图 11.2.2 和图 11.2.3 所示[123]。

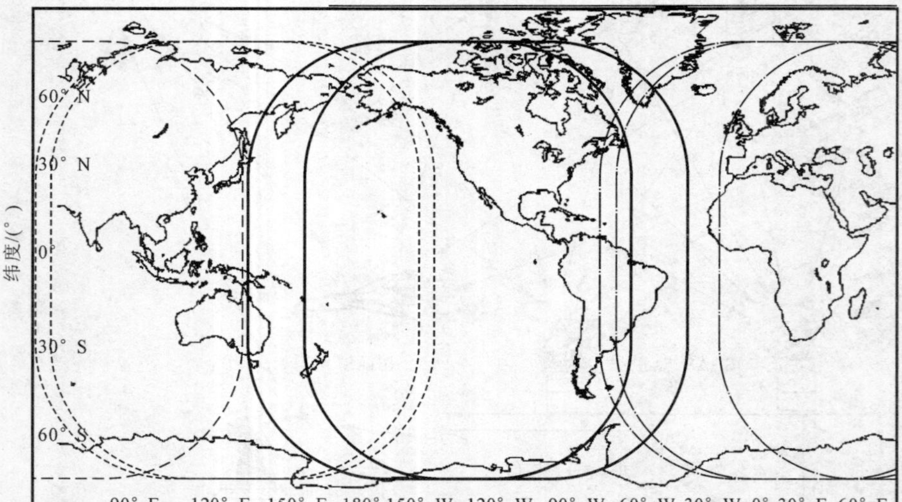

图 11.2.2 全球 SBAS 信号覆盖

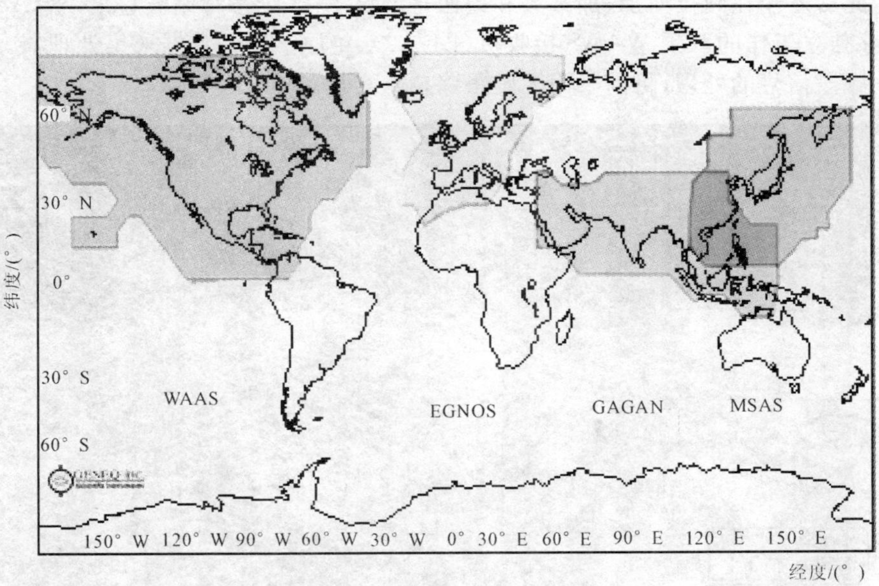

图 11.2.3 SBAS 电离层覆盖 *

在导航性能方面,一方面 SBAS 通过主控站对已知站址的参考站观测数据进行综合处理,形成导航定位误差的差分修正信息;另一方面,对用户来说,增加了额外的可观测卫星(GEO 卫星),因而可提高用户的定位精度。目前,SBAS 的水平定位精度优于 2 m,垂直定位精度优于 3 m。当 GNSS 信号异常发生时,系统可在较短时间内将此异常广播给用户接收机,实现完好性告警,满足航路、终端、非精密进近和垂直引导进近的要求,且受环境影响较小。总的来说,SBAS 具有较高的定位精度、快速的异常反应能力和长时间连续服务的能力,并且不像传统导航设备和 GBAS 受限于覆盖范围,对全球航空 PBN 体系的建立具有重要意义。

11.2.2 WAAS

为弥补美国国家飞行系统(National Airspace System, NAS)为其航空用户提供的水平与垂直导航的不足,美国联邦航空局和运输部(Department of Transportation, DOT)于 1995 年开始建设广域增强系统。2003 年 7 月,由两颗 GEO 卫星构成的 WAAS(Wide Area Augmentation System)具备初始运行能力(Initial Operational Capability, IOC)。2006 年 11 月,第三颗 GEO 卫星(The PanAmSat Galaxy XV, PRN135)顺利发射,WAAS 具备了覆盖美国全境的能力。2007 年 7 月,PRN 号为 138 的卫星发射并开始工作,用于覆盖北美地区,原 PRN 为 122 和 134 的卫星停止服务。2008 年,WAAS 具备完整运行能力(Full Operational Capability, FOC)。目前 WAAS 使用两颗 GEO 卫星实现信号增强,两颗卫星分别是位于 133.0°W 的 PRN135 和位于 107.3°W 的 PRN138。WAAS 的结构如图 11.2.4 所示。

WAAS 参考站。WAAS 参考站的分布情况如图 11.2.4 所示,38 个参考站分布于美国大陆(CONtiguous United States, CONUS)、阿拉斯加(Alaska)、夏威夷(Hawaii)、波多黎各(Puerto Rico)、加拿大(Canada)和墨西哥(Mexico)。WAAS 具备初始运行能力时共设立 25

---

* WAAS,EGNOS 和 MSAS 为实际电离层格网,GAGAN 有待官方确认。

个参考站,此后逐步在阿拉斯加、加拿大和墨西哥增设了13个参考站。每个WAAS参考站配备三台能够独立工作的双频WAAS接收机(L1/L2)、铯原子钟和数据采集处理器。对于含有P码的L2频段信号的处理,目前采用无码跟踪技术实现。

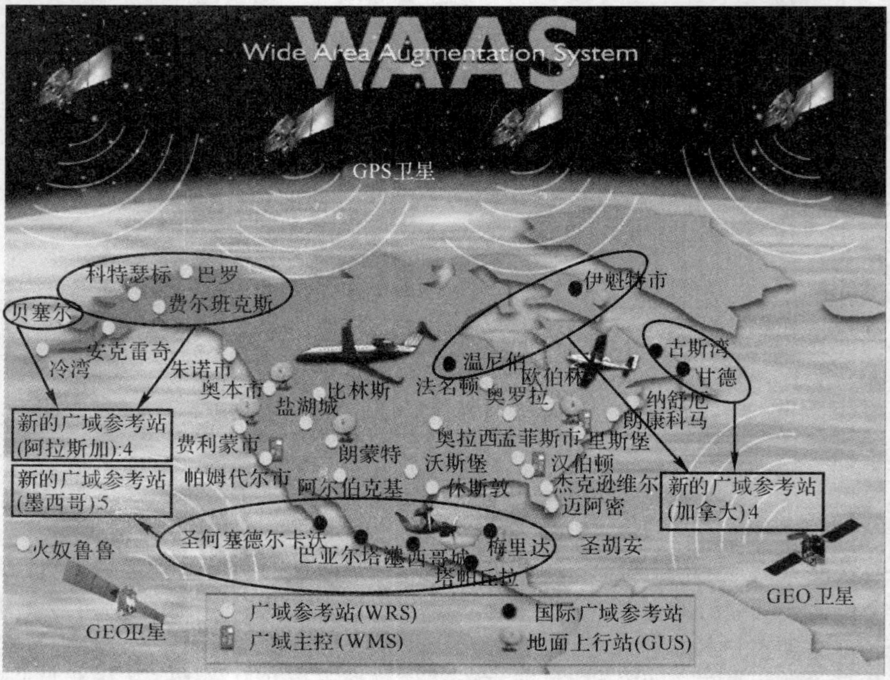

图 11.2.4　WAAS 结构

WAAS主控站。三个主控站均兼有参考站的功能,是系统的数据处理中心。主控站将处理后的数据通过地面地球站以C频段信号发送给GEO卫星,GEO卫星再将数据形成L频段导航信号播发给用户,用户利用接收到的GPS信号和GEO卫星信号进行定位解算。

WAAS提供的服务可覆盖以下5个区域:美国大陆、阿拉斯加、夏威夷、波多黎各和其他地区。其中,在夏威夷和波多黎各覆盖区域,SBAS对电离层的监测能力相对较弱,阿拉斯加处在GEO卫星信号覆盖范围的边缘,因此,WAAS服务在这些区域的可用性和连续性是不同的。为了更清楚地描述WAAS的导航性能需求,将以上的WAAS服务的5个覆盖区域分为:Zone1,大陆48个州至100 000 ft上空及其周围30 n mile;Zone2,阿拉斯加100 000 ft上空及其周围30 n mile;Zone3,夏威夷100 000 ft上空及其周围30 n mile;Zone4,加勒比海;Zone5,其他的海平面100 000 ft上空。WAAS的导航性能需求如表11.2.1所示[124]。

WAAS初步设计为能够用于LNAV/VNAV和LPV进近,根据美国FAA和运输部2008年10月的报告,基于系统设计、分析和实际测试的WAAS空间信号(Signal In Space,SIS)性能如表11.2.2所示。

目前,美国正计划发射另一个GEO卫星以增强WAAS信号的多重覆盖,提升系统的可用性,并考虑在巴西增设5个参考站,进一步扩大WAAS的服务范围。美国国防部宣布,2020年12月31日以后,WAAS将不再支持半无码或无码接收机。实际上,已经发射的GPS现代化卫星增加了L5导航信号,因此,FAA计划更新广域参考站接收机处理新信号的能力,以便WAAS在支持LPV能力的基础上提升至满足CAT I精密进近的要求,届时WAAS将停止监测,不支持L5信号的GPS卫星。

表 11.2.1　WAAS 导航性能需求

	航路	终端	LNAV	LNAV/VNAV	LPV	LPV200
告警时间(TTA)	15 s	15 s	10 s	10 s	6.2 s	6.2 s
水平告警极限(HAL)	3 704 m	1 852 m	556 m	556 m	40 m	40 m
垂直告警极限(VAL)	N/A	N/A	N/A	50 m	50 m	35 m
完好性风险	10^{-7}/h	10^{-7}/h	10^{-7}/h	2×10^{-7}/150 s	2×10^{-7}/150 s	2×10^{-7}/150 s
Zone1 区的连续性	1×10^{-5}/h	1×10^{-5}/h	1×10^{-5}/h	$(1\sim5.5)\times10^{-5}$/15 s	$(1\sim8)\times10^{-6}$/15 s	$(1\sim8)\times10^{-6}$/15 s
水平精度(95%)	741 m	741 m	220 m	220 m	16 m	16 m
垂直精度(95%)	N/A	N/A	N/A	20 m	20 m	4 m
Zone1 区的可用性	0.999 99(100%)	0.999 99(100%)	0.999 99(100%)	0.99(100%)	0.99(80%～100%)	0.999 99(40%～60%)
Zone2 区的可用性	0.999(100%)	0.999(100%)	0.999(100%)	0.95(75%)	0.95(75%)	N/A
Zone3 区的可用性	0.999(100%)	0.999(100%)	0.999(100%)	N/A	N/A	N/A
Zone4 区的可用性	0.999(100%)	0.999(100%)	0.999(100%)	N/A	N/A	N/A
Zone5 区的可用性	0.999 99(100%)	0.999(100%)	0.999(100%)	N/A	N/A	N/A

表 11.2.2　WAAS SIS 性能

	性能	备注
告警时间	6.2 s	与性能要求指标相同
接收机 RAIM/FDE 告警时间	8 s	TSO-C145/146
完好性风险	$<1\times10^{-7}$/150 s(per approach)	低于性能要求指标
连续性	$(1\sim8)\times10^{-6}$/15 s	与性能要求指标相同
水平精度(典型值)	1.6 m(95%)	WAAS 性能分析报告
水平精度(最大值)	12 m	
水平精度(保守值)	4 m(95%)	
垂直精度(典型值)	1.6 m(95%)	WAAS 性能分析报告
垂直精度(最大值)	12 m	
垂直精度(保守值)	4 m(95%)	
可用性	WAAS 实时可用性地图	www.nstb.tc.faa.gov

11.2.3 EGNOS

作为欧洲伽利略全球卫星导航系统开发的第一阶段，EGNOS(European Geostationary Navigation Overlap Service)是由欧洲空间局(ESA)、欧洲委员会(European Commission，EC)和欧洲航行管制中心(Euro-control)组成的三方集团(European Tripartite Group，ETG)联合实施的 GNSS 项目。ESA 代表三方集团负责 EGNOS 系统高级运行能力(Advanced Operational Capability，AOC)的系统设计、开发和技术验证。1998 年 12 月，EGNOS 高级运行能力进入实现阶段，经过 2000 年的关键设计审查和 2002 年中期的制造资格审查，2003 年，在运行准备设计审查中对整个系统的性能及其运行情况进行了阐述。2005 年，EGNOS 通过系统验收，具备初始运行能力，2008 年具备完整运行能力。

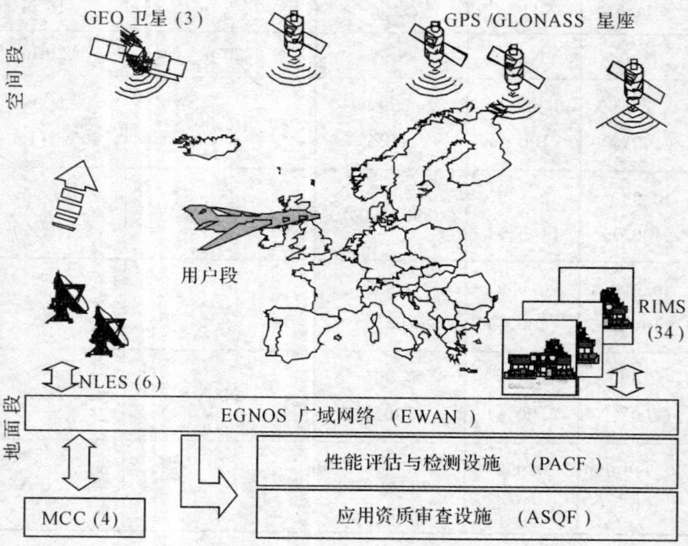

图 11.2.5 EGNOS 结构

EGNOS 的结构如图 11.2.5 所示，由以下几部分构成：

GEO 卫星。3 颗 GEO 卫星分别是 Inmarsat AOR - E(PRN120，15.5°W)、Artemis (PRN 124，21.5°E)和 Inmarsat IOR(PRN 126，25.1°E)，负责发送 GPS 和 GLONASS 增强信号。

测距和完好性监测站(Ranging and Integrity Monitoring Stations，RIMS)。分布于 22 个国家的 34 个测距和完好性监测站收集来自 GPS 和 GLONASS 的数据，并发送给主控中心进行数据处理，完成 GPS 和 GLONASS 增强信号的计算。

主控中心(Master Control Centers，MCC)。位于英国、德国、西班牙和意大利的 4 个主控中心负责处理 GPS 和 GLONASS 数据、形成 GPS 和 GLONASS 增强信号。主控中心通过 GPS 和 GLONASS 的数据计算 RIMS 的位置，通过分析 RIMS 的计算位置与实际位置之差来估计以下几个方面的内容：

1)差分修正信息。用户接收机利用此修正信息可使其精度达到 CAT I 的水平。

2)定位结果的置信水平。如果用户的定位结果超出了用户定义的精度界限，则向用户发出“完好性告警”信号。

3)对用户定位结果的置信水平做出估计。如果估计的用户定位结果超出了用户定义的精度界限,则向用户发出“连续性告警”信号。

4)监控 EGNOS 系统的地面设备,监视 RIMS 以及卫星的环境变化。

导航地面地球站(Navigation Land Earth Stations, NLES)。6 个 NLES 中有 3 个负责将 GPS 和 GLONASS 数据的增强信息发送给 3 颗 GEO 卫星,另外 3 个作为数据备份使用。

EGNOS 地面段分布情况如图 11.2.6 所示。在服务区内,EGNOS 通过提供测距、广域差分修正信息和完好性监测实现对 GPS 和 GLONASS 的增强,满足欧洲地区陆地、海洋和航空运输对定位、测速和授时需求,并提供以下三种类型的服务:

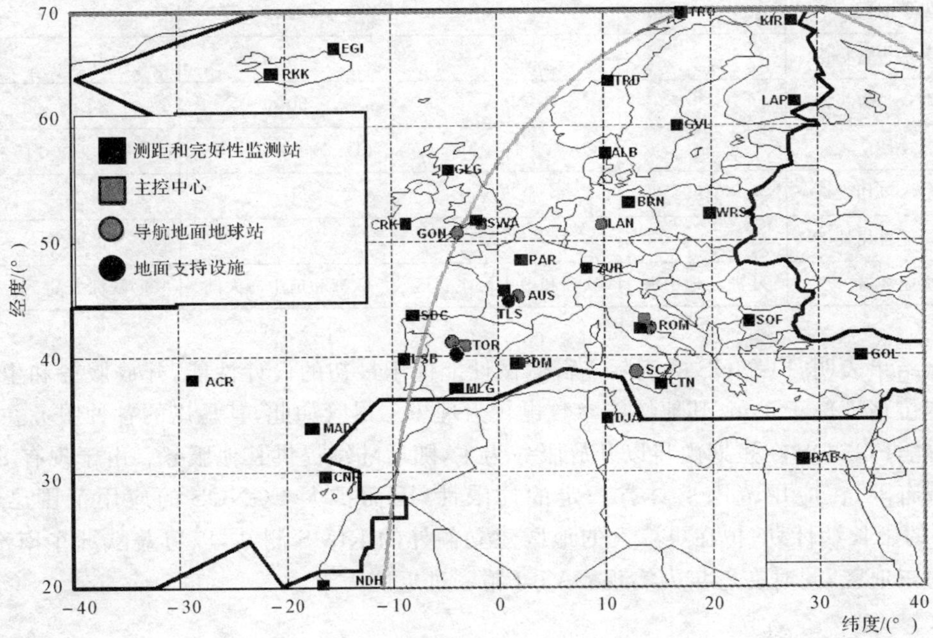

图 11.2.6　EGNOS 地面段分布

开放服务(Open Service)。面向大众市场提供定位、授时服务,个人和车载导航用户只需拥有具备接收处理 GPS/SBAS 信号的接收机,在 EGNOS 服务区内,即可享受这一免费服务,已于 2009 年投入使用。

EGNOS 数据访问服务(EGNOS Data Access Service, EDAS)。EDAS 通过网络或移动电话为卫星导航用户提供受控数据访问服务,面向商业客户及个人、车载导航及科学研究等应用领域。自 2008 年开始,EDAS 已公开免费测试,并提供三种类型的测试数据:①由 EGNOS 地面监测站采集的 GPS,GLONASS 和 GEO 卫星的原始观测数据和导航数据;②EGNOS 增强信息和 EGNOS 航空交通控制信息;③GPS 和 GLONASS 卫星状态信息和历书。三种服务信息将持续提供一年,以便 ESA 根据市场用户需求对这些信息作出适当的调整,并于 2009 年首先应用于城市交通。

生命安全服务(Safety of Life Service)。生命安全服务面向对生命安全要求较高的民用航空、航海、铁路等部门,用户可享受增强的完好性和系统不可用时的告警功能。生命安全服务于 2010 年投入使用。

EGNOS 的设计基于航空无线电委员会 RTCA DO－229 和国际民航组织关于星基导航系统标准和建议措施(SARP)的要求，其设计性能如表 11.2.3 所示。

表 11.2.3 EGNOS 设计性能

	开放服务	生命安全服务		
		航路-NPA	APV Ⅰ	APV Ⅱ
水平精度	3 m	220 m	16 m	16 m
垂直精度	4 m	N/A	20 m	8 m
完好性		1×10^{-7}/h	$(1\sim2)\times10^{-7}$/150 s	$(1\sim2)\times10^{-7}$/150 s
告警时间		10 s	10 s	6 s
水平告警极限		556 m	40 m	40 m
垂直告警极限		N/A	50 m	20 m
连续性		1×10^{-5}/h	$(1\sim8)\times10^{-6}$/15 s	$(1\sim8)\times10^{-6}$/15 s
全局可用性	0.99	0.999	N/A	N/A
局部可用性		N/A	0.99	0.99
覆盖区域	欧洲和地中海	欧洲和地中海飞行区	欧洲和地中海大陆	欧洲大陆

测试结果表明，EGNOS 的实际飞行测试性能优于最初的设计性能，开放服务和生命安全服务的定位精度优于 1 m，其他性能参数也较为理想。尽管如此，其承诺的各种服务并未完全实现，因此，EGNOS 在短期内将以开放服务为主，随后陆续提供其他服务。由于现有 EGNOS 服务区域有限，在应用范围上具有一定的局限性，因而扩大 EGNOS 的应用范围已被列入 EGNOS 的中长期计划，拟在更广大的地区建立额外的 RIMS 测站，以覆盖欧洲东南部、非洲北部和中东地区，同时在近年内实现 CAT Ⅰ精密进近能力。

11.2.4 MSAS

MSAS(Multifunction Satellite Augmentation System)是由日本建立的星基增强系统，于 2007 年具备初始运行能力，然而，由于日本属于多山地区，大部分城市位于峡谷地带，MSAS 信号容易受到遮挡，不能满足所有城市用户的需求。为改善卫星几何分布，确保信号遮挡地区的导航定位需求，从 2006 年 3 月起，日本政府和企业开始联合研发准天顶卫星导航系统(Quasi-Zenith Satellite System, QZSS)。由于 QZSS 采用地球倾斜同步轨道卫星而非 GEO 卫星实现 GPS 信号的增强，这与前面介绍的 SBAS 并不相同，但在功能和原理上是相似的，都是对独立 GNSS 系统的增强，因此，本节一并介绍这两个系统的基本情况。

1. MSAS

出于迅速增长的航空需求，日本民航局(Japan Civil Aviation Bureau, JCAB)开发了基于多功能运输卫星(Multi-functional Transport Satellite, MTSAT)的星基增强系统——MSAS。

MSAS 的系统结构如图 11.2.7 所示，包括 MTSAT 卫星、地面监测站(Ground Monitor

Station，GMS)、监测与测距站(Monitor and Ranging Station，MRS)和主控站(Master Control Station，MCS)。

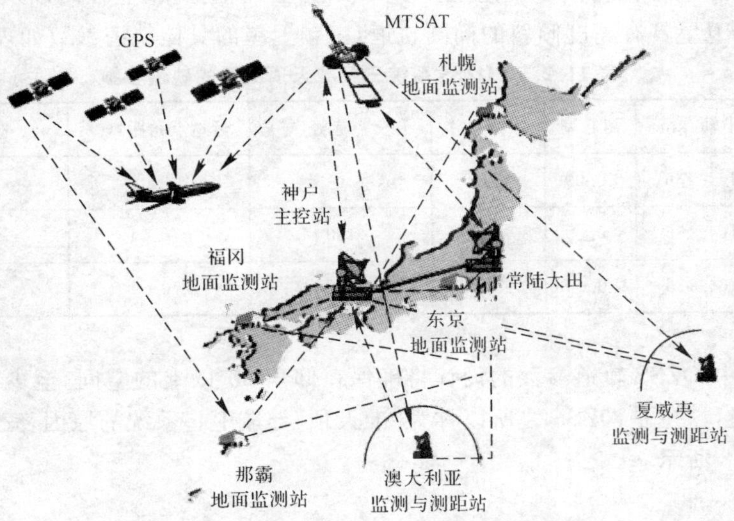

图 11.2.7　MSAS 系统结构

两颗 MTSAT 卫星分别为位于东经 140.0°的 MTSAT 1R 和东经 145.0°的 MTSAT 2，同时担负气象监测和航空任务。其中，航空任务可提供两种服务：航空移动卫星服务(Aeronautical Mobile Satellite Services，AMSS)和基于 GNSS 的星基增强服务。地面监测站收集来自 GPS 和 MTSAT 卫星的数据并发送给主控站。监测与测距站分别位于夏威夷和澳大利亚，在功能上与地面监测站相似，用于确定 MTSAT 卫星的轨道。主控站处理地面监测站和监测与测距站的数据，产生星基增强系统的广播电文，这些电文被调制到 K_u 频段后经地面地球站上行至 MTSAT 卫星。

MSAS 于 2007 年 9 月完成了地面系统与两颗 MTSAT 卫星的集成、卫星信号覆盖区测试以及 MTSAT 卫星位置的安全评估和操作评估测试。测试结果表明，MSAS 能够很好地提高日本偏远岛屿机场的导航服务性能，满足国际民航组织对非精密进近阶段和垂直引导进近(APV I)阶段的水平位置误差、垂直位置误差以及相应的告警限值的规定，具备了初始运行能力。MSAS 与 GPS 的水平定位误差如表 11.2.4 所示。

表 11.2.4　MSAS 与 GPS 的水平定位误差

地　区	GPS 水平定位误差/m	MSAS 水平定位误差/m
札幌(Sapporo)	4.7	0.8
常陆太田(Hitachi-ota)	5.3	1.7
东京(Tokyo)	5.5	1.9
神户(Kobe)	5.9	2.3
福冈(Fukuoka)	6.9	3.0
那霸(Naha)	9.3	5.3

2. QZSS

QZSS由三颗地球倾斜同步轨道卫星(IGSO卫星)、主控站、监控站以及卫星跟踪和控制站组成。IGSO卫星具有高度倾斜的椭圆轨道,三颗卫星的具体轨道参数如表11.2.5所示。

表11.2.5 QZSS系统三颗准天顶卫星的轨道参数

	长半轴/km	离心率	倾角/(°)	升交点赤经/(°)	近地点角距/(°)	平近点角/(°)
QZSS1	42164.136	<0.099	45±5	0	270±1	239.76
QZSS2	42164.136	<0.099	45±5	120	270±1	119.76
QZSS3	42164.136	<0.099	45±5	240	270±1	359.76

表11.2.5中QZSS轨道参数的设计将确保在仰角60°以上的空间,至少可以看到一颗对地同步轨道卫星,这也是QZSS之所以称为“准天顶”导航卫星系统的原因,三颗准天顶卫星的地迹如图11.2.8所示。

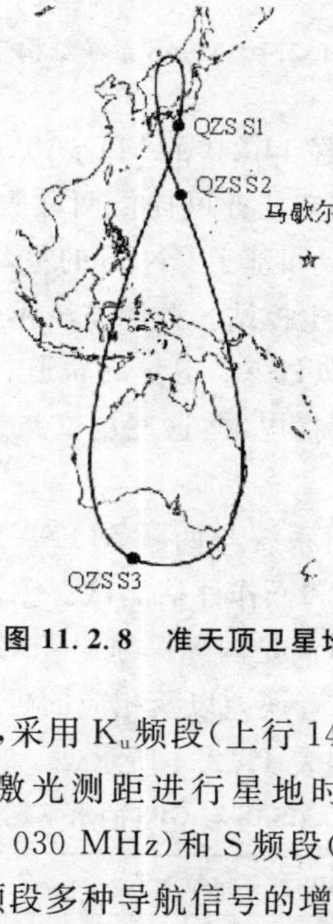

图11.2.8 准天顶卫星地迹

准天顶卫星设计寿命为10年,采用K_u频段(上行14.434 53 GHz,下行12.306 69 GHz)进行星地双向时间同步,并采用激光测距进行星地时间同步。QZSS使用C频段(上行5 000~5 010 MHz,下行5 010~5 030 MHz)和S频段(上行2 025~2 110 MHz,下行2 200~2 290 MHz)实现测控;支持L频段多种导航信号的增强,包括L1,L2和L5频段。L1频段支持的信号包括L1C,L1 C/A,L1-SAIF(1 575.42 MHz, L1-Sub meter class Augmentation with Integrity Function)和LEX(1 278.75 MHz),其中,L1-SAIF用于传送广域差分GPS数据以及相应的完好性信息,LEX是日本太空发展署(Japan Aerospace Exploration Agency, JAEA)规定的伽利略E6频段的实验频率。显然,这些频率的选择充分考虑了QZSS与GPS现代化信号以及欧盟Galileo卫星导航系统的兼容和互操作。QZSS的信号频率计划如表11.2.6和表11.2.7所示。

表 11.2.6　L1,L2 和 L5 频段信号参数

<table>
<tr><th rowspan="2">信号参数</th><th colspan="2">L1C</th><th rowspan="2">L1</th><th rowspan="2" colspan="2">L2</th><th colspan="2">L5</th></tr>
<tr><th>数据(Data)</th><th>导频(Pilot)</th><th>I</th><th>Q</th></tr>
<tr><td>中心频率/MHz</td><td colspan="2">1 575.42</td><td>1 575.42</td><td colspan="2">1 227.60</td><td colspan="2">1 176.45</td></tr>
<tr><td>调制类型</td><td colspan="2">BOC(1,1)</td><td>BPSK</td><td colspan="2">BPSK</td><td colspan="2">BPSK</td></tr>
<tr><td>码传输速率/(Mc·s^{-1})</td><td colspan="2">1.023</td><td>1.023</td><td colspan="2">1.023</td><td colspan="2">1.023</td></tr>
<tr><td>信息传输速率/(b·s^{-1})</td><td>50</td><td></td><td>50</td><td colspan="2">25</td><td>50</td><td></td></tr>
<tr><td>符号传输速率/(b·s^{-1})</td><td>100</td><td></td><td>50</td><td colspan="2">50</td><td>100</td><td></td></tr>
<tr><td>纠错编码</td><td>低密度奇偶校验码(LDPC)</td><td></td><td>无</td><td colspan="2">卷积编码(R=1/2, K=7)</td><td>卷积编码(R=1/2, K=7)</td><td></td></tr>
<tr><td rowspan="2">码类型</td><td rowspan="2"></td><td rowspan="2"></td><td rowspan="2"></td><td>L2CM</td><td>L2CL</td><td rowspan="2"></td><td rowspan="2"></td></tr>
<tr><td colspan="2">Chip by chip multiplex</td></tr>
<tr><td>码周期/ms</td><td>10</td><td>10</td><td>1</td><td>20</td><td>1 500</td><td>10</td><td>20</td></tr>
<tr><td>最小用户接收功率/dBW</td><td>−163.0</td><td>−158.25</td><td>−163.0</td><td>−163.0</td><td>−163.0</td><td>−157.9</td><td>−157.9</td></tr>
<tr><td>最小用户接收功率(总和)/dBW</td><td colspan="2">−157</td><td>−158.5</td><td colspan="2">−160.0</td><td colspan="2">−154.9</td></tr>
</table>

表 11.2.7　L1-SAIF 和 LEX 信号参数

<table>
<tr><th>信号参数</th><th>L1-SAIF</th><th colspan="2">LEX</th></tr>
<tr><td>中心频率/MHz</td><td>1 575.42</td><td colspan="2">1 278.75</td></tr>
<tr><td>调制类型</td><td>BPSK</td><td colspan="2">BPSK</td></tr>
<tr><td>码传输速率/(Mc·s^{-1})</td><td>1.023</td><td colspan="2">5.115</td></tr>
<tr><td>信息传输速率/(b·s^{-1})</td><td>250</td><td colspan="2">2 000</td></tr>
<tr><td>符号传输速率/(b·s^{-1})</td><td>500</td><td colspan="2">250(1 byte/symbol)</td></tr>
<tr><td>纠错编码</td><td>卷积编码(R=1/2, K=7)</td><td colspan="2">RS(255,223)</td></tr>
<tr><td rowspan="2">码类型</td><td rowspan="2"></td><td>Small-Kasami Short</td><td>Small-Kasami Long</td></tr>
<tr><td colspan="2">Chip by chip multiplex</td></tr>
<tr><td>码周期/ms</td><td>1</td><td>4</td><td>410</td></tr>
<tr><td>最小用户接收功率(每个通道)/dBW</td><td>−161.0</td><td>−158.7</td><td>−158.7</td></tr>
<tr><td>最小用户接收功率(总和)/dBW</td><td>−161.0</td><td colspan="2">−155.7</td></tr>
</table>

2007 年 8 月，第一颗准天顶卫星完成详细设计，一些关键载荷部件通过验证测试，与 GPS 关于信号兼容的问题已达成全面协调意见，与伽利略和北斗的信号协调正在进展中。第一颗准天顶卫星已于 2010 年夏季发射，然后将陆续发射其余两颗卫星，并研究逐步将 QZSS 向区域卫星导航系统过渡[125-126]。

11.2.5 GAGAN

GAGAN(GPS Aided Geo Augmented Navigation)由印度空间局(India Space Research Organization，ISRO)和印度机场管理局(Airport Authority of India，AAI)联合组织开发。

GAGAN 目前由 1 颗 GEO 卫星、8 个印度参考站(India Reference Stations，IRESs)、1 个印度主控站(Indian Master Control Centre，INMCC)、1 个印度导航上行任务站(Indian Navigation Land Uplink Station，INLUS)及地面通信网构成。

位于东经 82°的 GEO 卫星(INMARSAT－4F1)发送的增强信号能够覆盖整个印度大陆，为用户提供 GPS 信息和差分修正信息，用于改善印度机场和航空应用的 GPS 定位精度和可靠性。卫星采用 C 频段和 L 频段作为载波，C 频段主要用于测控，L 频段与 GPS 的 L1(1 575.42 MHz)和 L5(1 176.45 MHz)频率相同，用于广播导航信息。GAGAN 主控站与上行任务站均位于班加罗尔，印度参考站的分布情况如图 11.2.9 所示。

图 11.2.9 GAGAN 参考站分布

GAGAN 的设计目标是满足航空导航非精密进近、垂直引导进近要求，但它只是支持 GPS 的星基增强系统，并不能独立完成导航任务。2006 年 7 月 4 日，印度政府批准印度空间局在 GAGAN 基础上筹建印度独立自主的区域卫星导航系统 IRNSS(Indian Regional Navigational Satellite System)，该系统可以不依靠 GPS 为印度用户提供独立的导航定位服务。

IRNSS 空间段由 3 颗 GEO 和 4 颗 IGSO 共 7 颗卫星构成覆盖范围为东经 40°～140°和纬度－40°～40°的星座，3 颗 GEO 卫星分别位于东经 34°，83°和 132°，4 颗 IGSO 卫星分别位于东经 55°和 111°，轨道倾角为 29°[127]。IRNSS 空间卫星实时为用户广播卫星钟差改正、电离层误差改正和完好性信息，为用户提供标准定位服务、精密定位服务和政府特许用户服务[128]，其中，标准定位服务和精密定位服务信息调制在 S 频段(2 491.005 MHz)和 L 频段(1 191.795 MHz)上，政府特许用户服务信息调制在 L5 频段上。IRNSS 的结构设计如图 11.2.10 所示。

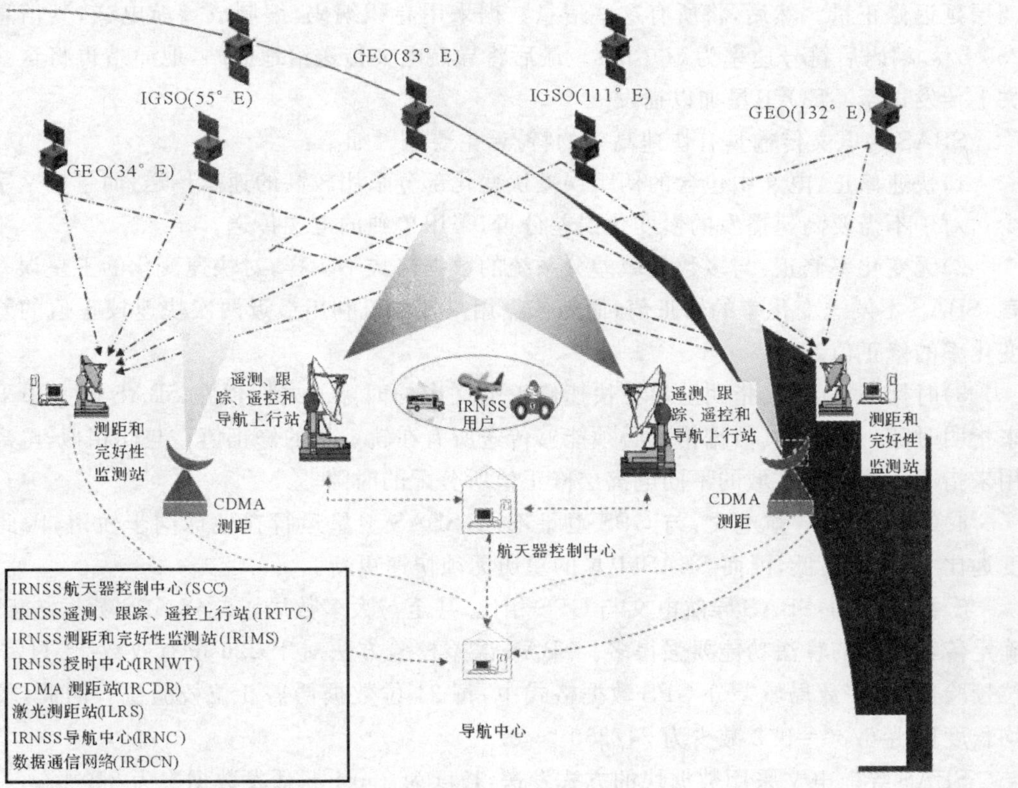

图 11.2.10　IRNSS 结构

IRNSS 于 2009 年发射第一颗 GEO 卫星，2010 年前再发射 3 颗卫星，初步完成最小空间星座配置，2011—2012 年完成 7 颗星座的配置。

11.2.6　SBAS 数据通信与电文格式

SBAS 信号的功能和设计思想是：

1)不干扰现有卫星导航接收机(主要是指 GPS 接收机)对信号的接收；

2)提供一种附加的距离测量信号；

3)提供较高可靠性的完好性能力和差分修正；

4)以较小的复杂程度完成对现有 GPS 接收机的修改，方便 SBAS 信号的接收。

目前用于 SBAS 的 GEO 卫星发射的信号采用与 GPS L1 兼容的频率和伪随机码，并与 GPS 系统时间同步，由于 SBAS 的测距信号与 GPS 信号类似，因此，对 GPS 接收机稍作修改便可接收这种信号。

从 SBAS 的工作原理可知，GEO 卫星播发的信号一方面用于为 GPS 用户提供附加测距服务，另一方面可搭载完好性信息或同时搭载完好性告警信息与差分修正信息。主控站负责处理原始数据，确定被观测的每颗卫星的完好性信息和差分修正信息，并计算静止轨道卫星的星历和时钟信息。其中的差分修正信息分为三类：一种是快变参数，如卫星钟差快变量；一种是慢变参数，如卫星钟长期漂移量和卫星轨道参数；一种是对所有用户广播的缓变参数，如电离层延迟修正量。然后，将所有这些信息数据采用卷积编码，编制成导航电文，其信息速率为 250 b/s，编码后符号速率为 500 b/s。最后将导航电文传送给地面站，地面站再将这些导航电文上传发送至 GEO 卫星加以播发。

SBAS 的电文传输具有快速高效的特点，主要原因如下：

1)快速修正：电文中包含的伪距误差快变化部分采用较高的速率传送，而且电文字节数较少。对于不需要高速播发的慢变化误差分量，采用单独的电文传送。

2)无变化率修正：与多数局域差分系统的数据格式不一样，对快速变化的卫星误差分量而言，SBAS 不发送变化率的修正值，而是依靠用户接收机利用最近两次快速校正值的差来估计变化率的修正值。

3)时标：时标用来指明卫星在快速修正电文中的时隙。之所以在 SBAS 电文中采用时标来指明时隙，是因为其数据格式必须能够传送所有在轨卫星的修正值。与此相似，电离层时标用来指明不同地理区域的不同电离层修正值所分配的时隙。

4)GEO 卫星导航电文：与 GPS 卫星不同，SBAS 卫星运行在地球同步轨道，因此其加速度远比 GPS 卫星低，因而 SBAS 卫星的星历无须快速更新。

5)校验规则：SBAS 导航电文与 GPS 相比，甚至与大多数局域差分 GPS 数据链相比，用来确定传输误差的算法功能要强得多。SBAS 误差校验方法对于 226 位有效数字，只需附加 24 位校验位；而多数局域差分 GPS 数据格式中，每 24 位数据便需 6 位校验位。因此，校验的平均长度比由 6/30＝0.2 减少为 24/250 ≈ 0.1。

SBAS 导航电文采用数据块的方式发送，长度为 250 bit，播发数据率为 250 b/s，一帧导航电文的持续时间是 1 s。电文块结构如图 11.2.11 所示，由以下几部分组成：

1)8 位前导字(或同步头)；

2)6 位电文信息类型；

3)212 位数据信息；

4)24 位 CRC(循环冗余校验)。

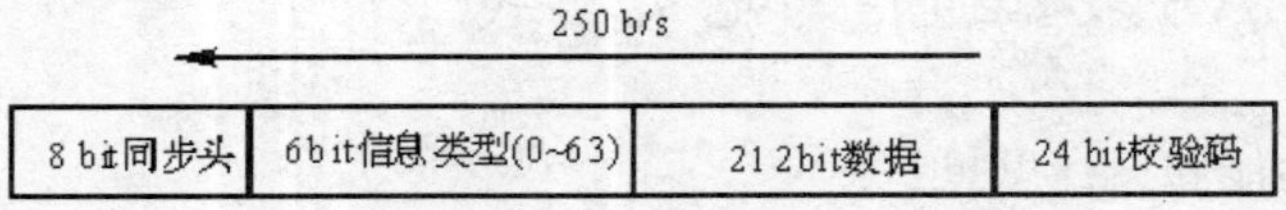

图 11.2.11　SBAS 系统电文结构

SBAS 导航电文的类型及对应的内容列于表 11.2.8 中。

表 11.2.8　SBAS 导航电文格式

电文类型	内　容
0	不使用(仅供 SBAS 测试使用)
1	PRN 屏蔽码分配，最多将 210 bit 中的 51 bit 置位
2～5	快速校正值
6	完好性信息
7	快速校正值衰退因子
8	保留
9	GEO 导航电文
10	衰退参数
11	保留
12	SBAS 网络时间/(UTC)偏移参数
13～16	保留
17	GEO 卫星历书
18	电离层格点屏蔽码
19～23	保留
24	快速修正/长期卫星误差估计的混合电文
25	长期卫星误差校正值
26	电离层延迟误差估计
27	SBAS 服务电文
28	时钟星历协方差矩阵电文
29～61	保留
62	内部测试电文
63	空电文

11.3　陆基增强系统(GBAS)

GBAS 系统的空间段由 GNSS 星座构成，用户端通常采用多模接收机(集成 GBAS 和 ILS 功能)，地面设备则包括参考接收机、数据处理单元和 VHF 数据链。设置在地面的多个参考站通过局域差分定位原理实现 GNSS 导航性能的增强，以满足航空导航终端、进近和着陆需求。

实际上，只要陆地安置的信号源能够产生增强 GNSS 性能的信号，由此构成的系统均可称之为陆基增强系统，包括第 7 章介绍的各种差分定位系统以及伪卫星增强系统、罗兰-C 与 GNSS 的组合、联合精密进近和着陆系统(Joint Precision Approach and Landing System,

JPALS)等都属于GBAS的范畴,其中典型的GBAS为美国的局域增强系统(Local Area Augmentation System, LAAS)。为克服只利用地面设备增强导航性能带来的覆盖范围的缺陷和开发SBAS的高成本,也可以同时利用陆地增强信号源和GEO卫星提供的信息实现陆基区域增强系统(Ground-based Regional Augmentation System ,GRAS),GRAS实际上是SBAS与GBAS的折中方案。

本节重点介绍伪卫星增强GNSS的原理,以及LAAS和GRAS的基本构成和工作原理。

11.3.1 伪卫星技术

传统差分定位系统包括一个位置精确已知的固定监测站(基准站),实时接收GNSS信号并确定出测距误差,将此误差作为改正数提供给本地用户,用户据此改正自己测得的伪距,从而获得较高的位置精度。此外,通过对GNSS信号的监测,差分GNSS还能提高导航的可靠性,甚至当GNSS卫星出现不健康信号时仍能工作。由于基准站在卫星测距信号无法校正时能立刻通知用户,所以改进了系统的完好性。但是,尽管差分GNSS可以提高定位精度、可靠性和完好性,但它还是不能克服由于卫星星座几何配置不佳造成的缺陷。尤其是在一些特殊的应用环境中,如市区、高山峡谷、矿井等,可用卫星的数量有限,导致卫星配置方案的缺陷非常突出。

伪卫星(PseudoLite, PL)能够很好地增强GNSS在一些特定地区实现特殊用途定位的精确性和可靠性,即在该地区建立类似于GNSS卫星的固定基准站,行使GNSS和基准站的功能,提升整个系统的可靠性和测量精度,甚至在室内、地下等无法接收到卫星信号的场合下能够完全替代GNSS卫星。

伪卫星概念的提出,最早可以追溯到GPS初期预研阶段。在GPS发展的早期,为了验证接收机而使用了四个地面发射机提供模拟GPS信号,它在L1频率发送伪卫星所在地的固定坐标,这就是伪卫星的雏形。20世纪80年代中期,海事无线电技术委员会对伪卫星作了如下定义:可接收GPS信号、计算伪距和伪距率,并在L1频段以50 b/s的速率发送修正信号,该信号既和GPS类似又不干扰GPS和其他设备。这个定义显然是基于GPS的,从卫星导航的发展来看,伪卫星信号必然会考虑和其他卫星导航系统的兼容,即支持GNSS信号而非单一的GPS信号。基于上述考虑,对于卫星导航接收机来说,只需做小的改动便能同时接收伪卫星和导航卫星信号。由于当时技术条件的制约,伪卫星并没有随着GPS的发展而进一步发展,但是它在导航卫星的系统测试、导航系统的区域增强、室内导航、空间探测和飞行器定位等方面的应用前景,使之逐渐成为导航定位领域的研究热点。

目前的伪卫星信号通常都在GPS的工作频率上(L1/L2),所以GPS用户接收机可以同时接收GPS信号和伪卫星信号。伪卫星的观测量既可以是伪距也可以是载波相位。由于伪卫星信号在GPS时间中是精确确定的,用户接收机能从伪卫星获得一个附加的伪距测量。这样不仅增大了卫星覆盖面积,更有效地改善了几何位置结构,提高了垂直方向的定位精度,附加的伪距观测量还有利于载波相位整周模糊度的解算。

当GPS卫星和伪卫星的信号同时被地面基准站和用户接收机接收到时,因为基准站的位置是已知的,由基准站的位置坐标求得它至可见卫星(包括伪卫星)的距离,并将计算出的距离与基准站接收机测得的含有误差的测量值加以比较,利用一个滤波器求出其最优偏差估计。

然后，由基准站通过数据链实时将所有卫星（包括 GPS 卫星和伪卫星）的测距误差传送给用户站，用户据此来改正测量的伪距。最后，用户利用改正后的伪距解算出自身的位置。

由于伪卫星一般放置在对流层以内，所以不需要进行电离层延迟改正。伪卫星信号的传播路径一般都位于对流层较低的高度，所以不能直接采用常规的对流层改正模型，而必须采用特殊的模型进行改正。另外，由于伪卫星的钟差远大于 GPS 卫星的钟差，因此，在测量时必须进行修正。对于单频的伪卫星装置可采用类似于传统 GPS 测量中的双差组合观测值的方式进行消除。

总体看来，伪卫星对卫星导航系统性能的增强主要体现在以下几个方面：

1）增加传统定位的观测时段。卫星导航系统虽然是一种全球性、全天候的定位系统，但在不同的地理位置和不同的观测时段，由于卫星的升降以及地物遮挡的影响，往往会使作业区域上空可用卫星数过少，导致不能定位或者定位精度不佳。而采用伪卫星技术就可以根据实际需要真正做到全天候、长时段的定位。

2）定位精度、完好性和可用性的提高。在传统测量中增加伪卫星装置后会使伪卫星信号覆盖的整个区域的几何图形条件大大改善，不仅 HDOP 值会降低，而且由于伪卫星是处于较低高度角的信号源，因此 VDOP 值也会大大改善，从而提高高程测量精度；在动态或实时定位应用中，因为卫星遮挡或者复杂的观测环境造成某些时段的卫星失锁，或者可用卫星数目太少，采用伪卫星之后可以在出现上述情况的时候仍能够使系统具有较好的几何位置，使定位精度得以保持。另外，由于观测量的增多，可以提高完好性和可用性，这在航空导航中有着非常重要的意义。

3）定位求解速度以及可靠性的提高。伪卫星距离接收机通常较近，对于动态定位而言，不同观测时段，历元之间的相关性降低，这将加快载波相位整周模糊度的求解，有利于提高动态定位精度和可靠性。

4）由于航空导航的非精密进近并不限定为直线进近，因而对于从任何航线进近的飞机都应能够实现位置计算并实时显示。在地形复杂的情况下，伪卫星的使用具有特别的意义，因为它允许在任何需要的时候改变进近航线，而不影响地面设备的安装和运行。

伪卫星作为一种无线电信号发送设备，除了可以增强卫星导航的性能外，还可以和其他传感器一起形成独立的导航定位系统。尽管如此，伪卫星技术在实际应用中仍然还有许多技术问题需要解决，例如信号的远近效应问题，因为加装伪卫星后会影响原 GNSS 信号的接收，那么对如何选择伪卫星的安装位置以及如何设计伪卫星的信号体制、功率强度等必须综合考虑。

11.3.2　LAAS

LAAS 基于局域差分定位技术，支持民用航空的精密进近与着陆，它利用甚高频（VHF）无线电广播误差修正信息，覆盖范围为 30 n mile。尽管 LAAS 的作用距离远小于 WAAS，但它能为用户提供更高的定位精度，当出现故障时可在更短的时间内通知用户，因此，LAAS 比 WAAS 更有可能满足 CAT Ⅰ，CAT Ⅱ和 CAT Ⅲ精密进近的性能要求。目前 LAAS 能够满足 CAT Ⅰ的要求，对要求更高的 CAT Ⅱ和 CAT Ⅲ则已列入 LAAS 的发展计划。

一般来讲，LAAS 包括空间 GPS 星座、机场伪卫星（Airport PseudoLite，APL）、LAAS 地面站设备（LAAS Ground Facility，LGF）和用户端。其中，LGF 是 LAAS 的核心。

机场伪卫星:机场安装一个或多个能广播与GPS相同信号的伪卫星,伪卫星的数量和布设方案取决于机场跑道的分布和GPS卫星的最小可见数目及其在任意时间的位置。当某一卫星产生故障时,不会影响整个GDOP,且能增强系统的连续性。

用户端:主要指航空用户,包括信号接收器、用户处理器和导航控制器。信号接收器不仅接收来自GPS卫星的信号,还要接收来自伪卫星的信号和地面站广播的差分修正及完好性信息。用户处理器先对完好性信息进行判断,然后利用GPS观测数据和差分修正数据进行差分定位计算,确定进近航迹,判断垂直及水平导航定位误差是否超限。导航控制器主要用来控制及显示导航参数,并与自动驾驶仪连接后实现CAT Ⅲ精密进近所需的自动进近、着陆和滑行。

LAAS地面站设备的主要构成如图11.3.1所示。目前典型的LAAS由分布于机场周围的若干双频GPS接收机、数据处理单元和VHF数据广播(VHF Data Broadcast, VDB)设备构成。

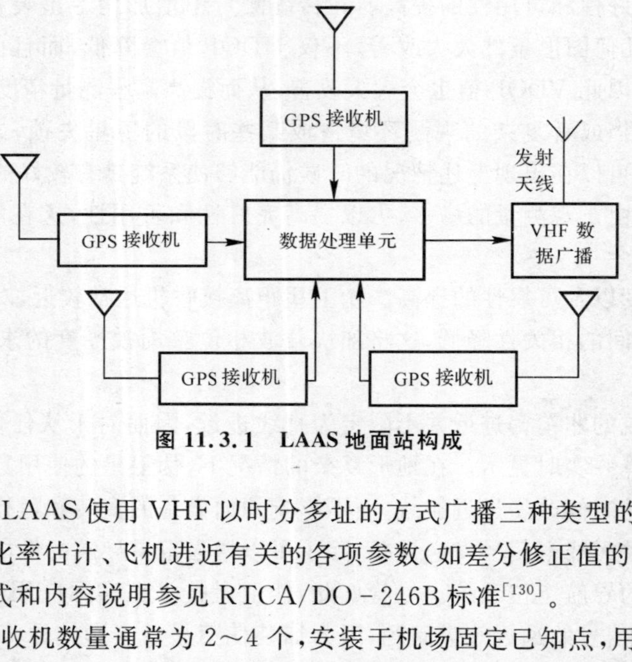

图 11.3.1 LAAS地面站构成

VHF数据广播:LAAS使用VHF以时分多址的方式广播三种类型的电文[129],内容包含伪距修正值、伪距变化率估计、飞机进近有关的各项参数(如差分修正值的方差和均值、完好性信息)。详细电文格式和内容说明参见RTCA/DO-246B标准[130]。

地面站使用的接收机数量通常为2~4个,安装于机场固定已知点,用于观测所有可见卫星和机场伪卫星并将观测数据发送给处理单元。处理单元将码相位测量的伪距进行载波相位平滑,同时使用差分技术获得各观测卫星的误差修正值并评估系统的完好性,编码后与其他信息一起通过VHF向用户广播。通常,如果应用两个地面参考站,则它们产生的改正数能被比较和平均,实现相互监测。如果需要满足CAT Ⅱ,CAT Ⅲ精密进近的需求,则至少需要三个以上的地面参考站,以排除误差较大的地面参考站,减少系统的误差,增加系统的可靠性。

LGF拥有一套复杂的监测算法来检测GPS信号及其自身的一系列可能出现的故障。这些故障主要为以下6种:卫星信号失真、无线电频率干扰、信噪比低于规定值、码-载波测量不一致、码-载波测量的相位突变和不健康的GPS电文数据。

图11.3.2所示为Stanford大学的研究人员设计的完好性监测测试系统(Integrity Monitoring Test-bed, IMT)[131-132],其处理核心由三部分构成:相关数据处理(载波相位平滑和差分修正计算)、完好性监测算法和监测执行逻辑。其中,相关数据处理主要是载波相位平滑和

差分修正的计算；LGF 完好性监测算法包含信号质量监测、数据质量监测、观测量质量监测、多参考一致性监测、差分修正值的标准差和均值监测、信息域范围测试等 6 个监测模块。

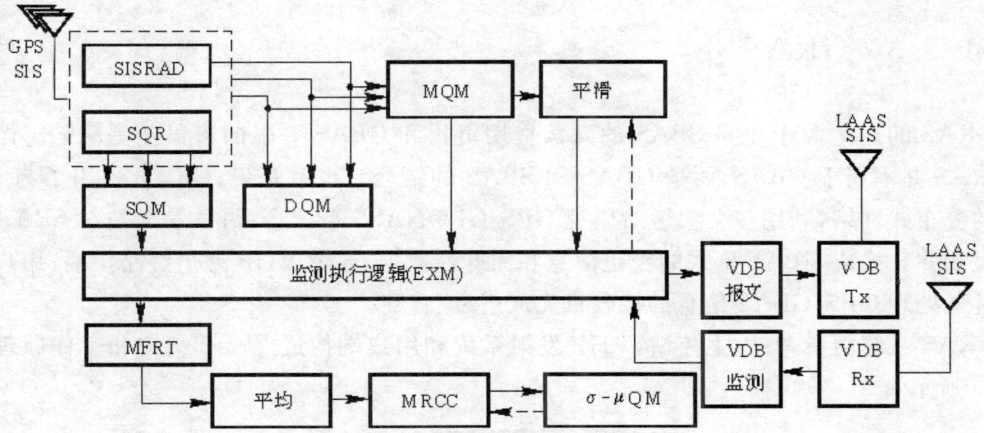

图 11.3.2　完好性监测功能流程

监测执行逻辑(Executive Monitoring, EXM)。它是在完好性监测算法检测到故障并设置相应的报警标志时，逻辑推理出可用的导航卫星和参考接收机，并判断出系统失效的原因，在确定故障的观测量正常后，将其重新纳入监测体系。

信号质量监测(Signal Quality Monitoring, SQM)。它的功能是检测 GPS 卫星发送的 C/A码信号的变形。它由特殊的信号质量接收机实现检测功能。这种接收机在一些不同的相关空间报告 C/A 码的测量值。

数据质量监测(Data Quality Monitoring, DQM)。它的功能是验证收到的卫星导航报文的可靠性。数据质量监测算法在导航卫星首次被 LGF 参考接收机跟踪或导航报文信息出现更新的情况下用来检测 GPS 星历和卫星的时钟数据的正确性。

观测量质量监测(Measurement Quality Monitoring, MQM)。它的功能是根据持续几个历元的伪距和载波测量值的一致性，检测由于 GPS 时钟异常和 LGF 接收机故障引起的突变步长误差和其他较快的变化误差。

多参考一致性监测(Multiple Reference Consistency Check, MRCC)。它的功能是为检测并排除引起较大异常修正误差的接收机故障，通过伪距误差估计值(B 值)检测每个卫星及其对应的接收机的一致性。

差分修正值的标准差和均值监测($\sigma-\mu$ QM)。来自于 MRCC 的 B 值数据进入标准差和均值监测处理过程，它的功能是通过监测真实伪距修正误差分布特性是否产生较大的偏移，通过 sigma 膨胀保证广播的标准差 σ_{pr_gnd}是真实误差分布的“边界”。

信息域范围测试(Message Field Range Test, MFRT)。它的功能是使计算出的伪距修正和修正率在可信的范围内有效，这是 LGF 完善性监测体系在允许修正值被广播出去之前的最后一项检测流程。

由于 LAAS 只需要少量的测站即可构成机场的导航着陆系统，在成本、场地要求、服务范围等方面均优于传统的仪表着陆系统。鉴于 LAAS 的性能目前还达不到精密进近和着陆的所有要求，因此，仍然采用 LAAS 与仪表着陆系统结合的进近、着陆手段。为使进近/着陆更为可靠，美国正在考虑引入 WAAS 的 GEO 卫星信息，以实现 WAAS 与 LAAS 的结合，增强 LAAS 的性能。

11.3.3 GRAS

GRAS 的产生源于建立 SBAS 的高额费用负担和 GBAS 有限的覆盖范围缺陷。严格来讲，GRAS 并不属于 GBAS，而是 GBAS 和 SBAS 的结合。也就是说，GRAS 采用了与 SBAS 类似的分布式网络，利用多个参考站监视 GPS/GLONASS 系统运行；各参考站对 SBAS 信息进行检测并转换成 GBAS 格式的校正信息和完好性数据，通过 VHF 通信链路广播；用户端则采用具备处理 GPS/GBAS 信息的接收机完成进近/着陆。

GRAS 系统由参考站、主控站、VHF 发射系统和用户端构成[133]，其结构和工作原理如图 11.3.3 所示。

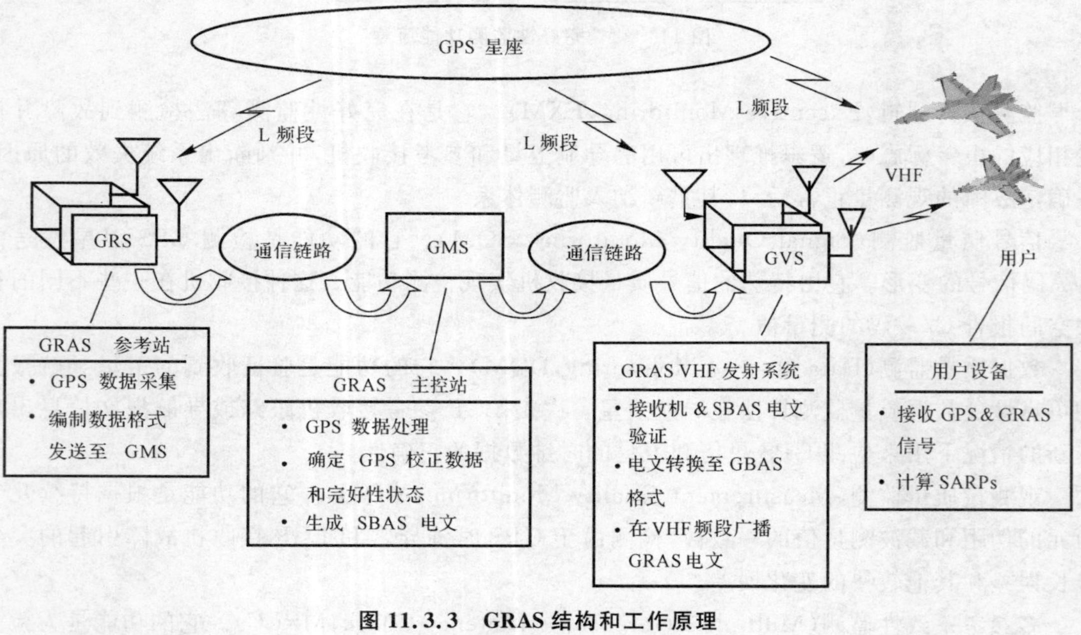

图 11.3.3 GRAS 结构和工作原理

GRAS 参考站（GRAS Reference System，GRS）。与 SBAS 参考站类似，GRAS 参考站负责采集和监测 L1 和 L2 导航数据，发送至主控站。

GRAS 主控站（GRAS Master System，GMS）。与 SBAS 主控站一样，GRAS 主控站作为数据处理中心计算 GPS 完好性和差分修正信息，将这些信息转换为 SBAS 信息格式，并通过 GRAS 的甚高频发射系统向用户广播。GRAS 之所以采用 SBAS 信息格式，是因为 GRAS 的信息传输需要通过地面通信链路和卫星通信信道来完成，而且，GEO 卫星也会提供测距信号以提高定位精度和完好性监测等级。

GRAS 甚高频发射系统（GRAS VHF System，GVS）。GVS 由 SBAS 信息处理控制设备、GPS 接收机和 VHF/TDMA/D8PSK 发射器三部分构成。其中，SBAS 信息处理控制设备完成 SBAS 信息处理和 VHF 发射器的控制；GPS 接收机实现 L1 和 L2 载波相位观测，完成

GRAS信息的确认。由于GVS可连接SBAS和GBAS,因此,GVS可选择将SBAS信息转化成GRAS信息格式发送的GRAS工作模式,也可以选择不对SBAS做任何处理就直接发送的SBAS工作模式。

用户端。用户端由GPS双频接收机、带ARINC429标准接口的计算机和一个VHF/TDMA/D8PSK接收机组成,其中的ARINC 429标准接口便于与驾驶舱其他设备相互通信。

GRAS增强方式是区域增强系统的创新性发展,既扩大了GBAS的应用范围,又能够减少开发费用,加快系统实施进度。GRAS在澳大利亚的测试结果已经证实其可用于从航路、终端到APV阶段的飞行,目前已经具备完整运行能力并获得了ICAO的认可。

11.4 机载增强系统(ABAS)

ABAS系统利用GNSS信息和其他机载传感器信息,实现机载导航系统的完好性监测。目前普遍应用的增强系统完好性监测主要有接收机自主完好性监测(Receiver Autonomous Integrity Monitoring, RAIM)和飞行器自主完好性监测(Aircraft Autonomous Integrity Monitoring, AAIM)两种,其中,AAIM可从多种类型的传感器获得冗余位置估计值实现完好性监测。ABAS至少应具备自主完好性监测,当RAIM不可用时,可以使用INS作为GNSS完好性监测的补充,使得GNSS定位的连续性仍然有效。

已有研究表明[134],GPS和气压高度表、精密时钟组合最容易实现,且能够达到航路、非精密进近几乎100%的可用性。如果GPS导航数据和陆基无线电导航系统组合,则略为复杂,导航台需要进行误差和故障的识别与建模,同时还应考虑与GPS系统间的坐标变换问题。如果采用GPS与罗兰-C的组合模式,则可实现非精密进近的可用性从单独GPS的97.335%提升至99.982%,所以,GPS与罗兰-C的组合仍然不能满足非精密进近的要求。对于其他的组合方案,文献[135]的研究已经表明,GPS和INS的组合能够达到几乎100%的可用性,能够满足非精密进近需求,是未来的发展方向。

11.5 GNSS完好性监测技术

如前所述,导航系统的完好性是指系统在无法用于导航时为用户提供及时告警的能力。目前,用于完好性监测的技术主要有三种:①卫星自主完好性监测(Satellite Autonomous Integrity Monitoring, SAIM);②地面完好性通道(Ground Integrity Channel, GIC);③接收机自主完好性监测(RAIM)。

1. 卫星自主完好性监测

卫星自主完好性监测是将完好性监测功能直接设置于导航卫星之中,每个卫星的SAIM子系统只用于监测该卫星本身的测距信号和导航信息等,而未实现SAIM功能的星基增强系统和陆基增强系统必须同步处理一颗或更多颗卫星的信息。因此,具备卫星自主完好性监测的系统可以在1 s之内完成对该卫星信号的完好性监测,并向用户发出完好性监测信息。它能够满足几乎所有用户对RNP的要求，甚至无须利用任何增强系统也能满足ICAO对CAT I类精密进近RNP的要求。对于完好性监测要求十分高的应用场合，例如CAT II/III类精密进近，由于SAIM技术的应用提高了卫星自主完好性监测的能力，大大减少了卫星信息出错的概率，从而简化了WAAS，LAAS设计的复杂性，能够满足系统设计指标和技术要求，使这些系统实际应用成为可能。SAIM技术可以通过两种方式设置于卫星之中：①在新一代卫星设计阶段就综合考虑到完好性监测问题，即在产生导航信息的同时就对其进行监测；②对卫星在设计上不作重大改动，仅将其作为一个子系统加载在卫星上。后一种方法的优点是对卫星总体设计改动较小，技术上较容易实现，而且该子系统还可以由其他部门监控，例如可由民航部门实施实时完好性监测与报警。

SAIM技术具有检测如下卫星错误的能力：①信号能量水平异常；②测距码信号波形变形；③码和载波信号的发散；④卫星时钟加速度异常；⑤导航数据误差；⑥数字信号处理部件引起的导航信号突变。

2. 地面完好性通道

地面完好性通道属于系统级完好性监测技术，主要包括两个部分：地面监测和完好性信息广播。地面监测站采集GNSS观测数据并集中处理，产生GNSS完好性信息，这些完好性信息通过同步卫星实时广播给用户。

目前系统级完好性监测技术主要有三种[136-137]：一是GPS系统的用户测距精度（User Range Accuracy，URA）；二是Galileo系统的空间信号精度和完好性标志（Signal In Space Accuracy/Integrity Flag，SISA/IF）；三是星基增强系统的用户差分距离误差/格网电离层垂直误差（User Diferential Range Error/Grid Ionosphere Vertical Error，UDRE/GIVE）。URA是指GPS卫星空间信号伪距精度的预报值，它是不包含大气层延迟影响的用户测距误差的最大预报值。URA算法基于坐标已知的监测站和卫星广播星历的理论值来判断站-星伪距观测量的异常，算法简单，占用系统资源少，但URA随卫星星历一起向用户发播，更新周期较长，在系统出现异常时不能及时告警。空间信号精度（SISA）是对卫星覆盖范围内所有可能用户的空间信号误差预测分布的限值，一般是指由卫星广播星历和时钟误差引起的用户距离误差；完好性标志（IF）是指当卫星发送的信号包含较大误差，不能用于用户定位时的警告。SISA/IF完好性的实施需要大量的地面监测站支持，结构复杂、造价比较高、可靠性较差。用户差分距离误差和格网电离层垂直误差是广域增强系统和地面完好性监测相结合而提出的完好性概念，其作用范围是一个广大的区域而非全球，其精度指标也相对较差。

地面完好性通道是一种完全独立于GNSS的监测方法，能对故障做出快速反应，不需要有多余的GNSS观测量，且故障较容易识别并排除，然而大量的地面监测站和同步卫星增加了系统的复杂性和资金投入。地面完好性通道技术只适合监测系统级异常（包括卫星和地面控制中心的异常），不能监测用户端的异常。

3. 接收机自主完好性监测

SAIM和GIC针对全球或某一区域的所有用户实现完好性监测，并不考虑单个用户特定的使用环境，因此，在用户端提供完好性监测十分必要。接收机自主完好性监测能够分别监测系统端和用户端的异常，弥补地面完好性通道监测技术的不足。相比GIC技术而言，RAIM

算法简单、计算周期短，便于用户端卫星故障的快速监测，因此，使用 RAIM 算法可以方便地进行全球完好性监测，为用户提供更加实时的完好性信息。

RAIM 的研究工作始于 20 世纪 80 年代后期，是基于统计的检测理论。RAIM 算法主要回答这样两个问题：①导航过程中是否存在故障；②如果存在，故障卫星是哪些。对于前一个问题的回答就可以满足组合导航系统的使用要求，因为如果检测到了某种故障，可以采用其他导航手段加以替换。但是如果卫星导航是唯一的导航手段时，必须同时对问题①和问题②做出回答。此时需要识别故障卫星并从导航解中将其排除，以确保载体航行安全。可以想象，要确定故障卫星比简单的故障检测困难得多，因为它需要更多的冗余测量信息。

从使用的信息源来看，RAIM 算法可分为 GNSS 系统自身完好性监测和通过外界条件实现完好性监测，前者是利用接收机端的冗余观测信息监测 GNSS 完好性的方法，后者多采用组合导航系统实现，如 GNSS/INS 超紧组合方式。从使用的卫星星座及产生故障的卫星数量分类，RAIM 可分为单(多)星座、单(多)星故障检测和排除方法。

本节对常见的接收机自主完好性检测算法实现单星座单星故障和多星座多星故障检测和排除的原理进行详细阐述。

11.5.1　单星座单星故障

对于单星座单星故障的 RAIM，普遍采用的算法是基于当前历元观测量的“快照”(Snapshot)方法。基于 Snapshot 模式的算法主要包括 Y. C. Lee 于 1986 年提出的距离比较法、Parkinson 于 1988 年提出的最小二乘残差法和 Sturza 于 1988 年提出的奇偶矢量法(20 世纪 90 年代，Brown 对奇偶矢量法进行了改进)。上述三种方法均假定噪声干扰的距离型测量在给定位置是可用的，并将非线性动态方程围绕载体位置和时钟偏差的标称值进行线性化，三种方法对于一颗卫星故障的情况有较好的效果且被证明是等效的。设线性化后的基本测量关系可由下面的线性系统方程描述：

$$\boldsymbol{y}=\boldsymbol{G}\boldsymbol{x}_{\text{true}}+\boldsymbol{\varepsilon} \tag{11.5.1}$$

式中，$\boldsymbol{y}$ 为测量伪距与基于用户标称位置和时钟偏差的预测距离之间的差值，是 $n\times1$ 维矢量；$\boldsymbol{x}_{\text{true}}$ 为相对标称位置的位置误差分量和用户时钟偏差分量，是 4×1 维矢量；$\boldsymbol{\varepsilon}$ 为由接收机噪声、卫星和接收机时钟误差以及卫星故障引起的测量误差矢量，是 $n\times1$ 维矢量；$\boldsymbol{G}$ 为经过相对标称位置和时钟偏差进行线性化而获得的线性连接矩阵，是 $n\times4$ 维矩阵。n 是观测卫星数量。式(11.5.1) 实际上与第 5 章介绍的卫星定位误差观测方程 $\boldsymbol{V}=\boldsymbol{AX}-\boldsymbol{L}$ 是一致的。

1. 距离比较法

假设当前有 6 颗可见卫星，因此可以获得由 4 个未知数组成的 6 个方程。假定忽略测量噪声，我们可以对前 4 个方程求解(与 6 个方程的排列顺序无关)，获得满足前 4 个方程的解。利用这个解我们可以预测其余两个测量值，并将预测值和实际测量值加以比较。如果这两个差值(残差) 较小，就认为各颗卫星在测量中具有一致性，检测算法就会宣布“无故障”；如果其中的一个或两个残差较大，检测算法则会宣布“有故障”。这就是距离比较法的实质。

至于如何确定所谓“大”和“小”的界限，即确定故障检测的门限比较复杂。如果噪声统计为高斯白噪声，则其等概率密度曲线为一椭圆。如果测试结果位于椭圆内，则认为“无故障”；

如果测试结果位于椭圆之外，则认为"有故障"。由于距离比较法的门限确定较为复杂，因而没有得到广泛应用。

2. 最小二乘残差法

仍假设有 6 颗可见卫星，获得了 6 个测量方程。当考虑测量噪声时，利用最小二乘法可以获得测量误差的最小二乘解

$$\hat{\boldsymbol{x}}_{LS} = (\boldsymbol{G}^T\boldsymbol{G})^{-1}\boldsymbol{G}^T\boldsymbol{y} \tag{11.5.2}$$

现在可以利用这个最小二乘解来预测 6 颗卫星的测量值

$$\hat{\boldsymbol{y}} = \boldsymbol{G}\hat{\boldsymbol{x}}_{LS} \tag{11.5.3}$$

于是将获得的 6 个残差构成 6×1 维矢量，记作 $\boldsymbol{\omega}$。将式(11.5.2)代入式(11.5.3)可得 $\boldsymbol{\omega}$ 的表达式

$$\boldsymbol{\omega} = \boldsymbol{y} - \hat{\boldsymbol{y}} = [\boldsymbol{I} - \boldsymbol{G}(\boldsymbol{G}^T\boldsymbol{G})^{-1}\boldsymbol{G}^T]\boldsymbol{y} \tag{11.5.4}$$

$\boldsymbol{\omega}^T\boldsymbol{\omega}$ 作为残差的平方和(SSE)可以用做故障检测统计量，它具有以下性质：

1)SSE 是一个非负的标量。

2) 如果测量误差 $\boldsymbol{\varepsilon}$ 具有相同的独立零均值高斯分布特性，则 SSE 的统计分布与卫星的几何配置无关。

3) 假设存在卫星故障时，SSE 具有非正规的 χ^2 分布，自由度为$(n-4)$。

采用$\sqrt{SSE/(n-4)}$ 作为统计测试量，根据 χ^2 分布表可以确定故障检测门限值(见表11.5.1)。

表 11.5.1 近似门限值(噪声 $\sigma = 33$ m，误警率 = 1/15 000)

可见卫星数 n	χ^2 自由度	门限值 /m
5	1	132
6	2	102
7	3	90
8	4	82
9	5	77

可见，最小二乘残差 RAIM 方法的实现较为简单，其测试统计量是一个标量。虽然上述算法包含一些矩阵变换，但这些计算并不比 GDOP，PDOP 的计算更困难，因而当今许多接收机都采用了这种 RAIM 算法。

3. 奇偶矢量法

在奇偶矢量算法中，首先对测量矢量进行如下的线性变换：

$$\begin{bmatrix} \hat{\boldsymbol{x}}_{LS} \\ \boldsymbol{p} \end{bmatrix} = \begin{bmatrix} (\boldsymbol{G}^T\boldsymbol{G})^{-1}\boldsymbol{G}^T \\ \boldsymbol{P} \end{bmatrix}\boldsymbol{y} \tag{11.5.5}$$

显然，式(11.5.5)的上半部分给出了一般的最小二乘解 $\hat{\boldsymbol{x}}_{LS}$，而下半部分则给出了$(n-4)\times 1$ 维的奇偶矢量 $\boldsymbol{p}$ 的值。其中，$\boldsymbol{P}$ 为从 n 维测量空间到$(n-4)$维奇偶空间的$(n-4)\times n$ 维转换矩阵。$\boldsymbol{P}$ 阵的行相互之间是正交归一的，而且 $\boldsymbol{P}$ 阵的行与 $\boldsymbol{A}$ 阵的列是正交的。建立 $\boldsymbol{P}$ 阵有多种方

法，本书介绍一种常用的正规方法：

对 $\boldsymbol{G}$ 进行 QR 分解，使之成为一个正交矩阵和一个三角阵的乘积：

$$\boldsymbol{G}=\boldsymbol{QR} \tag{11.5.6}$$

式中，$\boldsymbol{Q}$ 为正交矩阵；$\boldsymbol{R}$ 为上三角阵。$\boldsymbol{P}$ 阵即由 $\boldsymbol{Q}^{\mathrm{T}}$ 阵最底部的 $(n-4)$ 行元素构成，称为奇偶矩阵，利用 $\boldsymbol{p}=\boldsymbol{P}\boldsymbol{y}$ 即可得奇偶矢量。这种方法简便易行，计算机实现较为简单，因而在实际中得到广泛的应用。

得到奇偶矢量 $\boldsymbol{p}$ 以后，可以通过向量乘积 $\boldsymbol{p}^{\mathrm{T}}\boldsymbol{p}$ 的形式获得故障统计测试量。理论上可以证明，虽然 $\boldsymbol{p}$ 阵与前面介绍的最小二乘残差法中 $\boldsymbol{\omega}$ 的维数不同，但 $\boldsymbol{p}$ 阵各元素的平方和与 SSE 是等价的，即

$$\boldsymbol{p}^{\mathrm{T}}\boldsymbol{p}=\boldsymbol{\omega}^{\mathrm{T}}\boldsymbol{\omega}=\mathrm{SSE} \tag{11.5.7}$$

因而在设定相同的门限值以后，两种方法可以得到相同的检测性能。

以上介绍的均是卫星故障检测方法，实际在进行完好性监测时，还必须考虑卫星几何分布的影响。当卫星几何条件不佳时，某一卫星产生的定位误差较大，检测统计量 SSE/σ_0^2 应大于检测门限 T^2。若 SSE/σ_0^2 仍小于 T^2，则为漏检(Missed Detection，MD)。漏检率是航空导航性能中一个非常重要的指标，而且在航空导航的某些阶段几乎是不可接受的。所以在进行故障检测之前，需要首先判断卫星的几何条件是否满足故障检测的需要，即判断故障检测算法的可用性。

如果给定漏检率 P_{MD}，则通过下式可确定非中心参数 λ：

$$\mathrm{Prob}(\mathrm{SSE}/\sigma_0^2<T^2)=\int_0^{T^2} f_{\chi^2_{(n-4,\lambda)}}(n)\,\mathrm{d}x=P_{\mathrm{MD}} \tag{11.5.8}$$

采用水平 / 垂直保护级别(HPL/VPL)作为故障检测的完好性判断，则 HPL/VPL 计算如下[138-139]：

$$\left.\begin{aligned}\mathrm{HPL}&=\delta\mathrm{HDOP}\times\sigma_0\times\sqrt{\lambda}=\max\left(\sqrt{\frac{\boldsymbol{G}_{1i}^{*2}+\boldsymbol{G}_{2i}^{*2}}{\boldsymbol{S}_{ii}}}\right)\times\sigma_0\times\sqrt{\lambda}\\ \mathrm{VPL}&=\delta\mathrm{VDOP}\times\sigma_0\times\sqrt{\lambda}=\max\left(\sqrt{\frac{\boldsymbol{G}_{3i}^{*2}}{\boldsymbol{S}_{ii}}}\right)\times\sigma_0\times\sqrt{\lambda}\end{aligned}\right\} \tag{11.5.9}$$

式中，$\boldsymbol{G}^{*}=(\boldsymbol{G}^{\mathrm{T}}\boldsymbol{G})^{-1}\boldsymbol{G}^{\mathrm{T}}$；$\boldsymbol{S}=\boldsymbol{I}-\boldsymbol{G}(\boldsymbol{G}^{\mathrm{T}}\boldsymbol{G})^{-1}\boldsymbol{G}^{\mathrm{T}}$；$\sigma_0$ 由用户所处的环境决定，比如处于非精密进近时，RTCA 推荐值为 $\sigma_0=33.3$ m。

将保护级别(包括 HPL 和 VPL) 与误差门限值(HAL 和 VAL) 相比较，得到 RAIM 故障检测的可用性结果，如果通过了可用性检测，可继续进行卫星故障的检测。误差门限值一般采用 RTCA 的推荐值。

11.5.2　多星座多星故障

在卫星导航领域，多星座多星故障检测具有非常重要的现实意义，一方面缘于 GNSS 可视卫星数量的增加；另一方面，GPS，GLONASS 系统中由于各种原因导致替代卫星更新不及时，出现一定数量的卫星超期服役的现象。仅这两个方面的原因就将导致多星多故障出现的概率高于单一 GNSS 星座。当然，多余卫星的出现也使得多故障检测技术的实现变得较为容易，因为此时用户可获得更多的冗余观测方程。

目前具有代表性的基于多星座多故障的 RAIM 算法是新型最优完好性 RAIM(Novel Integrity - Optimized RAIM，NIORAIM) 和多重假设解分离(Multiple Hypothesis Solution Separation，MHSS) 方法。MHSS是由 Stanford 大学的研究人员提出的用于提高完好性监测水平的 RAIM 算法，MHSS 也适用于检测卫星各种类型的故障[140]。MHSS 通过动态地分配有害误导信息概率 PHMI(而不是传统算法中进行平均化的分配)，从而达到优化可用性水平的目的。相比于 NIORAIM，MHSS 不仅能够提高可用性水平，更能够检测和排除故障卫星，目前 MHSS 算法在 WAAS 和 LAAS 中的应用正在接受相关的测试。然而，MHSS 本质上是一种位置域(Position Domian) 的完好性监测方法，意味着更适用于系统级的完好性监测。另外，MHSS 无法充分受益于多种卫星导航系统联合使用时所具有的冗余性。下面我们重点介绍 NIORAIM 及其使用方法。

为更好地平衡传统算法在定位精度与完好性水平之间的制约，Patrick 和 Brown[141] 提出采用NIORAIM来改善完好性水平，即通过采用非线性的权值矩阵获得定位次优解，以得到更高的可用性水平。下面说明 NIORAIM 算法如何通过求取次优加权矩阵来获得高可用性。

由式(11.5.1) 可得到加权最小二乘解为

$$\hat{\boldsymbol{x}}_{\mathrm{WLS}} = (\boldsymbol{G}^{\mathrm{T}}\boldsymbol{W}\boldsymbol{G})^{-1}\boldsymbol{G}^{\mathrm{T}}\boldsymbol{W}\boldsymbol{y} \qquad (11.5.10)$$

式中，$\boldsymbol{W}$ 表示正定加权矩阵，一般为对角阵。观测方差 $\boldsymbol{R} = \mathrm{cov}(\boldsymbol{y})$。$\boldsymbol{W}$ 可表示为

$$\boldsymbol{W} = \boldsymbol{\omega}\boldsymbol{\omega}^{\mathrm{T}} \qquad (11.5.11)$$

式中，$\boldsymbol{\omega}$ 为均方根矩阵。传统的最小二乘估计中加权阵应为 $\boldsymbol{W} = \boldsymbol{R}^{-1}$，虽然可以得到最优的定位精度，但是可用性水平较低，不满足航空导航的需要。为此，可通过选择加权矩阵使得最大特征斜率所引起的定位误差最小以获得最高的可用性水平，也就是以损失一定的定位精度为代价得到更高的可用性水平。

假设 $\boldsymbol{p}-\boldsymbol{e}$ 服从二维高斯分布，如图 11.5.1 所示。如要确定 RAIM 监测中的漏检率，则还必须确定两者之间的协方差矩阵。而定位误差可表示为

$$\boldsymbol{e} = \hat{\boldsymbol{x}}_{\mathrm{WLS}} - \boldsymbol{x} = (\boldsymbol{G}^{\mathrm{T}}\boldsymbol{W}\boldsymbol{G})^{-1}\boldsymbol{G}^{\mathrm{T}}\boldsymbol{W}\boldsymbol{\varepsilon} = \underbrace{[(\boldsymbol{\omega}\boldsymbol{G})^{\mathrm{T}}(\boldsymbol{\omega}\boldsymbol{G})]^{-1}(\boldsymbol{\omega}\boldsymbol{G})^{\mathrm{T}}}_{\boldsymbol{A}_{\omega}}(\boldsymbol{\omega}\boldsymbol{\varepsilon}) \qquad (11.5.12)$$

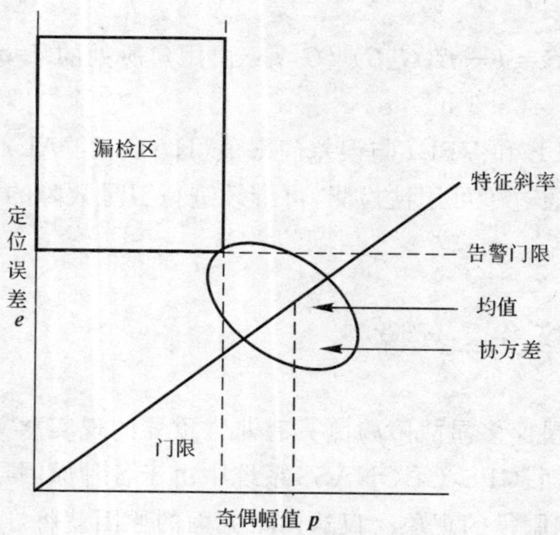

图 11.5.1 NIORAIM 算法示意图

由此可得

$$\left.\begin{aligned}&\mathrm{cov}\ (\boldsymbol{e})=\sigma^2\boldsymbol{A}_\omega\boldsymbol{\omega}\boldsymbol{\omega}^{\mathrm{T}}\boldsymbol{A}_\omega^{\mathrm{T}}\\&\mathrm{cov}\ (\boldsymbol{p})=\sigma^2\boldsymbol{I}_{n-4}\\&\mathrm{cov}\ (\boldsymbol{p},\boldsymbol{e})=\mathrm{cov}\ (\boldsymbol{e},\boldsymbol{p})=E(\boldsymbol{p}\boldsymbol{e}^{\mathrm{T}})=\sigma^2\boldsymbol{P}\boldsymbol{W}^{\mathrm{T}}\boldsymbol{G}(\boldsymbol{G}^{\mathrm{T}}\boldsymbol{W}\boldsymbol{G})^{-1}\end{aligned}\right\}\tag{11.5.13}$$

在传统的 RAIM 算法中，由于奇偶空间矩阵 $\boldsymbol{P}$ 与观测矩阵 $\boldsymbol{G}$ 是正交的，因此 $\mathrm{cov}\ (\boldsymbol{p},\boldsymbol{e})=0$。而在 NIORAIM 中，$\mathrm{cov}\ (\boldsymbol{p},\boldsymbol{e})\neq 0$。

NIORAIM 算法的本质就是选取最优的加权矩阵以得到最优的可用性水平，也就是在保证漏检率指标的前提下，得到 HPL 最小的加权矩阵

$$P_{\mathrm{MD}}=\mathrm{Prob}(\|\boldsymbol{p}\|<T,\boldsymbol{e}>\mathrm{HPL})\tag{11.5.14}$$

若已经确定 $\boldsymbol{p}-\boldsymbol{e}$ 的概率密度分布，则可确定出满足式(11.5.14)的最小 HPL 值所对应的加权矩阵。在这里介绍逐步迭代搜索最优加权矩阵的方法。在计算得到定位误差方差、定位误差与奇偶矢量之间的协方差阵以及各卫星对应的特征斜率之后，即可利用迭代搜索法来得到使保护水平 L_i 最小的加权矩阵。加权矩阵每一个元素可通过下述的迭代方程来获得：

$$\left.\begin{aligned}&\boldsymbol{\omega}_i(k+1)=\left(\sqrt{\frac{\Upsilon}{L_i}}\right)^{\frac{1}{n}}\boldsymbol{\omega}_i(k+1)\\&\Upsilon=\left(\prod_{i=1}^{n}L_i\right)\end{aligned}\quad i=1,2,\cdots,n\right\}\tag{11.5.15}$$

式中，n 为观测量的个数；k 为迭代的次数；$\boldsymbol{\omega}_i$ 为对应每一颗卫星的加权值。

考虑到 RAIM 算法对告警时间的要求，首先可离线得到搜索表，然后通过查表的方式来获得“最优”加权矩阵。需要说明的是，这里“最优”的意义是相对于可用性而言的，对定位精度而言是次优的。

为进一步阐明 NIORAIM 在多卫星故障中的应用，下面以双星故障为例说明 NIORAIM 计算流程。

建立如下的观测方程：

$$\underbrace{\begin{bmatrix}\boldsymbol{y}_1\\\boldsymbol{y}_2\end{bmatrix}}_{\boldsymbol{y}}=\underbrace{\begin{bmatrix}\lambda\\1\end{bmatrix}}_{\boldsymbol{G}}x+\underbrace{\begin{bmatrix}\boldsymbol{\varepsilon}_1\\\boldsymbol{\varepsilon}_2\end{bmatrix}}_{\boldsymbol{\varepsilon}}+\underbrace{\begin{bmatrix}\boldsymbol{b}_1\\\boldsymbol{b}_2\end{bmatrix}}_{\boldsymbol{b}}\tag{11.5.16}$$

式中，$\boldsymbol{y}_1,\boldsymbol{y}_2$ 分别代表来自不同星座的观测量，且有 $\mathrm{cov}\ (\boldsymbol{\varepsilon}_1)=\sigma_1^2$，$\mathrm{cov}\ (\boldsymbol{\varepsilon}_2)=\sigma_2^2$。令

$$\lambda=\frac{\sigma_1}{\sigma_2}\tag{11.5.17}$$

将式(11.5.17)代入式(11.5.16)，有

$$\underbrace{\begin{bmatrix}\lambda\boldsymbol{y}_1\\\boldsymbol{y}_2\end{bmatrix}}_{\boldsymbol{y}'}=\underbrace{\begin{bmatrix}\lambda\\1\end{bmatrix}}_{\boldsymbol{G}'}x+\underbrace{\begin{bmatrix}\lambda\boldsymbol{\varepsilon}_1\\\boldsymbol{\varepsilon}_2\end{bmatrix}}_{\boldsymbol{\varepsilon}'}+\underbrace{\begin{bmatrix}\lambda\boldsymbol{b}_1\\\boldsymbol{b}_2\end{bmatrix}}_{\boldsymbol{b}'}\tag{11.5.18}$$

由式(11.5.6)可得到奇偶矢量

$$\begin{aligned}\boldsymbol{p}=\boldsymbol{P}\boldsymbol{y}'=\begin{bmatrix}\dfrac{-1}{\sqrt{1+\lambda^2}} & \dfrac{\lambda}{\sqrt{1+\lambda^2}}\end{bmatrix}\begin{bmatrix}\lambda\boldsymbol{y}_1\\\boldsymbol{y}_2\end{bmatrix}=\frac{\lambda}{\sqrt{1+\lambda^2}}(\boldsymbol{y}_2-\boldsymbol{y}_1)=\\\frac{\lambda}{\sqrt{1+\lambda^2}}(\boldsymbol{\varepsilon}_2+\boldsymbol{b}_2-\boldsymbol{\varepsilon}_1-\boldsymbol{b}_1)\end{aligned}\tag{11.5.19}$$

取加权矩阵为

$$\boldsymbol{\omega} = \begin{bmatrix} 1 & 0 \\ 0 & \alpha\lambda \end{bmatrix} \tag{11.5.20}$$

则由式(11.5.12)可得定位估计误差

$$\boldsymbol{e} = \hat{\boldsymbol{x}}_{\text{WLS}} - \boldsymbol{x} = \boldsymbol{A}_\omega \boldsymbol{\omega} (\boldsymbol{\varepsilon}' + \boldsymbol{b}') =$$

$$\left\{ \left(\begin{bmatrix} 1 & 0 \\ 0 & \alpha\lambda \end{bmatrix} \begin{bmatrix} \lambda \\ 1 \end{bmatrix} \right)^{\mathrm{T}} \begin{bmatrix} 1 & 0 \\ 0 & \alpha\lambda \end{bmatrix} \begin{bmatrix} \lambda \\ 1 \end{bmatrix} \right\}^{-1} \left(\begin{bmatrix} 1 & 0 \\ 0 & \alpha\lambda \end{bmatrix} \begin{bmatrix} \lambda \\ 1 \end{bmatrix} \right)^{\mathrm{T}} \begin{bmatrix} 1 & 0 \\ 0 & \alpha\lambda \end{bmatrix} (\boldsymbol{\varepsilon}' + \boldsymbol{b}') =$$

$$\frac{1}{\lambda^2 + \alpha^2 \lambda^2} [\lambda \quad \alpha^2 \lambda^2] (\boldsymbol{\varepsilon}' + \boldsymbol{b}') \tag{11.5.21}$$

由以上分析可得

$$\left. \begin{aligned} \boldsymbol{C}_{pp} &= E\{\boldsymbol{P}\boldsymbol{\varepsilon}' (\boldsymbol{P}\boldsymbol{\varepsilon}')^{\mathrm{T}}\} = \boldsymbol{P}\boldsymbol{P}^{\mathrm{T}} = 1 \\ \boldsymbol{C}_{ee} &= E\{\boldsymbol{A}_\omega \boldsymbol{\omega} \boldsymbol{\varepsilon}' (\boldsymbol{A}_\omega \boldsymbol{\omega} \boldsymbol{\varepsilon}')^{\mathrm{T}}\} = \boldsymbol{A}_\omega \boldsymbol{\omega} E\{\boldsymbol{\varepsilon}' \boldsymbol{\varepsilon}'^{\mathrm{T}}\} \boldsymbol{\omega}^{\mathrm{T}} \boldsymbol{A}_\omega^{\mathrm{T}} = \frac{1 + \alpha^4 \lambda^2}{\lambda^2 (1 + \alpha^2)} \\ \boldsymbol{C}_{pe} &= E\{\boldsymbol{A}_\omega \boldsymbol{\omega} \boldsymbol{\varepsilon}' (\boldsymbol{P}\boldsymbol{\varepsilon}')^{\mathrm{T}}\} = \boldsymbol{A}_\omega E\{\boldsymbol{\varepsilon}' \boldsymbol{\varepsilon}'^{\mathrm{T}}\} \boldsymbol{P}^{\mathrm{T}} = \frac{\alpha^2 \lambda^2 - 1}{\lambda (1 + \alpha^2) \sqrt{1 + \lambda^2}} \end{aligned} \right\} \tag{11.5.22}$$

从式(11.5.22)可以看出，当 $\alpha\lambda = 1$ 时，NIORAIM 就退化为传统的 RAIM 算法。

对于双星故障条件下的权值搜索，首先得到增益矩阵 $\boldsymbol{M}$。

$$\boldsymbol{M}_{ij}(k) = \left(\sqrt{\frac{u}{L_{ij}}} \right)^{\frac{1}{\zeta}} \qquad i = 1, 2, \cdots, n; j = i + 1, \cdots, n \tag{11.5.23}$$

式中，n 为观测量的个数；ζ 通常设置为 2 或 3 以加快权值搜索的过程；L_{ij} 为故障卫星 i，j 的保护水平值。参数设置如下：

$$u = \left(\prod_{i=1}^{n} \prod_{j=i+1}^{n} L_{ij} \right)^{\frac{1}{\zeta}} \tag{11.5.24}$$

通过上述处理，$\boldsymbol{M}$ 将成为一个上三角矩阵，为求得搜索权值，将 $\boldsymbol{M}$ 转化为下三角矩阵，则可得到对应每颗卫星的搜索权值，即

$$\mu_i = \min \{\boldsymbol{M}_{ij}^{\mathrm{T}}, i = 1, 2, \cdots, n; j = 1, 2, \cdots, n \mid i \neq j\} \tag{11.5.25}$$

通过搜索权值，可以得到加权矩阵

$$\boldsymbol{\omega}_i(k) = \mu_i \boldsymbol{\omega}_i(k + 1) \tag{11.5.26}$$

由以上分析可知，虽然 NIORAIM 通过损失定位精度而提高了传统 RAIM 算法的可用性，但是 NIORAIM 算法局限于利用非线性加权矩阵使保护水平最小来提高系统的可用性。另外，NIORAIM 也无法解决多卫星故障检测与识别的问题。目前 NIORAIM 算法正在 WAAS Beta3 型接收机中接受测试。

第12章 船用惯性导航系统与GPS的组合

12.1 概　述

惯性导航(简称惯导)系统(Inertial Navigation System, INS)自20世纪中叶首次成功应用以来,已经过半个多世纪的研究、改进和发展,技术日臻成熟。它的最大优点是不依赖于任何外界信息,能够进行完全自主的导航。惯性导航系统能够连续长时间地工作,可以提供多种导航信息如位置、速度、航程、航向,还可以提供水平基准及方位基准,精度较高。但是,惯导系统的精度主要取决于惯性器件(陀螺仪和加速度计)的性能,定位误差随时间积累,精度逐渐降低,这对需要长时间工作的舰船来说是极为不利的[142-143]。而且其初始对准时间长,必须利用其他定位手段作为参考信息源,定期或不定期地对惯导系统进行综合校正和对惯性器件的漂移进行补偿。

GPS卫星导航系统具有定位精度高的特点,而且能够进行全球、全天候、全天时、多维连续定位,其精度不随时间变化。然而,GPS是非自主式的系统,不能直接提供诸如载体姿态等导航参数,运动载体上的接收机不易捕获和跟踪卫星信号,动态环境中由于信噪比的下降及其他原因,易产生周跳。另外,由于GPS信号在传播途中容易受到干扰,使得系统定位精度有所下降,定位结果离散度较大,不利于舰船航行时的海图作业。

综上所述,GPS系统和惯导系统各有所长,具有互补的特点。两者的组合不仅具有两个独立系统各自的主要优点,而且随着组合程度的加深,它们之间互相传递、使用信息的加强,组合系统的总体性能要远优于任一独立系统。高精度GPS信息,作为外部量测输入,在运动过程中频繁修正INS,以限制其误差随时间的积累;而短时间内高精度的INS定位结果,可以很好地解决GPS动态环境中的信号失锁和周跳问题。因此,GPS与INS的组合被认为是目前导航领域最理想的组合方式。其优点主要表现在以下几个方面:

1. GPS/INS组合对改善系统精度有利

一方面,高精度GPS信息可用来修正INS以控制其误差随时间积累,利用GPS信息可以估计出INS的误差参数以及GPS接收机钟差等物理量;另一方面,利用INS短时间内定位精度较高和高数据采样率的特点,为GPS信号的捕获提供辅助信息。利用这些辅助信息,GPS接收机可保持较低的跟踪带宽,改善系统重新捕获卫星信号的能力。

2. GPS/INS组合加强系统的抗干扰能力

当信噪比较低或当GPS接收机出现故障时,惯导系统可以独立进行导航定位;当GPS信号条件显著改善时,惯导系统可以向GPS接收机提供有关的初始位置、速度等信息,以便迅速地重新跟踪GPS码和载波。惯导系统信号也可被用来辅助接收机天线瞄准卫星的方向,从而减少了干扰对系统工作的影响。

3. 惯导系统提高 GPS 接收机的跟踪能力

只有当载波和码跟踪环路锁定并跟踪卫星信号时，方可得到所需要的 GPS 数据。当跟踪误差太大时，环路的鉴别器会呈现非线性、增益降低，可能导致信号失锁。降低环路带宽虽然可以减弱噪声引起的跟踪误差，但却同时降低了系统对载体动态行为的响应能力。惯导系统高频输出的导航信息，可以很好地反映载体的动态行为，利用此信息辅助 GPS 跟踪环路，就可以使由载体动态行为所引起的跟踪误差显著减小。

4. 解决周跳问题

对于 GPS 载波相位测量，INS 可以很好地解决 GPS 周跳和信号失锁后整周模糊度参数的重新解算问题，也降低了 GPS 定位需要至少 4 颗可见卫星的要求。

5. 组合系统将降低对惯导系统的要求

在组合系统中，可以采用性能较低的惯导系统。这里主要利用惯导系统的速度信号解决动态跟踪问题，而高精度定位则由 GPS 来实现。同时，高精度 GPS 信号可以显著提高组合系统的性能。

根据组合方式和组合深度的不同，INS/GPS 组合系统大体上可以分为以下几类：

1. 基于频域的数字滤波方式

基于频域设计的数字低通滤波器滤除 GPS 随机噪声，用以修正 INS 的定位结果。这种滤波器结构简单，数值稳定性好，易于实现，成本低，且可以利用 GPS 和 INS 的成品。但其组合深度不高，组合精度依赖于 GPS 和 INS 各自精度的提高。

2. 基于时域的卡尔曼滤波方式

在组合系统内对 INS 的误差建模，用 GPS 和 INS 输出的导航信息之差作为观测量，从而对 INS 的误差作出最优估计，对其输出的导航信息加以修正。这种组合方式使得导航精度有所提高，但在具体工程实践中要注意：①如何克服 GPS 输出（在 GPS 内部已经过滤波）的时间相关性；②如何解决 INS 误差线性化模型不准确造成的长时间工作时系统性能下降的问题。

3. 反馈校正方式

在组合滤波器内对惯导系统误差以及 GPS 接收机的时钟偏差、频率漂移建模，在对状态作出最优估计之后，实施反馈校正。

4. 综合方式

综合前述两种方式的优点，采用 GPS 接收机原始的伪距、伪距率作为量测。为了减小对时延和不准确性的敏感程度，降低运算量，也可使用伪距残差、伪距率残差作为量测，使用数据分离算法。残差数据是未经滤波的原始数据，而且通常很小。

5.超紧组合方式

为了提高系统的高动态和抗干扰能力，可以采用更深程度的组合方式：INS利用GPS信息对常规的惯性误差源进行连续校正，使INS的误差连续得到补偿；GPS接收机利用INS提供的信息，在载波、码跟踪环路中使用INS速率辅助，实现自适应窄带跟踪，宽带捕获。在两者充分交流信息的基础上，提高系统的容错性能。

12.2 船用惯性导航系统

惯性导航系统是利用惯性敏感元件(陀螺仪、加速度计)、基准方向和最初的位置信息来确定载体的方位、位置和速度的自主式船位推算导航系统。根据机械结构的不同可以分为平台式惯性导航系统(Gimbaled INS)和捷联式惯性导航系统(Strapdown INS)两大类。

12.2.1 船用平台式惯导系统

船用平台式惯导系统一般采用当地水平指北半解析式方案[144]。它由三个单自由度陀螺仪或者两个二自由度陀螺仪构成惯性稳定平台，跟踪并稳定在当地地理坐标系内。在惯性平台上安装两个敏感轴互相垂直、分别沿东西向和南北向放置的加速度计，用以测量这两个方向的加速度信息。

加速度计测量的是比力 $\boldsymbol{f}^{\mathrm{n}}$，即载体运动的惯性力与地球引力之差，可表达为

$$\boldsymbol{f}^{\mathrm{n}}=\boldsymbol{C}_{\mathrm{i}}^{\mathrm{n}}[\ddot{\boldsymbol{r}}^{\mathrm{i}}-\boldsymbol{G}^{\mathrm{i}}]=\boldsymbol{C}_{\mathrm{i}}^{\mathrm{n}}\ddot{\boldsymbol{r}}^{\mathrm{i}}-\boldsymbol{G}^{\mathrm{n}} \tag{12.2.1}$$

式中，$\boldsymbol{C}_{\mathrm{i}}^{\mathrm{n}}$ 表示从惯性坐标系i到地理坐标系n的方向余弦矩阵，以下类同；$\boldsymbol{r}$ 为载体的地心位置矢量；$\boldsymbol{G}$ 为地球引力。

为展开 $\boldsymbol{f}^{\mathrm{n}}$ 的表达式，先假设地球是一个圆球体，平均半径为 R，给出地理坐标系内的速度及加速度表达式

$$\boldsymbol{V}^{\mathrm{n}}=\boldsymbol{C}_{\mathrm{e}}^{\mathrm{n}}\dot{\boldsymbol{r}}^{\mathrm{e}}=\boldsymbol{C}_{\mathrm{i}}^{\mathrm{n}}(\dot{\boldsymbol{r}}^{\mathrm{i}}-\boldsymbol{\Omega}_{\mathrm{ie}}^{\mathrm{i}}\boldsymbol{r}^{\mathrm{i}}) \tag{12.2.2}$$

$$\dot{\boldsymbol{V}}^{\mathrm{n}}=\boldsymbol{C}_{\mathrm{i}}^{\mathrm{n}}[\ddot{\boldsymbol{r}}^{\mathrm{i}}-(\boldsymbol{\Omega}_{\mathrm{en}}^{\mathrm{i}}+2\boldsymbol{\Omega}_{\mathrm{ie}}^{\mathrm{i}})\boldsymbol{V}^{\mathrm{n}}-\boldsymbol{\Omega}_{\mathrm{ie}}^{\mathrm{i}}\boldsymbol{\Omega}_{\mathrm{ie}}^{\mathrm{i}}\boldsymbol{r}^{\mathrm{i}}] \tag{12.2.3}$$

式中，$\boldsymbol{\Omega}_{\mathrm{ie}}^{\mathrm{i}}$ 是地球自转角速度在惯性空间的投影矢量；$\boldsymbol{\Omega}_{\mathrm{en}}^{\mathrm{i}}$ 是由载体运动产生的角速度在惯性空间的投影矢量。比较式(12.2.1)和式(12.2.3)，可知

$$\boldsymbol{f}^{\mathrm{n}}=\dot{\boldsymbol{V}}^{\mathrm{n}}+(\boldsymbol{\Omega}_{\mathrm{en}}^{\mathrm{n}}+2\boldsymbol{\Omega}_{\mathrm{ie}}^{\mathrm{n}})\boldsymbol{V}^{n}-\boldsymbol{g}^{\mathrm{n}} \tag{12.2.4}$$

式中，$\boldsymbol{\Omega}_{\mathrm{en}}^{\mathrm{n}}$ 及 $\boldsymbol{\Omega}_{\mathrm{ie}}^{\mathrm{n}}$ 分别为角速度矢量 $\boldsymbol{\omega}_{\mathrm{en}}^{\mathrm{n}}$ 和 $\boldsymbol{\omega}_{\mathrm{ie}}^{\mathrm{n}}$ 的反对称矩阵；$\boldsymbol{\omega}_{\mathrm{en}}^{\mathrm{n}}=[-V_{\mathrm{N}}/R,V_{\mathrm{E}}/R,\tan\varphi(V_{\mathrm{E}}/R)]^{\mathrm{T}}$ 为地理坐标系相对于地球表面旋转角速度在地理坐标系的投影；$\boldsymbol{\omega}_{\mathrm{ie}}^{\mathrm{n}}=[0,\Omega_{\mathrm{ie}}\cos\varphi,\Omega_{\mathrm{ie}}\sin\varphi]^{\mathrm{T}}$ 为地球坐标系相对于惯性空间旋转角速度在地理坐标系的投影；$2\boldsymbol{\Omega}_{\mathrm{ie}}^{\mathrm{n}}\boldsymbol{V}^{\mathrm{n}}$ 及 $\boldsymbol{\Omega}_{\mathrm{en}}^{\mathrm{n}}\boldsymbol{V}^{\mathrm{n}}$ 分别代表载体运动的哥氏加速度项和离心加速度项；Ω_{ie} 为地球在惯性空间的自转角速度；$\boldsymbol{g}^{\mathrm{n}}=\boldsymbol{C}_{\mathrm{i}}^{\mathrm{n}}\boldsymbol{\Omega}_{\mathrm{ie}}^{\mathrm{i}}\boldsymbol{\Omega}_{\mathrm{ie}}^{\mathrm{i}}\boldsymbol{r}^{\mathrm{i}}-\boldsymbol{G}^{\mathrm{n}}$ 为地球引力与离心力之差，即重力；$\boldsymbol{r}$ 为位置矢量；$\boldsymbol{V}$ 为速度矢量。

考虑到在地球表面运动的船舶，其垂直速度可以忽略不计，得到

$$\dot{\boldsymbol{V}}^{\mathrm{n}}=\begin{bmatrix}\dot{V}_{\mathrm{E}}\\ \dot{V}_{\mathrm{N}}\end{bmatrix}=\begin{bmatrix}f_{\mathrm{E}}+V_{\mathrm{N}}(\dot{\lambda}+2\Omega_{\mathrm{ie}})\sin\varphi\\ f_{\mathrm{N}}-V_{\mathrm{E}}(\dot{\lambda}+2\Omega_{\mathrm{ie}})\sin\varphi\end{bmatrix} \tag{12.2.5}$$

经过一次积分，可以得到速度表达式

$$\boldsymbol{V}^{\mathrm{n}}(t)=\int_0^t\dot{\boldsymbol{V}}^{\mathrm{n}}\mathrm{d}t+\boldsymbol{V}^{\mathrm{n}}(0) \tag{12.2.6}$$

再经过一次积分，可以得到船舶的位置

$$\left.\begin{aligned}\varphi(t)&=\int_0^t\frac{V_{\mathrm{N}}}{R}\mathrm{d}t+\varphi(0)\\ \lambda(t)&=\int_0^t\frac{V_{\mathrm{E}}}{R}\sec\varphi\mathrm{d}t+\lambda(0)\end{aligned}\right\} \tag{12.2.7}$$

式中，下标 E，N 分别代表相应矢量在东向和北向的分量；$\boldsymbol{V}^{\mathrm{n}}(0)$，$\varphi(0)$，$\lambda(0)$ 分别表示速度矢量、纬度、经度的初始值。

为了使惯性平台跟踪地理坐标系，通过修正回路和稳定回路对其施加控制力矩，旋转指令角速度应与地理坐标系相对惯性坐标系的旋转角速度 $\boldsymbol{\omega}_{\mathrm{in}}^{\mathrm{n}}$ 相同，即

$$\boldsymbol{\omega}_p=\boldsymbol{\omega}_{\mathrm{in}}^{\mathrm{n}}=\begin{bmatrix}-\dfrac{V_{\mathrm{N}}}{R}\\ \Omega_{\mathrm{ie}}\cos\varphi+\dfrac{V_{\mathrm{E}}}{R}\\ \Omega_{\mathrm{ie}}\sin\varphi+\dfrac{V_{\mathrm{E}}}{R}\tan\varphi\end{bmatrix} \tag{12.2.8}$$

由此得到了惯性导航系统的机械编排方程。

12.2.2 船用捷联式惯导系统

捷联式惯性导航系统就是将惯性敏感元件直接安装在运载体上，不再需要稳定平台和常平架结构的惯导系统。它通过计算机内的姿态矩阵实时解析计算，起到"数学解析平台"的作用，将惯性导航系统中加速度计测量到的比力信息转换到导航动参考坐标系，并从姿态矩阵的有关元素中提取舰船的姿态角（航向角、横摇角和纵摇角）。

由于捷联式惯导系统将陀螺仪和加速度计直接固连于运载体上，省去了复杂的平台系统，代之以计算机内部的数学平台，简化了机械结构，降低了成本。但势必增加计算机的负担，同时对惯性元件的测量范围和抗恶劣环境的性能要求更高了。在机械编排和软件设计上都有一些特殊的问题需要加以注意：

1）由于加速度计是沿船体的纵向和横向安装的，因而其输出信息需要通过方向余弦矩阵加以转换，而且随着舰船的运动和船体姿态的变化，需要实时地进行姿态矩阵（又称捷联矩阵）的即时修正（Updating），其典型的修正算法有欧拉角法（三参数法）、四元数法（四参数法）及方向余弦法（九参数法）等。

2）由于平台式惯导系统存在着实体的平台，因而平台坐标系的互相正交是靠平台与加速度计的加工、装配工艺来保证的。而捷联式惯导系统，由于计算机字长和算法误差的限制，其捷联矩阵往往不再是正交矩阵，需要采用正交化技术将其误差降至最低。

3）捷联式惯导系统的初始对准不再是调整稳定平台，而是确定捷联矩阵的初始值，其精

度将直接影响整个惯导系统的精度，对此进行研究是非常必要的。

12.2.3　船用惯性导航系统误差方程的推导

惯导系统的误差模型除了用于误差分析以外，对于最优组合滤波来说也是必不可少的，它是滤波模型的一部分，是对惯导系统误差进行估计、校正的基础。

在介绍误差方程的推导之前，先引入几个坐标系：

平台坐标系 p：即惯性平台（或捷联式惯导中的"数学平台"）坐标系，其 z_p 轴垂直于平台平面向上，x_p 与 y_p 分别指向平台东向和北向，构成右手正交坐标系。平台坐标系 p 与地理坐标系 n 的夹角 $\boldsymbol{\Phi}=[\alpha \quad \beta \quad \gamma]^{\mathrm{T}}$ 为平台的姿态角。

计算机坐标系 c：这是为了分析问题方便而人为引入的虚拟坐标系，其原点在计算机所计算出来的位置 C 点（φ_c,λ_c），各轴与 C 点的地理坐标系轴的方向相同。计算机坐标系 c 与地理坐标系 n 的夹角为 $\delta\boldsymbol{\theta}=[\delta\theta_x \quad \delta\theta_y \quad \delta\theta_z]^{\mathrm{T}}$，与平台坐标系 p 的夹角为 $\boldsymbol{\psi}=[\psi_x \quad \psi_y \quad \psi_z]^{\mathrm{T}}$。

船体坐标系 b：船体坐标系也称为甲板坐标系，其 z_b 轴垂直于船舶的甲板平面，y_b 轴指向船艏，x_b 轴指向船舶的右舷，构成右手正交坐标系。船体坐标系 b 与地理坐标系 n 的夹角描述了船舶的姿态角，即纵摇、横摇和航向。

1. 平台姿态误差方程

根据定义可知，平台姿态误差角 $\boldsymbol{\Phi}$ 为

$$\boldsymbol{\Phi}=\boldsymbol{\psi}+\delta\boldsymbol{\theta} \tag{12.2.9}$$

由惯导系统的 $\boldsymbol{\psi}$ 方程和 $\delta\dot{\boldsymbol{\theta}}$ 的表达式

$$\dot{\boldsymbol{\psi}}^{\mathrm{n}}=\boldsymbol{\varepsilon}^{\mathrm{n}}-\boldsymbol{\omega}_{\mathrm{in}}^{\mathrm{n}}\times\boldsymbol{\psi} \tag{12.2.10}$$

$$\delta\dot{\boldsymbol{\theta}}^{\mathrm{n}}=\delta\boldsymbol{\omega}_{\mathrm{in}}^{\mathrm{n}}-\boldsymbol{\omega}_{\mathrm{in}}^{\mathrm{n}}\times\delta\boldsymbol{\theta} \tag{12.2.11}$$

得到惯导系统平台姿态误差

$$\dot{\boldsymbol{\Phi}}=\dot{\boldsymbol{\psi}}^{\mathrm{n}}+\delta\dot{\boldsymbol{\theta}}^{\mathrm{n}}=-\boldsymbol{\omega}_{\mathrm{in}}^{\mathrm{n}}\times\boldsymbol{\Phi}+\delta\boldsymbol{\omega}_{\mathrm{in}}^{\mathrm{n}}+\boldsymbol{\varepsilon}^{\mathrm{n}} \tag{12.2.12}$$

式中，$\delta\boldsymbol{\omega}_{\mathrm{in}}^{\mathrm{n}}=\left[-\dfrac{\delta V_{\mathrm{N}}}{R},\dfrac{\delta V_{\mathrm{E}}}{R}-\Omega_{\mathrm{ie}}\sin\varphi\delta\varphi,(\dfrac{V_{\mathrm{E}}}{R}\sec^2\varphi+\Omega_{\mathrm{ie}}\cos\varphi)\delta\varphi+\dfrac{\delta V_{\mathrm{E}}}{R}\tan\varphi\right]^{\mathrm{T}}$；$\boldsymbol{\varepsilon}^{\mathrm{n}}$ 为陀螺漂移 $\boldsymbol{\varepsilon}$ 在地理坐标系的投影，在平台式惯导中 $\boldsymbol{\varepsilon}^{\mathrm{n}}=\boldsymbol{\varepsilon}$，在捷联式惯导中 $\boldsymbol{\varepsilon}^{\mathrm{n}}=\boldsymbol{C}_{\mathrm{b}}^{\mathrm{n}}\boldsymbol{\varepsilon}$，$\boldsymbol{C}_{\mathrm{b}}^{\mathrm{n}}$ 为船体坐标系到地理坐标系的方向余弦阵。

2. 速度误差方程

采用摄动法，以真值及其摄动误差之和

$$\hat{\boldsymbol{V}}^{\mathrm{n}}=\boldsymbol{V}^{\mathrm{n}}+\delta\boldsymbol{V}^{\mathrm{n}}$$

$$\hat{\boldsymbol{f}}^{\mathrm{n}}=\boldsymbol{f}^{\mathrm{n}}+\delta\boldsymbol{f}^{\mathrm{n}}$$

$$\hat{\boldsymbol{\Omega}}_{\mathrm{en}}^{\mathrm{n}}=\boldsymbol{\Omega}_{\mathrm{en}}^{\mathrm{n}}+\delta\boldsymbol{\Omega}_{\mathrm{en}}^{\mathrm{n}}$$

$$\hat{\boldsymbol{\Omega}}_{\mathrm{ie}}^{\mathrm{n}}=\boldsymbol{\Omega}_{\mathrm{ie}}^{\mathrm{n}}+\delta\boldsymbol{\Omega}_{\mathrm{ie}}^{\mathrm{n}}$$

$$\hat{\boldsymbol{g}}^{\mathrm{n}}=\boldsymbol{g}^{\mathrm{n}}+\delta\boldsymbol{g}^{\mathrm{n}}$$

分别替换式(12.2.4)中相应各量，即可得到速度误差方程

$$\delta\dot{\boldsymbol{V}}^{\mathrm{n}}=-(\boldsymbol{\Omega}_{\mathrm{en}}^{\mathrm{n}}+2\boldsymbol{\Omega}_{\mathrm{ie}}^{\mathrm{n}})\delta\boldsymbol{V}^{\mathrm{n}}-(\delta\boldsymbol{\Omega}_{\mathrm{en}}^{\mathrm{n}}+2\delta\boldsymbol{\Omega}_{\mathrm{ie}}^{\mathrm{n}})\boldsymbol{V}^{\mathrm{n}}+\delta\boldsymbol{g}^{\mathrm{n}}+\delta\boldsymbol{f}^{\mathrm{n}} \tag{12.2.13}$$

式中为简化起见，认为重力无异常，则有 $\delta\boldsymbol{g}^{n}=\mathbf{0}$；$\delta\boldsymbol{\Omega}_{en}^{n}$ 和 $\delta\boldsymbol{\Omega}_{ie}^{n}$ 分别为 $\delta\boldsymbol{\omega}_{en}^{n}$ 和 $\delta\boldsymbol{\omega}_{ie}^{n}$ 的反对称矩阵形式，$\delta\boldsymbol{\omega}_{en}^{n}=\left[-\dfrac{\delta V_{N}}{R},\ \dfrac{\delta V_{E}}{R},\ \dfrac{\delta V_{E}}{R}\tan\varphi+\dfrac{V_{E}}{R}\sec^{2}\varphi\delta\varphi\right]^{T}$，$\delta\boldsymbol{\omega}_{ie}^{n}=[0,\ -\Omega_{ie}\sin\varphi\delta\varphi,\ \Omega_{ie}\cos\varphi\delta\varphi]^{T}$；$\delta\boldsymbol{f}^{n}$ 为比力误差在地理坐标系的投影，主要是由加速度计零位误差∇和平台（或捷联式惯导的“数学平台”）偏离地理坐标系所致，有

$$\delta\boldsymbol{f}^{n}=\delta_{p}\boldsymbol{f}+\boldsymbol{\Phi}\times\boldsymbol{f} \tag{12.2.14}$$

在平台式惯导中，$\delta_{p}\boldsymbol{f}=\nabla$；在捷联式惯导中，$\delta_{p}\boldsymbol{f}=\boldsymbol{C}_{b}^{n}\nabla$。

3. 位置误差方程

根据式(12.2.7)，采用摄动法，可直接得到位置误差方程

$$\left.\begin{aligned}\delta\dot{\varphi}&=\frac{\delta V_{N}}{R}\\ \delta\dot{\lambda}&=\frac{\delta V_{E}}{R}\sec\varphi+\frac{V_{E}}{R}\sec\varphi\tan\varphi\delta\varphi\end{aligned}\right\} \tag{12.2.15}$$

由式(12.2.12)、式(12.2.13)和式(12.2.15)构成了平台式及捷联式惯导系统矢量形式的误差方程，二者在形式上是一致的。

12.3 卡尔曼(Kalman)滤波器

根据经典物理学的知识可知，没有外部干扰时，一个动态系统的未来状态可以根据现时状态从已知的运动方程中确定出来。但是，遗憾的是总存在某种外部干扰，或是人们对运动方程的描述不可能十分精确。为了解决这类估计问题，最初由 Kalman R. E.（1960 年）和 Bucy(1961 年）推广维纳的经典工作推导出了卡尔曼滤波算法。它是一种线性最小方差估计的递推算法，相对其他几种最优估计方法，卡尔曼滤波具有如下特点：

1）算法是递推的，而且使用状态空间法在时域内设计滤波器，所以卡尔曼滤波适用于对多维随机过程的估计。

2）采用动力学方程描述被估计量的动态变化规律，其动态统计特性由激励白噪声的统计信息和动力学方程确定。由于激励白噪声是平稳过程，动力学方程已知，所以被估计量既可以是平稳的，也可以是非平稳的。

3）卡尔曼滤波具有连续型和离散型两类算法，离散型算法可直接在数字计算机上实现。

正是由于上述特点，卡尔曼滤波理论一经提出立即得到了工程应用的重视，阿波罗登月飞行和 C－5A 飞机导航系统的设计是其早期应用中的最成功者。目前，卡尔曼滤波技术作为一种最重要的最优估计理论被广泛地应用于各种领域，组合导航系统的设计也是其成功应用的一个主要方面。

12.3.1 离散系统的卡尔曼滤波

自从卡尔曼滤波方法出现后，研究该方法的学者很多，根据滤波的不同性质派生出很多推

广和变形公式，这些方法确实反映了卡尔曼滤波在不同方面的物理特性。我们这里直接利用最小方差性质，通过直观的推导给出滤波递推公式[145]。

设系统如下：

$$\left.\begin{aligned} \boldsymbol{x}_k &= \boldsymbol{\Phi}_{k,k-1}\boldsymbol{x}_{k-1} + \boldsymbol{\Gamma}_{k-1}\boldsymbol{\omega}_{k-1} \\ \boldsymbol{z}_k &= \boldsymbol{H}_k\boldsymbol{x}_k + \boldsymbol{v}_k, \quad k \geqslant 1 \end{aligned}\right\} \tag{12.3.1}$$

式中，动态噪声 $\boldsymbol{\omega}_k$ 与量测噪声 $\boldsymbol{v}_k$ 是互不相关的零均值白噪声序列，即对所有 k 和 j，模型的基本统计性质为

$$\left.\begin{aligned} \mathrm{E}[\boldsymbol{\omega}_k] = \boldsymbol{0}, \quad & \mathrm{Cov}(\boldsymbol{\omega}_k, \boldsymbol{\omega}_j) = \boldsymbol{Q}_k\delta_{kj} \\ \mathrm{E}[\boldsymbol{v}_k] = \boldsymbol{0}, \quad & \mathrm{Cov}(\boldsymbol{v}_k, \boldsymbol{v}_j) = \boldsymbol{R}_k\delta_{kj} \\ & \mathrm{Cov}(\boldsymbol{\omega}_k, \boldsymbol{v}_j) = \boldsymbol{0} \end{aligned}\right\} \tag{12.3.2}$$

这里 δ_{kj} 是克罗尼克 δ 函数，即

$$\delta_{kj} = \begin{cases} 1, & k = j \\ 0, & k \neq j \end{cases}$$

又设初始状态的统计特性为

$$\mathrm{E}[\boldsymbol{x}_0] = \boldsymbol{\mu}_0, \quad \mathrm{Var}(\boldsymbol{x}_0) = \mathrm{E}[(\boldsymbol{x}_0 - \boldsymbol{\mu}_0)(\boldsymbol{x}_0 - \boldsymbol{\mu}_0)^{\mathrm{T}}] = \boldsymbol{P}_0 \tag{12.3.3}$$

且 $\boldsymbol{x}_0$ 与 $\boldsymbol{\omega}_k, \boldsymbol{v}_k$ 都不相关，即

$$\mathrm{Cov}(\boldsymbol{x}_0, \boldsymbol{\omega}_k) = \boldsymbol{0}, \quad \mathrm{Cov}(\boldsymbol{x}_0, \boldsymbol{v}_k) = \boldsymbol{0}$$

下面进行滤波递推公式的直观推导[193]。

设如果在量测 $(k-1)$ 次之后，已经有了一个 $\hat{\boldsymbol{x}}_{k-1} = \hat{\boldsymbol{x}}_{k-1/k-1}$ 的估计值，那么根据动态方程式 (12.3.1) 来预测第 k 次的状态值。因为 $\boldsymbol{\omega}_{k-1}$ 的均值为零(即 $\mathrm{E}[\boldsymbol{\omega}_{k-1}] = \boldsymbol{0}$)，可以定义 $\hat{\boldsymbol{x}}_{k/k-1}$ 为由 $k-1$ 次量测得到的估计值 $\hat{\boldsymbol{x}}_{k-1}$ 进行一步预测值的合理数值，即

$$\hat{\boldsymbol{x}}_{k/k-1} = \boldsymbol{\Phi}_{k,k-1}\hat{\boldsymbol{x}}_{k-1} \tag{12.3.4}$$

考虑到 $\mathrm{E}[\boldsymbol{v}_k] = \boldsymbol{0}$，因而量测的期望值为 $\boldsymbol{H}_k\hat{\boldsymbol{x}}_{k/k-1}$ 是合适的。

在考虑了这两点以后，由第 k 次量测数据 $\boldsymbol{z}_k$ 来估计 $\boldsymbol{x}_k$ 的递推形式，则有理由认为应是

$$\hat{\boldsymbol{x}}_k = \hat{\boldsymbol{x}}_{k/k} = \hat{\boldsymbol{x}}_{k/k-1} + \boldsymbol{K}_k(\boldsymbol{z}_k - \boldsymbol{H}_k\hat{\boldsymbol{x}}_{k/k-1}) \tag{12.3.5}$$

这里的 $\boldsymbol{K}_k$ 是一个待定的校正增益矩阵，选择的标准应使误差方差阵为极小，为此先推导误差方差公式。

定义

$$\tilde{\boldsymbol{x}}_{k/k-1} = \hat{\boldsymbol{x}}_{k/k-1} - \boldsymbol{x}_k \tag{12.3.6}$$

$$\tilde{\boldsymbol{x}}_{k/k} \equiv \tilde{\boldsymbol{x}}_k = \hat{\boldsymbol{x}}_{k/k} - \boldsymbol{x}_k = \hat{\boldsymbol{x}}_k - \boldsymbol{x}_k \tag{12.3.7}$$

它们的含义分别是得到量测 $\boldsymbol{z}_k$ 之前和之后对 $\boldsymbol{x}_k$ 的估计误差。由式(12.3.7)出发，考虑到式(12.3.5)，并将式(12.3.6)及(12.3.1)代入可得

$$\tilde{\boldsymbol{x}}_k = \hat{\boldsymbol{x}}_k - \boldsymbol{x}_k = \hat{\boldsymbol{x}}_{k/k-1} + \boldsymbol{K}_k(\boldsymbol{H}_k\boldsymbol{x}_k + \boldsymbol{v}_k - \boldsymbol{H}_k\hat{\boldsymbol{x}}_{k/k-1}) - \boldsymbol{x}_k = (\boldsymbol{I} - \boldsymbol{K}_k\boldsymbol{H}_k)\tilde{\boldsymbol{x}}_{k/k-1} + \boldsymbol{K}_k\boldsymbol{v}_k \tag{12.3.8}$$

估计误差方差阵可用式(12.3.8)代入下式：

$$\begin{aligned} \boldsymbol{P}_k = \mathrm{E}[\tilde{\boldsymbol{x}}_k\tilde{\boldsymbol{x}}_k^{\mathrm{T}}] = \mathrm{E}[&(\boldsymbol{I} - \boldsymbol{K}_k\boldsymbol{H}_k)\tilde{\boldsymbol{x}}_{k/k-1}[\tilde{\boldsymbol{x}}_{k/k-1}^{\mathrm{T}}(\boldsymbol{I} - \boldsymbol{K}_k\boldsymbol{H}_k)^{\mathrm{T}} + \boldsymbol{v}_k^{\mathrm{T}}\boldsymbol{K}_k^{\mathrm{T}}] + \\ &\boldsymbol{K}_k\boldsymbol{v}_k[\tilde{\boldsymbol{x}}_{k/k-1}^{\mathrm{T}}(\boldsymbol{I} - \boldsymbol{K}_k\boldsymbol{H}_k)^{\mathrm{T}} + \boldsymbol{v}_k^{\mathrm{T}}\boldsymbol{K}_k^{\mathrm{T}}]] \end{aligned} \tag{12.3.9}$$

定义一步预测估计误差方差阵

$$P_{k/k-1} = \mathrm{E}[\tilde{x}_{k/k-1}\tilde{x}_{k/k-1}^{\mathrm{T}}] \tag{12.3.10}$$

由模型的基本统计性质式(12.3.2)可知

$$\mathrm{E}[\boldsymbol{v}_k\boldsymbol{v}_k^{\mathrm{T}}] = R_k \tag{12.3.11}$$

而且,预测估计误差与量测噪声不相关,故

$$\mathrm{E}[\tilde{x}_{k/k-1}\boldsymbol{v}_k^{\mathrm{T}}] = \mathrm{E}[\boldsymbol{v}_k\tilde{x}_{k/k-1}^{\mathrm{T}}] = \mathbf{0} \tag{12.3.12}$$

这里由式(12.3.2)已经假定 $\boldsymbol{v}_k$ 与 $\boldsymbol{\omega}_k$ 是互不相关的白噪声序列,$\boldsymbol{v}_k$ 与 x_0 不相关,显然线性预测估计误差 $\tilde{x}_{k/k-1}$ 与 $\boldsymbol{v}_k$ 不相关,故式(12.3.12)成立。

将式(12.3.10)、式(12.3.11)和式(12.3.12)代入式(12.3.9)得

$$P_k = (I - K_kH_k)P_{k/k-1}(I - K_kH_k)^{\mathrm{T}} + K_kR_kK_k^{\mathrm{T}} \tag{12.3.13}$$

求得估计误差方差阵的递推公式后,即找到了误差方差的传播公式,再回过头来讨论 K_k 的选择,其目的是使误差方差阵 $P_k = \mathrm{E}\{\tilde{x}_k\tilde{x}_k^{\mathrm{T}}\}$ 为极小。

将式(12.3.13)右端展开后,加减同一项 $P_{k/k-1}H_k^{\mathrm{T}}(H_kP_{k/k-1}H_k^{\mathrm{T}} + R_k)^{-1}H_kP_{k/k-1}$,于是得到

$$\begin{aligned} P_k = & P_{k/k-1} - P_{k/k-1}H_k^{\mathrm{T}}(H_kP_{k/k-1}H_k^{\mathrm{T}} + R_k)^{-1}H_kP_{k/k-1} + \\ & [K_k - P_{k/k-1}H_k^{\mathrm{T}}(H_kP_{k/k-1}H_k^{\mathrm{T}} + R_k)^{-1}](H_kP_{k/k-1}H_k^{\mathrm{T}} + R_k) \\ & [K_k - P_{k/k-1}H_k^{\mathrm{T}}(H_kP_{k/k-1}H_k^{\mathrm{T}} + R_k)^{-1}] \end{aligned} \tag{12.3.14}$$

在式(12.3.14)中,前两项不包含 K_k 因子,故要使 P_k 极小,只要选择

$$K_k = P_{k/k-1}H_k^{\mathrm{T}}(H_kP_{k/k-1}H_k^{\mathrm{T}} + R_k)^{-1} \tag{12.3.15}$$

而这时误差方阵为

$$P_k = P_{k/k-1} - P_{k/k-1}H_k^{\mathrm{T}}[H_kP_{k/k-1}H_k^{\mathrm{T}} + R_k]^{-1}H_kP_{k/k-1} = [I - K_kH_k]P_{k/k-1} \tag{12.3.16}$$

这就是误差方程的迭代公式。由此可见,卡尔曼滤波的递推公式既可得到滤波估计值,又可得到误差的方差阵,也就是说,同时可进行误差分析,这是卡尔曼滤波器的一个重要优点。从误差方差阵的定义式(12.3.9)可以看到,这个矩阵是大于或等于零的,且为对称阵,这点又是作为递推时检验计算过程是否正确的一个标准。

必须注意,要完成以上递推,还要求分析从 P_{k-1} 到 $P_{k/k-1}$ 的递推公式,在式(12.3.4)两边减去 x_k,则

$$\hat{x}_{k/k-1} - x_k = \boldsymbol{\Phi}_{k,k-1}\hat{x}_{k-1} - x_k \tag{12.3.17}$$

将式(12.3.1)和式(12.3.6)代入后,得

$$\tilde{x}_{k/k-1} = \boldsymbol{\Phi}_{k,k-1}\tilde{x}_{k-1} - \boldsymbol{\Gamma}_{k-1}\boldsymbol{\omega}_{k-1}$$

因此

$$P_{k/k-1} = \boldsymbol{\Phi}_{k,k-1}P_{k-1}\boldsymbol{\Phi}_{k,k-1}^{\mathrm{T}} + \boldsymbol{\Gamma}_{k-1}Q_{k-1}\boldsymbol{\Gamma}_{k-1}^{\mathrm{T}} \tag{12.3.18}$$

在完成式(12.3.18)的推导过程中,认为

$$\mathrm{E}[\tilde{x}_{k-1}\boldsymbol{\omega}_{k-1}^{\mathrm{T}}] = \mathrm{E}[\boldsymbol{\omega}_{k-1}\tilde{x}_{k-1}^{\mathrm{T}}] = \mathbf{0} \tag{12.3.19}$$

为了方便使用,将离散卡尔曼滤波递推公式列于表 12.3.1。

表 12.3.1　离散卡尔曼滤波递推公式

动态方程	$\boldsymbol{x}_k = \boldsymbol{\Phi}_{k,k-1}\boldsymbol{x}_{k-1} + \boldsymbol{\Gamma}_{k-1}\boldsymbol{\omega}_{k-1}$
量测方程	$z_k = \boldsymbol{H}_k\boldsymbol{x}_k + \boldsymbol{v}_k \quad k \geqslant 1$
验前统计量	$\mathrm{E}[\boldsymbol{\omega}_k] = \boldsymbol{0}$　$\mathrm{Cov}(\boldsymbol{\omega}_k, \boldsymbol{\omega}_j) = \boldsymbol{Q}_k\delta_{kj}$　$\mathrm{E}[\boldsymbol{v}_k] = \boldsymbol{0}$　$\mathrm{Cov}(\boldsymbol{v}_k, \boldsymbol{v}_j) = \boldsymbol{R}_k\delta_{kj}$　$\mathrm{Cov}(\boldsymbol{\omega}_k, \boldsymbol{v}_j) = \boldsymbol{0}$　$\delta_{kj} = \begin{cases} 1 & k = j \\ 0 & k \neq j \end{cases}$
状态预测估计 方差预测	$\hat{\boldsymbol{x}}_{k/k-1} = \boldsymbol{\Phi}_{k,k-1}\hat{\boldsymbol{x}}_{k-1}$ $\boldsymbol{P}_{k/k-1} = \boldsymbol{\Phi}_{k,k-1}\boldsymbol{P}_{k-1}\boldsymbol{\Phi}_{k,k-1}^{\mathrm{T}} + \boldsymbol{\Gamma}_{k-1}\boldsymbol{Q}_{k-1}\boldsymbol{\Gamma}_{k-1}^{\mathrm{T}}$
状态估计	$\hat{\boldsymbol{x}}_k = \hat{\boldsymbol{x}}_{k/k-1} + \boldsymbol{K}_k(z_k - \boldsymbol{H}_k\hat{\boldsymbol{x}}_{k/k-1})$
方差迭代	$\boldsymbol{P}_k = \boldsymbol{P}_{k/k-1} - \boldsymbol{P}_{k/k-1}\boldsymbol{H}_k^{\mathrm{T}}[\boldsymbol{H}_k\boldsymbol{P}_{k/k-1}\boldsymbol{H}_k^{\mathrm{T}} + \boldsymbol{R}_k]^{-1}\boldsymbol{H}_k\boldsymbol{P}_{k/k-1} = [\boldsymbol{I} - \boldsymbol{K}_k\boldsymbol{H}_k]\boldsymbol{P}_{k/k-1}$
滤波增益	$\boldsymbol{K}_k = \boldsymbol{P}_{k/k-1}\boldsymbol{H}_k^{\mathrm{T}}[\boldsymbol{H}_k\boldsymbol{P}_{k/k-1}\boldsymbol{H}_k^{\mathrm{T}} + \boldsymbol{R}_k]^{-1}$
初始条件	$\hat{\boldsymbol{x}}_0 = \mathrm{E}[\boldsymbol{x}_0] = \boldsymbol{\mu}_0$，$\mathrm{Var}(\tilde{\boldsymbol{x}}_0) = \mathrm{Var}(\boldsymbol{x}_0) = \boldsymbol{P}_0$

12.3.2　卡尔曼滤波的性质

从以上推导滤波递推公式的过程，可以看到卡尔曼滤波有以下几点性质：

1）卡尔曼滤波是一种递推算法，启动时必须先给定初值 $\hat{\boldsymbol{x}}_0$ 和 $\boldsymbol{P}_0$。如果选取 $\hat{\boldsymbol{x}}_0 = \mathrm{E}[\boldsymbol{x}_0]$，那么可以证明滤波过程中估计将始终无偏，即 $\mathrm{E}[\hat{\boldsymbol{x}}_k] = \mathrm{E}[\boldsymbol{x}_k]$。

2）计算估计的均方误差阵有三种等价形式：

①$\boldsymbol{P}_k = (\boldsymbol{I} - \boldsymbol{K}_k\boldsymbol{H}_k)\boldsymbol{P}_{k/k-1}(\boldsymbol{I} - \boldsymbol{K}_k\boldsymbol{H}_k)^{\mathrm{T}} + \boldsymbol{K}_k\boldsymbol{R}_k\boldsymbol{K}_k^{\mathrm{T}}$；

②$\boldsymbol{P}_k = (\boldsymbol{I} - \boldsymbol{K}_k\boldsymbol{H}_k)\boldsymbol{P}_{k/k-1}$；

③$\boldsymbol{P}_k^{-1} = \boldsymbol{P}_{k/k-1}^{-1} + \boldsymbol{H}_k^{\mathrm{T}}\boldsymbol{R}_k^{-1}\boldsymbol{H}_k$。

第 ② 种形式简单，计算量较小，但计算中的积累误差容易使 $\boldsymbol{P}_k$ 失去非负定性甚至对称性，所以实际使用中常用第 ① 种形式。如果在滤波初始时刻对被估计量的统计特性缺乏了解，只能盲目地选取滤波初值，相应地 $\boldsymbol{P}_0$ 选得较大，计算 $\boldsymbol{P}_{1/0}$ 和 $\boldsymbol{K}_1$ 就会有困难。在此情况下，宜采用第 ③ 种形式，一步预测的均方误差阵也用逆阵来表示。这种逆阵称为信息矩阵，采用信息矩阵表示的滤波方程称为信息滤波方程。

3）因为 $\boldsymbol{x}_k$ 的卡尔曼滤波值 $\hat{\boldsymbol{x}}_k$ 就是 $\boldsymbol{x}_k$ 的线性最小方差估计，所以由投影的性质可知卡尔曼滤波估计 $\hat{\boldsymbol{x}}_k$ 是无偏估计，即 $\mathrm{E}[\hat{\boldsymbol{x}}_k] = \mathrm{E}[\boldsymbol{x}_k]$，而且它的滤波误差方差阵 $\boldsymbol{P}_k$ 基于量测 $z_1, \cdots, z_k$，是 $\hat{\boldsymbol{x}}_k$ 的所有线性估计中最小的均方误差阵。如果动态噪声 $\boldsymbol{\omega}_k$、量测噪声 $\boldsymbol{v}_k$ 都是正态白噪声序列，且初始状态 $\boldsymbol{x}_0$ 也是正态分布的，那么 $\boldsymbol{P}_k$ 还是基于量测 $z_1, \cdots, z_k$ 的 $\boldsymbol{x}_k$ 的所有估计中最小的均方误差阵，即 $\hat{\boldsymbol{x}}_k$ 是 $\boldsymbol{x}_k$ 的最小方差估计。

4）在卡尔曼滤波递推公式中，只是在计算增益矩阵 $\boldsymbol{K}_k$ 时需要求一个逆矩阵 $(\boldsymbol{H}_k\boldsymbol{P}_{k/k-1}\boldsymbol{H}_k^{\mathrm{T}} + \boldsymbol{R}_k)^{-1}$，而这个方阵的维数等于量测的维数 m。通常 m 是较小的，很多情况下 m 就等于 1，这时它的逆不过是一个数的倒数，这就给计算带来很大方便。同时，由于滤波器的增益矩阵与观测无关，因此它可以预先离线算好，从而减小实时的在线计算量。

5）滤波递推计算中关键的一个量就是增益矩阵，现对它作些定性的分析。

当 $\boldsymbol{P}_0,\boldsymbol{Q}_{k-1},\boldsymbol{R}_k(k=1,2,\cdots)$ 同乘以一标量时，$\boldsymbol{K}_k$ 不变。这就是说，当初始方差、动态噪声、量测噪声同时增大时，卡尔曼滤波增益不变。这也反映出，如果对系统的先验知识了解很差（即反映在上述三个量的增大），滤波的误差会增大，而这时卡尔曼滤波器的增益不变。

当 $\boldsymbol{R}_k$ 增大时，$\boldsymbol{K}_k$ 变小。这从直观上看也是可以理解的，因为如果量测噪声增大，则增益应取得小一些，以减弱量测噪声的影响。

当 $\boldsymbol{P}_0$ 变小或 $\boldsymbol{Q}_{k-1}$ 变小或两者都变小时，则 $\boldsymbol{P}_{k/k-1}$ 也变小，从而 $\boldsymbol{P}_k$ 变小，进而 $\boldsymbol{K}_k$ 变小，这从直观上看也是应该的，因为 $\boldsymbol{P}_0$ 小表示初始估计较好。$\boldsymbol{Q}_{k-1}$ 变小表明状态转移的随机波动小，这时新加进的量测对状态预测的校正影响便减弱，于是增益矩阵应当变小。总而言之，如果 $\boldsymbol{P}_0=\boldsymbol{0},\boldsymbol{Q}_{k-1}=\boldsymbol{Q}=\boldsymbol{0}$，就是说，不依赖量测而根据初始值就可准确地进行预测，这时增益矩阵应该变小到零。

综合以上讨论，可以直观地说，$\boldsymbol{K}_k$ 与 $\boldsymbol{Q}_{k-1}$ 成正比，而与 $\boldsymbol{P}_k$ 成反比，如果把动态噪声（可看做随机信号）与量测噪声的能量比叫做信噪比，那么 $\boldsymbol{K}_k$ 与信噪比的大小是成比例的。

12.3.3 白噪声情形下一般线性系统滤波

现在考虑采用更一般的 n 维线性动态系统和 m 维线性量测系统

$$\boldsymbol{x}_k=\boldsymbol{\Phi}_{k,k-1}\boldsymbol{x}_{k-1}+\boldsymbol{B}_{k-1}\boldsymbol{u}_{k-1}+\boldsymbol{\Gamma}_{k-1}\boldsymbol{\omega}_{k-1} \tag{12.3.20}$$

$$\boldsymbol{z}_k=\boldsymbol{H}_k\boldsymbol{x}_k+\boldsymbol{y}_k+\boldsymbol{v}_k \tag{12.3.21}$$

式中，$\boldsymbol{u}_k$ 和 $\boldsymbol{y}_k$ 都是已知的非随机序列。可以把 $\boldsymbol{u}_{k-1}$ 理解为外加控制项，把 $\boldsymbol{y}_k$ 理解为量测的系统误差项。至于其他有关 $\boldsymbol{\Phi}$，$\boldsymbol{\Gamma}$ 和 $\boldsymbol{H}$ 等系数矩阵，以及 $\boldsymbol{\omega}_k$ 和 $\boldsymbol{v}_k$ 仍如以前在 12.3.1 节中所假定的，其方差阵序列分别为 $\boldsymbol{Q}_k$ 和 $\boldsymbol{R}_k$，它们与初始状态 $\boldsymbol{x}_0$ 之间的关系也仍同前设；不同的是，同一时刻的 $\boldsymbol{\omega}_k$ 与 $\boldsymbol{v}_k$ 之间可以是相关的，其协方差阵记为

$$\mathrm{Cov}(\boldsymbol{\omega}_k,\boldsymbol{v}_l)=\boldsymbol{S}_k\delta_{kl} \tag{12.3.22}$$

现在把这种系统的最优线性滤波公式综述成下面的定理。定理的证明请参考有关专业书籍[193]。

定理 12.3.1 在上述条件假设下，式(12.3.20)、式(12.3.21) 所示系统的最优线性滤波公式为

$$\hat{\boldsymbol{x}}_k=\hat{\boldsymbol{x}}_{k/k-1}+\boldsymbol{K}_k(\boldsymbol{z}_k-\boldsymbol{y}_k-\boldsymbol{H}_k\hat{\boldsymbol{x}}_{k/k-1}) \tag{12.3.23}$$

其中最优一步预测估计公式为

$$\hat{\boldsymbol{x}}_{k/k-1}=\boldsymbol{\Phi}_{k,k-1}\hat{\boldsymbol{x}}_{k-1}+\boldsymbol{B}_{k-1}\boldsymbol{u}_{k-1}+\boldsymbol{J}_{k-1}(\boldsymbol{z}_{k-1}-\boldsymbol{y}_{k-1}-\boldsymbol{H}_{k-1}\hat{\boldsymbol{x}}_{k-1}) \tag{12.3.24}$$

由于初始滤波值为 $\hat{\boldsymbol{x}}_0=\mathrm{E}[\boldsymbol{x}_0]$，而

$$\boldsymbol{J}_{k-1}=\boldsymbol{\Gamma}_{k-1}\boldsymbol{S}_{k-1}\boldsymbol{R}_{k-1}^{-1} \tag{12.3.25}$$

增益矩阵 $\boldsymbol{K}_k$、滤波误差方差阵 $\boldsymbol{P}_k$ 及预报误差方差阵 $\boldsymbol{P}_{k/k-1}$ 之间的递推计算关系如下：

$$\boldsymbol{K}_k=\boldsymbol{P}_{k/k-1}\boldsymbol{H}_k^{\mathrm{T}}(\boldsymbol{H}_k\boldsymbol{P}_{k/k-1}\boldsymbol{H}_k^{\mathrm{T}}+\boldsymbol{R}_k)^{-1} \tag{12.3.26}$$

$$\begin{aligned}\boldsymbol{P}_{k/k-1}=&(\boldsymbol{\Phi}_{k,k-1}-\boldsymbol{J}_{k-1}\boldsymbol{H}_{k-1})\boldsymbol{P}_{k-1}(\boldsymbol{\Phi}_{k,k-1}-\boldsymbol{J}_{k-1}\boldsymbol{H}_{k-1})^{\mathrm{T}}+\\&\boldsymbol{\Gamma}_{k-1}\boldsymbol{Q}_{k-1}\boldsymbol{\Gamma}_{k-1}^{\mathrm{T}}-\boldsymbol{J}_{k-1}\boldsymbol{R}_{k-1}\boldsymbol{J}_{k-1}^{\mathrm{T}}\end{aligned} \tag{12.3.27}$$

$$\boldsymbol{P}_k = (\boldsymbol{I} - \boldsymbol{K}_k\boldsymbol{H}_k)\boldsymbol{P}_{k/k-1} \tag{12.3.28}$$

以上推导中滤波误差方差阵的初始值 $\boldsymbol{P}_0 = \mathrm{Var}(\boldsymbol{x}_0)$。

如果令 $\boldsymbol{u}_k \equiv 0$，$\boldsymbol{y}_k \equiv 0$，并设 $\boldsymbol{\omega}_k$ 与 $\boldsymbol{v}_k$ 不相关（即 $\boldsymbol{S}_k = \boldsymbol{0}$），则上述式(12.3.22) ~ 式(12.3.27) 都可化为表 12.3.1 所列的公式。

白噪声情形下一般线性系统滤波公式如表 12.3.2 所示。

表 12.3.2　白噪声情形下线性系统滤波

动态方程	$\boldsymbol{x}_k = \boldsymbol{\Phi}_{k,k-1}\boldsymbol{x}_{k-1} + \boldsymbol{B}_{k-1}\boldsymbol{u}_{k-1} + \boldsymbol{\Gamma}_{k-1}\boldsymbol{\omega}_{k-1}$
量测方程	$\boldsymbol{z}_k = \boldsymbol{H}_k\boldsymbol{x}_k + \boldsymbol{y}_k + \boldsymbol{v}_k$
噪声统计特征	$\mathrm{E}[\boldsymbol{\omega}_k] = \boldsymbol{0}, \mathrm{Cov}(\boldsymbol{\omega}_k, \boldsymbol{\omega}_j) = \boldsymbol{Q}_k\delta_{kj}$ $\mathrm{E}[\boldsymbol{v}_k] = \boldsymbol{0}, \mathrm{Cov}(\boldsymbol{v}_k, \boldsymbol{v}_j) = \boldsymbol{R}_k\delta_{kj}$ $\mathrm{Cov}(\boldsymbol{\omega}_k, \boldsymbol{v}_j) = \boldsymbol{S}_k\delta_{kj}$
滤波计算	$\hat{\boldsymbol{x}}_k = \hat{\boldsymbol{x}}_{k/k-1} + \boldsymbol{K}_k(\boldsymbol{z}_k - \boldsymbol{y}_k - \boldsymbol{H}_k\hat{\boldsymbol{x}}_{k/k-1})$
预测计算	$\hat{\boldsymbol{x}}_{k/k-1} = \boldsymbol{\Phi}_{k,k-1}\hat{\boldsymbol{x}}_{k-1} + \boldsymbol{B}_{k-1}\boldsymbol{u}_{k-1} + \boldsymbol{J}_{k-1}(\boldsymbol{z}_{k-1} - \boldsymbol{y}_{k-1} - \boldsymbol{H}_{k-1}\hat{\boldsymbol{x}}_{k-1})$
滤波增益	$\boldsymbol{K}_k = \boldsymbol{P}_{k/k-1}\boldsymbol{H}_k^{\mathrm{T}}(\boldsymbol{H}_k\boldsymbol{P}_{k/k-1}\boldsymbol{H}_k^{\mathrm{T}} + \boldsymbol{R}_k)^{-1}$
滤波误差协方差	$\boldsymbol{P}_k = (\boldsymbol{I} - \boldsymbol{K}_k\boldsymbol{H}_k)\boldsymbol{P}_{k/k-1}$
预测误差协方差	$\boldsymbol{P}_{k/k-1} = (\boldsymbol{\Phi}_{k,k-1} - \boldsymbol{J}_{k-1}\boldsymbol{H}_{k-1})\boldsymbol{P}_{k-1}(\boldsymbol{\Phi}_{k,k-1} - \boldsymbol{J}_{k-1}\boldsymbol{H}_{k-1})^{\mathrm{T}} +$ $\boldsymbol{\Gamma}_{k-1}\boldsymbol{Q}_{k-1}\boldsymbol{\Gamma}_{k-1}^{\mathrm{T}} - \boldsymbol{J}_{k-1}\boldsymbol{R}_{k-1}\boldsymbol{J}_{k-1}^{\mathrm{T}}$ $\boldsymbol{J}_{k-1} = \boldsymbol{\Gamma}_{k-1}\boldsymbol{S}_{k-1}\boldsymbol{R}_{k-1}^{-1}$
初始条件	$\boldsymbol{P}_0 = \mathrm{Var}(\boldsymbol{x}_0), \hat{\boldsymbol{x}}_0 = \mathrm{E}[\boldsymbol{x}_0]$

12.4　GPS/INS 组合系统

12.4.1　状态方程

在船用惯性导航系统的使用中，通过对常值陀螺漂移进行补偿，消除常值陀螺漂移造成的系统位置、速度和姿态误差，但随机漂移的影响依然存在。惯导和 GPS 组合滤波，在对系统输出作最优估计的同时，还可对随机的漂移进行估计和补偿，从而提高惯导系统本身的精度[146]。

首先列写惯导系统的误差方程，根据式(12.2.12)、式(12.2.13) 和式(12.2.15) 误差方程的矢量形式，可以得到如下方程组：

$$\left.\begin{aligned}
&\delta\dot{\varphi}=\frac{1}{R}\delta V_{\mathrm{N}}\\
&\delta\dot{\lambda}=\frac{V_{\mathrm{E}}}{R}\delta\varphi\tan\varphi\sec\varphi+\frac{1}{R}\sec\varphi\delta V_{\mathrm{E}}\\
&\delta\dot{V}_{E}=\left(2\Omega_{\mathrm{ie}}\cos\varphi V_{\mathrm{N}}+\frac{1}{R}V_{\mathrm{E}}V_{\mathrm{N}}\sec^{2}\varphi\right)\delta\varphi+\frac{1}{R}V_{\mathrm{N}}\tan\varphi\delta V_{\mathrm{E}}+\\
&\qquad(2\Omega_{\mathrm{ie}}\sin\varphi\delta V_{\mathrm{N}}+\frac{1}{R}V_{\mathrm{E}}\tan\varphi\delta V_{\mathrm{N}})+\gamma A_{y}-\beta g\\
&\delta\dot{V}_{\mathrm{N}}=\left(-2\Omega_{\mathrm{ie}}\cos\varphi V_{\mathrm{E}}-\frac{V_{\mathrm{E}}^{2}}{R}\sec^{2}\varphi\right)\delta\varphi+\alpha g-\gamma A_{x}+(-2\Omega_{\mathrm{ie}}\sin\varphi-2\frac{V_{\mathrm{E}}}{R}\tan\varphi)\delta V_{\mathrm{E}}\\
&\dot{\alpha}=-\frac{\delta V_{\mathrm{N}}}{R}-\left(\Omega_{\mathrm{ie}}\cos\varphi+\frac{V_{\mathrm{E}}}{R}\right)\gamma+\left(\Omega_{\mathrm{ie}}\sin\varphi+\frac{V_{\mathrm{E}}}{R}\tan\varphi\right)\beta+\varepsilon_{x}\\
&\dot{\beta}=-\Omega_{\mathrm{ie}}\sin\varphi\delta\varphi+\frac{1}{R}\delta V_{\mathrm{E}}-(\Omega_{\mathrm{ie}}\sin\varphi+\frac{1}{R}V_{\mathrm{E}}\tan\varphi)\alpha-\frac{V_{\mathrm{N}}}{R}\gamma+\varepsilon_{y}\\
&\dot{\gamma}=(\Omega_{\mathrm{ie}}\cos\varphi+\frac{V_{\mathrm{E}}}{R}\sec^{2}\varphi)\delta\varphi+\frac{1}{R}\tan\varphi\delta V_{\mathrm{E}}+\frac{V_{\mathrm{N}}}{R}\beta+\left(\Omega_{\mathrm{ie}}\cos\varphi+\frac{V_{\mathrm{E}}}{R}\right)\alpha+\varepsilon_{z}
\end{aligned}\right\}\tag{12.4.1}$$

由于加速度计误差对惯导系统定位精度影响较小，且可得到较好补偿，因此在式(12.4.1)中没有考虑加速度计误差，同时认为常值陀螺漂移已得到补偿。式(12.4.1)中的 $\varepsilon_x,\varepsilon_y,\varepsilon_z$ 分别代表随机漂移沿地理坐标系的三个分量，随机漂移部分用一阶马尔可夫过程来描述：

$$\left.\begin{aligned}
\dot{\varepsilon}_x&=-\beta_g\varepsilon_x+\omega_g\\
\dot{\varepsilon}_y&=-\beta_g\varepsilon_y+\omega_g\\
\dot{\varepsilon}_z&=-\beta_g\varepsilon_z+\omega_g
\end{aligned}\right\}\tag{12.4.2}$$

式中，β_g 为陀螺漂移反相关时间常数；ω_g 为白噪声。

我们采用GPS伪距误差为观测量，因此需对GPS接收机的时钟偏差进行估计。时钟偏差用一阶马尔可夫过程描述：

$$\mathrm{d}\dot{\tau}_{\mathrm{u}}=-\beta_{\mathrm{u}}\mathrm{d}\tau_{\mathrm{u}}+\omega_{\mathrm{u}}\tag{12.4.3}$$

式中，ω_{u} 为白噪声。于是，选择状态变量为

$$\begin{aligned}\boldsymbol{x}=&[\delta\varphi\quad\delta\lambda\quad\delta V_{\mathrm{E}}\quad\delta V_{\mathrm{N}}\quad\alpha\quad\beta\quad\gamma\quad\varepsilon_x\quad\varepsilon_y\quad\varepsilon_z\quad c\mathrm{d}\tau_{\mathrm{u}}]^{\mathrm{T}}=\\&[\boldsymbol{x}_{\mathrm{INS}}\quad\boldsymbol{x}_{\mathrm{GPS}}]^{\mathrm{T}}\end{aligned}\tag{12.4.4}$$

式中，$\delta\varphi,\delta\lambda$ 为纬度误差和经度误差；$\delta V_{\mathrm{E}},\delta V_{\mathrm{N}}$ 为东向和北向速度误差；α,β,γ 为惯导平台的水平和方位误差；$\varepsilon_x,\varepsilon_y,\varepsilon_z$ 为陀螺漂移；$\mathrm{d}\tau_{\mathrm{u}}$ 为 GPS 接收机时钟误差。

组合系统的状态方程可以描述为

$$\dot{\boldsymbol{x}}(t)=\boldsymbol{F}(t)\boldsymbol{x}(t)+\boldsymbol{w}(t)\tag{12.4.5}$$

式中

$$\boldsymbol{F}(t)=\begin{bmatrix}\boldsymbol{F}_{\mathrm{INS}}(t)&0\\0&\boldsymbol{F}_{\mathrm{GPS}}(t)\end{bmatrix}_{11\times11}\tag{12.4.6}$$

$\boldsymbol{F}(t)$ 中的元素由式(12.4.5)和式(12.4.6)给出，其非零元素值见表12.4.1，式(12.4.5)中 $\boldsymbol{w}(t)$ 为白噪声。

表 12.4.1　状态转移阵 $F(t)$ 的非零元素

(1,4)	$\frac{1}{R}$	(2,1)	$\frac{V_E}{R}\tan\varphi\sec\varphi$
(2,3)	$\frac{\sec\varphi}{R}$	(3,1)	$2\Omega_{ie}\cos\varphi\cdot V_N+\frac{V_EV_N}{R}\sec^2\varphi$
(3,3)	$\frac{V_N}{R}\tan\varphi$	(3,4)	$2\Omega_{ie}\sin\varphi+\frac{1}{R}V_E\tan\varphi$
(3,6)	$-g$	(3,7)	A_y
(3,11)	1	(4,1)	$-2\Omega_{ie}\cos\varphi\cdot V_E-\frac{V_E^2}{R}\sec^2\varphi$
(4,3)	$-2\Omega_{ie}\sin\varphi-\frac{2V_E}{R}\tan\varphi$	(4,5)	g
(4,7)	$-A_x$	(4,11)	1
(5,4)	$-\frac{1}{R}$	(5,6)	$\Omega_{ie}\sin\varphi+\frac{V_E}{R}\tan\varphi$
(5,7)	$-(\Omega_{ie}\cos\varphi+\frac{V_E}{R})$	(5,8)	1
(6,1)	$-\Omega_{ie}\sin\varphi$	(6,3)	$\frac{1}{R}$
(6,5)	$-(\Omega_{ie}\sin\varphi+\frac{V_E}{R}\tan\varphi)$	(6,7)	$-\frac{V_N}{R}$
(6,9)	1	(7,1)	$\Omega_{ie}\cos\varphi+\frac{V_E}{R}\sec^2\varphi$
(7,3)	$\frac{1}{R}\tan\varphi$	(7,5)	$\Omega_{ie}\cos\varphi+\frac{V_E}{R}$
(7,6)	$\frac{V_N}{R}$	(7,10)	1
(8,8)	$-\beta_g$	(9,9)	$-\beta_g$
(10,10)	$-\beta_g$	(11,11)	$-\beta_u$

12.4.2　测量方程

由第 5 章式(5.3.6)可知,GPS 伪距测量方程的表达式为

$$\rho_u^i=\sqrt{(X^i-x_u)^2+(Y^i-y_u)^2+(Z^i-z_u)^2}+c\mathrm{d}\tau_u+v_u^i \tag{12.4.7}$$

式中,(X^i,Y^i,Z^i)为第 i 颗卫星在地心地固坐标系中的位置;(x_u,y_u,z_u)为用户 u 在地心地固坐标系中的位置;$\mathrm{d}\tau_u$ 为用户接收机时钟偏差;v_u^i 为测量白噪声。

导出的伪距线性误差方程为

$$\delta\rho_{\mathrm{u}}^{i}=\boldsymbol{I}_{\mathrm{u}(i1)}^{i}\Delta x_{\mathrm{u}}+\boldsymbol{I}_{\mathrm{u}(i2)}^{i}\Delta y_{\mathrm{u}}+\boldsymbol{I}_{\mathrm{u}(i3)}^{i}\Delta z_{\mathrm{u}}+c\mathrm{d}\tau_{\mathrm{u}}+v_{\mathrm{u}}^{i} \tag{12.4.8}$$

$$\boldsymbol{I}_{\mathrm{u}(i1)}^{i}=\frac{X^{i}-\hat{x}_{\mathrm{u}}}{\hat{\rho}_{\mathrm{u}}^{i}}$$

$$\boldsymbol{I}_{\mathrm{u}(i2)}^{i}=\frac{Y^{i}-\hat{y}_{\mathrm{u}}}{\hat{\rho}_{\mathrm{u}}^{i}}$$

$$\boldsymbol{I}_{\mathrm{u}(i3)}^{i}=\frac{Z^{i}-\hat{z}_{\mathrm{u}}}{\hat{\rho}_{\mathrm{u}}^{i}}$$

$$\hat{\rho}_{\mathrm{u}}^{i}=\sqrt{(X^{i}-\hat{x}_{\mathrm{u}})^{2}+(Y^{i}-\hat{y}_{\mathrm{u}})^{2}+(Z^{i}-\hat{z}_{\mathrm{u}})^{2}}$$

式中，$(\hat{x}_{\mathrm{u}},\hat{y}_{\mathrm{u}},\hat{z}_{\mathrm{u}})$ 为用户接收机概略坐标；$\boldsymbol{I}_{\mathrm{u}(ij)}^{i}$ 表示用户 u 指向第 i 颗卫星的方向矢量矩阵，下标 (ij) 表示矩阵第 i 行第 j 列元素；$\hat{\rho}_{\mathrm{u}}^{i}$ 为用户至第 i 颗卫星的概略距离。

式(12.4.8) 是由地心地固坐标系中的位置误差表示的伪距误差，因此需要把伪距误差 $\delta\rho^{i}$ 表示成经纬度坐标系中的位置误差 $\delta\varphi$，$\delta\lambda$ 的函数[147]。利用地心地固坐标系和经纬度坐标系之间的关系，有下式成立：

$$\boldsymbol{C}=\begin{bmatrix}c_{11} & c_{12}\\ c_{21} & c_{22}\\ c_{31} & c_{32}\end{bmatrix}=\begin{bmatrix}\boldsymbol{I}_{\mathrm{u}}^{1}\\ \boldsymbol{I}_{\mathrm{u}}^{2}\\ \boldsymbol{I}_{\mathrm{u}}^{3}\end{bmatrix}_{3\times3}\begin{bmatrix}-R\sin\varphi\cos\lambda & -R\sin\varphi\cos\lambda\\ -R\sin\varphi\sin\lambda & R\cos\varphi\cos\lambda\\ R\cos\varphi & 0\end{bmatrix} \tag{12.4.9}$$

式中，$\boldsymbol{C}$ 为对应于三颗卫星的伪距误差表达式的系数矩阵。

由于对舰船高度不进行估计，因此采用三颗卫星。观测方程为

$$\boldsymbol{z}(t)=\boldsymbol{H}(t)\boldsymbol{x}(t)+\boldsymbol{v}(t) \tag{12.4.10}$$

$$\boldsymbol{z}(t)=\begin{bmatrix}\rho_{\mathrm{G}}^{1}-\rho_{\mathrm{C}}^{1}\\ \rho_{\mathrm{G}}^{2}-\rho_{\mathrm{C}}^{2}\\ \rho_{\mathrm{G}}^{3}-\rho_{\mathrm{C}}^{3}\end{bmatrix}$$

式中，$\rho_{\mathrm{G}}^{i}(i=1,2,3)$ 为 GPS 接收机输出的用户至第 i 颗卫星的观测伪距；$\rho_{\mathrm{C}}^{i}(i=1,2,3)$ 为由惯导的定位信息和卫星星历提供的卫星位置所确定的伪距；$\boldsymbol{v}(t)$ 为高斯白噪声。

$$\boldsymbol{H}(t)=\begin{bmatrix}c_{11} & c_{12} & & 1\\ c_{21} & c_{22} & \boldsymbol{0}_{3\times8} & 1\\ c_{31} & c_{32} & & 1\end{bmatrix} \tag{12.4.11}$$

将式(12.4.5) 和式(12.4.10) 离散化，利用本章表 12.3.1 给出的线性离散系统卡尔曼滤波公式，即可对惯导的位置误差、姿态误差、陀螺漂移及 GPS 时钟偏差进行最优估计。

12.5 双差分 GPS/INS 组合导航系统的设计

GPS 卫星导航系统的精度受大气折射、接收机时钟偏差、卫星轨道误差（含星历误差）等影响较大，对于一些高精度用户的需求，普通 GPS，甚至 GPS/INS 组合系统也难以满足。

从第 7 章可以知道，双差分 GPS 定位模型不仅消除了卫星时钟误差，而且消除了用户接收机时钟误差，避免了因为接收机采用廉价时钟而导致的建模困难，同时也使得模型中未知数个数大为减少。为了提高组合系统的定位精度，下面研究双差分 GPS/INS 组合系统的设计。

重新列写载波相位双差分 GPS 的数学模型如下：

$$\lambda\ \nabla\Delta\varphi_{\mathrm{ub}}^{kj}=(\boldsymbol{I}_{\mathrm{u}}^{j}-\boldsymbol{I}_{\mathrm{u}}^{k})\Delta\boldsymbol{x}_{\mathrm{u}}+(\hat{\rho}_{\mathrm{u}}^{j}-\hat{\rho}_{\mathrm{u}}^{k})-(R_{\mathrm{b}}^{j}-R_{\mathrm{b}}^{k})-\lambda\ \nabla\Delta N_{\mathrm{ub}}^{kj} \tag{12.5.1}$$

式中,各项含义与式(7.3.11)相同。需要说明的是,如果采用测码伪距双差分技术,则式(12.5.1)中只需将 $\lambda(\nabla\Delta\varphi_{\mathrm{ub}}^{kj}+\nabla\Delta N_{\mathrm{ub}}^{kj})$ 用测码伪距代替即可。

为了设计双差分 GPS/INS 组合导航系统,选择固定指北半解析式惯导系统的误差为状态变量

$$\boldsymbol{x}=[\delta\varphi\quad \delta\lambda\quad \delta V_{\mathrm{N}}\quad \delta V_{\mathrm{E}}\quad \alpha\quad \beta\quad \gamma\quad \varepsilon_x\quad \varepsilon_y\quad \varepsilon_z\quad A_x\quad A_y\quad \nabla\Delta N_{\mathrm{ub}}^{kj}]^{\mathrm{T}} \tag{12.5.2}$$

式中,$\delta\varphi,\delta\lambda$ 为 INS 位置误差;$\delta V_{\mathrm{N}},\delta V_{\mathrm{E}}$ 为北向和东向速度误差;α,β,γ 为惯性平台姿态误差;$\varepsilon_x,\varepsilon_y,\varepsilon_z$ 为陀螺漂移;A_x,A_y 为加速度计零位误差;$\nabla\Delta N_{\mathrm{ub}}^{kj}$ 为 GPS 载波相位双差整周模糊度。

根据式(12.2.12)～式(12.2.15)所描述的惯导系统误差方程,可以建立其状态方程[148-149]

$$\boldsymbol{x}(t)=\boldsymbol{F}(t)\boldsymbol{x}(t)+\boldsymbol{\omega}(t) \tag{12.5.3}$$

式中,状态转移阵 $\boldsymbol{F}(t)$ 的前 10 行非零元素可参见表 12.4.1 所示的有关项。

加速度计零位误差用一阶马尔可夫过程描述为

$$\begin{cases}\dot{A}_x=-\beta_a A_x+\omega_a\\ \dot{A}_y=-\beta_a A_y+\omega_a\end{cases}$$

因此,$\boldsymbol{F}(11,11)=-\beta_a$,$\boldsymbol{F}(12,12)=-\beta_a$。

量测信息取自惯导及 GPS 接收机的输出,经处理后得到观测变量。定义某一时刻的观测变量 z_1 及其噪声 v_1 为

$$z_1=-(\hat{\rho}_{\mathrm{u}}^{j}-\hat{\rho}_{\mathrm{u}}^{k})+(R_{\mathrm{b}}^{j}-R_{\mathrm{b}}^{k})+\lambda\ \nabla\Delta N_{\mathrm{ub}}^{kj}+v_1 \tag{12.5.4}$$

式(12.5.4)也可以写成

$$z_1=-\delta\rho^{j}+\delta\rho^{k}+\lambda\ \nabla\Delta N_{\mathrm{ub}}^{kj}+v_1 \tag{12.5.5}$$

式中,$\delta\rho^{j}=\hat{\rho}_{\mathrm{u}}^{j}-R_{\mathrm{b}}^{j}$,$\delta\rho^{k}=\hat{\rho}_{\mathrm{u}}^{k}-R_{\mathrm{b}}^{k}$。

由于用户接收机位置 $\boldsymbol{x}_{\mathrm{u}}=[x_{\mathrm{u}},y_{\mathrm{u}},z_{\mathrm{u}}]^{\mathrm{T}}$,位置误差为$(\Delta x_{\mathrm{u}},\Delta y_{\mathrm{u}},\Delta z_{\mathrm{u}})$,将式(12.5.5)转换为用户接收机的位置误差,可以得到

$$z_1=\frac{\partial f_1}{\partial x_{\mathrm{u}}}\Delta x_{\mathrm{u}}+\frac{\partial f_1}{\partial y_{\mathrm{u}}}\Delta y_{\mathrm{u}}+\frac{\partial f_1}{\partial z_{\mathrm{u}}}\Delta z_{\mathrm{u}}+v_1 \tag{12.5.6}$$

式中

$$\frac{\partial f_1}{\partial \hat{x}_{\mathrm{u}}}=\frac{\partial \rho_{\mathrm{u}}^{j}}{\partial \hat{x}_{\mathrm{u}}}-\frac{\partial \rho_{\mathrm{u}}^{k}}{\partial \hat{x}_{\mathrm{u}}}=\frac{X^{j}-\hat{x}_{\mathrm{u}}}{\hat{\rho}_{\mathrm{u}}^{j}}-\frac{X^{k}-\hat{x}_{\mathrm{u}}}{\hat{\rho}_{\mathrm{u}}^{k}}$$

$$\frac{\partial f_1}{\partial \hat{y}_{\mathrm{u}}}=\frac{\partial \rho_{\mathrm{u}}^{j}}{\partial \hat{y}_{\mathrm{u}}}-\frac{\partial \rho_{\mathrm{u}}^{k}}{\partial \hat{y}_{\mathrm{u}}}=\frac{Y^{j}-\hat{y}_{\mathrm{u}}}{\hat{\rho}_{\mathrm{u}}^{j}}-\frac{Y^{k}-\hat{y}_{\mathrm{u}}}{\hat{\rho}_{\mathrm{u}}^{k}}$$

$$\frac{\partial f_1}{\partial \hat{z}_{\mathrm{u}}}=\frac{\partial \rho_{\mathrm{u}}^{j}}{\partial \hat{z}_{\mathrm{u}}}-\frac{\partial \rho_{\mathrm{u}}^{k}}{\partial \hat{z}_{\mathrm{u}}}=\frac{Z^{j}-\hat{z}_{\mathrm{u}}}{\hat{\rho}_{\mathrm{u}}^{j}}-\frac{Z^{k}-\hat{z}_{\mathrm{u}}}{\hat{\rho}_{\mathrm{u}}^{k}}$$

式中,$(\hat{x}_{\mathrm{u}},\hat{y}_{\mathrm{u}},\hat{z}_{\mathrm{u}})$ 为用户接收机概略坐标;$\hat{\rho}_{\mathrm{u}}^{j},\hat{\rho}_{\mathrm{u}}^{k}$ 为用户至卫星 j,k 的概略距离;(X^{j},Y^{j},Z^{j}) 和 (X^{k},Y^{k},Z^{k}) 为相应历元时刻卫星 j,k 的瞬时位置。

如果基准站和用户同时观测 n 颗卫星,可以得到 $n-1$ 组双差观测值,于是选择观测变量

$$\boldsymbol{z}=[z_1\quad z_2\quad \cdots\quad z_{n-1}]^{\mathrm{T}} \tag{12.5.7}$$

则观测方程可以写为

$$\boldsymbol{z}=\begin{bmatrix} c_{11} & c_{12} & & \\ c_{21} & c_{22} & & \\ \vdots & \vdots & \boldsymbol{0} & \lambda\boldsymbol{I} \\ c_{(n-1)1} & c_{(n-1)2} & & \end{bmatrix}\boldsymbol{x}+\begin{bmatrix} v_1 \\ v_2 \\ \vdots \\ v_{n-1} \end{bmatrix} \tag{12.5.8}$$

$$\boldsymbol{C}=\begin{bmatrix} c_{11} & c_{12} \\ c_{21} & c_{22} \\ \vdots & \vdots \\ c_{(n-1)1} & c_{(n-1)2} \end{bmatrix}=\begin{bmatrix} \dfrac{\partial f_1}{\partial \hat{x}_u} & \dfrac{\partial f_1}{\partial \hat{y}_u} & \dfrac{\partial f_1}{\partial \hat{z}_u} \\ \vdots & \vdots & \vdots \\ \dfrac{\partial f_{n-1}}{\partial \hat{x}_u} & \dfrac{\partial f_{n-1}}{\partial \hat{y}_u} & \dfrac{\partial f_{n-1}}{\partial \hat{z}_u} \end{bmatrix}\begin{bmatrix} -R\sin\varphi\cos\lambda & -R\sin\varphi\cos\lambda \\ -R\sin\varphi\sin\lambda & R\cos\varphi\sin\lambda \\ R\cos\varphi & 0 \end{bmatrix} \tag{12.5.9}$$

式中，$\boldsymbol{I}$ 为$(n-1)\times(n-1)$维单位阵；R 为地球半径。

利用上述组合模型及某次试验数据得到的 GPS 伪距差分定位误差和 GPS/INS 组合系统的误差如图 12.5.1～图 12.5.3 所示，其中，图 12.5.1 为载波平滑后的伪距差分结果。试验中接收机为美国美乐华公司（Magnavox）的产品，基准站为 12 通道 MX9112 型，移动站为 MX300 型，数据采样时间间隔为 2 min。

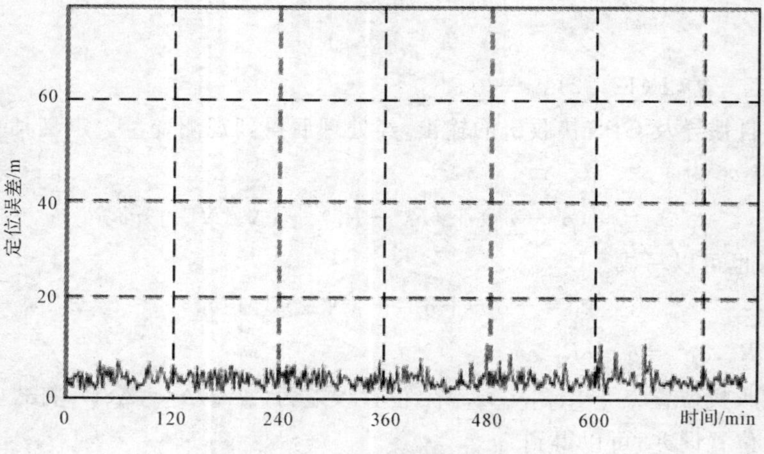

图 12.5.1 GPS 伪距差分定位误差

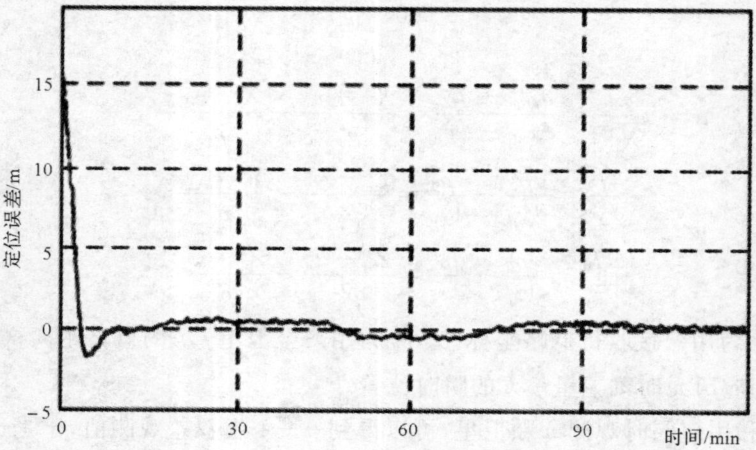

图 12.5.2 伪距双差 GPS/INS 定位误差

第 12 章　船用惯性导航系统与 GPS 的组合

12.1　概　　述

惯性导航(简称惯导)系统(Inertial Navigation System, INS)自 20 世纪中叶首次成功应用以来,已经过半个多世纪的研究、改进和发展,技术日臻成熟。它的最大优点是不依赖于任何外界信息,能够进行完全自主的导航。惯性导航系统能够连续长时间地工作,可以提供多种导航信息如位置、速度、航程、航向,还可以提供水平基准及方位基准,精度较高。但是,惯导系统的精度主要取决于惯性器件(陀螺仪和加速度计)的性能,定位误差随时间积累,精度逐渐降低,这对需要长时间工作的舰船来说是极为不利的[142-143]。而且其初始对准时间长,必须利用其他定位手段作为参考信息源,定期或不定期地对惯导系统进行综合校正和对惯性器件的漂移进行补偿。

GPS 卫星导航系统具有定位精度高的特点,而且能够进行全球、全天候、全天时、多维连续定位,其精度不随时间变化。然而,GPS 是非自主式的系统,不能直接提供诸如载体姿态等导航参数,运动载体上的接收机不易捕获和跟踪卫星信号,动态环境中由于信噪比的下降及其他原因,易产生周跳。另外,由于 GPS 信号在传播途中容易受到干扰,使得系统定位精度有所下降,定位结果离散度较大,不利于舰船航行时的海图作业。

综上所述,GPS 系统和惯导系统各有所长,具有互补的特点。两者的组合不仅具有两个独立系统各自的主要优点,而且随着组合程度的加深,它们之间互相传递、使用信息的加强,组合系统的总体性能要远优于任一独立系统。高精度 GPS 信息,作为外部量测输入,在运动过程中频繁修正 INS,以限制其误差随时间的积累;而短时间内高精度的 INS 定位结果,可以很好地解决 GPS 动态环境中的信号失锁和周跳问题。因此,GPS 与 INS 的组合被认为是目前导航领域最理想的组合方式。其优点主要表现在以下几个方面:

1. GPS/INS 组合对改善系统精度有利

一方面,高精度 GPS 信息可用来修正 INS 以控制其误差随时间积累,利用 GPS 信息可以估计出 INS 的误差参数以及 GPS 接收机钟差等物理量;另一方面,利用 INS 短时间内定位精度较高和高数据采样率的特点,为 GPS 信号的捕获提供辅助信息。利用这些辅助信息,GPS 接收机可保持较低的跟踪带宽,改善系统重新捕获卫星信号的能力。

2. GPS/INS 组合加强系统的抗干扰能力

当信噪比较低或当 GPS 接收机出现故障时,惯导系统可以独立进行导航定位;当 GPS 信号条件显著改善时,惯导系统可以向 GPS 接收机提供有关的初始位置、速度等信息,以便迅速地重新跟踪 GPS 码和载波。惯导系统信号也可被用来辅助接收机天线瞄准卫星的方向,从而减少了干扰对系统工作的影响。

3. 惯导系统提高 GPS 接收机的跟踪能力

只有当载波和码跟踪环路锁定并跟踪卫星信号时，方可得到所需要的 GPS 数据。当跟踪误差太大时，环路的鉴别器会呈现非线性、增益降低，可能导致信号失锁。降低环路带宽虽然可以减弱噪声引起的跟踪误差，但却同时降低了系统对载体动态行为的响应能力。惯导系统高频输出的导航信息，可以很好地反映载体的动态行为，利用此信息辅助 GPS 跟踪环路，就可以使由载体动态行为所引起的跟踪误差显著减小。

4. 解决周跳问题

对于 GPS 载波相位测量，INS 可以很好地解决 GPS 周跳和信号失锁后整周模糊度参数的重新解算问题，也降低了 GPS 定位需要至少 4 颗可见卫星的要求。

5. 组合系统将降低对惯导系统的要求

在组合系统中，可以采用性能较低的惯导系统。这里主要利用惯导系统的速度信号解决动态跟踪问题，而高精度定位则由 GPS 来实现。同时，高精度 GPS 信号可以显著提高组合系统的性能。

根据组合方式和组合深度的不同，INS/GPS 组合系统大体上可以分为以下几类：

1. 基于频域的数字滤波方式

基于频域设计的数字低通滤波器滤除 GPS 随机噪声，用以修正 INS 的定位结果。这种滤波器结构简单，数值稳定性好，易于实现，成本低，且可以利用 GPS 和 INS 的成品。但其组合深度不高，组合精度依赖于 GPS 和 INS 各自精度的提高。

2. 基于时域的卡尔曼滤波方式

在组合系统内对 INS 的误差建模，用 GPS 和 INS 输出的导航信息之差作为观测量，从而对 INS 的误差作出最优估计，对其输出的导航信息加以修正。这种组合方式使得导航精度有所提高，但在具体工程实践中要注意：①如何克服 GPS 输出(在 GPS 内部已经过滤波)的时间相关性；②如何解决 INS 误差线性化模型不准确造成的长时间工作时系统性能下降的问题。

3. 反馈校正方式

在组合滤波器内对惯导系统误差以及 GPS 接收机的时钟偏差、频率漂移建模，在对状态作出最优估计之后，实施反馈校正。

4. 综合方式

综合前述两种方式的优点，采用 GPS 接收机原始的伪距、伪距率作为量测。为了减小对时延和不准确性的敏感程度，降低运算量，也可使用伪距残差、伪距率残差作为量测，使用数据分离算法。残差数据是未经滤波的原始数据，而且通常很小。

5. 超紧组合方式

为了提高系统的高动态和抗干扰能力，可以采用更深程度的组合方式：INS 利用 GPS 信息对常规的惯性误差源进行连续校正，使 INS 的误差连续得到补偿；GPS 接收机利用 INS 提供的信息，在载波、码跟踪环路中使用 INS 速率辅助，实现自适应窄带跟踪，宽带捕获。在两者充分交流信息的基础上，提高系统的容错性能。

12.2　船用惯性导航系统

惯性导航系统是利用惯性敏感元件(陀螺仪、加速度计)、基准方向和最初的位置信息来确定载体的方位、位置和速度的自主式船位推算导航系统。根据机械结构的不同可以分为平台式惯性导航系统(Gimbaled INS)和捷联式惯性导航系统(Strapdown INS)两大类。

12.2.1　船用平台式惯导系统

船用平台式惯导系统一般采用当地水平指北半解析式方案[144]。它由三个单自由度陀螺仪或者两个二自由度陀螺仪构成惯性稳定平台，跟踪并稳定在当地地理坐标系内。在惯性平台上安装两个敏感轴互相垂直、分别沿东西向和南北向放置的加速度计，用以测量这两个方向的加速度信息。

加速度计测量的是比力 $\boldsymbol{f}^{\mathrm{n}}$，即载体运动的惯性力与地球引力之差，可表达为

$$\boldsymbol{f}^{\mathrm{n}} = \boldsymbol{C}_{\mathrm{i}}^{\mathrm{n}}[\ddot{\boldsymbol{r}}^{\mathrm{i}} - \boldsymbol{G}^{\mathrm{i}}] = \boldsymbol{C}_{\mathrm{i}}^{\mathrm{n}}\ddot{\boldsymbol{r}}^{\mathrm{i}} - \boldsymbol{G}^{\mathrm{n}} \tag{12.2.1}$$

式中，$\boldsymbol{C}_{\mathrm{i}}^{\mathrm{n}}$ 表示从惯性坐标系 i 到地理坐标系 n 的方向余弦矩阵，以下类同；$\boldsymbol{r}$ 为载体的地心位置矢量；$\boldsymbol{G}$ 为地球引力。

为展开 $\boldsymbol{f}^{\mathrm{n}}$ 的表达式，先假设地球是一个圆球体，平均半径为 R，给出地理坐标系内的速度及加速度表达式

$$\boldsymbol{V}^{\mathrm{n}} = \boldsymbol{C}_{\mathrm{e}}^{\mathrm{n}}\dot{\boldsymbol{r}}^{\mathrm{e}} = \boldsymbol{C}_{\mathrm{i}}^{\mathrm{n}}(\dot{\boldsymbol{r}}^{\mathrm{i}} - \boldsymbol{\Omega}_{\mathrm{ie}}^{\mathrm{i}}\boldsymbol{r}^{\mathrm{i}}) \tag{12.2.2}$$

$$\dot{\boldsymbol{V}}^{\mathrm{n}} = \boldsymbol{C}_{\mathrm{i}}^{\mathrm{n}}[\ddot{\boldsymbol{r}}^{\mathrm{i}} - (\boldsymbol{\Omega}_{\mathrm{en}}^{\mathrm{i}} + 2\boldsymbol{\Omega}_{\mathrm{ie}}^{\mathrm{i}})\boldsymbol{V}^{\mathrm{n}} - \boldsymbol{\Omega}_{\mathrm{ie}}^{\mathrm{i}}\boldsymbol{\Omega}_{\mathrm{ie}}^{\mathrm{i}}\boldsymbol{r}^{\mathrm{i}}] \tag{12.2.3}$$

式中，$\boldsymbol{\Omega}_{\mathrm{ie}}^{\mathrm{i}}$ 是地球自转角速度在惯性空间的投影矢量；$\boldsymbol{\Omega}_{\mathrm{en}}^{\mathrm{i}}$ 是由载体运动产生的角速度在惯性空间的投影矢量。比较式(12.2.1) 和式(12.2.3)，可知

$$\boldsymbol{f}^{\mathrm{n}} = \dot{\boldsymbol{V}}^{\mathrm{n}} + (\boldsymbol{\Omega}_{\mathrm{en}}^{\mathrm{n}} + 2\boldsymbol{\Omega}_{\mathrm{ie}}^{\mathrm{n}})\boldsymbol{V}^{n} - \boldsymbol{g}^{\mathrm{n}} \tag{12.2.4}$$

式中，$\boldsymbol{\Omega}_{\mathrm{en}}^{\mathrm{n}}$ 及 $\boldsymbol{\Omega}_{\mathrm{ie}}^{\mathrm{n}}$ 分别为角速度矢量 $\boldsymbol{\omega}_{\mathrm{en}}^{\mathrm{n}}$ 和 $\boldsymbol{\omega}_{\mathrm{ie}}^{\mathrm{n}}$ 的反对称矩阵；$\boldsymbol{\omega}_{\mathrm{en}}^{\mathrm{n}} = [-V_{\mathrm{N}}/R, V_{\mathrm{E}}/R, \tan\varphi(V_{\mathrm{E}}/R)]^{\mathrm{T}}$ 为地理坐标系相对于地球表面旋转角速度在地理坐标系的投影；$\boldsymbol{\omega}_{\mathrm{ie}}^{\mathrm{n}} = [0, \Omega_{\mathrm{ie}}\cos\varphi, \Omega_{\mathrm{ie}}\sin\varphi]^{\mathrm{T}}$ 为地球坐标系相对于惯性空间旋转角速度在地理坐标系的投影；$2\boldsymbol{\Omega}_{\mathrm{ie}}^{\mathrm{n}}\boldsymbol{V}^{\mathrm{n}}$ 及 $\boldsymbol{\Omega}_{\mathrm{en}}^{\mathrm{n}}\boldsymbol{V}^{\mathrm{n}}$ 分别代表载体运动的哥氏加速度项和离心加速度项；Ω_{ie} 为地球在惯性空间的自转角速度；$\boldsymbol{g}^{\mathrm{n}} = \boldsymbol{C}_{\mathrm{i}}^{\mathrm{n}}\boldsymbol{\Omega}_{\mathrm{ie}}^{\mathrm{i}}\boldsymbol{\Omega}_{\mathrm{ie}}^{\mathrm{i}}\boldsymbol{r}^{\mathrm{i}} - \boldsymbol{G}^{\mathrm{n}}$ 为地球引力与离心力之差，即重力；$\boldsymbol{r}$ 为位置矢量；$\boldsymbol{V}$ 为速度矢量。

考虑到在地球表面运动的船舶，其垂直速度可以忽略不计，得到

$$\dot{\boldsymbol{V}}^{n}=\begin{bmatrix}\dot{V}_{E}\\ \dot{V}_{N}\end{bmatrix}=\begin{bmatrix}f_{E}+V_{N}(\dot{\lambda}+2\Omega_{ie})\sin\varphi\\ f_{N}-V_{E}(\dot{\lambda}+2\Omega_{ie})\sin\varphi\end{bmatrix} \tag{12.2.5}$$

经过一次积分，可以得到速度表达式

$$\boldsymbol{V}^{n}(t)=\int_{0}^{t}\dot{\boldsymbol{V}}^{n}\mathrm{d}t+\boldsymbol{V}^{n}(0) \tag{12.2.6}$$

再经过一次积分，可以得到船舶的位置

$$\left.\begin{aligned}\varphi(t)&=\int_{0}^{t}\frac{V_{N}}{R}\mathrm{d}t+\varphi(0)\\ \lambda(t)&=\int_{0}^{t}\frac{V_{E}}{R}\sec\varphi\mathrm{d}t+\lambda(0)\end{aligned}\right\} \tag{12.2.7}$$

式中，下标 E，N 分别代表相应矢量在东向和北向的分量；$\boldsymbol{V}^{n}(0)$，$\varphi(0)$，$\lambda(0)$ 分别表示速度矢量、纬度、经度的初始值。

为了使惯性平台跟踪地理坐标系，通过修正回路和稳定回路对其施加控制力矩，旋转指令角速度应与地理坐标系相对惯性坐标系的旋转角速度 $\boldsymbol{\omega}_{in}^{n}$ 相同，即

$$\boldsymbol{\omega}_{p}=\boldsymbol{\omega}_{in}^{n}=\begin{bmatrix}-\dfrac{V_{N}}{R}\\ \Omega_{ie}\cos\varphi+\dfrac{V_{E}}{R}\\ \Omega_{ie}\sin\varphi+\dfrac{V_{E}}{R}\tan\varphi\end{bmatrix} \tag{12.2.8}$$

由此得到了惯性导航系统的机械编排方程。

12.2.2 船用捷联式惯导系统

捷联式惯性导航系统就是将惯性敏感元件直接安装在运载体上，不再需要稳定平台和常平架结构的惯导系统。它通过计算机内的姿态矩阵实时解析计算，起到“数学解析平台”的作用，将惯性导航系统中加速度计测量到的比力信息转换到导航动参考坐标系，并从姿态矩阵的有关元素中提取舰船的姿态角(航向角、横摇角和纵摇角)。

由于捷联式惯导系统将陀螺仪和加速度计直接固连于运载体上，省去了复杂的平台系统，代之以计算机内部的数学平台，简化了机械结构，降低了成本。但势必增加计算机的负担，同时对惯性元件的测量范围和抗恶劣环境的性能要求更高了。在机械编排和软件设计上都有一些特殊的问题需要加以注意：

1) 由于加速度计是沿船体的纵向和横向安装的，因而其输出信息需要通过方向余弦矩阵加以转换，而且随着舰船的运动和船体姿态的变化，需要实时地进行姿态矩阵(又称捷联矩阵)的即时修正(Updating)，其典型的修正算法有欧拉角法(三参数法)、四元数法(四参数法)及方向余弦法(九参数法)等。

2) 由于平台式惯导系统存在着实体的平台，因而平台坐标系的互相正交是靠平台与加速度计的加工、装配工艺来保证的。而捷联式惯导系统，由于计算机字长和算法误差的限制，其捷联矩阵往往不再是正交矩阵，需要采用正交化技术将其误差降至最低。

3) 捷联式惯导系统的初始对准不再是调整稳定平台，而是确定捷联矩阵的初始值，其精

度将直接影响整个惯导系统的精度，对此进行研究是非常必要的。

12.2.3　船用惯性导航系统误差方程的推导

惯导系统的误差模型除了用于误差分析以外，对于最优组合滤波来说也是必不可少的，它是滤波模型的一部分，是对惯导系统误差进行估计、校正的基础。

在介绍误差方程的推导之前，先引入几个坐标系：

平台坐标系 p：即惯性平台（或捷联式惯导中的"数学平台"）坐标系，其 z_p 轴垂直于平台平面向上，x_p 与 y_p 分别指向平台东向和北向，构成右手正交坐标系。平台坐标系 p 与地理坐标系 n 的夹角 $\boldsymbol{\Phi}=[\alpha \quad \beta \quad \gamma]^T$ 为平台的姿态角。

计算机坐标系 c：这是为了分析问题方便而人为引入的虚拟坐标系，其原点在计算机所计算出来的位置 C 点 (φ_c,λ_c)，各轴与 C 点的地理坐标系轴的方向相同。计算机坐标系 c 与地理坐标系 n 的夹角为 $\delta\boldsymbol{\theta}=[\delta\theta_x \quad \delta\theta_y \quad \delta\theta_z]^T$，与平台坐标系 p 的夹角为 $\boldsymbol{\psi}=[\psi_x \quad \psi_y \quad \psi_z]^T$。

船体坐标系 b：船体坐标系也称为甲板坐标系，其 z_b 轴垂直于船舶的甲板平面，y_b 轴指向船艏，x_b 轴指向船舶的右舷，构成右手正交坐标系。船体坐标系 b 与地理坐标系 n 的夹角描述了船舶的姿态角，即纵摇、横摇和航向。

1. 平台姿态误差方程

根据定义可知，平台姿态误差角 $\boldsymbol{\Phi}$ 为

$$\boldsymbol{\Phi}=\boldsymbol{\psi}+\delta\boldsymbol{\theta} \tag{12.2.9}$$

由惯导系统的 $\boldsymbol{\psi}$ 方程和 $\delta\dot{\boldsymbol{\theta}}$ 的表达式

$$\dot{\boldsymbol{\psi}}^n=\boldsymbol{\varepsilon}^n-\boldsymbol{\omega}_{in}^n\times\boldsymbol{\psi} \tag{12.2.10}$$

$$\delta\dot{\boldsymbol{\theta}}^n=\delta\boldsymbol{\omega}_{in}^n-\boldsymbol{\omega}_{in}^n\times\delta\boldsymbol{\theta} \tag{12.2.11}$$

得到惯导系统平台姿态误差

$$\dot{\boldsymbol{\Phi}}=\dot{\boldsymbol{\psi}}^n+\delta\dot{\boldsymbol{\theta}}^n=-\boldsymbol{\omega}_{in}^n\times\boldsymbol{\Phi}+\delta\boldsymbol{\omega}_{in}^n+\boldsymbol{\varepsilon}^n \tag{12.2.12}$$

式中，$\delta\boldsymbol{\omega}_{in}^n=\left[-\dfrac{\delta V_N}{R},\dfrac{\delta V_E}{R}-\Omega_{ie}\sin\varphi\delta\varphi,\left(\dfrac{V_E}{R}\sec^2\varphi+\Omega_{ie}\cos\varphi\right)\delta\varphi+\dfrac{\delta V_E}{R}\tan\varphi\right]^T$；$\boldsymbol{\varepsilon}^n$ 为陀螺漂移 $\boldsymbol{\varepsilon}$ 在地理坐标系的投影，在平台式惯导中 $\boldsymbol{\varepsilon}^n=\boldsymbol{\varepsilon}$，在捷联式惯导中 $\boldsymbol{\varepsilon}^n=\boldsymbol{C}_b^n\boldsymbol{\varepsilon}$，$\boldsymbol{C}_b^n$ 为船体坐标系到地理坐标系的方向余弦阵。

2. 速度误差方程

采用摄动法，以真值及其摄动误差之和

$$\hat{\boldsymbol{V}}^n=\boldsymbol{V}^n+\delta\boldsymbol{V}^n$$

$$\hat{\boldsymbol{f}}^n=\boldsymbol{f}^n+\delta\boldsymbol{f}^n$$

$$\hat{\boldsymbol{\Omega}}_{en}^n=\boldsymbol{\Omega}_{en}^n+\delta\boldsymbol{\Omega}_{en}^n$$

$$\hat{\boldsymbol{\Omega}}_{ie}^n=\boldsymbol{\Omega}_{ie}^n+\delta\boldsymbol{\Omega}_{ie}^n$$

$$\hat{\boldsymbol{g}}^n=\boldsymbol{g}^n+\delta\boldsymbol{g}^n$$

分别替换式(12.2.4)中相应各量，即可得到速度误差方程

$$\delta\dot{\boldsymbol{V}}^n=-(\boldsymbol{\Omega}_{en}^n+2\boldsymbol{\Omega}_{ie}^n)\delta\boldsymbol{V}^n-(\delta\boldsymbol{\Omega}_{en}^n+2\delta\boldsymbol{\Omega}_{ie}^n)\boldsymbol{V}^n+\delta\boldsymbol{g}^n+\delta\boldsymbol{f}^n \tag{12.2.13}$$

式中为简化起见，认为重力无异常，则有 $\delta \boldsymbol{g}^{n}=\boldsymbol{0}$；$\delta \boldsymbol{\Omega}_{en}^{n}$ 和 $\delta \boldsymbol{\Omega}_{ie}^{n}$ 分别为 $\delta \boldsymbol{\omega}_{en}^{n}$ 和 $\delta \boldsymbol{\omega}_{ie}^{n}$ 的反对称矩阵形式，$\delta \boldsymbol{\omega}_{en}^{n}=\left[-\dfrac{\delta V_{N}}{R},\ \dfrac{\delta V_{E}}{R},\ \dfrac{\delta V_{E}}{R}\tan\varphi+\dfrac{V_{E}}{R}\sec^{2}\varphi\delta\varphi\right]^{T}$，$\delta \boldsymbol{\omega}_{ie}^{n}=[0,\ -\Omega_{ie}\sin\varphi\delta\varphi,\ \Omega_{ie}\cos\varphi\delta\varphi]^{T}$；$\delta \boldsymbol{f}^{n}$ 为比力误差在地理坐标系的投影，主要是由加速度计零位误差 ∇ 和平台（或捷联式惯导的“数学平台”）偏离地理坐标系所致，有

$$\delta \boldsymbol{f}^{n}=\delta_{p}\boldsymbol{f}+\boldsymbol{\Phi}\times\boldsymbol{f} \tag{12.2.14}$$

在平台式惯导中，$\delta_{p}\boldsymbol{f}=\nabla$；在捷联式惯导中，$\delta_{p}\boldsymbol{f}=\boldsymbol{C}_{b}^{n}\nabla$。

3. 位置误差方程

根据式(12.2.7)，采用摄动法，可直接得到位置误差方程

$$\left.\begin{aligned}\delta\dot{\varphi}&=\frac{\delta V_{N}}{R}\\ \delta\dot{\lambda}&=\frac{\delta V_{E}}{R}\sec\varphi+\frac{V_{E}}{R}\sec\varphi\tan\varphi\delta\varphi\end{aligned}\right\} \tag{12.2.15}$$

由式(12.2.12)、式(12.2.13)和式(12.2.15)构成了平台式及捷联式惯导系统矢量形式的误差方程，二者在形式上是一致的。

12.3 卡尔曼(Kalman)滤波器

根据经典物理学的知识可知，没有外部干扰时，一个动态系统的未来状态可以根据现时状态从已知的运动方程中确定出来。但是，遗憾的是总存在某种外部干扰，或是人们对运动方程的描述不可能十分精确。为了解决这类估计问题，最初由 Kalman R. E.（1960 年）和 Bucy(1961 年）推广维纳的经典工作推导出了卡尔曼滤波算法。它是一种线性最小方差估计的递推算法，相对其他几种最优估计方法，卡尔曼滤波具有如下特点：

1）算法是递推的，而且使用状态空间法在时域内设计滤波器，所以卡尔曼滤波适用于对多维随机过程的估计。

2）采用动力学方程描述被估计量的动态变化规律，其动态统计特性由激励白噪声的统计信息和动力学方程确定。由于激励白噪声是平稳过程，动力学方程已知，所以被估计量既可以是平稳的，也可以是非平稳的。

3）卡尔曼滤波具有连续型和离散型两类算法，离散型算法可直接在数字计算机上实现。

正是由于上述特点，卡尔曼滤波理论一经提出立即得到了工程应用的重视，阿波罗登月飞行和 C－5A 飞机导航系统的设计是其早期应用中的最成功者。目前，卡尔曼滤波技术作为一种最重要的最优估计理论被广泛地应用于各种领域，组合导航系统的设计也是其成功应用的一个主要方面。

12.3.1 离散系统的卡尔曼滤波

自从卡尔曼滤波方法出现后，研究该方法的学者很多，根据滤波的不同性质派生出很多推

广和变形公式，这些方法确实反映了卡尔曼滤波在不同方面的物理特性。我们这里直接利用最小方差性质，通过直观的推导给出滤波递推公式[145]。

设系统如下：

$$\left.\begin{aligned} \boldsymbol{x}_k &= \boldsymbol{\Phi}_{k,k-1}\boldsymbol{x}_{k-1} + \boldsymbol{\Gamma}_{k-1}\boldsymbol{\omega}_{k-1} \\ \boldsymbol{z}_k &= \boldsymbol{H}_k\boldsymbol{x}_k + \boldsymbol{v}_k, \quad k \geqslant 1 \end{aligned}\right\} \tag{12.3.1}$$

式中，动态噪声 $\boldsymbol{\omega}_k$ 与量测噪声 $\boldsymbol{v}_k$ 是互不相关的零均值白噪声序列，即对所有 k 和 j，模型的基本统计性质为

$$\left.\begin{aligned} &\mathrm{E}[\boldsymbol{\omega}_k] = \mathbf{0}, \quad \mathrm{Cov}(\boldsymbol{\omega}_k, \boldsymbol{\omega}_j) = \boldsymbol{Q}_k\delta_{kj} \\ &\mathrm{E}[\boldsymbol{v}_k] = \mathbf{0}, \quad \mathrm{Cov}(\boldsymbol{v}_k, \boldsymbol{v}_j) = \boldsymbol{R}_k\delta_{kj} \\ &\qquad\qquad\quad \mathrm{Cov}(\boldsymbol{\omega}_k, \boldsymbol{v}_j) = \mathbf{0} \end{aligned}\right\} \tag{12.3.2}$$

这里 δ_{kj} 是克罗尼克 δ 函数，即

$$\delta_{kj} = \begin{cases} 1, & k = j \\ 0, & k \neq j \end{cases}$$

又设初始状态的统计特性为

$$\mathrm{E}[\boldsymbol{x}_0] = \boldsymbol{\mu}_0, \quad \mathrm{Var}(\boldsymbol{x}_0) = \mathrm{E}[(\boldsymbol{x}_0 - \boldsymbol{\mu}_0)(\boldsymbol{x}_0 - \boldsymbol{\mu}_0)^{\mathrm{T}}] = \boldsymbol{P}_0 \tag{12.3.3}$$

且 $\boldsymbol{x}_0$ 与 $\boldsymbol{\omega}_k, \boldsymbol{v}_k$ 都不相关，即

$$\mathrm{Cov}(\boldsymbol{x}_0, \boldsymbol{\omega}_k) = \mathbf{0}, \quad \mathrm{Cov}(\boldsymbol{x}_0, \boldsymbol{v}_k) = \mathbf{0}$$

下面进行滤波递推公式的直观推导[193]。

设如果在量测 $(k-1)$ 次之后，已经有了一个 $\hat{\boldsymbol{x}}_{k-1} = \hat{\boldsymbol{x}}_{k-1/k-1}$ 的估计值，那么根据动态方程式(12.3.1)来预测第 k 次的状态值。因为 $\boldsymbol{\omega}_{k-1}$ 的均值为零(即 $\mathrm{E}[\boldsymbol{\omega}_{k-1}] = \mathbf{0}$)，可以定义 $\hat{\boldsymbol{x}}_{k/k-1}$ 为由 $k-1$ 次量测得到的估计值 $\hat{\boldsymbol{x}}_{k-1}$ 进行一步预测值的合理数值，即

$$\hat{\boldsymbol{x}}_{k/k-1} = \boldsymbol{\Phi}_{k,k-1}\hat{\boldsymbol{x}}_{k-1} \tag{12.3.4}$$

考虑到 $\mathrm{E}[\boldsymbol{v}_k] = \mathbf{0}$，因而量测的期望值为 $\boldsymbol{H}_k\hat{\boldsymbol{x}}_{k/k-1}$ 是合适的。

在考虑了这两点以后，由第 k 次量测数据 $\boldsymbol{z}_k$ 来估计 $\boldsymbol{x}_k$ 的递推形式，则有理由认为应是

$$\hat{\boldsymbol{x}}_k = \hat{\boldsymbol{x}}_{k/k} = \hat{\boldsymbol{x}}_{k/k-1} + \boldsymbol{K}_k(\boldsymbol{z}_k - \boldsymbol{H}_k\hat{\boldsymbol{x}}_{k/k-1}) \tag{12.3.5}$$

这里的 $\boldsymbol{K}_k$ 是一个待定的校正增益矩阵，选择的标准应使误差方差阵为极小，为此先推导误差方差公式。

定义

$$\tilde{\boldsymbol{x}}_{k/k-1} = \hat{\boldsymbol{x}}_{k/k-1} - \boldsymbol{x}_k \tag{12.3.6}$$

$$\tilde{\boldsymbol{x}}_{k/k} \equiv \tilde{\boldsymbol{x}}_k = \hat{\boldsymbol{x}}_{k/k} - \boldsymbol{x}_k = \hat{\boldsymbol{x}}_k - \boldsymbol{x}_k \tag{12.3.7}$$

它们的含义分别是得到量测 $\boldsymbol{z}_k$ 之前和之后对 $\boldsymbol{x}_k$ 的估计误差。由式(12.3.7)出发，考虑到式(12.3.5)，并将式(12.3.6)及(12.3.1)代入可得

$$\tilde{\boldsymbol{x}}_k = \hat{\boldsymbol{x}}_k - \boldsymbol{x}_k = \hat{\boldsymbol{x}}_{k/k-1} + \boldsymbol{K}_k(\boldsymbol{H}_k\boldsymbol{x}_k + \boldsymbol{v}_k - \boldsymbol{H}_k\hat{\boldsymbol{x}}_{k/k-1}) - \boldsymbol{x}_k = (\boldsymbol{I} - \boldsymbol{K}_k\boldsymbol{H}_k)\tilde{\boldsymbol{x}}_{k/k-1} + \boldsymbol{K}_k\boldsymbol{v}_k \tag{12.3.8}$$

估计误差方差阵可用式(12.3.8)代入下式：

$$\begin{aligned} \boldsymbol{P}_k = \mathrm{E}[\tilde{\boldsymbol{x}}_k\tilde{\boldsymbol{x}}_k^{\mathrm{T}}] = \mathrm{E}[&(\boldsymbol{I} - \boldsymbol{K}_k\boldsymbol{H}_k)\tilde{\boldsymbol{x}}_{k/k-1}[\tilde{\boldsymbol{x}}_{k/k-1}^{\mathrm{T}}(\boldsymbol{I} - \boldsymbol{K}_k\boldsymbol{H}_k)^{\mathrm{T}} + \boldsymbol{v}_k^{\mathrm{T}}\boldsymbol{K}_k^{\mathrm{T}}] + \\ &\boldsymbol{K}_k\boldsymbol{v}_k[\tilde{\boldsymbol{x}}_{k/k-1}^{\mathrm{T}}(\boldsymbol{I} - \boldsymbol{K}_k\boldsymbol{H}_k)^{\mathrm{T}} + \boldsymbol{v}_k^{\mathrm{T}}\boldsymbol{K}_k^{\mathrm{T}}]] \end{aligned} \tag{12.3.9}$$

定义一步预测估计误差方差阵

$$\boldsymbol{P}_{k/k-1}=\mathrm{E}[\tilde{\boldsymbol{x}}_{k/k-1}\tilde{\boldsymbol{x}}_{k/k-1}^{\mathrm{T}}] \tag{12.3.10}$$

由模型的基本统计性质式(12.3.2)可知

$$\mathrm{E}[\boldsymbol{v}_k\boldsymbol{v}_k^{\mathrm{T}}]=\boldsymbol{R}_k \tag{12.3.11}$$

而且,预测估计误差与量测噪声不相关,故

$$\mathrm{E}[\tilde{\boldsymbol{x}}_{k/k-1}\boldsymbol{v}_k^{\mathrm{T}}]=\mathrm{E}[\boldsymbol{v}_k\tilde{\boldsymbol{x}}_{k/k-1}^{\mathrm{T}}]=\boldsymbol{0} \tag{12.3.12}$$

这里由式(12.3.2)已经假定 $\boldsymbol{v}_k$ 与 $\boldsymbol{\omega}_k$ 是互不相关的白噪声序列,$\boldsymbol{v}_k$ 与 $\boldsymbol{x}_0$ 不相关,显然线性预测估计误差 $\tilde{\boldsymbol{x}}_{k/k-1}$ 与 $\boldsymbol{v}_k$ 不相关,故式(12.3.12)成立。

将式(12.3.10)、式(12.3.11)和式(12.3.12)代入式(12.3.9)得

$$\boldsymbol{P}_k=(\boldsymbol{I}-\boldsymbol{K}_k\boldsymbol{H}_k)\boldsymbol{P}_{k/k-1}(\boldsymbol{I}-\boldsymbol{K}_k\boldsymbol{H}_k)^{\mathrm{T}}+\boldsymbol{K}_k\boldsymbol{R}_k\boldsymbol{K}_k^{\mathrm{T}} \tag{12.3.13}$$

求得估计误差方差阵的递推公式后,即找到了误差方差的传播公式,再回过头来讨论 $\boldsymbol{K}_k$ 的选择,其目的是使误差方差阵 $\boldsymbol{P}_k=\mathrm{E}\{\tilde{\boldsymbol{x}}_k\tilde{\boldsymbol{x}}_k^{\mathrm{T}}\}$ 为极小。

将式(12.3.13)右端展开后,加减同一项 $\boldsymbol{P}_{k/k-1}\boldsymbol{H}_k^{\mathrm{T}}(\boldsymbol{H}_k\boldsymbol{P}_{k/k-1}\boldsymbol{H}_k^{\mathrm{T}}+\boldsymbol{R}_k)^{-1}\boldsymbol{H}_k\boldsymbol{P}_{k/k-1}$,于是得到

$$\begin{aligned}\boldsymbol{P}_k=&\boldsymbol{P}_{k/k-1}-\boldsymbol{P}_{k/k-1}\boldsymbol{H}_k^{\mathrm{T}}(\boldsymbol{H}_k\boldsymbol{P}_{k/k-1}\boldsymbol{H}_k^{\mathrm{T}}+\boldsymbol{R}_k)^{-1}\boldsymbol{H}_k\boldsymbol{P}_{k/k-1}+\\&[\boldsymbol{K}_k-\boldsymbol{P}_{k/k-1}\boldsymbol{H}_k^{\mathrm{T}}(\boldsymbol{H}_k\boldsymbol{P}_{k/k-1}\boldsymbol{H}_k^{\mathrm{T}}+\boldsymbol{R}_k)^{-1}](\boldsymbol{H}_k\boldsymbol{P}_{k/k-1}\boldsymbol{H}_k^{\mathrm{T}}+\boldsymbol{R}_k)\\&[\boldsymbol{K}_k-\boldsymbol{P}_{k/k-1}\boldsymbol{H}_k^{\mathrm{T}}(\boldsymbol{H}_k\boldsymbol{P}_{k/k-1}\boldsymbol{H}_k^{\mathrm{T}}+\boldsymbol{R}_k)^{-1}]\end{aligned} \tag{12.3.14}$$

在式(12.3.14)中,前两项不包含 $\boldsymbol{K}_k$ 因子,故要使 $\boldsymbol{P}_k$ 极小,只要选择

$$\boldsymbol{K}_k=\boldsymbol{P}_{k/k-1}\boldsymbol{H}_k^{\mathrm{T}}(\boldsymbol{H}_k\boldsymbol{P}_{k/k-1}\boldsymbol{H}_k^{\mathrm{T}}+\boldsymbol{R}_k)^{-1} \tag{12.3.15}$$

而这时误差方阵为

$$\boldsymbol{P}_k=\boldsymbol{P}_{k/k-1}-\boldsymbol{P}_{k/k-1}\boldsymbol{H}_k^{\mathrm{T}}[\boldsymbol{H}_k\boldsymbol{P}_{k/k-1}\boldsymbol{H}_k^{\mathrm{T}}+\boldsymbol{R}_k]^{-1}\boldsymbol{H}_k\boldsymbol{P}_{k/k-1}=[\boldsymbol{I}-\boldsymbol{K}_k\boldsymbol{H}_k]\boldsymbol{P}_{k/k-1} \tag{12.3.16}$$

这就是误差方程的迭代公式。由此可见,卡尔曼滤波的递推公式既可得到滤波估计值,又可得到误差的方差阵,也就是说,同时可进行误差分析,这是卡尔曼滤波器的一个重要优点。从误差方差阵的定义式(12.3.9)可以看到,这个矩阵是大于或等于零的,且为对称阵,这点又是作为递推时检验计算过程是否正确的一个标准。

必须注意,要完成以上递推,还要求分析从 $\boldsymbol{P}_{k-1}$ 到 $\boldsymbol{P}_{k/k-1}$ 的递推公式,在式(12.3.4)两边减去 $\boldsymbol{x}_k$,则

$$\hat{\boldsymbol{x}}_{k/k-1}-\boldsymbol{x}_k=\boldsymbol{\Phi}_{k,k-1}\hat{\boldsymbol{x}}_{k-1}-\boldsymbol{x}_k \tag{12.3.17}$$

将式(12.3.1)和式(12.3.6)代入后,得

$$\tilde{\boldsymbol{x}}_{k/k-1}=\boldsymbol{\Phi}_{k,k-1}\tilde{\boldsymbol{x}}_{k-1}-\boldsymbol{\Gamma}_{k-1}\boldsymbol{\omega}_{k-1}$$

因此

$$\boldsymbol{P}_{k/k-1}=\boldsymbol{\Phi}_{k,k-1}\boldsymbol{P}_{k-1}\boldsymbol{\Phi}_{k,k-1}^{\mathrm{T}}+\boldsymbol{\Gamma}_{k-1}\boldsymbol{Q}_{k-1}\boldsymbol{\Gamma}_{k-1}^{\mathrm{T}} \tag{12.3.18}$$

在完成式(12.3.18)的推导过程中,认为

$$\mathrm{E}[\tilde{\boldsymbol{x}}_{k-1}\boldsymbol{\omega}_{k-1}^{\mathrm{T}}]=\mathrm{E}[\boldsymbol{\omega}_{k-1}\tilde{\boldsymbol{x}}_{k-1}^{\mathrm{T}}]=\boldsymbol{0} \tag{12.3.19}$$

为了方便使用,将离散卡尔曼滤波递推公式列于表 12.3.1。

表 12.3.1　离散卡尔曼滤波递推公式

动态方程	$\boldsymbol{x}_k = \boldsymbol{\Phi}_{k,k-1}\boldsymbol{x}_{k-1} + \boldsymbol{\Gamma}_{k-1}\boldsymbol{\omega}_{k-1}$
量测方程	$\boldsymbol{z}_k = \boldsymbol{H}_k\boldsymbol{x}_k + \boldsymbol{\upsilon}_k \qquad k \geqslant 1$
验前统计量	$\mathrm{E}[\boldsymbol{\omega}_k] = \boldsymbol{0} \quad \mathrm{Cov}(\boldsymbol{\omega}_k, \boldsymbol{\omega}_j) = \boldsymbol{Q}_k\delta_{kj}$ $\mathrm{E}[\boldsymbol{\upsilon}_k] = \boldsymbol{0} \quad \mathrm{Cov}(\boldsymbol{\upsilon}_k, \boldsymbol{\upsilon}_j) = \boldsymbol{R}_k\delta_{kj} \qquad \delta_{kj} = \begin{cases}1 & k = j \\ 0 & k \neq j\end{cases}$ $\mathrm{Cov}(\boldsymbol{\omega}_k, \boldsymbol{\upsilon}_j) = \boldsymbol{0}$
状态预测估计 方差预测	$\hat{\boldsymbol{x}}_{k/k-1} = \boldsymbol{\Phi}_{k,k-1}\hat{\boldsymbol{x}}_{k-1}$ $\boldsymbol{P}_{k/k-1} = \boldsymbol{\Phi}_{k,k-1}\boldsymbol{P}_{k-1}\boldsymbol{\Phi}_{k,k-1}^{\mathrm{T}} + \boldsymbol{\Gamma}_{k-1}\boldsymbol{Q}_{k-1}\boldsymbol{\Gamma}_{k-1}^{\mathrm{T}}$
状态估计	$\hat{\boldsymbol{x}}_k = \hat{\boldsymbol{x}}_{k/k-1} + \boldsymbol{K}_k(\boldsymbol{z}_k - \boldsymbol{H}_k\hat{\boldsymbol{x}}_{k/k-1})$
方差迭代	$\boldsymbol{P}_k = \boldsymbol{P}_{k/k-1} - \boldsymbol{P}_{k/k-1}\boldsymbol{H}_k^{\mathrm{T}}[\boldsymbol{H}_k\boldsymbol{P}_{k/k-1}\boldsymbol{H}_k^{\mathrm{T}} + \boldsymbol{R}_k]^{-1}\boldsymbol{H}_k\boldsymbol{P}_{k/k-1} = [\boldsymbol{I} - \boldsymbol{K}_k\boldsymbol{H}_k]\boldsymbol{P}_{k/k-1}$
滤波增益	$\boldsymbol{K}_k = \boldsymbol{P}_{k/k-1}\boldsymbol{H}_k^{\mathrm{T}}[\boldsymbol{H}_k\boldsymbol{P}_{k/k-1}\boldsymbol{H}_k^{\mathrm{T}} + \boldsymbol{R}_k]^{-1}$
初始条件	$\hat{\boldsymbol{x}}_0 = \mathrm{E}[\boldsymbol{x}_0] = \boldsymbol{\mu}_0, \quad \mathrm{Var}(\tilde{\boldsymbol{x}}_0) = \mathrm{Var}(\boldsymbol{x}_0) = \boldsymbol{P}_0$

12.3.2　卡尔曼滤波的性质

从以上推导滤波递推公式的过程，可以看到卡尔曼滤波有以下几点性质：

1) 卡尔曼滤波是一种递推算法，启动时必须先给定初值 $\hat{\boldsymbol{x}}_0$ 和 $\boldsymbol{P}_0$。如果选取 $\hat{\boldsymbol{x}}_0 = \mathrm{E}[\boldsymbol{x}_0]$，那么可以证明滤波过程中估计将始终无偏，即 $\mathrm{E}[\hat{\boldsymbol{x}}_k] = \mathrm{E}[\boldsymbol{x}_k]$。

2) 计算估计的均方误差阵有三种等价形式：

①$\boldsymbol{P}_k = (\boldsymbol{I} - \boldsymbol{K}_k\boldsymbol{H}_k)\boldsymbol{P}_{k/k-1}(\boldsymbol{I} - \boldsymbol{K}_k\boldsymbol{H}_k)^{\mathrm{T}} + \boldsymbol{K}_k\boldsymbol{R}_k\boldsymbol{K}_k^{\mathrm{T}}$；

②$\boldsymbol{P}_k = (\boldsymbol{I} - \boldsymbol{K}_k\boldsymbol{H}_k)\boldsymbol{P}_{k/k-1}$；

③$\boldsymbol{P}_k^{-1} = \boldsymbol{P}_{k/k-1}^{-1} + \boldsymbol{H}_k^{\mathrm{T}}\boldsymbol{R}_k^{-1}\boldsymbol{H}_k$。

第 ② 种形式简单，计算量较小，但计算中的积累误差容易使 $\boldsymbol{P}_k$ 失去非负定性甚至对称性，所以实际使用中常用第 ① 种形式。如果在滤波初始时刻对被估计量的统计特性缺乏了解，只能盲目地选取滤波初值，相应地 $\boldsymbol{P}_0$ 选得较大，计算 $\boldsymbol{P}_{1/0}$ 和 $\boldsymbol{K}_1$ 就会有困难。在此情况下，宜采用第 ③ 种形式，一步预测的均方误差阵也用逆阵来表示。这种逆阵称为信息矩阵，采用信息矩阵表示的滤波方程称为信息滤波方程。

3) 因为 $\boldsymbol{x}_k$ 的卡尔曼滤波值 $\hat{\boldsymbol{x}}_k$ 就是 $\boldsymbol{x}_k$ 的线性最小方差估计，所以由投影的性质可知卡尔曼滤波估计 $\hat{\boldsymbol{x}}_k$ 是无偏估计，即 $\mathrm{E}[\hat{\boldsymbol{x}}_k] = \mathrm{E}[\boldsymbol{x}_k]$，而且它的滤波误差方差阵 $\boldsymbol{P}_k$ 基于量测 $z_1, \cdots, z_k$，是 $\hat{\boldsymbol{x}}_k$ 的所有线性估计中最小的均方误差阵。如果动态噪声 $\boldsymbol{\omega}_k$、量测噪声 $\boldsymbol{\upsilon}_k$ 都是正态白噪声序列，且初始状态 $\boldsymbol{x}_0$ 也是正态分布的，那么 $\boldsymbol{P}_k$ 还是基于量测 $z_1, \cdots, z_k$ 的 $\boldsymbol{x}_k$ 的所有估计中最小的均方误差阵，即 $\hat{\boldsymbol{x}}_k$ 是 $\boldsymbol{x}_k$ 的最小方差估计。

4) 在卡尔曼滤波递推公式中，只是在计算增益矩阵 $\boldsymbol{K}_k$ 时需要求一个逆矩阵 $(\boldsymbol{H}_k\boldsymbol{P}_{k/k-1}\boldsymbol{H}_k^{\mathrm{T}} + \boldsymbol{R}_k)^{-1}$，而这个方阵的维数等于量测的维数 m。通常 m 是较小的，很多情况下 m 就等于 1，这时它的逆不过是一个数的倒数，这就给计算带来很大方便。同时，由于滤波器的增益矩阵与观测无关，因此它可以预先离线算好，从而减小实时的在线计算量。

5）滤波递推计算中关键的一个量就是增益矩阵，现对它作些定性的分析。

当 $\boldsymbol{P}_0,\boldsymbol{Q}_{k-1},\boldsymbol{R}_k(k=1,2,\cdots)$ 同乘以一标量时，$\boldsymbol{K}_k$ 不变。这就是说，当初始方差、动态噪声、量测噪声同时增大时，卡尔曼滤波增益不变。这也反映出，如果对系统的先验知识了解很差（即反映在上述三个量的增大），滤波的误差会增大，而这时卡尔曼滤波器的增益不变。

当 $\boldsymbol{R}_k$ 增大时，$\boldsymbol{K}_k$ 变小。这从直观上看也是可以理解的，因为如果量测噪声增大，则增益应取得小一些，以减弱量测噪声的影响。

当 $\boldsymbol{P}_0$ 变小或 $\boldsymbol{Q}_{k-1}$ 变小或两者都变小时，则 $\boldsymbol{P}_{k/k-1}$ 也变小，从而 $\boldsymbol{P}_k$ 变小，进而 $\boldsymbol{K}_k$ 变小，这从直观上看也是应该的，因为 $\boldsymbol{P}_0$ 小表示初始估计较好。$\boldsymbol{Q}_{k-1}$ 变小表明状态转移的随机波动小，这时新加进的量测对状态预测的校正影响便减弱，于是增益矩阵应当变小。总而言之，如果 $\boldsymbol{P}_0=\boldsymbol{0},\boldsymbol{Q}_{k-1}=\boldsymbol{Q}=\boldsymbol{0}$，就是说，不依赖量测而根据初始值就可准确地进行预测，这时增益矩阵应该变小到零。

综合以上讨论，可以直观地说，$\boldsymbol{K}_k$ 与 $\boldsymbol{Q}_{k-1}$ 成正比，而与 $\boldsymbol{P}_k$ 成反比，如果把动态噪声（可看做随机信号）与量测噪声的能量比叫做信噪比，那么 $\boldsymbol{K}_k$ 与信噪比的大小是成比例的。

12.3.3 白噪声情形下一般线性系统滤波

现在考虑采用更一般的 n 维线性动态系统和 m 维线性量测系统

$$\boldsymbol{x}_k=\boldsymbol{\Phi}_{k,k-1}\boldsymbol{x}_{k-1}+\boldsymbol{B}_{k-1}\boldsymbol{u}_{k-1}+\boldsymbol{\Gamma}_{k-1}\boldsymbol{\omega}_{k-1} \tag{12.3.20}$$

$$\boldsymbol{z}_k=\boldsymbol{H}_k\boldsymbol{x}_k+\boldsymbol{y}_k+\boldsymbol{v}_k \tag{12.3.21}$$

式中，$\boldsymbol{u}_k$ 和 $\boldsymbol{y}_k$ 都是已知的非随机序列。可以把 $\boldsymbol{u}_{k-1}$ 理解为外加控制项，把 $\boldsymbol{y}_k$ 理解为量测的系统误差项。至于其他有关 $\boldsymbol{\Phi}$,$\boldsymbol{\Gamma}$ 和 $\boldsymbol{H}$ 等系数矩阵，以及 $\boldsymbol{\omega}_k$ 和 $\boldsymbol{v}_k$ 仍如以前在 12.3.1 节中所假定的，其方差阵序列分别为 $\boldsymbol{Q}_k$ 和 $\boldsymbol{R}_k$，它们与初始状态 $\boldsymbol{x}_0$ 之间的关系也仍同前设；不同的是，同一时刻的 $\boldsymbol{\omega}_k$ 与 $\boldsymbol{v}_k$ 之间可以是相关的，其协方差阵记为

$$\mathrm{Cov}(\boldsymbol{\omega}_k,\boldsymbol{v}_l)=\boldsymbol{S}_k\delta_{kl} \tag{12.3.22}$$

现在把这种系统的最优线性滤波公式综述成下面的定理。定理的证明请参考有关专业书籍[193]。

定理 12.3.1 在上述条件假设下，式(12.3.20)、式(12.3.21) 所示系统的最优线性滤波公式为

$$\hat{\boldsymbol{x}}_k=\hat{\boldsymbol{x}}_{k/k-1}+\boldsymbol{K}_k(\boldsymbol{z}_k-\boldsymbol{y}_k-\boldsymbol{H}_k\hat{\boldsymbol{x}}_{k/k-1}) \tag{12.3.23}$$

其中最优一步预测估计公式为

$$\hat{\boldsymbol{x}}_{k/k-1}=\boldsymbol{\Phi}_{k,k-1}\hat{\boldsymbol{x}}_{k-1}+\boldsymbol{B}_{k-1}\boldsymbol{u}_{k-1}+\boldsymbol{J}_{k-1}(\boldsymbol{z}_{k-1}-\boldsymbol{y}_{k-1}-\boldsymbol{H}_{k-1}\hat{\boldsymbol{x}}_{k-1}) \tag{12.3.24}$$

由于初始滤波值为 $\hat{\boldsymbol{x}}_0=\mathrm{E}[\boldsymbol{x}_0]$，而

$$\boldsymbol{J}_{k-1}=\boldsymbol{\Gamma}_{k-1}\boldsymbol{S}_{k-1}\boldsymbol{R}_{k-1}^{-1} \tag{12.3.25}$$

增益矩阵 $\boldsymbol{K}_k$、滤波误差方差阵 $\boldsymbol{P}_k$ 及预报误差方差阵 $\boldsymbol{P}_{k/k-1}$ 之间的递推计算关系如下：

$$\boldsymbol{K}_k=\boldsymbol{P}_{k/k-1}\boldsymbol{H}_k^{\mathrm{T}}\,(\boldsymbol{H}_k\boldsymbol{P}_{k/k-1}\boldsymbol{H}_k^{\mathrm{T}}+\boldsymbol{R}_k)^{-1} \tag{12.3.26}$$

$$\begin{aligned}\boldsymbol{P}_{k/k-1}=&(\boldsymbol{\Phi}_{k,k-1}-\boldsymbol{J}_{k-1}\boldsymbol{H}_{k-1})\boldsymbol{P}_{k-1}(\boldsymbol{\Phi}_{k,k-1}-\boldsymbol{J}_{k-1}\boldsymbol{H}_{k-1})^{\mathrm{T}}+\\&\boldsymbol{\Gamma}_{k-1}\boldsymbol{Q}_{k-1}\boldsymbol{\Gamma}_{k-1}^{\mathrm{T}}-\boldsymbol{J}_{k-1}\boldsymbol{R}_{k-1}\boldsymbol{J}_{k-1}^{\mathrm{T}}\end{aligned} \tag{12.3.27}$$

$$\boldsymbol{P}_k = (\boldsymbol{I} - \boldsymbol{K}_k \boldsymbol{H}_k)\boldsymbol{P}_{k/k-1} \tag{12.3.28}$$

以上推导中滤波误差方差阵的初始值 $\boldsymbol{P}_0 = \mathrm{Var}(\boldsymbol{x}_0)$。

如果令 $\boldsymbol{u}_k \equiv 0, \boldsymbol{y}_k \equiv 0$，并设 $\boldsymbol{\omega}_k$ 与 $\boldsymbol{v}_k$ 不相关（即 $\boldsymbol{S}_k = \boldsymbol{0}$），则上述式(12.3.22)～式(12.3.27)都可化为表 12.3.1 所列的公式。

白噪声情形下一般线性系统滤波公式如表 12.3.2 所示。

表 12.3.2　白噪声情形下线性系统滤波

动态方程	$\boldsymbol{x}_k = \boldsymbol{\Phi}_{k,k-1}\boldsymbol{x}_{k-1} + \boldsymbol{B}_{k-1}\boldsymbol{u}_{k-1} + \boldsymbol{\Gamma}_{k-1}\boldsymbol{\omega}_{k-1}$
量测方程	$\boldsymbol{z}_k = \boldsymbol{H}_k\boldsymbol{x}_k + \boldsymbol{y}_k + \boldsymbol{v}_k$
噪声统计特征	$\mathrm{E}[\boldsymbol{\omega}_k] = \boldsymbol{0}, \mathrm{Cov}(\boldsymbol{\omega}_k, \boldsymbol{\omega}_j) = \boldsymbol{Q}_k\delta_{kj}$ $\mathrm{E}[\boldsymbol{v}_k] = \boldsymbol{0}, \mathrm{Cov}(\boldsymbol{v}_k, \boldsymbol{v}_j) = \boldsymbol{R}_k\delta_{kj}$ $\mathrm{Cov}(\boldsymbol{\omega}_k, \boldsymbol{v}_j) = \boldsymbol{S}_k\delta_{kj}$
滤波计算	$\hat{\boldsymbol{x}}_k = \hat{\boldsymbol{x}}_{k/k-1} + \boldsymbol{K}_k(\boldsymbol{z}_k - \boldsymbol{y}_k - \boldsymbol{H}_k\hat{\boldsymbol{x}}_{k/k-1})$
预测计算	$\hat{\boldsymbol{x}}_{k/k-1} = \boldsymbol{\Phi}_{k,k-1}\hat{\boldsymbol{x}}_{k-1} + \boldsymbol{B}_{k-1}\boldsymbol{u}_{k-1} + \boldsymbol{J}_{k-1}(\boldsymbol{z}_{k-1} - \boldsymbol{y}_{k-1} - \boldsymbol{H}_{k-1}\hat{\boldsymbol{x}}_{k-1})$
滤波增益	$\boldsymbol{K}_k = \boldsymbol{P}_{k/k-1}\boldsymbol{H}_k^{\mathrm{T}}(\boldsymbol{H}_k\boldsymbol{P}_{k/k-1}\boldsymbol{H}_k^{\mathrm{T}} + \boldsymbol{R}_k)^{-1}$
滤波误差协方差	$\boldsymbol{P}_k = (\boldsymbol{I} - \boldsymbol{K}_k\boldsymbol{H}_k)\boldsymbol{P}_{k/k-1}$
预测误差协方差	$\boldsymbol{P}_{k/k-1} = (\boldsymbol{\Phi}_{k,k-1} - \boldsymbol{J}_{k-1}\boldsymbol{H}_{k-1})\boldsymbol{P}_{k-1}(\boldsymbol{\Phi}_{k,k-1} - \boldsymbol{J}_{k-1}\boldsymbol{H}_{k-1})^{\mathrm{T}} +$ $\boldsymbol{\Gamma}_{k-1}\boldsymbol{Q}_{k-1}\boldsymbol{\Gamma}_{k-1}^{\mathrm{T}} - \boldsymbol{J}_{k-1}\boldsymbol{R}_{k-1}\boldsymbol{J}_{k-1}^{\mathrm{T}}$ $\boldsymbol{J}_{k-1} = \boldsymbol{\Gamma}_{k-1}\boldsymbol{S}_{k-1}\boldsymbol{R}_{k-1}^{-1}$
初始条件	$\boldsymbol{P}_0 = \mathrm{Var}(\boldsymbol{x}_0), \hat{\boldsymbol{x}}_0 = \mathrm{E}[\boldsymbol{x}_0]$

12.4　GPS/INS 组合系统

12.4.1　状态方程

在船用惯性导航系统的使用中，通过对常值陀螺漂移进行补偿，消除常值陀螺漂移造成的系统位置、速度和姿态误差，但随机漂移的影响依然存在。惯导和 GPS 组合滤波，在对系统输出作最优估计的同时，还可对随机的漂移进行估计和补偿，从而提高惯导系统本身的精度[146]。

首先列写惯导系统的误差方程，根据式(12.2.12)、式(12.2.13)和式(12.2.15)误差方程的矢量形式，可以得到如下方程组：

$$
\left.\begin{aligned}
&\delta\dot{\varphi}=\frac{1}{R}\delta V_{\mathrm{N}}\\
&\delta\dot{\lambda}=\frac{V_{\mathrm{E}}}{R}\delta\varphi\tan\varphi\sec\varphi+\frac{1}{R}\sec\varphi\delta V_{\mathrm{E}}\\
&\delta\dot{V}_{E}=\left(2\Omega_{\mathrm{ie}}\cos\varphi V_{\mathrm{N}}+\frac{1}{R}V_{\mathrm{E}}V_{\mathrm{N}}\sec^{2}\varphi\right)\delta\varphi+\frac{1}{R}V_{\mathrm{N}}\tan\varphi\delta V_{\mathrm{E}}+\\
&\qquad(2\Omega_{\mathrm{ie}}\sin\varphi\delta V_{\mathrm{N}}+\frac{1}{R}V_{\mathrm{E}}\tan\varphi\delta V_{\mathrm{N}})+\gamma A_{y}-\beta g\\
&\delta\dot{V}_{\mathrm{N}}=\left(-2\Omega_{\mathrm{ie}}\cos\varphi V_{\mathrm{E}}-\frac{V_{\mathrm{E}}^{2}}{R}\sec^{2}\varphi\right)\delta\varphi+\alpha g-\gamma A_{x}+(-2\Omega_{\mathrm{ie}}\sin\varphi-2\frac{V_{\mathrm{E}}}{R}\tan\varphi)\delta V_{\mathrm{E}}\\
&\dot{\alpha}=-\frac{\delta V_{\mathrm{N}}}{R}-\left(\Omega_{\mathrm{ie}}\cos\varphi+\frac{V_{\mathrm{E}}}{R}\right)\gamma+\left(\Omega_{\mathrm{ie}}\sin\varphi+\frac{V_{\mathrm{E}}}{R}\tan\varphi\right)\beta+\varepsilon_{x}\\
&\dot{\beta}=-\Omega_{\mathrm{ie}}\sin\varphi\delta\varphi+\frac{1}{R}\delta V_{\mathrm{E}}-(\Omega_{\mathrm{ie}}\sin\varphi+\frac{1}{R}V_{\mathrm{E}}\tan\varphi)\alpha-\frac{V_{\mathrm{N}}}{R}\gamma+\varepsilon_{y}\\
&\dot{\gamma}=(\Omega_{\mathrm{ie}}\cos\varphi+\frac{V_{\mathrm{E}}}{R}\sec^{2}\varphi)\delta\varphi+\frac{1}{R}\tan\varphi\delta V_{\mathrm{E}}+\frac{V_{\mathrm{N}}}{R}\beta+\left(\Omega_{\mathrm{ie}}\cos\varphi+\frac{V_{\mathrm{E}}}{R}\right)\alpha+\varepsilon_{z}
\end{aligned}\right\}
\tag{12.4.1}
$$

由于加速度计误差对惯导系统定位精度影响较小，且可得到较好补偿，因此在式(12.4.1)中没有考虑加速度计误差，同时认为常值陀螺漂移已得到补偿。式(12.4.1)中的 $\varepsilon_x,\varepsilon_y,\varepsilon_z$ 分别代表随机漂移沿地理坐标系的三个分量，随机漂移部分用一阶马尔可夫过程来描述：

$$
\left.\begin{aligned}
\dot{\varepsilon}_x&=-\beta_g\varepsilon_x+\omega_g\\
\dot{\varepsilon}_y&=-\beta_g\varepsilon_y+\omega_g\\
\dot{\varepsilon}_z&=-\beta_g\varepsilon_z+\omega_g
\end{aligned}\right\}
\tag{12.4.2}
$$

式中，β_g 为陀螺漂移反相关时间常数；ω_g 为白噪声。

我们采用GPS伪距误差为观测量，因此需对GPS接收机的时钟偏差进行估计。时钟偏差用一阶马尔可夫过程描述：

$$
\mathrm{d}\dot{\tau}_{\mathrm{u}}=-\beta_{\mathrm{u}}\mathrm{d}\tau_{\mathrm{u}}+\omega_{\mathrm{u}}
\tag{12.4.3}
$$

式中，ω_{u} 为白噪声。于是，选择状态变量为

$$
\begin{aligned}
\boldsymbol{x}=&[\delta\varphi\quad\delta\lambda\quad\delta V_{\mathrm{E}}\quad\delta V_{\mathrm{N}}\quad\alpha\quad\beta\quad\gamma\quad\varepsilon_x\quad\varepsilon_y\quad\varepsilon_z\quad c\mathrm{d}\tau_{\mathrm{u}}]^{\mathrm{T}}=\\
&[\boldsymbol{x}_{\mathrm{INS}}\quad\boldsymbol{x}_{\mathrm{GPS}}]^{\mathrm{T}}
\end{aligned}
\tag{12.4.4}
$$

式中，$\delta\varphi,\delta\lambda$ 为纬度误差和经度误差；$\delta V_{\mathrm{E}},\delta V_{\mathrm{N}}$ 为东向和北向速度误差；α,β,γ 为惯导平台的水平和方位误差；$\varepsilon_x,\varepsilon_y,\varepsilon_z$ 为陀螺漂移；$\mathrm{d}\tau_{\mathrm{u}}$ 为GPS接收机时钟误差。

组合系统的状态方程可以描述为

$$
\dot{\boldsymbol{x}}(t)=\boldsymbol{F}(t)\boldsymbol{x}(t)+\boldsymbol{w}(t)
\tag{12.4.5}
$$

式中

$$
\boldsymbol{F}(t)=\begin{bmatrix}\boldsymbol{F}_{\mathrm{INS}}(t) & 0\\ 0 & \boldsymbol{F}_{\mathrm{GPS}}(t)\end{bmatrix}_{11\times11}
\tag{12.4.6}
$$

$\boldsymbol{F}(t)$ 中的元素由式(12.4.5)和式(12.4.6)给出，其非零元素值见表12.4.1，式(12.4.5)中 $\boldsymbol{w}(t)$ 为白噪声。

表 12.4.1 状态转移阵 $F(t)$ 的非零元素

(1,4)	$\frac{1}{R}$	(2,1)	$\frac{V_E}{R}\tan\varphi\sec\varphi$
(2,3)	$\frac{\sec\varphi}{R}$	(3,1)	$2\Omega_{ie}\cos\varphi\cdot V_N+\frac{V_EV_N}{R}\sec^2\varphi$
(3,3)	$\frac{V_N}{R}\tan\varphi$	(3,4)	$2\Omega_{ie}\sin\varphi+\frac{1}{R}V_E\tan\varphi$
(3,6)	$-g$	(3,7)	A_y
(3,11)	1	(4,1)	$-2\Omega_{ie}\cos\varphi\cdot V_E-\frac{V_E^2}{R}\sec^2\varphi$
(4,3)	$-2\Omega_{ie}\sin\varphi-\frac{2V_E}{R}\tan\varphi$	(4,5)	g
(4,7)	$-A_x$	(4,11)	1
(5,4)	$-\frac{1}{R}$	(5,6)	$\Omega_{ie}\sin\varphi+\frac{V_E}{R}\tan\varphi$
(5,7)	$-(\Omega_{ie}\cos\varphi+\frac{V_E}{R})$	(5,8)	1
(6,1)	$-\Omega_{ie}\sin\varphi$	(6,3)	$\frac{1}{R}$
(6,5)	$-(\Omega_{ie}\sin\varphi+\frac{V_E}{R}\tan\varphi)$	(6,7)	$-\frac{V_N}{R}$
(6,9)	1	(7,1)	$\Omega_{ie}\cos\varphi+\frac{V_E}{R}\sec^2\varphi$
(7,3)	$\frac{1}{R}\tan\varphi$	(7,5)	$\Omega_{ie}\cos\varphi+\frac{V_E}{R}$
(7,6)	$\frac{V_N}{R}$	(7,10)	1
(8,8)	$-\beta_g$	(9,9)	$-\beta_g$
(10,10)	$-\beta_g$	(11,11)	$-\beta_u$

12.4.2 测量方程

由第 5 章式(5.3.6)可知,GPS 伪距测量方程的表达式为

$$\rho_u^i=\sqrt{(X^i-x_u)^2+(Y^i-y_u)^2+(Z^i-z_u)^2}+c\mathrm{d}\tau_u+v_u^i \tag{12.4.7}$$

式中,(X^i,Y^i,Z^i) 为第 i 颗卫星在地心地固坐标系中的位置;(x_u,y_u,z_u) 为用户 u 在地心地固坐标系中的位置;$\mathrm{d}\tau_u$ 为用户接收机时钟偏差;v_u^i 为测量白噪声。

导出的伪距线性误差方程为

$$\delta\rho_{\mathrm{u}}^{i}=\boldsymbol{I}_{\mathrm{u}(i1)}^{i}\Delta x_{\mathrm{u}}+\boldsymbol{I}_{\mathrm{u}(i2)}^{i}\Delta y_{\mathrm{u}}+\boldsymbol{I}_{\mathrm{u}(i3)}^{i}\Delta z_{\mathrm{u}}+c\mathrm{d}\tau_{\mathrm{u}}+v_{\mathrm{u}}^{i} \tag{12.4.8}$$

$$\boldsymbol{I}_{\mathrm{u}(i1)}^{i}=\frac{X^{i}-\hat{x}_{\mathrm{u}}}{\hat{\rho}_{\mathrm{u}}^{i}}$$

$$\boldsymbol{I}_{\mathrm{u}(i2)}^{i}=\frac{Y^{i}-\hat{y}_{\mathrm{u}}}{\hat{\rho}_{\mathrm{u}}^{i}}$$

$$\boldsymbol{I}_{\mathrm{u}(i3)}^{i}=\frac{Z^{i}-\hat{z}_{\mathrm{u}}}{\hat{\rho}_{\mathrm{u}}^{i}}$$

$$\hat{\rho}_{\mathrm{u}}^{i}=\sqrt{(X^{i}-\hat{x}_{\mathrm{u}})^{2}+(Y^{i}-\hat{y}_{\mathrm{u}})^{2}+(Z^{i}-\hat{z}_{\mathrm{u}})^{2}}$$

式中，$(\hat{x}_{\mathrm{u}},\hat{y}_{\mathrm{u}},\hat{z}_{\mathrm{u}})$ 为用户接收机概略坐标；$\boldsymbol{I}_{\mathrm{u}(ij)}^{i}$ 表示用户 u 指向第 i 颗卫星的方向矢量矩阵，下标 (ij) 表示矩阵第 i 行第 j 列元素；$\hat{\rho}_{\mathrm{u}}^{i}$ 为用户至第 i 颗卫星的概略距离。

式(12.4.8)是由地心地固坐标系中的位置误差表示的伪距误差，因此需要把伪距误差 $\delta\rho^{i}$ 表示成经纬度坐标系中的位置误差 $\delta\varphi,\delta\lambda$ 的函数[147]。利用地心地固坐标系和经纬度坐标系之间的关系，有下式成立：

$$\boldsymbol{C}=\begin{bmatrix}c_{11} & c_{12}\\ c_{21} & c_{22}\\ c_{31} & c_{32}\end{bmatrix}=\begin{bmatrix}\boldsymbol{I}_{\mathrm{u}}^{1}\\ \boldsymbol{I}_{\mathrm{u}}^{2}\\ \boldsymbol{I}_{\mathrm{u}}^{3}\end{bmatrix}_{3\times 3}\begin{bmatrix}-R\sin\varphi\cos\lambda & -R\sin\varphi\cos\lambda\\ -R\sin\varphi\sin\lambda & R\cos\varphi\cos\lambda\\ R\cos\varphi & 0\end{bmatrix} \tag{12.4.9}$$

式中，$\boldsymbol{C}$ 为对应于三颗卫星的伪距误差表达式的系数矩阵。

由于对舰船高度不进行估计，因此采用三颗卫星。观测方程为

$$\boldsymbol{z}(t)=\boldsymbol{H}(t)\boldsymbol{x}(t)+\boldsymbol{v}(t) \tag{12.4.10}$$

$$\boldsymbol{z}(t)=\begin{bmatrix}\rho_{\mathrm{G}}^{1}-\rho_{\mathrm{C}}^{1}\\ \rho_{\mathrm{G}}^{2}-\rho_{\mathrm{C}}^{2}\\ \rho_{\mathrm{G}}^{3}-\rho_{\mathrm{C}}^{3}\end{bmatrix}$$

式中，$\rho_{\mathrm{G}}^{i}(i=1,2,3)$ 为 GPS 接收机输出的用户至第 i 颗卫星的观测伪距；$\rho_{\mathrm{C}}^{i}(i=1,2,3)$ 为由惯导的定位信息和卫星星历提供的卫星位置所确定的伪距；$\boldsymbol{v}(t)$ 为高斯白噪声。

$$\boldsymbol{H}(t)=\begin{bmatrix}c_{11} & c_{12} & & 1\\ c_{21} & c_{22} & \boldsymbol{0}_{3\times 8} & 1\\ c_{31} & c_{32} & & 1\end{bmatrix} \tag{12.4.11}$$

将式(12.4.5)和式(12.4.10)离散化，利用本章表 12.3.1 给出的线性离散系统卡尔曼滤波公式，即可对惯导的位置误差、姿态误差、陀螺漂移及 GPS 时钟偏差进行最优估计。

12.5 双差分 GPS/INS 组合导航系统的设计

GPS 卫星导航系统的精度受大气折射、接收机时钟偏差、卫星轨道误差(含星历误差)等影响较大，对于一些高精度用户的需求，普通 GPS，甚至 GPS/INS 组合系统也难以满足。

从第 7 章可以知道，双差分 GPS 定位模型不仅消除了卫星时钟误差，而且消除了用户接收机时钟误差，避免了因为接收机采用廉价时钟而导致的建模困难，同时也使得模型中未知数个数大为减少。为了提高组合系统的定位精度，下面研究双差分 GPS/INS 组合系统的设计。

重新列写载波相位双差分 GPS 的数学模型如下：

$$\lambda\ \nabla\Delta\varphi_{\mathrm{ub}}^{kj}=(\boldsymbol{I}_{\mathrm{u}}^{j}-\boldsymbol{I}_{\mathrm{u}}^{k})\Delta\boldsymbol{x}_{\mathrm{u}}+(\hat{\rho}_{\mathrm{u}}^{j}-\hat{\rho}_{\mathrm{u}}^{k})-(R_{\mathrm{b}}^{j}-R_{\mathrm{b}}^{k})-\lambda\ \nabla\Delta N_{\mathrm{ub}}^{kj} \tag{12.5.1}$$

式中,各项含义与式(7.3.11)相同。需要说明的是,如果采用测码伪距双差分技术,则式(12.5.1)中只需将 $\lambda(\nabla\Delta\varphi_{\mathrm{ub}}^{kj}+\nabla\Delta N_{\mathrm{ub}}^{kj})$ 用测码伪距代替即可。

为了设计双差分 GPS/INS 组合导航系统,选择固定指北半解析式惯导系统的误差为状态变量

$$\boldsymbol{x}=[\delta\varphi\quad\delta\lambda\quad\delta V_{\mathrm{N}}\quad\delta V_{\mathrm{E}}\quad\alpha\quad\beta\quad\gamma\quad\varepsilon_x\quad\varepsilon_y\quad\varepsilon_z\quad A_x\quad A_y\quad\nabla\Delta N_{\mathrm{ub}}^{kj}]^{\mathrm{T}} \tag{12.5.2}$$

式中,$\delta\varphi$,$\delta\lambda$ 为 INS 位置误差;δV_{N},δV_{E} 为北向和东向速度误差;α,β,γ 为惯性平台姿态误差;ε_x,ε_y,ε_z 为陀螺漂移;A_x,A_y 为加速度计零位误差;$\nabla\Delta N_{\mathrm{ub}}^{kj}$ 为 GPS 载波相位双差整周模糊度。

根据式(12.2.12) ~ 式(12.2.15)所描述的惯导系统误差方程,可以建立其状态方程[148-149]

$$\boldsymbol{x}(t)=\boldsymbol{F}(t)\boldsymbol{x}(t)+\boldsymbol{\omega}(t) \tag{12.5.3}$$

式中,状态转移阵 $\boldsymbol{F}(t)$ 的前 10 行非零元素可参见表 12.4.1 所示的有关项。

加速度计零位误差用一阶马尔可夫过程描述为

$$\begin{cases}\dot{A}_x=-\beta_a A_x+\omega_a\\ \dot{A}_y=-\beta_a A_y+\omega_a\end{cases}$$

因此,$\boldsymbol{F}(11,11)=-\beta_a$,$\boldsymbol{F}(12,12)=-\beta_a$。

量测信息取自惯导及 GPS 接收机的输出,经处理后得到观测变量。定义某一时刻的观测变量 z_1 及其噪声 v_1 为

$$z_1=-(\hat{\rho}_{\mathrm{u}}^{j}-\hat{\rho}_{\mathrm{u}}^{k})+(R_{\mathrm{b}}^{j}-R_{\mathrm{b}}^{k})+\lambda\ \nabla\Delta N_{\mathrm{ub}}^{kj}+v_1 \tag{12.5.4}$$

式(12.5.4)也可以写成

$$z_1=-\delta\rho^j+\delta\rho^k+\lambda\ \nabla\Delta N_{\mathrm{ub}}^{kj}+v_1 \tag{12.5.5}$$

式中,$\delta\rho^j=\hat{\rho}_{\mathrm{u}}^{j}-R_{\mathrm{b}}^{j}$,$\delta\rho^k=\hat{\rho}_{\mathrm{u}}^{k}-R_{\mathrm{b}}^{k}$。

由于用户接收机位置 $\boldsymbol{x}_{\mathrm{u}}=[x_{\mathrm{u}},y_{\mathrm{u}},z_{\mathrm{u}}]^{\mathrm{T}}$,位置误差为($\Delta x_{\mathrm{u}}$,$\Delta y_{\mathrm{u}}$,$\Delta z_{\mathrm{u}}$),将式(12.5.5)转换为用户接收机的位置误差,可以得到

$$z_1=\frac{\partial f_1}{\partial x_{\mathrm{u}}}\Delta x_{\mathrm{u}}+\frac{\partial f_1}{\partial y_{\mathrm{u}}}\Delta y_{\mathrm{u}}+\frac{\partial f_1}{\partial z_{\mathrm{u}}}\Delta z_{\mathrm{u}}+v_1 \tag{12.5.6}$$

式中

$$\begin{aligned}\frac{\partial f_1}{\partial\hat{x}_{\mathrm{u}}}&=\frac{\partial\rho_{\mathrm{u}}^{j}}{\partial\hat{x}_{\mathrm{u}}}-\frac{\partial\rho_{\mathrm{u}}^{k}}{\partial\hat{x}_{\mathrm{u}}}=\frac{X^j-\hat{x}_{\mathrm{u}}}{\hat{\rho}_{\mathrm{u}}^{j}}-\frac{X^k-\hat{x}_{\mathrm{u}}}{\hat{\rho}_{\mathrm{u}}^{k}}\\ \frac{\partial f_1}{\partial\hat{y}_{\mathrm{u}}}&=\frac{\partial\rho_{\mathrm{u}}^{j}}{\partial\hat{y}_{\mathrm{u}}}-\frac{\partial\rho_{\mathrm{u}}^{k}}{\partial\hat{y}_{\mathrm{u}}}=\frac{Y^j-\hat{y}_{\mathrm{u}}}{\hat{\rho}_{\mathrm{u}}^{j}}-\frac{Y^k-\hat{y}_{\mathrm{u}}}{\hat{\rho}_{\mathrm{u}}^{k}}\\ \frac{\partial f_1}{\partial\hat{z}_{\mathrm{u}}}&=\frac{\partial\rho_{\mathrm{u}}^{j}}{\partial\hat{z}_{\mathrm{u}}}-\frac{\partial\rho_{\mathrm{u}}^{k}}{\partial\hat{z}_{\mathrm{u}}}=\frac{Z^j-\hat{z}_{\mathrm{u}}}{\hat{\rho}_{\mathrm{u}}^{j}}-\frac{Z^k-\hat{z}_{\mathrm{u}}}{\hat{\rho}_{\mathrm{u}}^{k}}\end{aligned}$$

式中,($\hat{x}_{\mathrm{u}}$,$\hat{y}_{\mathrm{u}}$,$\hat{z}_{\mathrm{u}}$)为用户接收机概略坐标;$\hat{\rho}_{\mathrm{u}}^{j}$,$\hat{\rho}_{\mathrm{u}}^{k}$ 为用户至卫星 j,k 的概略距离;(X^j,Y^j,Z^j)和(X^k,Y^k,Z^k)为相应历元时刻卫星 j,k 的瞬时位置。

如果基准站和用户同时观测 n 颗卫星,可以得到 $n-1$ 组双差观测值,于是选择观测变量

$$\boldsymbol{z}=[z_1\quad z_2\quad\cdots\quad z_{n-1}]^{\mathrm{T}} \tag{12.5.7}$$

则观测方程可以写为

$$z = \begin{bmatrix} c_{11} & c_{12} & & \\ c_{21} & c_{22} & & \\ \vdots & \vdots & \mathbf{0} & \lambda \boldsymbol{I} \\ c_{(n-1)1} & c_{(n-1)2} & & \end{bmatrix} \boldsymbol{x} + \begin{bmatrix} v_1 \\ v_2 \\ \vdots \\ v_{n-1} \end{bmatrix} \tag{12.5.8}$$

$$\boldsymbol{C} = \begin{bmatrix} c_{11} & c_{12} \\ c_{21} & c_{22} \\ \vdots & \vdots \\ c_{(n-1)1} & c_{(n-1)2} \end{bmatrix} = \begin{bmatrix} \dfrac{\partial f_1}{\partial \hat{x}_u} & \dfrac{\partial f_1}{\partial \hat{y}_u} & \dfrac{\partial f_1}{\partial \hat{z}_u} \\ \vdots & \vdots & \vdots \\ \dfrac{\partial f_{n-1}}{\partial \hat{x}_u} & \dfrac{\partial f_{n-1}}{\partial \hat{y}_u} & \dfrac{\partial f_{n-1}}{\partial \hat{z}_u} \end{bmatrix} \begin{bmatrix} -R\sin\varphi\cos\lambda & -R\sin\varphi\cos\lambda \\ -R\sin\varphi\sin\lambda & R\cos\varphi\sin\lambda \\ R\cos\varphi & 0 \end{bmatrix} \tag{12.5.9}$$

式中，$\boldsymbol{I}$ 为 $(n-1)\times(n-1)$ 维单位阵；R 为地球半径。

利用上述组合模型及某次试验数据得到的 GPS 伪距差分定位误差和 GPS/INS 组合系统的误差如图 12.5.1～图 12.5.3 所示，其中，图 12.5.1 为载波平滑后的伪距差分结果。试验中接收机为美国美乐华公司（Magnavox）的产品，基准站为 12 通道 MX9112 型，移动站为 MX300 型，数据采样时间间隔为 2 min。

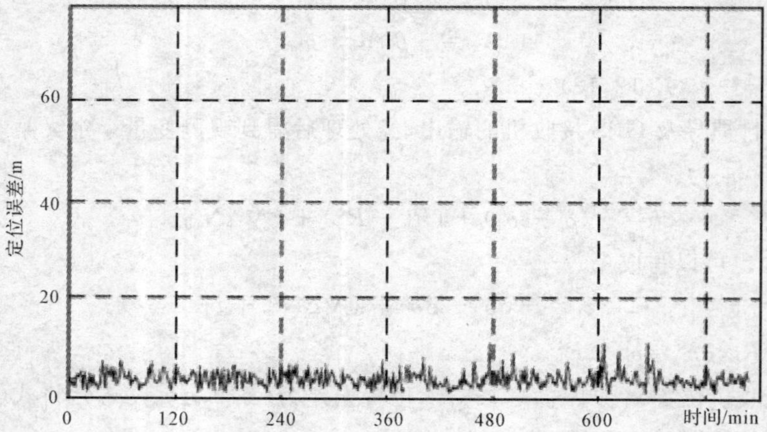

图 12.5.1　GPS 伪距差分定位误差

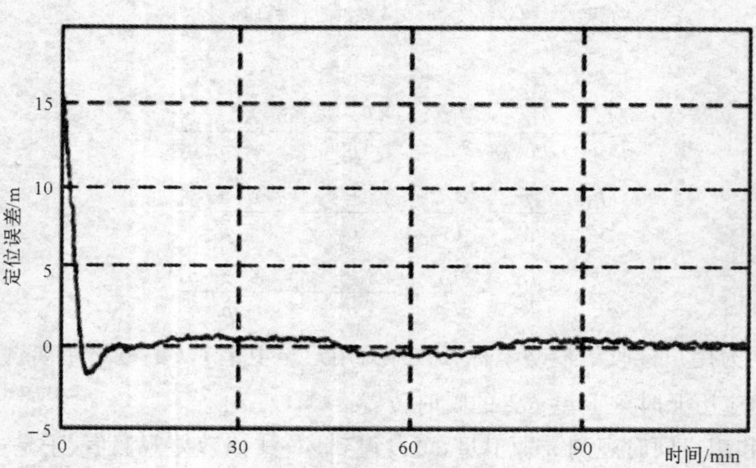

图 12.5.2　伪距双差 GPS/INS 定位误差

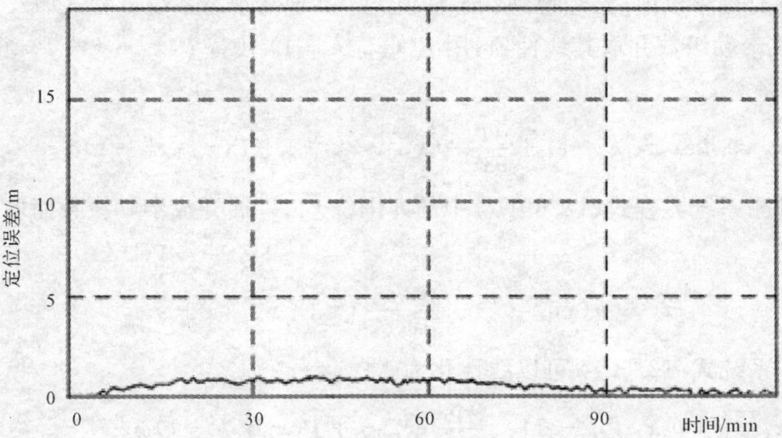

图 12.5.3 载波相位双差 GPS/INS 定位误差

由试验结果可知，差分 GPS/INS 组合系统大大提高了导航定位的精度，能够降低高精度定位系统对惯性元件的苛刻要求，克服 INS 定位误差发散的现象，提高系统的可靠性。当然，由于数据采样间隔较大，双差分 GPS/INS 组合系统的观测数据利用率较低，增加了计算量。此外，在差分 GPS/INS 组合系统的工程实现时，还应考虑局部大地坐标系的转换、测量值求差后的相关性、整周跳变的检测修复等问题。

12.6 推算船位与 GPS 的组合

由于惯导系统造价昂贵，一般在水面舰船上并不配备，典型的水面舰船大多由罗经、计程仪构成推算船位系统(Dead Reckoning)，采用 GPS 加以校正。本节介绍由推算船位和 GPS 构成的组合系统，由于其状态方程不再是线性方程，因而必须采用推广的卡尔曼滤波器进行处理。

12.6.1 推广的卡尔曼滤波器

推广的卡尔曼滤波器是通过对现时状态估计进行线性化的方法，解决非线性系统的滤波问题。这种方法最早可以追溯到 Kopp、Orford 以及 Cox[194]，他们在解决有关系统辨识和状态变量估计时提出了这种方法。应当指出，推广的卡尔曼滤波器实际上并不是最优的，使用时仍有可能发散。但由于它与普通卡尔曼滤波器的相似性，一般把推广的卡尔曼滤波器作为对任意非线性滤波问题首先试用的方法之一。Goodwin 和 Sin[195] 证明了对于带有未知参数的线性系统，推广的卡尔曼滤波器也是导出其状态估计器的一种可行的方法。

考虑非线性系统

$$\boldsymbol{x}_k = \Phi(\boldsymbol{x}_{k-1}, k-1) + \Gamma(\boldsymbol{x}_{k-1}, k-1)\boldsymbol{\omega}_{k-1} \tag{12.6.1a}$$

$$\boldsymbol{z}_k = h(\boldsymbol{x}_k, k) + \boldsymbol{v}_k \tag{12.6.1b}$$

式中，$\mathrm{E}[\boldsymbol{\omega}_k]=\boldsymbol{0}$，$\mathrm{Cov}(\boldsymbol{\omega}_k,\boldsymbol{\omega}_j)=\boldsymbol{Q}_k\delta_{kj}$；$\mathrm{E}[\boldsymbol{v}_k]=\boldsymbol{0}$，$\mathrm{Cov}(\boldsymbol{v}_k,\boldsymbol{v}_j)=\boldsymbol{R}_k\delta_{kj}$；$\mathrm{Cov}(\boldsymbol{\omega}_k,\boldsymbol{v}_j)=\boldsymbol{0}$。

假设在量测时刻 k 以前，已经得到状态估值 $\hat{\boldsymbol{x}}_{k-1}$。现将动态系统方程式(12.6.1a)中的 Φ 围绕 $\hat{\boldsymbol{x}}_{k-1}$ 展开成泰勒级数并取其线性项，用 $\Gamma(\hat{\boldsymbol{x}}_{k-1},k-1)$ 代替 $\Gamma(\boldsymbol{x}_{k-1},k-1)$，得到近似表示式

$$\boldsymbol{x}_k \approx \Phi(\hat{\boldsymbol{x}}_{k-1},k-1)+\frac{\partial \Phi_{k-1}}{\partial \hat{\boldsymbol{x}}_{k-1}}(\boldsymbol{x}_{k-1}-\hat{\boldsymbol{x}}_{k-1})+\Gamma(\hat{\boldsymbol{x}}_{k-1},k-1)\boldsymbol{\omega}_{k-1} \tag{12.6.2a}$$

同样再将量测系统方程式(12.6.1b)中的 h 围绕 $\hat{\boldsymbol{x}}_{k/k-1}$ 展开成泰勒级数而取其线性项，得到近似表示式

$$\boldsymbol{z}_k \approx h(\hat{\boldsymbol{x}}_{k/k-1},k)+\frac{\partial h_k}{\partial \hat{\boldsymbol{x}}_{k/k-1}}(\boldsymbol{x}_k-\hat{\boldsymbol{x}}_{k/k-1})+\boldsymbol{v}_k \tag{12.6.2b}$$

于是非线性系统式(12.6.1)可以线性化为

$$\boldsymbol{x}_k=\frac{\partial \Phi_{k-1}}{\partial \hat{\boldsymbol{x}}_{k-1}}\boldsymbol{x}_{k-1}+\left(\Phi(\hat{\boldsymbol{x}}_{k-1},k-1)-\frac{\partial \Phi_{k-1}}{\partial \hat{\boldsymbol{x}}_{k-1}}\hat{\boldsymbol{x}}_{k-1}\right)+\Gamma(\hat{\boldsymbol{x}}_{k-1},k-1)\boldsymbol{\omega}_{k-1} \tag{12.6.3a}$$

$$\boldsymbol{z}_k=\frac{\partial h_k}{\partial \boldsymbol{x}_{k/k-1}}\boldsymbol{x}_k+\left(h(\hat{\boldsymbol{x}}_{k/k-1},k)-\frac{\partial h_k}{\partial \hat{\boldsymbol{x}}_{k/k-1}}\hat{\boldsymbol{x}}_{k/k-1}\right)+\boldsymbol{v}_k \tag{12.6.3b}$$

把式(12.6.3)与一般线性模型相比较，可以认为在已经求得滤波值 $\hat{\boldsymbol{x}}_{k-1}$ 的条件下，式(12.6.3)圆括号中的内容可以分别取为外加控制项 $\boldsymbol{u}_{k-1}$ 及量测系统误差项 $\boldsymbol{y}_k$，即

$$\boldsymbol{u}_{k-1}=\Phi(\hat{\boldsymbol{x}}_{k-1},k-1)-\frac{\partial \Phi_{k-1}}{\partial \hat{\boldsymbol{x}}_{k-1}}\hat{\boldsymbol{x}}_{k-1} \tag{12.6.4a}$$

$$\boldsymbol{y}_k=h(\hat{\boldsymbol{x}}_{k/k-1},k)-\frac{\partial h_k}{\partial \hat{\boldsymbol{x}}_{k/k-1}}\hat{\boldsymbol{x}}_{k/k-1} \tag{12.6.4b}$$

$$\boldsymbol{\varphi}_{k,k-1}=\frac{\partial \Phi_{k-1}}{\partial \hat{\boldsymbol{x}}_{k-1}} \tag{12.6.4c}$$

$$\boldsymbol{H}_k=\frac{\partial h_k}{\partial \hat{\boldsymbol{x}}_{k/k-1}} \tag{12.6.4d}$$

$$\boldsymbol{\Gamma}_{k-1}=\Gamma(\hat{\boldsymbol{x}}_{k-1},k-1) \tag{12.6.4e}$$

于是得到如下定理：

定理 12.6.1 对于非线性系统式(12.6.1)，其推广的卡尔曼滤波公式如下：

$$\hat{\boldsymbol{x}}_k=\hat{\boldsymbol{x}}_{k/k-1}+\boldsymbol{K}_k(\boldsymbol{z}_k-h(\hat{\boldsymbol{x}}_{k/k-1},k)) \tag{12.6.5a}$$

$$\hat{\boldsymbol{x}}_{k/k-1}=\Phi(\hat{\boldsymbol{x}}_{k-1},k-1) \tag{12.6.5b}$$

$$\boldsymbol{K}_k=\boldsymbol{P}_{k/k-1}\left(\frac{\partial h_k}{\partial \hat{\boldsymbol{x}}_{k/k-1}}\right)^{\mathrm{T}}\left[\frac{\partial h_k}{\partial \hat{\boldsymbol{x}}_{k/k-1}}\boldsymbol{P}_{k/k-1}\left(\frac{\partial h_k}{\partial \hat{\boldsymbol{x}}_{k/k-1}}\right)^{\mathrm{T}}+\boldsymbol{R}_k\right]^{-1} \tag{12.6.5c}$$

$$\boldsymbol{P}_{k/k-1}=\frac{\partial \Phi_{k-1}}{\partial \hat{\boldsymbol{x}}_{k-1}}\boldsymbol{P}_{k-1}\left(\frac{\partial \Phi_{k-1}}{\partial \hat{\boldsymbol{x}}_{k-1}}\right)^{\mathrm{T}}+\Gamma(\hat{\boldsymbol{x}}_{k-1},k-1)\boldsymbol{Q}_{k-1}\Gamma^{\mathrm{T}}(\hat{\boldsymbol{x}}_{k-1},k-1) \tag{12.6.5d}$$

$$\boldsymbol{P}_k=\left(\boldsymbol{I}-\boldsymbol{K}_k\frac{\partial h_k}{\partial \hat{\boldsymbol{x}}_{k/k-1}}\right)\boldsymbol{P}_{k/k-1} \tag{12.6.5e}$$

初值为 $\hat{\boldsymbol{x}}_0=\mathrm{E}[\boldsymbol{x}_0]$，$\boldsymbol{P}_0=\mathrm{Var}(\boldsymbol{x}_0)$。

用近似方法来解决非线性问题有多种途径。Mehra 在比较了几种非线性滤波方法后指出：对于推广的卡尔曼滤波而言，动态方程的非线性对滤波初始段的精度影响不大，主要影响滤波长时间递推的精度；量测方程的非线性则刚好相反，主要影响滤波初始段的精度，而对滤波长时间递推的精度影响较小。这就是非线性模型线性化误差的定性性质。

必须指出，经典的卡尔曼滤波算法并非完美，例如系统非线性严重时，线性化误差增大，将

模型误差作为白噪声处理以及雅可比矩阵求取复杂等均是其不足的地方，这些缺陷也使得经典卡尔曼滤波在应对组合导航系统的非线性及模型不确定性时产生误差[150-153]。近 20 年来，基于非线性模型的滤波算法取得了很大的进展，出现了一些更适合非线性模型的滤波方法，包括 Unscented 卡尔曼滤波、中心差分卡尔曼滤波、模型预测滤波及粒子滤波等，这些方法在实际应用中的效果还有待进一步的验证，感兴趣的读者可查阅相关文献。

12.6.2　推算船位与 GPS 组合系统建模

推算船位作为船舶运动时最基本的定位手段，具有简单、方便、可靠的特点。建立舰船运动模型应从系统的约束（需要估计的物理量、滤波精度、运算量、计算速度等）和战略约束（跟踪机动目标的能力）两方面综合考虑[154-155]。

舰船运动是许多因素如速度、航向、海流、风速、风向、地球形状等的非线性函数。对于导航问题而言，最重要的是位置、速度和航向，所以我们对风、海浪和地球形状等对推算船位的影响作了忽略。

舰船的机动有速度机动和航向机动两种。由于舰船的加速度一般较小，导航系统的采样周期又很短，故由速度引起的机动与由航向引起的机动相比，前者可以忽略。对于航向的机动，可以用航向变化率为常值的匀速圆周运动来近似。所以，对于舰船的运动采用了两个基本的假定：匀速直线运动或匀速圆周运动。

海流是影响舰船运动动态特性的重要因素，根据海流的迷向性和不可压缩性，海洋中的流速是空间和时间的函数。对于一段较短的时间区间，海流可以近似看做是空间的函数，用空间相关的一阶马尔可夫过程来表示为 $x(\tau)=\sigma^2 e^{-\beta\tau}$，空间相关距离约为 15 n mile。由于舰船的运动，海流的影响可由空间相关转化为时间相关的一阶高斯马尔可夫过程来描述。

选择如下状态变量：

$$\boldsymbol{x}=[\varphi \quad \lambda \quad V_E \quad V_N \quad S \quad H \quad \Omega]^T$$

式中，φ，λ 为舰船的纬度弧长及经度弧长；V_E，V_N 为海流的东向流速及北向流速分量；S 为舰船相对于水的速度；H 为舰船的航向；Ω 为舰船的航向变化率。

根据上述说明，可知舰船运动的动态方程为

$$\left.\begin{aligned}
\dot{\varphi} &= V_N + S\cos H + \omega_1 \\
\dot{\lambda} &= V_E + S\sin H + \omega_2 \\
\dot{V}_E &= -\beta V_E + \omega_3 \\
\dot{V}_N &= -\beta V_N + \omega_4 \\
\dot{S} &= \omega_5 \\
\dot{H} &= \Omega + \omega_6 \\
\dot{\Omega} &= \omega_7
\end{aligned}\right\} \tag{12.6.6}$$

式中，$\omega_1 \sim \omega_7$ 是互不相关的零均值白噪声，它们反映了舰船运动的不确定性和随机干扰。流中推算船位误差 ε 一般包含无风流推算船位均方误差 ε_1 和定海流均方误差 ε_2 两部分，它们是流速 V、航速 S 及其均方误差 m_v，m_s 以及罗经均方误差 m_c 的函数。根据均方误差传播定律，可以表示为

$$\varepsilon=\sqrt{\varepsilon_1^2+\varepsilon_2^2}=\sqrt{(ST)^2\left[\left(\frac{m_c}{57.3^\circ}\right)^2+m_s^2\right]+T\left[\left(\frac{m_c}{57.3^\circ}V\right)^2+m_v^2\right]} \tag{12.6.7}$$

式中,T 为航行时间。

将式(12.6.6)写成矢量形式

$$\dot{\boldsymbol{x}}(t)=\Phi(\boldsymbol{x}(t),t)+\boldsymbol{W}(t) \tag{12.6.8}$$

可见这是一组非线性的微分方程。考虑到初始条件:

$$\begin{aligned}
&\varphi(t_{k-1})=\hat{\varphi}_{k-1},\quad \lambda(t_{k-1})=\hat{\lambda}_{k-1}\\
&V_{\mathrm{E}}(t_{k-1})=\hat{V}_{\mathrm{E},k-1},\quad V_{\mathrm{N}}(t_{k-1})=\hat{V}_{\mathrm{N},k-1}\\
&S(t_{k-1})=\hat{S}_{k-1},\quad H(t_{k-1})=\hat{H}_{k-1}\\
&\Omega(t_{k-1})=\hat{\Omega}_{k-1}
\end{aligned}$$

解方程式(12.6.8),得

$$\left.\begin{aligned}
&\hat{\varphi}_{k/k-1}=\hat{\varphi}_{k-1}+\frac{1-\mathrm{e}^{-\beta\Delta T}}{\beta}\hat{V}_{\mathrm{N},k-1}+\hat{S}_{k-1}\cos\left(\hat{H}_{k-1}+\frac{\Delta T}{2}\hat{\Omega}_{k-1}\right)\Delta T\\
&\hat{\lambda}_{k/k-1}=\hat{\lambda}_{k-1}+\frac{1-\mathrm{e}^{-\beta\Delta T}}{\beta}\hat{V}_{\mathrm{E},k-1}+\hat{S}_{k-1}\sin\left(\hat{H}_{k-1}+\frac{\Delta T}{2}\hat{\Omega}_{k-1}\right)\Delta T\\
&\hat{V}_{\mathrm{E},k/k-1}=\mathrm{e}^{-\beta\Delta T}\hat{V}_{\mathrm{E},k-1}\\
&\hat{V}_{\mathrm{N},k/k-1}=\mathrm{e}^{-\beta\Delta T}\hat{V}_{\mathrm{N},k-1}\\
&\hat{S}_{k/k-1}=\hat{S}_{k-1}\\
&\hat{H}_{k/k-1}=\hat{H}_{k-1}+\hat{\Omega}_{k-1}\Delta T\\
&\hat{\Omega}_{k/k-1}=\hat{\Omega}_{k-1}
\end{aligned}\right\} \tag{12.6.9}$$

当采样间隔 ΔT 较短时,H 与 S 通常变化很小,可以近似为常值,于是状态转移矩阵可以写为

$$\boldsymbol{\Phi}_{k,k-1}=\begin{bmatrix}
1 & 0 & 0 & \frac{1-\mathrm{e}^{-\beta\Delta T}}{\beta} & \cos\hat{H}_{k-1}\cdot\Delta T & -\hat{S}_{k-1}\sin\hat{H}_{k-1}\cdot\Delta T & 0\\
0 & 1 & \frac{1-\mathrm{e}^{-\beta\Delta T}}{\beta} & 0 & \sin\hat{H}_{k-1}\cdot\Delta T & \hat{S}_{k-1}\cos\hat{H}_{k-1}\cdot\Delta T & 0\\
0 & 0 & \mathrm{e}^{-\beta\Delta T} & 0 & 0 & 0 & 0\\
0 & 0 & 0 & \mathrm{e}^{-\beta\Delta T} & 0 & 0 & 0\\
0 & 0 & 0 & 0 & 1 & 0 & 0\\
0 & 0 & 0 & 0 & 0 & 1 & \Delta T\\
0 & 0 & 0 & 0 & 0 & 0 & 1
\end{bmatrix} \tag{12.6.10}$$

根据水面舰船的常规配置,选择电磁计程仪(相对于水)的速度 V_L、电罗经的航向信息 H_G 以及 GPS 的位置信息(φ_m,λ_m)作为观测变量,其中位置信息需转换到地球坐标系中对应的弧长:

$$\left.\begin{aligned}
&\varphi_c=R\varphi_m\\
&\lambda_c=R\cos\varphi_m\cdot\lambda_m
\end{aligned}\right\} \tag{12.6.11}$$

式中,R 为地球半径,因此观测变量写为

$$\boldsymbol{z}=[\varphi_c\quad\lambda_c\quad V_L\quad H_G]^{\mathrm{T}} \tag{12.6.12}$$

观测方程可以写为

$$
\left.\begin{aligned}
\varphi_c &= \varphi + V_1 \\
\lambda_c &= \lambda + V_2 \\
V_L &= S + V_3 \\
H_G &= H + V_4
\end{aligned}\right\} \tag{12.6.13}
$$

式中，$V_i(i=1,2,3,4)$ 为测量噪声，反映观测量的随机干扰特性，由相应观测设备输出的性质和精度决定，需要经过理论分析和大量试验予以确定。

计程仪和罗经的测量噪声较为简单，均可视为零均值白噪声。于是推算船位 /GPS 组合系统观测方程的测量阵可以写为

$$
\boldsymbol{H} = \begin{bmatrix} 1 & 0 & 0 & 0 & 0 & 0 & 0 \\ 0 & 1 & 0 & 0 & 0 & 0 & 0 \\ 0 & 0 & 0 & 0 & 1 & 0 & 0 \\ 0 & 0 & 0 & 0 & 0 & 1 & 0 \end{bmatrix} \tag{12.6.14}
$$

第 13 章　GPS/ MIMU 在姿态测量中的应用

MEMS(Micro Electro Mechanical System)是指以微电子技术为基础，利用硅微加工、LIGA技术[156]、精密机械加工等多种微加工技术，并应用现代信息技术而构成的微机电系统[157]。MEMS 技术是多种学科交叉渗透的前沿技术，利用该技术设计的器件具有体积小、成本低、功能集成化高、功耗小、可批量生产等优点，这为集成式智能传感器的实现奠定了基础。MEMS 惯性技术是指包括 MEMS 惯性器件(MEMS Inertial Measure Unit，MIMU)及由此类器件构成的惯性系统的相关技术，是微电子技术在惯性技术中应用的产物，是现代惯性技术的重要组成部分。由于特殊的制造工艺，MEMS 惯性器件在体积和成本上有着其他惯性器件无可比拟的优势，并在汽车工业、生物医学、娱乐电子、通信设备和军事工程等领域得到广泛应用。

13.1　微惯性航姿系统定姿的方法

基于微惯性技术的航姿测量系统在天线姿态控制、摄像机稳定控制、机器人姿态控制和车辆姿态控制等方面的应用具有重要意义，目前常用的测量方法有：

1)基于三轴陀螺信号得出姿态信息。采用四元数的表示方法，积分求得姿态角。这种方法的优点是能够全自主地工作，不受外界干扰。缺点是微机械陀螺作为振动陀螺，输出的是角速度，积分后得到角度，因此陀螺给出的姿态角是发散的，无法长期使用，而必须引入外界信息进行修正。为了保证姿态测量的精度，要求两次修正之间的发散速度较低，这是目前微机械陀螺很难达到的。

2)基于三轴加速度计和三轴磁强计得出姿态信息。利用大地磁场和重力磁场在地理坐标系和载体坐标系之间的方向余弦转换进行绝对角度解算，得到姿态角。这种方法的缺点是需要进行两次积分。姿态角的漂移比陀螺更快，并且受外来加速度的干扰很严重，因此很难用于载体姿态的动态测量。另外，磁强计也易受铁磁性物质干扰。

3)利用 GPS 独立得出姿态信息。将两个或三个 GPS 接收机天线以一定的距离分开安装在载体上，通过测量相互之间的位置差(各个接收机的相位差)来解算载体姿态。姿态测量精度取决于天线之间的安装距离，一般应大于 1 m。理想工作条件下静态姿态测量精度高于 0.2°。另外，采用 GPS 的系统都必须保证卫星信号的接收质量，室内、城市楼群等有遮挡的环境中效果较差，提供的姿态信息并不可靠。

目前也有人将磁强计引入载体的定姿算法中，但存在一定的局限性。载体处于静止或匀速运动状态时，该方法可以有效地抑制陀螺漂移，估计姿态角误差。若载体处于加速阶段，利用加速度计和磁强计解算的姿态角有较大的漂移，该方法不能用静止或匀速运动状态下的姿态角作为观测量，陀螺漂移不能得到补偿。另外，不能补偿加速计的漂移，因此得不到精确的速度和位置信息。可采用 MIMU 与 GPS 组合的方式，利用 GPS 的优势使 MIMU 在任何运动状态下都能解算出精确的姿态信息、速度信息和位置信息。

13.2　捷联惯性导航系统的工作原理

捷联式惯性导航系统将陀螺仪和加速度计直接固连在运载体上，精确测量载体的旋转运动角速率和线运动加速度信息，然后送至运载体计算机中进行实时的姿态矩阵解算。通过姿态矩阵将惯性导航系统中加速度计测量的运载体沿载体纵、横轴的加速度信息，转换到导航用的运动参考坐标系轴向，然后再进行导航解算。最后从捷联矩阵的有关元素中提取载体的姿态角[158]。这是捷联惯性导航系统姿态测量的基本过程，下面对其中涉及的坐标系及其变换规律、姿态角更新算法等进行详细的阐述。

13.2.1　导航参数说明

此处选用的地球椭球模型为长半轴 a，短半轴 b，椭球偏心率 e。λ 和 φ 分别为当地的地理经度和纬度，地球在惯性空间的自转角速度为 Ω_{ie}。重力随纬度 φ 和高度 h 的变化规律近似为

$$g = g_0 + 0.051\,799\sin\varphi - 0.941\,14\times 10^{-6}h \tag{13.2.1}$$

式中，g_0 为椭球体赤道表面上的重力加速度值。

设 R_M 为载体所在的子午圈曲率半径，R_N 为载体所在的卯酉圈曲率半径，R_M，R_N 与纬度 φ 的关系为

$$\left.\begin{aligned} R_M &= \frac{a(1-e^2)}{(1-e^2\sin^2\varphi)^{3/2}} \\ R_N &= \frac{a}{\sqrt{(1-e^2\sin^2\varphi)}} \end{aligned}\right\} \tag{13.2.2}$$

13.2.2　姿态测量中的常用坐标系

卫星定位中的常用坐标系可参考第 2 章相关内容，其中，与姿态测量有关的坐标系为：

i 系：地心惯性坐标系 ——$OX_iY_iZ_i$；

e 系：地球坐标系 ——$OX_eY_eZ_e$；

t 系：地理坐标系 ——$OX_tY_tZ_t$。

此外，涉及的还有导航坐标系和载体坐标系，具体定义和标识如下：

n 系：导航坐标系 ——$OX_nY_nZ_n$。

导航坐标系是在导航时根据导航系统工作的需要选取的作为导航基准的坐标系。一般情况下选择导航坐标系与地理坐标系重合，也可选为水平面 OX_nY_n 与地理坐标系重合但方位上相差一个自由方位角或游动方位角。本章采用地理坐标系为导航坐标系。

b 系：载体坐标系 ——$OX_bY_bZ_b$。

载体坐标系是固连在载体上的坐标系，它的原点位于载体的重心处。OX_b 沿载体横轴指向右，OY_b 沿载体纵轴指向前，OZ_b 垂直于平面 OX_bY_b 指向上。

13.2.3 各坐标系之间的转换关系

1. 载体坐标系和地理坐标系之间的转换

设 ψ 为航向角、θ 为俯仰角、γ 为横滚角，地理坐标系绕负 Z_t 轴转 ψ 角，绕 X_b 轴转 θ 角，再绕 Y_b 轴转 γ 角，可得载体坐标系。它们之间的转换矩阵为

$$\boldsymbol{C}_b^t=\begin{bmatrix}\cos\psi\cos\gamma+\sin\psi\sin\theta\sin\gamma & \sin\psi\cos\theta & \cos\psi\sin\gamma-\sin\psi\sin\theta\cos\gamma\\ \cos\psi\sin\theta\sin\gamma-\sin\psi\cos\gamma & \cos\psi\cos\theta & -\sin\psi\sin\gamma-\cos\psi\sin\theta\cos\gamma\\ -\cos\theta\sin\gamma & \sin\theta & \cos\theta\cos\gamma\end{bmatrix} \tag{13.2.3}$$

以地理坐标系作为导航坐标系，则有

$$\boldsymbol{C}_b^n=\boldsymbol{C}_b^t=(\boldsymbol{C}_t^b)^{\mathrm{T}} \tag{13.2.4}$$

2. 地球坐标系与地理坐标系之间的转换

设 S 为地球表面一点，S 的经纬度分别为 λ 和 φ，则 S 点处的地理坐标系（t 系）由地球坐标系（e 系）作三次旋转确定，旋转的次序为

$$x_e y_e z_e \xrightarrow{\text{绕 } z_e \text{ 旋转 } \lambda} x'_e y'_e z'_e \xrightarrow{\text{绕 } y'_e \text{旋转 } 90^\circ-\varphi} x''_e y''_e z''_e \xrightarrow{\text{绕 } z''_e \text{旋转 } 90^\circ} x'''_e y'''_e z'''_e (x_t y_t z_t)$$

旋转矩阵为

$$\boldsymbol{C}_e^t=\begin{bmatrix}-\sin\lambda & \cos\lambda & 0\\ -\sin\varphi\cos\lambda & -\sin\varphi\sin\lambda & \cos\varphi\\ \cos\varphi\cos\lambda & \cos\varphi\sin\lambda & \sin\varphi\end{bmatrix} \tag{13.2.5}$$

13.2.4 姿态角的定义

载体在空间中的航向和姿态可以用载体坐标系相对于地理坐标系的运动来表示，运动角称为载体的姿态角，分别用航向角 ψ、俯仰角 θ 和横滚角 γ 表示，定义如下：

航向角 ψ：载体纵轴在水平面上的投影与地球子午线之间的夹角，数值以地理北向为起点顺时针方向为正，定义域为(0°，360°)。载体的纵轴在水平面上的投影与地磁子午线之间的夹角称为磁航向角，用 ψ_M 表示。

俯仰角 θ：载体的纵轴和当地水平面之间的夹角，向上为正，向下为负，定义域为(－90°，90°)。

横滚角 γ：载体的横轴与当地水平面之间的夹角，右倾为正，左倾为负，定义域为(－180°，180°)。

13.2.5 姿态矩阵及姿态角的真值

载体坐标系 $OX_bY_bZ_b$ 到导航坐标系（地理坐标系）$OX_nY_nZ_n$ 的关系用捷联矩阵 $\boldsymbol{C}$ 来表示，称为方向余弦矩阵（或捷联矩阵、姿态矩阵）。由于它是两个正交坐标系之间的变换矩阵，因此

$C^{-1}=C^{T}$ 成立。具体地，如果用 C_n^b 表示向量由 n 系向 b 系投影的变换矩阵，用 C_b^n 表示向量由 b 系向 n 系投影的变换矩阵，则有

$$C_b^n=(C_n^b)^{-1}=(C_n^b)^T \tag{13.2.6}$$

选用当地水平坐标系作为参考坐标系。由于微惯性航姿系统所测的航向是用地磁场作为参考的，因此这里的“北”是指磁北，真北只需加上当地地磁偏角修正即可获得。姿态矩阵可以用导航坐标系相对于载体坐标系的三次转动确定，如图 13.2.1 所示。

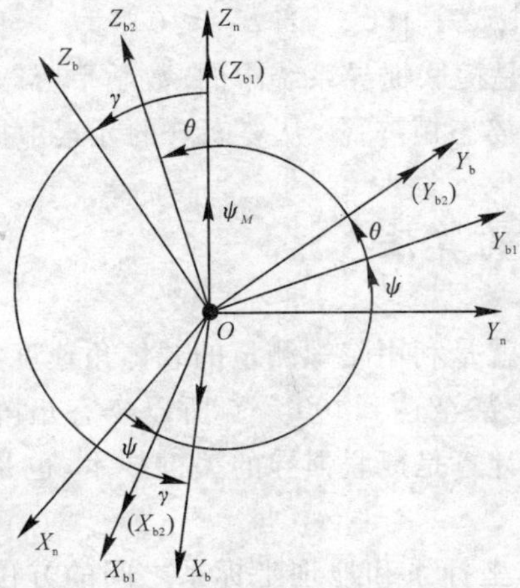

图 13.2.1　载体坐标系与导航坐标系的关系

根据式(13.2.6)，将由图 13.2.1 得到的方向余弦阵 C_n^b 表示成 C_b^n 的形式：

$$C_b^n=(C_n^b)^T=\begin{bmatrix}\cos\gamma\cos\psi-\sin\psi\sin\theta\sin\gamma & -\sin\psi\cos\theta & \sin\gamma\cos\psi+\cos\gamma\sin\theta\sin\psi\\ \cos\gamma\sin\psi+\sin\gamma\sin\theta\cos\psi & \cos\psi\cos\theta & \sin\gamma\sin\psi-\cos\gamma\sin\theta\cos\psi\\ -\sin\gamma\cos\theta & \sin\theta & \cos\theta\cos\gamma\end{bmatrix} \tag{13.2.7}$$

可以表示为

$$C_b^n=\begin{bmatrix}c_{11} & c_{12} & c_{13}\\ c_{21} & c_{22} & c_{23}\\ c_{31} & c_{32} & c_{33}\end{bmatrix} \tag{13.2.8}$$

则有

$$\left.\begin{aligned}\psi_{主}&=\arctan\frac{-c_{12}}{c_{22}}\\ \theta_{主}&=\arcsin(c_{32})\\ \gamma_{主}&=\arctan\frac{-c_{31}}{c_{33}}\end{aligned}\right\} \tag{13.2.9}$$

由于俯仰角 θ 定义在(−90°,90°)区间，因此，和反正弦主值一致，不存在多值问题。横滚角 γ 定义在(−180°,180°)区间，航向角 ψ 定义在(0°,360°)区间，都存在多值问题。于是 θ,γ,ψ 的真值可表示为

$$\left.\begin{aligned}
&\theta=\theta_{主} \\
&\gamma=\begin{cases}\gamma_{主} & 当\ c_{33}>0\ 时 \\ \gamma_{主}+180^{\circ} & \multirow{2}{*}{当\ c_{33}<0,\begin{cases}\gamma_{主}<0 \\ \gamma_{主}>0\end{cases}时} \\ \gamma_{主}-180^{\circ} & \end{cases} \\
&\psi=\begin{cases}\psi_{主} & \multirow{2}{*}{当\ c_{22}>0,\begin{cases}\psi_{主}>0 \\ \psi_{主}<0\end{cases}时} \\ \psi_{主}+360^{\circ} & \\ \psi_{主}+180^{\circ} & 当\ c_{22}<0\ 时\end{cases}
\end{aligned}\right\} \tag{13.2.10}$$

综上所述,姿态矩阵 $\boldsymbol{C}_{\mathrm{b}}^{\mathrm{n}}$ 就是捷联惯导系统中的"数学平台",其主要功能是:① 利用捷联系统陀螺测量的载体角速度计算姿态矩阵;② 从姿态阵的元素中提取载体的姿态信息。

13.2.6 姿态更新的算法

捷联惯导系统的姿态更新就是利用陀螺测量的载体角速度实时计算姿态矩阵。由于载体的姿态角速率较大,某些应用中甚至达到400 °/s,所以姿态矩阵的实时计算对计算机的性能提出了更高的要求。姿态实时计算是捷联惯导的关键技术,也是影响捷联惯导系统算法精度的重要因素。

载体的姿态和航向是载体坐标系和地理坐标系之间的方位关系。在刚体定点转动理论中,描述动坐标系相对参考坐标系方位关系的方法有欧拉角法、方向余弦法和四元数法,此外还有等效旋转矢量法。在工程实际中常用四元数法和旋转矢量法,本章简要介绍这几种算法。

1. 欧拉角法

欧拉角法又称三参数法,是欧拉在 1776 年提出来的。载体坐标系与地理坐标系的关系可以看成是由地理坐标系经由图 13.2.2 的转动关系转换到载体坐标系。

$$OX_{\mathrm{n}}Y_{\mathrm{n}}z_{\mathrm{n}} \xrightarrow[OZ_{\mathrm{n}}]{\psi} OX_{\mathrm{b1}}Y_{\mathrm{b1}}Z_{\mathrm{b1}} \xrightarrow[OX_{\mathrm{b1}}]{\theta} OX_{\mathrm{b2}}Y_{\mathrm{b2}}Z_{\mathrm{b2}} \xrightarrow[OY_{\mathrm{b2}}]{\gamma} OX_{\mathrm{b}}Y_{\mathrm{b}}Z_{\mathrm{b}}$$

图 13.2.2 从导航系到载体系的转换关系图

用此方法得到的姿态矩阵永远是正交的,因此,用于加速度计信息坐标变换时,变换后的信息中不存在非正交误差,从而使得到的姿态矩阵不需要正交化处理。但是,在方程式中存在三角函数运算,给实时计算带来困难。另外,当 θ 为 90° 时,方程出现奇点。因此,用欧拉角微分方程确定姿态角的方法不能用于全姿态导航。

2. 方向余弦法

方向余弦法实质上就是直接求解姿态矩阵微分方程,方向余弦法又称九参数法,是用矢量的方向余弦来表示姿态矩阵的方法。采用方向余弦法求解姿态角避免了欧拉方程退化现象,可以全姿态工作,但同时要解 9 个一阶微分方程式,计算量很大。

3. 四元数法

四元数的数学概念是 1843 年由哈密尔顿首先提出的，它是代数中的内容之一。随着控制理论、陀螺技术、计算机技术，特别是捷联式惯性导航技术的发展，为了更简单地描述刚体的角运动，采用四元数来弥补三个欧拉角参数在设计现代控制系统时的不足。

引入姿态四元数向量 $\bar{\boldsymbol{q}}=[q_0 \quad \boldsymbol{q}]^{\mathrm{T}}$，且满足限制条件 $\bar{\boldsymbol{q}}^{\mathrm{T}}\bar{\boldsymbol{q}}=q_0^2+\boldsymbol{q}^{\mathrm{T}}\boldsymbol{q}=1$，此处的上标“T”表示四元数的共轭；$q_0=\cos\dfrac{\mu}{2}$，$\boldsymbol{q}=\boldsymbol{i}q_1+\boldsymbol{j}q_2+\boldsymbol{k}q_3=\boldsymbol{\zeta}\sin\dfrac{\mu}{2}$ 为矢量。单位矢量 $\boldsymbol{\zeta}$ 方向为旋转轴，μ 为旋转角。这样一个单位四元数即可表示姿态，即载体坐标系与导航坐标系之间的变换关系。

根据向量 $\boldsymbol{r}$ 的旋转变换 $\boldsymbol{r}^{\mathrm{n}}=\bar{\boldsymbol{q}}\otimes\boldsymbol{r}^{\mathrm{b}}\otimes\bar{\boldsymbol{q}}^{-1}$（符号 $\otimes$ 表示四元数的乘法），姿态矩阵可以用四元数表示为

$$\boldsymbol{C}_{\mathrm{b}}^{\mathrm{n}}(\bar{\boldsymbol{q}})=\begin{bmatrix} q_0^2+q_1^2-q_2^2-q_3^2 & 2(q_1q_2-q_0q_3) & 2(q_1q_3+q_0q_2) \\ 2(q_1q_2+q_0q_3) & q_0^2-q_1^2+q_2^2-q_3^2 & 2(q_2q_3-q_0q_1) \\ 2(q_1q_3-q_0q_2) & 2(q_2q_3+q_0q_1) & q_0^2-q_1^2-q_2^2+q_3^2 \end{bmatrix} \tag{13.2.11}$$

由于四元数向量满足微分方程 $\dot{\bar{\boldsymbol{q}}}=\dfrac{1}{2}\bar{\boldsymbol{q}}\otimes\bar{\boldsymbol{\omega}}_{\mathrm{nb}}^{\mathrm{b}}$，将载体坐标系相对于导航坐标系的转动角速度在载体坐标系中的投影 $\boldsymbol{\omega}_{\mathrm{nb}}^{\mathrm{b}}$ 表示成四元数的形式，可得 $\bar{\boldsymbol{\omega}}_{\mathrm{nb}}^{\mathrm{b}}=[0,(\boldsymbol{\omega}_{\mathrm{nb}}^{\mathrm{b}})^{\mathrm{T}}]^{\mathrm{T}}$，即

$$\dot{\bar{\boldsymbol{q}}}=\begin{bmatrix}\dot{q}_0\\ \dot{q}_1\\ \dot{q}_2\\ \dot{q}_3\end{bmatrix}=\frac{1}{2}\begin{bmatrix} 0 & -\omega_{\mathrm{nb}x}^{\mathrm{b}} & -\omega_{\mathrm{nb}y}^{\mathrm{b}} & -\omega_{\mathrm{nb}z}^{\mathrm{b}} \\ \omega_{\mathrm{nb}x}^{\mathrm{b}} & 0 & \omega_{\mathrm{nb}z}^{\mathrm{b}} & -\omega_{\mathrm{nb}y}^{\mathrm{b}} \\ \omega_{\mathrm{nb}y}^{\mathrm{b}} & -\omega_{\mathrm{nb}z}^{\mathrm{b}} & 0 & \omega_{\mathrm{nb}x}^{\mathrm{b}} \\ \omega_{\mathrm{nb}z}^{\mathrm{b}} & \omega_{\mathrm{nb}y}^{\mathrm{b}} & -\omega_{\mathrm{nb}x}^{\mathrm{b}} & 0 \end{bmatrix}\begin{bmatrix}q_0\\ q_1\\ q_2\\ q_3\end{bmatrix} \tag{13.2.12}$$

$\boldsymbol{\omega}_{\mathrm{nb}}^{\mathrm{b}}$ 已知时，解式(13.2.12)中的四个微分方程，得到 $q_i(i=0,1,2,3)$ 的值，代入式(13.2.11)中可求出捷联矩阵。由于 MEMS 陀螺仪的精度较低，对低角速度信息敏感能力较差，而陀螺仪所测角速度信息是载体坐标系相对于惯性坐标系的运动角速度 $\boldsymbol{\omega}_{\mathrm{ib}}^{\mathrm{b}}$，因此，在短时间运动的低速载体上，地球表面运动角速度可以忽略不计，即 $\boldsymbol{\omega}_{\mathrm{nb}}^{\mathrm{b}}\approx\boldsymbol{\omega}_{\mathrm{ib}}^{\mathrm{b}}$。因此，安装在载体上的三只速率陀螺输出 $\boldsymbol{\omega}_{\mathrm{ib}}^{\mathrm{b}}$ 可作为 $\boldsymbol{\omega}_{\mathrm{nb}}^{\mathrm{b}}$ 的直接测量。根据式(13.2.11)由四元数求得姿态矩阵 $\boldsymbol{C}_{\mathrm{n}}^{\mathrm{b}}$，从而求解姿态角为

$$\left.\begin{aligned} \psi &= \arctan\frac{2(q_0q_3-q_1q_2)}{q_0^2-q_1^2+q_2^2-q_3^2} \\ \theta &= \arcsin 2(q_2q_3+q_0q_1) \\ \gamma &= \arctan\frac{2(q_0q_2-q_1q_3)}{q_0^2-q_1^2-q_2^2+q_3^2} \end{aligned}\right\} \tag{13.2.13}$$

四元数法需要求解四个微分方程，求解过程中只进行加减和乘除运算，计算量较小。四元数求解结果的正交化处理也比较简单（只需要做归一化），且可全姿态工作，是目前工程上常用的方法。

4. 等效旋转矢量法

等效旋转矢量法也是建立在刚体矢量旋转思想基础上的，与四元数法的不同在于：在姿态

更新周期内，四元数法计算姿态四元数，而旋转矢量法先计算姿态变化四元数后再计算姿态四元数。等效旋转矢量法分两步来完成：① 旋转矢量计算，旋转矢量描述了载体姿态的变化；② 四元数更新，四元数描述了载体相对参考坐标系的实时方位。

旋转矢量法可采用多子样算法实现对不可交换误差的有效补偿，算法关系简单，易于操作，并且通过对系数的优化处理使算法漂移在相同子样算法中达到最小，因此该方法特别适用于角机动频繁激烈或存在严重角振动的载体的姿态更新。但是，旋转矢量法的计算量比四元数法大约增加了30%。

考虑到工程实际的需要，我们采用四元数法进行数据处理。

13.3 GPS/MIMU 组合方案

MIMU和GPS的组合方式可分为硬件一体化组合和软件式组合。软件式组合按组合深度不同又可分为松组合和紧组合，每种组合又可分为开环式校正和闭环式校正。

实际应用中要求组合导航系统能在较短的时间内提供精度较高的导航信息，由于松组合只需要一个卡尔曼滤波器，组合紧凑、运算精度高、速度快，更适合实时应用，即使在GPS不能正常工作时，也可由MIMU单独提供各种导航信息。因此，实际应用中多采用松组合方案。

松组合中卡尔曼滤波设计可分为开环校正和闭环校正，本章选择开环校正方案。虽然长时间工作时开环校正不如闭环校正的精度高，但是闭环校正在大误差输入时可能会影响系统的稳定性。另外，开环校正也有其他优点：首先，开环校正稳定性很高，其稳定性不受观测输入信息的影响，而且滤波器的故障不会“污染”MIMU的输出；其次，开环校正工程上实现比较容易，没有闭环校正的结构复杂。虽然开环校正如果长时间工作误差会随时间积累，但是在MIMU工作时间较短时，其误差积累不会太明显，仍然可视为小量，不会破坏卡尔曼滤波器数学模型的线性假设。

MIMU和GPS的组合系统的状态方程中除MIMU的误差状态变量外，是否还需要增加与GPS有关的误差状态变量应依据观测信息的选择来确定。如果选择位置、速度为观测信息，则不需要在组合系统中增加GPS的状态变量。当采用GPS基本观测量作为量测信息时，一般采用状态扩充法，将GPS接收机的钟差及其钟漂扩充到组合导航系统的状态变量中，使之符合卡尔曼滤波的要求。我们选择MIMU器件和GPS的位置、速度观测信息来组成量测方程，在此基础上实施开环式松组合方案。MIMU器件为MTi三维姿态测量系统，该系统可以360°全方位输出姿态和航向，具有长时间稳定性和快速动态响应，可输出三轴加速度、三轴角速度和三轴地磁场强度。

13.4 卡尔曼滤波器设计[4,159]

当组合系统采用线性卡尔曼滤波器时，常常利用间接法进行估计，即滤波器的状态为导航参数误差，滤波器估计值的主要部分是导航参数误差估计值 $\Delta\hat{X}$，然后用 $\Delta\hat{X}$ 校正MTi航姿系统的导航参数。MTi/GPS组合导航系统的卡尔曼滤波器的算法流程如图13.4.1所示。

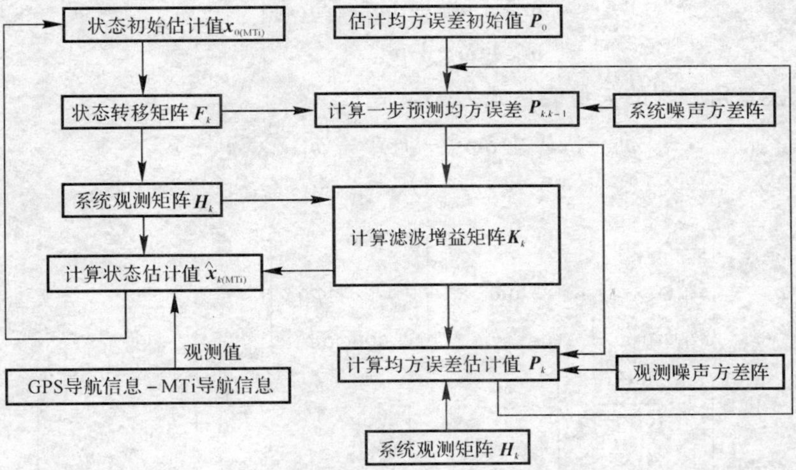

图 13.4.1　MTi/GPS 组合导航系统卡尔曼滤波算法流程图

13.4.1　状态方程

MTi 惯性航姿系统的误差方程含有数学平台误差角方程、速度误差方程和位置误差方程。

1. 数学平台误差角方程

MTi 惯性航姿系统的平台系所要模拟的导航坐标系为当地地理坐标系(t)，即东北天坐标系。计算机解算所得的地理系用 p 来表示，它可以看成是“数学平台”。由于“平台”有误差，平台系(计算地理系) 和导航系不能完全重合，平台系和导航系之间总存在小姿态角误差 $\boldsymbol{\varphi}$。将平台误差角写成 t 系中列向量形式

$$\boldsymbol{\varphi}^t = [\varphi_E \quad \varphi_N \quad \varphi_U]^T \tag{13.4.1}$$

地理系(t) 与平台系(p) 之间的坐标变换矩阵取一阶近似为

$$\boldsymbol{C}_t^p = \begin{bmatrix} 1 & \varphi_U & -\varphi_N \\ -\varphi_U & 1 & \varphi_E \\ \varphi_N & -\varphi_E & 1 \end{bmatrix} \tag{13.4.2}$$

在捷联惯导中，平台相对于惯性空间的转动角速度可表示为

$$\boldsymbol{\omega}_{ip}^p = \boldsymbol{C}_t^p \boldsymbol{\omega}_{it}^t + \dot{\boldsymbol{\varphi}}^t = (\boldsymbol{I} - \boldsymbol{\varphi}^t \times)\boldsymbol{\omega}_{it}^t + \dot{\boldsymbol{\varphi}}^t = \boldsymbol{\omega}_{it}^t - \boldsymbol{\varphi}^t \times \boldsymbol{\omega}_{it}^t + \dot{\boldsymbol{\varphi}}^t \tag{13.4.3}$$

式中，$\boldsymbol{\omega}_{it}^t$ 表示地理坐标系相对于惯性空间的旋转角速度；$\boldsymbol{\varphi}^t \times$ 表示 $\boldsymbol{\varphi}^t$ 的反对称矩阵。

将式(13.4.3) 写为平台误差角的形式

$$\dot{\boldsymbol{\varphi}}^t = \boldsymbol{\omega}_{ip}^p - \boldsymbol{\omega}_{it}^t + \boldsymbol{\varphi}^t \times \boldsymbol{\omega}_{it}^t \tag{13.4.4}$$

由于平台相对于惯性空间的转动包含视距角速度信号作用下的跟踪转动角速率 $\boldsymbol{\omega}_{ic}^p$ 和陀螺漂移引起的平台等效误差转动 $\boldsymbol{\varepsilon}^p$，即有 $\boldsymbol{\omega}_{ip}^p = \boldsymbol{\omega}_{ic}^p + \boldsymbol{\varepsilon}^p$，因此式(13.4.4) 可以写成

$$\dot{\boldsymbol{\varphi}}^t = \boldsymbol{\omega}_{ic}^p - \boldsymbol{\omega}_{it}^t + \boldsymbol{\varphi}^t \times \boldsymbol{\omega}_{it}^t + \boldsymbol{\varepsilon}^p \tag{13.4.5}$$

式(13.4.5) 中存在一定数学关系的变量可写成

$$\left.\begin{aligned}\boldsymbol{\omega}_{\mathrm{ic}}^{\mathrm{p}}-\boldsymbol{\omega}_{\mathrm{it}}^{\mathrm{t}}&=\delta\boldsymbol{\omega}_{\mathrm{ie}}^{\mathrm{t}}+\delta\boldsymbol{\omega}_{\mathrm{et}}^{\mathrm{t}}\\ \boldsymbol{\omega}_{\mathrm{it}}^{\mathrm{t}}&=\boldsymbol{\omega}_{\mathrm{ie}}^{\mathrm{t}}+\boldsymbol{\omega}_{\mathrm{et}}^{\mathrm{t}}\end{aligned}\right\} \tag{13.4.6}$$

于是平台误差角方程的矢量表达式为

$$\dot{\boldsymbol{\varphi}}^{\mathrm{t}}=\delta\boldsymbol{\omega}_{\mathrm{ie}}^{\mathrm{t}}+\delta\boldsymbol{\omega}_{\mathrm{et}}^{\mathrm{t}}-(\boldsymbol{\omega}_{\mathrm{ie}}^{\mathrm{t}}+\boldsymbol{\omega}_{\mathrm{et}}^{\mathrm{t}})\times\boldsymbol{\varphi}^{\mathrm{t}}+\boldsymbol{\varepsilon}^{\mathrm{p}} \tag{13.4.7}$$

式中

$$\boldsymbol{\omega}_{\mathrm{ie}}^{\mathrm{t}}=\begin{bmatrix}0\\ \Omega_{\mathrm{ie}}\cos\varphi\\ \Omega_{\mathrm{ie}}\sin\varphi\end{bmatrix},\qquad \delta\boldsymbol{\omega}_{\mathrm{ie}}^{\mathrm{t}}=\begin{bmatrix}0\\ -\Omega_{\mathrm{ie}}\sin\varphi\delta\varphi\\ \Omega_{\mathrm{ie}}\cos\varphi\delta\varphi\end{bmatrix}$$

$$\boldsymbol{\omega}_{\mathrm{et}}^{\mathrm{t}}=\begin{bmatrix}-\dfrac{V_y}{R_{\mathrm{M}}+h}\\ \dfrac{V_x}{R_{\mathrm{N}}+h}\\ \dfrac{V_x}{R_{\mathrm{N}}+h}\tan\varphi\end{bmatrix},\quad \delta\boldsymbol{\omega}_{\mathrm{et}}^{\mathrm{t}}=\begin{bmatrix}-\dfrac{\delta V_y}{R_{\mathrm{M}}+h}\\ \dfrac{\delta V_x}{R_{\mathrm{N}}+h}\\ \dfrac{\delta V_x}{R_{\mathrm{N}}+h}\tan\varphi+\dfrac{V_x}{R_{\mathrm{N}}+h}\sec^2\varphi\delta\varphi\end{bmatrix}$$

可得平台误差角方程的矢量表达式为

$$\begin{bmatrix}\dot{\varphi}_x\\ \dot{\varphi}_y\\ \dot{\varphi}_z\end{bmatrix}=$$

$$\begin{bmatrix}0 & (\Omega_{\mathrm{ie}}\sin\varphi+\dfrac{V_x}{R_{\mathrm{N}}+h}\tan\varphi) & -(\Omega_{\mathrm{ie}}\cos\varphi+\dfrac{V_x}{R_{\mathrm{N}}+h})\\ -(\Omega_{\mathrm{ie}}\sin\varphi+\dfrac{V_x}{R_{\mathrm{N}}+h}\tan\varphi) & 0 & -\dfrac{V_y}{R_{\mathrm{M}}+h}\\ (\Omega_{\mathrm{ie}}\cos\varphi+\dfrac{V_x}{R_{\mathrm{N}}+h}) & \dfrac{V_y}{R_{\mathrm{M}}+h} & 0\end{bmatrix}\begin{bmatrix}\varphi_x\\ \varphi_y\\ \varphi_z\end{bmatrix}+$$

$$\begin{bmatrix}\dfrac{-\delta V_y}{R_{\mathrm{M}}+h}\\ \dfrac{-\delta V_x}{R_{\mathrm{N}}+h}-\Omega_{\mathrm{ie}}\sin\varphi\delta\varphi\\ \dfrac{\delta V_x}{R_{\mathrm{N}}+h}\tan\varphi+(\Omega_{\mathrm{ie}}\cos\varphi+\dfrac{V_x}{R_{\mathrm{N}}+h}\sec^2\varphi)\delta\varphi\end{bmatrix}+\boldsymbol{C}_{\mathrm{b}}^{\mathrm{t}}\begin{bmatrix}\varepsilon_x\\ \varepsilon_y\\ \varepsilon_z\end{bmatrix} \tag{13.4.8}$$

式中，ε 为平台相对于载体坐标系的转动误差；φ 为测点纬度；V_x，V_y 为东向和北向的速度；δV_x，δV_y 为东向和北向的速度误差；

2. MTi 的速度误差方程

由惯导基本方程式得到速度误差方程

$$\delta\dot{\boldsymbol{V}}^{t}=\delta\boldsymbol{f}^{t}-(2\delta\boldsymbol{\omega}_{ie}+\delta\boldsymbol{\omega}_{et})\times\boldsymbol{V}^{t}-(2\boldsymbol{\omega}_{ie}+\boldsymbol{\omega}_{et})\times\delta\boldsymbol{V}^{t}+\delta\boldsymbol{g}^{t} \tag{13.4.9}$$

在惯性导航系统中，重力向量 $\boldsymbol{g}^{t}$ 常常作为已知量(用正常重力公式来近似计算)，即 $\delta\boldsymbol{g}^{t}=\boldsymbol{0}$。定义 $\delta\boldsymbol{f}^{t}=\boldsymbol{f}^{p}-\boldsymbol{f}^{t}$，$\boldsymbol{f}^{p}$ 为加速度计的实际输出，可以看成是地理系中的比力 $\boldsymbol{f}^{t}$ 加上测量误差 Δ^{p}。由于平台系相对于地理系有小角度误差 φ，于是有

$$\delta\boldsymbol{f}^{t}=\boldsymbol{f}^{p}-\boldsymbol{f}^{t}=\boldsymbol{C}_{t}^{p}\boldsymbol{f}^{t}+\Delta^{p}-\boldsymbol{f}^{t}=(\boldsymbol{I}-\boldsymbol{\varphi}^{t}\times)\boldsymbol{f}^{t}+\Delta^{t}-\boldsymbol{f}^{t}=\boldsymbol{f}^{t}\times\boldsymbol{\varphi}^{t}+\Delta^{p} \tag{13.4.10}$$

将式(13.4.10)代入式(13.4.9)可得

$$\delta\dot{\boldsymbol{V}}^{t}=\boldsymbol{f}^{t}\times\boldsymbol{\varphi}^{t}-(2\delta\boldsymbol{\omega}_{ie}^{t}+\delta\boldsymbol{\omega}_{et}^{t})\times\boldsymbol{V}^{t}-(2\boldsymbol{\omega}_{ie}^{t}+\boldsymbol{\omega}_{et}^{t})\times\delta\boldsymbol{V}^{t}+\Delta^{t} \tag{13.4.11}$$

将式(13.4.11)表示为速度误差方程的矩阵形式

$$\begin{bmatrix}\delta\dot{v}_x\\ \delta\dot{v}_y\\ \delta\dot{v}_z\end{bmatrix}=\begin{bmatrix}0 & -f_z & f_y\\ f_z & 0 & -f_x\\ -f_y & f_x & 0\end{bmatrix}\begin{bmatrix}\varphi_x\\ \varphi_y\\ \varphi_z\end{bmatrix}+$$

$$\begin{bmatrix}0 & -\delta v_z & \delta v_y\\ \delta v_z & 0 & -\delta v_x\\ -\delta v_y & \delta v_x & 0\end{bmatrix}\begin{bmatrix}-\dfrac{v_y}{R_M+h}\\ 2\Omega_{ie}\cos\varphi+\dfrac{v_x}{R_N+h}\\ 2\Omega_{ie}\sin\varphi+\dfrac{v_x}{R_N+h}\tan\varphi\end{bmatrix}+$$

$$\begin{bmatrix}0 & -v_z & v_y\\ v_z & 0 & -v_x\\ -v_y & v_x & 0\end{bmatrix}\begin{bmatrix}-\dfrac{\delta v_y}{R_M+h}\\ -2\Omega_{ie}\delta\varphi\sin\varphi+\dfrac{\delta v_x}{R_N+h}\\ 2\Omega_{ie}\delta\varphi\cos\varphi+\dfrac{\delta v_x}{R_N+h}\tan\varphi+\dfrac{v_x\delta\varphi}{R_N+h}\sec^2\varphi\end{bmatrix}+\boldsymbol{C}_{b}^{t}\begin{bmatrix}\Delta_x\\ \Delta_y\\ \Delta_z\end{bmatrix} \tag{13.4.12}$$

3. MTi 位置误差方程

根据载体位置运动方程

$$\left.\begin{aligned}\dot{\varphi}&=\frac{v_y}{R_M+h}\\ \dot{\lambda}&=\frac{v_x\sec\varphi}{R_N+h}\\ \dot{h}&=v_z\end{aligned}\right\} \tag{13.4.13}$$

忽略二阶小量，可得出位置误差方程

$$\begin{bmatrix}\delta\dot{\varphi}\\ \delta\dot{\lambda}\\ \delta\dot{h}\end{bmatrix}=\begin{bmatrix}\dfrac{\delta v_y}{R_M+h}\\ \dfrac{\delta v_x}{R_N+h}\sec\varphi+\dfrac{v_x\delta\varphi\sec\varphi}{R_N+h}\tan\varphi\\ \delta v_z\end{bmatrix} \tag{13.4.14}$$

4. MTi 误差源方程

在上面的三种误差方程中都含有惯性仪表误差，它们是惯性导航系统的误差源，也是状态变量中的元素。

陀螺测量误差都包含有安装误差、刻度因子误差和随机误差。安装误差和刻度因子误差经标定后能够得到较好的补偿，但是随机漂移不能通过标定确定。漂移是一种随机过程，大致可概括为以下三种分量：

逐次漂移。它取决于启动时刻的环境条件和电气参数的随机性能等因素，一旦启动完成，这种漂移便保持在某一固定值上，但这一固定值是一个随机变量，这种变量可以用随机常数来描述，即

$$\dot{\varepsilon}_{bi}=0,\quad i=x,y,z \tag{13.4.15}$$

慢变漂移。慢变漂移是在随机常数基础上的一个较慢的速率变化，变化过程中前后时刻上的漂移有一定的关联性，即后一时刻的漂移值与前一时刻的漂移值有关，这种分量可以用一阶马尔可夫过程来描述，即

$$\dot{\varepsilon}_{ri}=-\frac{1}{\tau_g}\varepsilon_{ri}+\omega_{ri},\quad i=x,y,z \tag{13.4.16}$$

式中，τ_g 为陀螺漂移相关时间。

快变漂移。这种漂移表现为上述两种分量基础上的杂乱无章的高频跳变，在任意两相邻时刻漂移值的依赖关系十分微弱或几乎不存在。这种漂移可以抽象为白噪声过程 ω_{gi}，其协方差为

$$\mathrm{E}[\omega_{gi}(t)\omega_{gi}(\tau)]=q_{gi}\delta(t-\tau),\quad i=x,y,z \tag{13.4.17}$$

综上所述，陀螺漂移可模型化为

$$\varepsilon_i(t)=\varepsilon_{bi}(t)+\varepsilon_{ri}(t)+\omega_{gi}(t) \tag{13.4.18}$$

式中，$\varepsilon_{bi}(t)$ 和 $\varepsilon_{ri}(t)$ 可列为状态变量，注意 $\omega_{gi}(t)$ 不是一个状态变量。

加速度计的误差模型和陀螺的误差模型相似，也可以分为以上三种分量，即加速度计偏置误差 Δ_{bi}、相关误差 Δ_{ri} 和白噪声 ω_{ai}。所以加速度计的误差模型表示为

$$\Delta_i=\Delta_{bi}+\Delta_{ri}+\omega_{ai} \tag{13.4.19}$$

5. 基于 MTi 误差的状态方程

将MTi的平台误差角方程、速度误差方程、位置误差方程和MTi的误差源方程综合，可以得出 MTi 惯性航姿系统误差状态方程一般表达式为

$$\dot{\boldsymbol{x}}_{\mathrm{MTi}}(t)=\boldsymbol{F}(t)\boldsymbol{x}_{\mathrm{MTi}}(t)+\boldsymbol{G}_{\mathrm{MTi}}(t)\boldsymbol{W}_{\mathrm{MTi}}(t) \tag{13.4.20}$$

$$\boldsymbol{F}_{\mathrm{MTi}}=\begin{bmatrix}\boldsymbol{F}_1 & \boldsymbol{F}_2\\ \boldsymbol{F}_3 & \boldsymbol{F}_4\end{bmatrix}_{18\times18} \tag{13.4.21}$$

式中，$\boldsymbol{x}_{\mathrm{MTi}}=[\varphi_x,\varphi_y,\varphi_z,\delta v_x,\delta v_y,\delta v_z,\delta\varphi,\delta\lambda,\delta h,\varepsilon_{bx},\varepsilon_{by},\varepsilon_{bz},\varepsilon_{rx},\varepsilon_{ry},\varepsilon_{rz},\Delta_x,\Delta_y,\Delta_z]^{\mathrm{T}}$；$\boldsymbol{F}_1$ 对应

MTi 的 9 个误差参数(3 个姿态角误差,3 个速度误差,3 个位置误差) 的系统动态矩阵。

$\boldsymbol{F}_2$ 和 $\boldsymbol{F}_3$ 矩阵为

$$\boldsymbol{F}_2=\begin{bmatrix}\boldsymbol{C}_b^t & \boldsymbol{C}_b^t & \boldsymbol{0}_{3\times 3}\\ \boldsymbol{0}_{3\times 3} & \boldsymbol{0}_{3\times 3} & \boldsymbol{C}_b^t\\ \boldsymbol{0}_{3\times 3} & \boldsymbol{0}_{3\times 3} & \boldsymbol{0}_{3\times 3}\end{bmatrix} \tag{13.4.22}$$

$$\boldsymbol{F}_3=\boldsymbol{0}_{9\times 9}$$

$\boldsymbol{F}_4$ 可表示为

$$\boldsymbol{F}_4=\mathrm{diag}\left[0\quad 0\quad 0\quad -\frac{1}{\tau_{gx}}\quad -\frac{1}{\tau_{gy}}\quad -\frac{1}{\tau_{gz}}\quad -\frac{1}{\tau_{ax}}\quad -\frac{1}{\tau_{ay}}\quad -\frac{1}{\tau_{az}}\right] \tag{13.4.23}$$

噪声参数 $\boldsymbol{W}_{\mathrm{MTi}}$ 为

$$\boldsymbol{W}_{\mathrm{MTi}}=[\omega_{gx}\quad \omega_{gy}\quad \omega_{gz}\quad \omega_{rx}\quad \omega_{ry}\quad \omega_{rz}\quad \omega_{ax}\quad \omega_{ay}\quad \omega_{az}]^{\mathrm{T}} \tag{13.4.24}$$

系统噪声驱动矩阵 $\boldsymbol{G}_{\mathrm{MTi}}$ 为

$$\boldsymbol{G}_{\mathrm{MTi}}=\begin{bmatrix}\boldsymbol{C}_b^t & \boldsymbol{0}_{3\times 3} & \boldsymbol{0}_{3\times 3}\\ \boldsymbol{0}_{9\times 3} & \boldsymbol{0}_{9\times 3} & \boldsymbol{0}_{9\times 3}\\ \boldsymbol{0}_{3\times 3} & \boldsymbol{I}_{3\times 3} & \boldsymbol{0}_{3\times 3}\\ \boldsymbol{0}_{3\times 3} & \boldsymbol{0}_{3\times 3} & \boldsymbol{I}_{3\times 3}\end{bmatrix} \tag{13.4.25}$$

由于采用松组合方案,选择 GPS 位置和速度信息作为观测量,不用在误差状态变量中加入 GPS 的误差,因此,MTi/GPS 组合导航系统的误差状态变量就是 MTi 惯性航姿系统的误差状态变量 $\boldsymbol{x}_{\mathrm{MTi}}$。

13.4.2　量测方程

当 MTi/GPS 组合导航系统的组合模式选择位置、速度的组合时,系统的量测值包含两种:一种是位置量测差值,一种是速度量测差值。所谓位置量测差值,是由 MTi 给出的位置信息与 GPS 接收机获得的相应位置信息求差,作为一种量测信息;所谓速度量测差值,是由 MTi 给出的速度信息与 GPS 接收机给出的相应速度信息求差,作为另一种量测信息。

MTi 的位置量测信息可表示为地理坐标系下的真值与相应误差之和,即

$$\begin{bmatrix}\varphi_{\mathrm{MTi}}\\ \lambda_{\mathrm{MTi}}\\ h_{\mathrm{MTi}}\end{bmatrix}=\begin{bmatrix}\varphi_t+\delta\varphi\\ \lambda_t+\delta\lambda\\ h_t+\delta h\end{bmatrix} \tag{13.4.26}$$

GPS 接收机给出的位置量测信息,可表示为地理坐标系下的真值与相应误差之差,即

$$\begin{bmatrix}\varphi_{\mathrm{GPS}}\\ \lambda_{\mathrm{GPS}}\\ h_{\mathrm{GPS}}\end{bmatrix}=\begin{bmatrix}\varphi_t-N_x\\ \lambda_t-N_y\\ h_t-N_z\end{bmatrix} \tag{13.4.27}$$

式中 φ_t,λ_t,h_t 表示真实位置;N_x,N_y,N_z 为接收机沿东、北、天方向的位置误差。

位置观测矢量为

$$z_{\mathrm{p}}(t)=\begin{bmatrix}\varphi_{\mathrm{MTi}}-\varphi_{\mathrm{GPS}}\\ \lambda_{\mathrm{MTi}}-\lambda_{\mathrm{GPS}}\\ h_{\mathrm{MTi}}-h_{\mathrm{GPS}}\end{bmatrix}=\begin{bmatrix}\delta\varphi+N_x\\ \delta\lambda+N_y\\ \delta h+N_z\end{bmatrix}=\boldsymbol{H}_{\mathrm{p}}(t)\boldsymbol{x}(t)+\boldsymbol{V}_{\mathrm{p}}(t) \tag{13.4.28}$$

式中，$N_i(i=x,y,z)$ 可视为白噪声。

$$\boldsymbol{H}_{\mathrm{p}}=[\boldsymbol{0}_{3\times6}\quad \boldsymbol{I}_{3\times3}\quad \boldsymbol{0}_{3\times9}] \tag{13.4.29}$$

$$\boldsymbol{V}_{\mathrm{p}}=[N_x\quad N_y\quad N_z]^{\mathrm{T}} \tag{13.4.30}$$

MTi 的速度量测信息可表示为地理坐标系下的真值与相应速度误差之和，即

$$\begin{bmatrix}v_{\mathrm{MTi},x}\\ v_{\mathrm{MTi},y}\\ v_{\mathrm{MTi},z}\end{bmatrix}=\begin{bmatrix}v_x+\delta v_x\\ v_y+\delta v_y\\ v_z+\delta v_z\end{bmatrix} \tag{13.4.31}$$

式中，v_x,v_y,v_z 是 MTi 沿地理系东、北、天坐标轴的真实速度。

GPS 的速度量测信息，同样可以表示为地理坐标系下的真值与解算的速度误差的差值形式

$$\begin{bmatrix}v_{\mathrm{GPS},x}\\ v_{\mathrm{GPS},y}\\ v_{\mathrm{GPS},z}\end{bmatrix}=\begin{bmatrix}v_x-M_x\\ v_y-M_y\\ v_z-M_z\end{bmatrix} \tag{13.4.32}$$

式中，M_x,M_y,M_z 为 GPS 接收机的测速误差在东、北、天三个方向上的分量。

速度观测矢量为

$$z_v(t)=\begin{bmatrix}v_{\mathrm{MTi},x}-v_{\mathrm{GPS},x}\\ v_{\mathrm{MTi},y}-v_{\mathrm{GPS},y}\\ v_{\mathrm{MTi},z}-v_{\mathrm{GPS},z}\end{bmatrix}=\begin{bmatrix}\delta v_x+M_x\\ \delta v_y+M_y\\ \delta v_z+M_z\end{bmatrix}=\boldsymbol{H}_v(t)\boldsymbol{x}(t)+\boldsymbol{V}_v(t) \tag{13.4.33}$$

式中，$M_i(i=x,y,z)$ 可作为白噪声处理。

$$\boldsymbol{H}_v=[\boldsymbol{0}_{3\times3}\quad \boldsymbol{I}_{3\times3}\quad \boldsymbol{0}_{3\times12}] \tag{13.4.34}$$

将位置观测矢量和速度观测矢量合并得到 MTi/GPS 位置、速度组合系统观测方程

$$\boldsymbol{z}(t)=\begin{bmatrix}\boldsymbol{z}_v(t)\\ \boldsymbol{z}_p(t)\end{bmatrix}=\begin{bmatrix}\boldsymbol{H}_v\\ \boldsymbol{H}_p\end{bmatrix}\boldsymbol{x}(t)+\begin{bmatrix}\boldsymbol{V}_v(t)\\ \boldsymbol{V}_p(t)\end{bmatrix}=\boldsymbol{H}(t)\boldsymbol{x}(t)+\boldsymbol{V}(t) \tag{13.4.35}$$

由于 MTi 和 GPS 接收机给出的信息都是离散的数据，因此，在实际处理时需要将状态方程(13.4.20) 和观测方程(13.4.35) 离散化。

13.5 姿态测量性能评估

实验测得载体的初始经度为 126.669 9°E，纬度为 45.777 6°N，陀螺噪声强度为 $0.08°\cdot s^{-1}/\sqrt{\mathrm{Hz}}$，加速度计噪声强度为 $0.001\ \mathrm{m\cdot s^{-2}}/\sqrt{\mathrm{Hz}}$。卡尔曼滤波周期为 0.01 s，工作时间为5 min。卡尔曼滤波初始误差方差 $\boldsymbol{P}_0$ 阵根据组合导航系统的初始误差来确定，并认为各个初始误差之间互不相关，因此 $\boldsymbol{P}_0$ 可取对角阵，其他初始设置参见表 13.5.1。

表 13.5.1　卡尔曼滤波初始值

参数	初始值
平台失准角(东北天)初始误差	1°
速度(东北天)初始误差	0.12 m/s
初始经、纬度误差	0.5°
初始高度误差	0.3 m
X 轴和 Y 轴陀螺零偏	1°
Z 轴陀螺零偏	2°
陀螺一阶马尔可夫过程漂移	0°
加速度计漂移	0.001 m/s^2
MTi 微机械陀螺相关时间	5.271 ms
MTi 微机械加速度计相关时间	3.761 ms
GPS 位置误差	6 m
GPS 速度误差	0.12 m/s

卡尔曼滤波前后陀螺输出数据如图 13.5.1 所示。滤波前三个轴的陀螺数据有跳变现象，主要原因是路面不平整造成载体的姿态在短时间内有变化，使陀螺的旋转角速率突然增大。滤波后 MTi 各个轴陀螺的随机漂移得到了很好的抑制，说明利用 GPS 辅助 MTi 可以有效地抑制陀螺的随机漂移。陀螺的随机漂移得到抑制后，由陀螺漂移引起的“平台”误差角也得以减小。

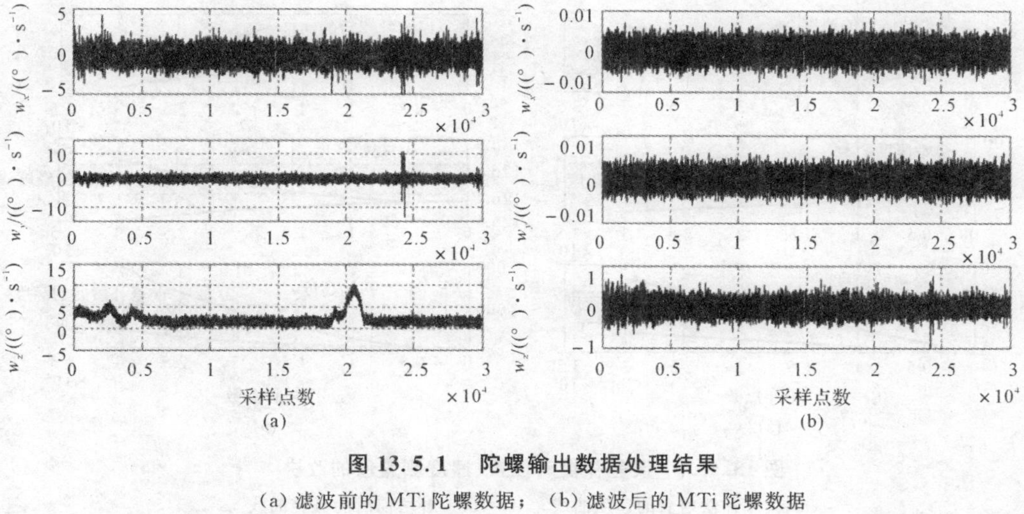

图 13.5.1　陀螺输出数据处理结果

(a) 滤波前的 MTi 陀螺数据；(b) 滤波后的 MTi 陀螺数据

图 13.5.2 为陀螺漂移抑制前后“平台”误差角的仿真图，通过卡尔曼滤波器可以估计出 MTi 的速度和位置误差，对误差进行补偿可以降低其幅值，误差补偿前后的速度和位置曲线如图 13.5.3 所示。

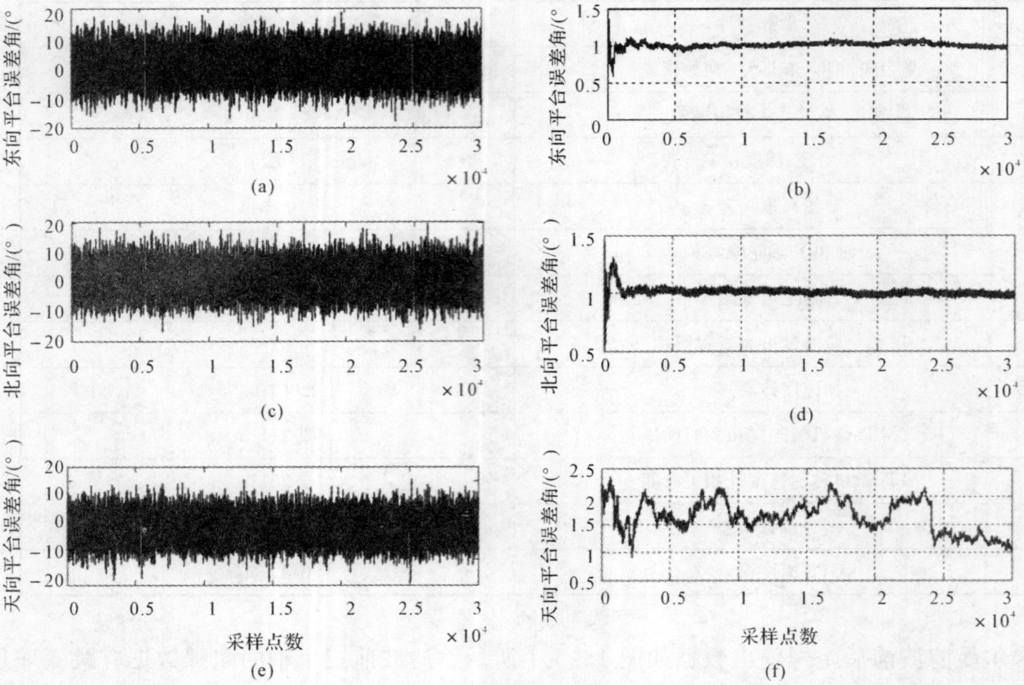

图 13.5.2　陀螺漂移引起的平台误差角变化

(a) 初始东向平台误差角；(b) 滤波后的东向平台误差角；

(c) 初始北向平台误差角；(d) 滤波后的北向平台误差角；

(e) 初始天向平台误差角；(f) 滤波后的天向平台误差角

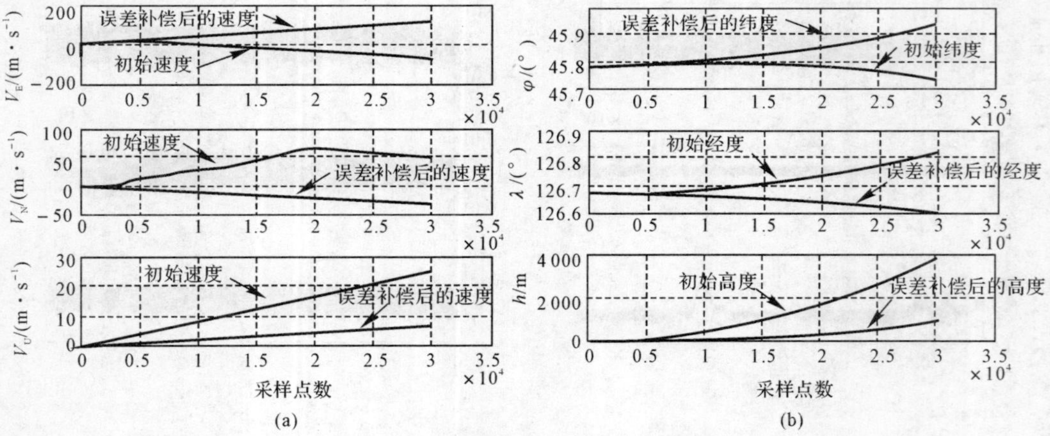

图 13.5.3　误差补偿对位置、速度测量值的改进

(a) 误差补偿前后的速度曲线；(b) 误差补偿前后的位置曲线

通过实验我们可以知道，利用 GPS 辅助 MTi 进行导航可以有效地抑制 MTi 陀螺和加速度计的随机漂移。利用卡尔曼滤波算法将 GPS 的导航数据和 MTi 的数据相融合，可以准确地估计出 MTi 的速度和位置误差并加以补偿，从而达到了提高导航精度的目的。

误差补偿前，高度从真实值 1.1 m 变化到 3 809.8 m；误差补偿后，高度从 1.1 m 变化到

901.957 0 m。虽然高度误差得以减小，但是补偿后的高度值和真实值相比仍存在很大的误差。这是因为，惯导系统高度通道是不稳定的，陀螺仪和加速度计的偏置等误差源都会引起误差随时间积累而快速增加。又因为采用基于卡尔曼滤波的开环校正方案，只是在误差估计后进行了输出校正，而没有把误差的估计值返回到 MTi 的力学编排中对速度和位置信息进行反馈校正，这也是图 13.5.2 中的天向陀螺零偏不能得到精确估计的原因。由于载体只在水平面内运动，因此，只需考虑水平方向的速度和位置误差，而不用考虑高度通道的影响。

第 14 章 AGPS 定位技术

1996 年 7 月，美国联邦通信委员会（Federal Communications Commission，FCC）颁布了 E911（Enhanced 911）法案[160]，要求位置服务提供中心在任何时间和地点都能通过手机信号追踪到用户，为紧急呼叫的用户提供精确定位等公共安全应答服务；2003 年 7 月，欧洲委员会也颁布了类似的规定（E112）[161]。以上法案和规定的实施，使得基于全球导航卫星系统的位置服务（Location Based Services，LBS）产品迅速打开市场，新的应用市场和应用环境也要求卫星导航系统必须具备更高的性能。

14.1 位置服务中的导航定位

位置服务是指用户可以利用 PC，PDA 和电话等终端设备收发信号来获取用户的位置信息以及其他与用户位置有关的信息[162]。这些信息可以实时地在用户终端设备上显示，还可以使位置服务提供中心根据这些信息结合用户的请求作出响应，并将响应信息及时地发送给用户终端设备供用户使用。

从用户的角度看，可以将位置服务分为三类：

1）个人导航服务。个人导航服务是指为用户提供从一个地方到另一个地方的服务，这些服务包括：室内定位、路径导航、公共交通信息、地图数据、交友、路径导航的增强定位服务、交通和天气信息以及任何有利于更好路径选择的信息。

2）终端信息服务。终端信息服务是指为用户提供其所在地的信息，这些服务包括：旅馆、宿舍、医院等服务场所信息。目前终端信息服务以博物馆、图书馆、互联网等方式为旅游者提供信息、定位增强服务和任何有助于用户终端的信息服务。

3）基于位置的广告服务。基于位置的广告服务是指那些有助于用户选择新的目标的服务，包括任何形式的与用户定位有关的广告服务。

目前已有多种无线技术可以进行 LBS 定位，如辅助 GPS（Assisted GPS，AGPS）、射频识别（RFID）、无线局域网（WLAN）、蓝牙（Bluetooth）和超宽带（UWB）等。它们都是利用定位网络，通过接收到的信号参数，根据特定的算法计算出目标在某一时刻所处的位置。从实现方法上来讲，基于网络的定位方法主要有到达时间（Time Of Arrival，TOA）定位法、到达角（Angle Of Arrival，AOA）定位法、到达时间差（Time Difference Of Arrival，TDOA）定位法和增强的观测时间差（Enhanced Observed Time Difference，E-OTD）定位法（以上的“到达”是指手机信号到达基站）。这些方法均利用了网络信令通道，并假定移动通信网基站的位置准确已知。由于受定位精度和占用资源等各种因素的影响，目前研究较多的有如下几种定位方式：

1. 基站代码(Cell ID)方式

基站代码方式根据用户所处的基站代码进行定位。例如，在 CDMA 系统中，每个基站收发信台(Base Transceiver Station, BTS)以及下属的扇区都被分配了一个基站代码，在移动台的位置更新、呼叫处理和短消息传送等过程中，基站控制器(Base Station Controller, BSC)会将移动台所在基站扇区的基站代码传送给移动交换中心(Mobile Switch Centre, MSC)，CDMA 系统就可以获取用户所在基站的基站代码，对用户进行定位。

2. 辅助 GPS 方式

辅助 GPS 方式将成熟的 GPS 技术融入移动通信网中，对移动用户进行快速定位。首先建立一个与移动通信网相连的 GPS 参考网络，移动通信网的移动台内置 GPS 接收机。移动通信网将 GPS 参考网络产生的辅助数据如差分校正数据、卫星运行状况等传送给移动台，再将移动通信网数据库中移动台的近似位置或基站位置传送给移动台。移动台得到这些信息后，根据自己所处的近似位置和当前的卫星状况，就可以很快捕获卫星信号，时间可以缩短到几秒至十几秒，大大减少定位响应时间。

3. 到达时间差(TDOA)方式

当用户发出的定位呼叫被附近 3 个或更多的位置准确已知的基站接收到，则根据信号到达每个基站的时间，可以计算出这些到达时间两两之间的差值，而基站的位置准确已知，那么利用双曲线法即可确定用户的位置。由于不必满足严格的时间同步的要求，使得定位系统相对简化，因而 TDOA 算法在定位系统中得到了广泛的应用。

4. 增强的观测时间差(E-OTD)方式

增强的观测时间差方式需要在每个基站安装额外的位置测量设备，且用户终端设备(如手机)也必须安装 E-OTD 软件，以便让用户发送信号至基站进行定位计算。E-OTD 方式是在位置准确已知的某一地点设立一个位置测量单元(Location Measurement Units, LMU)，它接收由基站发出的信号，根据接收到的基站信号计算出 LMU 的位置，将计算出的位置与其准确已知的位置相比较，从而确定每对基站之间的时间同步偏差。一般情况下为了使基站间保持足够精确的时间同步，每 3～5 个基站便要设立一个 LMU。显然，E-OTD 方式需要增加移动通信系统的设备投入。

上述各种定位方式的性能如表 14.1.1 所示，虽然 AGPS 定位精度在目前是最高的，但由于应用环境的影响和技术上的不成熟，定位结果并不十分可靠。考虑到卫星导航系统能够全球、全天候、全天时地工作，而且信号处理芯片目前已经实现了微型化，能够方便地嵌入各种便携设备中，因此，卫星导航在 LBS 应用中具有相当大的发展潜力。

表 14.1.1 各种定位方式的性能比较

定位方式	典型精度/m	设备要求	网络需求	室内定位
Cell ID	100～250	无	无	需移动电话覆盖
AGPS	20～50	集成 GPS 接收机	加装设备	有待改进
TDOA	50～150	无	是	需移动电话覆盖
E-OTD	100～250	E-OTD 软件	限制	需移动电话覆盖

LBS 提供的服务面向大众市场，其应用多处于建筑物、森林、城市等环境，这些环境对 GPS 信号的作用效果具有类似的特点，可统称为室内环境。对于单一卫星导航系统，目前还很难连续提供位置服务，当然，如果满足下列一个或多个条件，还是有可能的：

1）大量可用的卫星信号源，如伪卫星；

2）卫星信号能在室内较好地传播，甚至有一定的穿透性；

3）采用新的跟踪解调技术；

4）引入网络辅助技术实现在少于 4 颗可视卫星时的定位工作；

5）利用导频通道减少信号跟踪时的牵引时间。

下面重点介绍经网络辅助的卫星导航系统在 LBS 中的应用，特别是在室内环境中的应用技术。

14.2 室内 GPS 信号的特点

普通环境中，经自由空间损耗、环境、接收机自身产生的热噪声等影响后，到达接收机天线的典型 GPS 信号功率仅为－130 dBm，已经非常微弱。而在室内、森林、城市等环境中，由于墙壁、玻璃、树木等的阻挡，接收信号的质量不仅表现出信号功率的进一步衰减，而且还会存在大量的射频干扰和多径干扰，具体表现在以下四个方面。

1. 信号功率衰减

如表 14.2.1 所示，在正常环境下，信号到达接收机天线时，前端输出信号的典型 C/N_0 值为 35～55 dB/Hz。已有研究表明[163]，岩石、黏合夹板对信号的衰减约为 0.5～2.3 dB；煤块、矿堆等能够使信号衰减达 23 dB；森林环境中，信号衰减强度变化较大，主要取决于树叶大小和厚度、空气湿度、植被密度和树干粗细等因素；建筑材料如钢铁、玻璃等也会引起信号质量不同程度的下降[164]。如果用户处于市区，则建筑物的几何结构、墙壁厚度等可使信号衰减约 10～25 dB；室内环境造成的信号功率衰减约 25～30 dB。因此，室内环境的信号功率经常低于－150 dBm，从而形成 C/N_0 小于 35 dB/Hz 的微弱 GPS 信号[165]。不同环境下信号到达地面时的强度如表 14.2.1 所示[166]。

表 14.2.1 不同环境下 GPS 信号强度

条件	信号强度 dB	载噪比 C/N_0/ dB·Hz^{-1}	信噪比 0.5×10^{-6}dB·Hz^{-1}
室外直射	−120	54	−9
室外高仰角	−125	49	−14
室外中仰角	−130	44	−19
室外低仰角/室内极强信号	−135	39	−24
室外极低仰角/室内强信号	−140	34	−29
室内中等强度信号	−145	29	−34
室内弱信号	−150	24	−39
室内微弱信号	−155	19	−44
室内极弱信号	−160	14	−49

普通接收机主要针对室外环境而设计，对信号的处理增益有限，仅就信号在功率上的严重衰减来说，这些接收机射频和基带处理部分就难以产生处理弱信号所需要的增益。例如，采用 1 ms的数据用于信号的捕获和跟踪，1 ms 数据等效噪声带宽为 1 000 Hz，其噪声功率为 −144 dBm，则捕获后的信噪比为 14 dB。以此标准来衡量输入信号，若输入信号的强度减弱至 −140 dBm(C/N_0 = 34 dB/Hz)，则捕获后的信噪比为 4 dB，难以判断是否存在 GPS 信号。此外，如果接收机需要对信号进行跟踪，由于进入跟踪环路的噪声过多，将会造成电文解调的误码率增加。因此，需要一套特定的算法处理微弱 GPS 信号。

2. 互相关干扰

互相关干扰即 CDMA 系统中的多址干扰(Multiple Access Inference, MAI)[167]。GPS 接收机利用相关的方法对扩频信号进行捕获，会得到与相同码的自相关和与不同码的互相关。GPS 的 C/A 码自相关函数并不完全理想，如图 14.2.1(a)所示，为考查相关幅度的大小，图中不作归一化处理。

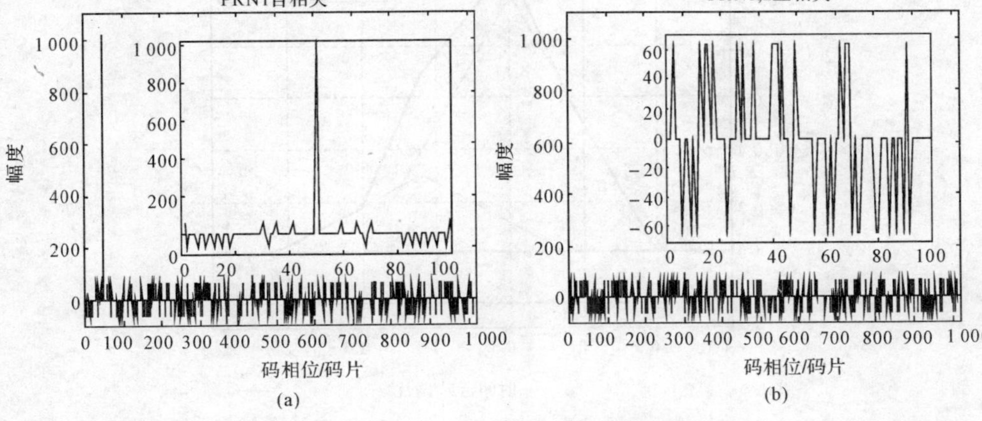

图 14.2.1 C/A 码的自相关与互相关性

(a)1 号卫星自相关； (b)1 号和 2 号卫星互相关

普通的接收机只接收较强的信号,互相关的影响在大部分情况下可以忽略[168]。但在弱信号环境中,由于接收信号强度减弱、载噪比很低,加上其他干扰的影响,强弱信号之间不可避免地会产生相互干扰。如图14.2.1(b)所示,C/A码信号的自相关峰值最高为1 023,而互相关峰值为63,也就是说,自相关峰值比互相关峰值高24 dB(20lg(1 023/63))。如果信号A比信号B强24 dB,而接收机正在搜索信号B,则极可能锁定在信号A与信号B的互相关峰值处,造成错误的判断结果。

互相关干扰的影响在接收机中是时刻存在的,而且它是由于C/A码自身结构不理想造成的,不能作为噪声处理[169],但可以通过对强信号进行参数估计,恢复强信号后再从原始信号中减去强信号的方式予以消除。常用的减轻GPS互相关干扰的方法主要有连续干扰消除法、并行干扰消除法、子空间投影法以及这些方法的改进版本[170-171]。

3. 射频及其他干扰[172]

由于接收机所处环境复杂,因而极易受到宽带、窄带等各种射频干扰的影响。窄带干扰通常是指带限射频信号,带宽大于100 kHz,但比有用信号要窄,而且处于GPS的中心频率上。宽带干扰覆盖了有用信号的全部带宽,包括人为或其他干扰源,如热噪声。宽带干扰使接收到的GPS信号的信噪比大大降低,当干扰源的带宽和信息带宽具有可比性时,宽带干扰的消除尤其困难,对信号处理提出了更高的要求。

4. 多径干扰

GPS进行定位的最基本的模型就是信号的视距(Line Of Sight, LOS)传播模型,而且通常认为反射信号比直射信号弱,在室内环境中,这种情况将会恶化,反射信号的强度极可能超过直射信号,甚至只有多径信号存在[173]。对利用C/A码自相关特性实现测距的GPS接收机来说,多径对C/A码相关性的影响如图14.2.2所示,多径信号的存在使得码相关函数发生扭曲,导致测距误差变大。

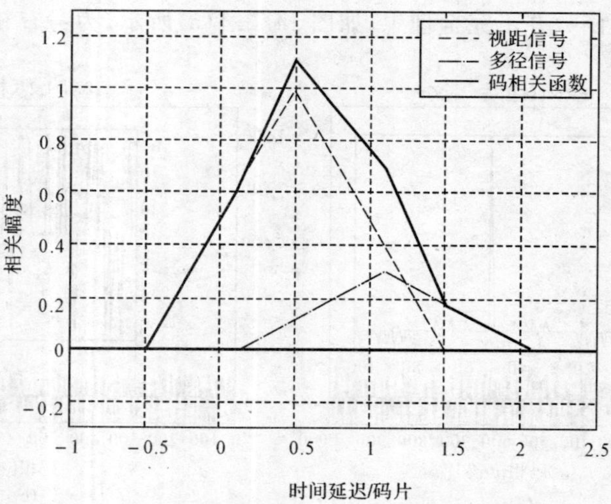

图14.2.2 多径对GPS C/A码相关性的影响

14.3　AGPS 定位基本原理

单独的 GPS 接收机如果想实现定位，必须先找出载波多普勒频率和伪随机噪声码时延，即执行二维搜索检测过程；根据检测结果转入载波和码的精同步过程（跟踪）以完成电文解调，获得卫星轨道参数，同时借助电文信息和跟踪环信息完成伪距测量，最后利用定位解算数学模型实现卫星位置的计算和用户位置的计算。

为应用方便，GPS 接收机一般应具有足够的鲁棒性、小型化、成本低廉和解算时间短的特点。普通接收机通常需要花费较长的时间完成首次定位，而 E－911 法案要求个人安全服务的首次定位时间允许范围为 5～45 s、最大允许定位误差为 50 m[174]，显然，要达到 E－911 法案的要求，需要利用外部信息进行辅助。实际上，在 20 世纪 80 年代，美国联邦航空局的工程师 Ralph E. Taylor 和 James W. Sennott 就已经发现利用辅助数据能够显著提高 GPS 的灵敏度和缩短首次定位时间[175]。遗憾的是，当时并不具备利用无线基站向配备 GPS 的手持设备发送信息的条件。近年来，随着无线通信网络的普及，AGPS 定位技术已经具备了可实现性。

AGPS 是借助 GPS 系统和无线通信网络（如 GSM，UMTS）融合后的优势而得到的新的定位技术，其基本结构如图 14.3.1 所示。整个 AGPS 定位系统由 AGPS 服务器、基站和移动站组成。AGPS 服务器连接高性能的 GPS 参考接收机，提取可视卫星的轨道参数、各卫星信号多普勒频移、卫星时钟和大气延时等修正参数或差分改正、导航电文、时间等信息，通过无线网络模块将各种参数发送至移动站。

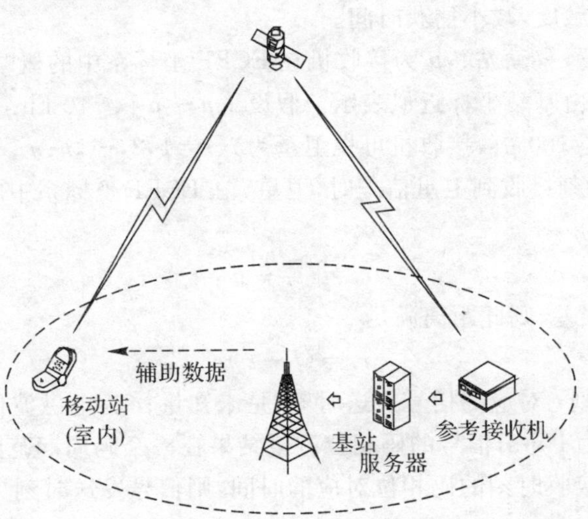

图 14.3.1　AGPS 系统结构

AGPS 通常采用以下两种方式实现定位：

(1)移动站定位模式

用户端接收机接收 GPS 卫星信号并测量伪距，同时接收无线网络传送的辅助数据，完成定位解算。由于辅助信息的存在，GPS 接收机可以实现快速、连续的定位，而且两次定位之间的时间间隔非常短。

(2)移动站辅助模式

在这种工作模式中，移动站只需要配备具有最小接收机功能的设备即可完成快速定位。移动站根据接收到的可见卫星、多普勒频移、时间等辅助信息快速地捕获卫星，将得到的伪距信息发送到服务器端进行定位解算，再由服务器将解算结果返回给移动站。这种工作方式降低了移动站(如手机)的功耗和复杂性，具有很高的灵敏度，可以支持混合定位方式，因此在深度室内环境下仍然可以进行定位。

上述两种定位模式均可实现室内与室外的无缝导航，但其本质都是利用辅助信息使移动站快速捕获 GPS 信号，得到伪距信息。与常规应用环境下相似，AGPS 定位系统同样是利用卫星位置和伪距求解用户位置，但 AGPS 定位系统的接收机与普通接收机最大的不同在于：AGPS 接收机在捕获卫星信号之前已经通过辅助信息知道了可视卫星，所以不需要花费至少 30 s 的时间解调导航电文和从电文中获取信号发送时间，而重点关注如何利用辅助信息和捕获的卫星信号得到伪距测量值。为方便起见，现列出 AGPS 定位过程中一些必要的辅助信息。

时间标记：由网络提供，作为 GPS 信号捕获时的初始化信息。对于 CDMA 通信网，网络时间信息与 GPS 时间的误差典型值小于 100 μs。

概略坐标：可用基站坐标近似表示。在市区定位时，基站往往距离较近，郊区则相对较远。

卫星星历：由基站提供。

卫星钟差校正：在任意时刻均可通过网络获得。

差分改正数：与传统差分 GPS 系统一样，由基站的参考接收机提供。

导航电文和多普勒信息：由基站提供，用于信号捕获时移除电文数据位和多普勒频率估计，提高信号捕获的灵敏度，减小捕获时间。

设 $\boldsymbol{p}$ 为接收机位置(移动站)，$\hat{\boldsymbol{p}}$ 为接收机在 ECEF 坐标系中的概略坐标，通常移动站距离基站 10 km 左右，$\hat{\boldsymbol{p}}$ 可由基站坐标近似表示。假设 $|\boldsymbol{p}-\hat{\boldsymbol{p}}|\leqslant 10$ km，并设 t 为真实时间，$\hat{t}$ 为其估计值，且 $|t-\hat{t}|\leqslant 100\ \mu$s，接收机可视卫星为 $i(i=1,2,\cdots,n;n\geqslant 4)$，认为移动站与基站可视卫星相同。在 t 时刻接收到卫星信号时，卫星 i 在 ECEF 坐标系中的位置为 $\boldsymbol{s}_i$，则卫星 i 至移动站的距离可表示为

$$r_i=|\boldsymbol{s}_i-\boldsymbol{p}| \tag{14.3.1}$$

忽略大气层延迟误差，则此距离满足

$$r_i=(t-t_i)c \tag{14.3.2}$$

式中，t_i 表示与接收时刻 t 对应的信号发送时刻，是未知量；c 为电磁波传播速度。

由于C/A码周期为1 ms，信号的码相位测量结果在一个码周期范围内。如果在起始时刻码相位为 0，τ_i 为信号接收时刻的码相位对应的时间，则信号发送时刻为

$$t_i=K_i\cdot 10^{-3}+\tau_i \tag{14.3.3}$$

式中，K_i 为整数。

将式(14.3.2) 代入式(14.3.3) 可得

$$K_i=\left(t-\frac{r_i}{c}-\tau_i\right)\cdot 10^3 \tag{14.3.4}$$

将 r_i 用 $\hat{r}_i=|\boldsymbol{s}_i-\hat{\boldsymbol{p}}|$ 表示，t 用辅助时间 $\hat{t}$ 代替，τ_i 用接收机估计的码相位 $\hat{\tau}_i$ 表示，则

$$K_i=\left(\hat{t}-\frac{\hat{r}_i}{c}-\hat{\tau}_i\right)\cdot 10^3 \tag{14.3.5}$$

根据前面的分析，时间误差小于 100 μs，距离误差小于 10 km，而码相位估计误差在一个码片以内，则式(14.3.4)和式(14.3.5)的差很容易小于0.5，即 K_i 可准确计算，从而得到观测时刻卫星 i 至接收机的伪距。

进一步总结以上过程可知，在室内定位中，移动站进行数据处理的主要步骤如下：

1) 根据时间 $\hat{t}$ 计算所有卫星的位置，通过概略坐标估计可视卫星的位置。

2) 接收机对可视卫星进行捕获，得到的码相位记为 $\hat{\tau}_1, \hat{\tau}_2, \cdots, \hat{\tau}_n$。

3) 计算每颗卫星的伪距。首先根据式(14.3.5)求出 K_i，得到 $\hat{t}_i = K_i \cdot 10^{-3} + \hat{\tau}_i$，进而得到伪距 $\rho_i = (\hat{t} - \hat{t}_i)c$。

4) 将时间标记误差 $\delta = \hat{t} - t$ 作为未知数进行最小二乘定位解算，这一步也可在基站服务器中完成。

14.4　AGPS 信号捕获

前已述及，接收机估计的码相位 $\hat{\tau}_i$ 是通过捕获 GPS 信号再进行解算得到的。室内环境下由于信号的衰减，普通的方法难以有效地捕获信号。对于采用码分多址技术的扩展频谱 GPS 信号，高处理增益的获取不仅需要扩频增益，还应对单次捕获结果进行长时间的累积，即延长信号捕获的积分时间，典型的实现方式有相干积分、非相干积分和差分相干积分及其改进版本。

(1) 相干积分

相干积分将相关结果直接进行累加，并保留了信号中的相位信息。相干积分使得信号功率呈平方倍数增长，而噪声功率只是线性增长，理论上积分时间越长，信噪比提高越显著[176]。然而，导航电文数据位边界的未知性限制了积分时间长度，使捕获性能存在较大的限制。在没有外部辅助源的情况下，积分的时间长度最大为一个电文数据位周期——20 ms，否则，由于数据位极性的变化，将引起不必要的损失。

(2) 非相干积分

为消除电文数据位的影响，文献[23]介绍了一种非相干积分方法。非相干积分通过将相干积分结果进行平方处理后再累加，这样正负电文数据位被平方，在不保留相位信息的情况下，消除了电文数据位可能发生翻转的影响，而且平方处理去除了相位误差的副作用，理论上能够使积分时间无限长。然而，由于噪声同时也被平方，使处理增益受到平方损失的影响，进而影响捕获灵敏度。

(3) 差分相干积分

为减小非相干积分的平方损失，Zarrabizadeh 和 Sousa 在 1997 年提出差分相干处理技术[177]，并将其应用于直扩通信系统(DS-CDMA)，2002 年，Choi H. 和 Park 将其应用于 GPS 信号捕获，取得了较好的效果[178]。该方法将相邻的相干积分结果相乘后再累加，虽然仍存在平方损失，但比非相干技术要小得多，研究表明差分相干积分法比非相干积分法的灵敏度提高 1.5 ～ 2 dB[179-180]。目前，差分相干技术的检测性能仍然在进一步研究，2005 年，德国 FAF Munich 大学的 José Ángel Ávila Rodriguez[181] 对标准差分法略作改进，采用差分对的形式实现，并对其在 BOC 调制的导航信号中的捕获性能进行考察。结果表明[181]，当不存在捕获频率误差时，改进的算法较标准方法提高约 2 dB；当存在频率误差时，与标准方法性能相当。

14.4.1 相干积分

根据第 4 章 4.4 节的介绍，将相干积分捕获原理图简化，如图 14.4.1 所示。

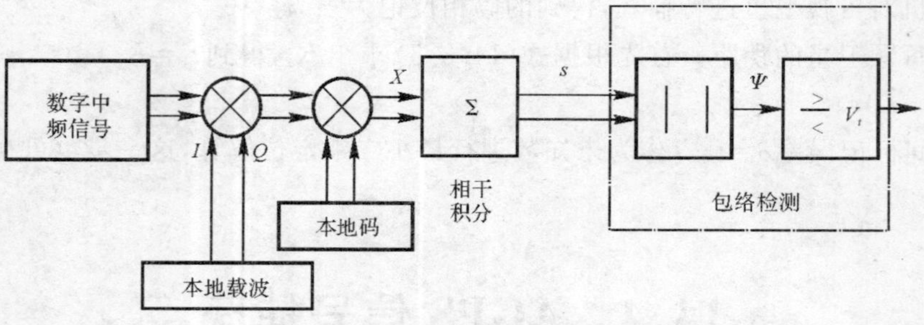

图 14.4.1 相干积分捕获原理

记相干积分时间 T_{coh} 为

$$T_{coh} = MT_{C/A} = MNT_s$$

式中，$T_{C/A}$ 为 C/A 码周期；N 为一个 C/A 码周期内的采样点数（$NT_s = 1$ ms）；M 为相干积分时间内的 C/A 码周期数，在第 4 章中 $M = 1$。假设一次积分时间内导航电文 D 的符号不发生变化，并设 $D = 1$，则根据式（4.4.6）可得相干积分输出为

$$s = \sum_{i=1}^{MN} X_i \approx \frac{A}{2} MNR_c(\tau)\mathrm{sinc}(\pi \Delta f_d T_{coh})\exp(\mathrm{j}(\pi \Delta f_d T_{coh} + \varphi)) + n_k \tag{14.4.1}$$

式中，s 包含同相 s_I（s 的实部）和正交 s_Q（s 的虚部）两部分；积分后的噪声 $n_k = n_{I,k} + \mathrm{j}n_{Q,k}$，均值为零，方差为

$$\sigma_n^2 = \mathrm{E}[n_{I,k}^2] = \mathrm{E}[n_{Q,k}^2] = \frac{\sigma_{IF}^2}{2MN} = \frac{N_0}{2MNT_s} = \frac{N_0}{2T_{coh}} \tag{14.4.2}$$

式中，σ_{IF}^2 表示积分之前的噪声功率。对式（14.4.2）取包络

$$\Psi = |s| = \sqrt{s_I^2 + s_Q^2} \tag{14.4.3}$$

通过对式（14.4.3）的检测即可完成信号的捕获。当积分时间为 T_{coh}（单位为 ms）时，对信号执行相干积分捕获的结果如图 14.4.2 所示，图（b）为图（a）的局部放大，图（c）和（d）为图（b）的侧视。从这些图中可以看出，本地载波频率与输入载波频率之间的误差和 C/A 码自相关函数决定了捕获结果的形状；频率误差和码相位误差决定了峰值点的高度，由于式（14.4.3）中存在 $\mathrm{sinc}(\pi\Delta f_d T_{coh})$ 项，因此相关峰值并不与频率误差成反比，频率误差越接近 $1/T_{coh}$ 的整数倍，相关峰值越小，捕获性能越差。

下面对相干积分检测性能进行讨论。

对于一组待处理的信号，假设 H_0：只有噪声没有目标信号；H_1：既有目标信号又有噪声。记 $\mathrm{E}[\Psi \mid H_1]$ 为存在目标信号时检测统计量的均值；$\mathrm{E}[\Psi \mid H_0]$ 为不存在目标信号时检测统计量的均值；Var $[\Psi \mid H_0]$ 为不存在目标信号时的方差。可得相干积分输出信噪比为[182]

$$\mathrm{SNR}_{out} = \frac{(\mathrm{E}[\Psi \mid H_1] - \mathrm{E}[\Psi \mid H_0])^2}{\mathrm{Var}\ [D \mid H_0]} =$$

$$\frac{E^2[s_I]}{\mathrm{Var}[s_I]}=\frac{A^2/4}{\sigma_{IF}^2/(2MN)}=2\frac{A^2/4}{N_0}MNT_s=\frac{P}{N_0}T_{coh} \tag{14.4.4}$$

式中，P 为积分前的信号功率；当不存在目标信号时，s_I 表示噪声项。

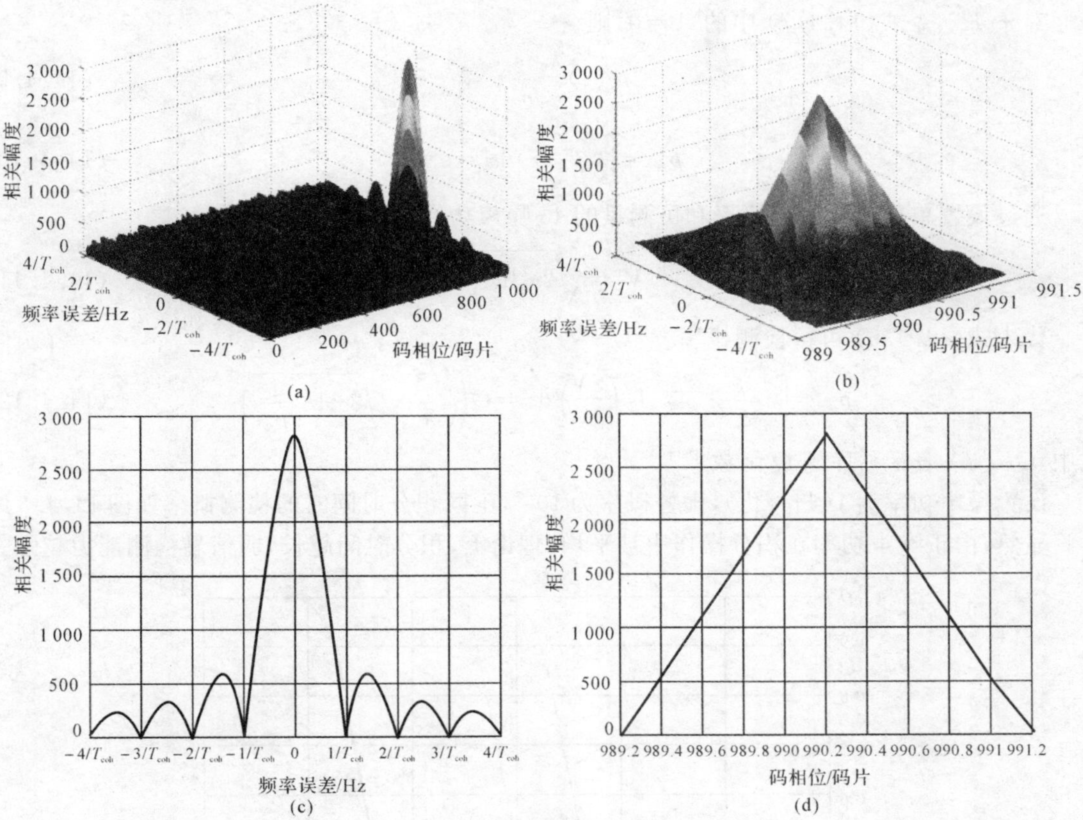

图 14.4.2　GPS 信号相干积分捕获示意图

(a) 信号捕获；(b) 局部放大；(c) 频率轴侧视图；(d) 码相位轴侧视图

设 H_0 情况下 Ψ 的概率密度函数为 $p_n(z)$，均值为 0；H_1 情况下 Ψ 的概率密度函数为 $p_s(z)$，均值不为 0；单次试验的检测概率为 p_d；虚警概率为 p_{fa}；单次试验的门限为 V_t。则

$$p_d=\int_{V_t}^{\infty}p_s(z)\mathrm{d}z \tag{14.4.5}$$

$$p_{fa}=\int_{V_t}^{\infty}p_n(z)\mathrm{d}z \tag{14.4.6}$$

假设噪声服从高斯分布，则 s 的实部和虚部仍然服从高斯分布。$p_s(z)$ 服从莱斯分布[24]

$$p_s(z)=\begin{cases}\frac{z}{\sigma_n^2}\mathrm{e}^{-(\frac{z^2+A^2}{2\sigma_n^2})}I_0\left(\frac{zA}{\sigma_n^2}\right), & z\geqslant 0\\ 0, & 其他\end{cases} \tag{14.4.7}$$

式中，z 为随机变量；$I_0(\cdot)$ 表示为第一类零阶修正贝塞尔函数，$I_0(x)\approx\frac{\mathrm{e}^x}{\sqrt{2\pi x}}(x\gg 1)$。

将式(14.4.7) 中 $z\geqslant 0$ 的情况用预检测信噪比表示：

$$p_s(z)=\frac{z}{\sigma_n^2}\mathrm{e}^{-\frac{z^2+A^2}{2\sigma_n^2}}I_0\left(\frac{z\sqrt{2\mathrm{SNR}}}{\sigma_n}\right) \tag{14.4.8}$$

式中，积分后的信噪比 $\mathrm{SNR}=\frac{A^2}{2\sigma_n^2}=C/N_0+10\lg T_{\mathrm{coh}}$。

对于 H_0，令式(14.4.7) 中的 $A=0$，则

$$p_s(z)=\frac{z}{\sigma_n^2}\mathrm{e}^{-\frac{z^2}{2\sigma_n^2}} \tag{14.4.9}$$

$$p_{fa}=\int_{V_t}^{\infty}p_n(z)\mathrm{d}z=\mathrm{e}^{-\frac{V_t^2}{2\sigma_n^2}} \tag{14.4.10}$$

通过设置单次试验虚警概率和可测量的 1σ 噪声功率，可得检测门限值

$$V_t=\sqrt{2\sigma_n^2\ln\frac{1}{p_{fa}}} \tag{14.4.11}$$

代入式(14.4.5) 可得检测概率

$$p_d=\int_{V_t}^{\infty}\frac{z}{\sigma_n^2}\mathrm{e}^{-\frac{z^2+A^2}{2\sigma_n^2}}I_0\left(\frac{zA}{\sigma_n^2}\right)\mathrm{d}z=Q\left(\sqrt{\frac{A}{\sigma_n^2}},\sqrt{2\sigma_n^2\ln\frac{1}{p_{fa}}}\right) \tag{14.4.12}$$

式中，$Q(a,b)$ 表示马库姆 Q 函数[183]。

设置噪声功率为1(归一化)，虚警概率为 10^{-7}，不同积分时间时的检测概率如图 14.4.3 所示。显然，由于噪声功率在积分操作中被平均，理论上，积分时间越长，弱信号检测能力越强。

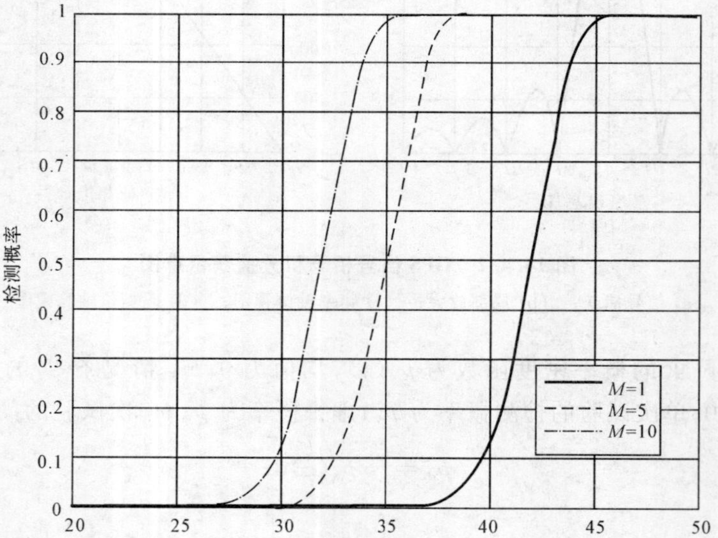

图 14.4.3　相干积分检测性能

14.4.2　非相干积分

非相干积分技术源于雷达信号检测理论[184-185]，在直接序列扩频通信中得到广泛的应用，其结构如图 14.4.4 所示。

将相干积分结果平方后再进行 L 次积分，得到的检测统计量为

$$\Lambda = \sum_{k=1}^{L} |\ s_k\ |^2 \tag{14.4.13}$$

式中，s_k 表示第 k 次相干积分的结果，表达式参见式(14.4.1)。

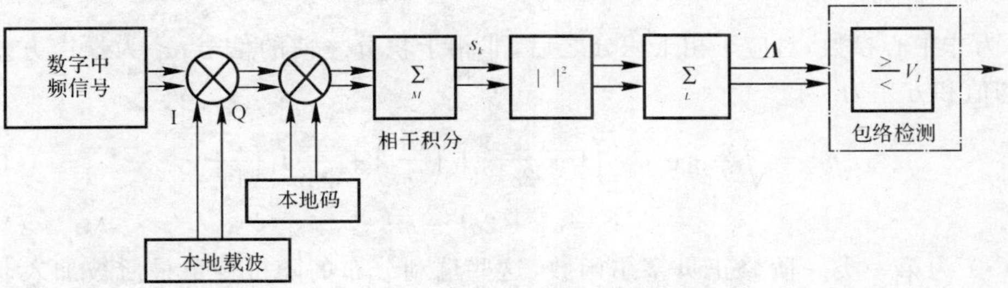

图 14.4.4　非相干检测器结构

如果采用 1 ms 相干积分时间，由于 C/A 码周期为 1 ms，一个导航电文由 20 个周期的 C/A 码构成，则在任意一次相干积分时间内，导航电文数据位 D 要么始终为 +1，要么始终为 −1，将不会跨越电文数据位边缘，非相干积分的平方操作能够消除电文数据位的影响，积分时间可以无限长。

由非相干积分的处理过程可知，对相干积分结果的平方操作使得噪声也同时被平方，平方过程中引入的损失不能被抑制，由此产生著名的"平方损失"(Squaring loss) 效应。平方损失依赖于相干积分之后、非相干积分之前的信噪比，非相干积分之前的信噪比越高，平方损失越小[186]。由于实际应用中噪声分布的复杂性，至目前为止关于平方损失的理论研究仍然不是很成熟。

1999 年，Lowe 基于相干积分输出服从瑞利分布(Rayleigh)这一特性导出了描述非相干积分输出信噪比的公式[187]，并认为非相干积分平方损失是一次性操作的结果，与积分时间无关[186,188]。由此得出的结论中，当平方之前的信噪比大于 10 dB/kHz 时，平方损失为负值，如图 14.4.5(1 ms 相干积分，1 s 非相干积分) 所示，这显然与实际情况不符。

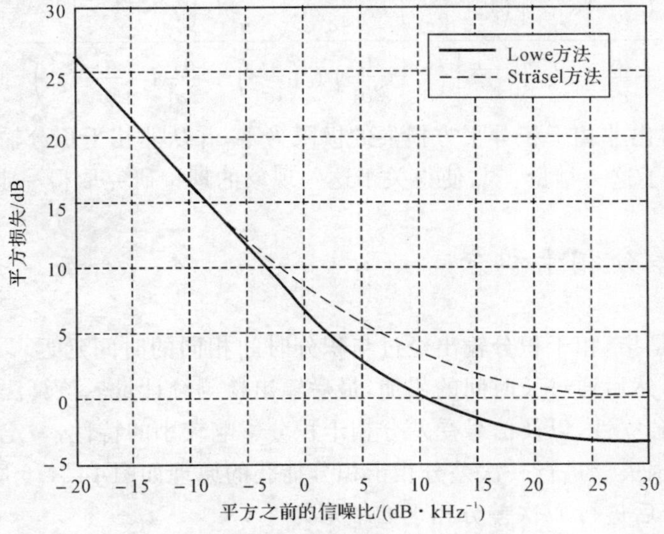

图 14.4.5　非相干积分平方损失

Wei Yu 和 Strässle 指出[186,189]，相干积分输出服从何种分布取决于是否存在目标信号，当目标信号存在时，服从瑞利分布，其概率密度函数为

$$\mathrm{pdf}(v)=\frac{v}{\sigma_1^2}\mathrm{e}^{-\frac{v^2+a_1^2}{2\sigma_1^2}}I_0\left(\frac{a_1 v}{\sigma_1^2}\right) \tag{14.4.14}$$

式中，a_1 为非中心参数，对应于相干积分之后，非相干积分之前的信号；σ_1^2 为噪声方差。此时对应的均值和方差为

$$m_v=\sqrt{\frac{\pi}{2}}\sigma_1\mathrm{e}^{-\frac{a_1^2}{4\sigma_1^2}}\left[\left(1+\frac{a_1^2}{2\sigma_1^2}\right)I_0\left(\frac{a_1^2}{4\sigma_1^2}\right)+\frac{a_1^2}{2\sigma_1^2}I_1\left(\frac{a_1^2}{4\sigma_1^2}\right)\right] \tag{14.4.15}$$

$$\sigma_v^2=a_1^2+2\sigma_1^2-m_v^2 \tag{14.4.16}$$

式中，$I_1(\cdot)$ 为第一类一阶修正贝塞尔函数，这些瑞利分布的随机变量最后被加入非相干积分中。

由于 Lowe 导出的非相干积分输出信噪比为

$$\mathrm{SNR}_v=\frac{L^2\ (m_v-m_v\mid_{a_1=0})^2}{M\sigma_v^2\mid_{a_1=0}}=$$

$$L\frac{\pi}{4-\pi}\left(\mathrm{e}^{-\frac{a_1^2}{4\sigma_1^2}}\left[\left(1+\frac{a_1^2}{2\sigma_1^2}\right)I_0\left(\frac{a_1^2}{4\sigma_1^2}\right)+\frac{a_1^2}{2\sigma_1^2}I_1\left(\frac{a_1^2}{4\sigma_1^2}\right)\right]-1\right)^2 \tag{14.4.17}$$

从而获得非相干积分平方损失

$$\mathrm{SL}=10\lg\frac{La_1^2}{\sigma_1^2}-10\lg\mathrm{SNR}_v\quad(\mathrm{dB}) \tag{14.4.18}$$

式(14.4.18)中的相减操作意味着平方损失被一次性抑制，而与积分时间无关，此时，平方损失如图 14.4.5 中实线所示。当非相干积分前的信噪比大于 10 dB 时，平方损失为负值。

2007 年，Strässle 使用莱斯分布代替瑞利分布，即在式(14.4.16)中使用 $\sigma_v^2\mid_{a_1\neq 0}$（莱斯分布）代替 $\sigma_v^2\mid_{a_1=0}$（瑞利分布），此时非相干积分输出信噪比为

$$\mathrm{SNR}_v=\frac{L^2\ (m_v-m_v\mid_{a_1=0})^2}{M\sigma_v^2\mid_{a_1\neq 0}}=$$

$$\frac{L\dfrac{\pi}{2}\left(\mathrm{e}^{-\frac{a_1^2}{4\sigma_1^2}}\left[\left(1+\frac{a_1^2}{2\sigma_1^2}\right)I_0\left(\frac{a_1^2}{4\sigma_1^2}\right)+\frac{a_1^2}{2\sigma_1^2}I_1\left(\frac{a_1^2}{4\sigma_1^2}\right)\right]-1\right)^2}{2+\dfrac{a_1^2}{\sigma_1^2}-\dfrac{\pi}{2}\left(\mathrm{e}^{-\frac{a_1^2}{4\sigma_1^2}}\left[\left(1+\frac{a_1^2}{2\sigma_1^2}\right)I_0\left(\frac{a_1^2}{4\sigma_1^2}\right)+\frac{a_1^2}{2\sigma_1^2}I_1\left(\frac{a_1^2}{4\sigma_1^2}\right)\right]\right)^2} \tag{14.4.19}$$

Strässle 由此得出非相干积分平方损失的极限为零，并从非相干积分输出检测统计量服从 χ^2 分布的角度证明了这一结论[186]，使得关于这一现象的理论研究取得一定的进展。

14.4.3 差分相干积分

差分相干积分是指，相干积分输出经过与积分时间相同的时间延迟，取其共轭，与下一次相干积分输出相乘，然后通过长时间的累加，最后输出检测统计量。该算法利用了前后不同时段采样数据的噪声独立性，以及信号受差分相干积分影响较小的特性，一定程度上抑制了非相干积分具有的平方损失。进行一次差分相干积分捕获的原理如图 14.4.6 所示[188]。

同理，相干积分后进行 L 次差分相干的结果为

$$\Upsilon=\sum_{L}s_k s_{k-1}^{*} \tag{14.4.20}$$

式中，s_k 表示第 k 次相干积分输出，记为 $s_k \overset{\text{def}}{=\!=} y_k + n_k$；$s_{k-1}^*$ 为第 $k-1$ 次相干积分输出的复共轭，显然

$$\left.\begin{aligned} s_k &= s_{I,k} + \mathrm{j}s_{Q,k} \\ s_{k-1}^* &= s_{I,k-1} - \mathrm{j}s_{Q,k-1} \end{aligned}\right\} \tag{14.4.21}$$

式中，下标 I 和 Q 分别为同相和正交成分。

检测统计量取 Υ 的包络平方为

$$\Lambda = |\Upsilon|^2 = \left|\sum_{k=1}^{L} s_k s_{k-1}^*\right|^2 = \left|\sum_{k=1}^{L}(Z_k + U_k + V_k + W_k)\right|^2 \tag{14.4.22}$$

$$Z_k = 2PR_c^2(\tau)\operatorname{sinc}(\pi\Delta f_{d,k}T_{\text{coh}})\operatorname{sinc}(\pi\Delta f_{d,k-1}T_{\text{coh}})\mathrm{e}^{\mathrm{j}[\pi(\Delta f_{d,k}-\Delta f_{d,k-1})T_{\text{coh}}+\varphi_k-\varphi_{k-1}]}$$

$$U_k = y_k(n_{\text{I},k-1} - \mathrm{j}n_{\text{Q},k-1})$$

$$V_k = y_{k-1}^*(n_{\text{I},k} + \mathrm{j}n_{\text{Q},k})$$

$$W_k = n_{\text{I},k}n_{\text{I},k-1} + n_{\text{Q},k}n_{\text{Q},k-1} + \mathrm{j}(n_{\text{Q},k}n_{\text{I},k-1} - n_{\text{I},k}n_{\text{Q},k-1})$$

式中，n 为相干积分后的噪声输出；Δf_d 为频率误差。

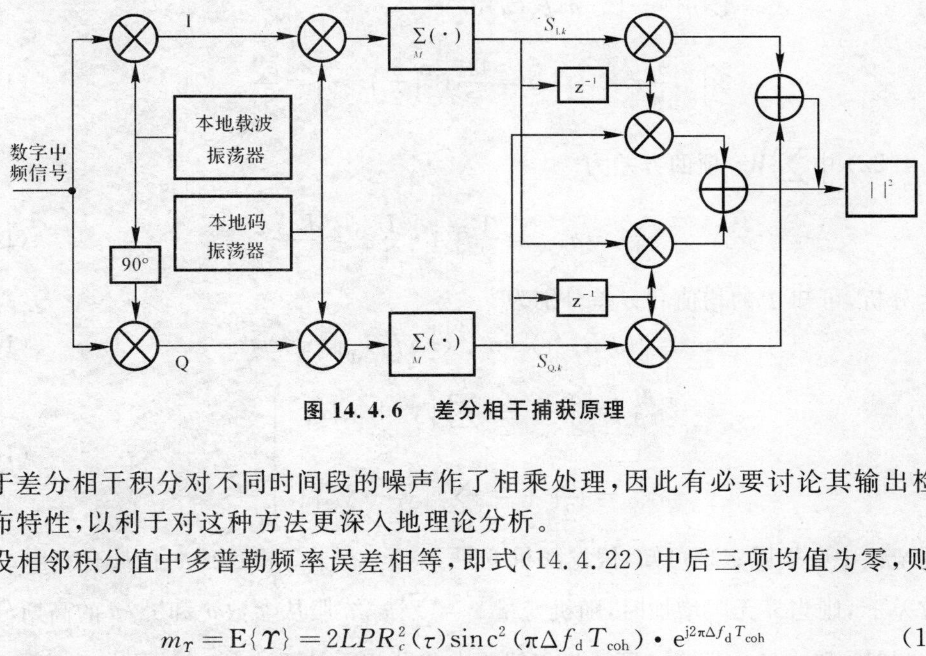

图 14.4.6　差分相干捕获原理

由于差分相干积分对不同时间段的噪声作了相乘处理，因此有必要讨论其输出检测统计量的分布特性，以利于对这种方法更深入地理论分析。

假设相邻积分值中多普勒频率误差相等，即式(14.4.22)中后三项均值为零，则 Υ 的均值为

$$m_\Upsilon = \mathrm{E}\{\Upsilon\} = 2LPR_c^2(\tau)\operatorname{sinc}^2(\pi\Delta f_{\text{d}}T_{\text{coh}})\cdot \mathrm{e}^{\mathrm{j}2\pi\Delta f_{\text{d}}T_{\text{coh}}} \tag{14.4.23}$$

U_k 和 V_k 中，噪声项在前后两次积分时均值和方差相等，省略 n 的下标 k，可得

$$\sum_{k=1}^{L}(U_k + V_k) = \sum_{k=1}^{L}(\operatorname{Re}\{y_k + y_{k-1}^*\}n_{\text{I}} + \operatorname{Im}\{y_k + y_{k-1}^*\}n_{\text{Q}}) +$$
$$\mathrm{j}\sum_{k=1}^{L}(\operatorname{Re}\{y_k - y_{k-1}^*\}n_{\text{I}} + \operatorname{Im}\{y_{k-1}^* - y_k\}n_{\text{Q}}) \tag{14.4.24}$$

Re，Im 分别表示取实部和虚部，则 $\sum_{k=1}^{L}(U_k + V_k)$ 的方差为

$$\left.\begin{aligned} \sigma_{U+V,\text{I}}^2 &= \frac{\sigma_n^2}{2}\sum_{k=1}^{L}|y_k + y_{k-1}^*|^2 \\ \sigma_{U+V,\text{Q}}^2 &= \frac{\sigma_n^2}{2}\sum_{k=1}^{L}|y_k - y_{k-1}^*|^2 \end{aligned}\right. \tag{14.4.25}$$

对由均值为零、方差相同的高斯噪声相乘后构成的 W_k，记 $n_{\mathrm{I\ or\ Q},k}n_{\mathrm{I\ or\ Q},k-1}=u$，因为[190]

$$p_{xy}(u)=\int_{-\infty}^{+\infty}\int_{-\infty}^{+\infty}\frac{\mathrm{e}^{-\frac{x^2}{2\sigma_x^2}}}{\sqrt{2\pi}\,\sigma_x}\frac{\mathrm{e}^{-\frac{y^2}{2\sigma_y^2}}}{\sqrt{2\pi}\,\sigma_y}\delta(xy-u)\,\mathrm{d}x\mathrm{d}y=\frac{K_0\left(\frac{|u|}{\sigma_x\sigma_y}\right)}{\pi\sigma_x\sigma_y} \tag{14.4.26}$$

式中，$\delta(x)$ 为克罗内克函数；$K_n(\cdot)$ 为第二类 n 阶修正柱贝塞尔函数[191]。

由式(14.4.26) 可得，当 $\sigma_x^2=\sigma_y^2=\sigma_0^2=\sigma_n^2/2$ 时，有

$$p_u(u)=\frac{K_0\left(\frac{|u|}{\sigma_0^2}\right)}{\pi\sigma_0^2} \tag{14.4.27}$$

因为[192]

$$\int_0^{\infty}t^m K_n(t)\,\mathrm{d}t=2^{m-1}\Gamma\left(\frac{m+n+1}{2}\right)\Gamma\left(\frac{m-n+1}{2}\right) \tag{14.4.28}$$

式中，$\Gamma(x)$ 为伽马函数。可得乘积项 u 的方差为

$$\sigma_u^2=\mathrm{E}\{u^2\}=\int_{-\infty}^{\infty}u^2p_u(u)\,\mathrm{d}u=$$
$$2\int_0^{\infty}\frac{\sigma_0^4}{\pi}t^2K_0(t)\,\mathrm{d}t=\frac{4\sigma_0^4}{\pi}\Gamma^2\left(\frac{3}{2}\right)=\sigma_0^4=\frac{\sigma_n^4}{4} \tag{14.4.29}$$

则式(14.4.22) 中 $\sum\limits_{k=1}^{L}W_k$ 项的方差为

$$\sigma_{W,\mathrm{I}}^2=\sigma_{W,\mathrm{Q}}^2=\frac{1}{2}\cdot 4\cdot\frac{L}{4}\sigma_n^4=\frac{L\sigma_n^4}{2} \tag{14.4.30}$$

综合以上分析，可知 Υ 的均值和方差分别为

$$m_{\Upsilon}=2LPR_c^2(\tau)\,\sin\mathrm{c}^2(\pi\Delta f_d T_{\mathrm{coh}})\,\mathrm{e}^{\mathrm{j}2\pi\Delta f_d T_{\mathrm{coh}}} \tag{14.4.31}$$

$$\left.\begin{aligned}\sigma_{\Upsilon,\mathrm{I}}^2&=\frac{L\sigma_n^4}{2}+\frac{\sigma_n^2}{2}\sum_{k=1}^{L}|y_k+y_{k-1}^*|^2\\ \sigma_{\Upsilon,\mathrm{Q}}^2&=\frac{L\sigma_n^4}{2}+\frac{\sigma_n^2}{2}\sum_{k=1}^{L}|y_k-y_{k-1}^*|^2\end{aligned}\right\} \tag{14.4.32}$$

根据辛钦中心极限定理可知，假设随机变量 $x_1,x_2,\cdots,x_n$ 相互独立且具有有限的数学期望 a 和方差 σ^2，则当 n 无限增加时，随机变量 $\bar{x}=\sum x_i/n$ 服从参数 a 和 σ^2/n 的高斯分布。对于式(14.4.31) 和式(14.4.32)，可认为相邻两次差分相干结果中的 Δf_d 不发生变化，则每一次差分相干结果均具有几乎相同的均值和方差。应用此定理可得，随着差分相干积分次数 L 的增加，Υ 将收敛到高斯分布。

图 14.4.7 所示为多普勒频率误差为 450 Hz、相干积分时间为 1 ms、不同差分相干时间下采集 10 000 个 Υ 样本点时，$|\Upsilon|$，Υ 的实部和虚部分别与高斯分布的近似程度。图中的实线是和样本点具有相同的均值和标准差的高斯分布。

当差分相干积分次数较少时(见图 14.4.7(a))，差分相干的输出与高斯分布相去甚远；当积分次数增加到 20(见图 14.4.7(b)) 时，峰值点 $|\Upsilon|$，Υ 的实部和虚部均已非常接近高斯分布。实际上，接收机在处理微弱信号时使用的积分次数往往远大于 20，因此，对差分相干捕获性能的进一步分析可采用高斯近似来完成。

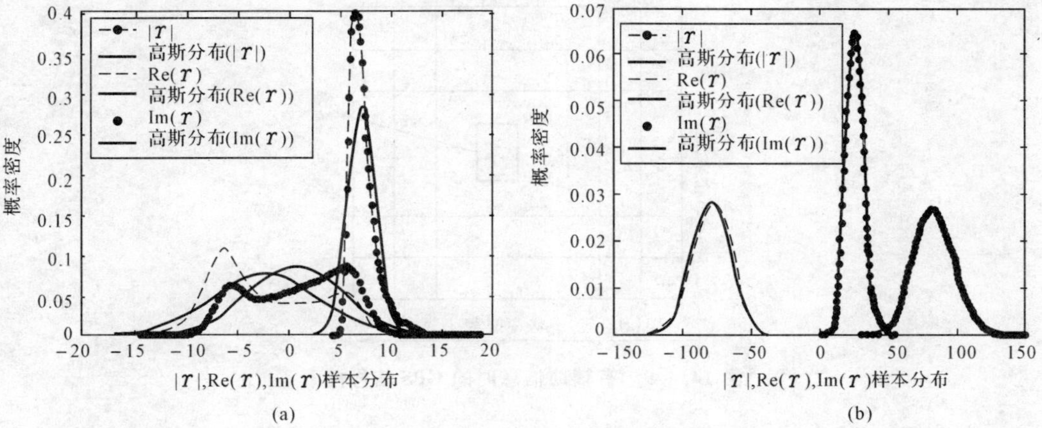

图 14.4.7　差分相干输出值高斯近似(频率误差 450 Hz)

(a) 差分相干 2 ms；(b) 差分相干 20 ms

14.4.4　利用辅助信息减小搜索空间

为了捕获卫星，假设 GPS 接收机使用 2～4 个相关器，对接收信号中的测距码(C/A 码)逐个码元连续搜索。如图 14.4.8 所示，每个测距码包含有 1 023 个码元，这里假设频率搜索范围为±10 kHz，搜索步长为 1 kHz，则有 21 个需要接收机搜索的频点，可建立 21×1 023 个待搜索单元。由于每个码元的码延迟时间至少为 1 ms，因此遍历整个搜索空间所需的捕获时间至少为 21 s。

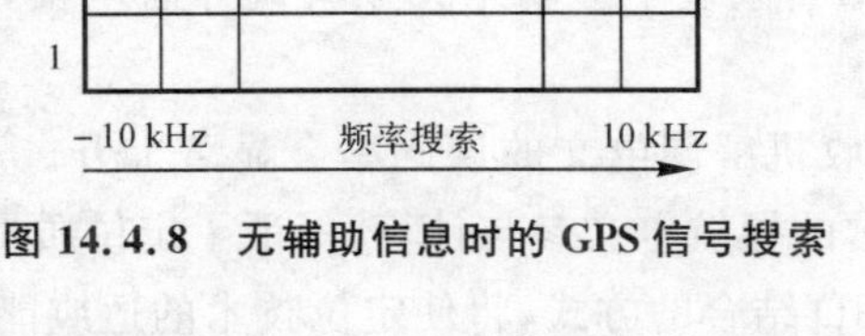

图 14.4.8　无辅助信息时的 GPS 信号搜索

通过无线通信网络导入卫星导航星历和移动站的粗略位置，可以使接收机在冷启动的情况下立即获悉哪些卫星可以接收，并得到较为准确的多普勒频率，如果再引入时间信息，那么就不必搜索所有 1 023 个码相位，这样可以将搜索空间大为缩小，缩短首次定位时间，变接收机冷启动为热启动。有辅助信息时的信号搜索过程如图 14.4.9 所示。实际上，由于信号衰减严重，通常需要采用相干积分以获得足够的增益，即在检测频点上的停留时间远大于 1 ms，为保证捕获时间足够短，需要大量的相关器实现信号的并行处理。

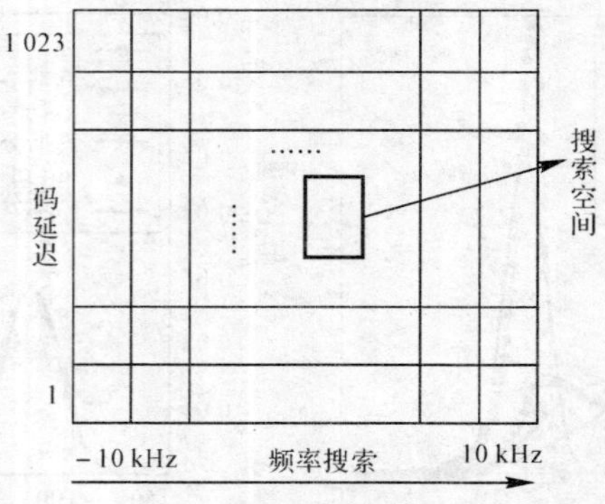

图 14.4.9 有辅助信息时的 GPS 信号搜索

14.5 AGPS 定位技术的特点

AGPS 技术结合了网络基站信息和 GPS 信息来实现用户的定位，可以在 GSM/GPRS, WCDMA 和 CDMA2000 等网络中使用，由最基本的信号处理方法可以衍生出许多不同的高效的定位实现方案。如将基站时间与 GPS 时同步，使基站网络提供的辅助时间信息达到 GPS 时的精度，避免使用 CDMA 网络带来的误差；基站发送导航电文是作为辅助信息传送的，如将移动站解调的导航电文与辅助信息中的电文对准，则可恢复精确的卫星信号发送时间，达到高精度伪距测量的目的；此外，在定位算法方面，也可采用更为复杂的方式，或与其他外部系统组合以提高定位精度和稳定性。

AGPS 定位技术的特点：

1)能够克服室内环境中普通 GPS 接收机无法定位的不足，实现室内定位。

2)由于 AGPS 移动站比传统的 GPS 接收机做的工作少，终端本身可不需要对位置信息进行计算，实现复杂度大大降低，在功耗、体积方面具有非常大的优势，易于集成在手机中。

3)传统 GPS 接收机需要解调至少 18 s 的导航电文(前三个子帧)的信息才能完成首次定位，总耗时超过 30 s，而 AGPS 系统中移动站无须解调导航电文，大大缩短了首次定位时间，一般仅需几秒。

4)信号衰减情况下，接收机解调电文的误码率会显著上升。AGPS 系统中由基站提供导航电文的方式能够使用正常的导航电文参与计算，保证了定位质量。

5)采用 AGPS 与 Cell ID 结合的方式，将使定位技术的适应能力大大加强。

6)AGPS 技术需要用户设备具有接收 GPS 信号的能力，即现有的手机设备需要进行专门的改造，而且移动通信网络需要进行相应的改造，以适应室内定位需求，耗资可观。

7)AGPS 技术依赖于无线网络，只有在无线网络中才能实现定位，一旦网络无法提供辅助信息，即使网络连接存在，AGPS 也无法实现定位。

8)某些 LBS 要求很高的定位更新速率，容易造成网络阻塞。

目前的 AGPS 技术虽然在 LBS 定位方面有着很大的优势，但使用效果并不是特别理想，当用户处于室内环境的时候，除信号强度弱、强干扰和通信网络容量带来的问题，利用单一频率的导航信号，导致数据处理方法的选择受到很大的限制也是一个重要原因。

在接下来的时间里，GPS 的现代化提供了 L2C，L5 和 L1C 三个民用信号，俄罗斯的 GLONASS 系统正在复兴，加上欧洲的 Galileo 和中国的 BDS 系统陆续建成并投入使用，新的导航信号将为复杂环境中的定位提供更多的信息处理方案，并最终转化到 LBS 服务中：

1)信号功率不同程度地提高。虽然经过同样路径的衰减，但由于卫星发射信号的功率增加，到达接收机天线的信号功率将会有所提高，使接收机更容易检测到目标信号。如 L5 信号比 L1 强 6 dB，伽利略各频段的信号相对于 GPS L1 信号也均有不同程度的提高。

2)普遍使用长码的新信号将使相关峰更为明显，信号的互相关干扰问题将得到一定程度的改善，定位精度得到提高。

3)无数据通道的出现使得在处理导航信号时，电文数据位翻转引起的信号捕获时的能量损失和算法复杂性降低，有助于提高接收机的灵敏度。

4)更先进的调制方式，如伽利略的 BOC 调制，在处理多径干扰方面具有一定的优势。

5)卫星数量的增多，使得在市区、森林甚至环境较好的室内，也可以“见”到 4 颗以上的导航卫星，从而实现满足 LBS 的卫星导航。

附　录

A.1　常用坐标系转换

常量定义：

a:椭球长半轴；

b:椭球短半轴；

e:椭球第一偏心率；

e':椭球第二偏心率；

f:椭球扁率；

φ:测点纬度；

R_N:测点对应的卯酉圈曲率半径。

常量之间的关系：

$$f=\frac{a-b}{a},\quad b=a\sqrt{1-e^2},\quad e=\frac{\sqrt{a^2-b^2}}{a},\quad e^2=2f-f^2$$

$$e'=\frac{\sqrt{a^2-b^2}}{b},\quad R_N=\frac{a}{\sqrt{1-e^2\sin^2\varphi}}$$

A.2　空间直角坐标系转换

设两个三维空间直角坐标系分别为 $O_1-X_1Y_1Z_1$ 和 $O_2-X_2Y_2Z_2$。通常采用七参数转换模型：

t_X, t_Y, t_Z 为两坐标系坐标原点不一致导致的平移量；$\varepsilon_X, \varepsilon_Y, \varepsilon_Z$ 为两坐标系坐标轴不平行导致的旋转角；k 为两坐标系尺度差值。当 $\varepsilon_X, \varepsilon_Y, \varepsilon_Z$ 非常小时，定义旋转矩阵

$$\boldsymbol{R}=\boldsymbol{I}+\boldsymbol{U}=\begin{bmatrix}1&0&0\\0&1&0\\0&0&1\end{bmatrix}+\begin{bmatrix}0&\varepsilon_Z&-\varepsilon_Y\\-\varepsilon_Z&0&\varepsilon_X\\\varepsilon_Y&-\varepsilon_X&0\end{bmatrix}=\begin{bmatrix}1&\varepsilon_Z&-\varepsilon_Y\\-\varepsilon_Z&1&\varepsilon_X\\\varepsilon_Y&-\varepsilon_X&1\end{bmatrix}$$

1. 布尔莎模型(Bursa-Wolf)(见附图 1)

$$\begin{bmatrix}X\\Y\\Z\end{bmatrix}_2=\begin{bmatrix}t_X\\t_Y\\t_Z\end{bmatrix}+(1+k)\boldsymbol{R}\begin{bmatrix}X\\Y\\Z\end{bmatrix}_1$$

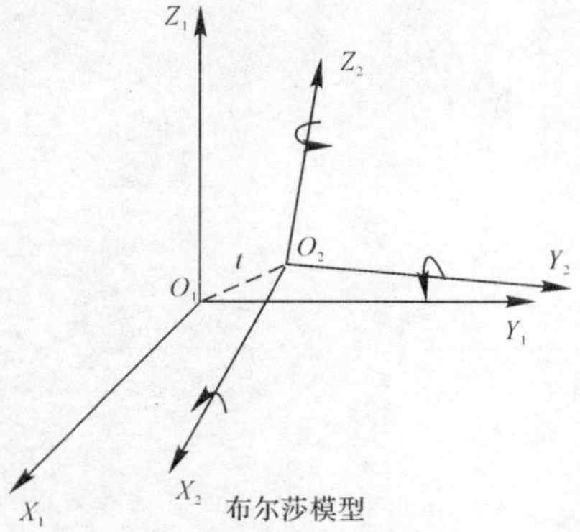

布尔莎模型

附图 1

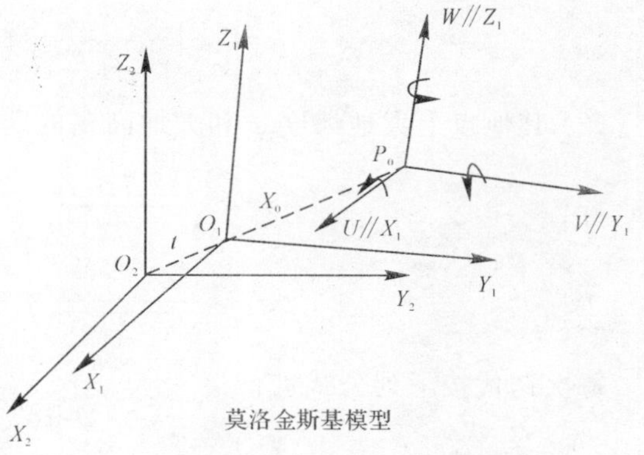

莫洛金斯基模型

附图 2

2. 莫洛金斯基模型(Molodensky)(见附图 2)

$$\begin{bmatrix} X \\ Y \\ Z \end{bmatrix}_2 = \begin{bmatrix} t_X \\ t_Y \\ t_Z \end{bmatrix} + \begin{bmatrix} \bar{X} \\ \bar{Y} \\ \bar{Z} \end{bmatrix} + (1+k)\boldsymbol{Rs}$$

其中,$\boldsymbol{s} = \begin{bmatrix} X_1 - \bar{X} \\ Y_1 - \bar{Y} \\ Z_1 - \bar{Z} \end{bmatrix} = \begin{bmatrix} U \\ V \\ W \end{bmatrix}$;

$[\bar{X}, \bar{Y}, \bar{Z}]^{\mathrm{T}} = \left[\frac{1}{n}\sum_{i=1}^{n} X_i, \frac{1}{n}\sum_{i=1}^{n} Y_i, \frac{1}{n}\sum_{i=1}^{n} Z_i\right]^{\mathrm{T}}$;表示第一个坐标系统中已知点位的均值。

A.3　空间直角坐标系与大地坐标系

设待转换点在空间直角坐标系中的坐标为(x, y, z),单位为 m;该点在大地坐标系中的坐标为(φ, λ, h),φ 和 λ 分别表示纬度和经度,单位为 rad,h 的单位为 m。

1. $(x, y, z) \rightarrow (\varphi, \lambda, h)$

除大地经度 λ 可以通过简单的封闭公式进行计算以外,大地纬度 φ 和大地高 h 一般采用逐次趋近的方法。

(1) 特殊点处理和经度计算

$$\varphi = \begin{cases} \dfrac{\pi}{2} & (x=0, y=0, z>0) \\ -\dfrac{\pi}{2} & (x=0, y=0, z \leqslant 0) \end{cases}$$

$$\lambda = \begin{cases} \dfrac{\pi}{2} & (x=0, y>0) \\ 0 & (x=0, y=0) \\ \dfrac{3\pi}{2} & (x=0, y<0) \\ \arctan2(y, x) & (x \neq 0) \end{cases}$$

$$h=|z|-\frac{a}{\sqrt{1-e^2}}(x=0,y=0,z\neq 0)$$

(2) 其他点上大地纬度 φ 和大地高 h 的迭代计算

$$\varphi_0=\frac{z(1+e^2)}{\sqrt{x^2+y^2}}$$

$$\varphi_1=\frac{1}{\sqrt{x^2+y^2}}\left(z+\frac{ae^2\varphi_0}{\sqrt{1+(1-e^2)\varphi_0^2}}\right)$$

每次迭代按下列公式进行：

$$\varphi_{i-1}=\varphi_i$$

$$\varphi_i=\frac{1}{\sqrt{x^2+y^2}}\left(z+\frac{ae^2\varphi_{i-1}}{\sqrt{1+(1-e^2)\varphi_{i-1}^2}}\right)$$

当 $|\varphi_i-\varphi_{i-1}|<\varepsilon$ 时，迭代终止；其中 ε 由所要求的精度决定。则

$$\varphi=\arctan\varphi_i$$

$$h=\begin{cases}\sqrt{x^2+y^2}-a & (\arctan\varphi=0)\\ (1-e^2)\left(\dfrac{z}{\sin\varphi}-\dfrac{a}{\sqrt{1-e^2\sin^2\varphi}}\right) & (\arctan\varphi\neq 0)\end{cases}$$

对上述计算结果，$\varphi>0$ 表示北纬，$\varphi<0$ 表示南纬。$\lambda>0$ 表示东经，$\lambda<0$ 表示西经。

2. $(\varphi,\lambda,h)\rightarrow(x,y,z)$

$$x=(R_N+h)\cos\varphi\cos\lambda$$
$$y=(R_N+h)\cos\varphi\sin\lambda$$
$$z=[R_N(1-e^2)+h]\sin\varphi$$

A.4 高斯投影坐标

1. 高斯投影正算——$(\varphi,\lambda)\rightarrow(x,y)$

$$\begin{cases}x=X+\dfrac{R_N}{2}\sin\varphi\cos\varphi\cdot l''^2+\dfrac{R_N}{24}\sin\varphi\cos^3\varphi\cdot(5-t^2+9\eta^2+4\eta^4)l''^4+\\ \qquad\dfrac{R_N}{720}\sin\varphi\cos^5\varphi\cdot(61-58t^2+t^4+270\eta^2-330\eta^2t^2)l''^6\\ y=R_N\cos\varphi\cdot l''+\dfrac{R_N}{6}\cos^3\varphi\cdot(1-t^2+\eta^2)l''^3+\\ \qquad\dfrac{R_N}{120}\cos^5\varphi\cdot(5-18t^2+t^4+14\eta^2-58\eta^2t^2)l''^5+500\ 000\end{cases}$$

式中，$t=\tan\varphi$；$\eta^2=e'^2\cos^2\varphi$；$l''=\lambda-\lambda_0$，λ_0 为中央子午线经度(rad)；X 为从赤道到测点纬度 φ 之间的子午线弧长，且

$$X=a(1-e^2)(C_0\varphi+C_1\sin2\varphi+C_2\sin4\varphi+C_3\sin6\varphi+C_4\sin8\varphi)$$

式中，系数 C_0，C_1，C_2，C_3，C_4 按下列公式计算：

$$C_0 = 1+\frac{3}{4}e^2+\frac{45}{64}e^4+\frac{350}{512}e^6+\frac{11\,025}{16\,834}e^8$$

$$C_1 = -\frac{1}{2}\left[\frac{3}{4}e^2+\frac{60}{64}e^4+\frac{525}{512}e^6+\frac{17\,640}{16\,834}e^8\right]$$

$$C_2 = \frac{1}{4}\left[\frac{15}{64}e^4+\frac{210}{512}e^6+\frac{8\,820}{16\,834}e^8\right]$$

$$C_3 = \frac{1}{6}\left[\frac{35}{512}e^6+\frac{2\,520}{16\,834}e^8\right]$$

$$C_4 = \frac{1}{8}\left[\frac{315}{16\,834}e^8\right]$$

2. 高斯投影反算——$(x,y)\rightarrow(\varphi,\lambda)$

$$\varphi=\varphi_f-\frac{t_f}{2R_{M_f}R_{N_f}}y^2+\frac{t_f}{24R_{M_f}R_{N_f}^3}(5+3t_f^2+\eta_f^2-9\eta_f^2t_f^2)y^4-$$
$$\frac{t_f}{720R_{M_f}R_{N_f}^5}(61+90t_f^2+45t_f^4)y^6$$

$$\lambda=\frac{1}{R_{N_f}\cos\varphi_f}y-\frac{1}{6R_{N_f}^3\cos\varphi_f}(1+2t_f^2+\eta_f^2)y^3+$$
$$\frac{1}{120R_{N_f}^5\cos\varphi_f}(5+28t_f^2+24t_f^4+6\eta_f^2+8\eta_f^2t_f^2)y^5$$

式中，φ_f 是当 $x=X$ 时子午线弧长所对应的纬度；R_{N_f} 为对应于 φ_f 的卯酉圈曲率半径；R_{M_f} 为对应于 φ_f 的子午圈曲率半径，$R_{M_f}=R_{N_f}/(1+e'^2\cos^2\varphi_f)$。

$$\varphi_f=\varphi_0+\sin2\varphi[D_0+D_2\sin^2\varphi_0+D_4\sin^4\varphi_0+D_6\sin^6\varphi_0]$$

$$\varphi_0=\frac{X}{a(1-e^2)C_0}$$

$$D_0 = \frac{1}{2}\left[\frac{3}{4}e^2+\frac{45}{65}e^4+\frac{350}{512}e^6+\frac{11\,025}{16\,384}e^8\right]$$

$$D_2 = -\frac{1}{3}\left[\frac{63}{64}e^4+\frac{1108}{512}e^6+\frac{58\,239}{16\,384}e^8\right]$$

$$D_4 = \frac{1}{3}\left[\frac{604}{512}e^6+\frac{68\,484}{16\,384}e^8\right]$$

$$D_6 = -\frac{1}{3}\left[\frac{26\,328}{16\,384}e^8\right]$$

参 考 文 献

[1] Kutoglu H S. A Comparison of Two Well Known Models for 7 - Parameter Transformation, The Australian Surveyor, 2001,47(1):24 - 30.

[2] 张勤，李家权. GPS 测量原理及应用. 北京:科学出版社,2005.

[3] 张守信. GPS 卫星测量定位理论与应用. 长沙:国防科技大学出版社，1996.

[4] 王惠南. GPS 导航原理与应用. 北京:科学出版社，2003.

[5] 李洪涛，许国昌，薛鸿印,等. GPS 应用程序设计. 北京:科学出版社，1999.

[6] http://www.lockheedmartin.com/.

[7] 全球导航定位系统简介. www.upperair.cn/uploadfile/20064123528975.pdf.

[8] 陶鹏,朱光武,王世金,等. 星载 GPS 无线电掩星地球大气探测的现状及发展趋势. 中国空间科学学会空间探测专业委员会第十六次学术会议. 中国空间科学学会. 北海，2003:87 - 94.

[9] 帅平，陈定昌，江涌. GPS 广播星历误差及其对导航定位精度的影响. 数据采集与处理，2004，19(1):107 - 110.

[10] ARINC Engineering Services. Navstar Global Positioning System Interface Specification - Navstar GPS Space Segment/Navigation User Interfaces. IS - GPS - 200，2004.

[11] 陈建军，李峥嵘，王飞雪. GPS 现代化信号体制与系统裕量分析. 全球定位系统，2006，31(6):20 - 24.

[12] 王杰华. 国外卫星导航定位系统最新进展及发展趋势. 数字通信世界，2008:58 - 61.

[13] Lt Col Harold Martin. GPS Status and Modernization. Munich Satellite Navigation Summit，Munich. Germany:2008.

[14] 吴晓进. 美国 GPS 现代化实施计划. 卫星应用，2002，10(2):23 - 28.

[15] 邱致和. GPS 新民用信号 L2C 及其应用. 导航，2002,40(2).

[16] Paul C. Recent and Future Developments in Global Navigation Satellite Systems and Their Impact on National Geoinformation Infrastructures. Geoinformation and Surveying Conference 2003 Kuching，Sarawak，2003.

[17] 陈俊勇. GPS 现代化和 GPS 信号重构技术的进展. 全球定位系统，2005，30(1):1 - 4.

[18] 邱致和，任志久. GPS L5 的信号设计与电文结构. 导航，2004，40(3):21 - 40.

[19] Van Dierendonck A J，Spilker J. GPS Modernization. Journal of the Institute of Navigation，2001.

[20] Navstar Global Positioning System Interface Specification - Navstar GPS Space Segment/User Segment L1C Interfaces Draft，IS - GPS - 800. 2006.

[21] 陈南，贾小林，崔先强. GPS 民用导航电文 CNAV 的特点. 全球定位系统，2006，31(1):1 - 6，34.

[22] Nee D J R V, Coenen A J R M. New Fast GPS Code Acquisition Technique Using FFT. Electronics Letters, 1991, 27(2):158 - 160.

[23] James B T. Fundamentals of Global Positioning System Receivers. A Software Approach. John Wiley & Sons, Inc. 2nd ed, 2004.

[24] Demoz G E, Alireza R. Sensitivity and Performance Analysis of Doppler - Aided GPS Carrier - Tracking Loops. Navigation: Journal of the Institute of Navigation, 2005, 52(2):49 - 60.

[25] Elliott D K, Christopher J H. GPS原理与应用. 寇艳红,译. 北京：电子工业出版社. 2007.

[26] Tsung Yu C. Model Analysis on the Performance for an Inertial Aided FLL -Assisted - PLL Carrier - Tracking Loop in the Presence of Ionospheric Scintillation. 2007.

[27] Phillip W W. Performance Comparisons between FLL, PLL and a Novel FLL - Assisted- PLL Carrier Tracking Loop under RF Interference Conditions. Navward GPS Consulting.

[28] Raymond L F. The Acceleration Sensitivity of Quartz Crystal Oscillators: A Review. IEEE Transactions on Ultrasonics, Ferroelectrics and Frequency Control, 1988, 35 (3):297 - 305.

[29] Pascal O G. Effect of Oscillator Instability on GNSS Signal Integration Time. Master's thesis. Neuchâtel, Switzerland, Institute of Microtechnology University of Neuchâtel, 2007.

[30] RTCA, Environmental Conditions and Test Procedures for Airbrone Equipment, Section 8, Vibration, RTCA Document No. RTCA/DO - 160D, 2000 - 14.

[31] Alban S. Design and Performance of a Robust GPS/INS Attitude System for Automobile Applications[D]. Stanford, California, U S A:Stanford University, 2004.

[32] 丁继成. 弱信号条件下GPS接收机关键技术研究[D]. 哈尔滨:哈尔滨工程大学,2009.

[33] David W A. Statistics of Atomic Frequency Standards. Proceeding of IEEE, 1966,54 (2):221 - 230.

[34] Irsigler M, Eissfeller B. PLL Tracking Performance in the Presence of Oscillator Phase Noise. GPS Solutions. Wiley Periodicals Inc, 2002, 5(4):45 - 57.

[35] Winkel J O. Modeling and Simulating GNSS Signals Structure and Receivers[D]. University FAF Munich,2003.

[36] 周忠谟. GPS卫星测量原理与应用. 北京：测绘出版社，1995.

[37] 刘基余. GPS卫星导航定位原理与方法. 北京:科学出版社,2005.

[38] 谢世杰，潘宝玉. GPS测量的对流层误差. 地矿测绘，2004，20(2):1 - 3，39.

[39] 冯铁军，唐家兵，等. GPS定位中的电离层误差. 全球定位系统，2002，27(1):13 - 18.

[40] 卓宁. GPS定位中的误差分析与改正. 宇航计测技术，2008，28(6):47 - 50.

[41] 刘国锦，周波，殷奎喜，等. GPS 导航定位误差分析及处理. 南京师范大学学报：工程技术版，2008，8(3):88-92.

[42] 伍岳，孟泱，王泽民，等. GPS 现代化后电离层折射误差高阶项的三频改正方法. 武汉大学学报：信息科学版，2005，30(7):47-50.

[43] Olivier Julien Paul Alves. Improved Triple - Frequency GPS/Galileo Carrier Phase Ambiguity Resolution Using a Stochastic Ionosphere Modeling. Proceedings of ION, NTM, 2004-11.

[44] 喻国荣. GPS 三个频率整周模糊度相关性研究. 全球定位系统，2002，27(6):38-41.

[45] 刘旭春，伍岳，张正禄，等. GPS 三频数据在周跳和粗差探测与修复中的应用. 煤炭学报，2006，31(5):585-588.

[46] 岳迎春，陈春明，赵雪莲. GPS 数据解算对流层天顶总延迟探讨. 地理空间信息，2008，6(3):30-32.

[47] Hatch R. The Synergism of GPS Code and Carrier Measurements. Proc. of the 3rd International Geodetic Symposium on Satellite Doppler Positioning. New Mexico, 1982.

[48] McGraw G A, Young R S Y. Dual Frequency Smoothing DGPS Performance Evaluation Studies. Proc. of ION National Technical Meeting. San Diego, CA, 2005.

[49] Park B, Sohna K, Kee C. Optimal Hatch Filter with an Adaptive Smoothing Window Width. Journal of the Institute Navigation, 2008, 61:435-454

[50] Peter Bona. Precision, Cross Correlation, and Time Correlation of GPS Phase and Code Observations. GPS Solutions, 2000, 4(2):3-13.

[51] 张传定，吴晓平，郝金明. GPS 多差相位观测量数学相关性的分析表示. 测绘学报，2004，33(3):221-227.

[52] Han S. Quality-Control Issues Relating to Instantaneous Ambiguity Resolution for Real—Time GPS Kinematic Positioning. Journal of Geodesy, 1997, 71:351-361.

[53] Hartinger H, Brunner FK. Variances of GPS Phase Observations: The Model. GPS Solutions, 1998, 4(2):35-43.

[54] Hartinger H, Brunner FK. Experimental Detection of Deformations Using GPS. Proc Symp Geodesy for Geotechnical and Structural Engineering. Eisenstadt, 1998: 145-152.

[55] Brunner F K, Hartinger K H, Troyer L. GPS Signal Diffraction Modeling: The Stochastic SIGMA—△ Model. Journal of Geodesy, 1999, 73:259-267.

[56] Richter B, Euler H J. Study of Improved Observation Modeling for Surveying Type Applications in Multipath Environment. ION GPS—2001 Meetings Proceedings. Salt Lake City, Utah, 2001, 9:11-14.

[57] Wieser A, Brunner F K. An Extended Weight Model for GPS Phase Observations. Earth Planets Space, 2000, 52(10):777-782.

[58] Jin S G. Stochastic Modelling on Long Baseline GPS Positioning. The International Symposium on GNSS/GPS. Sydney, Australia, 2004(12):6－8.

[59] Jin S G, Wang J. Impacts of Stochastic Modeling on GPS-Derived ZTD Estimations. 17th Int. Tech. Meeting of the Satellite Division of the U. S. Institute of Navigation. Long Beach, California, 2004(9):21－24.

[60] Teunissen P. Weighting GPS Dual Frequency Observations: Bearing the Cross of Cross－Correlation. GPS Solutions, 1998, 2(2):28－37.

[61] Vollath U, Birnbach S, Landau H. Analysis of Three Carrier Ambiguity Resolution (TCAR) Technique for Precise Relative Positioning in GNSS－2. Proceedings of ION GPS98,1998(9):417－426.

[62] Werner W, Winkel J. TCAR and MCAR Options With Galileo and GPS. Proceedings of ION GPS/GNSS 2003. Portland, OR, USA, 2003,9(11):201－210.

[63] Feng Y, Rizos C. Geometry－Based TCAR Models and Performance Analysis. Accepted for Publication in IAG Symposium, 2007,133.

[64] 韩绍伟. GPS相位观测值的模糊度函数法与最小二乘的等价性及模糊度函数法的改进. 测绘学报, 1994, 23(4):282－288.

[65] 陈树新. GPS整周模糊度动态确定的算法及性能研究[D]. 西安:西北工业大学,2002.

[66] Zhao Lin, Huang Chen, Ding Jicheng. Implementation of GPS High-Precision Positioning Post-Processing Technique. International Conference on Information Engineering and Computer Science(ICIECS2009), Wuhan, 2009:1－4.

[67] Teunissen P J G. Least-Squares Estimation of the Integer GPS Ambiguities. Invited Lecture, Sect, Theory and Methodology. IAG General Meeting. Beijing, 1993.

[68] Teunissen P J G. A New Method for Fast Carrier Phase Ambiguity Estimation. Invited Lecture, Sect, Theory and Methodology. IAG General Meeting. Beijing, 1994.

[69] Chen Dingsheng. Development of a Fast Ambiguity Search Filtering Method for GPS Carrier Phase Ambiguity Resolution[D]. University of Calgary,1994.

[70] Teunissen P J G. The Least-Squares Ambiguity Decorrelation Adjustment: a Method for Fast GPS Integer Ambiguity Estimation. Journal of Geodesy, 1995:70(1/2):65－82.

[71] Joosten P. The LAMBDA-Method: Matlab Implementation.

[72] Strang G, Borre K. Linear Algebra, Geodesy, and GPS. Wellesley－Cambridge Press,1997.

[73] 张守信. GPS技术与应用. 北京:国防工业出版社,2004.

[74] Misra P, Enge P. 全球定位系统——信号、测量与性能. 2版. 罗鸣, 曹冲, 肖雄兵, 译. 北京: 电子工业出版社,2008.

[75] Verhagen S. Integer Ambiguity Validation: an Open problem? GPS Solutions, 2004,

8(1).

[76] Landau H, Euler H J. On - The - Fly Ambiguity Resolution for Precise Differential Positioning. Proceedings of the ION GPS - 1992. Albuquerque, New Mexico, 1992.

[77] Global Positioning System GLONASS Interface Control Document (version 5. 0). Moscow, 2002.

[78] Global Positioning System GLONASS Interface Control Document - Navigational Radiosignal in Bands L1, L2 (version 5. 1). Moscow, 2008.

[79] Polischuk G M, Revnivykh S G. Status and Development of GLONASS. Acta Astronautica, 2004, 54(11 - 12):949 - 955.

[80] Galileo Mission High Level Definition. European Commission. 2002 - 9 - 23.

[81] GIOVE - A Navigation Signal - In - Space Interface Control Document. Galileo Project Office,2007.

[82] Galileo Open Service Signal - In - Space Interface Control Document (OS SIS ICD). Draft 0. European Space Agency/ Galileo Joint Undertaking,2006.

[83] Galileo Services Performance and IOV Phase. Franco EMMA (PPT). Galileo Programme Representative in China, ESA Part 3 Training Course on GNSS Applications.

[84] 陈秀万. 伽利略导航卫星系统. 北京:北京大学出版社,2005.

[85] Betz J W. Binary Offset Carrier Modulations for Radionavigation. Navigation: Journal of Institute of Navigation, 2001, 48(4):227 - 246.

[86] Rebeyrol E, Macabiau C, Lestarquit L, etal. BOC Power Spectrum Densities. ION NTM 2005, San Diego, CA, 2005(1):24 - 26.

[87] Hein G W, Godet J, Issler J L, et al. Status of Galileo Frequency and Signal Design. Proceedings of the Institute of Navigation, GPS. 2002(9):266 - 277.

[88] Avila - Rodriguez J A, Guenter W. The MBOC Modulation: The Final Touch to the Galileo Frequency and Signal Plan. Proc. ION GNSS 2007. Fort Worth, TX, USA, 1515 - 1529.

[89] L1 Band Part of Galileo Signal in Space ICD (SIS ICD). Galileo Joint Undertaking, 2005.

[90] Galileo Signal - In - Space Design-Presentation Plan. Ester Armengou Miret. 2005:5 - 9.

[91] http://www.ggsp.eu/ggsp_gtrf.html.

[92] Söhne W, Gendt G, Rothacher M. GGSP: Geodetic Contribution to the Galileo System. IGS Workshop, Darmstadt, May 2006:08 - 11.

[93] 魏娜, 施闯. 地球参考框架的实现和维持. 大地测量与地球动力学, 2009, 29(2):135 - 139.

[94] General Public Survey on the European Galileo Programme Analytical Report. The

Gallup Organization,2007.

[95] Blomenhofer H. GNSS in the 21st Century—the User Perspective. Acta Astronautica, 2004, 54(11/12):965-968.

[96] 曹冲. 伽利略(Galileo)计划之始末——卫星导航系统及其应用专论之五. 中国电子商情：通信市场，2003(7):83-84.

[97] Green Paper on Satellite Navigation Applications. Presented by the European Communities,2006.

[98] 袁建平，罗建军，岳晓奎，等. 卫星导航原理与应用. 北京:中国宇航出版社,2003.

[99] 王小金，王霞. 认识"北斗一号"卫星定位导航系统. 航海技术，2004(1):31-33.

[100] 刘会杰，张乃通. 基于双星系统的单向授时技术研究. 遥测遥控，2002(3):21-26.

[101] 周露，刘宝忠. 北斗卫星定位系统的技术特征分析与应用. 全球定位系统，2004，29(4):12-16.

[102] 王海涛. 基于北斗双星定位系统的精密快速定向技术研究[D]. 长沙:国防科学技术大学,2006.

[103] 朱学钧. 北斗导航卫星系统——双星定位通信原理. 导弹试验技术，2002(2):53-58.

[104] 广嘉电子. 北斗一号授时技术及在电力系统中的应用. 中国电子商情：基础电子，2008(05):70-73.

[105] 薛鸿印，李景森. 北斗无源定位技术. 现代防御技术，2005，33(4):39-41，53.

[106] 李俊锋. "北斗"卫星导航定位系统与全球定位系统之比较分析. 北京测绘，2007(1):51-53.

[107] 刘雅娟. 北斗局域差分定位技术. 无线电工程，2006，36(4):37-38.

[108] 林雪原，刘建业. 双星定位系统定位误差分析与仿真研究. 战术导弹控制技术，2003(1):2-7.

[109] China Announces Plans for Its Own GNSS. Institute of Navigation Newsletter, 2006,16(3).

[110] Scott Pace. Expert Advice:The Strategic Significance of Compass. GPS World, Dec,1,2010.

[111] China Technical Application Association for GPS. Status of COMPASS/BeiDou Development. Stanford's 2009 PNT Challenges and Opportunities Symposium. 2009(10):21-22.

[112] Grelier T, Dantepal J, Delatour A, et al. Initial Observations and Analysis of Compass MEO Satellite Signal. Inside GNSS. 2007(5/6).

[113] Xingxin Gao. Towards Navigation Based on 120 Satellites: Analyzing the New Signals. Stanford University,2008.

[114] Grace Xingxin Gao, Chen A, Sherman Lo, et al. Compass M1 Broadcast Codes and Their Application to Acquisition and Tracking. ION National Technical Meeting

2008. San Diego, California, 2008.

[115] 谭述森. 北斗卫星导航系统的发展与思考. 宇航学报, 2008, 29(2):391-396.

[116] 李建文, 李作虎, 郝金明, 等. GNSS的兼容与互操作初步研究. 测绘科学技术学报, 2009, 26(3):177-180.

[117] 郭斐, 张小红, 王明华. GNSS多系统集成的兼容性问题. 测绘信息与工程, 2008, 33(4):13-15.

[118] 基于性能的导航实施路线图(草案). 中国民用航空局PBN实施领导小组,2009.

[119] Manual on Required Navigation Performance (RNP). ICAO, Doc. 9613,1999.

[120] U S Department of Defense and U S Department of Transportation. 1999 Federal Radionavigation Plan,2000.

[121] Minimum Aviation Performance Standards for the Local Area Augmentation System (LAAS). RTCA DO-245,1998-9-28.

[122] Validated ICAO GNSS Standards and Recommended Practices (SARPS),2000.

[123] SBAS Made Easy. http://www.sxbluegps.com/sbas-made-easy.html.

[124] Global Position System Wide Area Augmentation System Performance Standard, 2008-10-31.

[125] QZSS in Asia and Oceania Region(PPT). Japan Aerospace Exploration Agency QZSS Project Satoshi Kogure,2008-12-10.

[126] Rios. C The Future of Global Navigation Satellite Systems. Technical report of The Institute of Electronics, Information and Communiation Engineers, 2007, 107 (2):25-29.

[127] Ashok Kaushal. GNSS Scenario in India. Second Meeting of the International Committee on Global Navigation Satellite System (ICG-02). Bangalore, India, 2007(9):4-7.

[128] Suryanarayana K N. Indian Regional Navigation Satellite System (IRNSS). Second Meeting of the International Committee on Global Navigation Satellite System (ICG-02). Bangalore, India, 2007:4-7.

[129] Steven D, Aab. Performance Analysis of the Local Area Augmentation System as the Position Sensor for the Runway Incursion Prevention System. Master thesis. Ohio University, 2005.

[130] GNSS Based Precision Approach Local Area Augmentation System Signal-in-Space Interface Control Document (ICD), Draft 1. RTCA SC159 Working Group 4a, RTCA/DO-246B,1997-8-28.

[131] Xie G, Pullen S. Integrity Design and Updated Test Results for the Stanford LAAS Integrity Monitoring Testbed. ION 57th Annual Meeting. Albuquerque, June 2001, 681-693.

[132] Xie G. Optimal On-Airport Monitoring of the Integrity of GPS-Based Landing

Systems. Ph. D. Thesis. Stanford University. 2004(3):20-80.

[133] Crosby G K, Donna K K, Ely W B S, et al. A Ground-Based Regional Augmentation System(GRAS)- The Australian Proposal. ION GPS 2000. Salt Lake City, UT, 2000(9):20-22.

[134] Lee Y C. Analysis of RAIM Function Availability of GPS Augmented with Barometric Altimeter Aiding and Clock Coasting. ION GPS-92. Albuquerque, NM, 1992(11):1-4.

[135] Diesel J, Dunn G. GPS/IRS AIME: Certification for Sole Means and Solution to RF Interference. ION GPS-96. Kansas City, MO, 1996.

[136] Su W and Lim T L. Cress-Layer Design and Optimization for Wireless Sensor Networks. IEEE SNPD06. 2006, 6(19-20):278-284.

[137] 陈代强，李群，侯洪涛. 导航系统全球完好性仿真分析的设计与实现. 计算机仿真，2008:25(6):20-24.

[138] Brown R G. A Baseline RAIM Scheme and A Note on the Equivalence of Three RAIM Methods. Proceedings of the National Technical Meeting, Institute of Navigation. San Diego, CA, 1992, 1(27-29):127-137.

[139] Brown R G. GPS RAIM: Calculation of Thresholds and Protection Radius Using Chi-square Methods—A Geometric Approach. RTCA,1994(11).

[140] Blanch J, Ene A, Walter T, Enge P. An Optimized Multiple Hypothesis RAIM Algorithm for Vertical Guidance. ION/GNSS. Fort Worth, TX, 2007.

[141] Hwang P and Brown R G. RAIM FDE Revisited: A New Breakthrough in Availability Performance with NIORAIM (Novel Integrity-Optimized RAIM). Proceedings of the International Technical Meeting Of The Satellite Division Of The Institute Of Navigation, ION NTM 2005, San Diego, CA.

[142] 赵琳. 船用组合导航系统[D]. 哈尔滨:哈尔滨工业大学，1995.

[143] Lin Zhao, Jicheng Ding and Weiquan Huang. The Study on Sea Experiment Scheme for High Precision INS. Proceedings of the 2007 IEEE International Conference on Mechatronics and Automation. Harbin, China, 2007(8):5-8.

[144] 黄德鸣，程禄. 惯性导航系统. 北京:国防工业出版社,1986.

[145] 秦永元，张洪钺，汪淑华. 卡尔曼滤波与组合导航原理. 西安:西北工业大学出版社,1998.

[146] 赵琳，孙枫. 船用动态 GPS/INS 模拟器的设计. 中国造船，1995,3:87-95.

[147] 孙枫，袁赣南，张晓红. 组合导航系统. 哈尔滨:哈尔滨工程大学出版社,1996.

[148] 赵琳，郝燕玲. 船用差分 GPS 与惯导组合系统的研究. 导航,1:1996.

[149] 田军，赵琳，宋福香. 惯导/差分 GPS 组合系统中状态与偏差解耦算法研究. 中国惯性技术学报，1997, 5(4):1-4.

[150] Lin Zhao, Wei Gao. The Experimental Study on GPS/SINS/DVL for AUV. IEEE

Position, Location and Navigation Symposium. 2004(4):337—340.

[151] Ochieng Washington Y, Polak John W, Noland Robert B, Lin Zhao. Monitoring Real - Time Vehicle Performance and Emissions. Traffic Engineering and Control, 2003, 44(3):102 - 107.

[152] 赵琳，王小旭，丁继成，等. 组合导航系统非线性滤波算法综述. 中国惯性技术学报，2009，17(1):46 - 52.

[153] 赵琳，聂琦，高伟. 基于 MCMC 方法的正则粒子滤波算法及其应用. 仪器仪表学报，2008，29(10):2156 - 2162.

[154] 赵琳，孙枫. 推算船位/罗兰 C(GPS)组合导航系统的研究及其海上试验. 中国航海，1996，1:69 - 70.

[155] Lin Zhao, Washington Y O, etc. Integration of GPS and Dead Reckoning for Real - Time Vehicle Performance and Emissions Monitoring. GPS Solutions Journal, 2003, 6(4):229 - 241.

[156] Elwenspoek M, Wiegerink R. 硅微机械传感器. 陶家渠，李应选，等，译. 北京：中国宇航出版社，2002.

[157] 冯亚林，郝一龙. MEMS 技术及其在军事中的应用. 微电子学，2006，36(1):66 - 69.

[158] 陈哲. 捷联惯导系统原理. 北京:宇航出版社，1986.

[159] 董冀. MTi 微惯性航姿系统/GPS 组合技术研究[D]. 哈尔滨:哈尔滨工程大学，2009.

[160] Reed J, Rappaport T. An Overview of the Challenges and Progress in Meeting the E - 911 Requirement for Location Service. IEEE Communications Magazine, 1998, 36(4):30 - 37.

[161] Andrew W. The European Programme for Global Navigation Services. ESA Publications Division, ESTEC, PO Box 299, 2200 AG Noordwijk, the Netherlands. European Space Agency, 2005.

[162] Report: ATIP02. 022. Mobile Internet Navigation Services. Asian Technology Information Program (ATIP), 2002 - 5 - 29.

[163] Gérard L. GNSS Indoor Location Technologies. Journal of Global Positioning Systems, 2004, 3(1/2):2 - 11.

[164] Lachapelle G, Kuusniemi H, Dao D T H, et al. HSGPS Signal Analysis and Performance under Various Indoor Conditions Proceedings of GPS/GNSS 2003 Conference (Session C3). The Institute of Navigation. Portland, OR, 2003, 9(9 - 12):1 - 14.

[165] Karunanayake M D, Cannon M E, Lachapelle G. Analysis of Assistance Data on AGPS Performance. Measurement Science and Technology, 2007, 18(7):1908 - 1916.

[166] 韩帅. 导航接收机在弱信号下 C/A 码捕获技术研究[D]. 哈尔滨:哈尔滨工业大学,2007.

[167] Verdu S. Multiuser Detection. Universal Press,1998.

[168] Sana U Q. An Analysis of L1 - C/A Cross Correlation & Acquisition Effort in Weak Signal Environments. International Global Navigation Satellite Systems Society (IGNSS) Symposium. 2007(12):1 - 14.

[169] Morton Y T, Tsui J B, Lin D M, et al. Assessment and Handling of C/A Code Selfinterference During Weak GPS Signal Acquisition. ION GPS. Portland, OR, 2003(9):646 - 653.

[170] Glennon E P. A Review of GPS Cross Correlation Mitigation Techniques. The 2004 International Symposium on GNSS/GPS. Sydney, Australia, 2004(12):6 - 8.

[171] Gustavo L O, Gonzalo S. Detection and Mitigation of Cross - Correlation Interference in High - Sensitivity GNSS Receivers. The 18th Annual IEEE International Symposium on Personal, Indoor and Mobile Radio Communications (PIMRC 07)

[172] 梁坤,施浒立,宁春林. 室内环境中的 GPS 信号特性分析. 天文研究与技术:国家天文台台刊,2008,5(1):30 - 36.

[173] Maurizio Fantino, Fabio Dovis, Jinling Wang. Quality Monitoring for Multipath Affected GPS Signals. Presented at GNSS 2004, The 2004 International Symposium on GNSS/GPS. Sydney, Australia, 2004,12(6 - 8):151 - 159.

[174] Nainesh Agarwal, Julien Basch, Paul Beckmann, etc. Algorithms for GPS Operation Indoors and Downtown. GPS Solutions, 2002,6(3):149 - 160.

[175] Taylor R E, Spring S, Sennott J W, et al. Navigation System and Method. United States Patent 4445118,1984 - 4 - 24.

[176] 皮亦鸣,张婧,蔡昌昕. GPS 信号的差分相关捕获算法研究. 全球定位系统,2006,31(4):1 - 4.

[177] Zarrabizadeh M H, Sousa E S. A Differentially Coherent PN Code Acquisition Receiver for CDMA Systems. IEEE Trans. Communications, 1997, 45(11):1456 - 1465.

[178] Choi H, Cho D J, Yun S J, et al. A Novel Weak Signal Acquisition Scheme for Assisted GPS. Proc. ION GPS 2002. Portland, OR, 2002, 9(24 - 27):177 - 183.

[179] Park S H, Choi H, Lee S J, et al. A Novel GPS Initial Synchronization Scheme Using Decomposed Differential Matched Filter. Proceedings of ION NTM 2002. San Diego, CA, 2002, 1(28 - 30):246 - 253.

[180] Schmid A, Gunther C, Neubauer A. Frequency Offset Estimation for Galileo/GPS Receivers Based on Differential Correlation. Proceedings of IEEE Statistical Signal Processing (SSP). 2005(6):687 - 691.

[181] JoséÁÁR, Vincent H, Thomas P, et al. Theory on Acquisition Algorithms for

Indoor Positioning. 12th Saint Petersburg International Conference on Integrated Navigation Systems. Saint Petersburg, Russia, 2005(5):23 - 25.

[182] Daniele B, Cyrille G, Florence M, et al. The Output SNR and Its Role in Quantifying GNSS Signal Acquisition Performance. ION GNSS. 2009:1 - 12.

[183] Ojha A K. Comparison of Generalized Q－Function Algorithms. IEEE Trans. Inform. Theory, 1987, 33(4):591 - 596.

[184] Mark R. Fundamentals of Radar Signal Processing. McGraw - Hill,2005.

[185] David D, Judith D, Executrix G, et al. Noncoherent Gain Enhancement Technique for Non－stationary Targets. United States Patent 6538599,1998 - 5 - 19.

[186] Strässle C. The Squaring - Loss Paradox. Proceedings of ION GNSS 2007,2007: 2715 - 2722.

[187] Lowe S T. Voltage Signal - to - Noise Ratio (SNR) Nonlinearity Resulting from Incoherent Summations. TMO Progress Report. 1999:42 - 137.

[188] Wei Y. Selected GPS Receiver Enhancements for Weak Signal Acquisition and Tracking. Master thesis. The University of Calgary,2007.

[189] Wei Y, Bo Z, Rob Watson, et al. Differential Combining for Acquiring Weak GPS Signals. Signal Processing, 2007, 87(5):824 - 840.

[190] http://mathworld.wolfram.com/NormalProductDistribution.html.

[191] Mary L B. Mathematical Methods in the Physical Sciences, 3rd ed. Wiley Inc,2005.

[192] Abramowitz, Stegun. Handbook of Mathematical Functions. 9th Printing. Dover, NY, USA, 1970.

[193] 宋文尧,张牙. 卡尔曼滤波. 北京:科学出版社,1991.

[194] Cox H. On the estimation of state variables and parameters for noisy dynamic systems. IEEE Transactions on Automatic Control, 1964,9(1):5 - 12.

[195] Goodwin G C, Sin K S. Adaptive Filtering: Prediction and Control. Prentice Hall. 1984.

[196] Constantia-Octavian Andrei. 3D Affiae Coordinate Transformations. Master's of Science This is in Geodesy. School of Architecture and the Bai it Eavironment Royal Institute of Technology(KTH) 10040 Stockholm, Sweden, 2006.

[197] 张勤,李家权. GPS测量原理及应用. 北京:科学出版社,2005.